大型燃气-蒸汽联合循环发电设备与运行

机务分册

广东惠州天然气发电有限公司　编

中国电力出版社
CHINA ELECTRIC POWER PRESS

内 容 提 要

为适应大型燃气-蒸汽联合循环电站建设及技术快速发展的需要，同时鉴于我国目前针对大型燃气-蒸汽联合循环电站生产人员的侧重实际生产技术应用的培训专业书籍甚少，广东惠州天然气发电有限公司组织技术力量，编写了丛书《大型燃气-蒸汽联合循环发电设备与运行》，包括《机务分册》和《电气分册》。本书为《机务分册》。

本书以三菱F级燃气-蒸汽联合循环发电机组为例，介绍了大型燃气-蒸汽联合循环机组的主要热力系统组成和辅助系统，并结合实际的运行经验，对主要热力设备和辅助系统的结构及组成、运行操作方法、事故处理等方面进行了重点介绍。全书共分九章：第一章和第二章介绍了联合循环整体工艺流程及基本理论原理，第三～五章分别对联合循环的三大主要组成部分（燃气轮机、蒸汽轮机、余热锅炉）的工作原理、性能、结构、控制、保护及运行优化等进行介绍；第六章对各辅助系统组成和设备结构原理、系统运行维护及典型异常处理进行了阐述；第七章介绍了联合循环整机启停操作及事故处理；第八章和第九章对联合循环机组水汽监督和仿真机进行了简单介绍。

本书适合从事大型燃气轮机及其联合循环电厂设计、调试、运行的技术人员、管理人员使用，可作为运行人员及相关生产人员的培训教材，也可供高等院校热能及动力类专业师生参考。

图书在版编目（CIP）数据

大型燃气-蒸汽联合循环发电设备与运行．机务分册/广东惠州天然气发电有限公司编．—北京：中国电力出版社，2023.10（2024.11重印）

ISBN 978-7-5198-7251-9

Ⅰ.①大… Ⅱ.①广… Ⅲ.①燃气-蒸汽联合循环发电-发电机组-运行 Ⅳ.①TM611.31

中国版本图书馆CIP数据核字（2022）第221325号

出版发行：中国电力出版社
地　　址：北京市东城区北京站西街19号（邮政编码100005）
网　　址：http：//www.cepp.sgcc.com.cn
责任编辑：孙　芳（010-63412381）
责任校对：黄　蓓　朱丽芳　马　宁
装帧设计：王英磊
责任印制：吴　迪

印　　刷：固安县铭成印刷有限公司
版　　次：2023年10月第一版
印　　次：2024年11月北京第二次印刷
开　　本：787毫米×1092毫米　16开本
印　　张：29.75
字　　数：740千字
印　　数：2001—2500册
定　　价：140.00元

《大型燃气-蒸汽联合循环发电设备与运行　机务分册》

编 写 人 员

主　　编　蔡青春

副 主 编　刘安云　柯　涛

参编人员　龙双喜　高　鑫　王展良　邓　杰　吴水清
吴玉梅　陈　琦　张小军

前 言

随着国家对环境保护的不断重视，燃气轮机技术的不断发展完善，以清洁能源天然气为燃料的大型燃气轮机及其联合循环发电近年来在我国得到了蓬勃发展，已经成为我国电力工业的重要组成部分之一。

为适应大型燃气-蒸汽联合循环电站建设及技术快速发展的需要，同时鉴于我国目前针对大型燃气-蒸汽联合循环电站生产人员的侧重实际生产技术应用的培训专业书籍甚少，广东惠州天然气发电有限公司组织技术力量，编写了丛书《大型燃气-蒸汽联合循环发电设备与运行》，包括《机务分册》和《电气分册》。本书为《机务分册》。

本分册主要内容着重于对燃气-蒸汽联合循环发电的各热力设备和系统进行阐述。书中以三菱F级燃气-蒸汽联合循环发电机组电气设备为例，介绍了大型燃气-蒸汽联合循环机组的主要热力组成设备和辅助系统，并结合实际的运行经验，对主要热力设备和辅助系统的结构及组成、运行操作方法、事故处理等进行了重点介绍。全书共分九章：前两章介绍了联合循环整体工艺流程及基本理论原理，第三～五章分别对联合循环的三大主要组成部分（燃气轮机、蒸汽轮机、余热锅炉）的工作原理、性能、结构、控制、保护及运行优化等进行介绍；第六章针对联合循环机组主要的24个辅助系统，对系统组成、主要设备结构原理、系统运行维护及典型异常处理进行了阐述；第七章介绍了联合循环整机启停操作及事故处理；最后两章对联合循环机组水汽监督和仿真机进行了简单介绍。

本书由广东惠州天然气发电有限公司负责编写，本册主编为蔡青春，副主编为刘安云和柯涛，由刘安云负责本书的总体协调和汇总，由刘安云、柯涛、龙双喜、张小军主要负责审稿编写工作。同时，参与编写的人员还有高鑫、王展良、邓杰、吴水清、吴玉梅、陈琦。

在本书编写的过程中，作者参阅了大量国内外相关的学术著作、论文和工作报告，参考了许多相关专业图书和资料，甚至引用或介绍了其中部分的论述和观点，在此特致感谢。

由于作者水平有限，书中难免有不少错误和不足之处，恳请广大读者批评指正。

编　者

2023年5月

目录

第一章

燃气-蒸汽联合循环总体介绍

第一节 概　述

一、燃气-蒸汽联合循环概念

以一定方式将燃气轮机循环与蒸汽轮机循环组合成一个整体热力循环，称为“燃气-蒸汽联合循环”，简称“联合循环”。燃气-蒸汽联合循环技术将具有较高初温的燃气轮机与具有较低排汽温度的蒸汽轮机有机结合起来，取长补短，按能量品位高低梯级利用，实现扩容增效，是当今能源利用的先进技术之一。

燃气-蒸汽联合循环类型较多，通常可分为余热锅炉型、整体煤气化联合循环（IGCC）、给水加热型、增压流化床联合循环（PFBC-CC）、核电站 TD 循环、燃料电池循环、其他。

联合循环与其他动力装置一样，有着广泛用途，可应用于发电、热电（冷）联产以及驱动负载。

余热锅炉型联合循环是最常见、应用最广泛的循环类型之一，在余热锅炉型联合循环中，燃气轮机循环（brayton cycle）作为顶循环（top cycle），蒸汽轮机循环（rankine cycle）作为底循环（bottom cycle），以余热锅炉作为热交换设备，实现燃气循环与蒸汽循环的联合。

大气中的空气经过进气过滤器，进入轴流式压气机增压；压缩后的空气与燃料在燃烧室中混合燃烧，产生高温高压烟气，推动燃气透平做功，透平排气进入余热锅炉，将水加热，产生高温高压蒸汽，推动蒸汽透平做功；燃气透平和蒸汽透平（共同或分别）推动发电机，对外发出电能。图 1-1 为典型余热锅炉型燃气-蒸汽联合循环发电原理示意图。

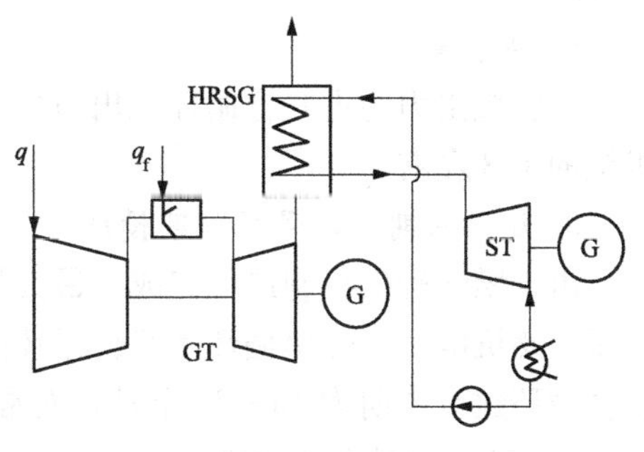

图 1-1　典型余热锅炉型燃气-蒸汽联合循环发电原理示意图
GT—燃气轮机；ST—汽轮机；HRSG—余热锅炉；G—发电机

二、燃气-蒸汽联合循环的主要特点

（一）燃气-蒸汽联合循环机组的主要优点

1. 电厂整体循环效率高

由于受热力循环和设备制造技术的限制，常规燃煤机组的热效率已很难有突破性提高。目前，600MW 级超超临界燃煤机组，供电效率约 40%；1000MW 级超超临界燃煤机组，供电效率约 45%；F 级改进型燃气-蒸汽联合循环发电机组，供电效率高达 57%；先进的 H/J

级燃气-蒸汽联合循环发电机组，供电效率接近60%。

2. 清洁环保，对环境污染小

与常规燃煤机组相比，联合循环机组具有明显的环保优势。燃气轮机使用清洁的天然气，几乎没有 SO_2 和烟尘排放，NO_x 排放仅为常规燃煤机组的1/4左右，CO_2 排放仅为常规燃煤机组的1/2左右。

3. 调峰能力强，可以适应快速启停

燃气轮机承受工质压力低，承压部件金属薄，可以适应快速启停，既可以带基本负荷，也可以采用两班制运行方式。以M701F型联合循环机组为例，燃气轮机从启动到带满负荷约30min；联合循环热态启动约70min，温态启动约110min，冷态启动约180min。而600MW级超超临界燃煤机组从汽轮机冲转开始，热态启动约100min，温态启动约200min，冷态启动约480min。

4. 厂用电率低

目前，国内投运的F级燃机电厂直接厂用电率不到2%，而600MW级常规燃煤机组直接厂用电率一般在4%～6%之间。

5. 自动化程度高，需要人员少

与常规燃煤电厂相比，燃机电厂设备系统简单，自动化程度高，所需运行人员和设备维修人员少，一般只有同容量燃煤电厂人员数量的30%。

6. 在同等条件下，单位投资较低

按照《"十一五"期间投产电源工程项目造价分析》中统计，天然气燃机联合循环项目平均决算单位造价为3108元/kW，常规燃煤机组项目平均决算单位造价为3775元/kW，单位投资节省约17.7%。

7. 占地面积少

燃机电厂无需煤场、输煤系统、除灰等系统。燃气轮机和余热锅炉等可以户外布置，占地面积和厂房面积小，据统计，占地面积只有常规燃煤电厂的30%～40%，建筑面积仅有20%左右。

8. 耗水量小

汽轮机出力约占联合循环总出力的1/3，因此，循环冷却水耗水量仅为同容量常规燃煤机组的1/3左右。

9. 建厂周期短，且可分期投产

由于燃气轮机在制造厂完成了最大的可能装配后集装运往现场，施工安装简便，建厂周期短。燃机电厂可分单循环和联合循环两期建设，燃气轮机单循环建设周期为8～10个月，联合循环建设周期为16～20个月，而常规燃煤机组需要24～36个月。

10. 可以燃用多种燃料

根据燃气轮机设计特点，可供选择的燃料有轻油、重油、常规天然气、高炉煤气（掺烧少量焦炉煤气或天然气）、焦炉煤气、转炉煤气、页岩气、煤层气、煤层气化气、煤制气、致密气、油气混合物等，燃料适应范围十分广泛。

（二）燃气-蒸汽联合循环机组的主要缺点

1. 调峰能力受大气温度限制，夏季出力低，冬季出力高

为防止透平超温，联合循环机组采用一条与大气温度对应的温控线，控制机组最大出

力。大气温度越高，机组出力越低；大气温度越低，机组出力越高。夏季大气温度较高，空气密度较小，在通流不变的条件下，压气机单位时间内压缩的空气流量减少，在相同透平初温限制下，燃料量减少，机组出力降低，反之亦然。这对夏季通常带尖峰负荷的燃机联合循环机组而言，调峰能力受到一定限制。

2. 燃料成本较高，与燃煤机组相比电价缺乏竞争力

燃气轮机一般采用天然气或轻油做燃料。由于国内油气资源匮乏，国际油价长期在高位运行，国内天然气和石油需求旺盛，因此，国内油气价格逐年攀升并有长期上涨趋势。日益上涨的能源价格，对燃机电厂的生产经营带来了极大困难，不少机组不得不依靠政策性电价补贴维持生存。与常规的燃煤机组相比，联合循环机组发电成本较高，上网电价缺乏竞争力。

3. 调峰机组检修周期短，维修费用高

承担调峰任务的燃机联合循环机组，由于通常采用早起晚停的两班制运行方式，检修周期明显缩短。以三菱的M701F调峰机组为例，每300次启停进行一次燃烧器检修，每600次启停进行一次透平检修，每1800次启停进行一次大修，对应的燃烧室检修周期为1年，燃气透平检修周期为2年，大修周期为5～6年。检修时，许多昂贵的高温部件需更换或返厂修复，还需支付较高的TA费用，平均检修成本比燃煤机组大幅增加。

4. 国内尚未掌握大型燃气轮机制造的核心技术，关键部件仍需进口

从2003年第一批燃机电厂打捆招标，国内三大电站动力设备制造厂开始正式引进燃气轮机设计制造技术。哈尔滨动力设备股份有限公司与美国通用电气、东方电气集团公司与日本三菱重工、上海电气（集团）总公司与德国西门子分别签署了技术转让协议，并成立合资厂，逐步建立起我国的重型燃气轮机制造产业。经过将近十年的努力，国内厂家已经掌握了大量燃气轮机设计制造技术，基本可以独立完成燃气轮机设计制造。但是，金属材料和制造工艺的核心技术未完全掌握，透平叶片、燃烧筒等燃气轮机关键部件仍需大量进口。

三、我国发展燃气-蒸汽联合循环的必要性

我国是一个在一次能源的消耗上以煤为主的国家，随着近些年经济的高速发展，对电力的需求速度也基本与经济发展同步，尤其是经济更为发达的东南沿海地区，电力供需矛盾连年突出。全国总体缺电容量约为10%，而且许多地区电网的峰谷差相当大，急需启动快、调峰性能好、建设周期短的燃气轮机及其联合循环机组来适应建设发展的需要，特别是在某些沿海开放地区更是如此。因此近些年来，在这些地区陆续引进了一批燃气轮机及其联合循环机组，也充分说明我国的电力工业对燃气轮机及其联合循环是有需求的，而且正在逐步打破我国过去长期实行的“发电设备只准烧煤”的燃料政策的限制。

环境保护政策的实施也为促进燃气轮机及其联合循环机组在我国的应用提供了机会。目前，因煤炭的燃烧而造成的环境严重污染已经引起我国各界的关注。1995年8月29日我国政府公布了新修订的《中华人民共和国大气污染防治法》，1996年3月7日则发布了《火电厂大气污染排放标准》。在有天然气资源的条件下，用燃气轮机及其联合循环机组来改造燃煤电厂不仅是节约能源，更是改造中心城市环境污染最简捷的途径。

必须指出，天然气的价格对于燃气轮机及其联合循环机组的发电成本有决定性的影响，因为，在燃气轮机发电成本的三项主要组成部分——设备的折旧、机组的运营维护费用以及燃料费用中，燃料成本的比例将高达60%～65%，设法降低天然气的价格是降低燃料成本

的关键。

我国天然气“西气东输”工程的建设以及广东省液化天然气工程的实施，更加奠定了我国大规模地建设燃气轮机及其联合循环电站的基础。

为了配合这两大工程的建设，原国家计委于2001年10月发布了《燃气轮机产业发展和技术引进工作实施意见》，此后，又于2004年发布了428号文，委托中国技术进出口总公司，按照市场换技术的方针，就17个燃气轮机及其联合循环电站建设项目实施捆绑招标，为我国引进了PG9351FA、M701F和V94.3A燃气轮机的部分制造技术和40多套燃气轮机及其联合循环机组的设备。这个举措大大地加快了我国建设燃气轮机及其联合循环电站以及重建我国燃气轮机制造业的步伐。

按照引进技术合同规定的工程进度，哈尔滨动力设备股份有限公司、东方电气集团公司和上海电气（集团）总公司必须与美国GE公司、日本三菱重工业株式会社和德国Siemens股份公司合作，按时、按质地完成当时总共40多套PG9351FA、M701F和V94.3A燃气轮机及其联合循环机组的制造任务，以便向我国17个电站提供全套设备。与此同时，上述三大制造厂应逐渐完成设备和工艺的制造任务，达到并提高合同规定的机组制造的国产化率，完成对上述三种机组制造技术的消化和吸收工作，培训燃气轮机及其联合循环机组的设计研究人员，为今后进一步消化吸收机组的设计技术准备条件，以便重建我国燃气轮机的设计和研究体系。

通过近几年的发展，我国在F级机组的设计、制造、维修、调试和运行等方面积累了一定的经验，同时引进了F级燃气轮机制造技术，机组制造的国产化率也已超过70%。燃气轮机及其联合循环机组将在我国掀起新一轮的蓬勃发展时期，我国电力系统中的高峰将有相当一部分容量使用燃气轮机及其联合循环机组。但是，由于在电力系统中燃气轮机所携带的负荷性质不同，燃气轮机的类型和功率等级应该是多种多样的，在规划我国电力系统中应用燃气轮机及其联合循环机组时必须注意到这个特点，防止“一刀切”或其他激进的措施。总体来说，电力系统中应该分别配备以下几种燃气轮机类型，而不只是限于几种大容量机型，详细内容如下：

（1）大型高效率的燃气轮机及其联合循环机组。这种机组主要在电力系统中承担调峰负荷、中间负荷和基本负荷。它的特点是功率大、效率高、在电网中能够长期地稳定运行，力求启动次数少，以保证机组的使用寿命和很高的可用率。目前国内正在使用的F型及国外正在发展的G型和H型燃气轮机及其联合循环机组主要是为此目的而设计的。

（2）中型的、有快速启动和加载能力的燃气轮机。这种机组一般是航机改型的轻结构类型、功率等级比较小（20～50MW）的燃气轮机。这种机组主要在电力系统中承担快速启动和加载任务，以适应调峰负荷或处理电网紧急事故的需要。它并不刻意追求机组的效率（当然也希望优选高效率机组的）。

（3）适用于分布式电站的热电联产型或热电冷三联供型的燃气轮机及其联合循环机组。这种机组的功率与分布式电站的使用场所密切相关。对于比较大的小区来说，单机功率可以达到20～30MW；对于大型的机场来说，单机功率一般为4～5MW；大型医院和商城则为数百千瓦等级；一般银行、旅社仅需数十千瓦等级，适宜选用微型燃气轮机系列的机组。对于分布式电站来说，特别侧重的是高效的能源利用效率。在热电联供的条件下，能源的利用效率可以达到75%以上；当采用热电冷联供时，则有望达到80%以上。与热电冷分供方案相比，三联供方案可以节省42%左右。应该说：采用热电冷联供的分布式电站方案可以使天然气资源获得最有效的利用。

此外，功率为数兆瓦的移动式电站（卡车电站或列车电站）也是电力工业使用的一种燃气轮机类型。

国外的实践经验证明：为了确保整个电力系统的安全性，燃气轮机的总装机容量应占全电力系统总容量的8%～12%。目前我国的比例仅为4%～5%，因而在我国增大燃气轮机的使用量是急需的。

总之，我国的燃气轮机工业正进入一个重建和复兴的阶段，燃气轮机及其联合循环机组在我国电力工业中的作用将逐渐增强。到2030年左右燃气轮机及其联合循环机组的装机容量有望达到全国发电设备总装机容量的10%左右，任重而道远，但发展的前景则是乐观的。

四、天然气联合循环的发展前景

进入21世纪，环保问题日益突出，节约能源，保护环境，发展低碳经济，追求人与自然和谐共处，已成为当今世界发展的主题之一。2009年12月18日，时任国务院总理温家宝在哥本哈根气候大会上对全世界庄严承诺，到2020年底，中国将在2005年的基础上，实现单位GDP二氧化碳减排40%～45%，减排目标将作为约束性指标纳入国民经济和社会发展的中长期规划，保证承诺的执行受到法律和舆论的监督。2020年9月22日，习近平总书记在第七十五届联合国大会一般性辩论上首次提出实现“碳达峰　碳中和”的目标：“中国将提高国家自主贡献力度，采取更加有力的政策和措施，二氧化碳的碳排放力争于2030年前达到峰值，努力争取到2060年前实现‘碳中和’。”这是一个非常紧迫且相当有力度、有承担的减排目标，实现“碳达峰　碳中和”与我国贯彻新发展理念、推动高质量发展不谋而合，也从根本上解决了我国能源安全问题，为我国经济社会发展提供了动力引擎。以上这些承诺体现了一个发展中大国的责任，也彰显了政府发展低碳经济、保护环境的决心。

在发展低碳经济的探索中，天然气作为一种清洁的资源，逐渐受到世界各国的重视，天然气年开采和使用量迅速上升。据统计，在天然气利用中，采用燃气-蒸汽联合循环机组消耗量，约占天然气资源利用量的30%以上。以天然气为燃料的燃气-蒸汽联合循环机组，相对常规燃煤机组，几乎没有硫化物和烟尘排放，在产生相同品位的二次能源时，可以减少CO_2约50%，环保优势明显。燃气-蒸汽联合循环机组与常规燃煤机组相比，还具有占地面积少、用水少、初投资小、建设周期短、调峰性能好等优点。

20世纪80年代以来，随着高温材料技术和机械制造工艺的发展，燃气轮机技术突飞猛进，燃气轮机功率和效率不断提高。目前，世界上最先进的J型燃气轮机在ISO工况下，进口初温达1600℃，单机简单循环出力460MW，简单循环发电效率42%，单轴联合循环出力680MW，联合循环发电效率高达61.7%。

对中国这样一个发展中的经济大国，大力发展天然气为燃料的燃机联合循环机组，逐步减少常规燃煤机组，是实现低碳经济的重要途径之一。21世纪伊始，中国开始打捆招标，引进了数十台大型燃气-蒸汽联合循环机组，主要建设在东部发达地区，为改善电源结构，保护环境做了初步探索，国内三大动力厂商分别与国外燃气轮机厂商合资，开辟了大型燃气轮机技术引进和国产化之路。

中国经济正处于高速发展的时代，预计在未来十年内，随着国民经济发展水平提高，当理顺天然气产业链上下游利益关系后，以天然气为燃料的燃气-蒸汽联合循环机组将迎来发展的黄金时期。

第二节 燃气-蒸汽联合循环

一、典型的联合循环发电方式

根据燃气和蒸汽两部分组合方式不同，常规的联合循环有余热锅炉型、排气补燃型、增压燃烧锅炉型三种基本方案。

（一）余热锅炉型联合循环方案

余热锅炉型联合循环利用燃气轮机排气，加热锅炉中的水产生蒸汽驱动汽轮机做功，其热力系统示意图如图 1-2 所示。该方案中蒸汽部分完全利用燃气轮机排气余热，故称为纯余热利用型。余热锅炉是一种气-水、气-汽两种换热器的组合件。水在蒸发器内被加热成饱和蒸汽，再进入过热器变成过热蒸汽。因此，蒸汽参数及汽轮机功率取决于透平排气参数。

其主要优点是：①联合循环热效率高；②热力系统简单；③运行可靠性高；④启停迅速；⑤单位容量投资费用低。目前大多数联合循环电站都采用这种循环方案。

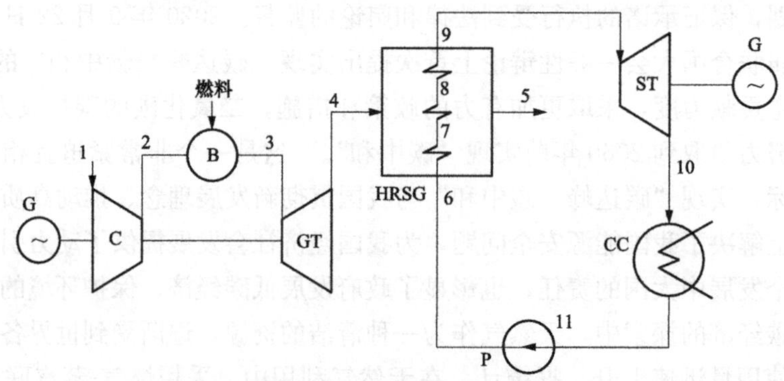

图 1-2　余热锅炉型联合循环的热力系统图

C—压气机；B—燃烧室；GT—燃气透平；HRSG—余热锅炉；ST—汽轮机；CC—凝汽器；P—给水泵；G—发电机

（二）排气补燃型联合循环方案

排气补燃型联合循环包括在余热锅炉中增加烟道补燃器以及在锅炉中加入燃料燃烧两种方案。后一种方案实际上是把燃气轮机的排气作为锅炉中燃烧用的空气，又称排气助燃型。

与余热锅炉型相比，排气补燃型的优点是：由于补燃，锅炉蒸发量增大，蒸汽参数提高，汽轮机功率增加、效率提高，联合循环变工况性能改善。排气助燃型的燃料可以利用较廉价的煤炭，当燃气轮机故障停运时，可以备用风机鼓风使锅炉中燃料继续燃烧，维持汽轮机运行。其主要缺点是锅炉中补燃部分燃料没有实现能源的梯级利用，热效率一般低于余热锅炉型，鉴于联合循环的主要目的是提高热效率，因而排气补燃型远不如余热锅炉型利用广泛。当用燃气轮机改造和扩建已有的蒸汽电站时，排气助燃型联合循环得到了更多的应用。排气补燃型联合循环的热力系统图如图 1-3 所示。

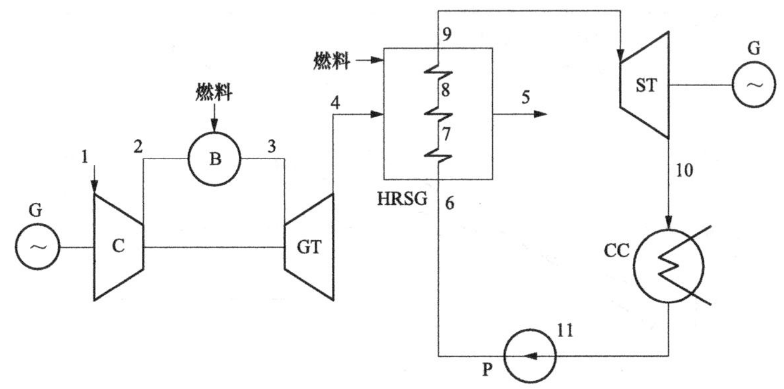

图 1-3　排气补燃型联合循环的热力系统图

C—压气机；B—燃烧室；GT—燃气透平；HRSG—余热锅炉；
ST—汽轮机；CC—凝汽器；P—给水泵；G—发电机

（三）增压燃烧锅炉型联合循环方案

该循环的特点是把燃气轮机的燃烧室与锅炉合为一体，形成有压力燃烧的锅炉，如图 1-4 所示。这时压气机供给锅炉有压力燃烧用空气，锅炉内气体侧的换热系数大大提高，因而增压锅炉的体积比常压锅炉小得多。为使最后排入大气的烟气温度降低至较低的数值，减少热损失，故用排气来加热锅炉给水。这种联合循环输出的功率中汽轮机占大部分。与上面的联合循环相比，由于增压燃烧，整个锅炉是一个尺寸很大的密闭容器，为设计和安全运行等带来了困难。

增压燃烧型联合循环的热效率与余热锅炉型的比较见图 1-5，燃气初温在 1050～1100℃以下时，增压锅炉型热效率高，在 1050～1100℃以上时余热锅炉型热效率高，且随着燃气初温的提高，两者效率差距迅速增大。由于这一因素，以及上述增压锅炉带来的问题，使增压锅炉联合循环至今应用较少。

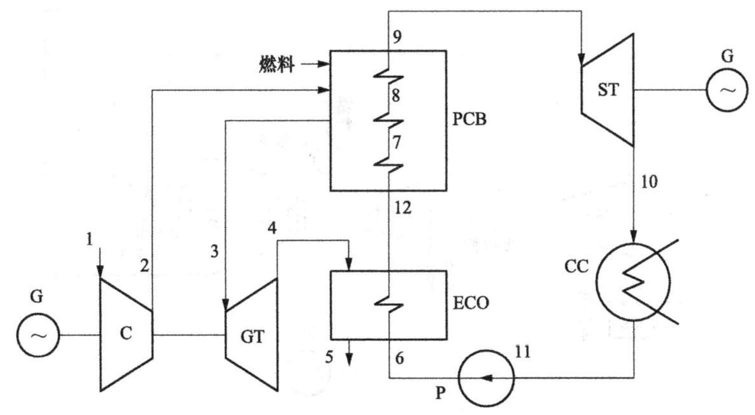

图 1-4　增压锅炉型联合循环的热力系统图

C—压气机；GT—燃气透平；PCB—增压锅炉；ECO—省煤器；
ST—汽轮机；CC—凝汽器；P—给水泵；G—发电机

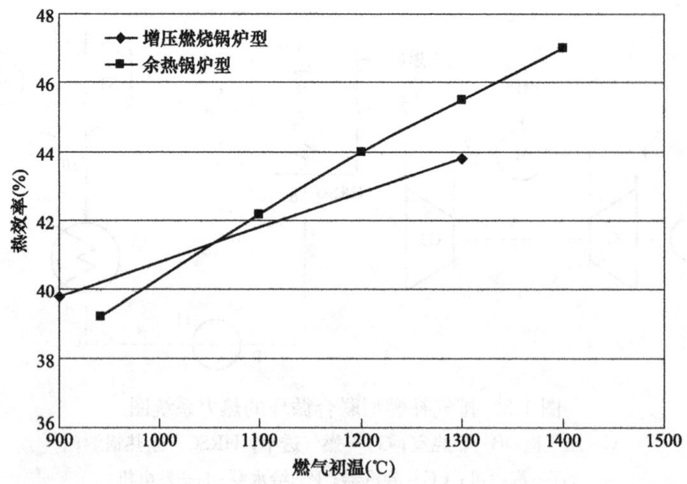

图 1-5　两种联合循环效率比较

二、典型联合循环机组轴系配置

联合循环的机组轴系配置有两种形式：一种是多轴配置，即燃气轮机和汽轮机分别拖动发电机运行；另一种是单轴配置，即燃气轮机和汽轮机共同拖动 1 台发电机。

（一）多轴配置

1. 多轴配置的形式

（1）1 台燃机发电机组排气进入 1 台余热锅炉，产生的蒸汽带动一台汽轮发电机组，即多轴“1+1”方式，如图 1-6 所示。

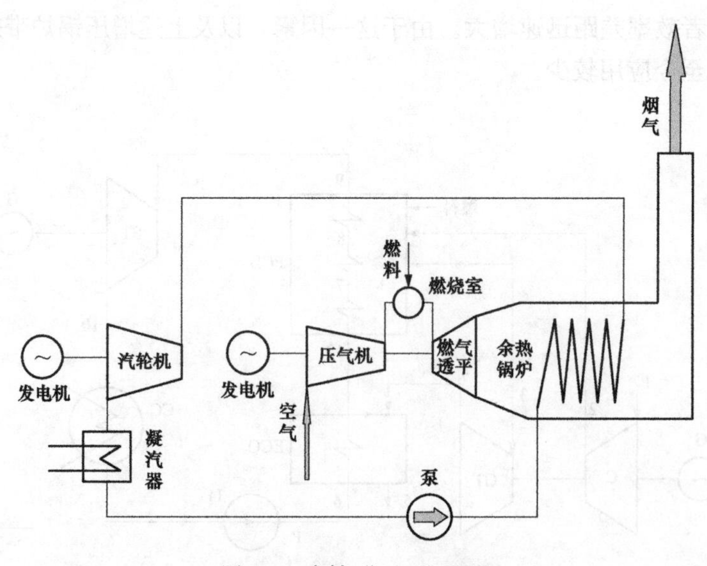

图 1-6　多轴“1+1”配置

（2）两台或多台燃机发电机组的排气送入各自匹配的余热锅炉，所产生的蒸汽共同送到 1 台汽轮发电机中，即所谓“2+1”“3+1”等方式，如图 1-7 所示。

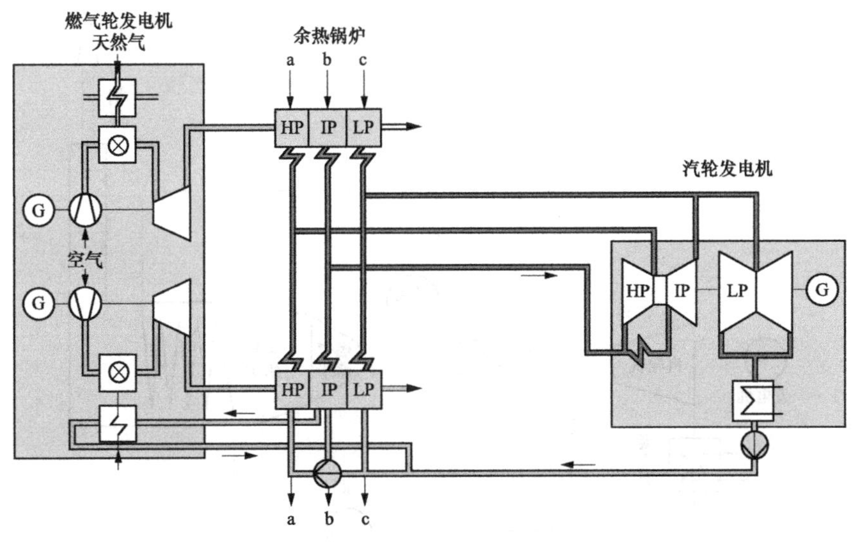

图 1-7　多轴“2+1”配置

2. 多轴配置的特点

(1) 燃机发电机组和汽机发电机组分开布置，燃气轮机设置旁通烟囱，可单独进行简单循环运行。在以调峰为主要任务的联合循环电厂，燃气轮机可以快速启动，在 30min 内带满负荷，调峰能力强。

(2) 在全厂部分负荷工况时，可停运部分燃气轮机，使其余的燃气轮机带足负荷，其余的燃气轮机能在较高的燃气初温下运行，有利于改善全厂在部分负荷工况下的供电效率。因此，对于负荷变动较大的燃机电厂有一定优势。

(3) 在分阶段建设时，可先建燃机发电机组，再建余热锅炉和汽轮发电机组，用简单循环收入支付部分联合循环建设费用。但因简单循环效率低，当燃用价格较贵的燃料时，随后的联合循环部分建设并不能拖得太久。

(4) 多轴系配置的缺点是设备和系统较复杂，全厂的调节控制也较复杂，占地相对也较多。

(二) 单轴配置

1. 单轴配置的形式

随着大容量、高效率、高可靠性的燃气轮机投运，以 1 台燃气轮机轴向排气进入 1 台余热锅炉，燃气轮机冷端出轴和 1 台汽轮机共同拖动 1 台发电机运行的单轴“1 拖 1”配置形式（见图 1-8）日益广泛应用，目前国内投产的大部分 F 级燃气-蒸汽联合循环发电机组采用这种配置形式。

2. 单轴配置的特点

(1) 单轴“1+1”配置比多轴“1+1”配置节省设备投资；单轴配置时只需要 1 台容量较大的发电机、1 台主变压器、1 台高压厂用变压器和 1 套高压配电设备，机组启动时通过变频器向发电机提供变频交流电，发电机以同步电动机方式启动燃气轮机，取消了多轴配置时的启动电机，电气系统和设备得以简化。

(2) 燃气轮机和汽轮机可共用 1 套润滑油系统。机组的控制和运行也得到了简化。

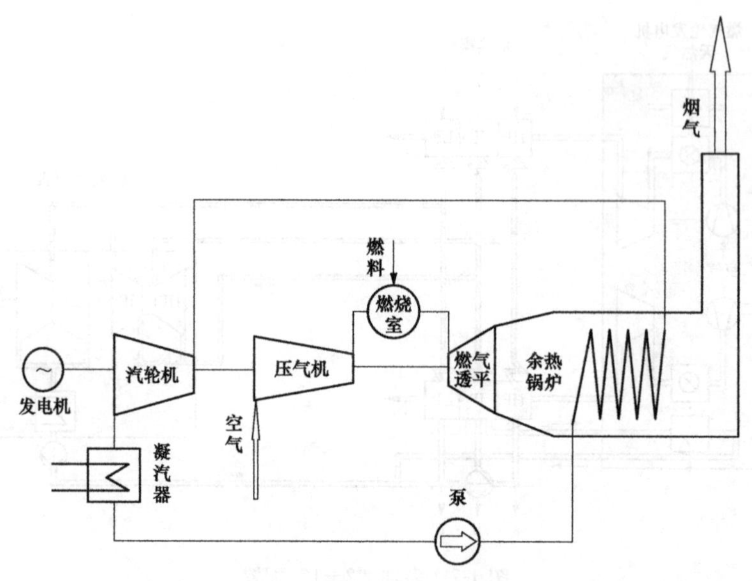

图 1-8　单轴“1+1”配置

(3) 若是在老厂中改造，有现成的启动蒸汽汽源，还可以直接利用汽轮机启动燃气轮机。

(4) 由于布置极为紧凑，汽水管道短捷，可安装在较小的厂房内，占地较少，对于老厂改造或扩建极为有利。

(5) 取消旁路烟囱，汽轮机故障时余热锅炉的蒸汽经 100%容量的旁路进入凝汽器。但余热锅炉不能停炉，必须随燃气轮机一道运行。

3. 单轴配置的两种方式

(1) 发电机尾置方式。以三菱重工 M701F 和 GE 公司 S109FA 为代表的燃气轮机+向下排汽的汽轮机+发电机的链接方式，简称发电机尾置方式，如图 1-9 所示。其中，三菱重工 M701F 单轴联合循环机组发电机尾置的轴系配置，如图 1-10 所示。

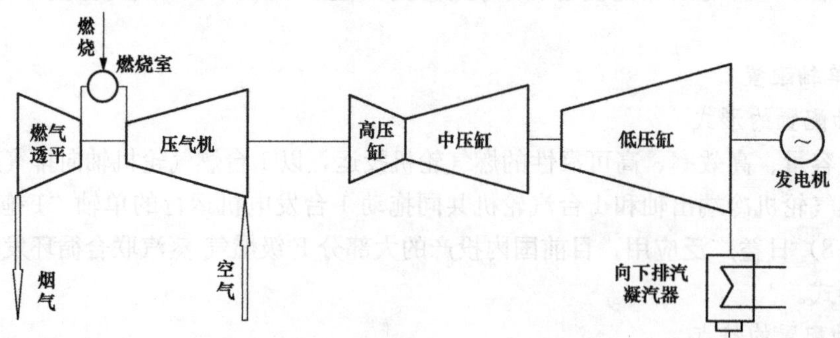

图 1-9　发电机尾置式的单轴布置

这种连接方式的优点是：发电机位于机组端部，发电机出线和检修时抽转子比较方便。缺点是：①汽轮机在中间，汽轮机向下排气使整套联合循环机组必须布置在较高的运转层上。②发电机只有当燃气轮机和汽轮机都安装完毕后才能投运，不利于安装周期较短的燃气

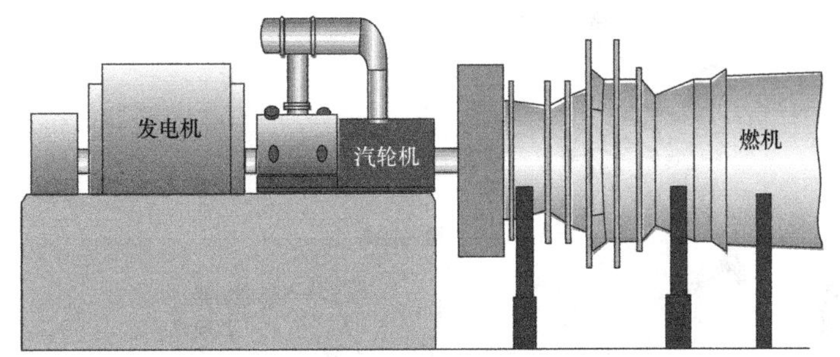

图 1-10　三菱公司 M701F 单轴联合循环机组发电机尾置的轴系配置

轮机及早投产发电。③运行中蒸汽系统出现故障时，燃气轮机仍拖着汽轮机空转，一方面汽轮机不能停机检修，另一方面叶片鼓风发热，还必须设置小的启动锅炉，产生辅助蒸汽通入汽缸进行冷却。④汽轮机正常启动时，也需辅助蒸汽汽源提供轴封汽和汽轮机一开始空转时汽缸所需的冷却蒸汽。当然，有多套单轴机组启动时，一般采用由运行中的机组供汽的辅助蒸汽联箱来提供辅助蒸汽。

（2）发电机中置方式。以 SIEMENS 公司 GUD1S. 94. 3A 和 ALSTOM 公司 KA26-1 为代表的燃气轮机＋发电机＋3S 离合器＋轴向排汽汽轮机的链接方式，简称发电机中置方式，如图 1-11 所示。其中，SIEMENS 公司 GUD1S. 94. 3A 发电机中置联合循环机组的轴系配置，如图 1-12 所示。

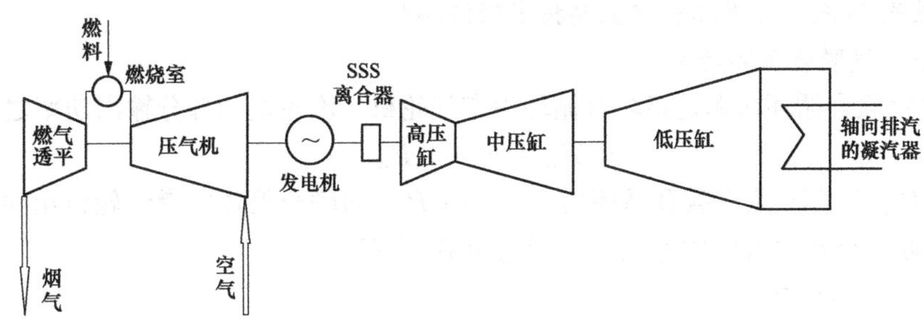

图 1-11　发电机中置式的单轴配置

这种连接方式的优缺点与前一种连接方式正好相反，优点是：①汽轮机位于端部，便于实行轴向排汽。整套联合循环机组可安装在位置较低且造价较低的板式基础上，厂房的高度也随之降低。②由于发电机和汽轮机间增加 3S 离合器，可在汽轮机安装完成前燃气轮机提前投产发电；在汽轮机故障停下来检修时不影响燃气轮机简单循环发电。③由于加装了离合器，优化了联合循环的启动工况。机组启动时，燃气轮机先按简单循环单独运行，同时排气进入余热锅炉，使余热锅炉的管簇不断升温，产生的低参数蒸汽用来对通往汽轮机的管道暖管。蒸汽参数达到冲转参数时，开始冲转汽轮机并进行暖机。汽轮机的转速升高到与发电机的转速相同时，离合器自动啮合，汽轮机就开始滑参数带负荷。

这种连接方式的缺点是：发电机置于燃气轮机和汽轮机中间，当发电机检修需要抽转子时必须横向平移发电机。ALSTOM 公司已配置了液压的发电机水平位移及复位装置。SIEMENS 公司的典型设计是在主厂房内配置起重量为 370t 的重型行车，将发电机整体吊开。

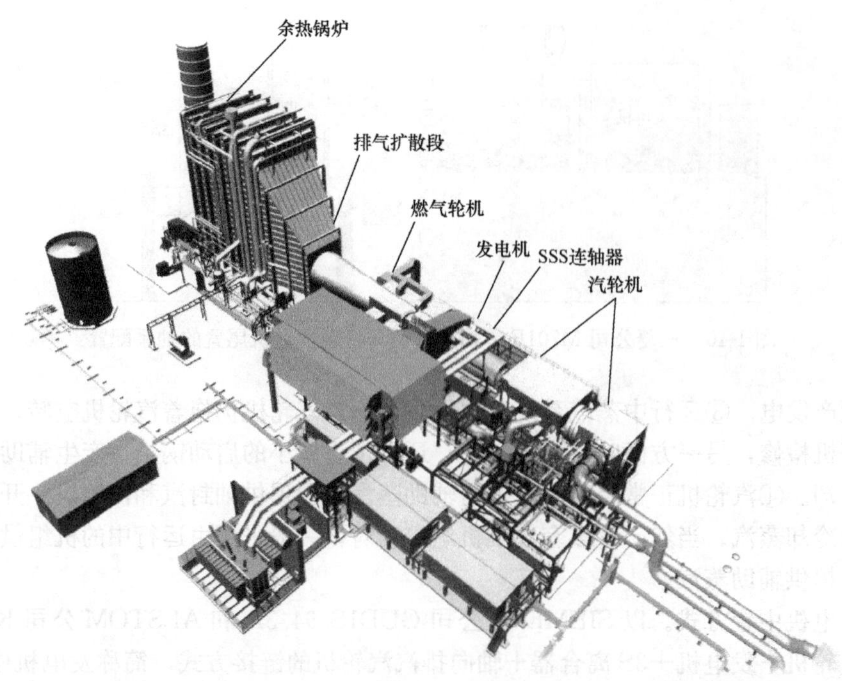

图 1-12 SIEMENS公司 GUD1S. 94. 3A 发电机中置联合循环机组轴系配置

三、燃气-蒸汽联合循环机组主要性能指标

(一) 燃气-蒸汽联合循环机组主要技术经济指标

1. 燃气-蒸汽联合循环功率

燃气-蒸汽联合循环功率是指联合循环中燃气轮机、汽轮机两部分输出功率之和，即

$$P_{cc}=P_{GT}+P_{ST}$$

式中：P_{cc} 为燃气-蒸汽联合循环功率，kW；P_{GT} 为联合循环中燃气轮机出线端电功率，kW；P_{ST} 为联合循环中汽轮发电机出线端电功率，kW。

2. 联合循环蒸燃功比

联合循环蒸燃功比是指联合循环中汽轮机所输出的功率占燃气轮机所输出功率的百分率，即

$$\zeta_{zr}=\frac{P_{ST}}{P_{GT}}\times 100$$

式中：ζ_{zr} 为联合循环蒸燃功比，%。

3. 联合循环蒸功百分率

联合循环蒸功百分率是指联合循环中汽轮机的输出占联合循环总功率的百分率，即

$$\lambda_{zg}=\frac{P_{ST}}{P_{cc}}\times 100$$

式中：λ_{zg} 为联合循环蒸功百分率，%。

4. 联合循环投入率

联合循环投入率是指多轴联合循环中当燃气轮机运行时，余热锅炉累计运行时间与燃气轮机累计运行时间的百分比（%），即

联合循环投入率=余热锅炉累计运行小时数/燃气轮机累计运行小时数×100

5. 联合循环热耗率

联合循环热耗率是指联合循环机组发电热耗量与其输出功率的比值，即

$$q_{cc}=\frac{3600G_fQ_{ar,net}}{P_{cc}}$$

式中：q_{cc}为联合循环的热耗率，kJ/(kWh)；G_f为燃料消耗量，kg/h；$Q_{ar,net}$为燃料低位发热量，kJ/kg。

6. 燃气-蒸汽联合循环热效率

燃气-蒸汽联合循环热效率是指联合循环发电机组发电量的相当热量与供给燃料热耗量的百分比，即

$$\eta_{cc}=\frac{P_{cc}}{G_fQ_{ar,net}}$$

由于联合循环将燃气轮机循环和汽轮机循环组合在一起，其效率还可以表示为

$$\eta_{cc}=\eta_{GT}+(1-\eta_{GT})\eta_{HRSG}\eta_{ST}$$

式中：η_{cc}为燃气-蒸汽联合循环的热效率，%；η_{GT}为燃气轮发电机组的热效率，%；η_{ST}为汽轮发电机组的热效率，%；η_{HRSG}为余热锅炉的当量热效率，%。

（二）影响联合循环机组性能的主要因素

联合循环机组性能与机组的设计、制造、安装及调试水平密切相关，同时受机组运行因素的影响。设计、制造、安装及调试水平是先天影响因素，决定了机组性能的大致水平；运行因素为后天影响因素，对机组性能的影响同样不可忽视，是电厂运行人员应重点关注的因素。

影响机组功率（出力）和效率的主要运行因素有环境温度、大气压力、大气相对湿度、汽轮机背压、汽水系统严密性、燃料成分、机组老化等。以下以惠州LNG电厂M701F型联合循环机组的性能修正曲线为例，简要说明机组出力和效率受运行因素影响的关系。

1. 环境温度

环境温度上升，空气密度减小，进入压气机的空气流量减小，燃气轮机出力降低，汽轮机出力也随着降低，因此，联合循环机组出力随大气温度升高而降低，反之亦然。

对燃气轮机来说，压气机耗功约占透平输出功率的2/3，直接影响燃气轮机效率的高低。环境温度升高，压气机进口温度就升高，在同样工况下，压气机功耗将升高，燃气轮机输出功率下降，导致燃气轮机效率下降。另一方面，当环境温度升高，燃气轮机排气温度升高，余热锅炉产生的主蒸汽温度升高，汽轮机效率升高。一般情况下，环境温度对燃气轮机效率和汽轮机效率影响恰好相反，环境温度对联合循环效率影响较小，基本维持不变。图1-13为环境温度对M701型联合循环机组出力和效率的修正曲线。

2. 大气压力

图1-14为大气压力对联合循环机组出力和效率的修正曲线。大气压力升高，空气密度增加，联合循环机组出力随大气压力升高而升高，反之亦然。联合循环机组效率受大气压力影响不大。

3. 相对湿度

图1-15为大气相对湿度对联合循环机组出力和效率的修正曲线。由图1-15可知，联合

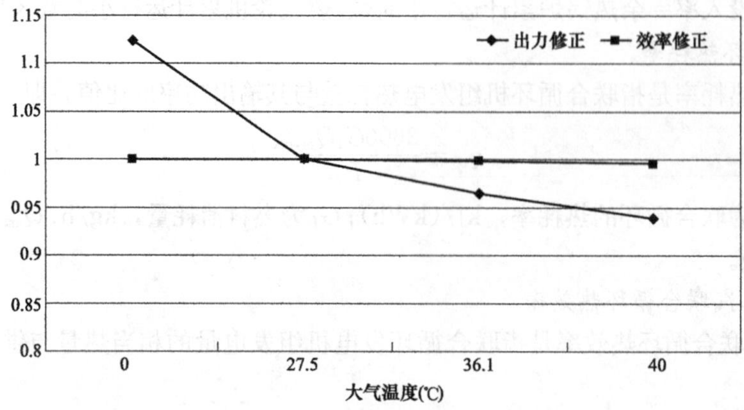

图 1-13　环境温度对联合循环机组出力和效率的修正曲线

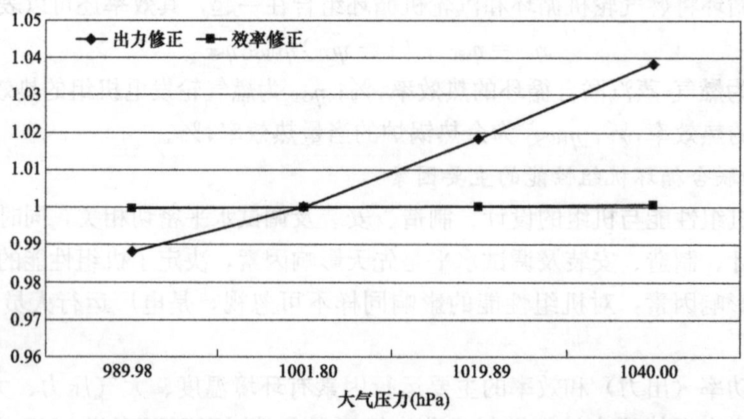

图 1-14　大气压力对联合循环机组出力和效率的修正曲线

循环机组出力随大气湿度升高而增加。大气湿度对联合循环机组效率几乎没有影响。

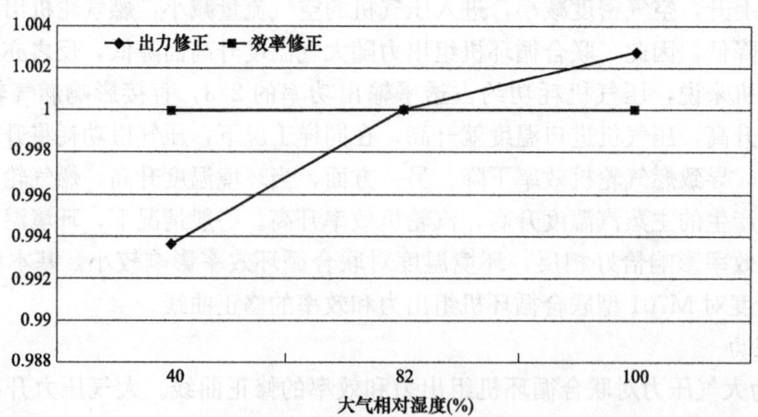

图 1-15　大气相对湿度对联合循环机组出力和效率的修正曲线

4. 汽轮机背压

由图 1-16 可知，汽轮机背压对机组出力和效率修正曲线重合。当汽轮机背压处于某一值时，机组出力和效率达到最大值。当汽轮机背压超过或低于该值时，机组出力和效率均逐渐降低。

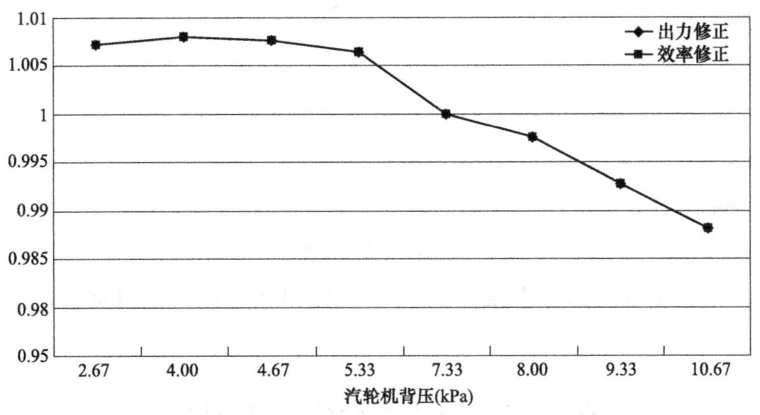

图 1-16 汽轮机背压对联合循环机组出力和效率的修正曲线

5. 燃料成分

图 1-17 为天然气成分对联合循环机组出力和效率的修正曲线。图 1-17 大致反映了 M701F 机组出力和效率随燃料碳氢比和低位发热量变化的关系。

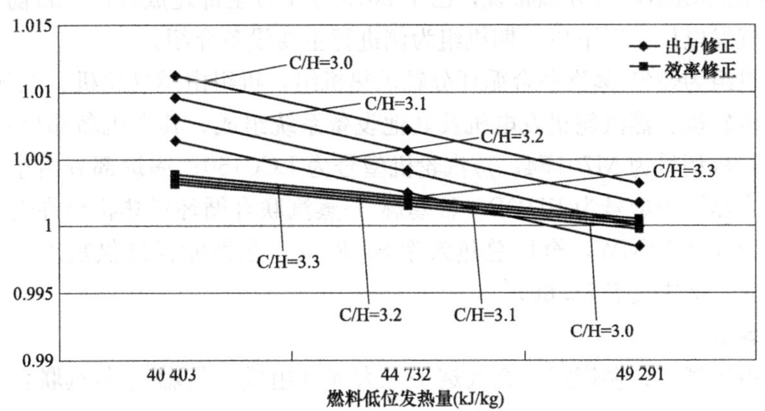

图 1-17 天然气成分对联合循环机组出力和效率的修正曲线

6. 汽水系统泄漏率

图 1-18 为汽水系统泄漏率对联合循环机组出力和效率的修正曲线。由图 1-18 可知，两条修正曲线重合，机组出力随着汽水系统泄漏率下降而上升，即机组严密性越好，机组出力越大，效率越高，反之亦然。

7. 机组老化

机组老化因素对机组出力和效率影响较大，机组运行时间越长，机组老化越严重，机组出力和效率下降越明显。

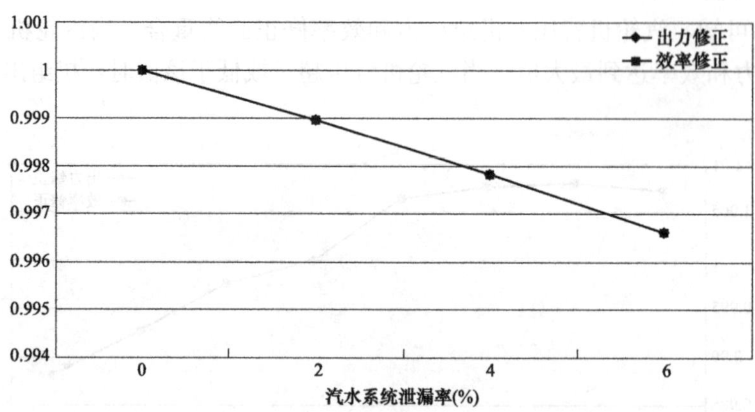

图 1-18　为天然气成分对联合循环机组出力和效率的修正曲线

第三节　M701F4 型联合循环机组设备介绍

惠州天然气发电厂位于广东惠州大亚湾石化区，是与广东大鹏液化天然气有限公司的澳大利亚 LNG 进口项目配套的四个燃机电厂之一。电厂首期建设了 3 套 390MW 级燃气-蒸汽联合循环机组，为单轴布置，已于 2007 年 6 月全部建成投产；二期建设了 3 套 460MW 级燃气-蒸汽联合循环机组，为分轴布置，已于 2019 年 1 月全部建成投产。目前是中国大陆地区最大的天然气发电厂。以下以二期机组为例进行主要设备介绍。

电厂二期机组为燃气-蒸汽联合循环分轴供热机组，机组由燃气轮机、燃气轮机发电机、余热锅炉、蒸汽轮机、蒸汽轮机发电机及其他设备系统组成。其中机岛部分由三菱/东方电气提供，燃气轮机型号为 M701F4、蒸汽轮机型号为 LCC150；锅炉部分由东方日立锅炉有限公司提供，余热锅炉型号为 BHDB。整套燃气-蒸汽联合循环供热机组在性能保证纯凝工况下，机组出力 454.74MW，全厂总热效率 57.87%；在性能保证供热工况下，机组出力 362.70MW，全厂总热效率 78.86%。

一、燃气轮机

燃气轮机由压气机、燃烧室、燃气透平三大部件组成，是燃气-蒸汽联合循环机组的核心部件。图 1-19 为燃气轮机结构示意图。

三菱 M701F4 型燃气轮机主要由带有进口可调导叶（IGV）的 17 级高效轴流式压气机、20 只环形布置的分管燃烧器的燃烧室、4 级反动式叶片的透平段组成。其额定功率为 312MW，燃气轮机循环热效率 39.3%。

压气机共 17 级，设计压比 18，设置进口可调导叶（IGV）和出口导叶（OGV），第 6 级、第 11 级和第 14 级分别设置抽气冷却和防喘放气阀。

在燃烧室周向布置了 20 个干式低 NO_x(DLN)、环管型燃烧器，每个燃烧器上有 16 个顶环喷嘴、8 个主燃料喷嘴和 1 个值班燃料喷嘴，燃烧器之间通过联焰管连接。每个燃烧器设置旁路阀，旁路阀将一部分压气机排气排入过渡段，以提高机组启动时的火焰稳定性，并在机组负载运行时维持要求的空燃比。

燃气透平共 4 级，第一级喷嘴入口温度约 1427℃。透平转子采用盘式啮合结构，在中空孔通入转子冷却空气，以冷却透平轮盘和动叶。1～4 级透平静叶冷却空气分别来自压气机出口、第 14 级抽气、第 11 级抽气和第 6 级抽气。

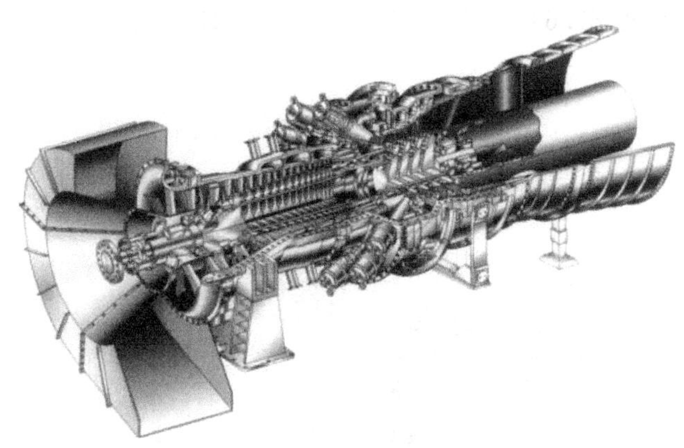

图 1-19 三菱 M701F4 燃气轮机结构示意图

二、蒸汽轮机

联合循环蒸汽轮机利用余热锅炉产生的蒸汽，将蒸汽热能转化成机械能，带动发电机做功，其结构及设计主要根据联合循环的特点，以适应机组快速启停的要求。

东方电气 LCC150-13.2/3.0/1.5/566/56 型汽轮机是一台三压、再热、双缸、向下排汽抽凝供热汽轮机，具有高运行效率和高安全可靠性。高压（HP）和中压（IP）合缸，低压缸对称分流，均为冲动式汽轮机。汽轮机额定出力 150MW。图 1-20 为三压再热双缸向下排汽的汽轮机结构示意图。

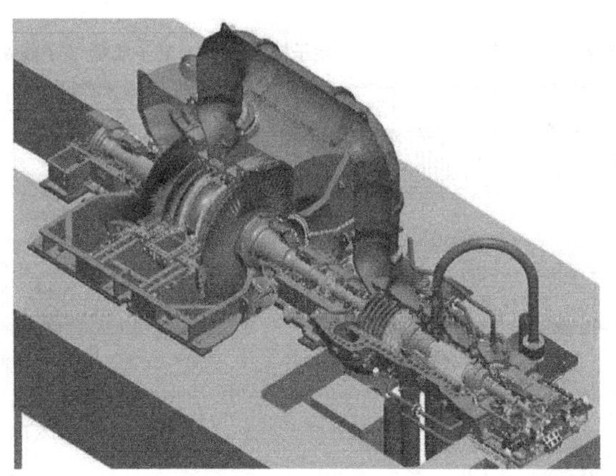

图 1-20 三压再热双缸向下排汽的汽轮机结构示意图

三、余热锅炉

余热锅炉（heat recovery steam generator，HRSG）。它是燃气-蒸汽联合循环机组的重要组成部分。其工作原理是通过布置大量的换热管（通常采用螺旋鳍片管）来吸收燃气轮机排气的余热，产生蒸汽用于发电，供热及其他工艺用汽。

东方日立 BHDB-M701F4-Q1 型余热锅炉为卧式、三压、再热、无补燃、自然循环、露天布置汽包炉。余热锅炉受热面沿烟气方向分 6 个模块，沿锅炉宽度方向分 3 个模块。余热锅炉设计进口烟气温度 608℃，性能保证纯凝工况下排烟温度 87.6℃，效率 86.43%；性能保证供热工况下排烟温度 87.6℃，效率 86.43%。图 1-21 为三压卧式余热锅炉结构示意图。

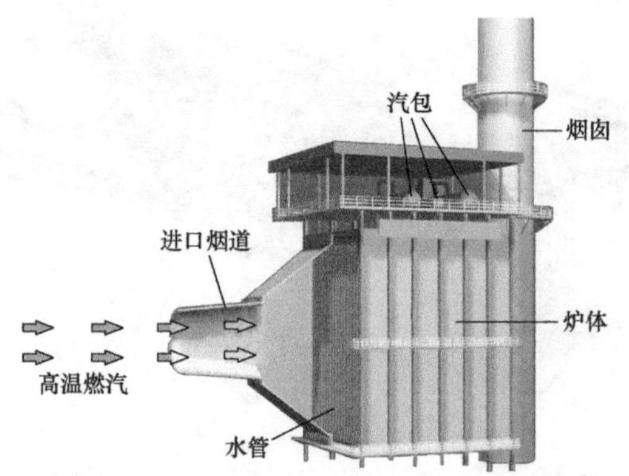

图 1-21　三压卧式余热锅炉结构示意图

四、发电机

发电机的作用是将燃气轮机和蒸汽轮机的机械能转化成电能。联合循环发电机与常规燃煤机组发电机类似，主要区别在于燃气轮机机组启动时，需用发电机作为启动电机。

电厂二期燃气轮机发电机和蒸汽轮机发电机都由东方电机厂供货，其中燃机发电机型号为 QFR-320-2，铭牌额定容量 396MVA，采用全氢冷，自并励静态励磁。蒸汽轮机发电机型号为 QF-150-2-15.75，铭牌额定容量 176.5MVA，采用全空冷，自并励静态励磁。图 1-22 为燃气轮机发电机结构示意图。

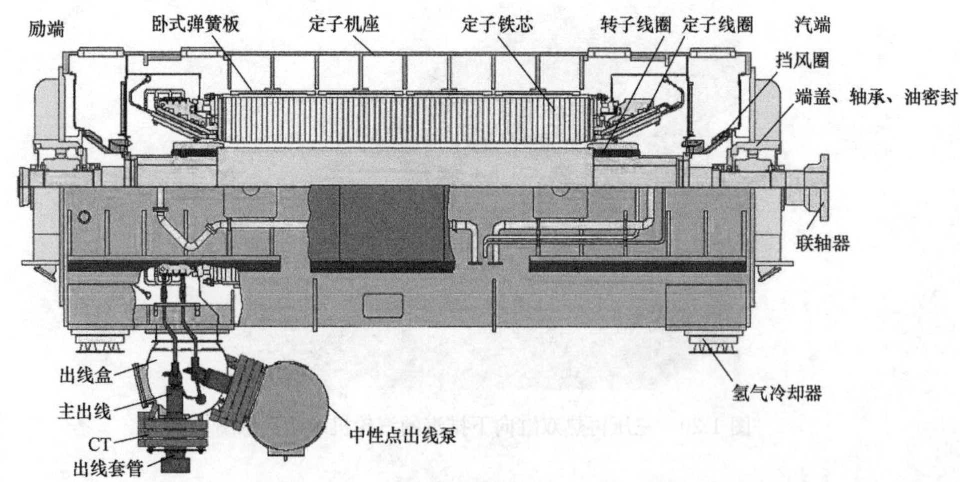

图 1-22　燃气轮机发电机结构示意图

五、其他辅助设备

联合循环发电系统是一个复杂的工业系统，除了上述几大主要设备外，还有一些辅助设备和系统，主要包括变压器、开关、管道、电缆、阀门，以及润滑、冷却、控制、保护系统等。

第二章

基础理论知识

第一节 概　　述

燃气-蒸汽联合循环中的主要设备燃气轮机和蒸汽轮机是一种动力机械，它们把热能部分地转化为机械能，其工作过程和特性与工质在设备中完成的热力学过程、热能的传递过程密切相关。从学科的角度来说，它们受到工程热力学、传热学、流体力学、空气动力学等基本规律的控制，为了掌握联合循环燃气轮机和蒸汽轮机的工作原理，必须具备这些学科的基本知识。其中工程热力学、传热学是基础，流体力学和空气动力学是必备的专业知识。

本章只概要性地介绍工程热力学和传热学方面的最基本的理论知识，以便为读者进一步学习联合循环热能与动力方面的知识奠定基础。对于有关流体力学和空气动力学方面的知识，可参考学习相关方面的书籍。

第二节 工程热力学基础知识

工程热力学的对象是热功转换的规律和方法，以及提高转换效率的途径。

工程热力学采用宏观研究方法，同时也引用气体分子运行学说和统计热力学的基本观点及其研究成果。工程热力学普遍采用抽象、概括、理想化和简化的方法，突出共性，略去细节，以突出事物的本质，抓住主要矛盾。本书所介绍的内容中均使用国际单位制。

一、工质的状态参数

一般来说，各类热机都是采用气态物质用为热功转换过程的媒介物，把这种媒介物称为工质。工质在热力设备中，必须通过吸热、膨胀、排热等过程才能完成将热转化为功的工作。在这些过程中，工质的物理特性即其宏观的物理状况随时在变化。把工质在热力变化过程中的某一瞬间所呈现的宏观物理状况称为工质的热力学状态，简称状态。工质的状态通常用一些宏观物理量来描述，热力学中常用于描述工质状态的这些宏观物理量，称为状态参数，通常为压力、温度、比体积等参数。

压力、温度、比体积这三个描述工质状态的物理量通称为工质状态的三个基本参数。

（一）压力

压力的测量通常用压力计。由于压力计本身处于大气压力下，因此，压力计的测量值（即压力计的读数）是工质的真实压力与大气压力之差，该差值称为表压力，记作 p_g。工质的真实压力即绝对压力记为 p，它与表压力 p_g 和大气压力 p_a 之间的关系为

$$p = p_a + p_g \tag{2-1}$$

有时工质的压力低于大气压力，这一低下去的压力差值部分称为“真空”或“负压”，用 p_v 表示，这样，当工质压力低于大气压力时，$p = p_a - p_v$。

必须注意，作为工质状态参数的压力只能是绝对压力。绝对压力、表压力、真空和大气压力之间的关系，如图 2-1 所示。

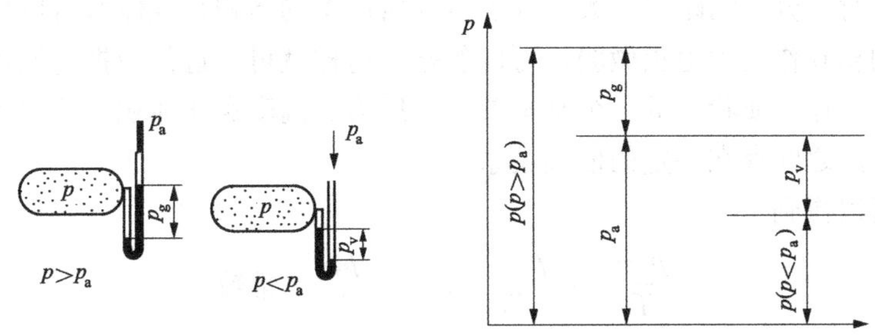

图 2-1　工质绝对压力、表压力、真空和大气压力之间的关系

国际单位制中压力的单位采用牛/米^2（N/m^2），即 $1m^2$ 面积上作用 1N 的力，称为帕斯卡，符号为帕（Pa）。

压力还可以用液柱的高度表示，常用的有水柱和水银柱。根据压力测量设备液柱的高度，可以计算出其他单位表示的压力，即

$$p = \gamma \cdot h = \rho \cdot g \cdot h \tag{2-2}$$

式中：γ 为流体的重度，即单位体积工质的重量，N/m^3；h 为液柱的高度，m；ρ 为密度，即单位体积工质的质量，kg/m^3；g 为重力加速度，m/s^2。

（二）温度

温度是标志物体冷热程度的物理量，它可以用温度计测量。

国际单位制中，热力学温度是七个基本单位量之一，用符号 T 表示，单位名称是开尔文，符号为 K（开）。按照国际单位制的规定，将水的三相点温度即水的固相、液相、气相平衡共存的状态点作为单一基准点，并规定该点的温度为 273.16K。因此热力学温度单位“开尔文”是水的三相点温度的 1/273.16。

工程上还常用摄氏温标，它规定在标准大气压下纯水的冰点是 0℃，沸点是 100℃。℃是摄氏温度单位的符号。摄氏温度用 t 表示，它与热力学温度开尔文的关系为

$$t = T - 273.15 \tag{2-3}$$

由式（2-3）可知，t—0℃时，T—273.15K。由此可知，水的三相点温度为 0.01℃。

摄氏温度与热力学温度的温度间隔完全相同，只是起点不同，在一般工程应用中，取 $t = T - 273$，这样就足够准确了。热力学温度又称为绝对温度。绝对温度零度即为−273℃。

（三）比体积

单位质量物质所占的体积称为比体积，其单位为 m^3/kg，用符号 v 表示。

根据定义，如果物质的质量为 m，体积为 V，则比体积 v 为

$$v = V/G \tag{2-4}$$

单位体积内物质的质量称为密度，用符号 ρ 表示，单位为 kg/m^3，表达式为

$$\rho = G/V \tag{2-5}$$

比体积和密度互为倒数，即 $\rho \times v=1$。因此，它们二者不是互相独立的参数，知道其中一个，就可以求出另一个。

二、理想气体的状态方程

所谓理想气体是指这样一种假想气体：它的分子是不占有容积的质点，分子之间也不存在相互作用力。这种气体当然并不存在。但是对于工程上常遇到的一些气体，当压力不太高、温度不太低时，分子间距离较大，分子本身所占据的体积与气体所占体积相比是非常小的，且分子间的相互作用力也很微弱，可以忽略，这样就可以近似地把它们当作理想气体。

前面介绍了描述工质状态的三个基本参数：压力、温度和比体积。这三个参数不是互相独立的，而是彼此之间存在一定的依赖关系。

根据实验可以得到

$$\frac{p_1 v_1}{T_1}=\frac{p_2 v_2}{T_2}=\cdots=\frac{pv}{T}=\text{常数}$$

若将该常数记作 R，就得到

$$pv=RT \tag{2-6}$$

式中：R 为气体常数。R 随气体种类不同而异。国际单位制中，R 的单位是 J/(kg·K)。

式（2-6）是理想气体的状态方程。它将三个状态参数压力、温度和比体积联系了起来，知道其中两个参数，就可以唯一地确定出第三个参数。

如果气体的质量为 G，其所占据的体积为 V，则由 $V=mv$ 可得

$$pV=mRT \tag{2-7}$$

在有关理想气体性质的计算中，采用“千摩尔”（kmol）作为物质量的计量单位是很方便的。根据阿伏伽德罗定律可以得出，各种气体的千摩尔气体常数 R_m 都是一样的，为 $R_m=8\,314.3$J/(kmol·K)，称为“通用气体常数”。因此，只要知道了某种气体的分子量 M_r，就可以求出它的气体常数 R，即

$$R=R_m/M_r\ [\mathrm{J/(kg\cdot K)}] \tag{2-8}$$

三、功和热量

热力学是研究热功转换和工质状态变化的。为了弄清功热转换关系，下面先对一些基本概念加以说明。

（一）体系（系统）

如图 2-2 所示，体系就是热力学系统，也就是分析研究的对象。热力学中常把分析的对象从周围物体中分割出来，研究它通过分界面与周围物体之间热能和机械能的传递，这就是热力学系统，而其周围的物体统称为外界。系统与其外界的分界面称为边界。

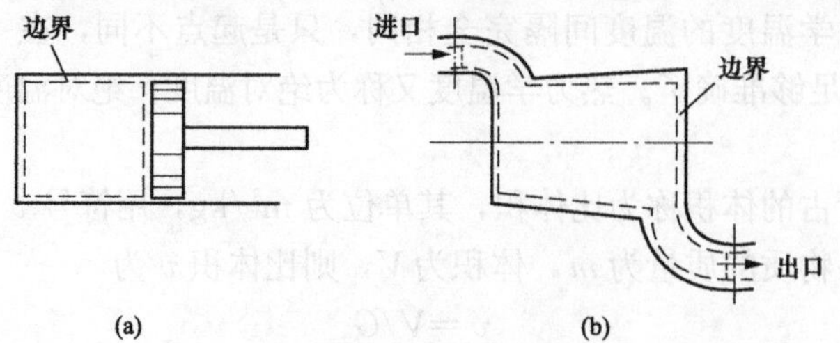

图 2-2 体系（系统）
（a）闭口系统；（b）开口系统

根据热力学系统和外界之间是否有物质的交换，可将热力系统分为开口系统和闭口系统。一个热力系统如果和外界只有热或功的交换而没有物质的交换，则该系统称为闭口系统。如果热力系统与外界不仅有能量交换而且有物质的交换，则该系统称为开口系统。因此，开口系统又称为控制容积或控制体。

（二）推进功

开口系统中，工质流进与流出系统必然与功的交换相关联。这个推着工质进入或流出设备的功，称之为推进功。因为这个功只是当工质流动时才存在，所以又称为流动功。

图 2-3 为推进功的推导示意图，在该控制体的工质进口截面上，压力为 p_1，比体积为 v_1，截面积为 A_1，流速为 c_1。在时间间隔 $\Delta\tau$ 内，通过进口截面进入体系的容积为

$$\Delta V_1 = A_1 c_1 \Delta\tau = A_1 \Delta x_1$$

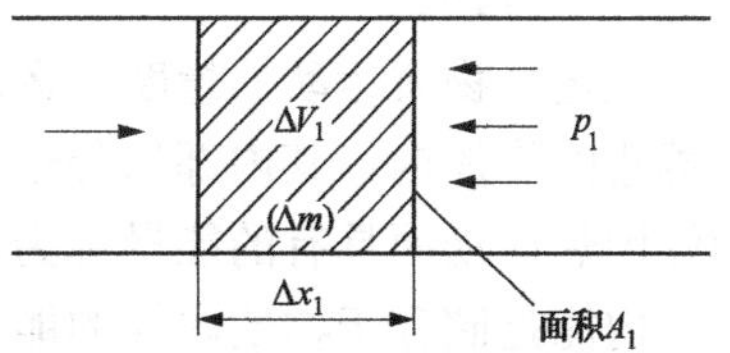

图 2-3 推进功的推导

显然，这一容积的气体所以能进入系统，是由于它上游的气体推动它的结果。上游气体推动这部分气体所做的功为

$$p_1 A_1 \Delta x_1 = p_1 \Delta V_1$$

因此随着这部分气体越过边界进入体系，外界就通过边界向系统输入了 $p_1\Delta V_1$ 的功。对于流入系统的 1kg 气体，其体积就是比体积 v_1，因此外界对 1kg 气体所做的推进功为 p_1v_1。

同样，在系统出口边界上，系统对 1kg 气体的推进功为 p_2v_2。

（三）热量

工质燃烧过程中所产生的热量，都会遇到与外界发生热量交换的问题，因此需要对热量进行计算。

在工程上，热量的计算是引用比热容这个概念来进行的。

物体温度每升高 1K 所需要的热量叫热容。单位物量的物体温度升高 1K 所需要的热量叫比热容，用符号 c 表示。

在国际单位制中，功的单位是焦耳（J）或千焦耳（kJ）。这样，热量的单位就是焦耳（J）或千焦耳（kJ）。

根据比热容的定义可知，比热容的单位是 J/(kg·K) 或者 kJ/(kg·K)。

Gkg 的工质，温度由 t_1 升高至 t_2 时，所需吸收的热量

$$Q = Gc(t_2 - t_1) \tag{2-9}$$

试验表明，工质的比热容通常不是一个恒定的常数，它与工质的性质、热量交换的具体过程及工质温度的变化范围有关。

定压过程和定容过程这两种情况下，纵使工质的种类相同，质量相同，温度变化范围也相同，但它们吸收的热量不同。

定压过程中工质的比热容即比定压热容，用 c_p 表示，定容过程中工质的比热容即比定容热容，用 c_v 表示，通过实验可以知道 $c_p > c_v$。

而比定压热容与比定容热容的比值为

$$k = c_p / c_v \tag{2-10}$$

式中：k 为比热容比。

在热力学中，比定压热容 c_p、比定容热容 c_v 和比热容比 k 具有特别重要的意义，工作中会经常用到。

四、热力学第一定律

热力学第一定律是普遍的能量守恒与转化定律在热现象上的应用。它指出：自然界中的一切物质都具有能量，能量不可能被创造，也不可能被消灭；但能量可以从一种形态转变为另一种形态；在能量的转化过程中，一定量的一种形态的能量总是确定地相应于一定量的另一种形态的能量，能的总量保持不变。

（一）内能

能量是物质运动的量度，运动有各种不同的形态，相应地就有各种不同的能量。在宏观上静止的物体内，其内部的分子、原子等微粒仍处在不同的运动之中，这种运动叫热运动，物体因热运动而具有的能量称为内能。

内能是储存于物质内部的能量，内能的量值取决于物体内部微观热运动的状态。对于气体，它的内能包括：

(1) 分子的移动动能。

(2) 分子的转动动能。

(3) 分子内部和振动动能。

(4) 分子间由于具有相互作用力而产生的分子间的位能——分子的内位能。

对于理想气体，其内能只与温度有关。对于实际气体，其内能取决于气体的温度和比体积。由于温度和比体积是工质的基本状态参数，因此，内能是工质状态的函数。

内能的符号是 U，1kg 工质的内能用 u 表示。

工质的内能是无法直接测定的，也没有必要去确定内能的绝对数值。工程中感兴趣的是工质从一个状态变化到另一个状态时内能的变化，即两种状态下内能的差值。因此可以人为地规定一个内能的零点。对于理想气体，通常规定热力学温度零度（0K）时工质的内能为零，有时也以 0℃时的内能值为零。规定了内能零点后，可以根据计算或实验求出各不同温度下气体的内能，做成表格供查用。查表时应注意该表零点的取法。

（二）热力学第一定律应用于闭口系统中的表达式

根据能量守恒，外界加给系统内工质的热量，等于工质的内能增加和对外界所做的功，对于单位质量的工质，即

$$q = \Delta u + w_1 \tag{2-11}$$

对于无损失的可逆过程，对外界的功可表示为

$$w_1 = \int p \mathrm{d}v \tag{2-12}$$

由表达式可知，这个功是由于闭口系统体积的变化所产生的，因此称为膨胀功。由定积分可知，在 p-v 图上，膨胀功就是可逆过程曲线与横轴所围的面积，因此 p-v 图又称为示功图。

（三）动能

流动工质具有一定的速度，因此就具有一定的动能，$E_k = mc^2/2$，m 表示物体的质量。对于 1kg 工质，其动能即为 $c^2/2$(J/kg)。

（四）热力学第一定律应用于开口系统——稳定流动能量方程

所谓稳定流动，是指热力系统在任何截面上工质的一切参数都不随时间而变。稳定流动

的条件是：进、出口处工质的状态不随时间而变；进、出口处工质流量相等且不随时间而变，满足质量守恒条件；系统与外界交换的热和功等一切能量不随时间而变，满足能量守恒条件。

1. 稳定流动能量方程式

图 2-4 是一个开口系统的示意图。在该开口系统中，有工质流入、流出系统，与此同时，随工质的流入和流出也同时发生着工质带进、带出能量，在系统与外界之间，还发生着功量与热量的交换。

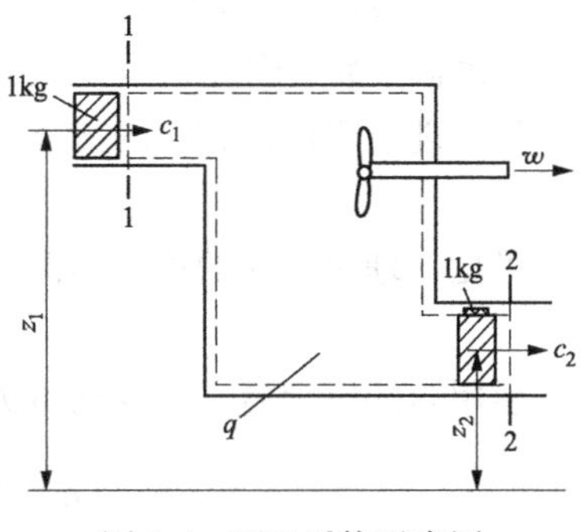

图 2-4　开口系统示意图

考虑稳定流动的情况，在该控制体内，既不会有能量的积聚，也不会有能量的减少，因而系统的能量是不变的。

为了使问题简化，假定流进、流出系统的工质为 1kg。

已知进口截面上，工质的流速为 c_1，状态参数为 p_1、v_1 和 T_1。出口截面上流速为 c_2，工质状态参数为 p_2、v_2 和 T_2。

工质流入系统时带进的能量有下述几项：工质的内能 u_1；工质由于具有流速而带有的动能 $c_1{}^2/2$；工质由于占有一定高度而具有的势能 gz_1；工质流入时受其上游流体所做的推进功 p_1v_1。

这样，对于流入系统的 1kg 工质，随着它的流入，系统获得的能量为

$$e_1 = u_1 + \frac{1}{2}c_1^2 + gz_1 + p_1v_1 \tag{2-13}$$

同理，1kg 工质流出体系时带出的能量为

$$e_2 = u_2 + \frac{1}{2}c_2^2 + gz_2 + p_2v_2$$

另外，设 1kg 工质流经系统时从外界吸入的热量为 q，对外界所做的功为 w，根据稳定流动的条件，有

$$e_1 = u_1 + \frac{1}{2}c_1^2 + gz_1 + p_1v_1 = e_2 = u_2 + \frac{1}{2}c_2^2 + gz_2 + p_2v_2 + w$$

移项整理后可得

$$q = (u_2 - u_1) + \frac{1}{2}(c_2^2 - c_1^2) + g(z_2 - z_1) + (p_2v_2 - p_1v_1) + w \tag{2-14}$$

式（2-14）就是稳定流动能量方程，它是热力学第一定律应用于开口系统的具体形式。

当工质为流体时，比如水轮机用水作为工质的情况，重力势能 gz 一项很大，不能忽略。当工质为气体时，由于气体的比体积很大，即密度很小，工质流经热力设备时，其所处高度的差别也很小，因此重力势能 gz 一项与其他各项相比很小，通常可以忽略。

2. 焓

在分析开口系统时可以看到，当工质发生流动时，必然存在推进功 pv，同时工质必然具有一定的内能，因此对于流动工质，u 和 pv 就是同时存在的，为了计算方便，把这两种能量合并在一起，称为“焓”，1kg 工质的焓用 h 表示，表达式为

$$h = u + pv \tag{2-15}$$

任意质量工质的焓用大写字母 H 表示，即

$$H = U + pV \tag{2-16}$$

式（2-15）就是焓的定义式。容易看出，焓的单位与内能相同，即 J/kg。由于 u、p、v 都是状态参数，因此 h 也是状态参数。

对于理想气体而言，内能 u 只是温度 T 的单值函数，而 $pv = RT$，因此，有

$$h = u + pv = u(T) + RT$$

可见，理想气体的焓只是温度 T 的函数，即

$$h = h(T)$$

引用焓的概念后，若忽略重力，式（2-14）可以简化为

$$q = (h_2 - h_1) + \frac{1}{2}(c_2^2 - c_1^2) + w \tag{2-17}$$

3. 滞止参数

热力设备中工质总是流动着的，因此焓 h 和 c 速度总是同时存在的，对于气体来说，$h + c^2/2$ 就表示流动工质所携带的总能量。

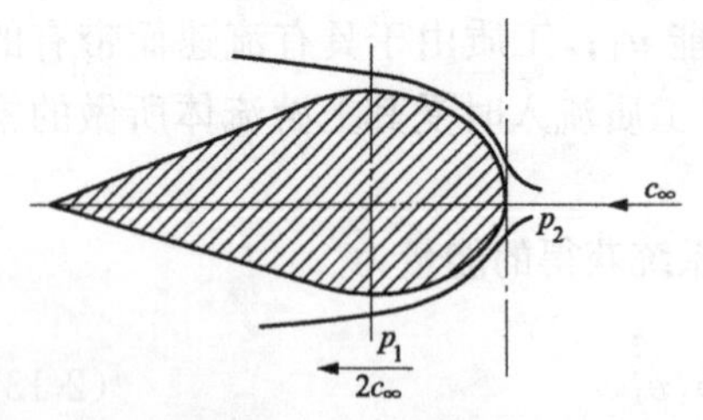

图 2-5　流动的滞止

当流速为气流流经如图 2-5 所示的障碍物时，在正对着来流方向的那一点，流动工质就会由于受到阻碍而速度下降为零，这种现象称为滞止现象。

显然，在上述滞止现象中，工质与外界没有发生热量与功量的交换，因而气流滞止前后的总能量应当相等，滞止点上流速变为零，根据稳定流动能量方程，此时 $q = 0$，$w = 0$，$c_2 = 0$，因此由式（2-17）可得

$$h_2 = h_1 + \frac{1}{2}c_1^2$$

当气流被滞止时，气流的动能转变为气流焓值的增加。滞止状态时气流的参数称为滞止参数或总参数。总参数通常用相应静参数的符号上加一个上标 * 表示，即

$$h^* = h + \frac{1}{2}c^2 \tag{2-18}$$

引用总焓的概念后，稳定流动能量方程可以进一步简化为

$$q = h_2^* - h_1^* + w \tag{2-19}$$

如果系统与外界没有热量交换，这样的过程称为绝热过程，此时 $q = 0$，于是有

$$w = h_1^* - h_2^* \tag{2-20}$$

即总焓的减少转变为对外做功。

如果系统与外界没有功的交换，则 $w = 0$，此时有

$$q = h_2^* - h_1^* \tag{2-21}$$

即外界加给工质的热量全部转变为工质总焓的增加。这一过程称为绝功过程。

如果系统与外界既没有热量的交换，也没有功的交换，这样一个过程称为绝热绝功过程，亦即绝能过程，则此时有

$$h_2^* = h_1^* \tag{2-22}$$

即气流的总焓不变。

五、理想气体的热力过程

工程热力学中把实际热力设备中的各种过程近似地概括为几种典型的过程，即定容、定压、定温、绝热等过程。同时，为了使总式简化，不考虑实际过程中的能量损失而作为可逆过程对待，工质看作理想气体。这种简化使得我们可以用较简单的热力学方法给予分析计算。

为了突出研究过程中热能与机械能转换这一核心问题，下面重点讨论闭口系统。

（一）定容过程

定容过程即气体在状态变化过程中体积不变的过程，即比体积保持不变。其过程方程为

$$v = 常数 \tag{2-23}$$

过程中状态参数之间的关系，根据理想气体的状态方程，有

$$p/T = 常数 \tag{2-24}$$

即

$$p_2/p_1 = T_2/T_1 \tag{2-25}$$

式（2-25）即说明定容过程中气体的压力与绝对温度成正比。

在此过程中，加给气体的热量全部转变为气体的内能，即

$$q = \Delta u = u_2 - u_1 \tag{2-26}$$

引用比定容热容，定容过程中的热量还可以表示为

$$q = c_v(t_2 - t_1) = c_v(T_2 - T_1) = u_2 - u_1 \tag{2-27}$$

工质的内能只是状态的函数，而与过程无关。因此，两个状态之间工质内能之差也只取决于这两个状态，而与这两个状态之间连接一个什么样的过程无关。所以，上边得到的式（2-27）尽管是由定容过程得出的，但它对于定比热容理想气体具有普遍意义。

（二）定压过程

定压过程是工质在状态变化过程中压力保持不变的过程，其过程方程为

$$p = 常数 \tag{2-28}$$

过程中状态参数间的关系为

$$v/T = 常数 \tag{2-29}$$

即

$$v_2/v_1 = T_2/T_1 \tag{2-30}$$

定压过程中工质的比体积与绝对温度成正比。

根据热力学第一定律，可得定压过程中的热量为

$$q = u_2 - u_1 + p(v_2 - v_1) = h_2 - h_1 \tag{2-31}$$

即定压过程中工质吸收的热量等于其焓增，或放出的热量等于其焓降。

引用比定压热容 c_p，则定压过程的热量为

$$q = c_p(t_2 - t_1) = c_p(T_2 - T_1) = h_2 - h_1 \tag{2-32}$$

既然焓只是状态的函数，因此在求定比热容理想气体的焓差时，虽然式（2-32）是由定压过程得出的，但它对于定比热容理想气体具有普遍意义。对于任何过程，定比热容理想气体的焓差均可由下式求得，即

$$\Delta h = h_2 - h_1 = c_p(t_2 - t_1) \tag{2-33}$$

由 $q = u_2 - u_1 + p(v_2 - v_1) = c_v(t_2 - t_1) + R(T_2 - T_1) = (c_v + R)(T_2 - T_1)$

可知

$$c_p = c_v + R \tag{2-34}$$

比定压热容与比定容热容之比 $\gamma = c_p / c_v$，结合式（2-34）可得

$$c_v = \frac{R}{\gamma - 1}$$

$$c_p = \frac{\gamma R}{\gamma - 1} \tag{2-35}$$

（三）定温过程

工质在状态变化过程中温度介质不变的过程称为定温过程，它的过程方程为

$$T = 常数 \tag{2-36}$$

将这一关系结合状态方程 $pV = RT$，可得理想气体定温过程中状态参数间的变化关系为

$$pv = 常数 \tag{2-37}$$

$$p_1 v_1 = p_2 v_2 \tag{2-38}$$

即理想气体温度不变时，压力和比体积互成反比。

（四）绝热过程

绝热过程是状态变化过程中任何一段微元过程中工质与外界都不发生热量交换，并且工质内部相互之间不发生热量传递的过程。因此在过程进行的任何一个微元过程中，恒有

$$\mathrm{d}q = 0 \tag{2-39}$$

整个过程中工质与外界交换的热量当然也为零，即

$$q = 0 \tag{2-40}$$

对于理想气体的可逆绝热过程，可以推得

$$pv^{\gamma} = 常数 \tag{2-41}$$

这就是理想绝热过程的方程式。γ 就是比热容比。由于 γ 是绝热过程方程式的指数，故又称其为绝热指数。

绝热过程初、终态参数的关系可由状态方程及绝热过程方程式求得。

因为 $$p_1 v_1^{\gamma} = p_2 v_2^{\gamma} = pv^{\gamma} = 常数$$

从而

$$\frac{p_2}{p_1} = \left(\frac{v_1}{v_2}\right)^{\gamma} \tag{2-42}$$

考虑状态方程可得

$$\frac{T_2}{T_1} = \left(\frac{v_1}{v_2}\right)^{\gamma-1} \tag{2-43}$$

和

$$\frac{T_2}{T_1} = \left(\frac{p_2}{p_1}\right)^{\frac{\gamma-1}{\gamma}} \tag{2-44}$$

应用式（2-42）～式（2-44）三个关系式，就可以根据相应的已知条件确定其他参数。

下面简单讨论一下开口系统绝热过程中的功。

根据稳定流动能量方程，在绝热过程中，工质对设备所能做的功为

$$w = h_1^* - h_2^* = (h_1 - h_2) + \frac{1}{2}(c_1^2 - c_2^2)$$

如果忽略流速项，则有

$$w = h_1 - h_2 \tag{2-45}$$

这表明，工质在绝热过程中所做的功等于焓降。式（2-45）对理想过程和实际过程都是适用的。对于定比热容理想气体，有

$$w = c_p(T_1 - T_2) = \frac{\gamma R}{\gamma - 1}(T_1 - T_2) = \frac{1}{\gamma - 1}(p_1 v_1 - p_2 v_2)$$

$$= \frac{\gamma R T_1}{\gamma - 1}\left(1 - \frac{T_2}{T_1}\right) = \frac{\gamma R T_1}{\gamma - 1}\left[1 - \left(\frac{p_2}{p_1}\right)^{\frac{\gamma-1}{\gamma}}\right] \tag{2-46}$$

（五）多变过程

前面讨论的是几种特殊过程，状态变化过程中某一个状态参数保持不变，或者在过程中与外界没有热量交换。实际热机中有些过程所有参数都有明显变化，而且与外界交换的热量也不算小，因而难以忽略。这类过程理论上难以分析，但其过程特性可通过实验确定。实验表明，许多过程的 p-v 关系比较接近指数方程式，如取 1kg 工质来研究，过程方程式为

$$pv^n = 常数 \tag{2-47}$$

热力学中将符合式（2-47）的状态变化过程称为多变过程，n 称为多变指数。

（六）过程综述

将上面讨论的定温、定压、定容、绝热四个基本过程画在同一个压容图上。如图 2-6 所示。这四种基本过程都可看作是多变过程的特例。

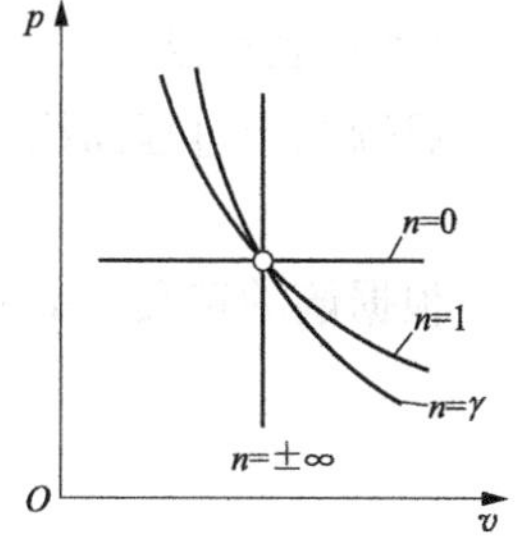

图 2-6　基本热力过程

对定温过程，$pv=$常数，即 $n=1$，所以多变指数 $n=1$ 的多变过程即为定温过程。

对定压过程，$p=$常数，即 $n=0$。

对绝热过程，$pv^{\gamma}=$常数，即 $n=\gamma$。

对定容过程，$v=$常数。多变过程方程可以写作 $p^{1/n}v=$常数。故定容过程中 p 的指数为 0，这相当于 $n \to \infty$ 的情况。

因此可以说，定容过程的多变指数 $n \to \infty$ 。

从图 2-5 可以看出，多变指数 n 在坐标图上的分布是有规律的。由 $m=0$ 开始沿顺时针方向，n 逐渐增大，由 $n \to 1 \to \gamma \to \infty$。因此对于任何一个多变过程，只要知道其多变指数，就能确定过程线在 p-v 图上的位置。

六、热力学第二定律

热功转换过程中，燃料发出的热量能不能全部转化为机械功呢？几百年来大量热机的运行实践和各种热力学实验都证明，这是不可能的。任何热机的热效率都不可能达到 100%。工质在把所吸收的热量部分转化为机械功的同时，必须对外部环境放出部分热量。通常把工质从中吸取热量的物体称为热源，或称高温热源；而把接受工质排出热能的物体称为冷源，或称为低温热源。因此，热动力装置的工作过程就是工质从高温热源吸取热能，将其中一部分转化为机械能而做功，并把余下的另一部分传给低温热源的过程。这一叙述已包含有热力学第二定律的思想。

热力学第一定律说明了能量在传递和转化时的数量关系，即能量的转化和守恒。但是它没有说明能量传递的方向、条件和深度。热力学第二定律是解决热功转换中过程进行的方

向、条件和深度等问题的规律，其中最根本的是关于方向问题。为了说明热力学第二定律，首先引入熵的概念。

（一）熵

由热力学第二定律可以严格导出熵这一参数，对理想的可逆过程，有

$$ds=\frac{dq}{T} \tag{2-48}$$

由熵的定义式可知，熵的单位是J/(kg·K)。

熵 s 只是状态的函数，对于理想气体，根据热力学关系式，可以推出

$$\Delta s=c_v\ln\frac{T_2}{T_1}+R\ln\frac{v_2}{v_1} \tag{2-49}$$

由式（2-49）可知，两个状态的熵差 $\Delta s=s_2-s_1$ 只与温度（T_2，T_1）和比体积（v_1，v_2）有关，而与过程经过的途径无关，因此理想气体的熵是状态参数。

用 p、v 或 T、p 也可以来计算熵的变化，推导过程与式（2-49）类似。

既然熵是状态函数，与内能、焓类似，我们关心的只是熵的变化，而熵的绝对数值是无关紧要的，因此同样可人为规定熵的零点，例如规定标准状态下即温度为0℃、压力为1个物理大气压时气体的熵为零，从而任一状态（p、v、T）下的熵值即可按式（2-49）求出。

（二）温熵图

温熵图上过程曲线的方程可一般地写为

$$T=f(s)$$

根据熵的定义，$ds=dq/T$，因此对于一个可逆过程，过程中对工质加入的热量为

$$q=\int_1^2 dq=\int_1^2 T ds \tag{2-50}$$

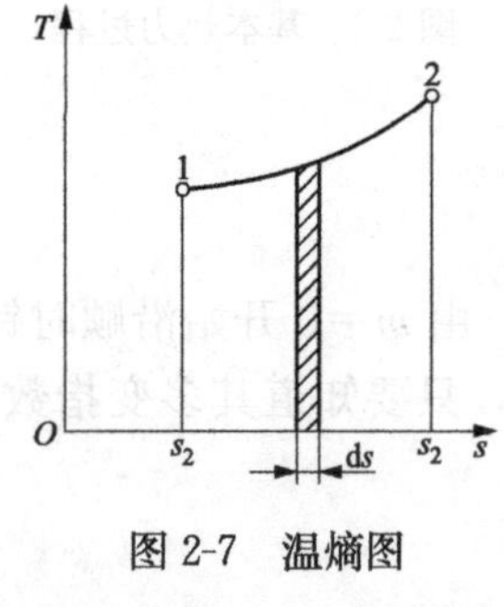

图2-7 温熵图

它就是过程曲线下的面积，如图2-7所示。

在 T-s 图中，过程曲线下的面积代表可逆过程中加入到工质的热量，温熵图的重要意义就在于此。因此 T-s 图广泛应用于分析热机的工作过程，它能够形象直观地表示出热机工作的经济性，因此温熵图也可以称为“示热图”。

由熵的定义式可知，熵的正负表明了热量传递的方向。工质在任何可逆过程中吸热时，工质的熵必然增大；反之，工质在任何可逆过程中放热时，工质的熵必定减少。由此就可以决定过程曲线在 T-s 图上的走向。显然，在温熵图上，向右的过程熵增大，为工质吸热的过程；向左的过程熵减少，为工质对外界放热的过程。

实际的绝热过程，例如空气在压气机中被压缩，燃气在透平中膨胀等，都可以认为与外界没有热量交换，因而是绝热过程。但是，由于实际存在的摩擦涡流等因素的影响，过程是不可逆的。摩擦和涡流等损失的效果是使气体内能增加（温度升高），其作用等价于从外部加入同样数量的热量，因此实际的绝热过程熵总是增加的。实际绝热过程熵增的大小反映了实际绝热过程偏离理想绝热过程的程度，同时标志着功的损失。例如，在透平中工质膨胀做功，由于实际过程进行得不理想，一部分本来可以用来对机器做功的能量消耗在克服摩擦等损失上，因而工质对机器的做功量减少了。

不可逆绝热过程工质的熵必增大，即

$$ds > 0$$

$$s_2 > s_1 \tag{2-51}$$

将四个基本热力过程画在同一个温熵图上，可以清楚地看出它们之间的关系，见图 2-8。

（三）循环

为使连续做功成为可能，工质在膨胀后还必须经历某种压缩过程，使它恢复到原来状态，以便重新进行膨胀做功的过程，这就称为循环。在状态参数的平面坐标图（如压容图或温熵图）上，循环的全部过程必定构成一条封闭曲线，其起点和终点重合。整个循环可以看作一个闭合过程。工质在完成一个循环之后，就可以重新进行下一个循环，如此周而复始，就能连续不断地把热能转化为机械能。

循环可以沿着两个方向进行，分别称为正向循环和逆向循环，下面简单作一介绍。

1. 正向循环

正向循环也称为热动力循环。在状态参数坐标图上是按照顺时针方向进行的，参看图 2-9。左边压容图上循环过程，以循环的左、右两个端点（即比体积 v 最小的点和最大的点）为分界，把该循环分成上、下两段。在上边一段 1-a-2 的过程为体积增加的膨胀过程，该过程的膨胀功以面积 1-a-2-3-4-1 表示。为了能使工质继续做功，必须将工质沿另一过程沿 2 压缩回到 1。显然，为了使工质在一个循环中能够对外界有净功输出，该压缩过程必须沿着一条较低的过程线，如图 2-b-1 曲线所示，将工质从 2 压缩到 1 点，该过程消耗外功，消耗功的绝对值以面积 2-b-1-4-3-2 表示，其代数值为负值。这样就完成了一个循环。

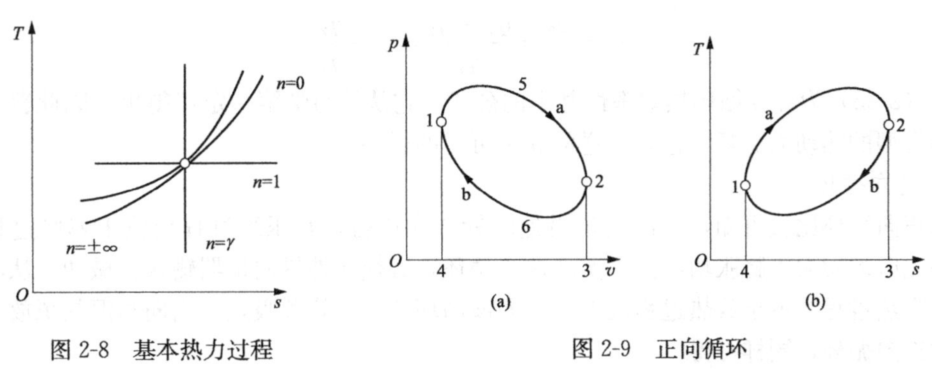

图 2-8　基本热力过程

图 2-9　正向循环

(a) 压容图；(b) 温熵图

工质完成一个循环对外做出的净功以 w_0 表示。显然，在图形上，表示该净功的是封闭循环过程曲线 1-a-2-b-1 所包围的面积。循环净功即沿该闭合曲线的积分值，可以写为

$$w_0 = \oint \mathrm{d}l \tag{2-52}$$

图 2-9 中画出了同一循环的温熵图。显然，相应于 p-v 图上的膨胀过程 1-a-2，T-s 图上过程曲线 1-a-2 位于上方，即过程 1-a-2 的温度较高，此时工质从热源吸热，所吸收的热量用面积 1-a-2-3-4-1 表示，为正值，用 q_1 表示。为使工质回复到原来状态，必须有某一放热过程，放热量为 q_2。为了使循环有净功对外输出，必须使放热量在数值上（绝对值）上小于吸热量，故放热过程线必须位于吸热过程线以下，如图 2-9 中的 2-b-1 所示，该过程相应于 p-v 图上的过程 2-b-1，其过程温度水平较低，工质向低温热源放热。

循环中吸热量为 q_1，放热量的绝对值 q_2 可用面积 2-b-1-4-3-2 表示。因此一个循环中，吸热量减去放热量的净热量 q_0 即为

$$q_0 = q_1 - q_2$$

显然，q_0 即为 T-s 图上封闭的过程曲线所包围的面积，数学上也可将它写作沿闭合曲线的积分值，即

$$q_0 = \oint dq \tag{2-53}$$

完成一个循环之后，工质恢复到原来状态，因此工质的内能及其他所有状态参数统统恢复到原值。内能不变，$\Delta u = 0$，故根据热力学第一定律可得

$$w_0 = q_0 \tag{2-54}$$

由式（2-54）表明，循环净功等于净热量。

由上述可知，完成一个正向循环之后的全部效果为：

（1）高温热源放出了热量 q_1。

（2）低温热源获得了热量 q_2。

（3）对外界做功 $q_0 = q_1 - q_2$。

工质与机器都恢复到原来状态。

从以上分析可知，从高温热源以传热方式得到的热能 q_1，其中只有一部分可以转化为机械能而对外做功。同时必有另一部分热能 q_2 传向低温热源，后者是使热机经过循环对外做功的必要条件，或称补充条件，这是热动力循环共有的根本特性。

正向循环的经济性用热效率 η 衡量，即

$$\eta = \frac{w_0}{q_1} = \frac{q_1 - q_2}{q_1} = 1 - \frac{q_2}{q_1} \tag{2-55}$$

式（2-55）为计算循环热效率最基本的公式，它从热力学第一定律得出，因此普遍适用于各种类型的热动力循环，包括可逆的和不可逆的循环。

2. 逆向循环

与正向循环比较可知，逆向循环沿逆时针方向进行，其压缩过程线位于膨胀过程线上方，因此压缩功大于膨胀功，为了实现这一循环，必须从外界向机器输入机械功。从温熵图上看，吸热过程线位于放热过程线下方，即该循环从低温热源吸热，而向高温热源放热。

对逆向循环，同样可得

$$w_0 = q_1 - q_2 = q_0$$

式中：w_0、q_0、q_1、q_2 为绝对值；q_1 为指工质与高温热源交换的热量；q_2 为指工质与低温热源交换的热量。

各种制冷装置正是按逆向循环工作的。完成一个逆向循环后的全部效果是：

（1）低温热源放出了热量 q_2。

（2）消耗了外界机械功 w_0。

（3）高温热源获得热量 $q_1 = q_2 + w_0$。

工质与设备恢复原状。可见，伴随着低温热源将热量传送到高温热源的同时，必须有一个机械能转化为热能的过程，这是使热能从低温物体转到高温物体的代价，或称补充条件。

（四）热力学第二定律

热力学第二定律几种最基本、最常见的叙述方式如下。

(1) 热力学第二定律的克劳修斯说法：热不可能自发地、不付代价地从低温物体传至高温物体。前面讲的逆向循环说明，热量从低温物体传至高温物体的过程是要花费代价的，即要消耗机械功。

(2) 热力学第二定律的开尔文表述方式：不可能制造出从单一热源吸热，使之全部转化为功而不留下其他任何变化的热力发电机。

所谓“不留下其他任何变化”，包括在发动机内部和发动机以外都不能留下其他任何变化，所以该发动机必须是循环发动机，这种工质和发动机本身才能“不留下其他任何变化”。

过去有人曾想制造一种热力发电机，使之从大气或海水里吸收热量而不断对外做功，这种只有一个热源而做功的动力机称之为第二类永动机。注意到它并不违反热力学第一定律，但违反了热力学第二定律，因而是不能实现的。因此热力学第二定律也可表述为

(3) 第二类永动机是不可能存在的。上述热力学第二定律的几种说法是等价的。例如，如果能违反第一种说法，那么就可以在热机完成一个自高温热源吸热，对外做功，向低温热源放热的过程之后，使低温热源得到的那一部分热量“自发地、不负任何代价地”从低温热源回到高温热源，这样就做成了从单一热源吸热，使之全部转化为机械能而不留下其他任何变化的热力发动机。可见违反了第一种说法，也就违反了第二种说法。反之也是一样。

(五) 卡诺循环

卡诺循环由两个绝热过程和两个定温过程组成，并且过程都是可逆的。卡诺循环如图 2-10 所示，4-1 为绝热压缩过程，过程中工质温度由 T_2 升高到 T_1，以便从高温热源定温吸热；1-2 为定温吸热过程，工质在温度 T_1 下从热源吸热 q_1；2-3 为绝热膨胀过程，工质温度由 T_1 降至 T_2，以便在定温 T_2 下向冷源放热；3-4 为定温放热过程，工质在 T_2 向冷源放热 q_2，回到 4，从而完成一个循环。

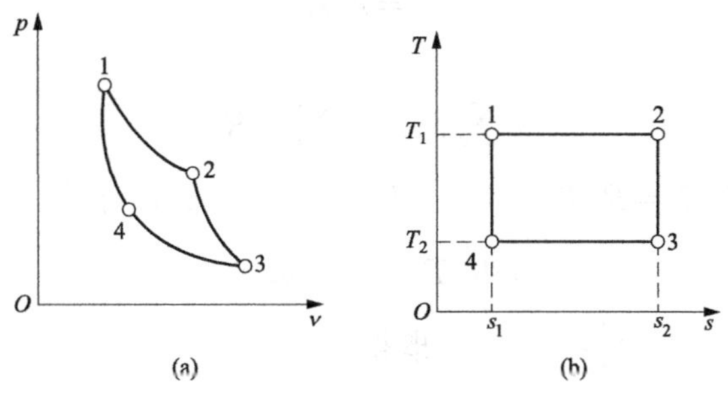

图 2-10　卡诺循环

(a) 压容图；(b) 温熵图

从温熵图上可明显看出，$q_1 = T_1(s_2 - s_1)$，$q_2 = T_2(s_2 - s_1)$（绝对值），因此卡诺循环的热效率为

$$\eta = 1 - \frac{q_2}{q_1} = 1 - \frac{T_2(s_2 - s_1)}{T_1(s_2 - s_1)} = 1 - \frac{T_2}{T_1} \tag{2-56}$$

从式 (2-56) 可以得出：

(1) 卡诺循环的热效率取决于工质吸热和放热时的温度，也就是高温热源和低温热源的温度，而与工质的具体性质无关。

(2) 卡诺循环的热效率只能小于 1，因为 $T_2 = 0\text{K}$ 和 $T_1 = \infty$ 都是不可能的。

(3) $T_1=T_2$ 时，热效率为零，即在温度平衡的体系中，不可能将热转化为机械功，也就是不存在单一热源的热机。

热力学可以证明，在相同温度范围内工作的一切可逆循环，以卡诺循环的热效率最高。而不可逆循环的热效率又必然低于相应可逆循环的热效率。因此一切循环的热效率必然小于100%。

七、理想气体混合物

混合气体的热力性质取决于组成气体的性质和成分，如果各组成气体都是理想气体，则其混合气体也是理想气体，具有理想气体的一切特性，服从理想气体状态方程。

（一）平均分子量和平均气体常数

由于气体分子的热运动，混合气体中各组成气体分子是均匀弥散的，各组成气体的分子量可能不同，假想存在一种单一气体，它的分子总数和总质量正好与混合气体相同，这时这种理想气体的分子量就是混合气体的平均分子量。

如果组成混合气体的各组成气体的质量分别为 m_1，m_2，… 则混合气体的质量为

$$m=m_1+m_2+\cdots=\sum m_i \tag{2-57}$$

令比值 $m_i/m=x_i$，它表示第 i 种气体的质量占混合气体总质量的百分数，这样可得

$$\sum x_i=1 \tag{2-58}$$

分压力定律指出，混合气体的总压力 p 等于各组成气体分压力 p_i 的总和。所谓分压力是指假定该组成气体单独占据混合气体的体积时，该组成气体的压力。这样可得

$$p=\sum p_i \tag{2-59}$$

根据理想气体的状态方程，有

$$p_iV=m_iR_iT$$

相加起来，可得

$$V\sum p_i=T\sum m_iR_i$$

混合气体 $pV=mR_cT=R_cT\sum m_i$ ，注意到 $p=\Sigma p_i$，可得

$$mR_cT=T\sum m_iR_i$$

两端除以 m，并将 $x_i=m_i/\sum m_i$ 代入，既得

$$R_c=\sum x_iR_i \tag{2-60}$$

因此，知道了混合气体的各组成气体的质量成分 x_i 及各自的 R_i 值，就可以由式（2-60）求出混合气体的气体常数 R_c，进而可由通用气体常数求得混合气体的平均分子量，即

$$M_{rc}=R_m/R_c=8314.3/R_c$$

有时混合气体的成分常以分体积给出，例如锅炉中的烟气就是这样。所谓分体积是指在混合气体所处压力下，单独一种组成气体所占据的体积。令

$$V_i/V=z_i \tag{2-61}$$

则

$$\sum z_i=1 \tag{2-62}$$

知道了混合气体的体积成分，则可求出混合气体的平均分子量，即

$$M_{rc}=\sum z_i\mu_i \tag{2-63}$$

进而求得混合气体的气体常数 R_c 为

$$R_c=8314.3/M_{rc}$$

（二）混合气体的比热容、内能、焓熵

1. 比热容

由定义可知

$$c=\sum x_ic_i \tag{2-64}$$

2. 内能和焓

理想气体混合物的内能等于各组成气体的内能之和；理想气体混合物的焓等于各组成气体焓值之和。这也是一种能量守恒关系。对于1kg 混合气体，可以写出

$$u=\sum x_iu_i \tag{2-65}$$

$$h=\sum x_ih_i \tag{2-66}$$

理想混合气体的内能和焓也只是温度的函数。

3. 熵

在组成混合气体的各组成气体分子互不干扰的情况下，各组成气体的熵之和就是混合气体的熵，即

$$s=\sum x_is_i \tag{2-67}$$

通过上述讨论，根据给定的各组成气体的成分、性质，就可以求出理想混合气体的各热力参数，进而就可将其像单一成分气体那样，研究其过程、循环、状态变化和热功转换。

八、水蒸气

工程上所用的水蒸气都是由水在锅炉内定压加热沸腾汽化而产生的。锅炉可以看作一个联通的大容器，工质在其中流动并吸热，如果忽略相对较小的流动阻力损失，则水蒸气的产生过程就可以看作是一个定压过程。

为了便于说明问题，以封存于气缸活塞中的一定质量的水的定压加热为例，说明水蒸气的产生原理，见图2-11。

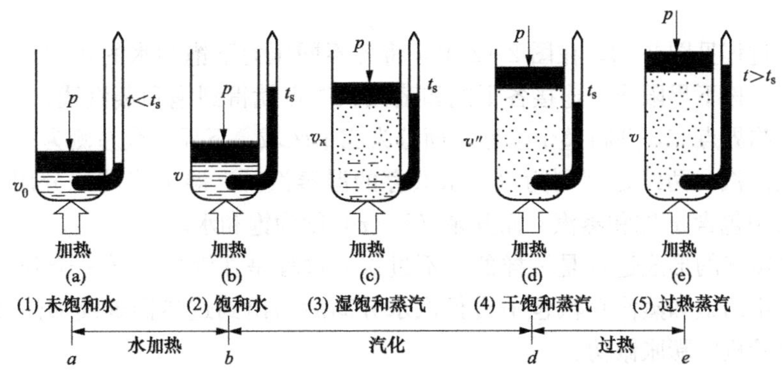

图2-11 水蒸气定压产生过程示意图

在加热开始时，气缸中的水为过冷水，即水温低于饱和温度。所谓饱和温度即一定压力

下水沸腾时的温度。随着加热过程的进行，水温升高而达到饱和温度，这时的水称这饱和水。水开始沸腾，其中一部分水汽化成为蒸汽，这时的蒸汽称为饱和蒸汽。这是一个汽、水共存的阶段，随着工质不断地从外界吸入热量，水不断地汽化为蒸汽，蒸汽的比例逐渐增加，水的比例逐渐减少。到了某一时刻，水正好全部变为蒸汽，这时候的蒸汽称为干饱和蒸汽。所谓干饱和蒸汽就是不含液体水的水蒸气。从饱和水变为干饱和蒸汽这一过程中，工质吸热而温度不变（在一定的压力下，即压力不变），汽液两相共存，1kg 饱和水全部变为饱和蒸汽所吸收的热量称为汽化潜热。对干饱和蒸汽继续加热，可以发现此时蒸汽温度升高，比体积增大，此时的蒸汽称为过热蒸汽，即水蒸气的温度超过了在该压力下的饱和温度，其温度超过饱和温度的数值称为过热度。

在 p-v 图上和 T-s 图上可以画出上述过程，如图 2-12 所示。

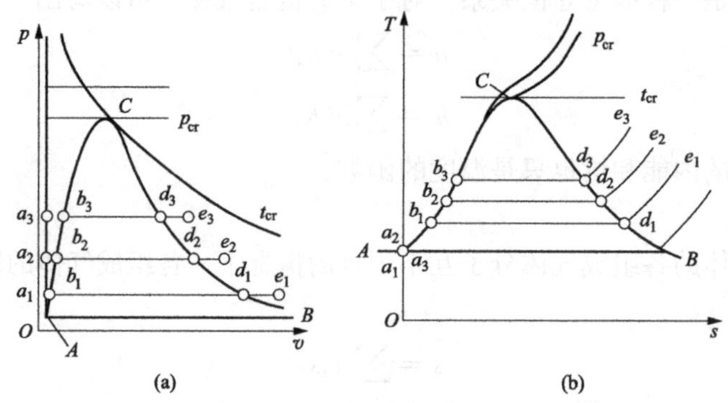

图 2-12　不同压力下水蒸气的产生过程

在另一个不变的压力下重复上述由过冷水到过热蒸汽的定压加热过程，可以发现过程进程完全类似，不同的只是在较高压力下，饱和水与饱和蒸汽之间距离缩短。当压力高到某一数值时，饱和水与饱和蒸汽两点重合，此时饱和水与饱和蒸汽的状态不再有分别，在此压力下对水加热，当温度达到饱和温度时，水立即全部汽化，不再有汽液两相共存的阶段。再加热时即成为过热蒸汽，此时汽化潜热为零，这一点就称为临界点。水在临界点时，其临界压力 p_{cr} 为 22.12MPa，临界温度 t_{cr} 为 374.15℃。当 $t>t_{cr}$ 时，不管压力多大，再也不能使蒸汽液化。

蒸汽形成过程见图 2-12。在图 2-12 中，将各不同压力下饱和水的状态点连接起来，称为饱和水线，或称下界限线。连接各干饱和蒸汽状态点就得到饱和蒸汽线，或称上界限线。两曲线会合于临界点 C，并将整个坐标平面分为三个区域。下界限线左侧为过冷水，上界限线右侧为过热蒸汽，两线之间则为汽、水共存的湿蒸汽区。湿蒸汽的成分用干度 x 表示，即 1kg 湿蒸汽中包含 x 饱和蒸汽，而其余（$1-x$）则为饱和水。

锅炉中水蒸气的形成过程是一样的，不过这一过程是在锅炉这样一个开口系统中完成的。锅炉中产生的饱和蒸汽在汽包中进行汽水分离后引出到过热器继续加热而成为过热蒸汽，再送到汽轮机中膨胀做功。

水蒸气的基本过程也是定压、定容、定温和绝热（定熵）四个热力过程。求解的任务基本上与理想气体一样，即求初、终态参数和热功转换关系，但在方法上与理想气体完全不同。水蒸气不是理想气体，不能应用理想气体的状态方程和其他关系式，而必须根据水蒸气热力性质表和水蒸气的焓熵图进行计算。

第三节　传热学基础知识

热量传递有三种基本方式：热传导、热对流和热辐射。实际的热量传递过程都是以这三种方式进行的，而且大多数情况下都是两种或三种热量传递方式同时进行。

一、热传导

在物体内部或相互接触的物体表面之间，由于分子、原子及自由电子等微观粒子的热运动而产生的热量传递现象称为热传导（简称导热）。导热现象既可以发生在固体内部，也可以发生在静止的液体和气体之中。按照热力学的观点，温度是物体微观粒子热运动强度的宏观标志。当物体内部或相互接触的物体表面之间存在温差时，热量就会通过微观粒子的热运动碰撞从高温传向低温。

在工业上和日常生活中，大平壁的导热是最常见的导热问题，例如通过炉墙以及房间墙壁的导热等，当平壁两表面分别维持均匀恒定的温度时，可以近似地认为平壁内的温度只沿着垂直于壁面的方向发生变化，并且不随时间而变，热量也只沿着垂直于壁面的方向传递，如图 2-13 所示，这样的导热称为一维稳态导热。

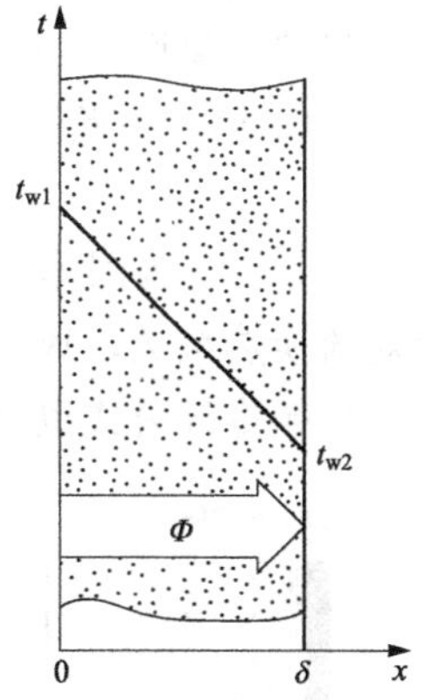

图 2-13　大平壁导热

在传热中，单位时间传递的热量称为热流量，用 Φ 表示，单位为 W。

实验证实，平壁一维稳态导热的热流量与平壁的表面面积 A 及两侧表面的温差（$t_{w1}-t_{w2}$）成正比，与平壁的厚度 δ 成反比，并与平壁材料的导热性能有关，可表示为

$$\Phi=\lambda A\frac{t_{w1}-t_{w2}}{\delta} \tag{2-68}$$

式（2-68）中，比例系数 λ 称为材料的热导率（或导热系数），单位是 W/(m · K)。其数值大小反映材料的导热能力，热导率大，材料导热能力越强。材料的热导率一般由实验测定。

借鉴电学中欧姆定律表达式的形式，式（2-68）可改写成“热流＝温度差/热阻”的形式，即

$$\Phi=\frac{t_{w1}-t_{w2}}{\dfrac{\delta}{\lambda A}}=\frac{t_{w1}-t_{w2}}{R_{\lambda}} \tag{2-69}$$

式中：R_{λ} 为平壁的导热热阻。平壁的厚度越大，导热热阻越大；平壁材料的热导率越大，导热热阻越小。

热阻是传热学中的一个重要概念，它表示物体对热量传递的阻力，热阻越小，传热越强。

单位时间通过单位面积的热流量称为热流密度，用 q 来表示，单位 W/m^2。由式（2-68）可得，通过平壁一维稳态导热的热流密度为

$$q=\frac{\Phi}{A}=\lambda\frac{t_{w1}-t_{w2}}{\delta} \tag{2-70}$$

对于工程上经常遇到的圆筒壁导热，可以导出单位长度圆筒壁的热流量为

$$\Phi_1=\frac{t_{w1}-t_{w2}}{\dfrac{1}{2\pi\lambda}\ln\dfrac{d_2}{d_1}}=\frac{t_{w1}-t_{w2}}{R_{\lambda 1}} \tag{2-71}$$

式中：d_1、d_1 分别为圆筒壁的内径和外径；$R_{\lambda 1}$ 为单位长度圆筒壁的导热热阻。

二、热对流

热对流是指由于流体的宏观运动使温度不同的流体相对位移而产生的热量传递现象。显然，热对流只能发生在流体之中，而且必然伴随有微观粒子热运动产生的导热。

在日常生活和生产实践中，经常遇到流体和它所接触的固体表面之间的热量交换，如锅炉水管中的水和管壁之间、室内空气和暖气片表面及墙壁面之间的热量交换等。当流体流过物体表面时，由于黏滞作用，紧贴物体表面的流体是静止的，热量传递只能以导热的方式进行。离开物体表面，流体有宏观运动，热对流方式将发生作用，因此流体与固体表面之间的热量传递是热对流和导热两种基本传热方式共同作用的结果，这种传热现象在传热学中称为对流换热，见图 2-14。

1701 年，牛顿提出了对流换热的基本计算公式，称为牛顿冷却公式，形式如下，即

$$\Phi=\alpha A(t_w-t_f) \tag{2-72}$$

式中：t_w 为固体壁面温度；t_f 为固体壁面温度；α 为对流换热的表面传递系数，习惯上称为对流换热系数，W/(m^2·K)。

牛顿冷却公式也可以写成欧姆定律表达式的形式，即

$$\Phi=\frac{t_w-t_f}{\dfrac{1}{\alpha A}}=\frac{t_w-t_f}{R_\alpha} \tag{2-73}$$

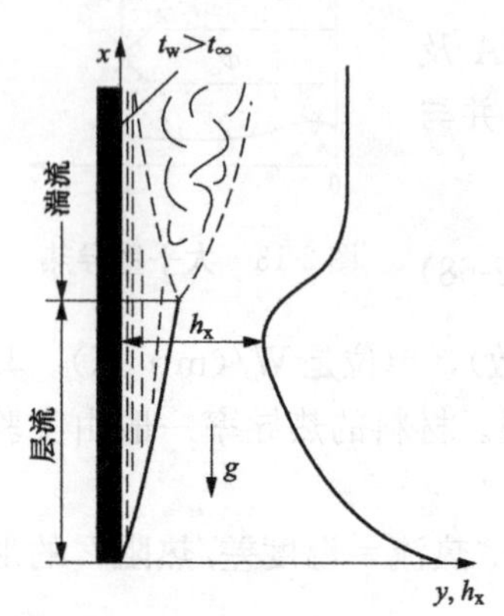

图 2-14　对流换热

式中：R_α 为对流换热热阻。

表面传热系数的大小反映对流换热的强弱，它不仅取决于流体的物性（热导率、黏度、密度、比热容等）、流体的形态（层流、湍流）、流动的成因（自然对流和受迫对流）、物体表面的形状和尺寸，还与换热时流体有无相变（沸腾或凝结）等因素有关。因此有关对流换热现象的研究和表面传热系数的确定通常采用理论分析和实验相结合的方法。

三、热辐射

辐射是指物体受某种因素的激发而向外发射辐射能的现象，有多种原因可以诱使物体向外发射辐射能。由于物体内部微观粒子的热运动（或者说由于物体自身的温度）而使物体向外以射辐射能的现象称之为热辐射。

所有温度大于 0K（开）的实际物体都具有发射热辐射的能力，并且温度越高，发射热辐射的能力越强。物体发射热辐射时，其内热能转化为辐射能。所有实际物体也都具有吸收热辐射的能力，在物体吸收热辐射时，辐射能又转化为物体的内热能。当物体之间存在温差时，以热辐射的方式进行能量交换的结果使高温物体失去热量，低温物体获得能量，这种热量传递现象称为辐射换热。

热辐射具有以下特点：

(1) 热辐射总是伴随着物体的内热能与辐射能这两种能量形式之间的相互转化。

(2) 热辐射不依靠中间媒介，可以在真空中传播，太阳辐射穿过浩瀚的太空到达地球就是典型的实例。

(3) 物体间以热辐射的方式进行的热量传递是双向的。当两个物体温度不同时，高温物体向低温物体发射热辐射，低温物体也向高温物体发射热辐射。即使两个物体温度相等，辐射换热量等于零，但它们之间的热辐射交换仍在进行，只不过处于动态平衡状态而已。

传热学中将吸收全部辐射能的物体，即吸收率为 1 而反射率和穿透率均为 0 的物体称为绝对黑体，简称黑体。

黑体单位时间、单位面积的辐射总能量与绝对温度的四次方成正比，这就是所谓的四次方定律，即

$$E_0=\sigma_0 T^4 \tag{2-74}$$

或

$$E_0=C_0\left(\frac{T}{100}\right)^4 \tag{2-75}$$

式中：σ_0 为黑体辐射常数，数值为 $5.67\times10^{-8}\mathrm{W/(m^2\cdot K^4)}$；$C_0$ 为黑体辐射系数，数值为 $5.67\mathrm{W/(m^2\cdot K^4)}$。

一般的工程材料辐射能力低于黑体，称为“灰体”。将四次方定律用于灰体得

$$E=C\left(\frac{T}{100}\right)^4 \tag{2-76}$$

式中：C 为灰体的辐射系数，其数值视不同材料而定，并永远小于 C_0。

灰体的辐射力与同温度下黑体辐射力之比称为“黑度”，以符号 ε 表示，这个参数描写物体与黑体的接近程度，即

$$\varepsilon=\frac{E}{E_0}=\frac{C}{C_0} \tag{2-77}$$

其中，ε 由试验确定，于是对于灰体的辐射力可应用计算式得到，即

$$E=\varepsilon E_0=\varepsilon C_0\left(\frac{T}{100}\right)^4 \tag{2-78}$$

任何实际物体都在不断地发射辐射能和吸收辐射能，物体之间的辐射换热量既与物体本身的温度、辐射特性有关，也与物体的大小、几何形状及相对位置有关。

四、传热过程简介

工程上经常遇到固体壁面两侧流体之间的热量交换，在传热学中，这种热量从固体壁面一侧的流体通过固体壁面传递到另一侧流体的过程称为传热过程。

一般来说，传热过程由三个串联的热量传递环节组成：

(1) 热量以对流换热的方式从高温流体传给壁面，有时还存在高温流体与壁面之间的辐射换热，如炉膛内高温烟气与水冷壁之间的热量交换；

(2) 热量以导热的方式从高温流体侧壁面传递到低温流体侧壁面；

(3) 热量以对流换热的方式从低温流体侧壁面传给低温流体，有时还需考虑壁面与低温流体及周围环境之间的辐射换热。

以最简单的通过平壁的稳态传热过程为例，如图 2-15 所示，一个热导率 λ 为

常数、厚度为 δ 的大平壁，平壁左侧远离壁面处的流体温度为 t_{f1}，表面传热系数为 α_1，平壁右侧远离壁面处的流体温度 t_{f2}，表面传热系数为 α_2，且 $t_{f1}>t_{f2}$。假设平壁两侧的流体

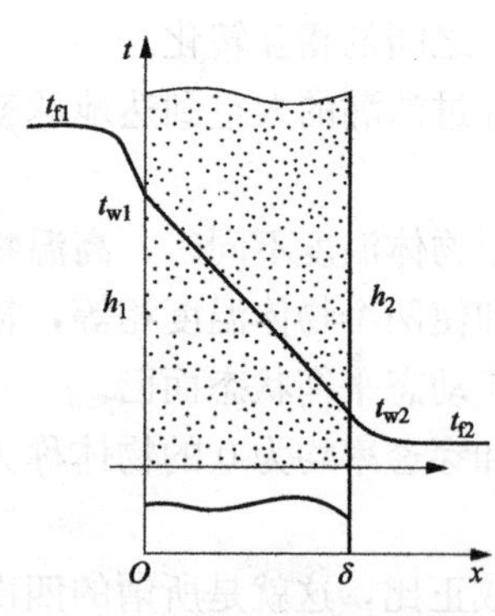

图 2-15 通过平壁的传热过程

温度及表面传热系数都不随时间变化。显然，这是一个稳态的传热过程，由平壁左侧的对流换热、平壁的导热和平壁右侧的对流换热三个串联的热量传递环节组成，这样，根据前面的公式，可以导出

$$\Phi=\frac{t_{f1}-t_{f2}}{\dfrac{1}{\alpha_1 A}+\dfrac{\delta}{\lambda A}+\dfrac{1}{\alpha_2 A}}=\frac{t_{f1}-t_{f2}}{R_{\alpha1}+R_{\lambda}+R_{\alpha2}}=\frac{t_{f1}-t_{f2}}{R_{\sum}} \tag{2-79}$$

式中：$R_{\sum}$ 为传热热阻。

对于一般的传热过程，可以写出

$$\Phi=KA(t_{f1}-t_{f2})=KA\Delta t \tag{2-80}$$

式中：K 为传热系数，$W/(m^2 \cdot K)$。

对比式（2-79）和式（2-80），传热系数 K 为

$$K=\frac{1}{\dfrac{1}{\alpha_1}+\dfrac{\delta}{\lambda}+\dfrac{1}{\alpha_2}} \tag{2-81}$$

第三章

燃　气　轮　机

第一节　概　　述

一、燃气轮机的发展

燃气轮机工业是从蒸汽轮机和航空发动机两大工业发展而来的。燃气轮机对压气机的要求很高，对燃烧室的要求比锅炉高，对透平的要求比蒸汽轮机高，因此20世纪30年代以前虽经试验，但仍没有获得实用。

燃气轮机从初步试验成功，发展到制造出有工业应用价值的装置，前后经历了约40年时间。在这个阶段中，工业发展早且技术领先的欧洲由于在冶炼工艺和空气动力学方面有了很大的提高，而具备了生产燃气轮机的条件。1907年左右，法国涡轮机协会制造的燃气轮机获得了3%的效率，同时，霍尔兹瓦斯（H·Holzwarth）设计了50马力等容燃烧式燃气轮机，它是第一台应用于工业的长期运转的装置。

到1939年，BBC公司制造了第一台功率较大的发电用燃气轮机，这台4000kW燃气轮机发电装置的效率达到18%。同年，Heinkel工厂的涡轮喷气式发动机试车成功。1940年BBC公司又制造了第一台燃气轮机机车，功率为2200马力，效率达16%。

随着生产出的第一代工业上实用的燃气轮机和喷气发动机，并积累了运行经验。在这个时期，燃气轮机工业及其科学系统开始形成。20世纪40年代后期，航空用涡轮喷气发动机由于比活塞式发动机质量轻、体积小、功率大，得到迅速发展，在军用飞机上得到了广泛的应用。喷气发动机在航空工业上基本取代了活塞式发动机，并且其大量的航空结构设计经验被这些工厂应用到运输式及固定式燃气轮机上，不仅对陆海用燃气轮机的改革和发展起到了决定性的引导作用，而且对蒸汽轮机和透平式压气机设计及制造也起到了带动作用。

到20世纪50年代后期，这些轻型结构的燃气轮机在与根据传统设计的重型结构燃气轮机的竞争过程中占了优势。同一时期，自1950年Rover公司第一台燃气轮机汽车行驶后，小功率燃气轮机获得了很大发展。由于小功率燃气轮机的技术周期比较短，较成熟的小功率燃气轮机也在这个阶段的后半期制造出来。

20世纪60年代，轻型结构的燃气轮机的经济性和可靠性经受了考验，并被公众认可。喷气式发动机被成批地改装成陆海用装置，单机功率已达10万kW。发生在1965年的东北电网大停电事故，使美国损失惨重，促使各国电力行业决定增建大批燃气轮机调峰应急发电机组。再加之输油、输气管线建设中加压设备需要动力设备，促进了中小燃气轮机的推广应用，故在60年代这十年的时间里，陆海用燃气轮机功率总容量猛增了13倍，其中大都是简单循环单轴、分轴的燃气轮机机型。1970年，全世界陆海用燃气轮机达到了9500万马力（1马力≈0.735kW），其中4500万马力用于发电，5000万马力用于舰船。

20世纪70年代，性能指标更高的新一代燃气轮机问世，实现了用电子计算机监视、遥控的全自动化。压气机压比近30，透平进气温度近400℃，开式简单循环燃气轮机效率高达36%，回热式效率高达38%，单机功率达到11万kW。多台喷气发动机的燃气发生器组装后各配或合配一台动力透平而驱动一台发电机时，功率可达16万～35万马力。

进入20世纪80年代，由于燃气轮机的单机功率和热效率都有很大程度的提高，特别是燃气-蒸汽联合循环渐趋成熟，再加上世界范围的天然气资源的进一步开发，燃气轮机及其联合循环在世界电力系统中的地位发生了明显的变化，它们不仅可以用作紧急备用电源和尖峰负荷机组，而且还能携带基本负荷和中间负荷。

自20世纪90年代到21世纪20年代，燃气轮机的技术得到进一步发展，透平入口温度和机组热效率持续提高，透平入口温度超过1600℃的燃气轮机已投入商用，1700℃的燃气轮机已在研，最大单机功率已近500MW，最高热效率已超63%。显然，从热力性能及环保性能的角度看，燃气-蒸汽联合循环机组比超超临界参数的燃煤发电机组要优越得多。近年来，控制碳排放，减缓全球变暖已成为人类共识，西门子、三菱、GE等燃气轮机厂商均已开始大力研发氢气、天然气双燃料或100%氢燃料燃气轮机，部分型号已投入商用。

二、燃气轮机发电的特点

燃气轮机是从20世纪50年代开始逐渐登上发电工业舞台的。但是由于当时的单机容量小，效率又比较低，因而在电力系统中只能作为紧急备用电源或调峰使用。1960年以后，欧美的大电网都相继发生了电网瞬时解列的大停电事故，这些事故促使人们认识到电网中有必要配备一定容量的燃机发电机组，因为燃气轮机具有快速“无外电源启动”即“黑启动”特性，它能保证电网运行的安全性和可快速恢复性。欧美国家的经验证明：从安全和调峰的要求出发，在电网中安装功率份额为8%～12%的燃机发电机组是必要的。

总的来说，燃气轮机及其联合循环发电具有如下一些优点：①供电效率远远超过燃煤的蒸汽轮机发电机组；②在国外，交钥匙工程的比投资费用为500～600美元/kW，它要比带有FGD的燃煤蒸汽轮机发电机组（1100～1400美元/kW）低很多；③建设周期短，可以按照“分阶段建设方针”建厂，资金利用率最高；④占地面积少，用水量也比较少；⑤机组运行自动化程度高，启动快速，每天都能启停；⑥机组运行的可用率高达85%～95%；⑦可以快速无外电源启动，即可以进行黑启动；⑧由于机组大多采用天然气作为燃料，污染排放问题得到彻底解决，其排放一般无烟尘，SO_2和NO_x都很少，还可以大大减少CO_2的排放量。当然，解决污染问题的功劳应归功于所用的洁净燃料。

表 3-1 燃用不同燃料时热力发电厂的 CO_2 排放情况

种类	燃料		燃烧		发电		
	燃料含碳量 (kg/GJ)	相对值 (%)	燃烧产 CO_2 量 (kg/GJ)	相对值 (%)	发电效率 (%)	发电 CO_2 排放量 [kg/(MW·h)]	相对值 (%)
木材	27.3	112	100	112	35	1030	124
褐煤	26.2	108	96	108	37	935	113
烟煤	24.5	100	90	100	39/45*	829/718	100/87
重油	20.0	82	74	82	39	753	91
原油	19.0	78	70	78	39	716	87
天然气	13.8	56	51	56	40/50**	507/405	61/49

* 远期采用超超临界参数的蒸汽轮机发电机组时。

** 采用燃气-蒸汽联合循环机组发电时。

从表 3-1 可以看出：在燃烧天然气或液体燃料的前提下，无论在供电效率、比投资费用、发电成本、污染排放量以及运行维护的可靠性方面，燃气-蒸汽联合循环发电方式都要比有 FGD 的燃煤蒸汽轮机电站优越。因而它越来越受到人们的青睐，在世界发电市场中所占有的份额更是明显地快速增长。事实也正是如此：自 20 世纪 70 年代的能源危机以来，美国和西欧的一些政府都开始鼓励电力工业使用天然气发电，据不完全统计，至 1990 年底，全世界已经投入运行的烧天然气的联合循环发电机组的总功率为 14 019MW，在 1991～1996 年之间，投入运行的这种新机组容量总和不会低于 27 400MW。而目前联合循环的装机容量则已高达 400GW。

然而，燃气-蒸汽联合循环毕竟是以烧天然气或液体燃料为前提的，它是否也能燃用常规的固体燃料——煤呢？假如可以的话，这将为燃气-蒸汽联合循环开辟一条崭新的发展道路。为了实现这个理想，从 20 世纪 70 年代开始，人们就致力于研究开发燃煤的燃气-蒸汽联合循环的各种方案，其中有一个“整体煤气化燃气-蒸汽联合循环”方案（简称 IGCC），它的设计思想是：使煤在高压、高强度、高效率的气化炉中气化成为中热值煤气或低热值煤气，进而通过洗涤和脱硫处理，把煤气中的微尘、硫化物、碱金属等杂质清除干净，最后，把洁净的人造煤气输送到燃气-蒸汽联合循环发电机组中去燃煤做功。显然，这种方案的供电效率一定会比烧天然气的燃气-蒸汽联合循环机组低一些，因为在人造煤气的制备过程中必然会损失一部分热能，同时还会增加电厂的厂用电消耗。但是，随着技术的不断完善和成熟，只要设计得当，IGCC 的供电效率在 21 世纪中期就能达到 45%，远期可以提高到 50%～52%，即要远远地高于超超临界参数的燃煤汽轮机电站期望实现的效率指标。其污染排放量则是各种洁净煤发电技术是最低者之一（它只有 NSPS 标准中规定的极限排放量的 10%～30%），完全能够满足 21 世纪内日益严格的环保要求。目前，IGCC 的单机容量已经做到 300MW 等级，可以适应规模经济的需要，运行可用率则与常规燃煤蒸汽轮机电站相仿。主要缺陷是比投资费用比较高，近几年才下降到 1000 美元/kW 的水平。

此外，近年来随着全球范围内的能源和动力需求结构，特别是电力系统的放松控制以及环境保护等要求的变化，一种经中、小型燃气轮机为核心的分布式能源系统和电源装置正在迅速崛起，大有与大、中型燃气轮机共占市场的趋势。这种分布式能源系统的发、供电方式具有以下一些特点：①它没有或具有很低的输配电损耗（对于集中供电方式而言，这种损耗至少高达10%左右，在我国甚至高达15%以上）；②无需建设配电站，可以减少输配电成本；③适合多种热电比的变化，可使系统根据热负荷或电负荷的需求进行灵活的调节，有利于提高设备的利用率；④便于近距离地向用户供热或供冷，无需建立昂贵的输送管网，因而既能节省投资费用，又能充分提高能源的利用效率，降低建设成本；⑤各电站互相独立，便于自行控制，不会发生在规模的供电事故，因而供电的可靠性高，非常适合于为商业区、居民区乃至机场、地铁站等提供电力、供热和供冷；⑥在燃用清洁燃料的前提下，即使在人口稠密的城市地区，也能满足高标准环保质量的要求。显然，分布式供电、供热（甚至供冷）方式是集中供电、供热方式的一种不可缺少的补充。这是目前世界电力工业中出现的一个由传统的集中供电和供热模式，向着依靠大型和中、小型发电站广泛结合的分布式电力系统模式过渡的新趋势。这也将为中、小型和微型燃气轮机在电力工业中的推广应用，提供一个崭新的机遇和市场。

总之，通过以上的分析不难看出：在今后的世界电力工业的发展历程中，不论是烧天然气、液体燃料还是固体燃料——煤，开发大容量的、高效率的燃气轮机是一个必然的趋势，它既能节省日趋紧张的能源资源，又能保护环境。燃气轮机及其联合循环的发电机组必将成为世界电力工业中的一个重要组成部分，它的作用也将日益增加。

三、国内F级燃气轮机介绍

目前，世界上能设计和生产重型燃气轮机的厂家主要有三家，即美国的GE公司、德国的Siemens公司和日本的三菱公司。原先美国的西屋公司也是生产燃气轮机的主要厂商，后来与德国的Siemens公司合并，其专利技术一部分归Siemens公司所有，另一部分则为日本三菱公司继承和发展，致使三菱公司取代了西屋公司的原有地位，而成为世界上具有独立设计和生产重型燃气轮机能力的主要厂商之一。这些厂商既生产50Hz的燃气轮机发电机组，同时也生产60Hz的燃气轮机发电机组。50Hz燃气轮机的型号和性能可参见表3-2，其联合循环机组的型号和性能可参加表3-3。

我国引进了PG9351FA、PG9171E、M701F、M701DA、V94.3A和V94.2型号的燃气轮机制造技术。目前，这些机组制造的国产化率已达到90%，并可向用户供应大部分热部套备件。今后，国内外用户可以向我国哈尔滨动力设备股份有限公司、东方电气集团公司、上海电气（集团）总公司订购上述燃气轮机及其联合循环机组。此外，南京汽轮电机（集团）公司早已能制造PG6581（B）型燃气轮机。因而在我国生产大型（PG9351FA、M701F和V94.3A）、中型（PG9171E、M701DA和V94.2）和小型［PG6581(B)］重型燃气轮机及其联合循环机组的格局即已经形成。这对于我国电力系统扩大使用先进燃气轮机及其联合循环发电技术大有推动作用，同时也为提高我国燃气轮机制造业的水平奠定了坚实的基础。特别是由于这些机组主要部件的生产和备件供应的本地化，可以大量节省建厂的投资和机组运行维护费用，也因此必将会提高燃气轮机电站在电网中的竞争能力。

2021年1月18日10时58分，随着东莞深能樟洋电力公司扩建项目首套机组168h满负荷试运行的顺利结束，我国天然气发电装机容量突破1亿kW。至此，天然气发电装机在我国发电总装机容量中占比约4.5%。

表 3-2　　某些典型燃气轮机的型号与性能参数

厂商	型号	第一台生产年份	ISO 基荷功率(MW)	热耗率(kJ/kW h)	热效率(%)	压缩比	空气流量(kg/s)	透平排气温度(℃)	比价(美元/kW)
GE 公司	PG6581(B)	1999	42.1	11 225	32.07	12.2	141.1	547.8	267
	PG6111(FA)	2003	75.9	10 295	34.97	15.6	202.8	602.8	245
	PG9171(E)	1992	126.1	10 653.5	33.79	12.6	417.8	542.8	165
	PG9231(EC)	1994	169.1	10 310.7	34.92	14.0	508.0	556.1	160
	PG9351(FA)	1996	255.6	9756.9	36.90	17.0	640.5	602.2	160
	PG6591C	2003	42.3	9925.7	36.27	19.0	117.0	569.4	266
	PG9001H		292	9113.5	39.50	23.0	685.0		
西门子公司	W251B11/12	1982	49.5	11 022.7	32.66	15.3	175.1	513.9	250
	V64.3A	1996	67.4	10 305.4	34.93	15.8	191.9	582.8	236
	V94.2	1981	159.4	10 495.3	34.30	11.4	508.9	547.2	155
	V94.2A	1997	182.3	10 233.7	35.18	13.8	519.8	567.2	158
	V94.3A	1995	265.9	9324.4	38.60	17.0	655.9	584.4	159
三菱重工	M701DA	1981	144.1	10 347.6	34.80	14.0	440.9	542.2	155
	M701F	1992	270.3	9419.4	38.2	17.0	650.9	586.1	160
	M701G	1997	271	9303.3	38.70	21.0	737.1	587.2	165
	M701G2		334	9102.9	39.50				
	M701J	2011	680		61.7	23.0			
阿尔斯通	GT8C2	1998	57	10 584.9	34.01	17.6	200.0	508.0	281
	GT13E2	1993	165.1	10 083.9	35.70	14.6	532.1	524.0	166
	GT26	1994	263	9727.4	37.00	32.0	607.4	615.0	148

表 3-3　　某些典型联合循环机组的型号与性能参数

厂商	型号	第一台生产年份	净功率(MW)	热耗率(kJ/kWh)	热效率(%)	燃气轮机功率(MW)	汽轮机功率(MW)	比价(美元/kW)	蒸汽循环方式
GE 公司	S106B	1987	64.3	7330.9	49.0	41.6	23.8	595	三压无再热
	S106C	2002	62.8	6666.3	54.0	42.2	21.3		三压无再热
	S106FA	1991	118.1	6582.0	54.7	75.1	44	713	三压再热
	S109E	1986	189.2	6935.0	52.0	121.6	70.4	475	三压无再热
	S109EC	1994	259.3	6661.1	54.0	166.6	96.6		三压再热
	S109FA	1994	390.8	6349.9	56.7	254.1	141.8	354	三压再热
	S109FB	2002	412.9	6202.2	58.0	266.7	151.72	359	三压再热
	S109H	1997	480	6001.8	60.0			427	蒸汽冷却三压再热

续表

厂商	型号	第一台生产年份	净功率(MW)	热耗率(kJ/kW h)	热效率(%)	燃气轮机功率(MW)	汽轮机功率(MW)	比价(美元/kW)	蒸汽循环方式
西门子公司	I. W251B11/12	1982	71.5	7530	47.8	48	25	715	双压无再热
	IS. 64. 3A	1996	99.8	6900	52.2			718	双压无再热
	I. V94. 2	1981	239.4	6890	52.2	154	89.3	446	双压无再热
	IS. V94. 2A	1997	280.7	6590	54.6			395	三压再热
	IS. V94. 3A	1995	392.2	6270	57.4			348	三压再热
三菱重工	MPCP1(M701)	1981	212.5	7000	51.4	142.1	70.4	469	双压
	MPCP1(M701F)	1992	397.7	6317	57.0	266.1	131.6	348	三压再热
	MPCP1(M701G)	1997	489.3	6133	58.7	328.9	160.4	396	三压再热
	MPCP1(M701J)	2011	680		61.7	470	210		
阿尔斯通	KA8C2-1	1998	80	7350	49.0	57.7	27	591	双压无再热
	KA13E2-2	1993	480	6808	52.9	318.6	167	341	双压
	KA26-1	1996	392.5	6394	56.3			360	三压再热

注 表中未列出多轴布置方式联合循环机组的型号与性能参数。

根据 ISO 3997《燃气轮机 采购（Gas Turbines-Procurement）》的定义：燃气轮机及其联合循环机组的运行模式可以分为六大类，各种运行模式的年运行小时数、使用率、点火启动次数和每次启动后的平均运行小时数等参数的范围，如表 3-4 所示。

表 3-4　　运行模式的区分

运行模式代号		A	B	C	D	E	F
负荷特征		连续满负荷	基本负荷	中间负荷	基本尖峰交替负荷	每日启停	尖峰负荷
参数范围	年运行小时数（h）	8000～8600	6000～8000	3000～6000	2000～3000	2000～4000	200～800
	使用率（%）	90～100	70～90	35～70	20～50	20～50	2.2～10
	年启动点火次数（次）	3～40	20～80	10～60	40～120	250～300	60～150
	年运行小时数与年启动点火次数之比	>200	60～400	60～400	30～60	10～18	3～8
	快速启动次数（次）				0～5	0～10	0～20
	年跳闸次数（次）	0～8	1～8	1～6	1～6	1～6	1～6

机组应采用何种运行模式与燃料价格、建设投资、机组性能、电价、电力结构和负荷需求等多种因素有关，对每一个工程都需要进行全面而细致的分析。一般来说，由于我国的天然气价格偏高，简单循环的燃气轮机主要适用于承担尖峰负荷，联合循环机组则适用于承担中间负荷和基本负荷。

第二节　燃气轮机基本理论

一、燃气轮机主要热力性能指标

（一）热效率

它的含义是指：当工质完成一个循环时，把外界加给工质的热量 q，转化为机械功（或电功）w_c、w_s 或 w_e 的百分数。热效率有以下几种表示形式，即

（1）循环效率，即

$$\eta_c=\frac{w_c}{q}=\frac{w_t-w_y}{fQ_{net.v.ar}} \tag{3-1}$$

（2）装置效率（发电效率），即

$$\eta_c^G=\eta_c\eta_{Mgt}\eta_{Ggt}=\frac{w_s}{fQ_{net.v.ar}} \tag{3-2}$$

（3）净效率（供电效率），即

$$\eta_c^N=\eta_c^G(1-\eta_e)=\frac{w_e}{fQ_{net.v.ar}} \tag{3-3}$$

式中：q 为相对于1kg空气的加给燃气轮机的热量，kJ/kg；w_c 为相对于1kg空气的燃气轮机的循环功，kJ/kg；w_t 相对于1kg空气的燃气轮机的膨胀功，kJ/kg；w_y 为相对于1kg空气的压气机的压缩功，kJ/kg；w_s 为相对于1kg空气的扣除了燃气轮机的机械传动效率 η_{mgt} 和发电效率 η_{Ggt} 后，在发电机轴端的净功，kJ/kg；w_e 为相对于1kg空气，在 w_s 基础上扣除了机组（电站）厂用电耗率 η_e 后所得的净功，kJ/kg；$Q_{net.v.ar}$ 为燃料的低位发热量热值，kJ/kg；f 为加给1kg空气的燃料量，kJ(燃料)/kg（空气)]。

由于机组的供电效率最容易测量，因而，一般常用 η_e^N 作为衡量燃气轮机热经济性的一项指标。显然，热效率越高，燃气轮机发出同样功率所需消耗的燃料量就越少。

此外，在工程上常用热耗率 q_e [kJ/(kWh)] 来衡量燃气轮机热经济性。它的含义是指：每产生1kWh的电功率所需消耗的燃料的热能，即

$$q_e=\frac{3600fQ_{net.v.ar}}{w_e}=\frac{3600}{\eta_c^N} \tag{3-4}$$

（二）比功

它的含义是指：进入燃气轮机压气机的1kg空气，在燃气轮机中完成一个循环后所能对外输出的机械功（或电功）w_s (kJ/kg)，即

$$w_s=(w_t-w_y)\eta_{Mgt}\eta_{Ggt} \tag{3-5}$$

$$w_e=(w_t-w_y)\eta_{Mgt}\eta_{Ggt}(1-\eta_e) \tag{3-6}$$

因为

$$p_{gt}=M_a w_e \tag{3-7}$$

所以

$$w_e=p_{gt}/M_a \tag{3-8}$$

式中：w_s 为每秒钟流进燃气轮机压气机的空气流量，kg/s；p_{gt} 为燃气轮机的净功率，kW。

显然，比功的大小，在一定的程度上反映了机组尺寸的大小。因为比功越大，就意味着1kg空气能够在完成循环后对外输出更多的机械功（或电功）；因而，为了输出相同数量的

功，使流经燃气轮机的空气流量可以减少，整台机组的尺寸就可以设计得比较小。

（三）压比

压比 π，它是燃气轮机简单循环中透平进口总压 p_2^* 与压气机进口总压 p_1^* 之比，即

$$\pi = p_2^* / p_1^* \tag{3-9}$$

（四）温比 τ

它是燃气轮机简单循环中透平进口温度 T_3^* 与压气机进口温度 T_1^* 之比，即

$$\tau = T_3^* / T_1^* \tag{3-10}$$

（五）改善燃气轮机热效率的措施

目前，燃气轮机的燃气初温已达 1600℃，压比达到 20，燃气轮机排气温度一般都很高，最高达到 600℃，如果能充分利用这部分排气的热量，使其转化为机械功，则燃气轮机的效率就能进一步提高。

为了达到此目的，有两个途径可循，即：利用燃气透平的排气余热，使燃气轮机与蒸汽轮机结合起来成为燃气-蒸汽联合循环；使燃气轮机采用回热循环（该循环在本章的第三节中将会有叙述）。同时，采用燃气-蒸汽联合循环也是改善燃气轮机比功的首选措施。

（六）提高燃气轮机比功的措施

提高燃气轮机比功的办法还有两个，即采用所谓间冷循环和再热循环方案，该两方案在本节的热力循环分析中将会有叙述。

二、燃气轮机循环的热力循环分析

燃气轮机热力循环是一种所谓的“布雷顿循环”，在可逆的理想条件下，它是由以下 4 个过程组成：①理想的绝热压缩过程；②等压燃烧过程；③理想的绝热膨胀过程；④等压放热过程。

（一）理想简单循环

图 3-1（c）表示一台燃气轮机组成示意图，其上的数字表示每个热力过程的起点和终点。假定燃气轮机中的工质是理想气体，气体的热力性质和流量不变，以及诸热力过程无损耗，这个循环就称为理想循环。

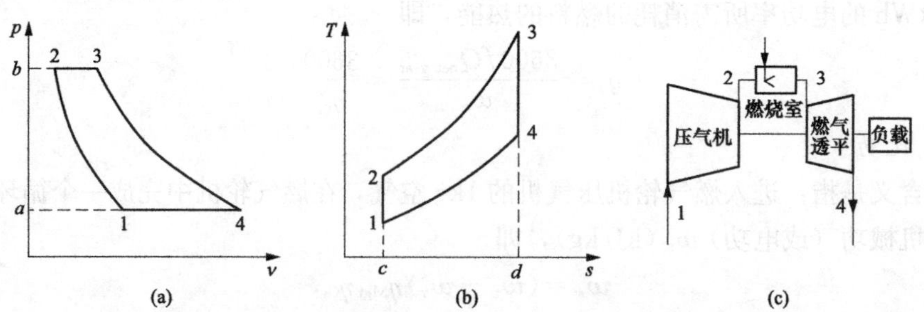

图 3-1 燃气轮机理想简单循环的压容图、温熵图和热力系统示意图

（a）压容图；（b）温熵图；（c）热力系统示意图

理想简单循环的热力过程见图 3-1 的 p-v 图和 T-s 图。1-2 过程是气体在压气机中被等熵压缩，2-3 过程是气体在燃烧室中被等压加热，3-4 过程是气体在透平中被等熵膨胀做功，4-1 是气体排入大气后被等压冷却。

在燃气轮机循环中，一般用比功和热效率这两个指标来进行分析比较，是我们在循环计

算中必须计算的，并作为确定循环参数的重要依据。

比功和热效率的定义见上述。在做功量相同时，比功大的循环所需工质的量少，反之就多。对于一台燃气轮机来讲，比功表明了单位工质流量输出功的大小。因此，两台功率相同的燃气轮机，比功大的工质流量少，机组的尺寸就可能较小。热效率反映了热量的利用情况，热效率高时表明热量的利用率高；反之，利用率低。

理想简单循环四个工作过程的计算式为

等熵压缩 1-2　　$w_C = c_p(T_2^* - T_1^*) = c_p T_1^*(\pi^m - 1)$

等压加热 2-3　　$q_1 = c_p(T_3^* - T_2^*)$

等熵膨胀 3-4　　$w_T = c_p(T_3^* - T_4^*) = c_p T_3^*(1 - 1/\pi^m)$

等压放热 4-1　　$q_2 = c_p(T_4^* - T_1^*)$

以上各式中，$m = (\gamma - 1)/\gamma$，π 为压气机压比。

与图 3-1 相对照，w_C 相当于 p-v 图中 1-2-b-a 所围的面积，q_1 相当于 T-s 图中 2-3-d-c 所围面积，w_T 相当于 p-v 图中 3-4-a-b 所围面积，q_2 相当于 T-s 图中 4-1-c-d 所围面积。

理想简单循环比功计算式为

$$w_t = w_T - w_C \tag{3-11}$$

由式（3-11）表明，比功相当于图中 1-2、2-3、3-4、4-1 四个过程所包围的面积。

把 w_T 和 w_C 的算式代入式（3-1）中并化简得

$$w_t = c_p T_1^* \left[\tau\left(1 - \frac{1}{\pi^m}\right) - (\pi^m - 1)\right] \tag{3-12}$$

式中：τ 为温比。

由式（3-12）中可以看出，比功随着温比和压比而变，以 $c_p = 1\text{kg}/(\text{kg}\cdot.\text{K})$，$\gamma = 1.4$ 和 $T_1^* = 288K$ 代入式（3-2）中，作图（见图 3-2）。由图 3-2 表明，压比不变时比功随着 τ 的增加而增加，温比不变时比功随着 π 的变化有一最大值，相应于该最大值的压比称为比功最佳压比 $\pi_{w,\max}$。将式（3-12）进行微分 $dw_t/d\pi$，令其等于零，得到

$$\pi_{w,\max} = \frac{1}{\tau^{2m}}$$

可用图 3-3 来解释 $\pi_{w,\max}$ 的存在。该图表明，在 T_1^* 和 T_3^* 不变（即 τ 不变）时 π 从小变大，循环从 1234 变为 12′3′4′，再变为 12″3″4″，即面积先从小变大，后又从大变小。因此中间必然有一个最大的面积，此即最大比功，它相应的压比即 $\pi_{w,\max}$。

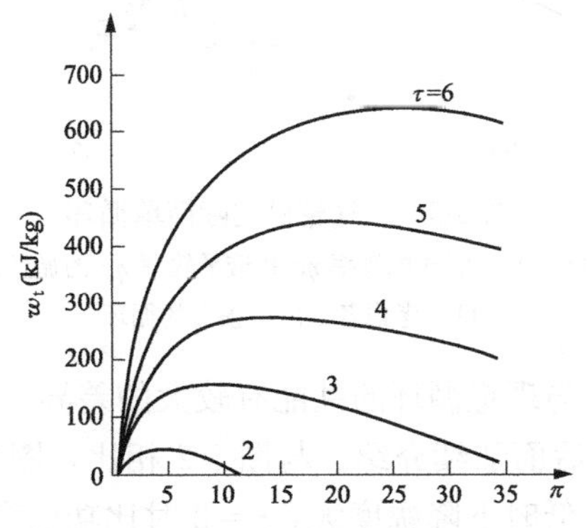

图 3-2　理想简单循环的比功

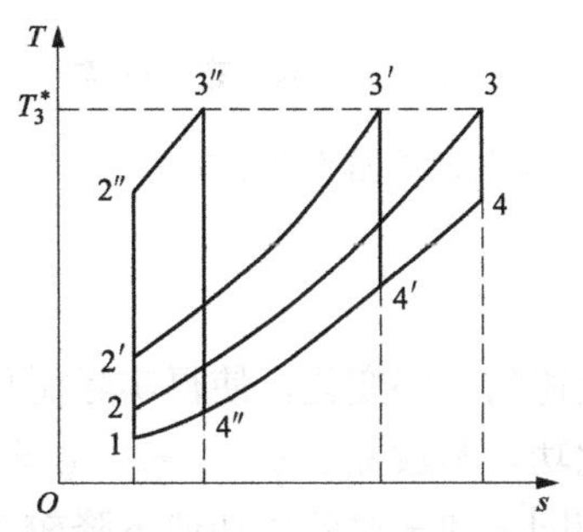

图 3-3　温比不变时循环随压比的变化

理想简单循环的热效率为

$$\eta_{gt,t}=\frac{w_t}{q_1} \tag{3-13}$$

从图 3-1 中可以看出，$\eta_{gt,t}$ 相当于 T-s 图中 1234 所围面积与 23dc 所围面积的比值。把 w_T 和 q_1 的算式代入式（3-13）得

$$\eta_{gt,t}=1-\frac{1}{\pi^m} \tag{3-14}$$

式（3-14）表明，理想简单循环的热效率只与压比有关，并随压比的增加单调增加，由式（3-14）可作出图 3-4。

（二）实际简单循环

实际燃气轮机循环与理想循环存在着较大的差异。这首先是由于循环中的各个过程存在着损失，如实际的压缩过程和膨胀过程都不是等熵的，使得实际压缩功大于等熵压缩功，实际膨胀功小于等熵膨胀功。即压气机效率和透平效率都小于 1。又如，燃烧室中存在流动的压力损失和燃烧不完全损失。其次是作为工质的燃气和空气的热力性质不同，两者的流量也有差别。此外还有其他的损失，如燃气轮机的进气和排气压力损失，轴承摩擦和辅机耗功等的机械损失。

实际简单循环见图 3-5。图 3-5（a）是考虑到压气机效率 η_C 和透平效率 η_T 后循环的变化，即由 $12'34'$ 变为 1234，其中 1-2′和 3-4′是等熵的，1-2 和 3-4 是计及 η_C 和 η_T 后的实际过程。图 3-5（b）是再考虑到各处压力损失后的循环图，Δp_1^* 是进气压力损失，使压气机的进口空气状态由 p_a 降至 p_1^*；Δp_2^* 是从压气机出口到透平进口的压力损失，它一般就是燃烧室中的压力损失；Δp_4 排气压力损失，使排气压力 p_a 升至 p_4。

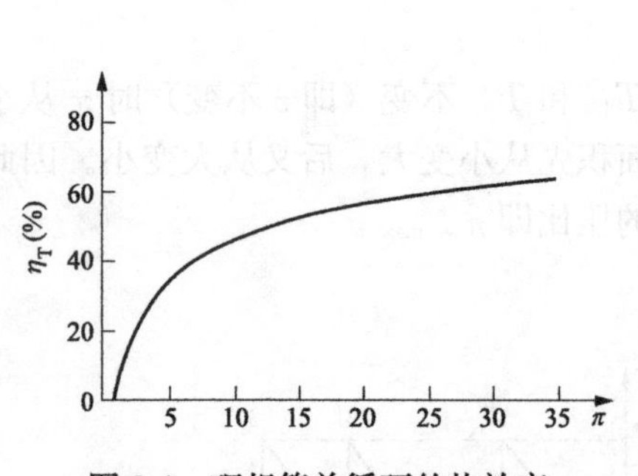

图 3-4　理想简单循环的热效率

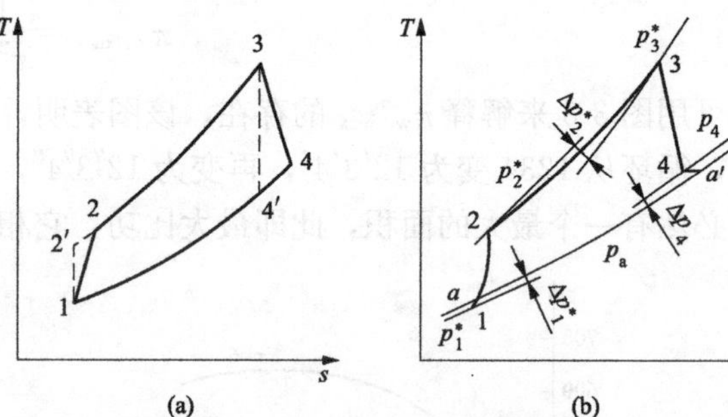

图 3-5　燃气轮机实际简单循环

（a）考虑压气机效率 η_C 和透平效率 η_T 的循环；
（b）考虑各处压力损失的循环

鉴于上述的一些变化，使得实际循环的性能与理想循环的性能有较大的差异。图 3-6 为实际循环比功，参数 η_r、η_{mgt}、η_{cl}、ϕ 等含义在后面陆续介绍。与图 3-2 相比，图形基本相似，但在相同 τ 和 π 时的比功值下降较多，且 τ 低时下降幅度大，$\tau=2$ 时比功已变为负值，故图上已无这条线。至于 $\pi_{w,max}$ 仍存在，只是具体的数值与理想循环的也有所不同。

图 3-7 为实际循环效率，与图 3-4 相比有很大的差别。首先是效率不仅与 π 有关，而且与 τ 有关，τ 越大效率越高；其次是在一定的 τ 下，效率有一最大值，相应于该值的压比称为效率最佳压比 $\pi_{\eta,\max}$；再次是效率值比理想循环的下降较多（指 π 与 τ 相同时），τ 越低时下降得越多。

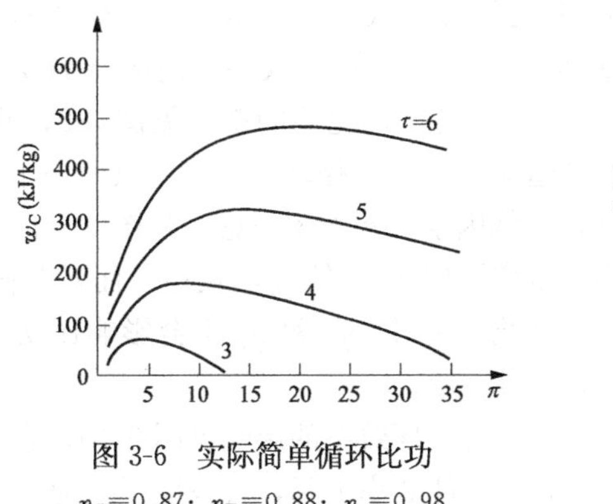

图 3-6　实际简单循环比功

$\eta_C=0.87$；$\eta_T=0.88$；$\eta_r=0.98$

$\eta_{mgt}=0.97$；$\mu_{cl}=0.04$；$\phi=0.94$

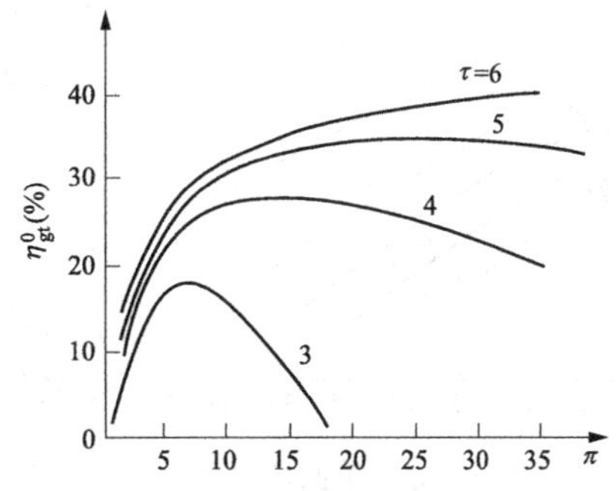

图 3-7　实际简单循环效率

$\eta_C=0.87$；$\eta_T=0.88$；$\eta_r=0.98$

$\eta_{mgt}=0.99$；$\mu_{cl}=0.04$；$\phi=0.94$

由图 3-7 可知，温比 τ 对实际循环的性能影响很大，特别是它对效率的影响，促使人们不断地努力来提高燃气初温 T_3^* 以不断提高效率。当然，降低 T_1^* 也可以提高 τ，从而提高效率。但 T_1^* 一般就是大气温度，它是人们所不能控制的。不过从这里可以看出，在 T_3^* 相同的情况下，燃气轮机在冬季和寒冷地区使用时效率最高，而在夏季和热带地区使用时效率较低。

此外，实际循环存在两种最佳压比，即 $\pi_{w,\max}$ 和 $\pi_{\eta,\max}$，在同一 τ 下它们的数值不同，比较图 3-6 与图 3-7，可看出 $\pi_{\eta,\max}>\pi_{w,\max}$，且相差较多。

在计及上述诸因素后，对循环计算所得的比功是实际的有效输出，相应地热效率亦是实际的有效效率。为区别于理想循环，我们改变比功和效率的下标，写为 w_C 和 η^0_{gt}，图 3-6 和图 3-7 即按此，以后亦同此。至于有效效率，就是一般所说的燃气轮机效率，或称机组效率，有时就简称效率。

还可以用一张图来同时表达比功、效率与压比、温比的变化关系，如图 3-8 所示，该图是把图 3-6 与图 3-7 合并而得。从图 3-8 中同样能够看清 w_C 和 η^0_{gt} 随着 π 和 τ 的变化情况，以及得到 $\pi_{w,\max}$ 和 $\pi_{\eta,\max}$ 的数值。

下面分析各种因素对实际循环性能的影响。

1. 压气机和透平效率

根据透平机械的工作原理，可得到压气机的实际压缩功为

$$w_C=c_p(T_{2s}^*-T_1^*)/\eta=c_pT_1^*(\pi^m-1)/\eta_C \tag{3-15}$$

式中：T_{2s}^* 为等熵压缩的出口温度。

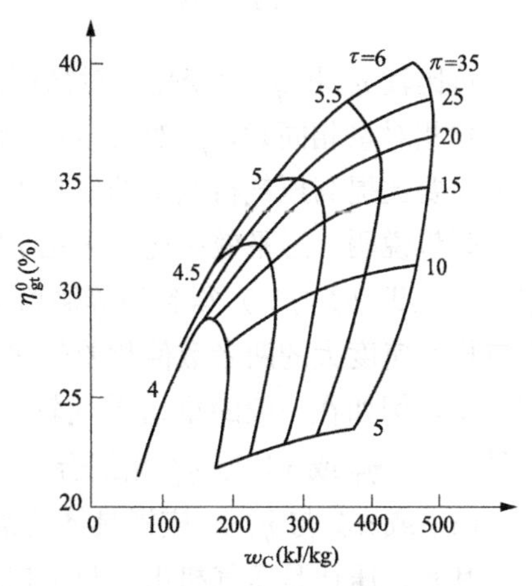

图 3-8　实际简单循环的效率和比功

透平的实际膨胀功为

$$w_T = c_p(T_3^* - T_{4s}^*)\eta_T = c_p T_3^*(1 - 1/\pi_T^m)\eta_T \tag{3-16}$$

式中：T_{4s}^* 为等熵膨胀的出口温度；π_T 为透平膨胀比，p_3^*/p_4，在无压力损失时，$\pi_T = \pi$。

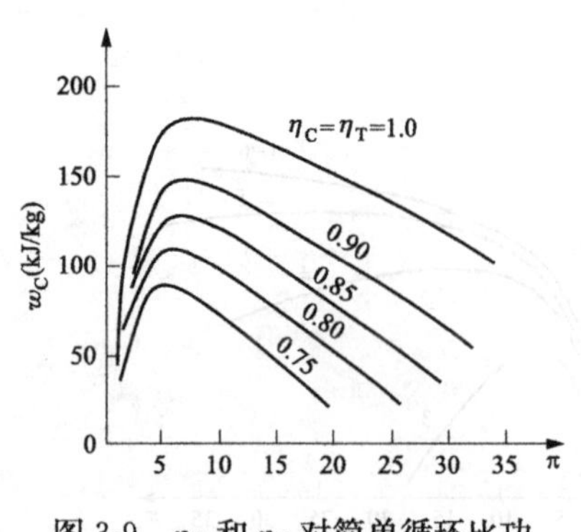

图 3-9 η_C 和 η_T 对简单循环比功的影响温比 $\tau=4$

循环输出的比功仍然是（$w_T - w_C$），只是由于 w_T 小于理想循环的数值，w_C 大于理想循环的数值，使 w_c 比理想循环的 w_t 显著减小，同时导致 η_{gt}^0 大低于 $\eta_{gt,t}$。η_C 和 η_T 对循环比功的影响见图 3-9，其中 $\eta_C = \eta_T = 1.0$ 这条线即理想循环，因该图仅考虑了 η_C 和 η_T 的影响，其他因素的影响未考虑。从图 3-9 看出，η_C 和 η_T 对比功的影响主要是使其值减小，而对其随 π 的变化趋势无影响。另外，η_C 和 η_T 也会影响比功最佳压比 $\pi_{w,max}$，使其变小。

η_C 和 η_T 对循环效率的影响见图 3-10，它说明考虑 η_C 和 η_T 后不仅使效率下降，且改变了它随 π 的变化趋势，出现 $\pi_{\eta,max}$。其次是使循环效率变为与温比有关，见图 3-11。由此可见，导致实际循环效率呈图 3-7 所示变化状况的根本原因是 η_C 和 η_T 的影响。

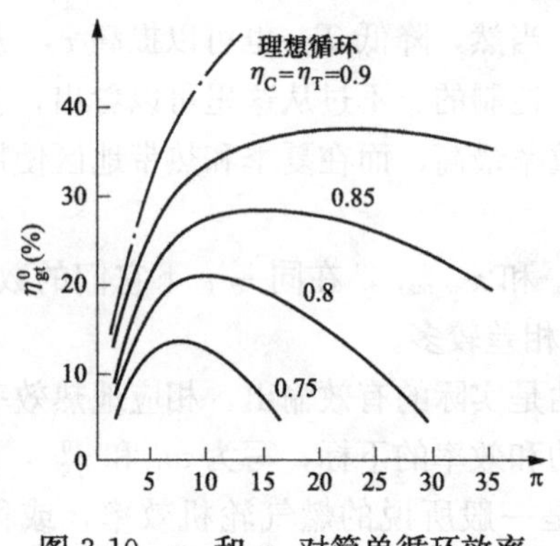

图 3-10 η_C 和 η_T 对简单循环效率的影响温比 $\tau=4$

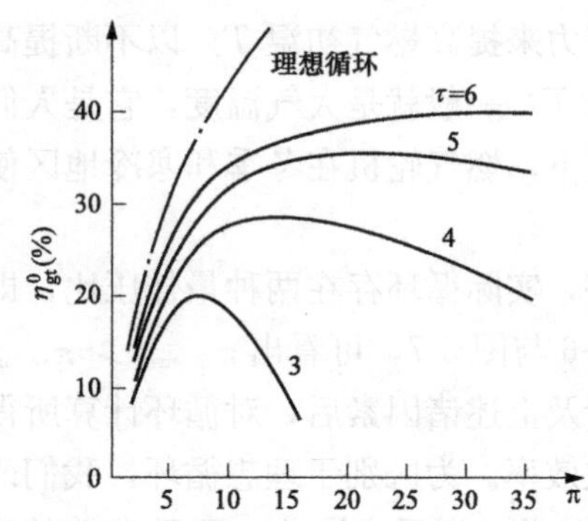

图 3-11 η_C 和 η_T 小于 1 时温比对循环效率的影响 $\eta_C = \eta_T = 0.85$

再比较 η_C 和 η_T 值变化时对循环比功和效率影响的大小。鉴于 $w_T > w_C$，因而 η_C 和 η_T 在变化相对量相同时，η_T 对 w_e 的影响比 η_C 的影响大，可见提高透平效率对改善循环性能的影响，要比提高压气机效率的影响大。

附带说明，透平效率还可采用 η_T^* 来表示，此即滞止效率，它是透平实际功与按滞止膨胀比 π_T^*（即 p_3^*/p_4^*）得到的等熵焓降之比值。因为 $\pi_T^* < \pi_T$，所以 $\eta_T^* > \eta_T$。通常，透平出口排气速度大的两者数值相差较多，例如在航空燃气轮机中；出口排气速度小的两者数值相差小，例如在一般的重型燃气轮机中，有时甚至可认为 π_T^* 与 π_T 基本相同。在计算中，应是 π_T 与 η_T 或 π_T^* 与 η_T^* 相配合应用，不应是 π_T 与 η_T^* 或 π_T^* 与 η_T 相配合应用。究竟是用 π_T 与 η_T 或 π_T^* 与 η_T^*，应视具体的情况而定。

其实，压比是压气机出口与进口滞止压力之比，按上述亦应写为 π^*。由于本书中压气机压比仅这一种定义，为书写方便，略去了右上角的“*”号。对于压气机效率，相应地应

是 η_C^*， 为书写简便，亦略去“ * ”号。

目前，压气机和透平效率的一般范围为：

轴流式压气机，$\eta_C=0.88\sim0.91$。

离心式压气机，$\eta_C=0.80\sim0.86$。

轴流式透平，$\eta_T=0.89\sim0.92$。

向心式透平，$\eta_T=0.82\sim0.88$。

2. 燃烧室效率

燃烧室效率是工质在燃烧室中实际获得的热量与加入燃烧室中的燃料完全燃烧时所放出的热量之比值。由于存在着不完全燃烧和散热损失，因而燃烧室的效率 $\eta_r<1.0$。通常，散热损失很小，可忽略，即 η_r 取决于不完全燃烧的程度，目前，η_r 的一般范围为 0.96～0.99，多数达 0.98 左右，可见已达到很高水平。

η_r 主要影响循环效率，它使工质在燃烧室中达到要求的温升时，实际所需的燃料量大于理论所需的量，故 η_r 下降时 η_{gt}^0 降低。

η_r 对循环比功的影响是通过对工质流量的差别来影响的，即 η_r 影响所需的燃料流量，而燃料流量的大小将影响工质流量的差别，进而影响比功，详见后述。但是，燃料流量一般仅及空气流量的 1%～2%，因而燃料流量变化对比功的影响很小，即基本无影响。鉴于此，从循环效率计算的公式可看出，η_r 变化的相对量，就是它对 η_{gt}^0 影响的相对变化量。

3. 压力损失

通常，用压力损失系数 ξ 和压力保持系数 ϕ 来描述压力损失。对于简单循环，存在的压力损失有进气压力损失 Δp_1^*、燃烧室压力损失 Δp_2^* 和排气压力损失 Δp_4^*。其压损系数分别为

$$\xi_c=\frac{\Delta p_1^*}{p_a}=\frac{p_a-p_1^*}{p_a} \tag{3-17}$$

$$\xi_r=\frac{\Delta p_2^*}{p_2^*}=\frac{p_2^*-p_3^*}{p_2^*} \tag{3-18}$$

$$\xi_t=\frac{\Delta p_4}{p_4}=\frac{p_4-p_a}{p_4} \tag{3-19}$$

压力保持系数分别为

$$\phi_c=\frac{p_a-\Delta p_1^*}{p_a}=1-\xi_c \tag{3-20}$$

$$\phi_r=\frac{p_2^*-\Delta p_2^*}{p_2^*}=1-\xi_r \tag{3-21}$$

$$\phi_t=\frac{p_a-\Delta p_4}{p_4}=1-\xi_t \tag{3-22}$$

由上述可得

$$p_1^*=p_a-\Delta p_1^*=\phi_c p_a$$

$$p_3^*=p_2^*-\Delta p_2^*=\phi_r p_2$$

$$p_4=p_a+\Delta p_4=p_a/\phi_t$$

进一步可得

$$\pi_T=\frac{p_3^*}{p_4}=\frac{\phi_r p_2}{p_a/\phi_t}=\frac{\phi_r p_1^*\pi}{p_a/\phi_t}=\phi_c\phi_r\phi_t\pi \tag{3-23}$$

令
$$\phi=\phi_c\phi_r\phi_t \tag{3-24}$$
式中：ϕ 为诸压力保持系数的乘积，是总的压力保持系数。于是有
$$\pi_T=\phi\pi \tag{3-25}$$
由式（3-25）表明，由于压力损失使 $\pi_T<\pi$，透平出功减少，导致循环的比功和效率下降。图 3-12 和图 3-13 是压力损失对循环性能的影响。通常，简单循环燃气轮机的压力保持系数 ϕ 为 0.92～0.96，它导致的比功和效率下降还是较多的。

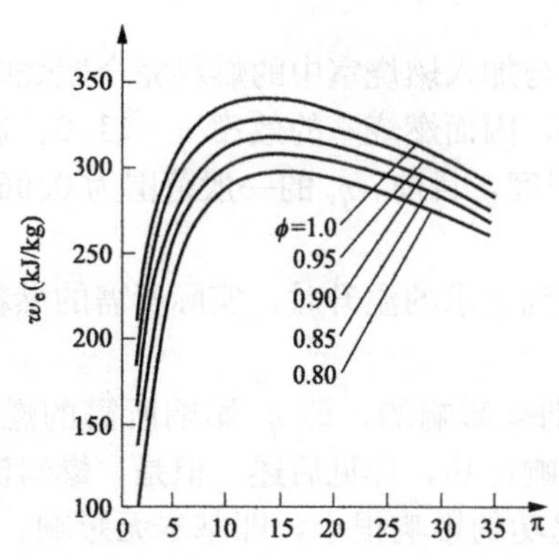

图 3-12 压力损失对比功的影响

$\eta_C=0.87$；$\eta_T=0.88$，$\eta_r=0.98$；$\tau=5$

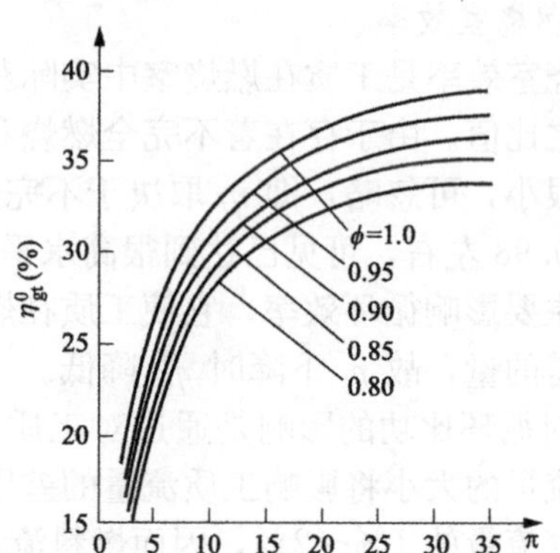

图 3-13 压力损失对效率的影响

$\eta_C=0.87$；$\eta_T=0.88$，$\eta_r=0.98$；$\tau=5$

4. 工质流量的差别

在燃气轮机中，压气机的进口空气流量 q 与透平的进口燃气流量 q_T 是不一样的。首先是要从压气机中引出一部分空气去冷却透平，当燃气初温高，透平采用冷却叶片时，这部分冷却空气量可达到压气机进口空气流量的 10%以上。其次是要从压气机中抽气来密封轴承滑油以及其他的漏损等。再次是在燃烧室中要加入燃料。因此，透平进口流量为
$$q_T=q+q_f-q_{cl} \tag{3-26}$$
式中：q_T 为燃料流量，kg/s；q_{cl} 为冷却空气和漏气等流量之和，kg/s。

这时燃烧室中的燃料空气比为
$$f=\frac{q_f}{q-q_{cl}} \tag{3-27}$$
将式（3-17）代入式（3-16），得
$$q_T=(1+f)(1-\mu_{cl})q \tag{3-28}$$
其中，$\mu_{cl}=q_{cl}/q$。

在燃气轮机中，f 值一般不超过 0.02，μ_{cl} 值则随 T_3^* 的高低和冷却状况的不同在较大的幅度内变化，为 4%～12%。因此，进入透平的燃气流量要比压气机的空气流量小，减少了透平中的工质流量，透平总的出力减少，导致循环的比功和效率下降。

由于 q 和 q_T 的数量不同，而从式（3-15）和式（3-16）算出的 w_C 和 w_T 是各自相应于单位质量空气和燃气的数值，使得 w_C 和 w_T 的值不能直接进行加减运算。通常，是把 w_T 换算成相应于单位质量空气的数值。以 q_T/q 乘以 w_T 后就完成了这一转换。这时的循环比功为
$$w_e=\frac{q_T}{q}w_T-w_C=(1+f)(1-\mu_d)w_T-w_C \tag{3-29}$$

式（3-29）清楚地表明了计及工质流量差别后循环比功的变化。通常 $q_T/q<1$，故 w_e 和 η_{gt}^0 下降。

这里要重点说明一下透平叶片冷却对 η_{gt}^0 的影响。一般来讲，透平叶片冷却效果好，则 T_3^* 可高，η_{gt}^0 高。但若冷却效果的改善仅是靠加大冷却空气量来实现时，还要考虑到冷却空气量增大对 η_{gt}^0 下降的影响。到一定程度后，就可能出现 T_3^* 虽然在提高，而 η_{gt}^0 却反而下降的情况，图 3-14 所示就是一例。该图中虚线图形每条线的 π 和 t_3^* 与实线的数值相对应。它表明：在一定的冷却方式下，t_3^* 由 1140℃提高到 1205℃时，$\pi=30$ 的 η_{gt}^0 升高已很少，$\pi=16$ 的 η_{gt}^0 则下降了。

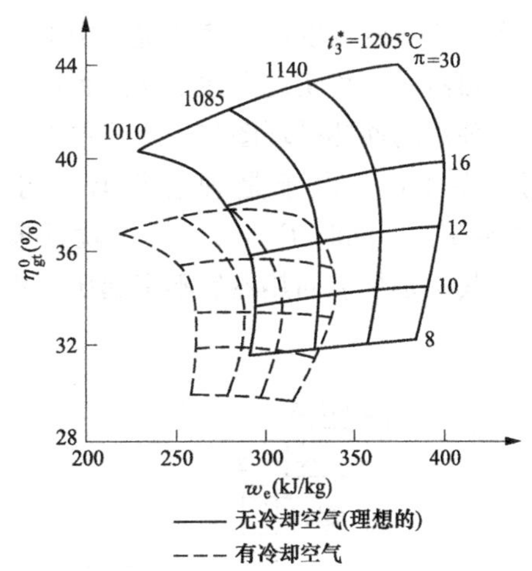

图 3-14　透平冷却空气消耗对消耗性能的影响

因此，必须不断改进透平叶片冷却技术，使在提高冷却效果的同时，冷却空气量增加较少或很少，才能使 η_{gt}^0 得到显著改善。

还需要说明，从透平中各处流入的冷却空气，在其流入处下游的级中还是要做功的。而按式（3-29）来计算时，q_{cl} 部分是完全不做功的，使得 q_{cl} 大时的计算误差较大。为计及冷却空气在透平中做功的影响，可按做功相同的原则在透平中引入等效流量的概念。

5. 机械损失

在燃气轮机中，存在轴承摩擦和传动辅机等机械损失，可用机械效率 η_{mgt} 来计及这部分损失。它可以放在 w_T、w_C 或 w_e 中来考虑，视计算者的习惯而定。本书在 w_e 中考虑，这时式（3-29）可改写为

$$w_e=[(1+f)(1-\mu_{cl})w_T-w_C]\eta_{mgt} \tag{3-30}$$

η_{mgt} 值一般可取为 0.99。在辅机传动有特殊需要时，η_{mgt} 值将降低，可视具体情况来取定。由于机械损失使 w_e 和 η_{gt}^0 降低，因而在设计燃气轮机时应尽可能地减少这部分损失。

6. 工质热力性质的差别

空气与燃气的组成成分是不一样的，它们的热力性质不同，即在同样温度下的焓值不同。为使循环计算得到的 w_e 和 η_{gt}^0 值准确，除需考虑焓值随温度的变化外，还应考虑工质不同的影响。目前，国内广泛应用吴仲华编写的《燃气热力性质表》来计算气体的热力性质。为使它适应计算机的运算，现已将其拟合成多项式。严家騄等于 1987 年发表的《燃气热力性质表》（烃类燃料的燃气热力性质表，科学出版社，1989）考虑了压力和不同的碳氢比对燃气性质的影响，适用于任意碳氢比的烃类燃料，可以看作是吴仲华先生的《燃气热力性质表》继续和发展。

在计及上述诸因素后，就可以得到实际循环的比功 w_e，进而可得到实际循环的有效效率。这时效率仍为对外做功与加入热量之比，即

$$\eta_{gt}^0=\frac{qw_e}{q_f(1-\mu_{cl})Q_{ar,net,p}}=\frac{w_e}{f(1-\mu_{cl})Q_{ar,net,p}} \tag{3-31}$$

式中：$Q_{ar,net,p}$ 为燃料的低位发热量，kJ/kg。

（三）回热循环

燃气轮机的排气温度很高，简单循环的机组排气温度一般为 470～600℃，这一高温气体的热量如能回收，就能提高热效率。可采用高温排气来加热从压气机出口的空气，提高它进入燃烧室的温度，可使燃烧室中加入的燃料量减少，从而可提高热效率。在燃气轮机中加装回热器后，可实现上述工作过程，这就是回热循环，图 3-15 为其方案示意图。

理想的回热循环图与理想简单循环的相同，见图 3-16（a），不同的是图中多了 2a 和 4a 两个特征点。由于是理想循环，可使压缩空气被加热至透平排气相同的温度，即 $T_{2a}^*=T_4^*$，同时 $T_{4a}^*=T_2^*$，这就意味着回热器中（$T_4^*-T_2^*$）温差范围内的热量全部被回收。其次是加装回热器后不引起压力损失。

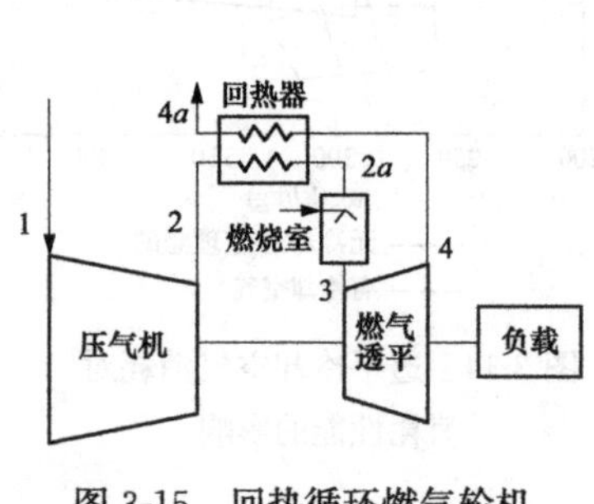

图 3-15　回热循环燃气轮机

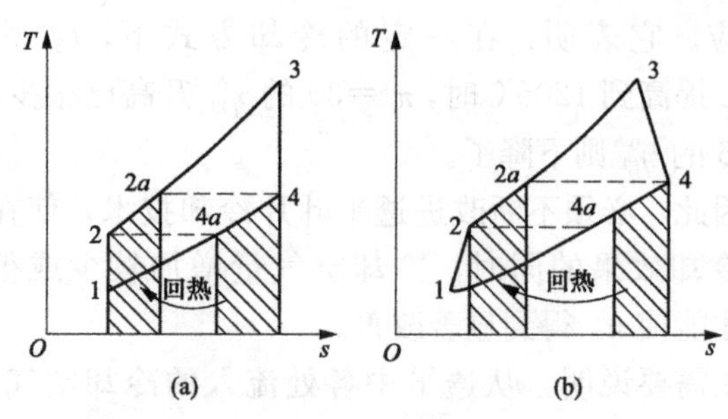

图 3-16　回热循环

(a) 理想回热循环；(b) 实际回热循环

理想回热循环的效率仍用式（3-13）计算。因为无回热器的附加压力损失，所以理想回热循环的比功与简单循环的相同。加热的热量 q_1 由于温升从（$T_3^*-T_2^*$）变为（$T_3^*-T_{2a}^*$）而减少，使理想回热循环的热效率高于理想简单循环的热效率。理想回热循环的热效率经运算得

$$\eta_{gt,t}=1-\pi^m/\tau \tag{3-32}$$

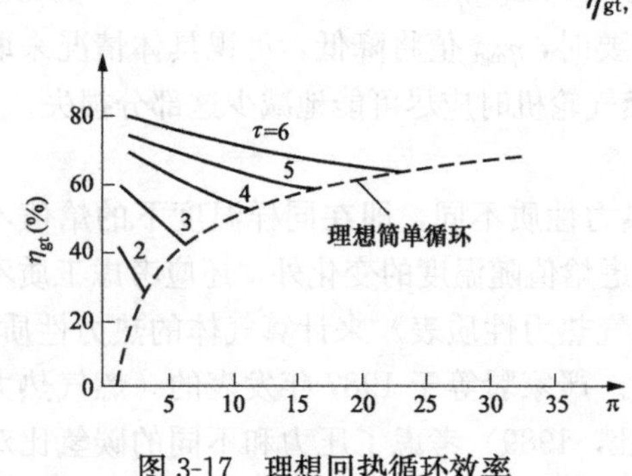

图 3-17　理想回热循环效率

依据式（3-32）作图（见图 3-17）。该图说明理想回热循环的热效率不仅与 π 有关，而且与 τ 有关。τ 值高时 $\eta_{gt,t}$ 也高。从该式还可以看出，π 降低时 $\eta_{gt,t}$ 升高（在 τ 不变时），当 π 减少至 1 时，$\eta_{gt,t}=1-1/\tau$，即此时的热效率等于卡诺循环的热效率。但是，这时工质没有压缩也没有膨胀，不存在循环，毫无意义。

此外，τ 不变而 π 升高时 $\eta_{gt,t}$ 降低，到一定程度后，$\eta_{gt,t}$ 值与理想简单循环的相同，见图 3-17。它的物理意义是随着 π 升高，T_2^* 与 T_4^* 的差别变小，当 $T_2^*=T_4^*$ 时回热器不起作用，情况与简单循环的相同。这时若再提高 π，则 $T_2^*>T_4^*$，回热器中热量倒流，使回热循环的 $\eta_{gt,t}$ 反而低于简单循环的，这是人们所不希望的。所以在图 3-17 中虚线的右边没有画曲线。通常，把 $T_2^*=T_4^*$ 时的压比称为临界压比。回热循环只有在低于临界压比下工作才有意义。

令式（3-32）与式（3-14）右边项相等，就得到理想回热循环的临界压比 $\tau^{1/2m}$。

实际的回热器尺寸有限，存在着传热温差，因而必然是 $T_{2a}^* < T_4^*$，见图 3-16 (b)，即不可能 100%回热。人们用一个系数来说明回热的有效程度，即回热度 σ，σ =实际回热量/理想回热量，通常将其近似表达为

$$\sigma = \frac{T_{2a}^* - T_2^*}{T_4^* - T_2^*} \tag{3-33}$$

在燃气轮机中，一般采用板式回热器，σ 为 0.80～0.90。仅在某些微型燃气轮机中用再生式（回转式）回热器，σ 为 0.90～0.92。

回热器中两侧分别为流动的空气和燃气，与在管道中一样，存在着压力损失，因此加大了从压气机到透平之间的压力损失 Δp_2^* 和排气压力损失 Δp_4。

实际回热循环见图 3-16 (b)，它与实际简单循环的基本相同。由于回热器加大了压力损失，使总的压力保持系数下降 4%～8%，比功下降。而比功随 π 和 τ 的变化情况仍与图 3-6 相似。

实际回热循环的效率见图 3-18，它与理想回热循环相同之处是效率随着 τ 的增加而提高，不同的是出现了 $\pi_{\eta,\max}$。从图 3-18 可以看出，回热循环的 $\pi_{\eta,\max}$ 比简单循环的大为下降，使它趋近于 $\pi_{w,\max}$。其次是仍有临界压比，它的数值低于相同 τ 下简单循环的 $\pi_{\eta,\max}$。可见回热循环燃气轮机宜取较低的压比，这样不仅效率高，且能避免高压比压气机研制的困难。

回热度对效率的影响见图 3-19，η_{gt}^0 随 σ 增大而提高，$\pi_{\eta,\max}$ 值则有所下降，不同 σ 时的 η_{gt}^0 变化曲线随着 σ 的增大而最终相汇合在一起，该汇合处的压比即临界压比。

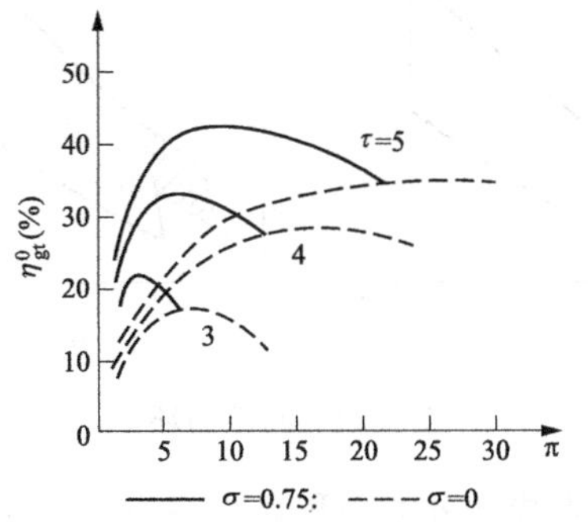

图 3-18 实际回热循环效率

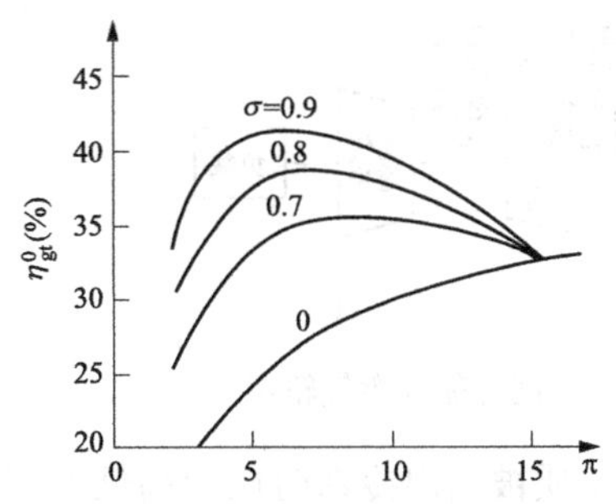

图 3-19 回热度对效率的影响

$t_3^* = 1040℃$

对于再生式回热器，由于气流流程较短，其压力损失比板式的小些。但是再生式回热器中存在着压力高的空气向压力低的燃气侧的漏气，该漏气量大约为回热器进口空气流量的 4%～6%，它增大了燃气与空气流量的差别，比功和效率随之下降。

采用回热循环虽可较多地提高燃气轮机效率，但目前实际应用并不很多，原因是：首先是回热器的体积和尺寸较大，运行中回热器常需清洗使维护费用增加；其次是近二十多年来简单循环燃气轮机发展迅速，机组效率已经达到 43%的高水平；第三是燃气蒸汽联合循环和燃气轮机联供系统的迅速发展，使能源的利用率达到更高的水平。

在某些应用场所，燃气轮机则必须采用回热，以有效地改善效率和其他热机相竞争。典型的示例是用于车辆时的情况，采用回热循环燃气轮机后才能达到较低的平均燃料消耗率，

从而增强与柴油机的竞争能力。

近年来，随着分布式能源概念的兴起，小型燃气轮机回热循环有快速发展的趋势，这是因为小型燃气轮机自身的效率有了较大的提高，采用紧凑式高效换热器使得机组的体积增加不多，回热效果很好。这样采用回热循环的小型燃气轮机发电机组的效率可与柴油机相比，并且保持了燃气轮机质量轻、体积小、启动快、运转平稳可靠的优点。

（四）复杂循环

与其他热机相比较，燃气轮机的比功较小，导致在同样的功率下其工质流量大，限制了功率的提高。是否能采取有效措施来提高比功呢？回答是肯定的。在压缩过程中间冷却工质（简称间冷）和在膨胀过程中间再回热工质（简称再热），就能有效地提高循环比功。此外，采用间冷和再热还可能提高燃气轮机的效率。

1. 间冷循环

在压缩过程中间，把工质引至冷却器冷却后，再回到压气机继续压缩以完成压缩过程，此即间冷循环。这种燃气轮机的方案见图 3-20，其中的 IC 是中间冷却器，由于它的应用使压气机分为低压（LC）和高压（HC）两个部分。在理想的情况下，从间冷器出口的工质温度冷却到与进入燃气轮机时的 T_1^* 温度相同。理想的间冷循环见图 3-21（a），$T_{11}^* = T_1^*$，无压力损失，其中阴影部分的面积就是采用间冷后增大的比功。这时循环的比功为

$$
\begin{aligned}
w_t &= w_T - (w_{LC} + w_{HC}) \\
&= c_p(T_3^* - T_4^*) - c_p[(T_{21}^* - T_1^*) + (T_2^* - T_{11}^*)]
\end{aligned} \tag{3-34}
$$

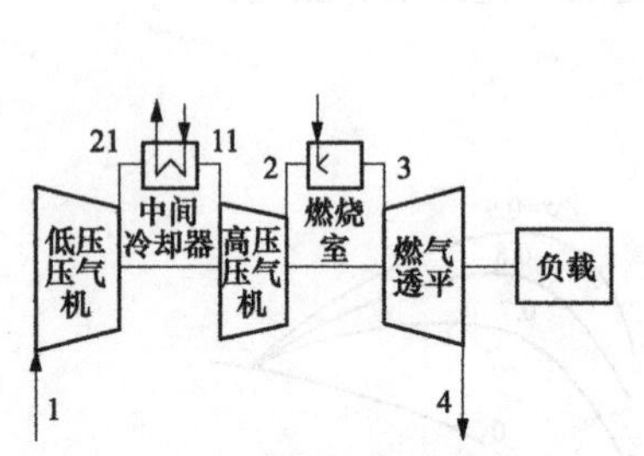

图 3-20　间冷循环燃气轮机

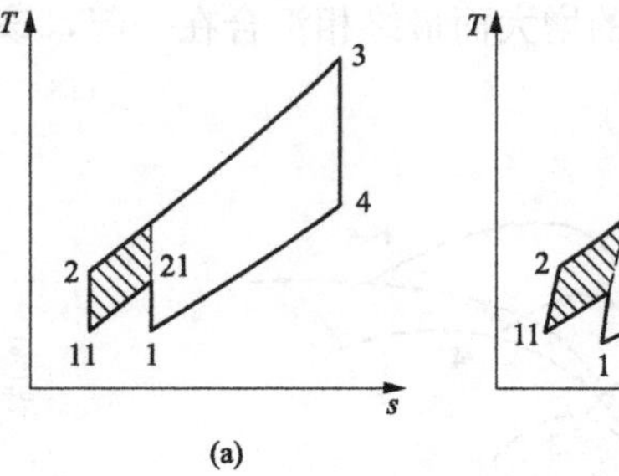

图 3-21　间冷循环

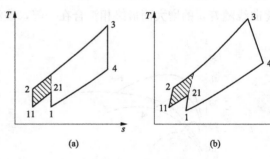

显然，工质被引出冷却时压力高低不同，阴影线部分的面积大小将不同，使比功的增大值不同，这当中必然存在着使比功增加最多的最佳引出压力，此即 LC 与 HC 之间的最佳压比分配，在把式（3-34）演化为 $w_t = f(\pi, \pi_{LC})$ 的关系式后，将 w_t 对 π_{LC} 微分，再令 $dw_t/d\pi_{LC} = 0$，就得到

$$
\pi_{LC} = \pi_{HC} = \sqrt{\pi} \tag{3-35}
$$

式（3-35）为理想间冷循环的最佳压比分配，这时循环比功最大。其中，π 为总压比，$\pi = \pi_{LC}\pi_{HC}$。

上述是把压缩过程分为两段，采用一次间冷时的情况。当把压缩过程分为多段，并采用多次间冷时，可更多地增加比功，这时同样存在着最佳压比分配问题。可以证明，当采用 n 段压缩，$(n-1)$ 次冷却时，每段压缩的压比 $\pi_i = \sqrt[n]{\pi}$ 时的 w_e 最大，其中 π 为总压比。

理论上，间冷过程无穷多时，压缩过程就变为等温压缩，压缩耗功降至最低，循环比功增加最多。当然，实际上这是做不到的。

理想间冷循环的加热量和热效率的计算公式仍与理想简单循环相同。不同的是由于采用间冷，使 T_2^* 温度降低，需加入更多的热量。

实际的间冷循环，由于间冷器中有传热温差，因而一般是 $T_{11}^* > T_1^*$，采用水来冷却的间冷器，两者相差 15～25℃。其次是工质在间冷器中有压力损失，使得各段中的压比要比理想的高些，才能在压缩终了达到所需的 p_2^* 压力，导致各段压缩的压比的乘积大于总的压比。对于图 3-20 所示的燃气轮机，即 $\pi_{LC}\pi_{HC} > \pi(\pi = p_2^*/p_1^*)$。显然，该两因素减少了采用间冷后的比功增大量。实际间冷循环见图 3-21（b），其中有阴影线的是比功增大的部分。

实际间冷循环的性能见图 3-22。与简单循环相比较，比功增加较多，且 $\pi_{w,\max}$ 亦高了些，效率随 π 的变化曲线要比简单循环的平坦些，$\pi_{\eta,\max}$ 高很多，在高的压比范围，效率高于简单循环的。可见间冷循环宜选取较高的压比，这样不仅比功可增加较多，又能获得较高的效率。

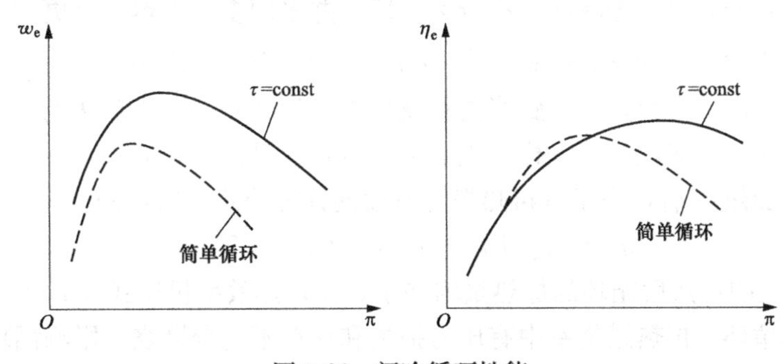

图 3-22　间冷循环性能

实际使用中，间冷循环燃气轮机一般只用一次间冷，仅个别的用两次间冷。在各段压缩的压比分配方面，除按各段压缩的压比相等来分配经获得最大的比功增加外，也可采用不相等的分配方法，特点是适当降低低压段压比，并适当提高高压段压比，这样的比功增加量虽稍小，但却提高了 T_2^*，减少了燃烧室中的加热量，对提高效率有利。对于用一次间冷的循环，可以是 $\pi_{HC}:\pi_{LC}=6:4$ 左右，甚至是 $7:3$ 左右。对于压气机是分别传动的燃气轮机，这样的选择还可适当地改善燃气轮机在变工况下的运行性能。

2. 再热循环

在膨胀过程中间，把工质引出至再热燃烧室中加热后，再回到透平中继续膨胀以完成膨胀过程，此即再热循环。这种燃气轮机的方案见图 3-23，B_2 是再热燃烧室，由此使透平分为高压（HT）和低压（LT）两个部分。为使再热后比功增加得多些，再热后工质的温度 T_5^* 应高，当 $T_5^* = T_3^*$ 时最好。理想的再热循环见图 3-24（a），$T_5^* = T_3^*$，完全燃烧，且无压力损失，其中有阴影线的面积就是采用再热后增大的比功，这时的循环比功为

$$\begin{aligned} w_t &= (w_{HT} + w_{LT}) - w_C \\ &= c_p[(T_3^* - T_4^*) + (T_5^* - T_6^*)] - c_p[(T_2^* - T_1^*)] \end{aligned} \tag{3-36}$$

与间冷循环相同，当工质被引出再热时压力高低不同时，阴影线部分的面积大小将不同，即比功的增大值不同。因此，它同样有两透平之间膨胀比的最佳分配问题。用与间冷循环中相似的方法，可得到最佳膨胀比分配为

$$\pi_{HT}=\pi_{LT}=\sqrt{\pi} \tag{3-37}$$

式中：π 为总压比，$\pi=\pi_{LT}\cdot\pi_{HT}$。

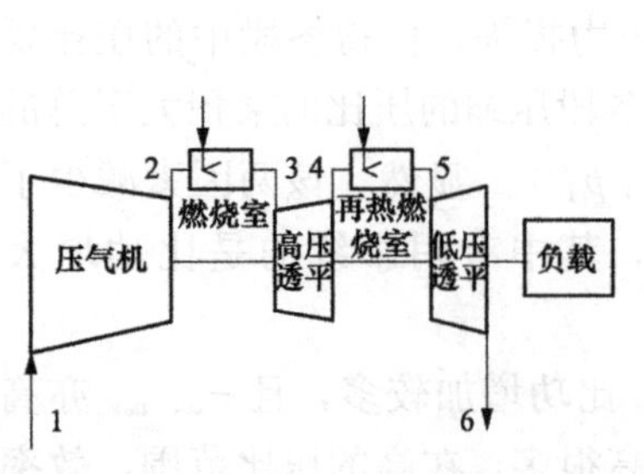

图 3-23 再热循环燃气轮机

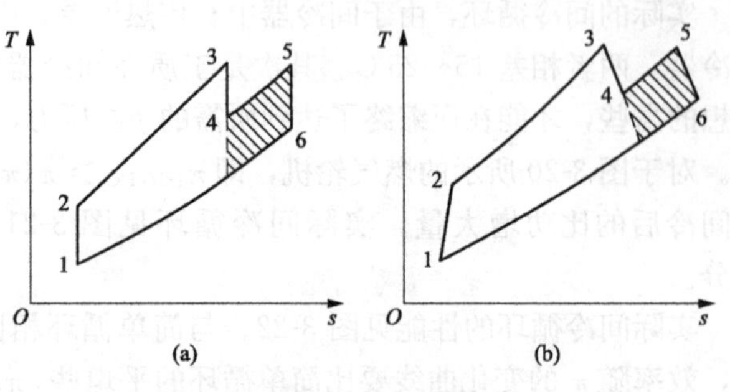

图 3-24 再热循环

(a) 理想再热循环；(b) 实际再热循环

与间冷循环相同，也可把膨胀过程分为多段，并采用多次再热，以更大地增大比功。同样可得到最佳膨胀比分配为 $\pi_{iT}=\sqrt[n]{\pi}$，其中 n 为膨胀段数，则再热为 $(n-1)$ 次。

理论上，再热次数无穷多时，膨胀过程就变为等温膨胀，膨胀功达到最大，循环比功增加最多。当然，与无穷多次间冷一样，无穷多次再热也是做不到的。

再热循环的加热量 q_1，由于有再热燃烧室而使计算公式有所不同。对于理想循环，有

$$q_1=c_p[(T_3^*-T_2^*)+(T_5^*-T_4^*)] \tag{3-38}$$

式 (3-38) 表明再热后循环的加热量增加了。循环热效率仍用式 (3-3) 计算。

实际的再热循环，再热燃烧室中有压力损失和存在不完全燃烧，影响循环比功的增加和效率的变化。实际再热循环见图 3-24 (b)，有阴影线的是比功增大的部分。

实际再热循环的性能见图 3-25。循环比功比简单循环大很多，$\pi_{w,\max}$ 也高一些。与图 3-22 相比较，再热循环的比功增加得更多些。原因是气体的热力性质，在相同压比下温度高时的焓降大，使再热后循环图增加的阴影线部分的面积比间冷的大，比功增加更多。至于效率，在高压比范围效率高于简单循环的，$\pi_{\eta,\max}$ 也高很多。因此，再热循环亦选取较高的压比，使比功增加多且效率较高。

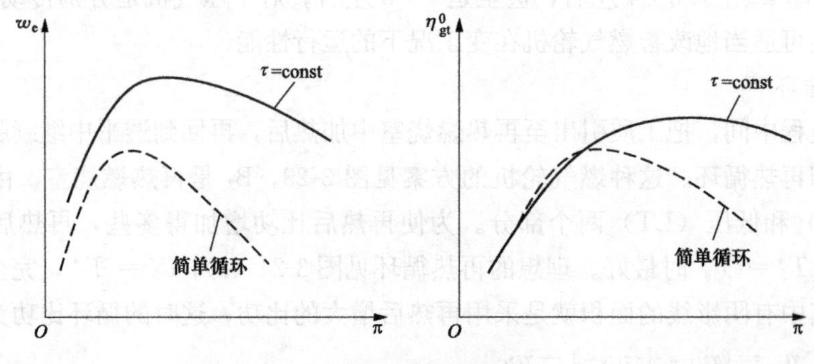

图 3-25 再热循环性能

实用的再热循环燃气轮机只用一次再热。再热后工质的温度为 T_5^*，一般取 $T_5^*=T_3^*$。但在 T_3^* 很高时，为了减少再热燃烧室冷却结构设计的困难（因其进口工质的温度已

很高)，可取 $T_5^* < T_3^*$。例如，一台试验性的大功率燃气轮机，采用再热，$t_3^* = 1300℃$，$t_5^* = 1124℃$。

将再热循环与间冷循环相比较，虽然再热的比功可增加得更多，效率也可能稍高一些，但再热燃烧室因火焰冷却问题的设计难度较大，其次是多了再热燃烧室燃料的调节问题。使控制系统趋于复杂。因而在只有间冷就能满足增大比功的要求时就不用再热了。当要求更多地增加比功时，才将再热与间冷一起使用。

3. 间冷再热循环

间冷再热循环见图 3-26。其图形面积上比上面两种循环进一步增大，即比功增加更多。与简单循环相比较，性能变化趋势仍与图 3-22 和图 3-25 相同，具体数值当然不同，比功不仅增加更多，$\pi_{w,\max}$ 提高也多些，在高压比范围，效率提高可能也要多些，且 $\pi_{\eta,\max}$ 高得更多。

实用的间冷再热燃气轮机都不是单轴的，而是双轴的，甚至是三轴的。图 3-27 所示的是曾经应用较多的一种双轴燃气轮机，它由低压轴输出功率，带动发电机用于发电。这种燃气轮机在循环计算时，先确定两个串联压气机的压比 π_{LC} 与 π_{HC}，一般取 $\pi_{LC} \leqslant \pi_{HC}$，在选定 T_3^* 和 T_5^* 后，就能从高压轴的功率平衡得到高压透平的膨胀比 π_{HT}，接着就可算得 π_{LT}。

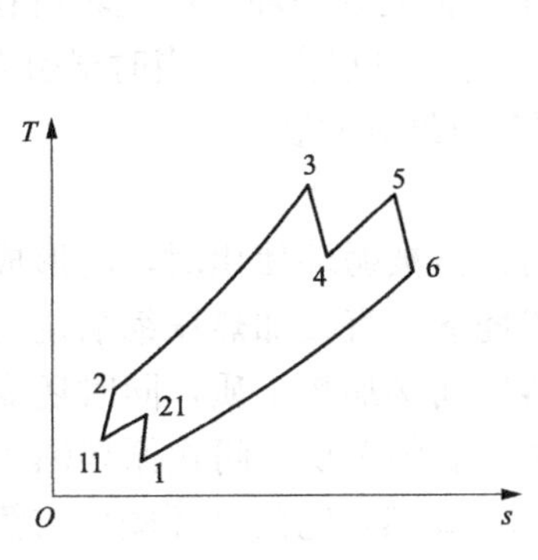

图 3-26　间冷再热循环

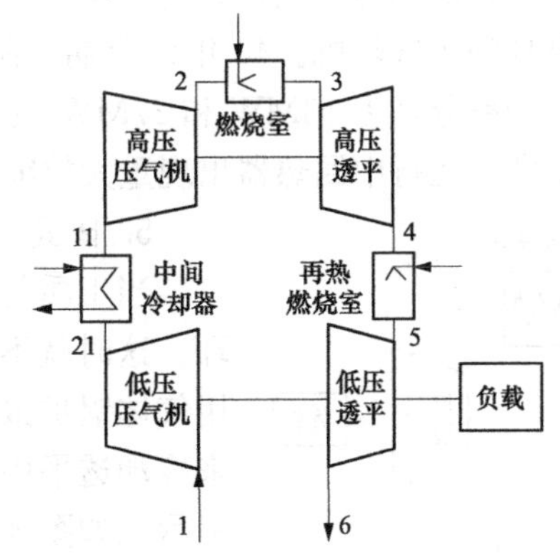

图 3-27　间冷再热循环的双轴燃气轮机

4. 回热的复杂循环

前面已叙述过，回热能提高简单循环的效率。对于复杂循环，回热同样能提高效率，而且效率更显著。

先讨论间冷循环采用回热时的情况。从图 3-21 可看出，间冷后 T_2^* 降低，采用回热时回热器中的传热温差（$T_4^* - T_2^*$）将比简单循环的大，若回热度相同，传热温差大的回收热量多，因而效率的提高将比简单循环采用回热后的提高要多，具体的见图 3-28。从图 3-28 看出，间冷回热循环的 $\pi_{\eta,\max}$ 虽比只有回热的高，但仍比简单循环的低不少，这是人们所期望的。早在 20 世纪 50 年代，人们就开始发展舰用间冷回热循环燃气轮机。不久前研制成的 WR-21 舰用燃气轮机即采用间冷回热循环，$\eta_{gt}^0 = 43\%$。

再热循环采用回热后的情况与间冷的类似。从图 3-24 看出，再热后透平最终的排气温度变高，加大了回热器中的传热温差，效率的提高也比简单循环采用回热后的提高要多。它与简单循环等的比较也与图 3-28 类似，只是具体数值有所不同。

间冷再热循环，压气机最终出口的温度低，透平最终排气的温度高，采用回热后显然能更多地提高效率。在相同的 π 和 τ 下，效率将高于间冷回热循环和再热回热循环的效率。因此间冷再热回热循环不仅比功大，且效率高。

在理想情况下，压缩和膨胀的段数很多时趋于等温压缩和等温膨胀，见图 3-29。在段数趋于无穷多时，就变为等温压缩和等温膨胀，若这时回热度为 1.0，由循环效率为 $1-1/\tau$，此即卡诺循环的效率，当然这是做不到的。

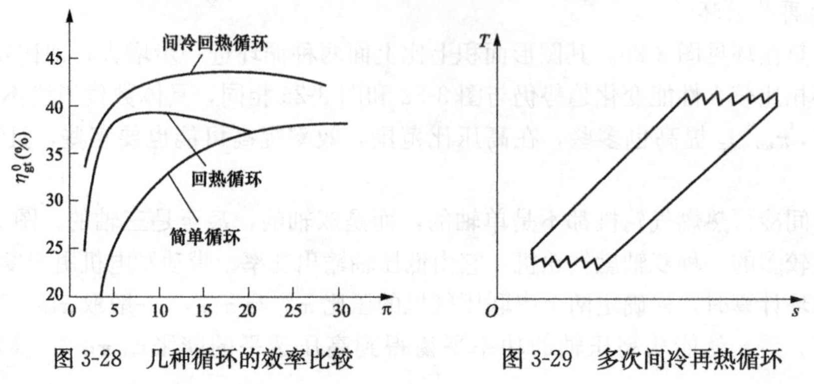

图 3-28 几种循环的效率比较　　图 3-29 多次间冷再热循环

由于间冷再热回热循环能达到高的比功和高的效率，因而早在 20 世纪 40 年代人们就着手发展这种循环的燃气轮机。40 年代后期，两台采用这种复杂循环的燃气轮机在瑞士制成并投入运行，功率分别为 13MW 和 27MW，效率都达到 30%以上，在当时很引人注目。但因为其系统复杂，运行中回热器出现重大故障，所以没有继续发展。

5. 闭式循环

当工质与外界隔绝而被循环使用时，就形成了闭式循环。这时就不能用燃烧室来直接加热压缩后的工质，而要用气体锅炉或加热器来间接加热工质，同时还需用冷却器来冷却透平中膨胀做功后的工质。闭式循环燃气轮机的方案示意如图 3-30 所示。显然，它的循环图应与简单开式循环的一样，即与图 3-5 所示的相同，因而两者循环的性能也就相同，在此不另作分析。

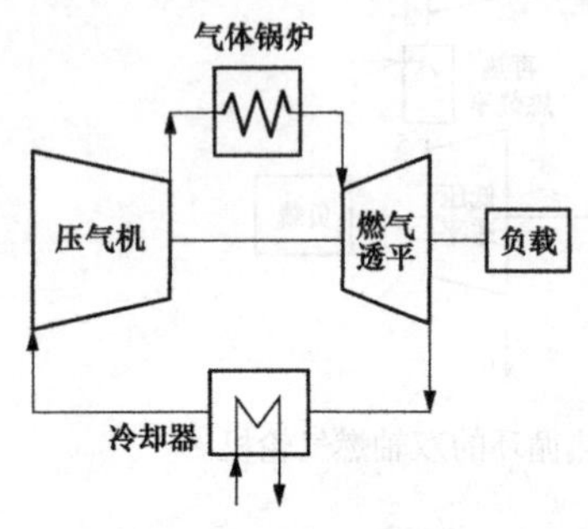

图 3-30 闭式循环燃气轮机

为了提高循环的效率，闭式循环往往采用回热，这时虽然增加了一个体积较大的回热器，但由于气体锅炉中的加热量减少，减小了该锅炉的尺寸，因而使加热后机组的尺寸增加得不太多。对于这种循环，同样可运用前面叙述过的回热开式循环的分析结果。

与开式循环相比较，闭式循环有以下几方面的优点。

(1) 工质循环工作，与周围空气无关，因而循环的最低工作压力可以高于或低于大气压力。为了减少透平机械通流部分的尺寸，往往把最低压力选成高于大气压力，例如取 0.4～0.6MPa，可见工质工作的压力水平要比开式循环的高很多，使其压气机和透平的尺寸比开式循环的小很多，把循环的工作压力水平选得高，还可减小体积庞大的气体锅炉的尺寸，以减少整台机组的尺寸。

(2) 可以方便地燃用煤，以有效地减少燃料费用。此外，还可能利用核能。

(3) 工质除采用空气外，还可采用其他的气体，以适应于特种工作的需要，例如利用核能时即如此。

(4) 机组在变工况下工作时，可采用改变工质的质量流量的方法，使机组效率随功率下降的变化平稳，即部分负荷下机组效率在很大的功率变化范围内基本不变。

闭式循环的缺点主要是气体锅炉的尺寸大，造价昂贵，至今应用很少，发展处于停滞状态，其次是由于间接加热工质，t_3^* 受到传热壁面金属温度的限制，目前最高只能到 800～820℃，使机组效率的提高受到了限制。

利用核能的闭式循环燃气轮机，可以应用气冷反应堆，并选用合适的气体，既作为反应堆的冷却剂，又作为燃气轮机的工质，图 3-31 就是这种燃气轮机的示意图。与目前用汽轮机的核能动力站需要二次回路的系统相比较，系统简单，传热损失少。鉴于气冷反应堆能达到 700℃以上的高温，使循环能达到较高的效率。

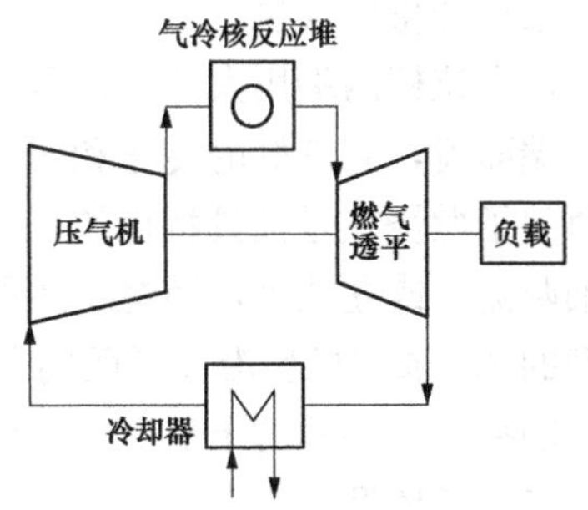

图 3-31　应用核能的燃气轮机

适用于核能燃气轮机的工质有氦、氮和二氧化碳，其中一般认为氦气较好。

从 20 世纪 50 年代起，人们就开始了上述核能燃气轮机的设计研究工作，经过多年的努力，现已发展了一种适合于燃气轮机应用的、采用球形元件的高温气冷反应堆，建立起了以氦气作为工质的闭式循环燃气轮机试验机组，从中积累经验，以促进这种燃气轮机的研究、发展和使用。

第三节　M701F 燃气轮机设备结构

一、燃气轮机结构概述

燃气轮机主要由压气机、燃烧室和透平三大部分组成。各部分的作用为：压气机——对进气增压；燃烧室——通过对压气机的压缩空气燃烧加热，增加工质的做功能力，增加比容；透平——通过膨胀做功，将燃气的热能转变为对燃气轮机大轴转动的机械能。旋转的压气机就像一把风扇，将进气加压并驱动其进入燃烧系统。流体工质在燃烧室中被燃烧，加热。透平则可看成是一个风车，被加热的流体（燃气）驱动旋转以带动压气机，并通过旋转轴将多余的功输出（带动发电机）。

燃气轮机是高温高速的旋转机械，运行时承受着高的离心力、振动应力，以及因高温引起的热应力、热冲击和热腐蚀等，它具有很多不同于一般高速旋转机械的特点，因此对结构布置提出了更高的要求。现在生产的大型燃气轮机均为压气机、燃烧室和透平连接成一体的整体式结构，其尺寸紧凑、体积小，便于整体装箱运输。

目前能设计和生产重型燃气轮机的三个主要工厂——美国的 GE 公司、德国的 Siemens 公司、日本的三菱公司，其制造的大型燃气轮机整体结构也基本相同，但都有各自的特点：

(1) GE 公司的工业型燃气轮机的结构是通过航空发动机重型化途径演变发展起来的轻重相结合的整体快装型式。许多方面既保留着航空发动机的特点，又经发展成适合工业民用，如出厂前整机安装在一个刚性底盘上，气缸为有水平中分面的铸钢结构，在压气机进出口、透平进出口及扩压器进口等处有垂直横分面，以便于维护检修等。GE 燃气轮机转子，是由若干轴向长螺栓联结起来的盘鼓组合结构。小容量机组转子均为前后两点支承；20世纪80年代设计的大容量机组（如7E、9E型机）因转子较长，均为三点支承；20世纪90年代生产的大容量机组（如9F、9G、9H等），取消了中间的径向轴承，设计成两点支承的转子。重型机组的燃烧室全部为分管逆流式，每个燃烧室是相同且独立的，由火焰管、过渡段及燃料喷嘴组成，其最大优点是，可用单个燃烧室在实验室内进行全压力、温度和流量的性能调整和试验。

(2) Siemens公司发电用燃气轮机为重型整体式结构。转子为典型整体式盘鼓结构，由一根拉杆将压气机、透平的各级轮盘及压气机与透平前后两空心端轴、中间传扭筒体串起来，在拉杆两端用大螺母锁紧。为防止各级轮盘间相互滑动，在各轮盘外缘的两端面上加工有端面齿，有良好的传扭和对中性能，较轻的转子质量使其热惯性较小，启动较快。传统的西门子燃烧室是独具特色的，两个巨大的逆流双筒燃烧室在压气机与透平之间本体外分置主轴两侧，或立或卧，燃烧室体积比较大，便于组织各种燃料（包括低热值气体）的燃烧。大型的3A系列机型沿袭了西门子的传统技术：盘鼓型转子，双径向轴承支撑，压气机冷端输出功率，预混式的干低NO_x燃烧器，透平轴向排气等。与以往西门子传统结构最大的不同是采用了环型燃烧室，使机组结构更加紧凑，如V94.3A型燃气轮机的环形燃烧室有24个预混式燃烧器，保证了燃烧室出口温度场更加均匀，阻力损失更小，运行灵活，污染排放小，如在燃烧天然气时，排气中NO_x含量小于25ppm（1ppm=1mg/L）。

(3) 三菱的燃气轮机主要是在西屋的技术基础上发展而来的。西屋（WH）公司的工业型燃气轮机结构也是通过航空发动机重型化途径发展而成的轻重结合的整体式结构，但构件比GE机组稍粗重些。其结构的共同特点是：单轴转子，用一个传扭矩筒体把压气机段与透平段联成一体，由两个径向轴承支持；气缸都有水平中分面和若干垂直横分面，气缸可以分段拆卸，便于检修维护；许多内部零件，如导叶和动叶、叶片环、轴承及燃烧室零件等都能在不起吊转子的状态下进行检查和修理；燃烧系统是环管式燃烧室，在燃烧室的环形外壳内，围绕转子中心线，沿圆周布置8～20只火焰筒，不同容量机组的燃烧室完全相同、只是火焰筒的数目增减。

下面以三菱M701F燃气轮机为例，对燃气轮机的各主要部件结构进行详细介绍和分析。

二、M701F型燃气轮机

(一) M701F4燃气轮设备规范

制造厂家：三菱重工/东方汽轮机厂（MHI/DTC）。

燃气轮机型号：M701F4型。

燃气轮机型式：单轴、重型（工业型）、冷端驱动。

燃用燃料：单燃料——液化天然气。

燃气轮机功率：310MW。

额定转速：3000r/min。

旋转方向：顺时针（从发电机方向看）。

排气流量：2532t/h。

排气压力：3.6kPa（静压）。

排气温度：602.2℃。

联合循环功率：454.75MW（性能保证纯凝工况）；362.70MW（性能保证供热工况）。

联合循环效率：57.87%（性能保证纯凝工况）；78.86%（性能保证供热工况）。

联合循环热耗率：6119kJ/kWh（性能保证纯凝工况）；5088kJ/kWh（性能保证供热工况）。

联合循环发电气耗率：0.155m³/kWh（性能保证纯凝工况）；0.121m³/kWh（性能保证供热工况）。

压气机：型式为轴流式、叶片17级、压比18、三级（6、11、14）防喘抽气、IGV为连续可调。

燃烧室：布置方式为环管形、燃烧器为干式、低 NO_x 型、燃烧器数量20个、点火器8、9号燃烧器各一个、火焰监测器18、19号燃烧器各两个、每个燃烧器的燃料喷嘴有8个主燃料喷嘴、1个值班燃料喷嘴、16个顶环燃料喷嘴。

透平：级数4级、型式为轴流式、第一级喷嘴入口温度1450℃、冷却方式为空冷。

转子：组合式轮盘结构。

（二）M701F燃气轮总体结构

三菱M701F型燃气轮机采用双轴承、单轴结构，冷端出力和轴向排气结构；整体结构按照功能主要分为进气、压气机、燃烧室、透平和排气五部分，其中燃气轮机缸体分为进气缸、压气机缸、燃兼压（燃烧室兼压气机）缸、透平缸和排气缸，五缸体及安装在缸体上的部件和转子，以及排气通道共同构成了的整体结构（见图3-32）。

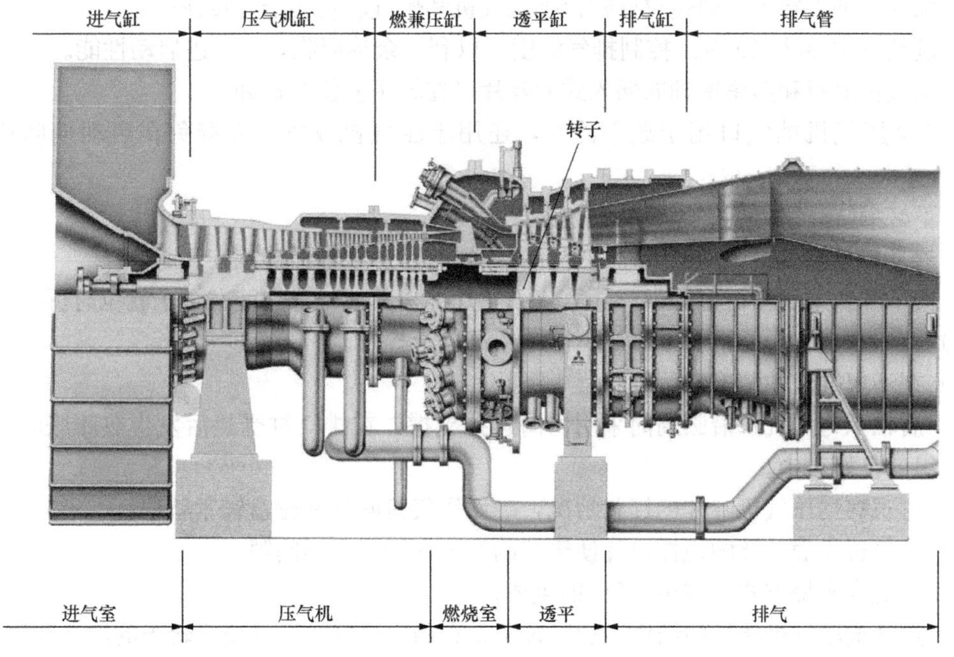

图3-32 燃气轮机总体结构

三菱M701F型燃气轮机进气部分采用带有进气可调导叶（IGV）的17级高效率轴流式压气机；燃烧室由环绕机轴呈环状布置的20只燃烧器组成；透平段包括4级反动式叶片；转子是组合式轮盘结构，通过拉杆螺栓把压气机和燃气轮机转子连接在一起。燃气轮机叶片装有先进的冷却系统，叶片涂有涂层，以改进耐腐蚀和抗机械磨损的能力。从入口顺着气流方向观察，透平叶片沿顺时针方向旋转。

空气通过进气过滤系统、进气道、进气室和进气缸吸入压气机。吸入的空气被加压至18个大气压并被强制送入燃烧器，在燃烧器内与燃气混合燃烧，提高空气与燃烧产物的混合气体的温度，其中燃烧器是低 NO_x 型燃烧器。

高压和高温的烟气被送到透平，在透平段转换成机械动能。一部分动能用于驱动压气机，另一部分用于驱动发电机。

从透平出来的烟气通过排气扩压段和轴向排气通道、进入HRSG（余热锅炉），最后由烟囱排入大气。

为了确保燃气轮机的良好启动性能，在压气机的第6、11和14级安装有抽气阀，在启动期间抽气阀打开，而当燃气轮机达到同步转速时关闭。

燃气轮机借助2个支撑的组合保持其对中。压气机侧是刚性支撑，而透平侧则是挠性支撑，该挠性支撑允许轴向热膨胀。

（三）M701F型燃气轮机结构特点

三菱M701F型燃气轮机（见图3-33）有许多优秀的设计特性，这些特性均源于MHI燃气轮机系列，并被长时间的成功运行经验所证明。这些特性包括：

（1）冷端驱动发电机，采用该方式不再需要挠性联轴器。

（2）气缸水平中分，便于现场维护转子。

（3）双支撑轴承转子，通过拉杆螺栓把压气机和燃气轮机转子连接在一起。

（4）进气可调导叶（IGV）控制排气温度，以利于余热回收，并改进启动性能。

（5）压气机隔板和燕尾槽轴向插入式的叶片可在转子就位时拆卸。

（6）3个压气机抽气口用于透平冷却，还用于压气机放气，以避免在启动期间产生喘振。

（7）不必揭缸，就可拆卸燃烧筒和过渡段。

（8）透平转子轮盘用专用的螺栓（拉杆螺栓）与齿形联轴器连接在一起。

（9）透平叶片采用枞树型叶根。除第4级叶片外，其他叶片均能在转子就位时拆卸。

（10）在不吊出转子的情况下可卸下静叶持环进行检查。

（11）在不揭缸盖的情况下可拆卸第1级叶片。

（12）后轴承与排气缸沿圆周向采用切向连接支撑，在排气缸受热后发生热膨胀时，可以保持机组的良好对中。

（13）可观察到压气机叶片的锁紧情况，确保压气机叶片和轮盘锁紧就位。

（14）压气机段静叶环的挠性设计便于控制气缸和转子之间间隙。

（15）预混合燃烧方式可减少 NO_x 的生成。

（16）拉杆式压气机转子的结构增加了转子动态稳定裕度，而且便于转子的制造和维护。

（17）燃气轮机的通流设计采用了全三维流动分析。

（18）支持轴承由2块可倾瓦和固定的上半部组成，以消除因轴承巴氏合金局部弹性问题引起的上瓦颤动问题。

（19）直接润滑的推力轴承减少了所需的油流量和有关的机械磨损。

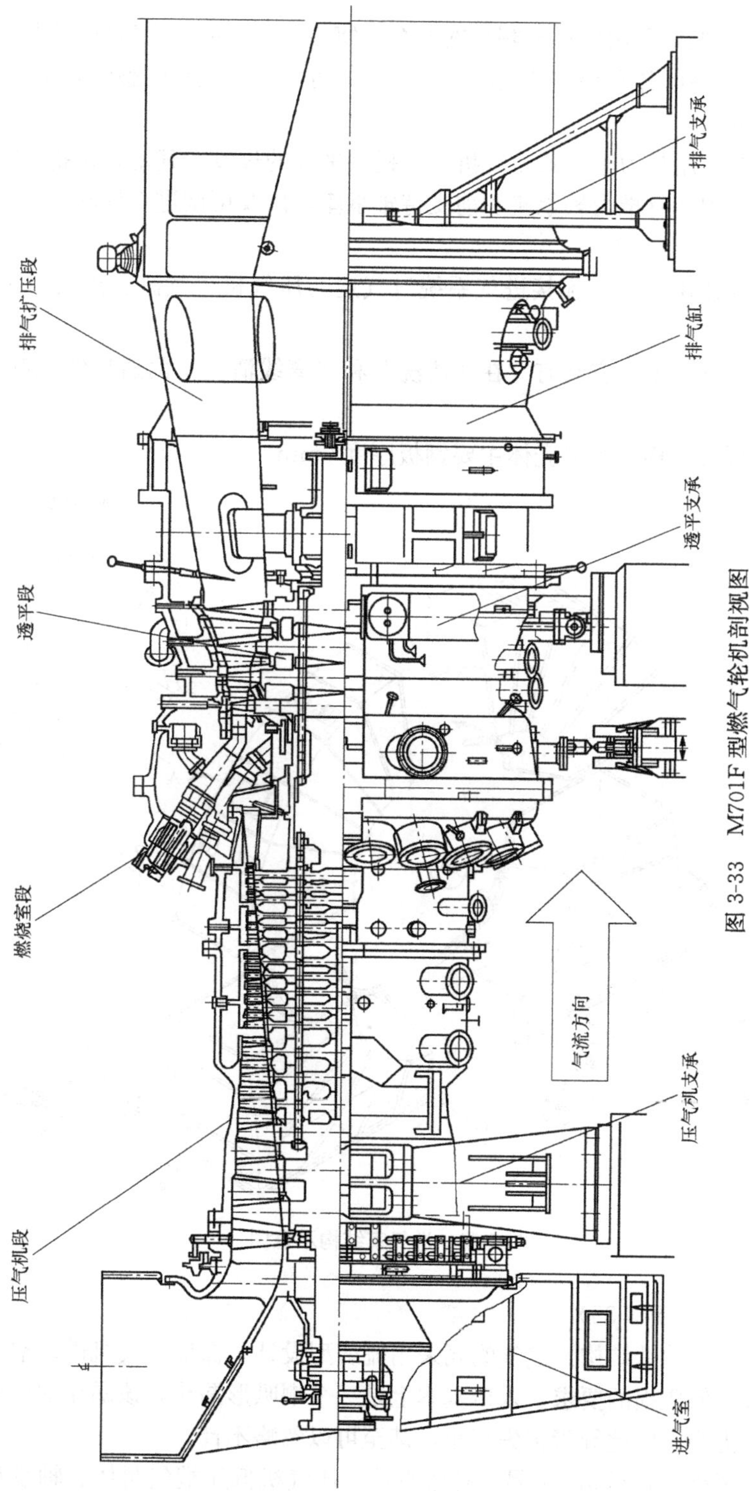

图 3-33　M701F 型燃气轮机剖视图

(20) 整体式围带应用于燃气轮机第 3 和 4 级叶片，这将使由二次流引起的非同步振动减少到最低限度。

(21) 在透平叶栅中采用扇形分割环的方案，使导叶栅变形减到最低限度。

(22) 完善的透平叶片和导向叶栅冷却方案增加可靠性和透平的整体效率。

三、进气部分

进气部分主要作用是为轴流式压气机进气提供平稳的过渡。其主要设备包括进气室和进气缸，其中进气缸内装有推力轴承座和前支持轴承座，以及可调进口导叶。

(一) 进气室（见图 3-34）

进气室的主要作用是用于连接进气系统进气道与压气机进气缸。进气口采用向下布置方式。

在进气室进气锥壳上，安装有“在线清洗”和“离线清洗”两道压气机叶片水洗喷嘴，每道各 8 只。

进气室采用焊接结构，组成壳体主要钢板厚度 6mm。

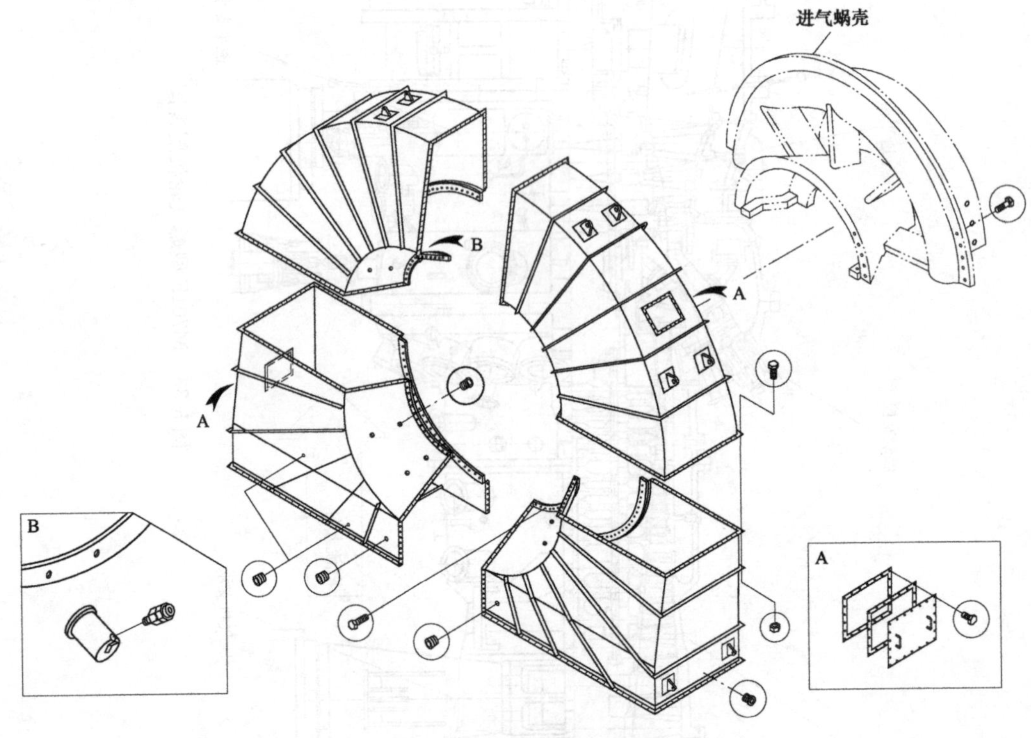

图 3-34 进气室结构示意图

(二) 进气缸（见图 3-35）

进气缸采用球墨铸铁结构。进气蜗壳采用流线型设计，保证压气机进口空气流场分布均匀，并满足高效、低压损的要求。入口基本上是一个喇叭形漏斗，该漏斗的台肩经过仔细倒圆，对空气的阻力小，因此导管损失很小，甚至可以忽略不计。

进气缸包含了推力轴承箱、2 号支持轴承箱、压气机低压端气封体、轴承箱前后轴封结构。IGV 叶片及其操纵机构也安装在进气缸出口截面上，其功能是在启动和带负荷运行期间调节进入压气机的空气流量。

支持轴承箱的下半部与进气壳体是一个整体，因此无需进行轴承调节。轴承箱盖也是与进气壳体一体加工的，揭盖后可直接进入轴承区。

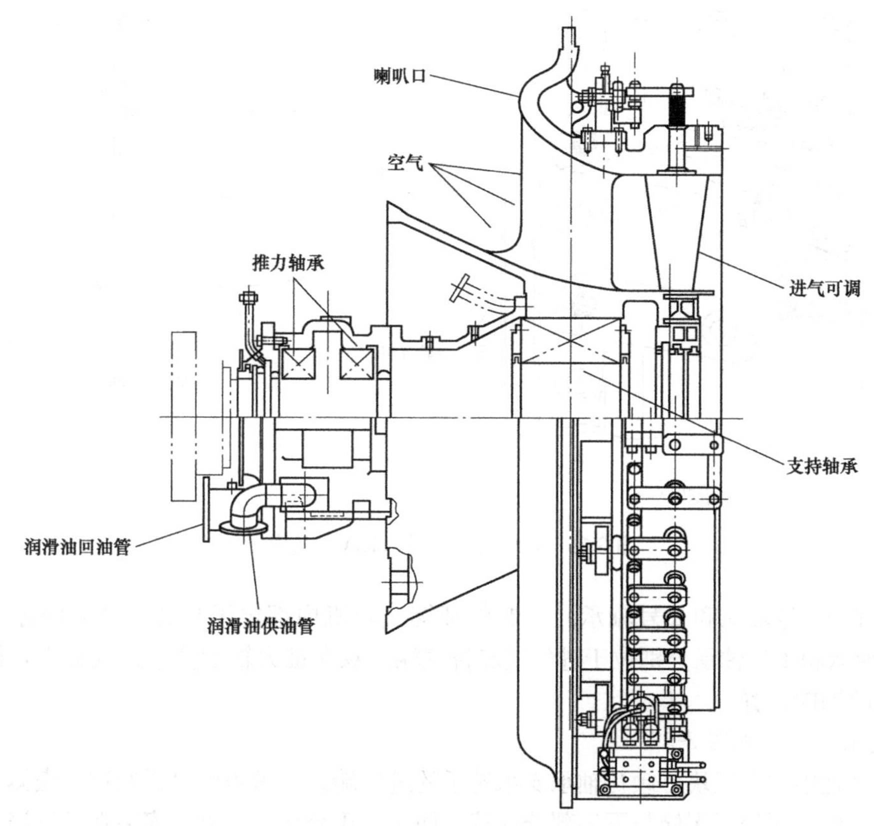

图 3-35　进气缸结构示意图

（三）进气可调导叶（IGV）

为了改进启动加速性能，燃气轮机装有进气可调导叶（IGV）系统，见图 3-36。IGV 在启动时调节空气流量、流速和流动方向，防止压气机喘振和失速，达到最佳循环效率。IGV 安装在进气壳体内紧靠轴流压气机第 1 级动叶片的前面。进气导叶机构包括进气可调导叶（38 只）、连杆、拉动环、拉杆和伺服执行机构。伺服机构的轴向运动转换为拉动环的旋转运动，IGV 的角度通过滚轮机构随执行机构拉动环的转动变化。伺服机构在装置运行期间由燃气轮机的控制系统自动控制，用位置传感器检测 IGV 的角度。

机组启动和运行期间，IGV 调节入口空气流量、流速和流动方向。具体条件如下：

(1) 在停机期间：机组熄火后，IGV 开至 36%；转速下降至 300r/min 时关到 10%，并保持该状态，直到燃气轮机重新起动为止。

(2) 当发出启动信号时：在机组发出启机指令后由 10%开至 37%；在转速升至 2745r/min 时关到 10%；在转速升至 2940r/min 且灭磁开关合闸后全关至 0%。

(3) 在运行期间：导叶在打开位置。

（四）轴承

2 号轴承箱及推力轴承箱由 8 个径向支柱支撑联体浇铸在进气缸蜗壳内部。两个可倾瓦

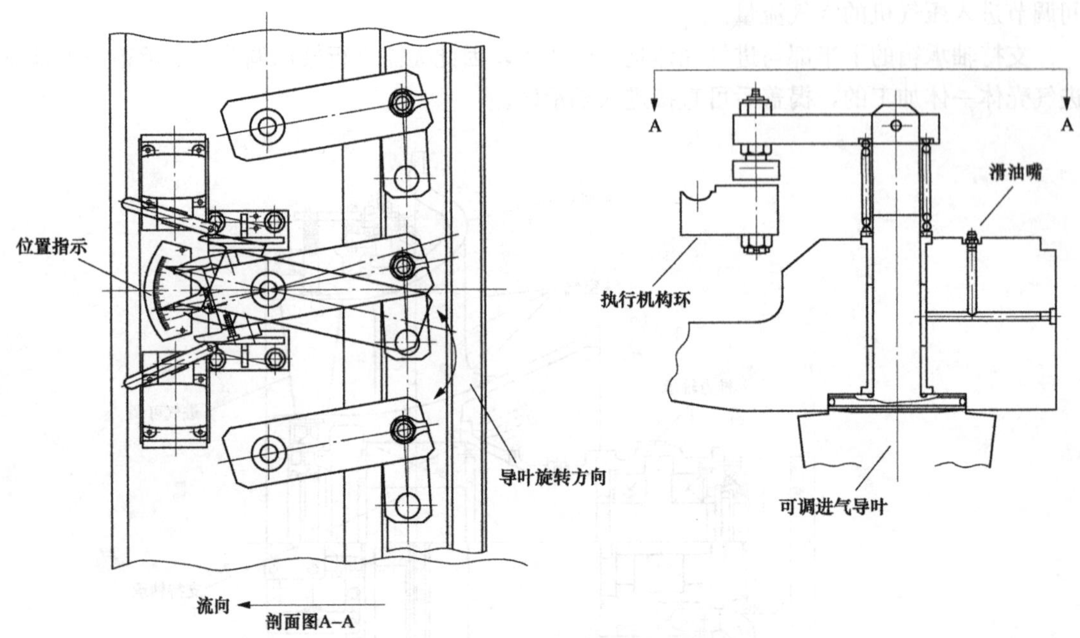

图 3-36 进气可调导叶（IGV）放大图

式支承轴承（1号轴承和2号轴承）一起保证燃气轮机内部定子与转子径向间隙和轴系对中，2号轴承和1号轴承分别位于进气端和排气端。双向推力轴承位于进气缸中，推力轴承保持转子的轴向位置。

1. 支承轴承（见图 3-37）

在进气缸中的2瓦块可倾瓦轴承支承转子的进气端。轴承盖由可拆卸钢质壳体制成，该壳体在水平中分面处用螺栓与下半部分连接。两个巴氏合金瓦块支承安装在经过淬火的球面销上，该机构提供了正确的轴承间隙和转子对中。轴承的两端均有浮动密封，以将油保持在轴承内。这种密封通过控制轴承的进油量来保持所需要的油压。轴承壳体中的防旋转销与缸中的槽咬合，以防止轴承旋转。

2. 推力轴承（见图 3-38）

推力轴承装在推力轴承箱内，该轴承箱与进气缸前部连接。其功能是保持转子的轴向位置。转子推力通过推力盘传送到均载式推力轴承。推力盘与转子轴为一个整体。推力轴承包括推力盘、推力瓦、油喷嘴和负载平衡机构。该负载平衡机构包括装在两个开口环圈中的联锁平衡板。负载侧推力瓦由铜合金和带有锡基巴氏合金面制成；当就位时，每个推力瓦均以钢支撑为枢轴旋转。平衡板相互支承，如果任一个推力瓦受压，则其运动立即传输到与其邻近的平衡板上，使平衡板一边向下倾斜，另一端则向上倾斜，从而强制下一个推力瓦向上移动。该均衡效应将传输到所有的推力瓦上，迫使它们承载均匀的负载。由于有均衡部件，所有推力瓦的厚度不一定必须相同，因为少量的差异可由平衡板进行补偿。推力瓦在偏离位有枢轴点，为达到最佳承载能力，它们被偏心支承。

为了防止组装错误，发电机侧和燃气轮机侧的轴瓦和喷油嘴的尺寸均不同。

3. 轴承的润滑

润滑油系统向燃气轮机径向支承轴承和推力轴承提供干净、冷却、流量恒定不变的润

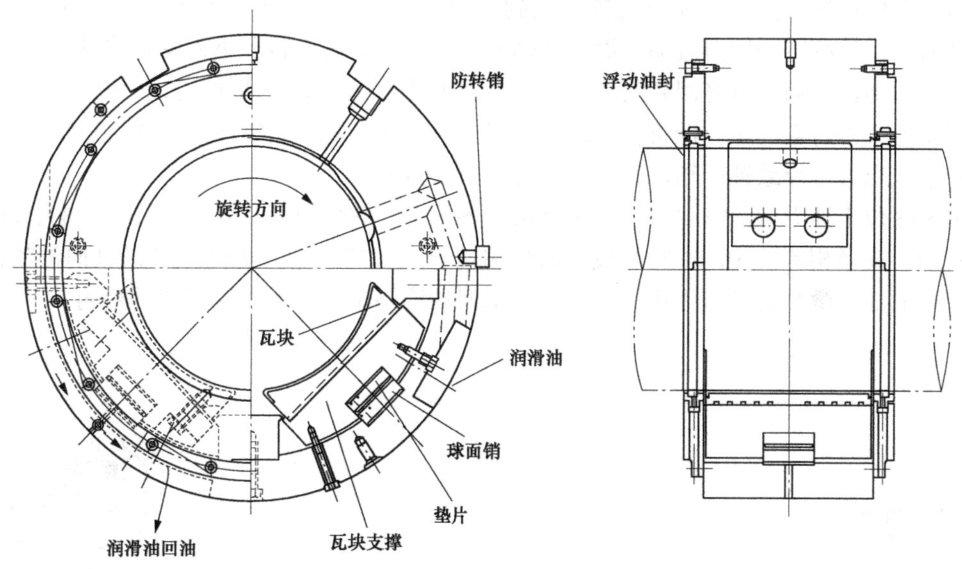

图 3-37　支承轴承

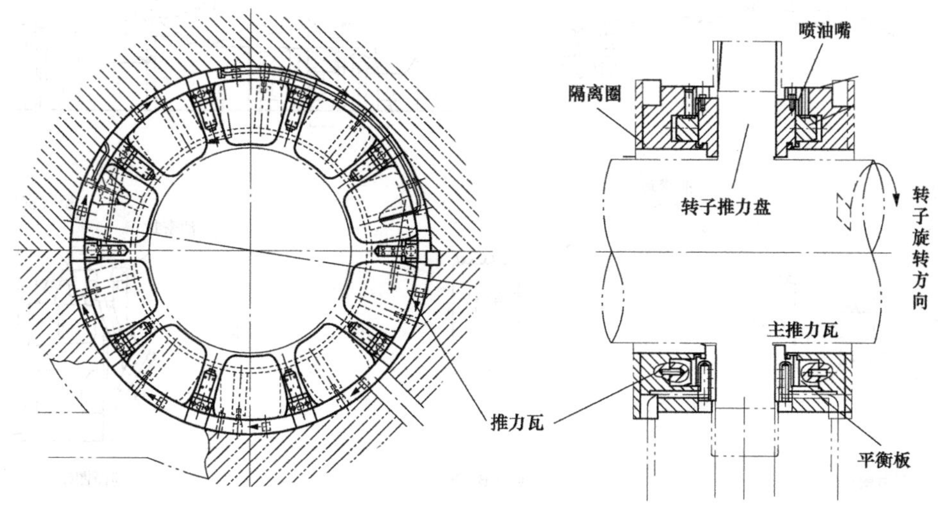

图 3-38　推力轴承

滑油。

润滑油通过轴瓦体下半部的孔为径向支承轴承供油。通过水平中分面连接处的供油连接管送到轴承的上半部分，当油经过轴承时同时冷却轴瓦，然后油通过壳体下半部的回油孔排出。该孔起到流量孔板的作用，可计量通过轴承的油流量。轴承两端的浮动密封保持轴承中的油压。

油从两端进入推力轴承，然后流经瓦块和转子推力盘之间的间隙。当到达推力盘时，离心力驱使油向外进入轴承箱的排油孔，并返回到润滑油箱。

4. 轴承的密封（见图 3-39）

在支承轴承内侧，油可能沿转子泄漏到轴流压气机中，因此在密封轴承箱内安装了迷宫式密封环以保护进气缸。压缩空气被引入到密封系统，空气回流到具有微小负压的轴承箱内，从而阻止油沿转子轴向流动，沿转子轴向泄漏的油会脱离转子进入密封腔室。然后通过回油孔返回到轴承箱，最终回到润滑油箱，这样可防止压气机受到油污染。应保持适当的密封空气压力：密封空气压力低将会造成油泄漏到进气导叶的高真空区并使压气机结垢；较高的密封空气压力将导致轴承箱内压力过高使油向外泄漏。

油密封位于推力轴承密封箱内，轴承两端各一个，它们由一系列的整体加工的、环绕转子布置的、直径相等的迷宫密封组成。密封和转子之间的微小间隙降低了沿轴向油流泄漏。沿轴泄漏的油在微小的负压作用下收集到轴承回油管路中，然后返回润滑油箱内。

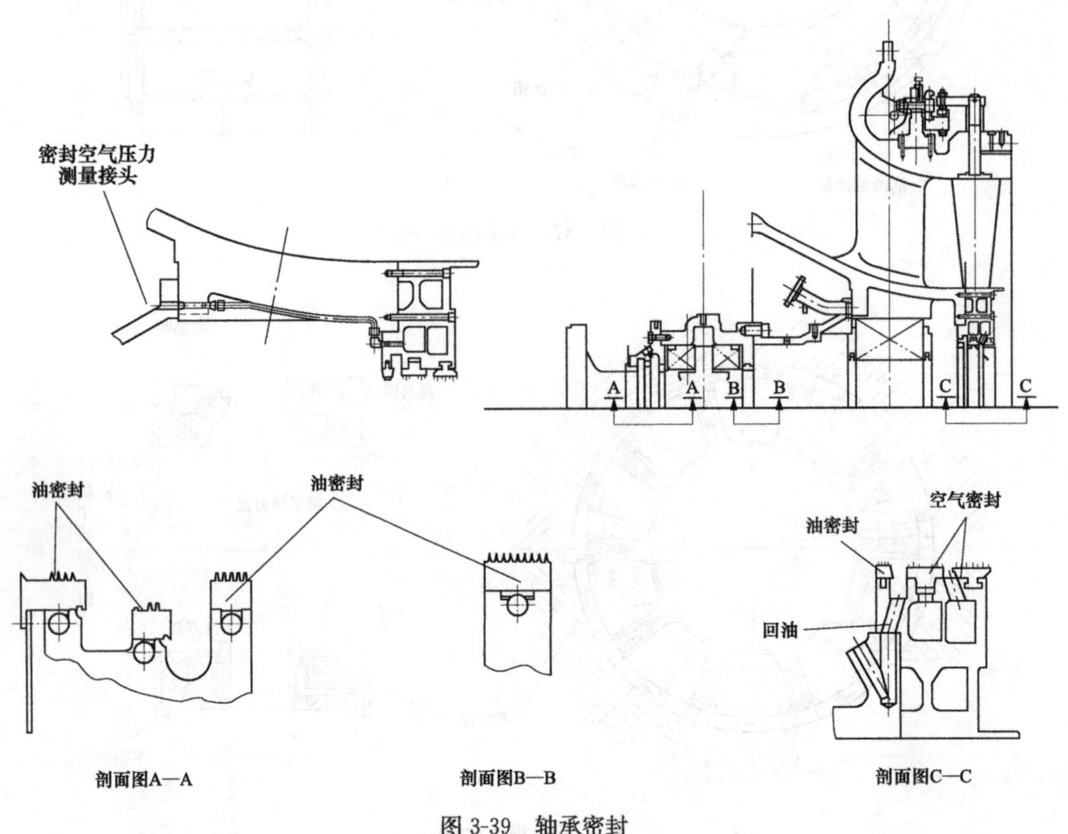

图 3-39 轴承密封

四、压气机部分

轴流式压气机用于压缩空气，该设计具有产生高的压缩比，同时保持结构紧凑等优点。轴流式压气机的流动通道的截面积在流动方向逐步减小，在压气机中，空气通过一系列的动叶和静叶（隔板）间的轴向流动。当空气经过每个压缩级时，压力和温度都在升高，直到达到压气机端的最后一级，经过压缩后的空气从压气机出口排到燃烧室。

（一）压气机缸（见图 3-40）

全部压气机部分包括两段缸体，检修时可分开拆卸。包含压气机大部分的缸体称为压气机缸，包含压气机后几级及燃烧器的缸体称为燃烧室兼压力机缸，简称燃兼压缸。缸体是分两半制造的合金钢铸件，在水平中分面处用螺栓连接固定，易于拆卸、组装、检查和维护。

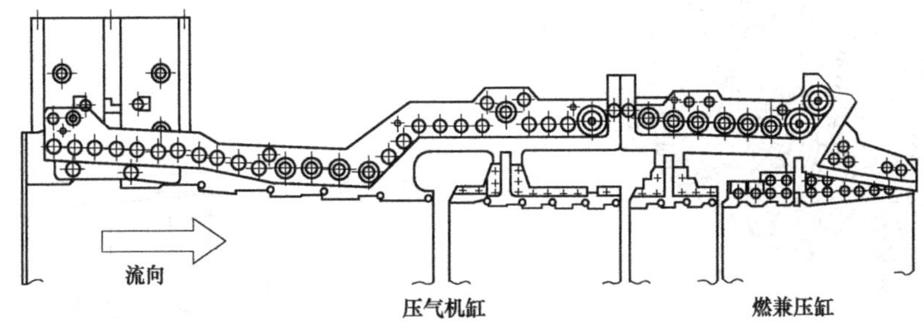

图 3-40 压气机部分缸体水平中分面

如图 3-41 所示，压气机缸体通过压气机支撑作用在基础上，是燃气轮机定子部件的死点。压气机缸体包括压气机静叶和第 6、和 11 级压气机抽气口。抽气用于冷却和密封，以及用作机组启动和停止时的防喘控制措施。缸体将结构负载从相邻的缸体传递到前端的刚性基座，该基座为燃气轮机压气机端支撑。刚性支撑固定在压气机端，并将所有的轴向位移（热膨胀）传递到排气端的挠性支撑。

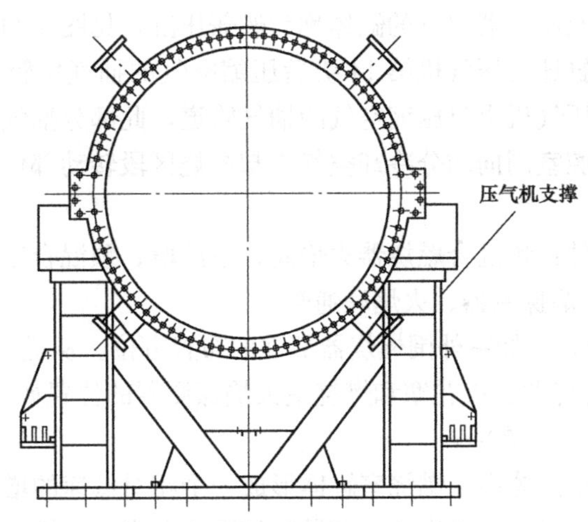

图 3-41 压气机缸体支撑断面（逆气流方向看）

（二）压气机隔板环

压气机隔板环，也称为静叶栅，分为上下两半，见图 3-42 和图 3-43。隔板由 400 系列的不锈钢制成，具有最佳的防蚀能力和机械强度。先经加工成型，然后焊接到内外围带形成隔板环。隔板环经机械加工后，将其安装到压气机气缸盖和基座的槽中。每块隔板环通过水平中分面处的止动螺钉限制旋转。

焊接在内围带的蜂窝密封使通过每级隔板环的泄漏降到最低限度。在转子轮盘上加工有相对应密封齿。在转子已就位的情况下，固定的压气机隔板环可以取走。因此，可在没有旋转部件的干扰的情况下进行所有静叶的检查。

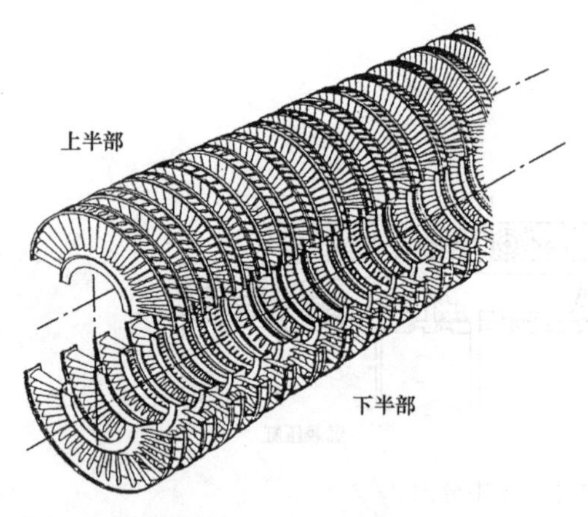

图 3-42 压气机隔板环

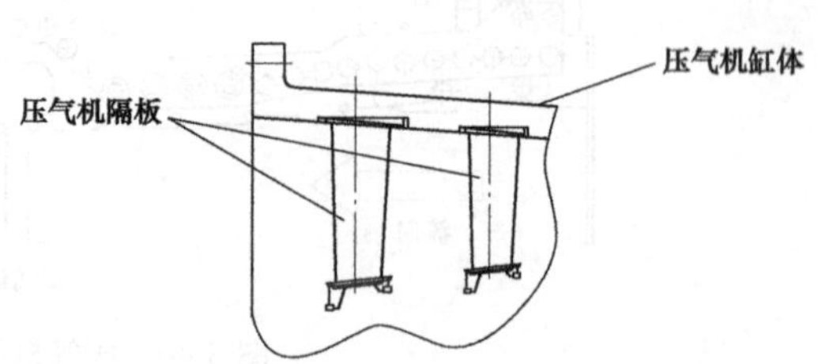

图 3-43 压气机隔板（静叶）

五、燃烧室部分

燃料和压缩空气在燃烧室段进行预混燃烧。燃烧室包括燃烧器火焰筒和过渡段。在 2 个燃烧器过渡段的上游端装有点火器，点火器点燃天然气/空气混合物。点火器仅在启动时才使用，一旦燃烧器点火成功，在机组加速和运行期间，火焰会自动保持。

（一）燃兼压缸

包含压气机后几级及燃烧器部分的缸体称为燃兼压缸，见图 3-44。火焰筒和燃料喷嘴固定在燃兼压缸上，该汽缸还有压气机第 14 级后压缩空气的抽气集管，该压缩空气用于冷却热部件。该缸体上还有压气机出口压缩空气的抽气管道，此部分抽气经冷却过滤后，输送到扭矩管内，扭力管环形腔室周向均分冷却空气冷却燃烧区段转动部件。

（二）燃烧室

燃烧室包括下列部件：预混合燃烧器火焰筒、过渡段、预混合燃气喷嘴、旁路机构、点火火花塞（点火器）、火焰探测器、火焰联通管。

从图 3-45 可以看到，燃烧室外围燃烧器部件的布置方位。从进气端的 12 点位置开始顺时针编号，共有 20 只燃烧器。火花塞和燃烧室火焰探测器的位置如图 3-46 所示。

1. 预混燃烧火焰筒（内筒）

火焰筒封闭在燃烧室缸体中。燃烧室缸体形成一个相对低速的增压室，压气机将压缩空气排入该增压室。空气通过压气机出口转向导叶和限流孔进入火焰筒的预混合段，以获得恰当的空气与燃气混合物。由燃烧室产生的热气体从火焰筒到达过渡段。

2. 过渡段（尾筒）

过渡段安装在透平缸体内，与火焰筒相连。过渡段将燃烧室气体从火焰筒送到第 1 级的透平静叶。燃烧器内筒及尾筒均采用鳍片式空气冷却。20 只尾筒在出口处由筒体边缘、刷子气封、密封片组成一圈密封通道，并直接与透平第 1 级静叶入口相连接。

3. 预混燃气喷嘴

预混燃气喷嘴包括值班燃料喷嘴和主燃料喷嘴。值班燃料喷嘴按扩散燃烧使用大约 5% 燃气的情况下保持火焰稳定，其余的燃料供给主燃气喷嘴。主燃料喷嘴通过空气与燃气预混合在燃烧器中形成均匀的低温火焰，因此 NO_x 生成量可明显减少。值班燃料喷嘴和主燃料喷嘴均可在不揭缸盖的情况下拆卸。

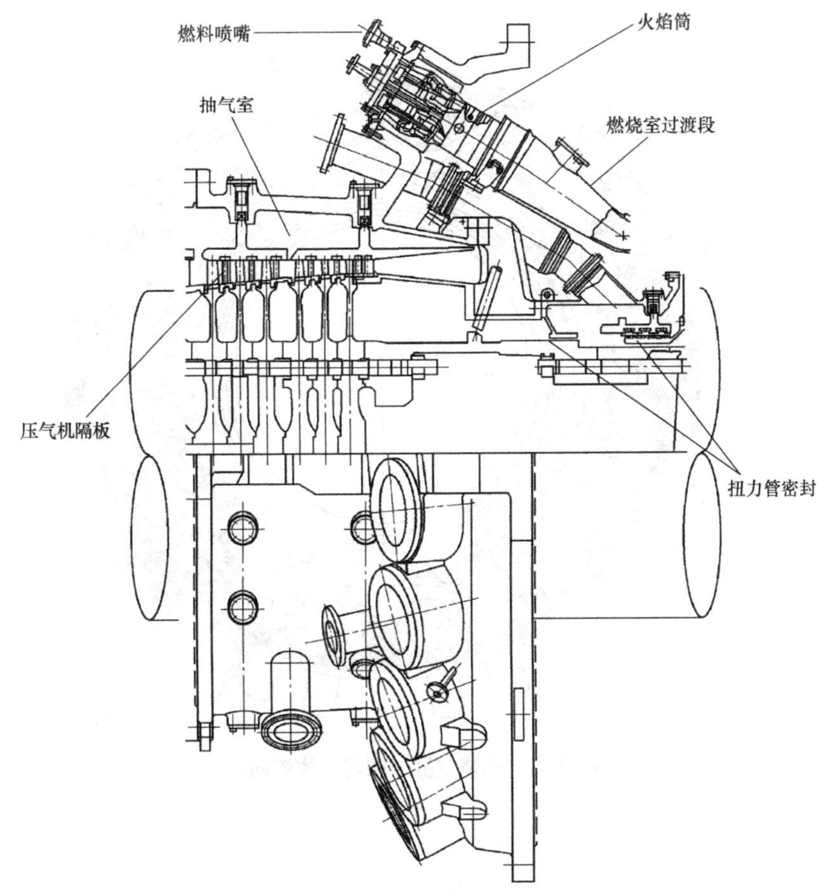

图 3-44　燃烧室兼压气机缸体

4. 旁路机构

M701F 型燃气轮机上安装有旁路机构，以改进部分负载时燃烧的稳定性，见图 3-47。燃烧器旁路机构旁通阀将压气机的出口空气直接引入过渡段（尾筒）；以提高启动时火焰的稳定性并保持升负荷时理想的空燃比。旁路机构在机组满负荷时完全关闭。

旁路机构主要由栅形阀、阀杆及油动机组成，见图 3-48。旁路机阀体上均匀分布有 20 只旁通空气孔，分别与对应的 20 只燃烧器尾筒通过旁路弯管一一连接。油动机控制阀环的转动改变旁通空气孔的通流面积大小来控制流经燃烧器燃烧区域空气的多少。

栅形阀由旁路机构本体和旁路环组成。执行机构转动旁路环，使栅形阀打开和关闭，这可调节经旁路弯头进入过渡段的空气量。旁路系统用于控制下列情况：

(1) 当燃料流量小时，难以保持火焰稳定。

(2) 当燃料流量大时，NO_x 值急剧增大。

燃料/空气比由通过旁路弯头进入过渡段的空气量控制。旁路阀在部分负荷条件下打开，从而增加通过过渡段的空气流量，减小通过喷嘴的空气流量。

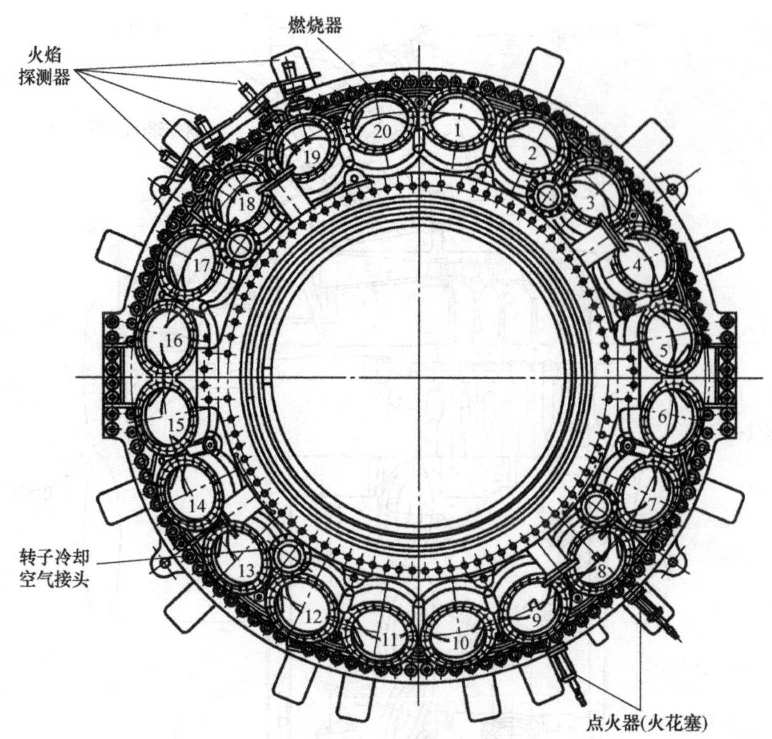

图 3-45　燃烧室缸（顺着气体流向）

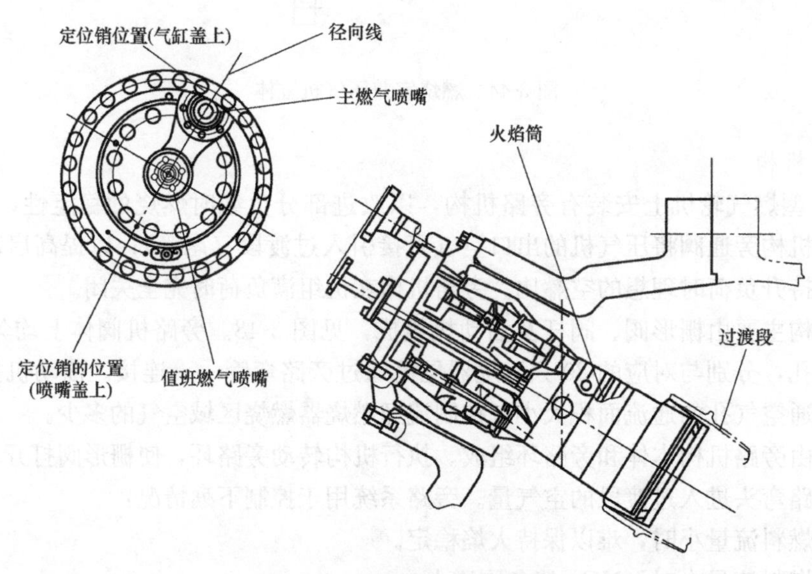

图 3-46　燃烧器和喷嘴组装图

5. 火花塞点火系统

为了点燃燃气/空气混合物，在第 8 和第 9 号燃烧器火焰筒安装有火花塞，见图 3-49。

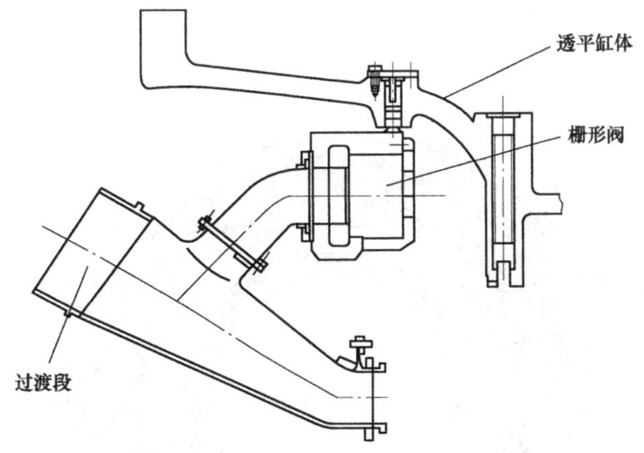

图 3-47　燃烧器旁路系统

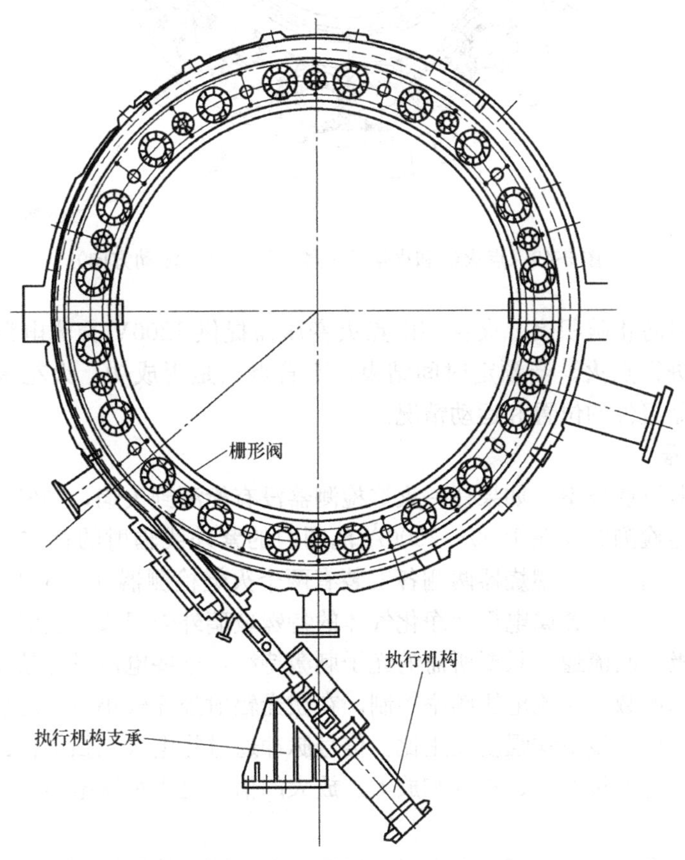

图 3-48　燃烧器旁路栅形阀

空心套筒插入燃兼压缸，并与这两个过渡段的开口对准。将点火器组件插入并保持在每个套筒内。该组件由安装在弹簧活塞中的火花塞组成。活塞由压缩空气强制驱动以保持火花塞电极在备用位置。在启动时，借助仪用空气将火花塞推入点火区，直到点火成功为止。点火完成后，火花塞通过弹簧弹力和仪用空气压力从燃烧室抽出，火花塞返回到初始备用位置，以防止电极烧坏。火花塞上装有管状接地电极，以防止发生共振。

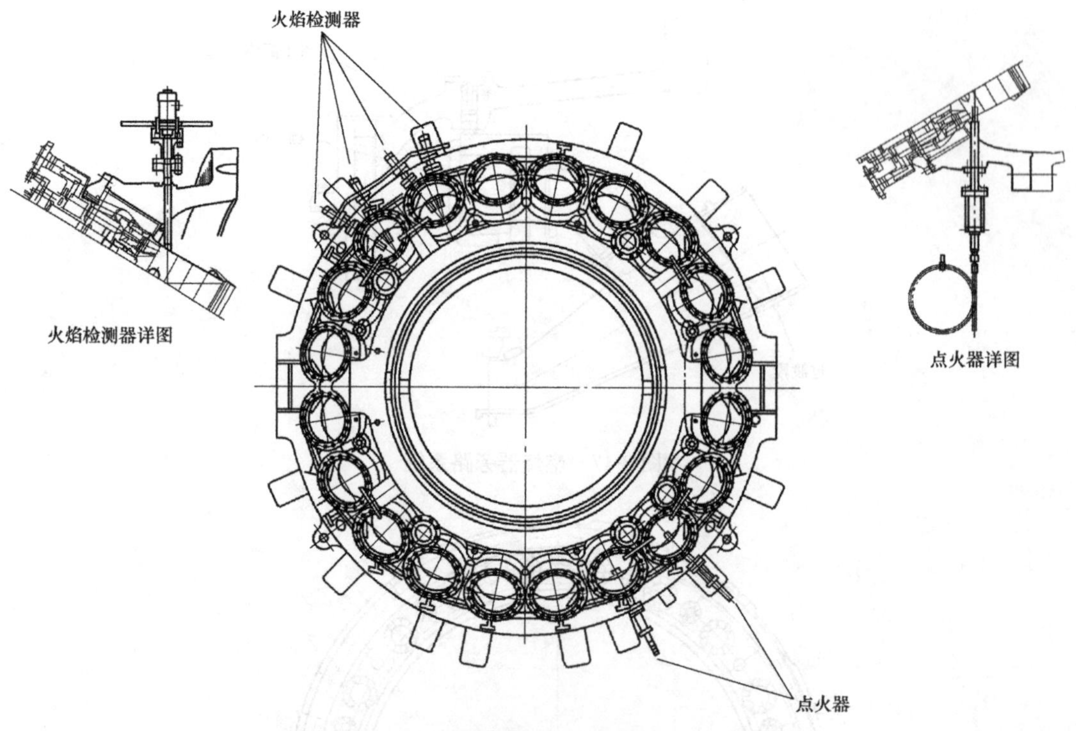

图 3-49　点火器和火焰检测器（顺着燃气流动方向）

管壁中的开口防止碳积聚。火花塞由点火变压器提供 1200V 交流电源，通过在预定时间连续高压放电进行点火。当预定时间结束，不管点火是否成功，火花塞将断电。在安装时，可看到点火器组件的位置和运动情况。

6. 火焰检测器

该装置用于监测燃烧室，如果任一火焰检测器没有检测到火焰，则发出报警。

火焰检测器能检测波长在 1900～2900Å 范围内的紫外线辐射的存在，这表示有正常的火焰存在。在 18 号和 19 号燃烧器两侧各安装有两个火焰检测器（18A/18B/19A/19B）。每个检测器均由装有一个纯金属电极和净化气体的特殊玻璃外壳组成。交流电压通到电极，短时电流脉冲在电极之间流通。只要所需的光子刺激持续，这些电流脉冲就反复发生。在强辐射情况下，每秒脉冲数由交流电压频率控制。在激光辐射强度较小时，随机的脉冲速率随意变化，但平均值与紫外线平均强度成正比。信号脉冲通过将电载到扫描仪的接线传送到放大器。在放大器中，它们被滤波、积分和放大。放大的信号是火焰继电器的通电电源。

7. 火焰联络管

为了确保所有燃烧筒中的燃气点火，在过渡件上安装火焰联络管，见图 3-50。通过联络管，火焰就从点火的燃烧室传播到未点火的燃烧室。在启动时，8 号、9 号燃烧器中的火焰分别按照相反的方向传播到所有的燃烧器，并使各个燃烧器在运行中维持压力平衡。

当一个燃烧室点燃时，已点燃的燃烧室立即通过压差向未点燃的燃烧室通过压差传播火焰。火焰传播到所有燃烧室的过程实际上是在瞬间完成的。

（三）扭力管密封壳体

经过滤的冷却空气通过 4 根进气软管传送到环形通道，再通过 20 个空心支撑管供到扭

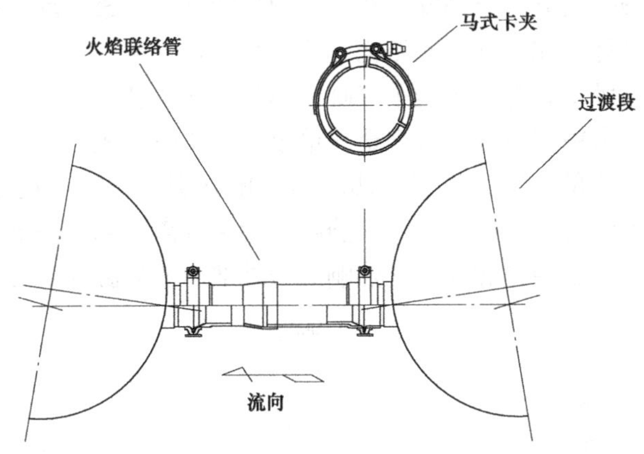

图 3-50 火焰联络管详图

力管，见图 3-51。扭力管密封系统利用部分冷却空气把压气机段和透平段的环境隔离开，其余的冷却空气通过喷嘴通道送到透平转子，用于冷却动叶的叶根、盘齿和透平转子周围的区域。

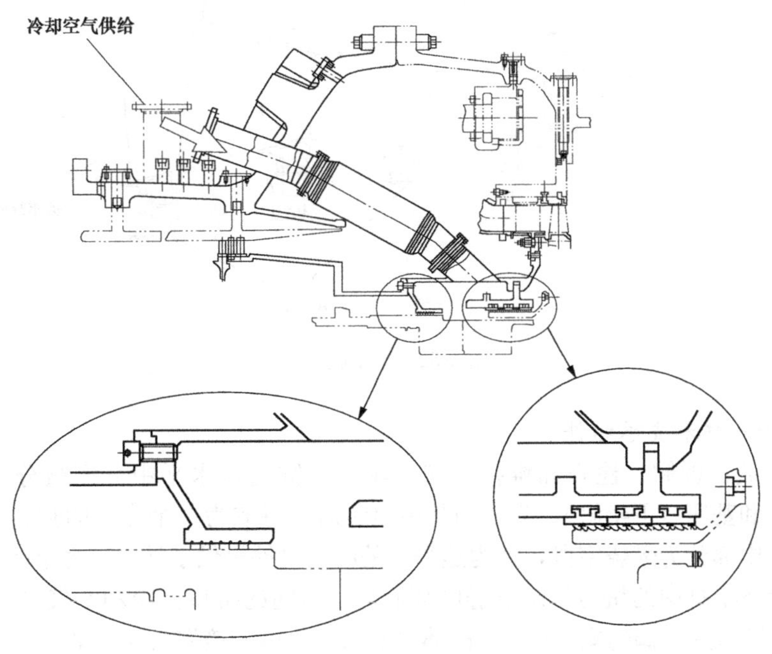

图 3-51 扭力管密封

六、透平部分

（一）概述

透平段的 4 级叶片将从燃烧器产生的高温烟气的热能转化成机械能。叶片的机械能部分用于驱动发电机，部分用于驱动轴流式压气机工作。透平部分与压气机部分连接在同一根转子上，透平缸和支承组件封闭了透平排气通道，并在透平缸内装有透平隔板组件，见图 3-52。

透平气缸中四级透平的静叶分别安装在各自的静叶环中。透平静叶环采用合金钢铸件结构，每级静叶环之间设计有端面气封圈结构，防止高温燃气泄漏。静叶环与透平气缸之间组成完整封闭的冷却空气腔室，降低了透平气缸缸体的工作温度。

透平第一级静叶栅由精密铸件超级合金的单个静叶弧段组成。第一列静叶无需起吊任何气缸，通过人孔即可取出的。第二、三、四级静叶栅分别由精密铸造超级合金的双静叶弧段、三静叶弧段和四静叶弧段组成。每一级静叶弧段由分离的隔板环支撑在隔板中。透平静叶环的支撑系统，使静叶栅径向和轴向的热响应与外部可能的缸体变形无关。

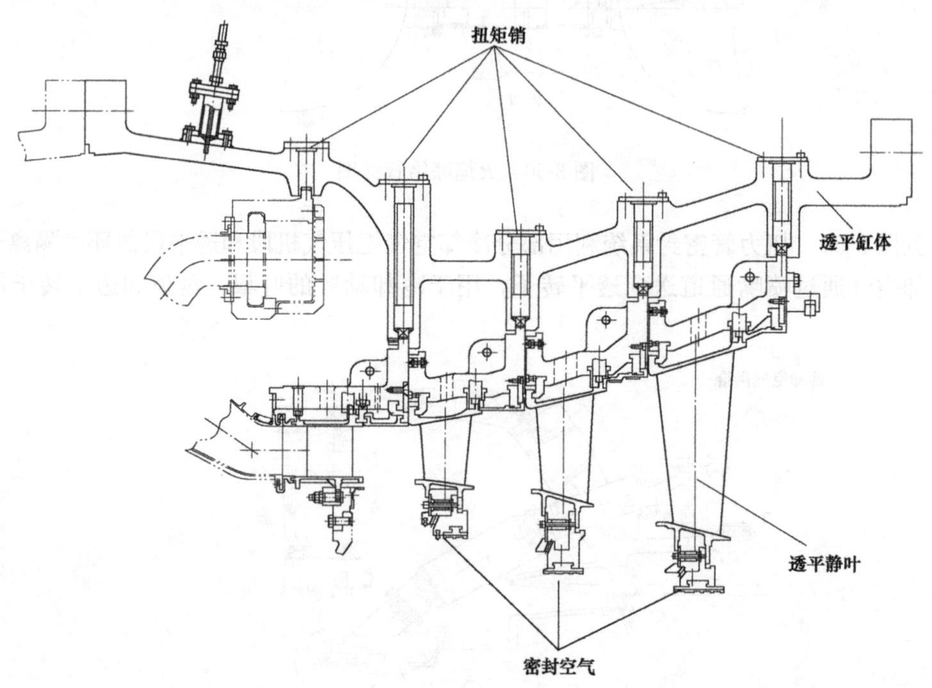

图 3-52 透平缸剖面

(二) 透平缸体和支承组件

为便于组装、拆卸、检查和维护，燃气轮机气缸通过水平中分面被分为两部分，即盖（上半缸）和基座（下半缸）。当盖和基座组装后，将成为一个完整的缸。缸体由合金钢铸件制成，其中部分为燃烧室段，并为透平段的叶栅组件提供了外壳。每个叶栅组件水平法兰的键销和上下半缸中的扭矩销防止静叶环旋转。其间的接口为冷却空气管道接口和第 2、3 和 4 级轮盘腔室热电偶的安装接口。缸体设置有可将内窥镜探头插入第 2 和 3 级静叶环的接口，这样可在不揭缸的情况下进行动、静叶片的检查，见图 3-53～图 3-55。拆除法兰或插管，然后用平衡塞拆除工具拆除接口处特制螺塞，并使用内窥镜进行检查。

下半缸部分有冷却空气和吹扫空气抽出的接口。吹扫空气用于液态燃料燃烧。燃烧室底部设置有疏水口来防止透平积聚未燃烧的液态燃料。在燃气轮机起动时，该疏水口打开；点火后，燃烧室壳体压力增加到一定值时可关闭该疏水口。一旦燃气轮机点火失败，该疏水口仍保持打开，以排放液态燃料。

下半缸部分包括靠近排气端的后燃烧室透平支架。该支架按照需要加设垫片，以便透平找中，然后用螺栓固定到基础板上。位于透平压气机端的刚性支架将压气机端锁紧。当透平

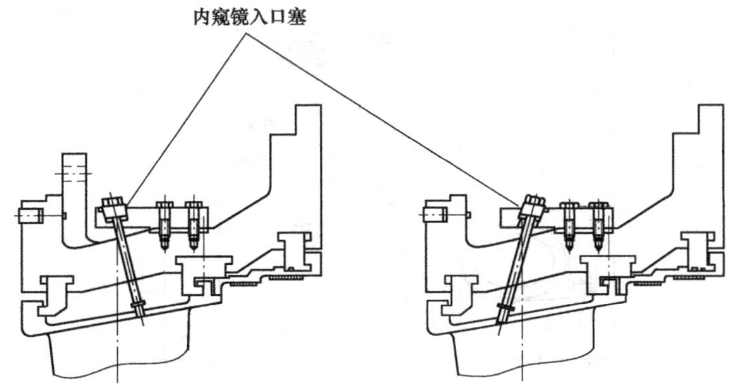

图 3-53　内窥镜入口塞位置图

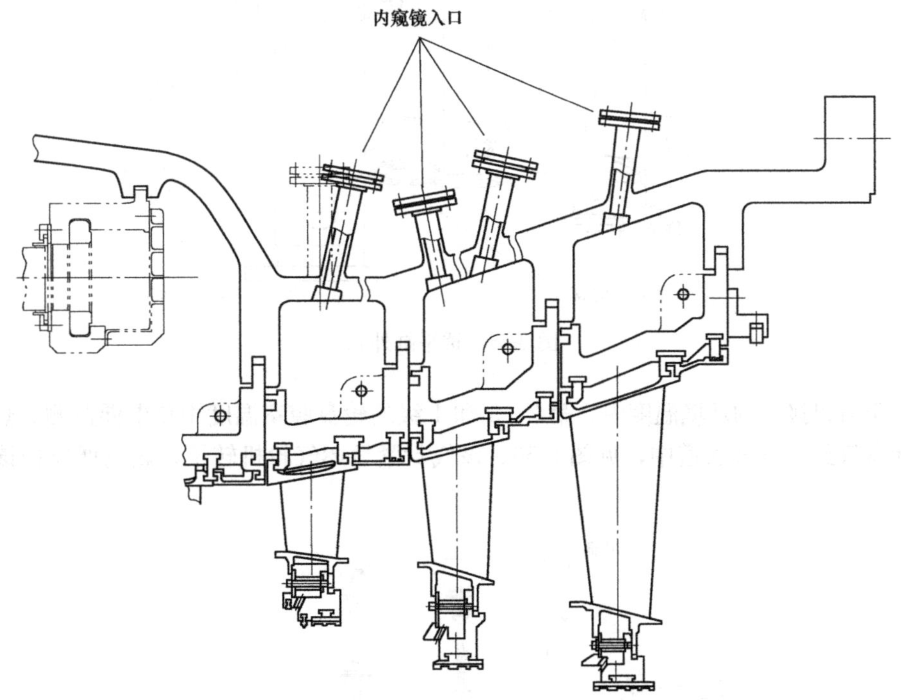

图 3-54　内窥镜插管位置

气缸的温度增高时，耳轴支撑可以允许气缸的热膨胀，且不会影响与从动设备的对中。在透平气缸和支架基座上均装有耳轴轴承。它们用支撑臂连接。由于透平的热膨胀支撑臂会稍向后转动。在透平的两侧均有一套耳轴轴承和支撑臂。中心支撑（横锚栓）连接基座缸与基础板的底部。耳轴装有润滑油脂注油嘴。透平润滑油通入支撑臂中的通道进行循环，以冷却上部耳轴轴承。

（三）叶栅组件

叶栅安装在透平静叶所在腔室内，透平静叶导引燃烧室高温气体高速流入透平叶片，从而使燃气轮机转子旋转。静叶还为冷却空气提供通到级间气封腔室的内部通道。冷却空气被导入由级间气封和转子形成的通道，最后通过相对应的气体流道开口进入通流通道。该冷却空气维

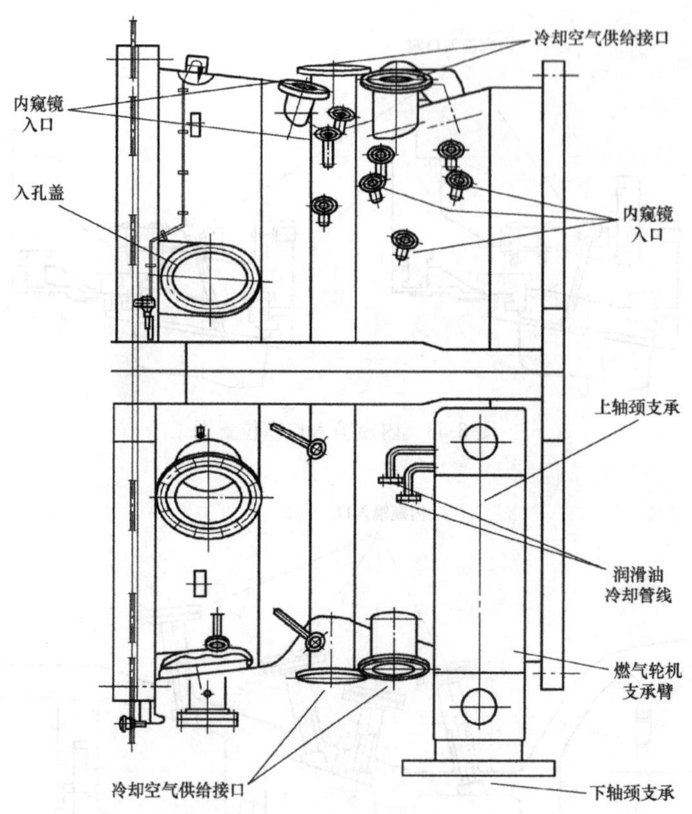

图 3-55 透平缸外壳

持轮盘处于可以接受的环境温度中。第 2、3 和 4 级的轮盘腔室温度用热电偶监测。热电偶插入级间迷宫气封的空气通道中，见图 3-56。该气封紧靠燃气轮机转子，热电偶监控该区域的温度。

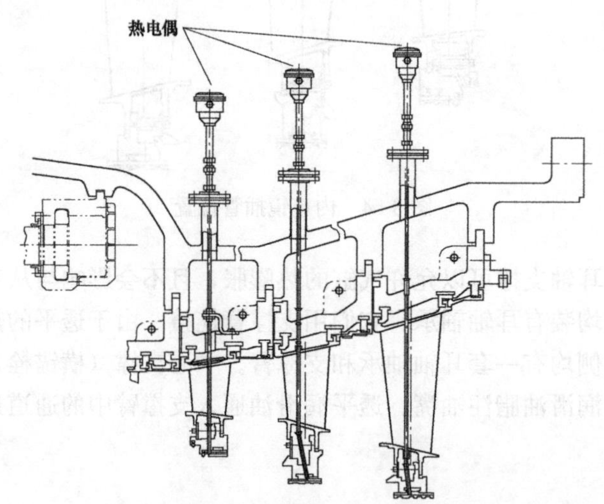

图 3-56 轮盘腔室热电偶测温通道

燃烧室壳体的空气通过内孔口导入，冷却第 1 级的静叶。第 2、3 和 4 级静叶的冷却空气通过透平缸上的法兰进入。叶栅有冷却空气流通孔，见图 3-57。叶栅分段插入叶栅槽内，以使传到叶栅组件的热量降到最低限度。这可使叶栅组件中各部件间的热膨胀有不同的变化。留有小间隙可允许叶栅分段和叶栅膨胀和收缩，见图 3-58。

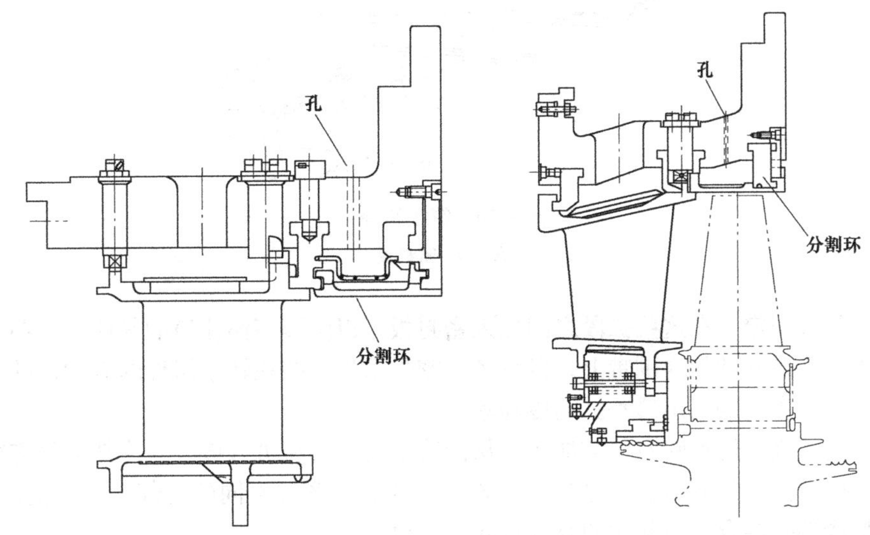

图 3-57　叶栅上冷却空气入口

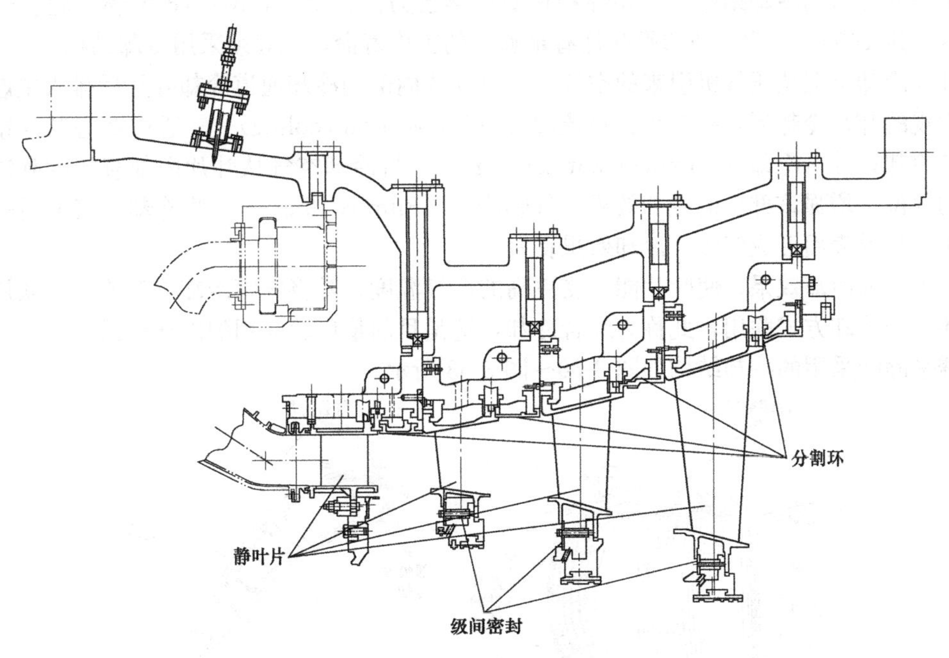

图 3-58　级间密封位置图

透平叶栅每一级包括导向叶片和分割环，分割环由遮热环支撑。导向叶片与内外围带整体铸造。

叶栅分割环用作旋转动叶顶部流道的边界。遮热环、静叶环和分割环用螺钉和径向扭矩

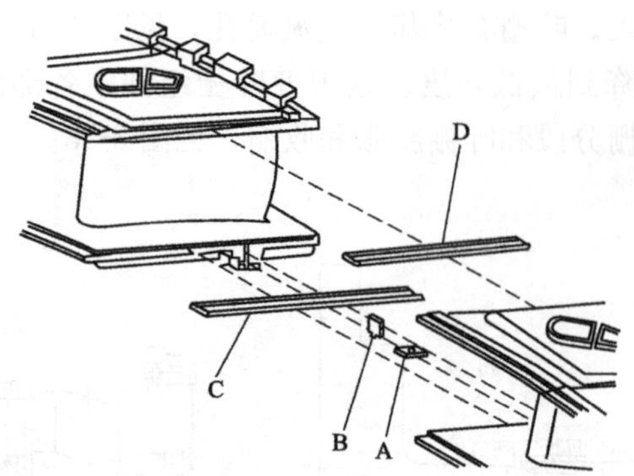

图 3-59　第 1 级静叶

A～D—密封板

销在叶栅中就位固定。在这些弧段之间插入密封板，以阻隔高温流道的气体，见图 3-59。

气封体安装在静叶的内围带上，以将径向密封组件保持在转子组件的表面。叶片环上的径向密封和表面密封隔离出透平缸的冷却室。

冷却空气将级间轮盘腔室区域加压，从而防止高温气流进入该区。冷却空气连续地通过空心静叶，以防止叶片通道温度过高。前 3 级叶片装有各种不同的冷却系统。前缘和后缘、内弧、背弧冷却孔结合，冷却后的空气进入排气道。

(四) 透平静叶的冷却结构

透平叶片采用冷却结构的必要性和重要性早已为世人所知，M701F 型燃气轮机透平进口温度高达 1400℃，为了使透平叶片有足够长的工作寿命，就必须采用冷却结构。

叶片冷却是把从压气机引来的空气，流过叶片内部的冷却通道冷却叶片后排入主燃气流中，常规的叶片冷却形式有三种：对流冷却（Convection cooling）——通过空心叶片壁面对流传递冷却；冲击冷却（Impingement cooling）——将冷却空气从叶片内部直接吹到需加强冷却的部位，增强该部位的冷却效果；气膜冷却（Film cooling）——将冷却空气通过一排小孔流至叶片外表面形成气膜，冷却效果良好。

为了增强冷却效果，使叶片能承受更高的燃气温度，常将气膜冷却与对流冷却联用，或将上述三种冷却方式联用，此称为综合冷却，这是目前最广泛应用的冷却形式。

透平静叶采用的冷却结构如图 3-60～图 3-63 所示。

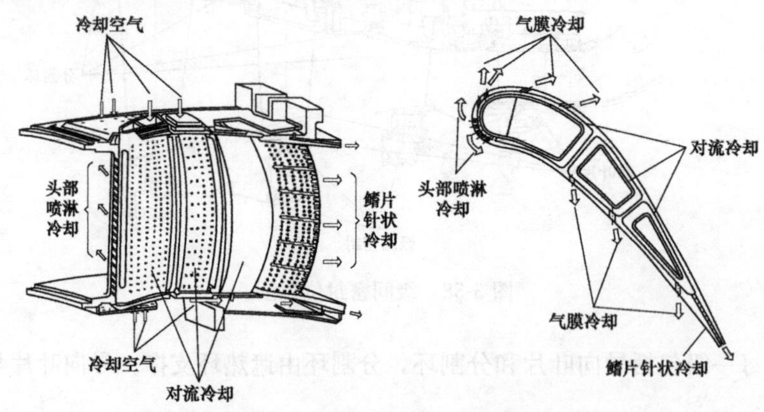

图 3-60　透平第 1 级静叶冷却结构

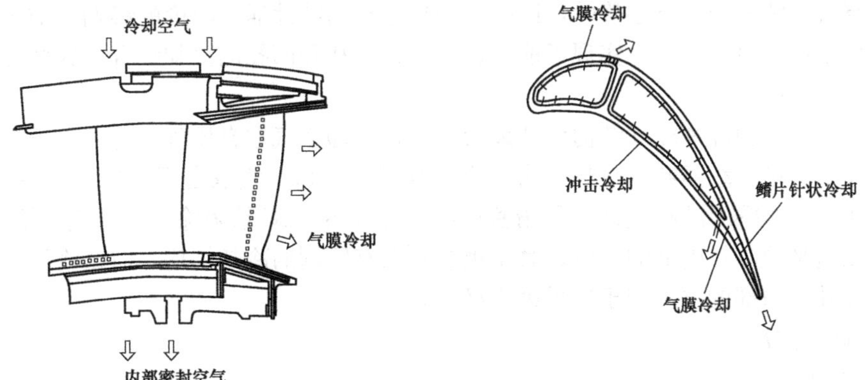

图 3-61 透平第 2 级静叶冷却结构

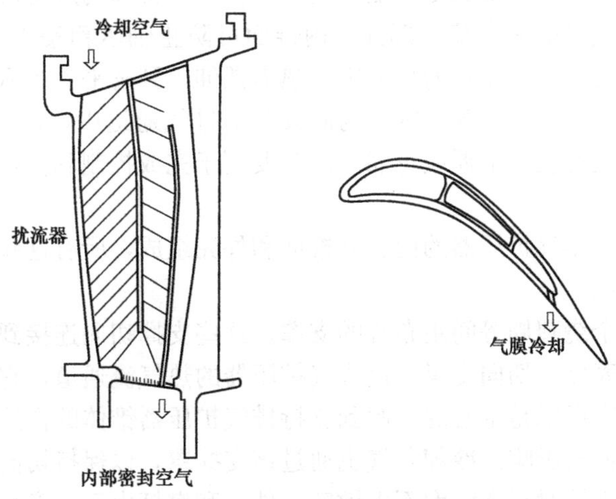

图 3-62 透平第 3 级静叶冷却结构

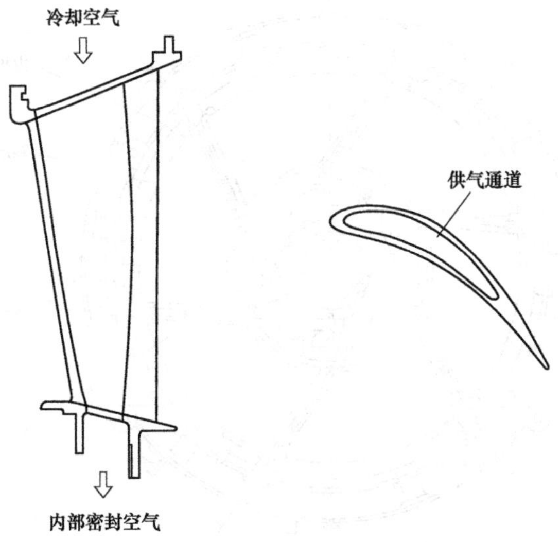

图 3-63 透平第 4 级静叶冷却结构

冷却空气不断地通过空心静叶，以防止受到过高的叶片通道温度的影响。前 3 级透平静叶装有各种不同的冷却方式，实现了前缘、后缘、凸孔和凹孔的冷却结合，这些孔使冷却空气排到气体通道中。

其中，第 1 级静叶片冷却结构设计最为复杂，冷却空气取自压气机排气。第 2 级静叶片冷却结构设计是第 1 级静叶片冷却结构的简单改型，冷却空气取自压气机第 14 级抽气。第 1、2 级静叶弧段均采用 DC 定向结晶精密铸造，并采用 TBC 热障涂层。压气机第 11 级抽气供给第 3 级透平静叶片内部的空腔。第 4 级静叶没有所谓的冷却结构，但是将压气机第 6 级抽气穿过静叶片内部的空腔用于透平第 4 级级间气封。

七、排气部分

（一）概述

气流通过透平缸体后，进入排气缸。排气缸由内锥面和外锥面构成，热空气流经内、外锥体表面间构成的通道。为了形成尽可能小的背压，内外锥面构成的流通通道横截面面积不断增大。轴承箱是排气缸的一个整体部件，内锥面可防止轴承箱暴露到热烟气中。20 个叶片通道热电偶插入环绕排气缸布置的导管中，热电偶伸入到透平 4 级后的热气体通道内，以监测叶片通道的温度；6 个排气通道热电偶插其后的排气通道中，以监测排气通道的温度。叶片通道热电偶和排气温度热电偶应可靠，因为要用于完成控制和保护功能。

（二）排气缸

排气缸由轴承箱，排气扩压器的内、外锥面和外壳组成，所有这些部件由 6 个切向支撑连接在一起，见图 3-64。

切向支撑包括 6 个绕圆周等间距布置的支撑。这些支撑切向连接到轴承箱上，从轴承箱一直延伸到排气缸外壳体。切向支撑穿过排气扩压器的热气流通道，它们被屏蔽在另一套支撑罩内。这些流线型支撑罩是空心的，起到支持排气扩压器锥体的作用；它们还防止切向支撑受到热排气的高温冲击影响。冷却空气也通过该支撑罩，以保持切向支撑处在允许的温度范围内，这可使支撑系统对瞬态温度不太敏感。外壳和撑杆由于温度变化而膨胀时，轴承座旋转降低应力，提供一种刚性支撑并保持轴承对中。

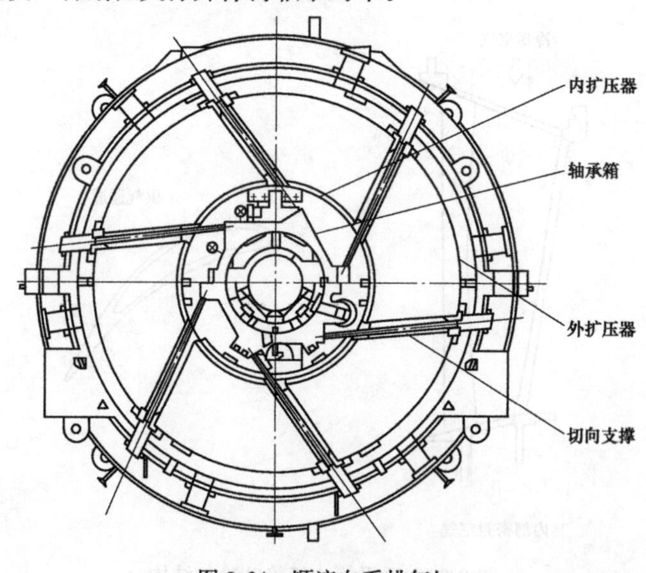

图 3-64　顺流向看排气缸

（三）轴承和密封

设置在排气缸内的2号瓦块可倾瓦轴承（1号轴承）的结构与2号轴承相同，但采用了密封空气通入透平端进行轴封的方式（见图3-65）。

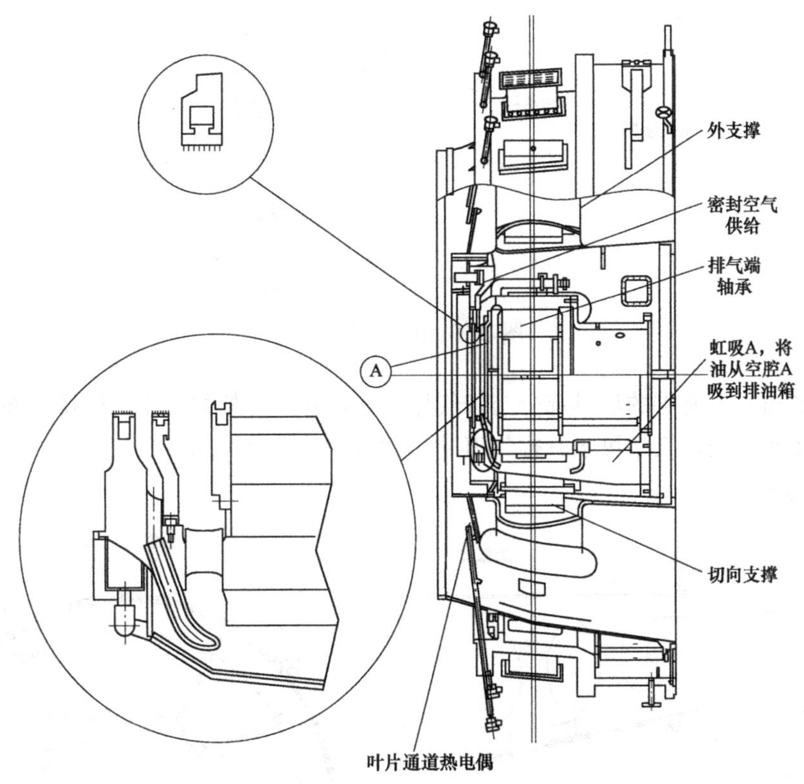

图3-65　排气扩压段垂直剖面图

被称为“静态密封”的密封箱将环绕轴承箱的排气通道与第4级后的透平轮盘腔室分开。轴承箱壁上的开口提供了一些通道，空气通过这些通道经轴承密封系统空腔进入到静态密封后的压力通风系统。密封箱体壁中的开口提供了一些通道，排气通道空气通过这些通道经由静态密封后的压力通风系统进入轮盘腔室。轴承密封是通过强制进入迷宫式密封的空气增压来完成的。一部分空气通过空气-油密封泄漏到微负压的轴承箱内，其余的空气按反方向流动，通过空气密封流入第4级后的轮盘腔室。这也可防止油泄漏到轮盘腔室。当轮盘腔室空气通过排气扩压段时被不断吸入到透平排气中，这样的空气流动为轴承箱周围的通道提供了连续的通风，从而保持允许的工作温度。热电偶从排气端通过排气通道内的导管插入轮盘腔室，测量温度并指示排气通道是否提供有足够的冷却气流。

（四）排气扩压缸

排气扩压缸被分为前部排气扩压缸和后部排气扩压缸，见图3-66和图3-67。前排部分采用螺栓连接到排气缸垂直法兰上。后排部分用膨胀节连接到前部排气扩压缸。排气扩压缸是引导燃气流从排气缸到排气系统（余热锅炉、烟囱）的进气导管；目的是降低流速，将排气系统的压降减到最低限度，以保持机组的高性能。

排气扩压缸由有支撑的内、外锥体组成。这些支撑为空心结构，可以为管道和仪器仪表

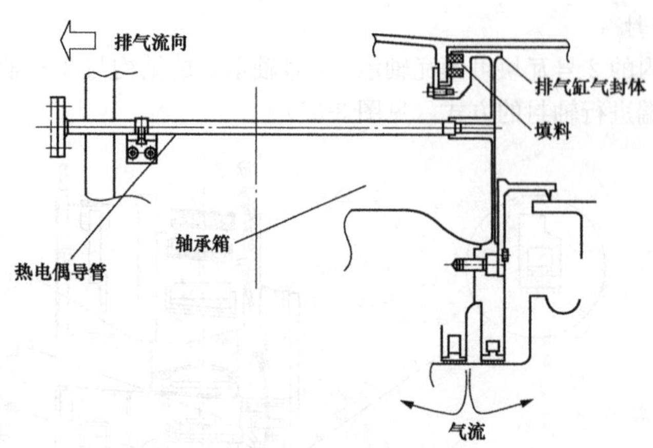

图 3-66 排气通道详图

提供进出的通道。下游端的后排部分与排气导管连接起到支架的作用。后排前部由挠性支架和中心支架支承。挠性支架可吸收排气道的热膨胀。膨胀节可允许燃气轮机轴向膨胀，且不会产生过大的应力。

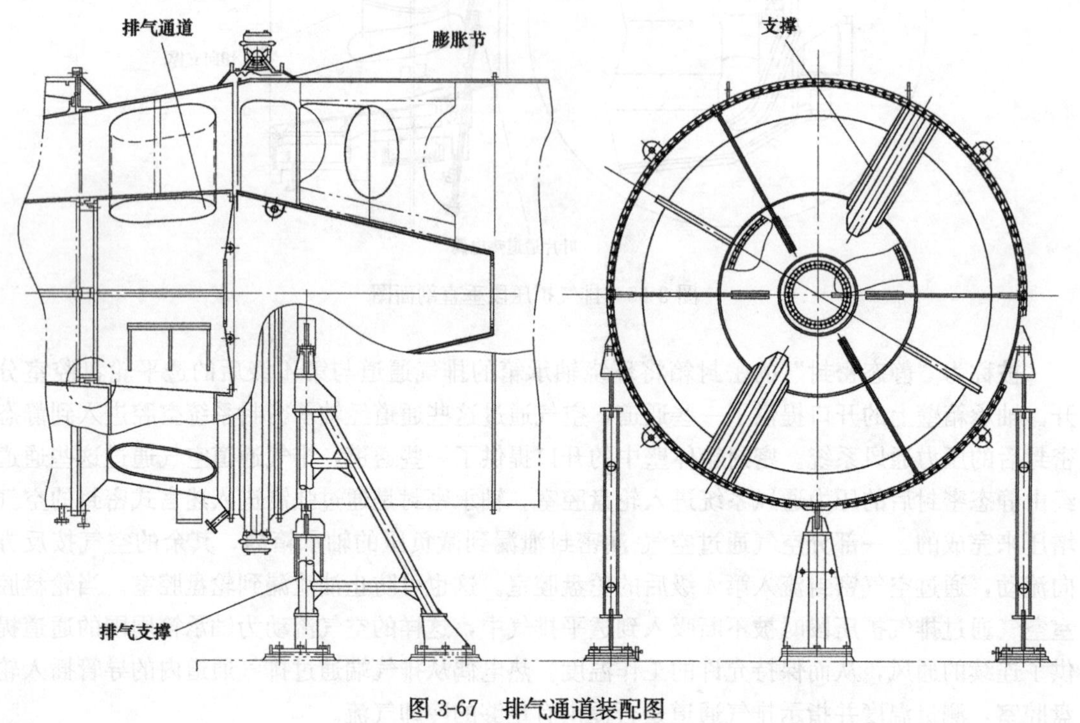

图 3-67 排气通道装配图

八、转子

（一）概述

燃气轮机转子包括装有叶片的压气机轴和装有叶片的透平轴（见图 3-68），它们用螺栓连在一起。该转子支承在两个带压力润滑的双瓦块径向支持轴承上。

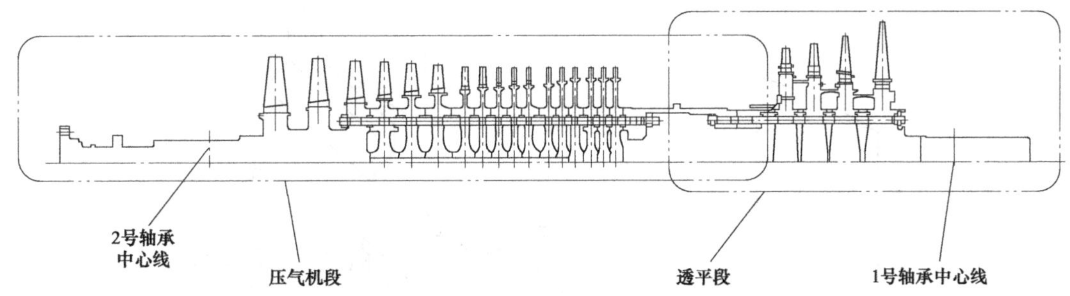

图 3-68　燃气轮机转子构造示意图

（二）压气机主轴

未装叶片的压气机转子组件包括压气机主轴和 14 个轮盘（见图 3-69）。轮盘进行了精加工和钻孔，然后用 12 根拉杆螺栓将轮盘与压气机轴固定在一起，见图 3-72。各轮盘之间通过小圆柱传递扭矩（见图 3-70）。压气机主轴前端的联轴器（靠背轮）与发电机上的联轴器法兰相配。靠近主轴前端的推力盘两侧装配有推力轴承，以限制转子的轴向位移。

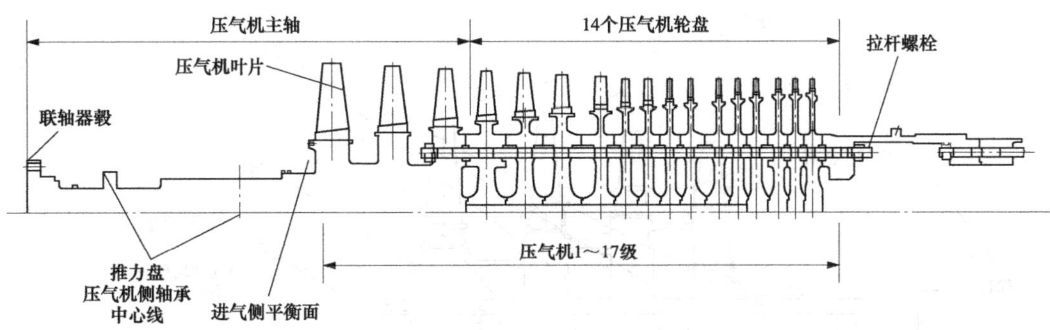

图 3-69　压气机转子组件

（三）压气机动叶

压气机转子组件有 17 级动叶片，它们将入口空气加压，以给燃烧室提供设定流量和压力的压缩空气。压气机叶片由不锈钢制成，可抑制所有振动模式。“燕尾”式叶根设计为抑制切向振型。关于燕尾形的布置，见图 3-71。压气机动叶均采用了易换装叶根结构，叶片用键固定在主轴上，使得在不影响其他级的情况下能拆卸任一级。

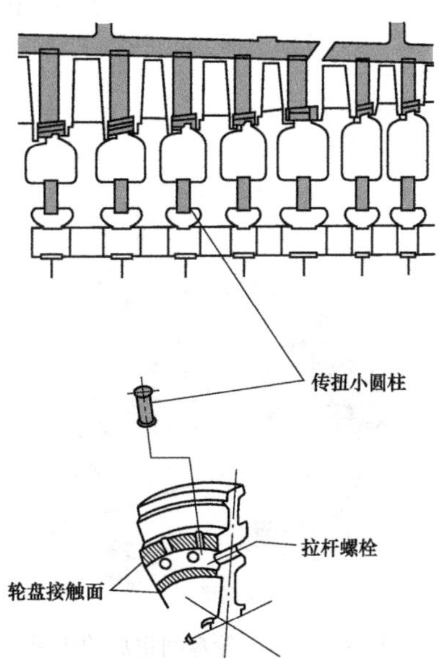

图 3-70　压气机轮盘间扭矩的传递

（四）透平主轴

透平主轴包括 4 个轮盘和一根扭矩管，用专用的 12 根拉杆螺栓固定在一起，见图 3-72。轮盘之间的接合采用曲齿联接——通过接合面周围的径向间隔齿连接传递扭矩。轮盘的一侧为沙漏形齿，而与其啮合面的齿为桶形。当部件用螺栓固定在一起时，曲齿连接器啮合。齿的形式很简单，但精度高，轮盘-轮盘的连

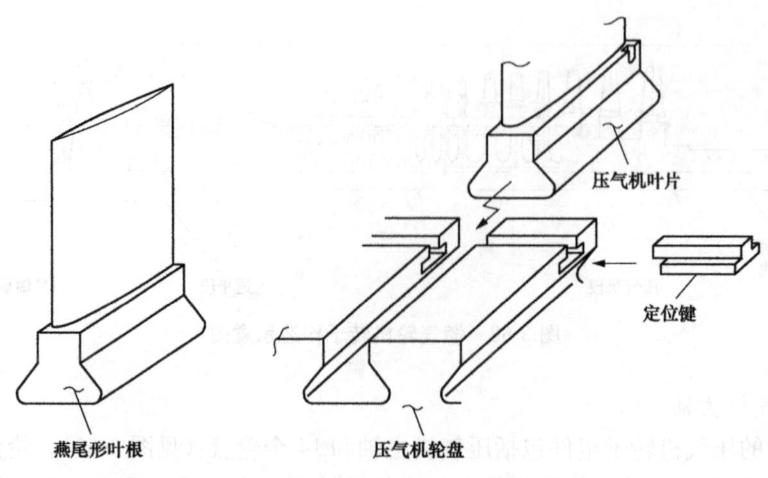

图 3-71　压气机叶片安装图

接有足够的弹性以适应级-级间的温差。

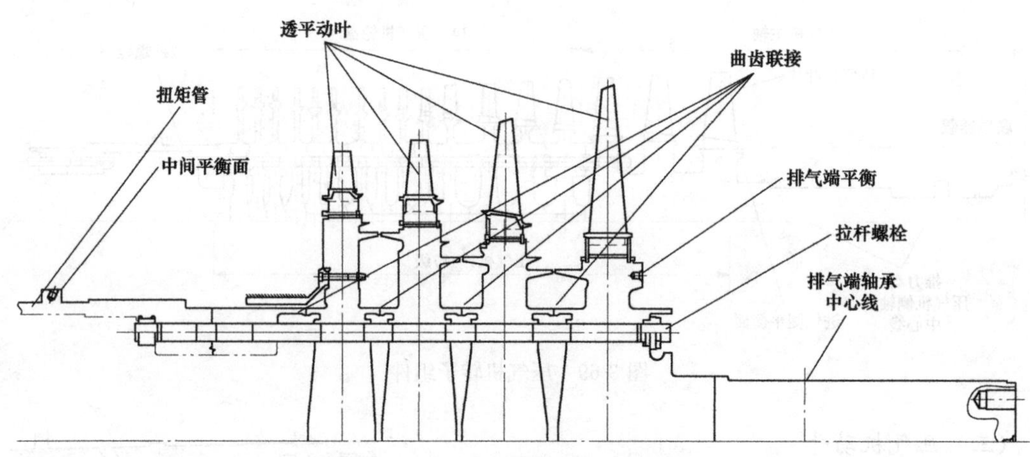

图 3-72　透平转子组件

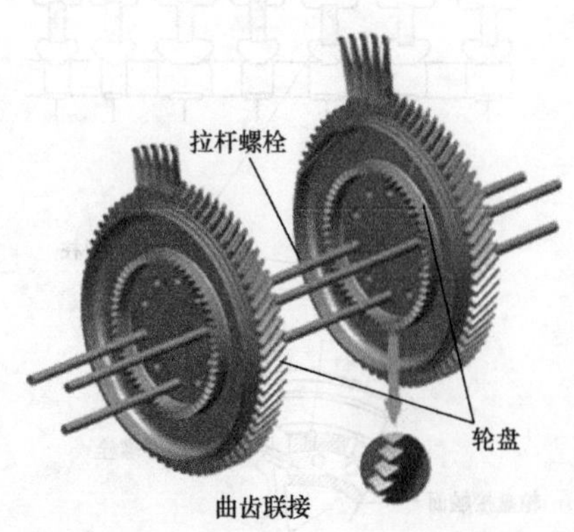

图 3-73　透平轮盘间扭矩的传递

扭力管段是空心的圆筒，它有下列功能：①作为压气机轴和透平轴之间的扭矩传递（见图 3-73）；②引导冷却空气送至透平轮盘。

（五）透平动叶

透平动叶片由耐高温合金材料浇铸而成，其中 1、2 级透平动叶还采用 TBC 热障涂层。透平动叶片均采用枞树形叶根，轴向插入轮盘，由轮盘中的相对应的叶根齿支承。叶片可以单个分别拆卸，可在不吊出转子的情况下检查除第 4 级以外的其他叶片。

叶片从第 1 级到第 4 级尺寸逐渐增大，当气体流过每一级时，压力和温度都降低。由于压力降低，需要增大环形面积容纳气体流量，因此，叶片尺寸需逐渐增大。

叶片根部和轮盘边缘通过进气和排气侧板将热烟气隔离，进气侧板形成一个环形的空气增压室，该系统接受来自转子内部的经过过滤的冷却空气，并将该空气轴向导入动叶片根部从而进入动叶片，来实现对前三级透平动叶的冷却，其余的冷却空气通过第 4 级叶片的排气侧板中的孔排出。

第 1、2 和 3 级动叶片有一系列的冷却孔（见图 3-74～图 3-76），冷却空气通过这些孔实现对叶片的冷却，最后将冷却空气排放到气流中。图 3-77 为叶片根部冷却空气通道。

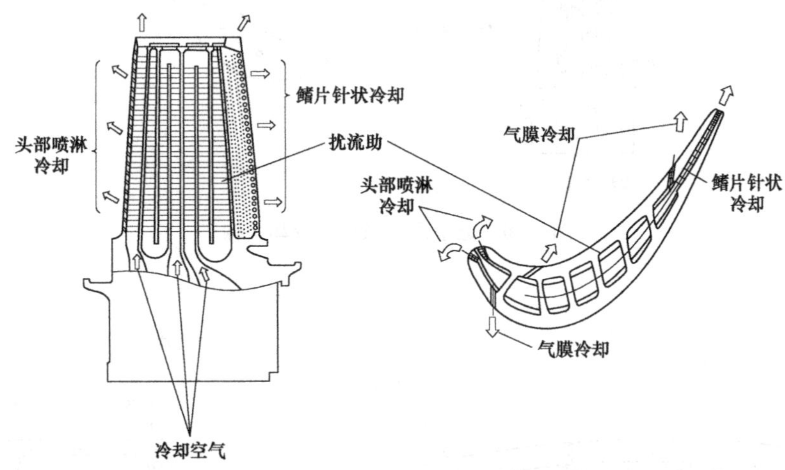

图 3-74　透平第 1 级动叶冷却结构

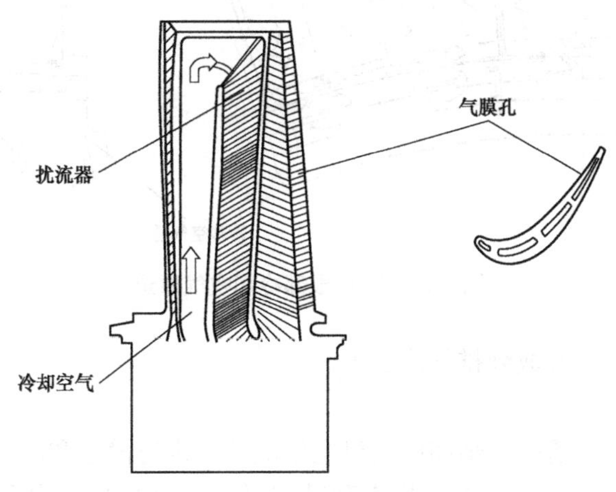

图 3-75　透平第 2 级动叶冷却结构

（六）转子的冷却

透平转子必须冷却，以保持适当的金属工作温度，提高透平的使用寿命。冷却方式是使用一定压力的冷却空气流来冷却。压气机出口的部分空气先经过冷却和过滤，然后返回到转子芯部。冷却空气通过透平转子轮盘中轴向的孔冷却各级轮盘，并将该空气导入叶片根部和轮槽，所有的透平转子轮盘齿和透平动叶片根部能被直接冷却。冷却空气最后通过第 4 级叶片的排气侧板中的孔排出，同时部分冷却空气从第 1、2 和 3 级齿面处分流至冷却叶片的冷

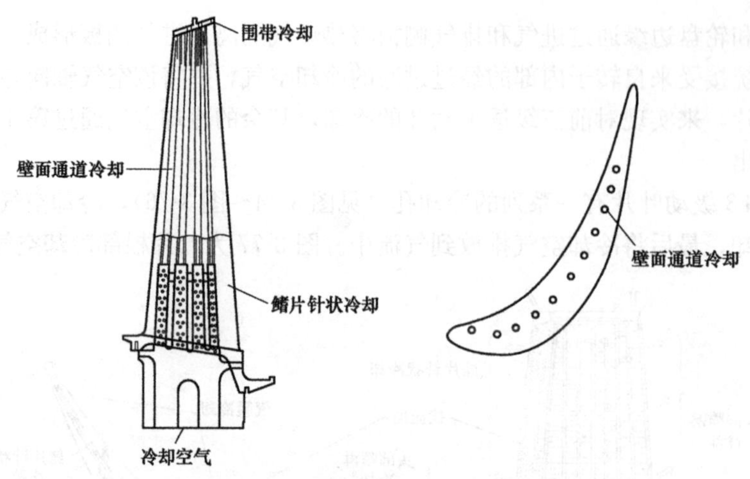

图 3-76　透平第 3 级动叶冷却结构

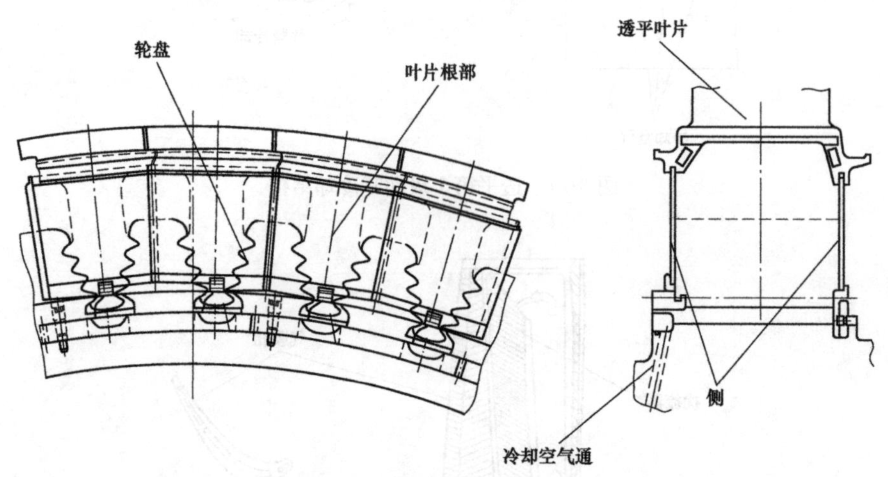

图 3-77　叶片根部冷却空气通道

却孔，空气通过叶片孔，排放到排气流通道。

（七）转子的平衡

在主轴装叶片之前，透平主轴和压气机主轴应分别进行静态和动态平衡。在压气机和透平主轴组装成整个转子后，再次进行静态和动态平衡。每个叶片均进行力矩称量和配平配置，以保持主轴适当的平衡。共有三个平衡面可以加平衡块，这些面可在现场进行平衡。

（八）叶片的重装

所有的叶片均进行称量或力矩称量，并做好记录。叶片的配置和安装要使它们在主轴中的残余不平衡量降到最低限度。因此，所有的叶片必须以初始的顺序重新安装，必须保持相同的残余不平衡量。当更换或安装一套新叶片时，需要进行叶片排序布置，需要事先确定新叶片的安装顺序，以维持其残余不平衡量。

第四节　燃气轮机运行和维护

一、燃气轮机的启动

燃气轮机的启动是一个比较复杂的过程。在机组启动之前，需要有一系列准备工作，并要求各种辅助设备预先处于正常工作状态。此外，还需要为机组加装一套启动动力源，以备在启动初始阶段带动机组旋转。鉴于机组的功率和用途不同，燃气轮机可以采用直流电动机、交流电动机、内燃机乃至高压空气作为启动动力源，启动机的功率大约是主机功率的2%～5%。

（一）燃气轮机的启动过程及特点

1. 启动过程

单个燃气轮机具有快速启停的特点，一般来说，燃气轮机的启动过程可划分为三个阶段：

第一阶段，又称冷态加速阶段。在这个阶段中，由启动机把燃气轮机转子带动到允许向燃烧室中喷入燃料点火的转速。所需要的能量主要是用来加速机组的转子，并克服轴承的摩擦力。通常，机组的点火转速大约等于额定转速的20%左右。

第二阶段，又称热加速阶段。这个阶段是从机组开始点火的瞬间起，一直到启动机把机组转子增速到脱扣转速为止。通常脱扣转速大约为额定转速的70%左右。当机组达到脱扣转速时，透平发出的功率不仅能够带动压气机工作，克服工作摩擦阻力，而且还能有剩余功率出现，此后机组就可以不再需要启动动力源的帮助而使转子继续加速上去，那么此时就允许启动机与机组转子脱扣并停止工作。同时在这个阶段中，机组从冷态被逐渐加热到一定程度，因而，又可以称为是暖机阶段。根据机组结构形式的不同，为了避免在机体中产生过大的热应力，应该对第二阶段的时间进行必要的控制或设定一定的暖机时间和暖机燃料量。

第三阶段，又称继续热加速阶段。在这个阶段中，启动机已经退出工作，机组将全靠透平发出的剩余功率来使转子继续升速，直到空载转速为止。这时机组将进一步加热。为了避免发生过大的热应力，也可以对这个阶段的持续时间进行必要的控制。

2. 启动特点

通常我们希望机组的启动时间尽可能短些。对于轻型结构的燃气轮机来说，气缸壁较薄，转子尺寸小，容易加热，温度场比较均匀，不会产生过大的热应力，因而，启动时间可以做到很短。但是，对于固定式燃气轮机来说，气缸壁一般比较厚，转子尺寸大，需要较长时间加热，否则机体的温度场不均匀，会引起很大的热应力。因此其启动时间稍微偏长，一般为30min左右。

现代燃气轮机具有快速启动和快速加减负荷的特点，因此使得联合循环机组可以做到启动时间短，具有适应负荷快速变化的能力，当然与之相配套的余热锅炉和蒸汽轮机就必须采取一些相应的措施，以满足联合循环快速启动的需要，就目前F级燃气-蒸汽联合循环机组来说，从启动到空载转速，约为30min。

另外，目前燃气轮机及其联合循环机组的启停，很大程度上已经实现了自动控制，操作人员的手动干预已大大降低，但是对整个的自动操作过程的监控还是必需。燃气轮机及其联合循环机组的启动可以实现远方自动控制，也可以通过设在集控室控制台上的按钮来启动或停机。

（二）启动过程中注意事项

1. 防止喘振

由压气机的特性曲线（见图 3-78），在低转速时，压气机的喘振裕度比较小，即工作点离喘振边界线比较接近。同时，在低转速情况下，透平前的燃气温度 T_3^* 过高的话，就会使机组的平衡运行点超越压气机的喘振边界线，致使压气机进入喘振工况。一般来说，压比越高的压气机，在低转速工况下就越容易进入喘振工况，因而当这种机组启动时，对燃气温度 T_3^* 的限制就越大。

为了确保启动过程的安全可靠，避免压气机发生喘振现象。目前大型燃气轮机都设置了进口可转向导叶（IGV）和防喘放气阀。在启动过程中，关小 IGV 减少压气机所消耗的功率，同时打开防喘放气阀改善压气机叶片通道的通流条件，提高压气机的喘振边界线，从而达到防止压气机发生喘振的目的。

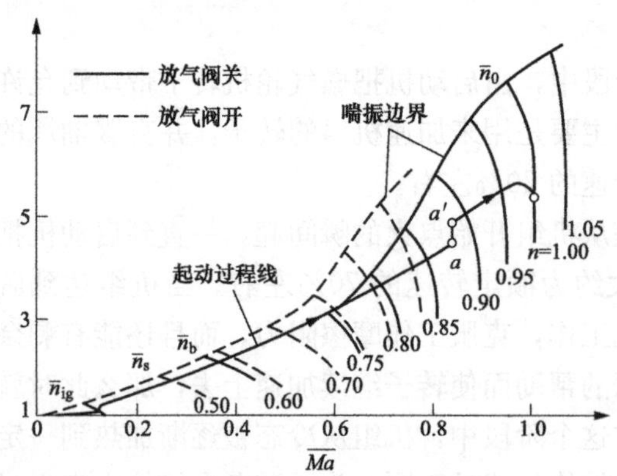

图 3-78　电站燃气轮机的启动过程线

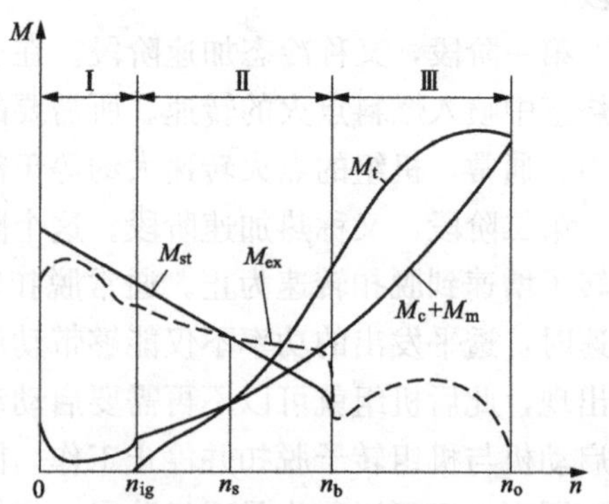

图 3-79　燃气轮机在正常启动过程中转矩的变化关系

2. 热悬挂

一般来说，“热悬挂”发生在启动机脱扣之后。它的表现形式是：启动机脱扣后，机组转速停止上升，运行声响异常。倘若继续增大燃料供给量，燃气透平的前温 T_3^* 随之升高，但机组转速却不能上升，甚至反而呈现下降的趋势，最终导致启动失败。

产生热悬挂现象的主要原因是：启动过程线过于靠近压气机的喘振边界线（见图 3-78）。同时从图 3-79 中可以看到：当启动机脱扣后，机组的剩余转矩 M_{ex} 明显地减小。如果在脱扣前操作不当，燃料量增加得过快，T_3^* 就会比预定的数据高，致使机组的运行点趋向于喘振边界，压气机就有可能发生失速现象，压气机效率 η_c^* 下降，压气机所需的转矩 M_c 增大。因而，当启动机脱扣后，M_{ex} 有可能变为零，转子就会停止升速。机组就像被“挂”住了似的。这就是“热悬挂”现象。

在出现热悬挂现象后，即使继续增加燃料量也将无补于事。因为燃料量的增加，会进一步升高 T_3^*。透平产生的转矩 M_t 虽略有增大，但机组的运行点将更趋向于喘振边界线。压气机的效率进一步降低，致使 M_c 增加得要比 M_t 快，那时剩余转矩 M_{ex} 会变为负值，机组的转速就会下降，最终使启动失败。

目前，大型燃气轮机的燃料都采用自动控制方式，而且当透平产生的转矩 M_t 远大于压

气机所需的转矩 M_c 后才脱扣，即有效地防止了热悬挂的发生。

（三）M701F 燃气轮机启动介绍

以下仅以惠州 LNG 电厂为例对三菱 M701F4 型燃气-蒸汽联合循环机组的启动过程做简要介绍。

1. 启动前的检查

确认各相关的辅助系统——电气系统、燃气系统、压缩空气系统、循环水系统、闭式冷却水系统、润滑油及盘车系统、发电机氢气及密封油系统、控制油系统、凝结水系统、辅助蒸汽系统、轴封系统、真空系统、汽水取样系统、给水系统等运行正常。确认所有控制阀/电动阀/气动阀门等，都处于正常运行和自动模式位置。

2. 燃气轮机启动

SFC（静态变频器）向发电机提供频率可调的电流，此时发电机作为同步电动机使用，拖动整个轴系转动：IGV 由 10%到半开 37.4%。高压、中压、低压防喘放气阀开启。盘车装置正常脱扣，盘车电机在机组转速约 300r/min 时自动停运。

3. 吹扫

目的：吹扫透平、燃气轮机尾部烟道内可能存在的可燃气体，防止在点火时发生爆燃现象。吹扫转速：700r/min。时间：480s（燃气轮机转速超过 500r/min 时，开始计时）。

4. 降速点火

机组转速降到约 550r/min。安全油压建立，燃料通风阀关闭，燃料截止阀开启。8、9 号燃烧器中的点火器投入，燃料压力控制阀、流量调节阀开启，开始点火。10s 之内 18 号、19 号燃烧器上的火焰探测器均检测到火焰，点火成功，点火器退出，否则跳闸。

5. 升速

点火后在燃气轮机透平和 SFC 的共同作用使整个轴系开始升速。升速率约 135r/min，其间透平做功逐渐增大，燃气轮机 2050r/min 时，高压防喘放气阀关闭。2200r/min 时，TCS 发 SFC 停指令，SFC 做功逐渐减小。当机组转速达 2745r/min 时，检查 IGV 由 37.4%开度关闭至 10%开度。转速 2815r/min 时，低压防喘放气阀关闭。延时 5s，中压防喘放气阀关闭。

6. SFC 脱扣

到达自持转速，燃气轮机轴系仅靠透平做功就可加速时，SFC 退出，此时约 2400r/min。

7. 3000r/min 定速

转速达到 3000r/min，燃气轮机升速过程完成，“额定转速”（RTD SPEED）指示灯亮。

8. 燃机发电机并网

机组达 3000r/min 并且具备并网条件后，得到电网调度的同意后可以进行并网操作使机组并网发电。并网后，燃气轮机带初始负荷 15MW。

9. 燃气轮机升负荷及汽轮机冲转前暖机

并网后根据汽轮机启动状态，提升燃气轮机负荷至指定暖机负荷，并维持暖机负荷不变以等待汽轮机冲转条件的满足。暖机负荷：冷态，40MW；温态，70MW；热态，120MW。

10. 汽轮机冲转

暖机至汽轮机冲转条件满足后，汽轮机挂闸，进汽冲转至空载转速。汽轮机启动状态不同，使用不同的冲转升速率，冷态 100r/min²，温态 200r/min²，热态 300r/min²。汽轮机冷态启动时，还需分别在转速为500r/min时进行摩擦检查，在1500r/min时保持转速暖机20min。

11. 汽机发电机并网

汽轮机达3000r/min并且具备并网条件后，得到电网调度的同意后可以进行并网操作使汽轮机发电机并网发电。并网后，汽轮机发电机带初始负荷7MW。

12. 汽轮机升负荷、投压控

汽轮机发电机并网后，在DEH投入汽轮机升负荷控制或阀位控制，DEH控制汽轮机高、中压主调阀逐渐开大，至高、中压主调阀全开后，投入汽轮机压控。当汽轮机负荷超过45MW时，投入低压压控，确认低压主汽调阀逐渐开大。

13. 投入机组CCS控制，完成机组启动

根据机组状态设定升负荷速率，提升机组负荷至270MW，投入AGC，机组启动完成。升负荷速率：冷态6MW/min，温态9MW/min，热态12MW/min。

二、燃气轮机的运行维护

为了保证燃气轮机的安全运行，运行操作人员需要特别注意机组的运行情况：

(1) 要建立设备的常规例行操作检查规范，并要记录运行数据；

(2) 如发现运行期间有任何异常情况发生，应找出原因，并立即采取必要的对策。

对于燃气轮机机组，操作人员除了严格按照各种规范进行检查和操作外，还应该对各种数据进行对比分析，找出与先前运行数据的偏差或不合理之处，这点是非常重要的，有助于及时发现各种问题及异常。

（一）初次启动的检查

对于新安装的或大修过的燃气轮机，初次启动前和启动过程中需要特别在以下方面进行仔细检查和确认：

1. 启动前

(1) 确认所有的管道及通道都清理干净无异物，所有的连接处都连接紧固。

(2) 确认所有的管道，尤其是润滑油管道，已正确冲洗，润滑油过滤器也经过检查和正确清洁过。

(3) 确认润滑油箱和控制油箱都装满合适的优质油品。

(4) 检查辅助设备、备用设备和紧急设备的运行情况，如润滑油泵、控制油泵等。

(5) 检查CO_2消防系统的功能并将CO_2气瓶充满气体。

(6) 确认冷凝器真空已建立。

(7) 确认烟道挡板没有关闭。

(8) 检查锅炉给水的品质。

(9) 确认启动过程中的设备满足启动条件。

(10) 通过窥视孔检查轴承回油的润滑油油量。

(11) 检查CRT显示的所有热电偶和/或热电阻（RTD）的情况。

(12) 检查点火栓是否正确产生电弧。

(13) 检查所有需人工润滑的部件运行正常。

(14) 确认仪用空气及杂用空气供应系统正常。

(15) 确认闭式冷却水系统注满除盐水并且能正常运行。

(16) 检查控制设备及机组保护系统的运行及设定值。

2. 高盘吹扫阶段

(1) 仔细倾听机组的摩擦声，如果存在持续的异常噪声则立即停机。

(2) 检查轴承回油温度和轴承金属温度。

(3) 使用振动测试设备检查机组的振动，如带有过滤读数的 IRD。如果没有此类设备，使用示波器。

(4) 记录轴承振动的数据以用于后期的对比。应尽量在靠近机组轴承（轴承盖）以及压气机和透平缸体等主要结构的部件上读数。

(5) 如果燃气检测器在排气道中检测到可燃性气体，应持续高盘运行直到报警清除。

3. 点火时

检查燃气管路及燃气喷嘴附近区域是否有泄漏。尤其应检查下列节点处是否发生泄漏：

(1) 燃气喷嘴到燃烧器端盖。

(2) 燃气管路法兰接口处，包括燃气喷嘴。

4. 额定转速运行时

(1) 继续检查振动，倾听是否有噪声。

(2) 检查记录器、指示器或 CRT 上显示的温度值。

(3) 机组带负荷运行前，检查机械超速跳闸（OST）装置功能是否正常。测试进行时必须小心地将转子转速升速到超速跳闸设定值。

(二) 运行期间的检查

对于经常调峰启停或带基本负荷运行的燃气轮机，在机组启动的不同阶段及带负荷运行期间也必须进行相关的检查和确认。

1. 启动期间注意事项

(1) 机组的加速是否平稳，无升速中断、波动、漂移等；

(2) 叶片通道温度和排气温度以及它们的温度偏差是否上升过大；

(3) 轴承油压、轴承排油温度和轴承金属温度是否正常；

(4) 轮盘腔室温度是否正常；

(5) 振动水平是否正常；

(6) 点火后是否成功升速；

(7) 记录运行数据，与先前的运行数据进行比较，检查是否有变化；

(8) 如果启动期间熄火，要进行充分的冷却吹扫运行。

2. 启动期间对以下阶段要进行单独检查

(1) 启动阶段：各辅助设备是否已经运行；防喘放气阀位置显示正常。

(2) 点火阶段：着火时间与先前运行相比有无差别，如果发现时间太长，则应停机处理。

(3) 升速期间：叶片通道温度是否正常；SFC 自动脱扣时转子速度与预先设定值有无差别。

(4) 额定转速：低压和中压防喘放气阀关闭后，各防喘放气阀位置显示正常；“额定转速”显示正常。

(5) 并网期间：同期是在发电机的转速和电压基本没有变化的情况下平稳完成的。

3. 带负荷运行期间例行检查和记录

燃气轮机及其联合循环机组正常负荷并在温度、振动等稳定的情况下连续运行期间，也必须随时注意检查以下参数并记录相关的数据：发电机的输出功率、电压和电流；叶片通道温度的偏差和绝对值；排气温度的偏差和绝对值；轮盘腔室温度；轴承排油温度；轴承金属温度；轴承供油压力和温度；振动；转速；燃气供给压力和温度等。并通过对比，确保记录的运行数据与先前的运行数据或标准值之间没有重大差异。

同时在现场需要进行以下检查确认：

(1) 没有部件发生漏气；

(2) 没有出现异常噪声；

(3) 保温没有损坏；

(4) 润滑油系统和控制油系统没有发生漏油；

(5) 气体燃料系统没有泄漏；

(6) 各辅助设备是否正常运行。

（三）紧急情况的处理

燃气轮机及其联合循环机组运行发生任何紧急情况时，运行操作人员应该严格按照相关的规程及制度及时处理。一般来说，当发生严重影响机组安全运行或可能导致人身事故的紧急情况时，操作员应尽快将设备停机进行检查，找出问题的原因，采用正确的方法处理。

以下简要介绍燃气轮机运行期间可能出现紧急情况及处理方法，对于联合循环机组典型的故障及处理方法详见相关章节。

1. 燃气轮机罩壳发生火灾

燃气轮机罩壳内设置了二氧化碳气体消防系统，用于防止燃气轮机罩壳内设备火灾。当消防系统检测到火灾时，燃气轮机及其联合循环机组应停机，燃气轮机罩壳的防火挡板立即关闭，罩壳风机停运，气体灭火系统启动，喷出二氧化碳灭火。

灭火后，应仔细检查受损部件，同时必须调查失火原因。将二氧化碳气体气瓶重新充气，恢复消防系统正常后，再重新启动机组。再次启动时，要注意倾听转子的摩擦声。

2. 油系统泄漏

设备运行期间，无论是润滑油系统漏油还是控制油系统漏油，都必须立即采取措施。首先，要将设备漏油部分的螺栓和螺母之类的紧固件进一步拧紧，同时进行补油。如果仍然大量漏油，且无法控制，应将机组停机，然后采取必要的措施。

3. 燃料泄漏

如果燃料供给管线发生燃料泄漏，要立即采取措施防止燃料进一步泄漏。无法堵漏或者隔离泄漏区域的，应该将受影响的燃气轮机及其联合循环机组立即停机。

4. 振动过大

虽然燃气轮机设有轴承振动过大报警和跳闸系统作为自动保护系统。但是运行操作人员也要经常密切注意振动水平，并与机组过去的记录数据进行比较。

机组所有的机械运行变化都可以通过振动来体现。叶片通道温度不稳定升高或下降、轴承温度升高、转子与缸体之间的磨蚀都会直接或间接地影响振动。振动还会随速度和负荷的变化而变化。

因为影响振动的因素很多，必须从具体的现象中查找振动原因。如果振动程度加剧不突然，也未伴有负荷和速度变化，则建议检查原因或收集相关数据进行分析。

5. 压气机喘振

机组带负荷运行期间，允许在规定的范围内低频运行。当燃气轮机转速下降到规定的低频工作范围后，燃气轮机可能出现压气机喘振，尤其是在环境温度和负荷运行工况较高时更是如此。

当压气机发生喘振时，燃气轮机必须立即停机。停机后盘车运行时，必须仔细检查燃气轮机的摩擦噪声或有无其他异常。

在下一次启动前，需要检查螺栓和螺母是否松动，包括设备周围的基础螺栓，并要密切注意第一次启动期间燃气轮机的振动特性。

燃气轮机及其联合循环机组紧急停机后，除了找出停机的原因外，最重要的措施是在滑停期间保证润滑油系统继续稳定提供润滑油，除非有火灾风险的情况外。一旦转子完全停下来，在盘车允许的条件下，必须立即开始盘车运行。

（四）报警的处理

发生报警时，或机组由透平控制系统跳闸时，需要尽快找出问题的原因，使得对机组的损坏最小化。发生报警时，运行操作人员应知道必须采取相应的对策作为补救，并立即决定是否将设备停机。

如果无法确定问题原因或者纠正措施不明，就有必要停机。但是，如果在采集必要的数据进行分析之前机组已经停机，原因的判定就更为困难。因此，如果出现的不是致命或者严重的问题，应先考虑采取降低负荷以获得必要的数据供以后分析。

发现或发生异常时，及时记下与之有关的运行数据，运行数据记录有助于找出问题的原因。

三、燃气轮机的停机

燃气轮机的停机是指发电机从带负荷的正常运行状态转到静止状态的过程。停机的过程实质上是燃气轮机各个金属部件的冷却过程。燃气轮机的停机方式有正常停机、自动保护停机、紧急停机。

对于联合循环机组，如果安排了周期性检查或维修工作，考虑到检修前加快对汽轮机和余热锅炉的冷却，还专门设有检修停机模式，详见联合循环机组启停章节。

（一）正常停机

正常停机是指接到电网命令或运行中发现影响正常运行的故障，但尚不需要采取紧急停机时，而采用的停机方法。正常停机一般采用在停机过程中逐步减少燃料量，直到低负荷时才切断燃料，降低透平转速，停机并回到待机状态。

根据机组条件与运行需求，M701F4 型燃气轮机及其联合循环机组可以选择 APS（机组自动启停）自动停机或手动停机。

1. APS 自动停机

在 APS 自动停机方式控制下，机组将自动执行停机程序，检查项目与手动停机相同。

2. 手动停机

正常运行中，一般都采用手动停机方式：

(1) 燃气轮机从当前负荷按照预定速率 18MW/min 下降至 100MW，停运汽轮机。

(2) 汽轮机停运后，发燃气轮机停机令“NORMAL STOP”，燃气轮机负荷降到15MW后，自动解列。解列后，燃气轮机进入全速空载运行。

(3) 燃气轮机冷却运行5min后自动跳闸，检查燃气轮机熄火，燃料截止阀关闭，转速下降。在惰走期间，注意倾听机组各部分声音正常，各缸胀差、轴向位移、轴承金属温度、振动、润滑油温等参数正常。

(4) 燃气轮机转速降至500r/min，燃料压力控制阀B打开30%开度，维持90s以排尽燃料压力控制阀和流量控制阀之间的燃气。

(5) 由于燃气轮机壳体上半比下半冷却慢，为防止猫背效应，当燃气轮机转速降到100r/min左右时，引入燃气轮机壳体冷却空气，降低燃气轮机上、下半壳体的温差。

(6) 从燃气轮机打闸起，1.5h内严禁再次启动。

3. 停机过程中的注意事项

记录燃气轮机停机的惰走时间，并和其他运行参数一起与以前数据进行比较是非常重要的。惰走时间的长短能直接反映燃气轮机的状况，正常惰走时间约30min，惰走时间不小于20min，如惰走时间变短，应检查轴承工作情况及留意机组的动静摩擦。

停机过程中，应该重点注意检查以下事项：

(1) 机组降负荷、降速是否平稳，没有中断、波动、偏差等。

(2) 监视叶片通道和排气温度及温度偏差。

(3) 监视各轴承的油压、回油温度、金属温度、振动。

(4) 监视燃气轮机轮盘间隙温度。

(5) 程序执行是否有异常，各阀门开关状态是否正确。

就地检查盘车是否成功啮合。

(二) 保护停机

在运行中，控制系统检测到某些可能危及机组安全运行的因素时，自动切除燃料供给，机组迅速停机的一种停机方式为自动保护停机。自动保护停机后的处理同正常停机。

(三) 紧急停机

在运行中，发现某些危及人身、设备安全运行的因素时，立即手动切除机组燃料供给，迅速停机的过程为紧急停机。紧急停机除燃料切除时间不同和停机速度快慢不同外，其他过程与正常停机过程相同。

(四) 停运后的保养

1. 防止猫拱背

机组停运后，燃气轮机的热通道仍然保持较高温度，由于自然对流作用，高温空气向上流动，低温空气向下流动，导致燃气轮机上半缸金属温度大于下半缸温度，随着时间的推移，上、下缸温差增多，燃气轮机形成猫拱背显现，见图3-80。如果上、下缸温差超过一定值将危及机组安全运行。因此，停机后引入燃气轮机壳体冷却空气以降低燃气轮机上、下半壳体的温差。

燃气轮机吹扫冷却空气因故无法提供时，可采用高速盘车，降低燃气轮机热通道部件温度，防止猫拱背变形过大。

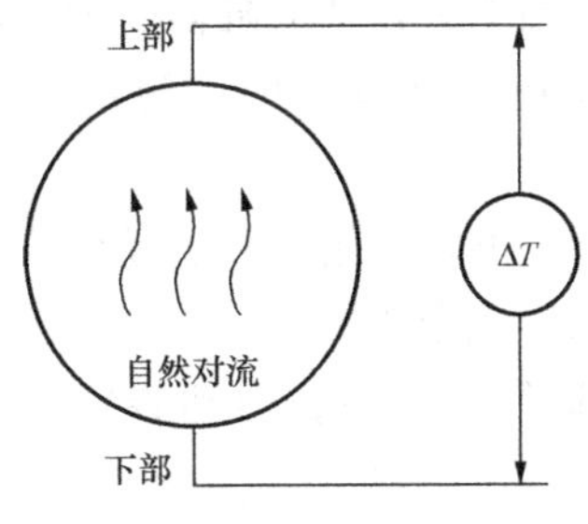

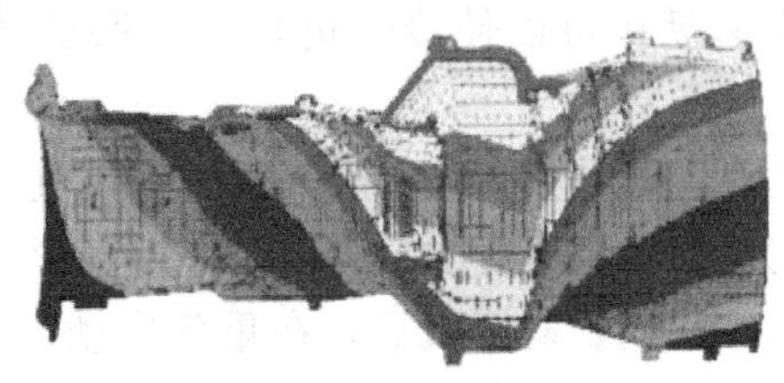

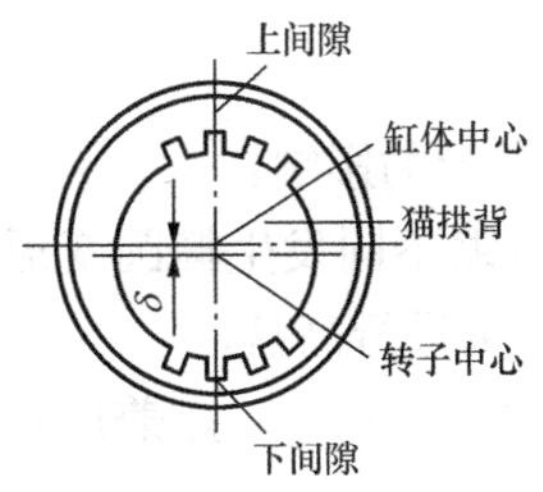

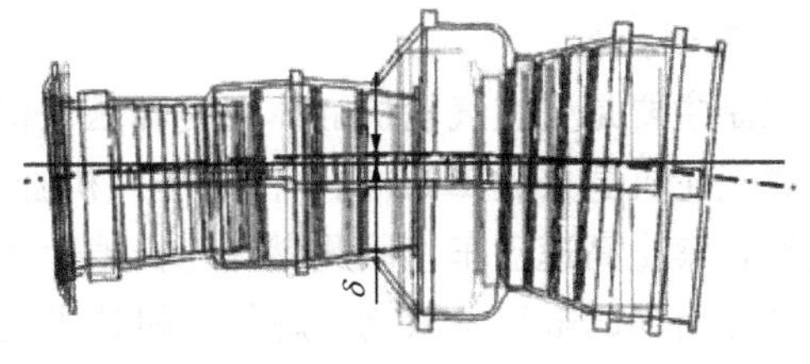

图 3-80　燃气轮机发生猫拱背示意图

2. 避免椭圆形变形的影响

燃气轮机停机后，由于快速冷却，导致压气机出口静叶环快速冷却收缩，由于出口静叶环在上下缸分界面处较厚，导致整个静叶环收缩不均，发生椭圆形变形，见图 3-81。将导致燃气轮机转子在压气机出口气缸中分面处间隙缩小，可能发生摩擦。为避免摩擦发生，当快速冷却收缩完成后方允许启机，因此，限定燃气轮机停运 1.5h 内禁止再次启动机组。

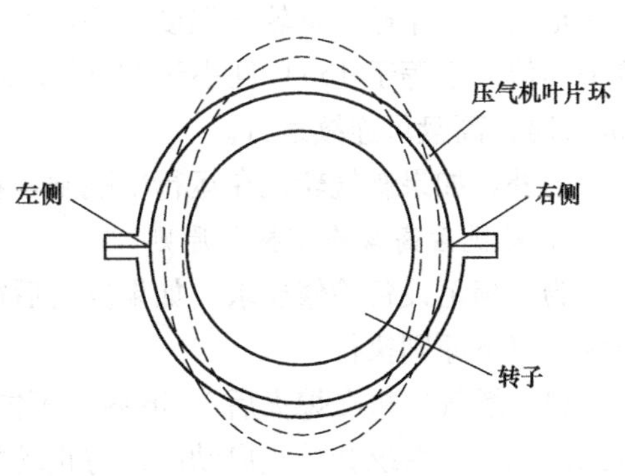

图 3-81　椭圆形变形示意图

3. 长期停机保养

机组停运超过两周，应关闭燃气流量计入口隔离球阀，将燃气流量计入口隔离球阀至燃气截止阀前管道置换成氮气，并保持管道内压力不低于 0.1MPa。

机组长期停运后不能马上进行水洗。燃气轮机长期停止运行后，进行离线清洗前，需要进行几次带负荷运行以防止万一冷却空气管道中有锈进入燃气轮机。

（五）高速盘车

燃气轮机停机后，由 SFC 带动机组升速至 710r/min 左右，维持该转速运行，此操作称为高速盘车。

1. 高速盘车的作用

高速盘车最主要的作用，是能起到快速冷却的目的，具体表现在：

（1）缩短燃气轮机检修等候时间，燃气轮机停机后，通过高速盘车，可由自然冷却的 72h 缩短到约 10h；

（2）高速盘车还可以有效对余热锅炉降温，缩短余热锅炉检修等候时间；

(3) 机组停运后，如吹扫空气不能正常投运，上下缸温差大，造成缸体变形，动静间隙因此变小，高速盘车可以使冷却更均匀，保证动静间隙在允许范围内，为再次启动做好准备。

机组启动时，若点火失败，燃气轮机将跳机，这种情况下，机组重新启动前应高盘运行一段时间，对燃气轮机进行吹扫，以排净排气管道中可能的残余燃气。

机组检修完毕或长期停机后，在重新启动前需高盘运行，以检查启动装置是否工作正常，燃气轮机各部件是否完好。

燃气轮机水洗时采用高速盘车可加强燃气轮机内水流冲击，使水洗达到更好的效果，并且水洗完成后，采用高速盘车将燃气轮机吹干。

2. 高盘限制条件

高盘限制主要是受燃气轮机缸体温度和压气机缸椭圆形变形的影响：

(1) 燃气轮机熄火后 1.5h 内，由于压气机缸体的冷却收缩不同发生椭圆变形，可能发生动静接触，禁止高速盘车，因此燃气轮机熄火 1.5h 后，方可进行高盘。

(2) 高盘启动的缸温差限制：燃气轮机透平上下缸温差小于 110℃；燃兼压缸上下缸温差小于 65℃。

(3) 高盘的最大连续运行时间必须限制在下列规定值之内，防止因为压气机内缸的椭圆形变形而产生摩擦：缸轮间温度最高值不小于 220℃时，高盘最大运行时间为 3min；轮间温度最高值大于等于 155℃且小于 220℃，高盘最大运行时间为 5min；轮间温度最高值小于 155℃时，高盘可连续运行。

另外，如果燃气轮机在运行中跳闸，在没有查出具体原因消除缺陷前，禁止投入高盘。

3. 停机后高盘冷却投入原则

为了满足设备检修要求，如果停机后需要进行高盘冷却，除了遵循高盘的限制条件外，可参照以下原则执行：

(1) 燃气轮机在熄火后 1.5h 内，不能高盘。因为这时压气机已经产生椭圆形变形，动静间隙减小，系统会禁止启动高盘防止动静摩擦。

(2) 燃气轮机熄火后 1.5～6h 之间，如果确认缸体金属温差在允许范围内，机组可以投入高盘。

(3) 机组在停机后 6～30h 之间，如果冷却吹扫空气未正常投运，启动前要进行高盘冷却。因为在这一时间段不投吹冷却扫空气且不投高盘，透平的上下缸温差将超过标准值。

(4) 停机约 30h 后，即使没有投过高盘，燃气轮机仍可以再次启动，因为通过自然冷却，上下缸温差已经降低到规定值以内了。

(5) 如果燃气轮机运行中跳闸，在没有查出具体原因之前，禁止投入高盘并需检查：惰走时间是否超过 20min；跳闸前后的轴承振动变化趋势，与原来的数据作比较；记录盘车电机的电流，与历史数据作比较；惰走或盘车时倾听透平内部是否有异音。

4. 典型高盘冷却步骤

图 3-82 为典型高盘冷却步骤，可知：

(1) 在燃气轮机停机 1.5h 后执行第一次高盘冷却，间隔 1h 后再执行第二次高盘冷却，间隔 1h 后再执行第三次高盘冷却；

(2) 第一次和第二次高盘的冷却时间为 3min 和 5min，第三次高盘冷却时间由缸温决定。

在投入高盘冷却运行时监测下列参数：轮盘间隙温度，燃烧器缸体上下缸温差，透平上下缸温差，轴振动，轴承回油温度，润滑油供油温度和压力，启动设备电流和温度。

高盘冷却后，符合下列条件，可以检修燃气轮机：

（1）停止盘车：最大轮盘间隙温度小于95℃；

（2）检查燃气轮机内部：最大轮盘间隙温度小于80℃。

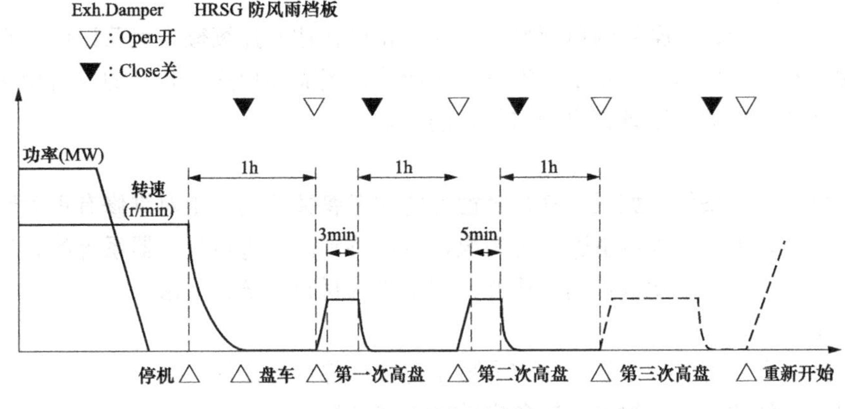

图3-82　标准的高盘冷却过程

四、燃气轮机的检修

燃气轮机长期在高温、高旋转的状态下运行，机组经常启停，并经历负荷调节、甩负荷和跳闸等工况，机组的主辅机设备和相关系统的性能将逐渐下降，特别是燃气轮机的高温部件，定义为“有限寿命”零件，这些零部件的寿命受到燃气轮机运行条件的影响。“等效运行小时”（EOH）根据运行条件来确定热部件寿命。当部件的寿命期满时，必须用新零件更换，这就需要有计划地进行定期的检修和维护，以确保设备安全的运行，取得机组的最大可用率和最佳的维修费用。

（一）影响维修的因素

一般来说，对于连续带负荷运行的燃气轮机及其联合循环机组，氧化腐蚀和蠕变是影响机组寿命的主要因素，对于调峰负荷运行的燃气轮机及其联合循环机组，热力机械疲劳是影响机组寿命的主要因素。

对于燃气轮机的检修，检修的类型和检修的时间间隔是根据电厂的运行因数来决定。影响检修周期的运行因素主要有燃料的种类和品质、启动频率、负荷周期、环境、启动时间、维护方法等。

1. 燃料的类型与质量

不同的燃料，其成分和特性各不相同，燃料类型对部件寿命的影响与燃烧过程中释放的辐射能量和雾化液体燃料的能力有关。天然气不需要雾化，其辐射能最低，因而部件寿命较长，而原油和重油具有较高的辐射能量，较难雾化，这导致部件寿命较短。

气体燃料中的凝结物将会造成对透平的严重破坏，燃料中的污染物也会影响维修需求和维修间隔。气体燃料中的污染物会侵蚀或者腐蚀控制阀与燃料喷嘴，喷嘴阻塞、结渣会导致透平进口段温度差距变大，因而使透平叶片损坏。有的燃料污染物还会引起高温部件受腐蚀的问题。为了保证燃料中不含污染物，燃料处理系统与分离器必须按照需要进行检查与保养，以防止杂质颗粒，可凝结物及污染物进入燃料系统。

2. 启动频率

高温部件寿命降低的一个重要原因是发生在燃气轮机启动与停机期间的热冲击。控制系统的设计和调整必须使这种影响降低到最低的程度。需要频繁启动与停止的燃气轮机与在基本负荷下持续工作的机组相比其部件的寿命会短一些。

3. 负荷周期

假如不需要有频繁、剧烈的负荷变化，燃气轮机在达到连续额定负荷以前一直保持正常的负荷变化，则对部件的寿命基本上没有什么影响。当需要快速、频繁的负荷变化时，其对机组部件寿命的影响类似于频繁启动与停止的影响。

4. 环境

燃气轮机进气的条件，如果空气是磨蚀性的或者腐蚀性的，则对维修有重大影响。如果是磨蚀性的大气，为了减少或消除这种情况，应该特别注意进口过滤器系统的设计。如果是腐蚀性大气，应该特别注意进口的结构并采用适当的材料和防护涂层。

5. 启动时间

常规设计的启动时间应使瞬态热应力最小化和使部件寿命最大化。如果机组具有应急启动能力，那么部件的寿命会被每次应急启动额外消耗掉。

6. 维护方法

某些部件（例如燃料喷嘴）的维护不良会导致燃烧室、透平动叶片和透平静叶片等的过早损坏。良好的预防性保养计划将减少总的维修费用并获得很高的可靠性。

（二）等效运行小时数（EOH）

燃气轮机部件维修要求和部件寿命的预测根据运行条件的不同有所不同。为了将变化的运行条件纳入考虑，根据运行条件来变更燃气轮机组件的检查、维修要求和零部件寿命的预测，因而要计算等效运行小时（EOH）数。

1. 等效运行小时的计算方法

按下列方法计算等效运行小时。

(1) 总等效运行小时，即

$$HO=\sum_{i=1}^{i}HO_i$$

式中：HO 为总等效运行小时（Hrs）；HO_i 为在检查间隔“i”之间的等效运行小时（Hrs）。

注：检查间隔“i ”是指检查“$i-1$”和检查“i”之间的周期。检查间隔“1”是指第一次点火和第一次检查之间的周期。检查间隔“2”是指第一次检查和第二次检查之间的周期。检查“i”包括燃烧器、透平及主要检查。

(2) 检查间隔之间的等效运行小时，即

$$HO_i=HG_i+HL_i\times FF+SO_i\times A+(HGS_i+HLS_i\times FF)\times S_i$$

式中：HG_i 为检查间隔“i”无蒸汽/水注入的燃气燃料的实际运行小时数；L_i 为检查间隔“i”无蒸汽/水注入的燃油燃料的实际运行小时数；HGS_i 为检查间隔“i”有蒸汽/水注入的燃气燃料的实际运行小时数；HLS_i 为检查间隔“i”有蒸汽/水注入的燃油燃料的实

际运行小时数；SO_i 为检查间隔“i”的等效启动次数；A 为等效启动次数修正因子（=20)；FF 为燃料系数（=1.25 馏分油)；S_i 为蒸汽/水注入因子。

(3) 检查间隔之间等效启动次数，即

$$SO_i = N_i + \sum_{j=1}^{B_i}(LR_j) + \sum_{j=1}^{C_i}(Ti) + \sum_{j=1}^{D_i}(LC_j)$$

式中：N_i 为检查间隔“i”的启动次数，若在燃油燃料期间启动，则 $N_i = N_i \times FF$；Bi 为检查间隔“i”的甩负荷次数；LRj 为甩负荷次数修正因子（见图 3-83)，若在燃油燃料期间，则 $LR_j = LR_j \times FF$；C_i 为检查间隔“i”的跳闸次数；T_j 为跳闸次数修正因子（见图 3-84)，若在燃油燃料期间，则 $T_j = T_j \times FF$；Di 为检查间隔“i”的负荷快速变动次数；LC_j 为负荷快速变动次数修正因子（见图 3-85)，若在燃油燃料期间，则 $LC_j = LC_j \times FF$。

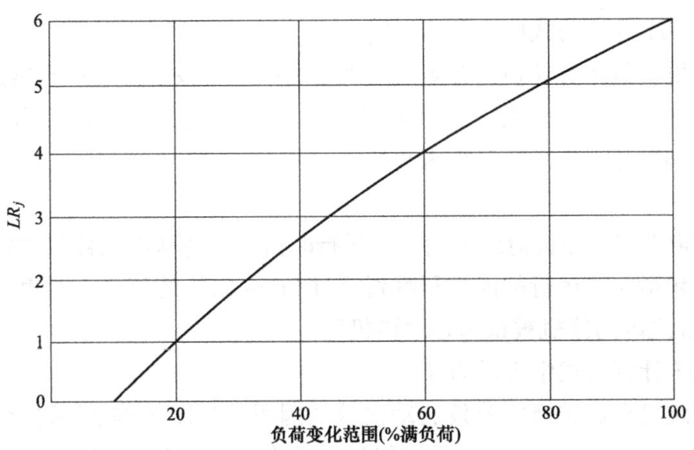

图 3-83　甩负荷修正因子 LR_j

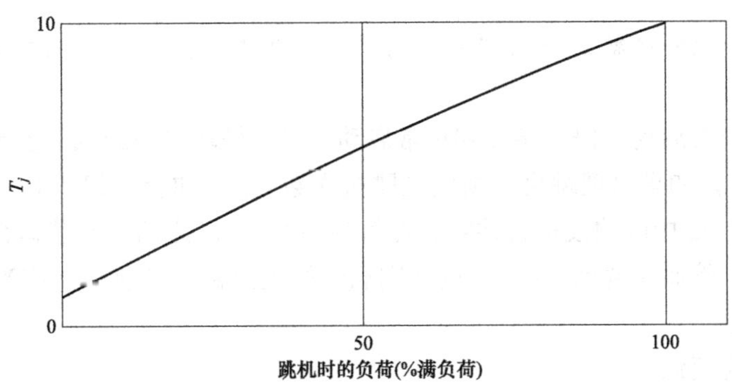

图 3-84　跳机次数的修正系数 T_j

2. 定义

本节将定义 EOH 的计算公式中输入值，EOH 计算公式见上节。

(1) 甩负荷。

定义：甩掉部分负荷或者满负荷的状态。这时燃气轮机在额定转速下转换到空载运行。

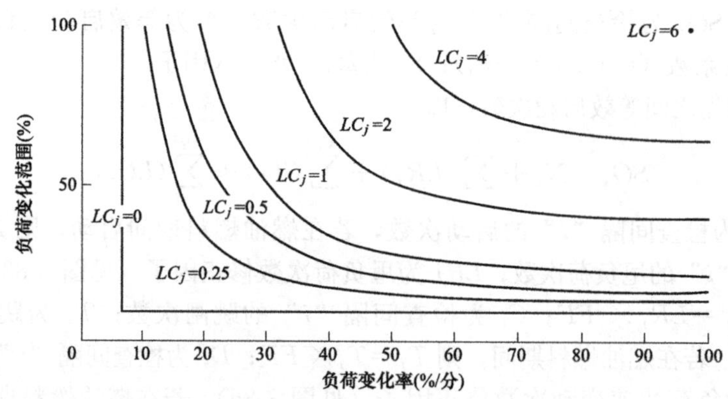

图 3-85　负荷快速变化次数修正因子 *LCj*

甩负荷在 EOH 计算公式中表示为 LR_j。

这是一个将甩负荷次数转换为等效启动次数的因子。该因子意味着热部件的寿命削减在满负荷甩负荷时将比正常停机快 6 倍（见图 3-83）。通过考虑将停机看作“跳机”时，从满负荷运行甩负荷到冷却运行来确定该因数的。

（2）跳机。

定义：燃气轮机在部分负荷或者满负荷运行时由于紧急状况而停机的状态。

跳机停机不包括空载运行的停机和解列超过 5min 以后的停机。对甩负荷（或者快速负荷变动）后 5min 之内的停机被认为是“跳机”。

跳机在 EOH 计算公式中表示为 T_j。

这是一个将跳机次数转换为等效启动次数的因子。如图 3-84 所示为跳机发生时机组的负荷和 *Tj* 的关系。该因子意味着如果燃气轮机是在 100%负荷下跳机，热部件寿命的削减将比正常停机快 10 倍。该因数的确定是以考虑在任何负荷运行时跳机的瞬时应力分析为基础的。

注意：如果一次停机就是一次“跳机”，LR 就不加 1，但是跳机本身的次数 C_j 就要加 1。

“*Tj* ”是在正常启动、停机循环和正常启动、跳机循环之间的低周疲劳寿命的比例。因此 *Tj* 应该乘以 *A*。如果出现跳机，则应在跳机次数 C_j 上加上 1 组。对于部分负荷跳机的因数可以按照图 1-52 中的曲线进行估算。在解列超过 5min 之后从空载运行跳机应将其考虑为一次正常停机。然而在解列 5min 之内从空载运行到停机或者跳机都应当算作一次跳机且应得到一组的因数。

（3）快速负荷变化。

定义：燃气轮机的负荷在最小负荷和满负荷之间快速变化的状态。若状态之间的间隔在 5 min 以上，包括甩负荷，跳机和快速负荷变化。例如，甩负荷 5min 之内发生了跳机，则只算作跳机。

快速负荷变化在 EOH 计算公式中表示为 LC_j。

燃气轮机可以跟随电网频率的变动使其所带负荷在±5%之间变动。在不影响热部件寿命的情况下这种负荷变动是可以接受的。当不可避免的情况迫使出现非常快速和大的负荷变动时，这些变化对热部件寿命的影响应采用在图 3-85 中所示的 LC_j 因子进行估算。

当负荷变动率既没有超过 8%/min，负荷变动范围也没有超过满负荷的 10%时，都应看作是“正常启动”。

(4) 修正因子 A 这是一个将启动次数转换为等效运行小时的因数。这意味着在正常停机情况下空载运行的一个周期将削减热部件的寿命。

(5) 燃料修正因子 FF 对于燃油，修正因子为 1.25，将等效启动次数转换为等效运行小时数。对于燃气，修正因子为 1。

(6) 注蒸汽/水修正因子 S_i。由于水蒸气的高汽化潜热，S_i 用于乘以注蒸汽/水状态的运行小时数。S_i 是蒸汽/水燃料比（S/F，W/F）的函数，计算式为

$$S_i = 1 + 0.18(S/F, W/F)$$

（三）热部件的预期寿命和检查间隔

燃气轮机热通道部件为强制性 row in-row out（进一出一）式备件，即整体将热通道部件拆卸并送至专业修理厂进行维护，现场用新部件或修理件来代替。热部件的使用寿命是建立在 EOH 的基础上，表 3-5 列出了燃气轮机热通道部件预期使用寿命和检查间隔。

表 3-5 燃气轮机热通道部件预期使用寿命和检查间隔

部件		预期寿命（EOH）	检查	维修间隔（EOH）	备注
内筒		36 000	每次定检（12 000EOH）	12 000	—
尾筒		36 000		12 000	—
燃料喷嘴（主、辅助）		50 000		—	根据现场检查结果决定是否继续使用。如果不能继续使用，推荐更换或维修
透平叶片	1 级	50 000	透平检修/大修（24 000EOH）	24 000	推荐在 24 000EOH 时对 TBC 涂层重新进行再喷涂
	2 级	50 000		24 000	推荐在 24 000EOH 时对 TBC 涂层重新进行再喷涂
	3 级	50 000		32 000	推荐在 32 000EOH 前对叶片的抗氧化涂层进行再喷涂。对于腔室型的 T3S，在热处理前需要进行碱洗（APAC）。对于长直冷却的 T3S 建议按照标准进行维修和再喷涂
	4 级	100 000		48 000（AOH）	推荐在 480 000AOH 前对叶片的抗氧化涂层进行再喷涂
透平静叶	1 级	50 000		24 000	推荐在 24 000EOH 时对 TBC 涂层重新进行再喷涂
	2 级	50 000		24 000	推荐在 24 000EOH 时对 TBC 涂层重新进行再喷涂
	3 级	80 000		48 000（AOH）	推荐在 48 000AOH 时对涂层进行再喷涂以及更新插片
	4	100 000		—	根据现场检查结果决定是否继续使用。若不能继续使用推荐更换或维修

续表

部件		预期寿命（EOH）	检查	维修间隔（EOH）	备　注
分割环	1级	50 000	透平检修/大修（24 000EOH）	24 000	推荐在 24 000EOH 时对 TBC 涂层重新进行再喷涂
	2级	50 000		24 000	—
	3级	80 000		—	根据现场检查结果决定是否继续使用。若不能继续使用推荐更换或维修
	4级	100 000		—	根据现场检查结果决定是否继续使用。若不能继续使用推荐更换或维修

（四）计划检查与维护周期

1. 推荐的检查时间间隔

可以根据等效运行小时数公式计算出的燃烧室检查表、透平检查表和大修检查表为基准来进行初步检查的计划编制。

任何特定的位置的检查时间间隔都不可能由一个精确的公式计算得出。因此，必须认识到公式只能用来估算维护周期。

实际检查的时间间隔将随着燃料、负载周期和业主的维护原则的不同而变化。可以根据积累下来的特殊应用的实际运行数据，确定下一步的检查时间（安排检查时间间隔）。

一个可操作的最有效的好的维护计划，要求随时有可以更换的部件，无论是新的或者是预先修理好的部件。

在仓库中备有可更换的部件将推进修理工作而不需要延长停机时间。充足的备件库存将帮助检查工作取得最好的可操作性。

表 3-6 和图 3-86 给出了以下列运行条件为基础的建议的检查时间间隔。少量热部件必须在到期前进行维护。

表 3-6　推荐的检查维护周期

次数(年)(EOH)	检查和维护类型	预期持续时间
第一次(1.5)(12 500)	燃烧室检查	21 天
第二次(3)(25 000)	透平检查	28 天
第三次(4.5)(37 500)	燃烧室检查	14 天
第四次(6.0)(50 000)	大修检查	49 天

（1）第一次燃烧室检查范围根据检查情况由业主和制造商讨论进一步的检修范围。

1）预期持续时间适用于一台燃机机组并且该时间将随着燃气轮机的运行和维护状态而更改。

2）检查时长不包含假期时间。

3）现场应为每台机组配有一套备品备件和消耗品。

4）现场必须备有所有必需的工具、设备和仪表。

5）现场附近必须有足够的地方用于摆放拆下的部件。

6）在进行每次定期检查时要用库存的备品备件更换所有热部件（Roll-in/Roll-out 方案）。

注　以上所述的时长不包含热部件的修理时间。热部件的修理必须在检查完成之后实施。

7）检查时长是以二班、每班工作 10h 为基础的。

8）需要 DTC 的技术顾问到场指导每个工作范围，如机械、仪表、透平动叶安装/拆卸、焊接和电气工作等。

9）需要熟练的（或者有实践经验的）操作人员。不具有燃气轮机方面的实际经验者不得参与工作。

10）检修计划。检查必须根据制造商的建议提前制订计划。

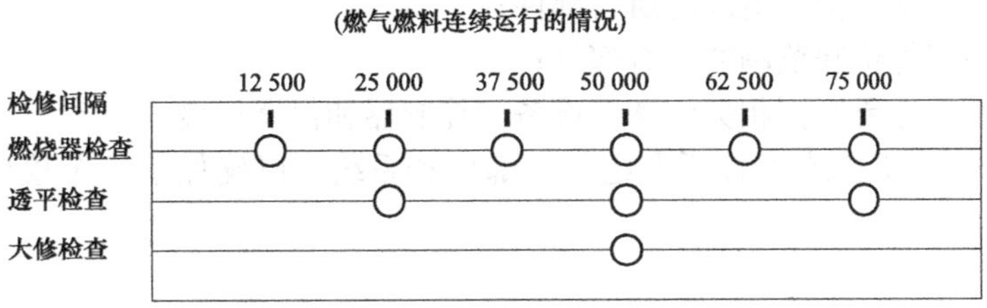

(燃气燃料连续运行的情况)

检修间隔	12 500	25 000	37 500	50 000	62 500	75 000
燃烧器检查	○	○	○	○	○	○
透平检查		○		○		○
大修检查				○		

图 3-86 检查和维护间隔

（2）等效运行小时（EOH）反映燃气轮机的机组运行情况。需要严格遵守上述给出的时间间隔以保证电厂安全和可靠地运行。在特定的运行或者维护情况出现时，应该对上述时间间隔进行调节。所有维护计划，例如维护进度安排、物资计划、资源计划等应该以该表的时间间隔为基础。在初步检查期间，要记下所有观测数据和运行历史，并对这些记录进行分析来帮助制定将来的维护程序。

2. 定期检查与维修

燃气轮机的部件需要定期检查、修理和更换。维护周期以上节定义的 EOH 为基础。根据电厂预期的作业形式再按实际运转情况作少量的调整，制订检查与维护的计划表。

燃气轮机的检查类型包括运行检查、燃烧室部分检查、透平部分检查、大修检查。

（1）运行检查。运转检查与维修应该对设备的任何部分根据需要在电厂发电的同时每天、每周或每月进行。这些检查与维修应根据燃气轮机的运行条件及电厂日常工作情况的不同可以对这些检查作相应的调整。负责维护的人员应一直关心运行状况和运行特性的趋势。

通常，必需的维护工作将根据对日常观察所得的运行参数的分析结果或者调查来确定，或者根据运行特性趋势的分析所得的周期来确定。这些参数包括监控热通道区域内的温度水平、振幅的趋势和性能的老化等。

运行人员和维修人员必须评估这些参数的变化以确定需要采取哪些措施。这些参数的持续变化最终有可能导致强迫停机。因此运行参数的监控是非常重要的。同时对所有机组设备进行例行预防性维护也是非常重要的。

（2）燃烧室部分检查。执行燃烧室部分的检修（即燃烧室检修）是检查燃烧室部件、燃料喷嘴、燃烧室旋流组件、联焰管、点火器和火焰筒。这项检修需要电厂较短的停机时间。检修是通过拆除燃烧室后进行。在原位置上目视检查第一级透平静叶和最后一级透平动叶，按照需要修理、更换或修补燃烧室部件。按照要求做好记录，记录每个部件的状况，进行过的任何修理。这些记录对于将来检查与维修的计划都是必不可少的。

（3）透平部分检查。进行透平部分的检修（即透平检修）是为了检查燃气轮机高温气体通道的所有部件，这也包括如上所述的燃烧室部分的检修。检修包括拆除透平气缸盖和燃烧室部分，但是不用起吊转子。所有的高温部件必须拆除，并依照检查程序小心地进行外观检查，尺寸校核和/或无损探伤（NDT）等检查。在这种检修中不检查轴承。燃烧室和透平的部件应该根据需要进行修理、更换或者修补。

(4) 大修检查。大修是通过拆除所有的缸盖并将燃气轮机转子吊出后对燃气轮机的所有组件进行检查，大修期间检查以下各个项目：

1) 包括压气机和透平动叶片在内的所有转子部件；

2) 压气机和透平叶轮；

3) 推力轴承；

4) 列入燃烧室部件检修范围的所有部件；

5) 列入透平部件检修范围的所有部件；

6) 在大修期间也要检查相关的辅助设备、控制器和仪器仪表。

根据需要修理、更换或修补所有组件、部件和系统，以确保下一个检修期以前的安全运行。

第五节　燃气轮机的控制

一、M701F燃气轮机控制系统

M701F燃气轮机控制系统总体结构见图3-87。DCS操作员站和就地操作员站是用于监控和操作电厂设备的人机接口，具有生产过程画面及实时数据显示、操作窗口显示及实时操

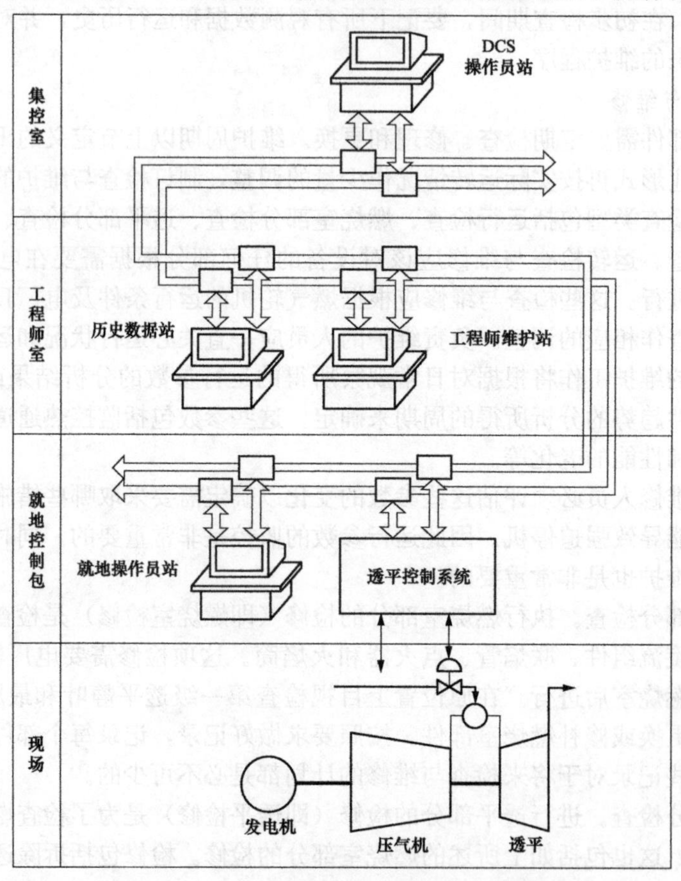

图3-87　M701F燃气轮机控制系统总体结构

作、实时及历史趋势显示、报警显示、报表制作及显示和事件追忆等功能。工程师维护站用于控制系统配置、组态和维护，可实现逻辑组态、画面组态、文档组态和操作面板组态等功能。历史数据站能周期性地采集机组各参数的实时数据，并存储、管理大量的历史数据和外部设备，如打印机等。

M701F燃气轮机的DCS采用三菱Diasys Netmation过程控制系统，其中燃气轮机部分的控制主要由透平控制系统（turbine control system，TCS）、透平保护系统（turbine protection system，TPS）和高级燃烧压力波动监视系统（advanced combustion pressure fluctuation monitor，ACPFM）组成。

M701F燃气轮机的控制系统采用双冗余结构，在机组从启动到满负荷运行的各个阶段，若处于控制状态的微处理器发生故障，控制系统能无扰动地切换到备用的微处理器。

二、燃气轮机控制功能（TCS）

燃气轮机主控系统的功能是连续调节燃料量，以满足燃气轮机各运行阶段的需要。M701F4燃气轮机主控系统主要具有如下控制功能：自动负荷调节（ALR）、转速控制（GOVERNOR）、负荷控制（LOAD LIMIT）、负荷运行模式、温度控制、燃料限制控制（包括升速控制）、最低选择控制（根据CSO确定最小阀位指令）、燃料分配控制、燃料流量控制、燃料压力控制、进口导叶（IGV）控制，如图3-88所示。

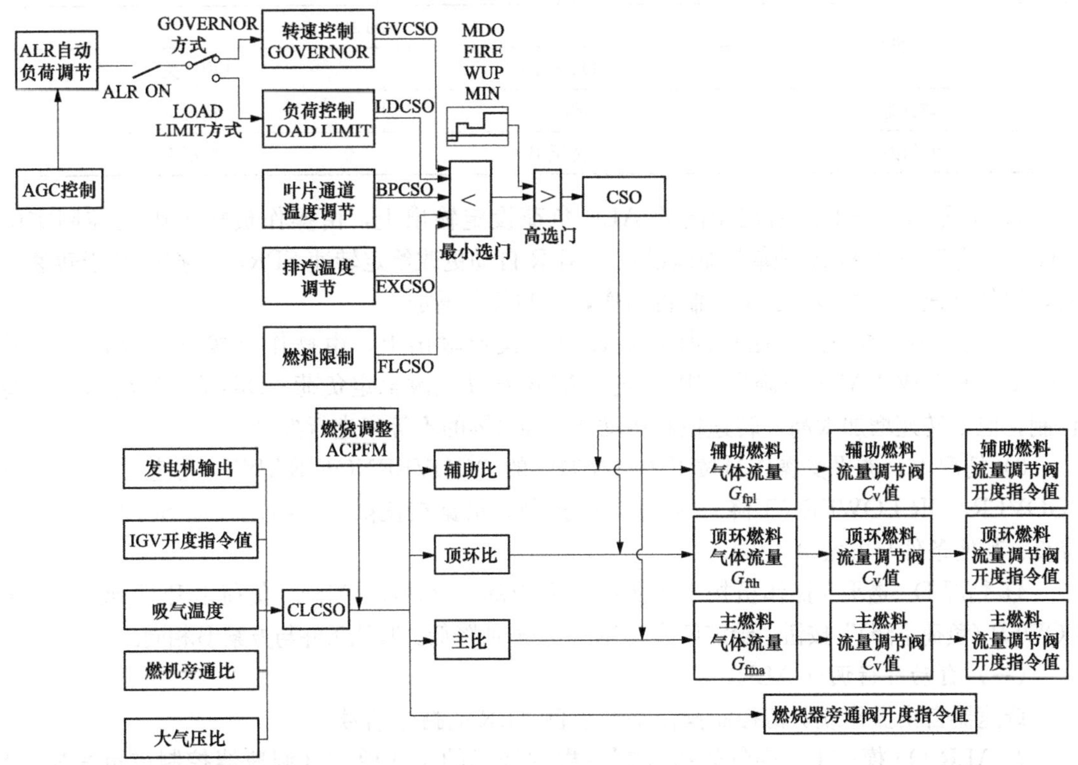

图3-88 M701F4燃气轮机主控系统框图

专用术语定义介绍见表3-7。

表 3-7　　专用术语定义介绍

ALR	自动负荷调节器。 由 DCS 发送负荷指令至 ALR，参照转速给定（SPREF）或负荷给定（LDREF）自动调节
转速控制	保持 4%不等率速度调节进行比例反馈控制，即：100%的负荷偏差情况下有 4%的转速偏差［参见（二）转速控制小节］。调节器、调节器自由控制、下降控制和调节控制也是这样
负荷限制控制	保持恒定负荷并不超过该值的反馈控制［参见（三）负荷控制小节］

工作模式概括如下：

（1）ALR On 模式。如果操作员按下中央控制室的“ALR On”按钮，该模式被选中。

（2）ALR Off 模式。如果操作员按下中央控制室的“ALR Off”按钮，该模式被选中。

（3）调速器控制模式。如果操作员按下中央控制室的“Governor（调速器）”按钮，该模式被选中。在该模式下，透平受控于 4%不等率的转速调节。负荷控制处于跟踪状态，限制负荷增加。

（4）负荷控制模式。如果操作员按中央控制室的“Load Limit（负荷限制）”按钮，该模式被选中。该模式下，透平受控于负荷控制。转速控制处于跟踪状态，超过 4%的不等率范围时降低负荷。

（5）组合工作模式。有 4 种情况的工作模式，见表 3-8。

表 3-8　　4 种情况的工作模式

控制模式	ALR	
	On（开）	Off（关）
调速器	情况 A	情况 C
负荷限制	情况 B	情况 D

1）情况 A。透平控制在相同的 ALR 负荷设定输出上，由操作员按下中央控制室的“ALR 上升”或“ALR 下降”加以设定。ALR 自动更改给定转速 SPREF。控制基于转速控制，但如转速降低太多，负荷限制将动作，限制负荷增加。

2）情况 B。透平控制在相同的 ALR 负荷设定输出上，由操作员按下中央控制室的“ALR 上升”或“ALR 下降”加以设定。ALR 自动更改给定负荷 LDREF。控制基于负荷控制，但如转速增加太高，转速控制将动作，按 4%的不等率进行控制。

3）情况 C。透平受操作员按下中央控制室的“GOVERNOR RAISE（调速器上升）”或“GOVERNOR LOWER（下降）”按钮进行控制。根据按钮操作，给定转速 SPREF 上升或降低。其他条件与方案 A 相同。

4）情况 D。透平受操作员按下中央控制室内的“LOAD RAISE（负荷上升）”或“LOAD LOWER（负荷下降）”按钮，给定负荷 LDREF 上升或降低。其他条件与方案 B 相同。

（一）自动负荷调节 ALR

调速器自由操作或负荷控制操作基于来自 ALR 的指令信号。

在 ALR On 模式下，燃气轮机控制器根据选择的工作模式（调速器控制或负荷控制）自动改变调速器给定和负荷给定。

1. 调速器自由操作（调速器控制模式）

当选定调速器控制模式时，燃气轮机控制器接收 ALR 指令信号，自动调节调速器给定，以便使发电机的输出与 ALR 指令信号相同。

与此同时，它自动将负荷控制的负荷给定调节至发电机输出加一些偏置。这样，调速器控制有效、负荷控制器在电网频率突然下降时限制发电机输出快速增加。

2. 负荷控制操作（负荷控制模式）

当选定调速器控制模式时，燃气轮机控制器接收 ALR 指令信号，自动调节调速器给定，以便使发电机的输出与 ALR 指令信号相同。

与此同时，它自动调节调速器给定，使调速器输出信号（GVCSO）等于控制信号输出（CSO）加一些偏置。

（二）转速控制

1. 概述

转速控制用于额定转速与空载条件下的同期和带负荷条件下的调速器自由操作。

在额定转速与空载条件下，转速给定可通过自动同期装置（ASS）或手动按钮（GOVERNOR RAISE/LOWER）设定，见图 3-89。

当在带负荷条件下选定调速器自由模式时，转速设定是不等率调节。如果是 ALR ON 模式，SPREF 根据 ALR 指令信号自动变化。当 ALR 工作模式为 OFF 并且在负荷条件下选定调速器自由工作模式时，调速器给定可根据手动按钮（GOVERNOR RAISE/LOWER）发出的信号进行变化。

转速控制是比较透平实际速度和给定转速 SPREF，输出经过比例控制计算的输出信号（GVCSO）。控制计算的输入信号是实际透平转速与调速器给定之间的偏差。

2. 控制功能简图

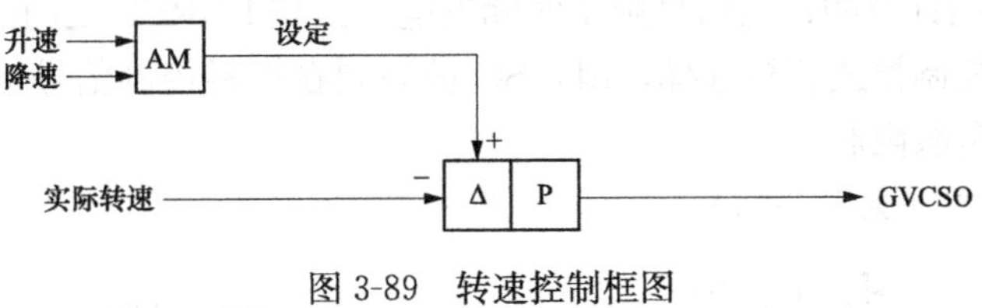

图 3-89 转速控制框图

3. 功能

本控制程序块适用于额定转速下带负荷。比例（P）控制（SPREF）的给定在额定转速下初始化。由于在低转速情况下比例控制的输入偏差较高，因此比例控制的输出（GVCSO）高于 100%。加速到额定转速后，偏差降低，输出（GVCSO）降低至控制状态。给定（SPREF）由模拟存储器（AM）产生，可通过上升或降低信号来改变。在额定转速下，根据手动按钮或 ASS（自动同期装置）产生调速器上升或下降信号，将转速调节至与电网同步。

在发电机主开关闭合并带负荷后，通过调节 SPREF 来调节发电机输出（负荷），见图 3-90。转速（与频率相同）与负荷具有如下关系（基于“比例”控制）。在并网运行期间，频率由电网决定。当透平在 100%的转速和 100%的负荷下运行时（点Ⓐ），SPREF 保持不变。如果转速增加到 104%，负荷下降到 0%（点Ⓑ）。这种动作有助于维持电网频率，被称为“调速器自由操作”“下降操作”或“调频”。斜率通常设定在 4%转速偏差/100%负荷偏差，被称为“4%不等率或 4%下降”。

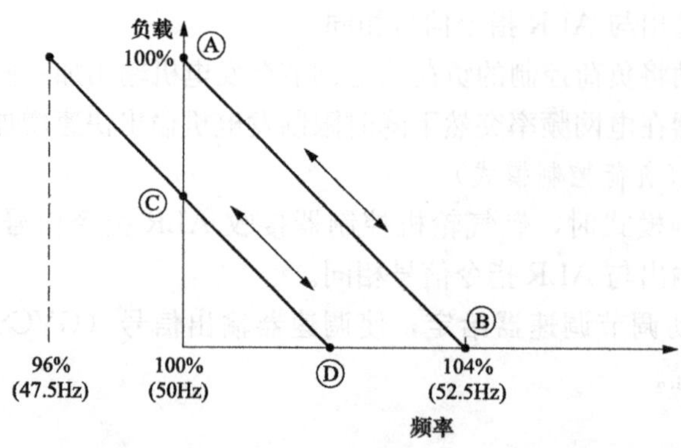

图 3-90 基于比例控制的频率与负荷之间的关系

负荷可根据速度给定（SPREF）的增加或降低来调节。当透平在 100％的转速和 100％的负荷下运行时（点Ⓐ），如果 SPREF 降低，负荷从Ⓐ降到Ⓒ。不过，斜率本身没有变化，保持 4％的不等率（线路Ⓒ←→Ⓓ）。在这种情况下，如果频率下降，负荷可以增加。

（三）负荷控制

1. 概述

负载控制信号是带负荷条件下得到期望负荷的指令。如果在带负荷条件下选择 ALR On 模式，LDREF 自动根据 ALR 的指令信号变化。当 ALR 工作模式为 Off，且在带负荷条件下选择负载控制工作模式时，LDREF 根据手动控制（LOAD RAISE/LOWER）发出的信号变化。负载控制是比较实际的发电机功率和 LDREF，输出经过 PI 控制计算的输出信号（LDCSO），控制计算的输入信号则是实际发电输出与 LDREF 之间的偏差。

此外，调速器控制模式若被选择，LDCSO 被限制在燃料控制信号输出（CSO）加一些偏置，目的是进行负载限制。

2. 控制功能简图（见图 3-91）

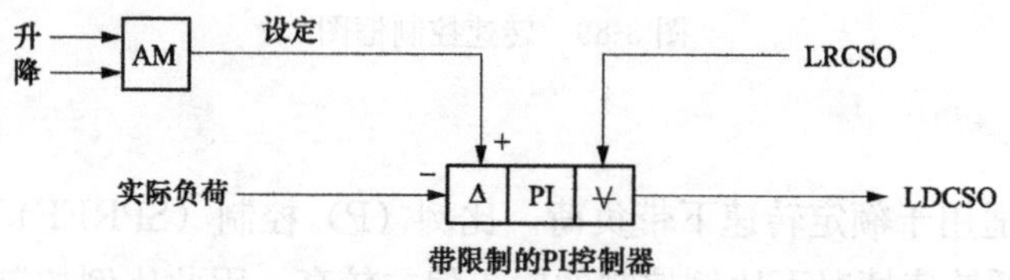

图 3-91 M701F 燃气轮机负荷控制逻辑简图

3. 功能

本控制程序块只适用于带负荷情况。给定负荷（LDREF）由模拟存储器（AM）产生，可通过上升或下降信号进行调节。

给定负荷（LDREF）与发电机实际负荷进行比较，对两个信号的偏差进行 PI（比例积分）。为了防止比例积分输出信号饱和，应用了 LRCSO（复位限制控制信号输出）进行限制。LRCSO 信号等于 CSO 加偏置。

（四）负荷运行模式

在带负荷条件下，操作员可选择两种工作模式：

1. 调速器自由控制、自动负荷限制跟踪。

这是一般的工作模式。转速控制是主要控制，但如果频率下降太多和太快，负荷控制动作将负荷增加限制在上个负荷值+5%内。

这种操作通过图 3-92 和图 3-93 进行解释。

初始工作点是Ⓐ，频率为ⓐ。

如果频率从ⓐ变为ⓑ，频率增加意味着相对于功率消耗，发电太多。所以，调速器的功能是根据 4%的不等率降低功率以维持电网频率。

如果频率从ⓐ快速变成ⓓ，运行点会从Ⓐ到Ⓒ、Ⓓ。Ⓐ至Ⓒ的过程受转速控制器控制，按 5%增加输出。Ⓒ至Ⓓ的过程受负荷控制器控制，输出没有增加。在这种情况下，如果频率保持在ⓓ上，通过预先调整的负荷率负荷逐步从Ⓓ增加到Ⓔ，终点Ⓔ处在不等率线ⒺⒸⒶⒷ上。

在通常操作条件下，随着手动操作按钮使给定转速上升或下降，该不等率线平行地上下移动。

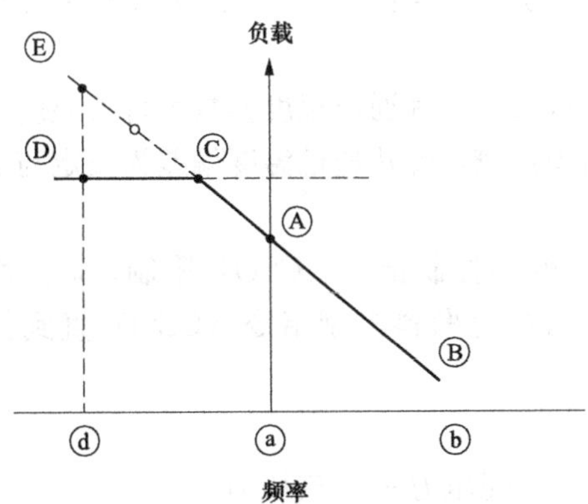

图 3-92 调速器自由控制及自动负荷限制跟踪条件下频率与负荷之间的关系

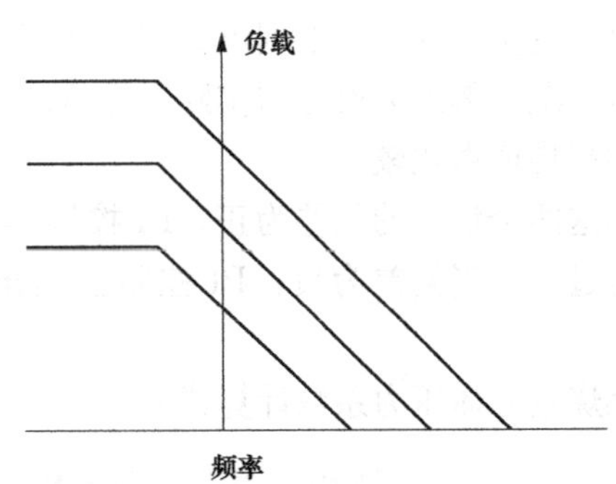

图 3-93 调速器自由控制及自动负荷限制跟踪条件下频率与负荷之间的关系

2. 带自动调速器跟踪的负荷限制

这种工作模式适用于并网运行时基于负荷控制的恒定功率输出。但对于电网频率稳定性，如果频率增长太大，转速控制动作，依据 4%的不等率降低负荷，可用图 3-94 和图 3-95 加以解释。

初始工作点是Ⓐ，频率为ⓐ。在Ⓑ到Ⓒ的范围内，负荷控制主控，控制信号输出（CSO）和发电机输出（负荷）保持不变。

如果频率以很高的速率增加至高于ⓒ点，CSO 和发电机功率输出则降低。负荷Ⓒ至Ⓓ按 4%不等率由转速控制。

在这种条件下，如果频率保持在ⓓ，负荷按预先调整的负荷率逐渐从Ⓓ增加到Ⓔ，终点Ⓔ处于与初始负荷控制设定相同的负荷上。这种转速控制始终跟踪负荷控制，跟踪点Ⓔ为Ⓐ加 5%。

通常情况下，通过按钮提高和降低负荷限制给定，作业线平行地上、下移动。

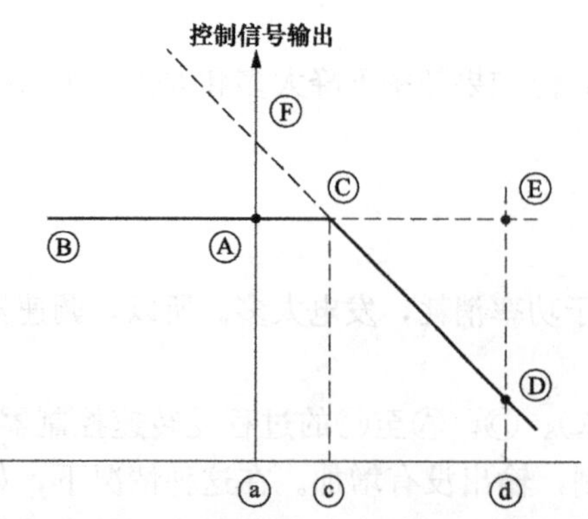

图 3-94 负荷限制控制及自动调速器跟踪情况下的频率与控制信号输出之间的关系

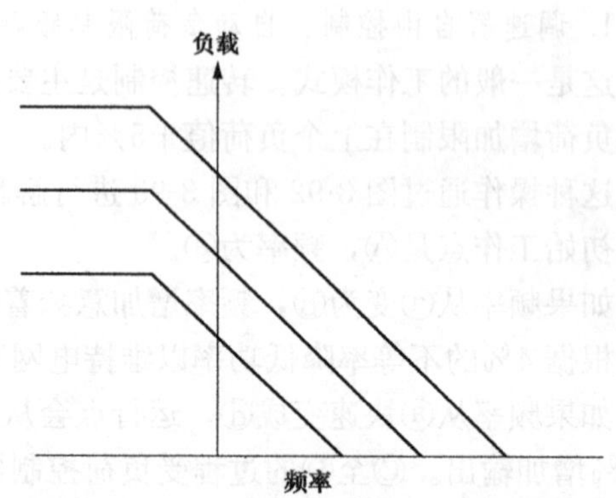

图 3-95 负荷限制控制及自动调速器跟踪情况下的频率与控制信号输出之间的关系

（五）温度控制

1. 概述

通过布置在透平末级的 20 支热电偶和排气段的 6 支热电偶，用于保护和监控叶片通道温度，以及燃气轮机进口温度。

燃气轮机抽气压力根据燃烧室壳体压力曲线设定，叶片通道温度参数为排气温度增加偏置，排气温度偏差为设定与实际测量值的平均值做比较，叶片通道温度偏差为设定与实际测量值的平均值做比较。

当这两个信号的偏差为正，PI 控制器输出受燃料控制指令（CSO）限制，通过增加偏置防止过调，当偏差为负，PI 控制器输出信号切换为燃料控制指令（CSO）直到偏差为正值。

燃烧室壳体压力系数计算式为

$$燃烧室罩壳压力系数=\frac{燃烧室罩壳压力+大气压力}{大气压力}$$

2. 控制框图（见图 3-96）

3. 功能

它的功能是在启动和加载的每个阶段限制最大燃料流量和保持安全的透平入口温度。

由于燃气轮机的入口温度高于 1000℃，因此，难于直接用热电偶进行测量。由于这一原因，温度控制测量温度在 500～600℃的排气温度，通过变换燃气轮机的进气压力补偿汽轮机的进口温度。该压力是燃烧壳体压力。

进气和排气压力/温度关系公式为

$$T_2=T_1\times(p_2/p_1)^{\frac{n-1}{n}}$$

式中：T_1 为透平入口温度；T_2 为透平排气温度；p_1 为透平入口压力；p_2 为透平排气压力（恒定）；n 为多变指数。

运用这一公式，透平入口温度曲线可从透平排气温度和燃烧室壳体压力得出，如图 3-97 所示。

温度控制基于这些曲线，函数发生器 FX-2 建立了这种关系。输入信号（即燃烧室壳体压力）输出就是排气温度的给定。产生两种给定曲线，一条用于启动，另一条带负荷。这些

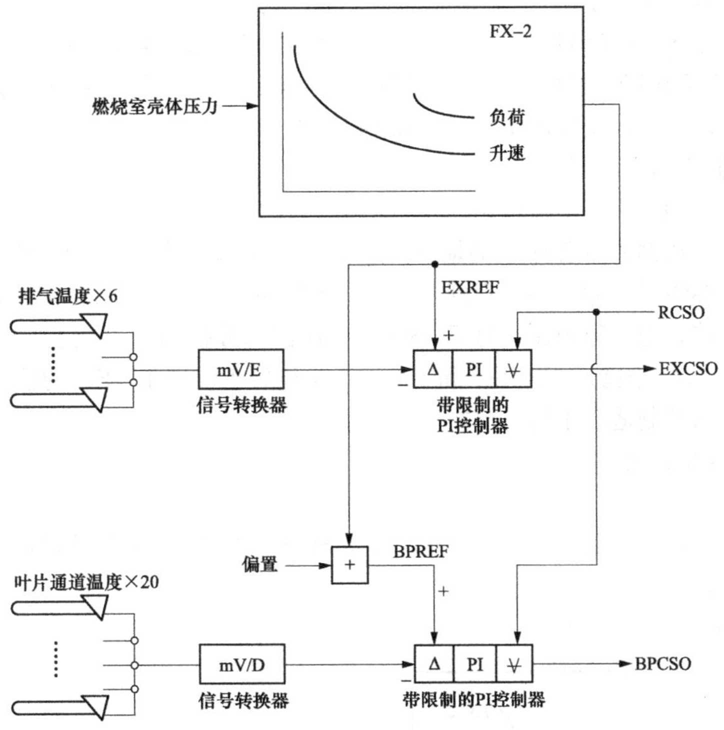

图 3-96 温度控制器控制框图

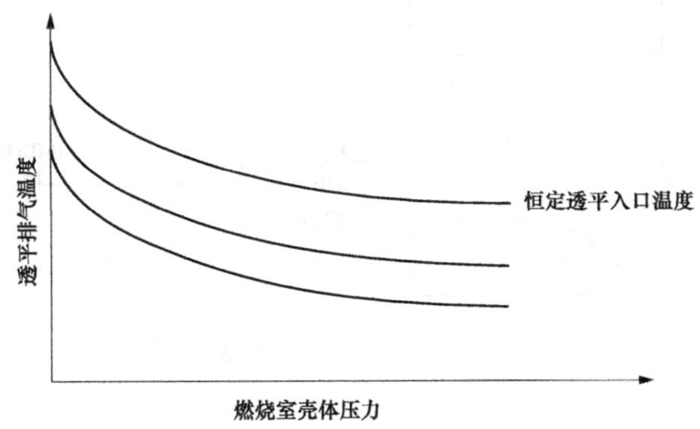

图 3-97 恒定透平入口温度下燃烧室壳体压力与透平排气温度之间的关系

曲线根据工作条件自动变化。

给定值用作设定值，与测得的实际排气温度比较然后进行比例积分（PI）控制。两个测点是为了较高的可靠性，一个是“叶片通道温度”，另一个是“排气温度”。叶片通道温度是透平末级叶片正下游侧的排气温度，它具有快速响应的特点。排气温度是排气管下游的温度，彻底混合后能用于测量平均温度。

因此，叶片通道温度控制（BPREF）设定值是通过给排气温度控制（EXREF）的设定点加一个预定的偏置加以确定的。

EXREF：排气给定。

BPREF：叶片通道给定。

叶片通道温度和排气温度分别用许多热电偶传感，每个温度在 DCC 中计算。给定值（BPREF 和 EXREF）与每个测得的温度信号进行比较，然后进行 PI 计算，PI（比例与积分）控制程序块产生控制输出 EXCSO 和 BPCSO。

EXCSO：排气控制信号输出。

BPCSO：叶片通道控制信号输出。

部分负荷时，比例积分程序块的输入为正数（+），输出最终达到 100%。在这种条件下，如果出现过热情况，输出将下降到控制点，但这耗时太多，不适合保护。

为了防止时滞，把复位限制信号 RCSO 作为比例积分控制的可变上限。RCSO 是 CSO 加 5%偏置。通过这一限制，BPCSO 和 EXCSO 始终处于仅高于 CSO 的监视状态。时滞降低到最低限度，该控制适合于后备控制。

（六）燃料限制控制

1. 概述

启动控制指令通过对燃气轮机壳体压力系数与透平加速度限制计算得出，它的功能是限制最大燃料流量。

2. 控制方框图（见图 3-98）

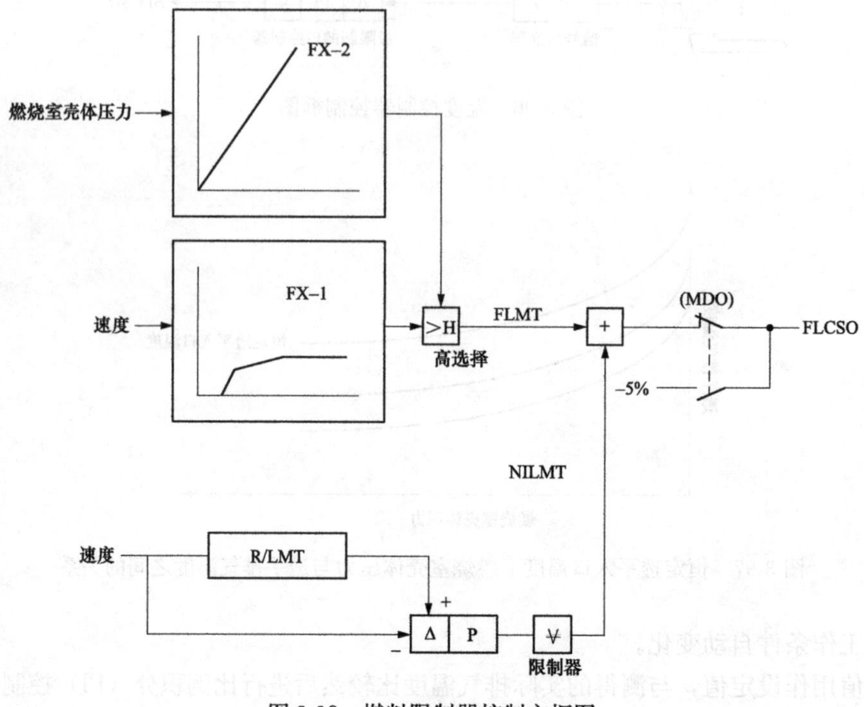

图 3-98 燃料限制器控制方框图

3. 功能

燃料限制控制有下面两个功能：

(1) 限制最大燃料流量。

(2) 加速率限制在预先调整的设定值上。

为此，采用了一种前馈控制方法。基本函数在函数发生器（FX-1）中产生。输出信号是燃料限制（FLMT），在启动阶段是转速的一个函数。流入燃气轮机的燃料流量由该函数发生器确定。如果该预设的燃料流量太大或加速率高于速率限制器（R/LMT）设定值，比例控制将降低控制输出和转速，保持允许的加速率。

R/LMT 的功能是限制输出变化率。如果速度高于 R/LMT 的预定值，比例控制的输出信号降低 FLCSO 的降低值。

图 3-99 中，“P”功能块确定了燃料流量的上限，燃料流量任何时候均不能超过函数发生器输出的值（FLMT）。在带负荷情况下，转速几乎不变，因此函数发生器（FX—1）的输出也不变。这意味着进入燃气轮机的燃料不能增加。为了能使燃料随负荷的增加而增加，一个出自燃烧室壳体压力（FX—2）的前馈信号被应用。随着负荷的增加面，限制值（FLMT）也得以增加从而达到有效的限制。在透平停机过程中，开关（STOP）选择为—5%，可靠地关闭燃料流量控制阀。

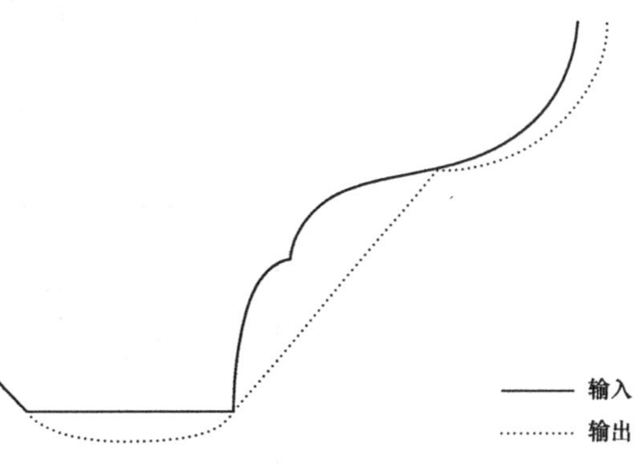

图 3-99　R/LMT 输入与输出之间的关系

（七）最小选择器

1. 概述

为防止燃气轮机过载，最小选择器会限制控制信号（CSO），同时 CSO 也会受到最小阀位限制（根据空负荷下额定转速），所以负荷的突变不会引起燃烧火焰消失。在升速过程中此功能被禁止，因为在额定转速下的最小流量比升速过程中最小流量要大。

2. 控制方框图（见图 3-100）

3. 功能

该控制程序块具有下面两项功能：

（1）最小控制信号的选择。

（2）保持最小限制。

从众多控制块的输出（GVCSO、LDCSO、BPCSO EXCSO 和 FLCSO）中，最小选择器选择需最低燃料流量的控制信号。

与此同时，最小控制信号受高选择器的制约，防止转换操作时燃烧室火灭。

该限制值根据燃气轮机工作模式自动变化（见图 3-100）。

（1）MODE，目的。

（2）MDO，预点火，条件：阀关闭。

（3）FIRE，点火，燃料流量保持，准备点火。

（4）WUP，加速期间，保持燃料流量，防止燃烧中断。WUP：暖机。

（5）MIN，加速后，保持最小的燃料流量，防止转换操作期间燃烧中断。最严重的情况是甩满负荷。

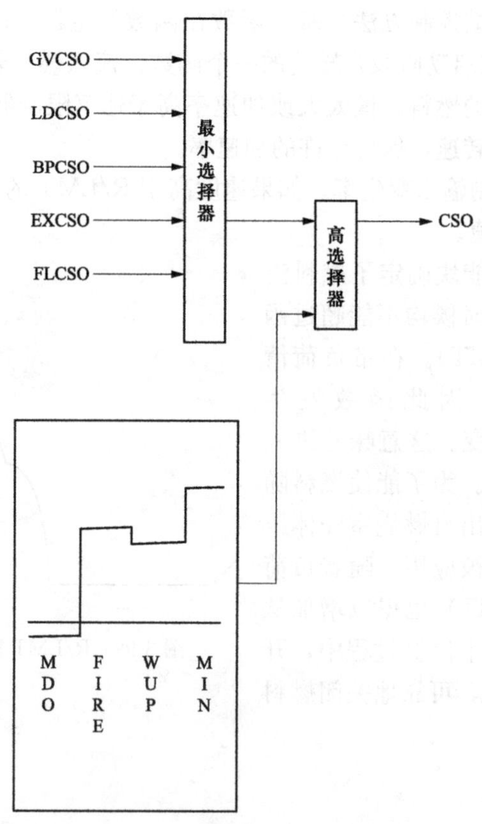

图 3-100 最小选择器控制方框图

（八）燃料分配控制

根据透平进口温度，换算出 CLCSO（燃烧器控制信号输出），将其分成三个 CSO 信号。每个 CSO 信号用于调节每一流量控制阀的位置。

1. 燃烧负荷控制指令输出

燃气轮机进口温度（T1T）用燃气轮机负荷信号描述。它是根据燃气轮机性能数据表计算得出，详细的计算图表如图 3-101 所示，T1T 取决于燃气轮机实际负荷、环境温度，以及 IGV 信号，可通过这些信号进行估算，大气压力也用作压力的补偿。

在该图中，CLCSO 被定义为下面的等式，即

$$CLCSO=(实际负荷-初始MW)/(温度限制MW-初始MW)\times 100\%$$

初始 MW：在初始负荷下燃气轮机的输出。

温度限制 MW：在温控模式下估算的燃气轮机实际输出，每兆瓦信号均经过气压补偿。

从初始负荷至基本负荷的 CLCSO 可以通过线性 T1T 和实际兆瓦之间的关系得出，初始负荷与温度限制 MW 根据机组状态综合得出。

当前的燃气涡轮控制器保持不仅是高可操作性、高可控性，而且要求排放可控。CLCSO 是一个直接来自燃烧状态的参数，所以对分析这些数据是非常有用的。

MHPS 燃气涡轮控制器将 CLCSO 纳入调速器控制。

2. 功能

有三种燃料流量控制阀，主 A/主 B、值班和顶环。控制信号输出按如图 3-102 所示给

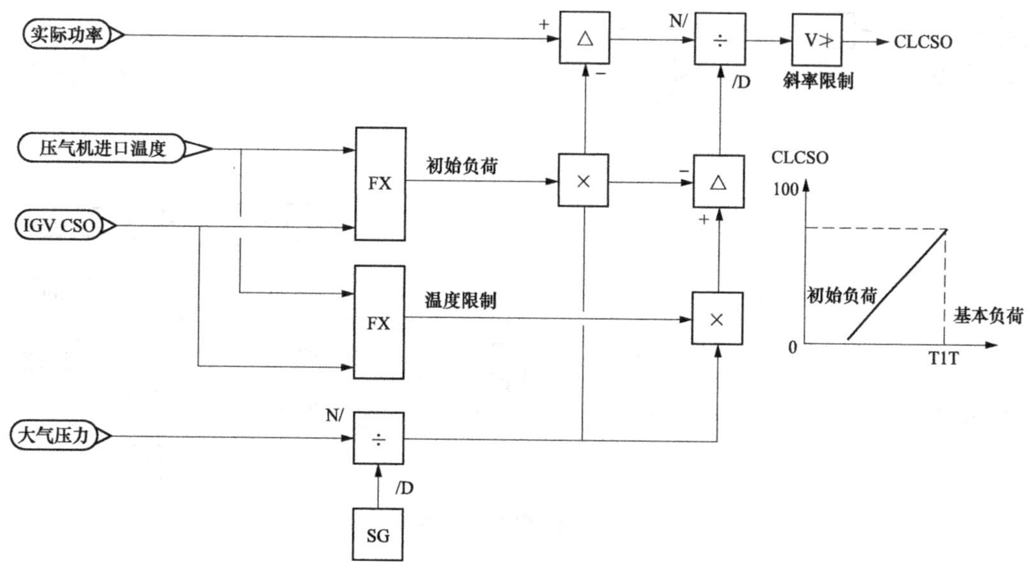

图 3-101 燃料分配控制方框图

这些阀分配 CSO 信号（MFM-A/B CSO、MFPLCSO、THECSO）。

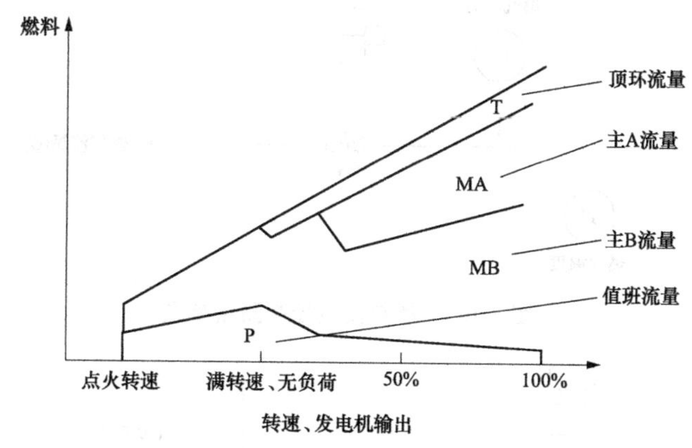

图 3-102 转速、发电机输出与燃料关系

CSO 信号通过最小选择器，然后被分配至各个燃料流需求 MFPLCSO、MFTHCSO、MFMACSO 和 MFMBCSO（见图 3-103）。

在带负荷过程中，燃料的分配比例按照 CLCSO 确定，在升速过程中，值班喷嘴流量根据燃气轮机转速和顶环燃料是否注入决定。当燃气轮机达到额定转速之后，顶环喷嘴开始点火，此时输出函数仍由 CLCSO 确定。

值班与顶环比例为最有效控制燃烧稳定的参数，因此，MHPS 燃气轮机通过 CLCSO 的这些参数来调整燃烧至稳定的状态。

（九）燃气流量控制

为将燃气按照 CLCSO 的控制比例送至各个燃烧器，每路燃料控制均为单独控制。

当给定燃气流量 Q，流量控制阀 CV 根据温度与压力均匀变化，同时控制器配置有前馈回路。

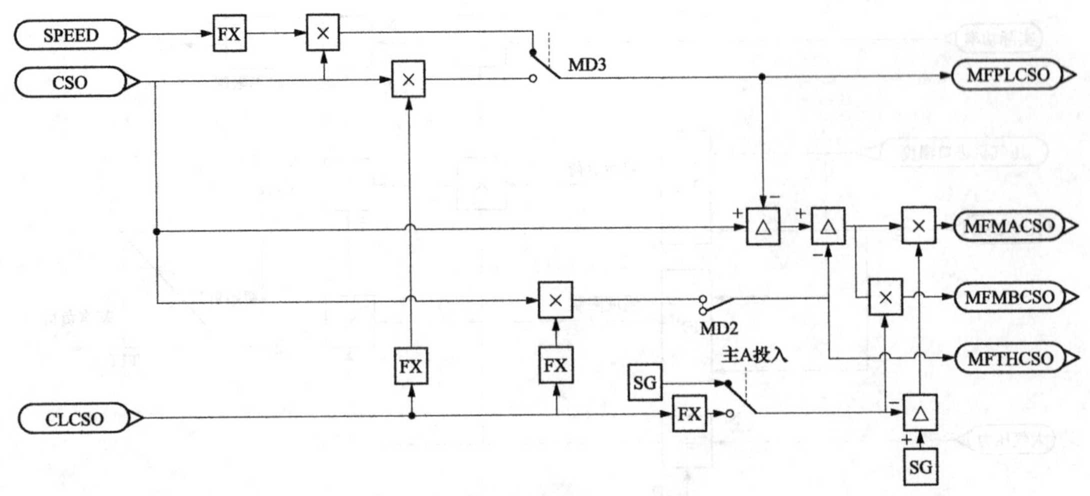

图 3-103 燃料分配框图

详细控制原理见图 3-104 和图 3-105。每路 CSO 经过燃气的温度和压力补偿，根据上述流量方程补偿最后转换 CV 阀位对每个流量控制阀的需求。

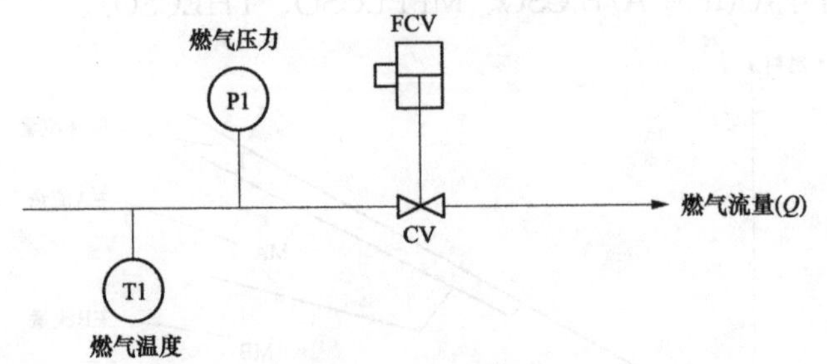

图 3-104 燃料流量控制测点布置

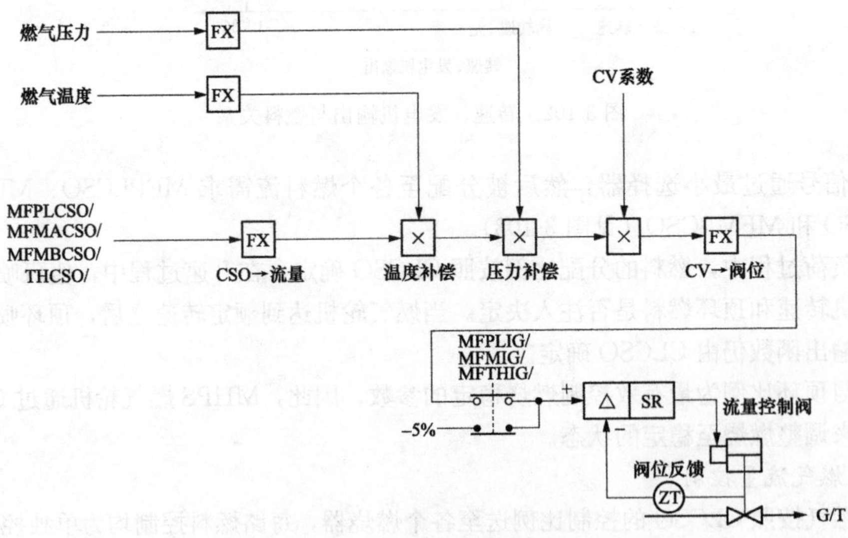

图 3-105 燃料流量控制框图

（十）燃气压力控制

燃气压力通过调节安装在公共燃料管道上的压力控制阀来实现压力控制。该控制阀按照PI控制器的输出调节入口压力。

压力设定为实际燃气轮机转速的函数，在带负荷时，压力设定为恒定值。燃气供气压力控制见图3-106。供气压力的任何扰动都由该控制回路调节。

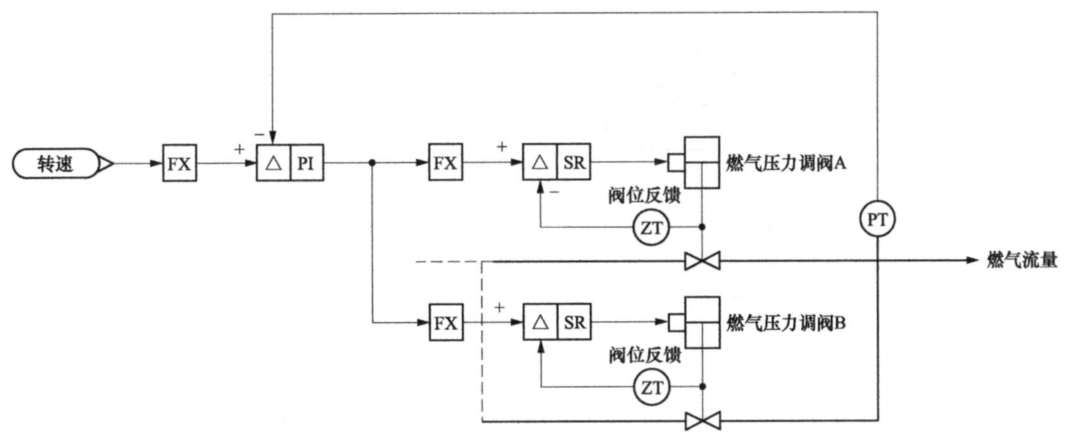

图3-106 燃气供气压力控制框图

（十一）燃气温度控制

1. 控制方框图（见图3-107）

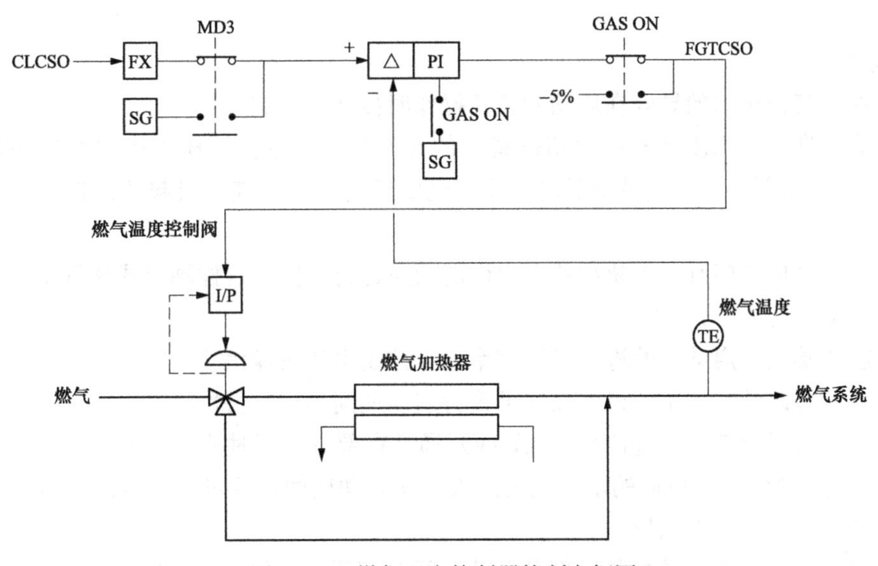

图3-107 燃气温度控制器控制方框图

2. 功能

燃气在燃料加热器（FGH）通过对流加热。加热器的燃气流量受燃料气体温度控制阀（3位阀）控制，燃气温度根据结合燃气轮机输出计算得出的预定值加以控制。

（十二）进口导向叶片（IGV）控制

1. 控制方框图（见图 3-108）

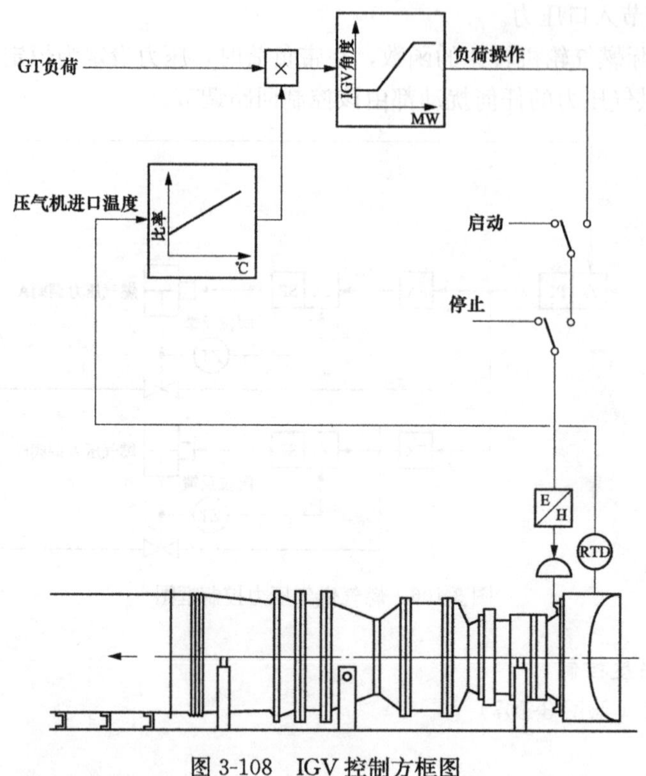

图 3-108 IGV 控制方框图

2. 功能

安装在压气机进口的导叶在启动和负荷操作时按如下控制：

(1) 启动期间。高压释放压力超过特定的允许值会在轴流式压气机中产生一种被称为“喘振”的异常工况。出现这种情况时，压气机要经受不稳定气流引起的出口压力巨大和急剧波动。

轴流式压气机专门有一个狭小的、允许的低速运行范围。这样轴流式压气机在启动时具有较小的“喘振”。

为了防止喘振，启动时的进口气流速率通过控制 IGV 的角度加以调节。

除上述调节以外，从压气机中抽气可改善启动期间的运行特性。

(2) 带负荷运行期间。进口导叶（IGV）通常在部分负荷时关到最小开度（空气流量约为 70%），随着燃气轮机负荷的增加逐渐开大。在启动期间，这可产生较高的排气温度，使余热锅炉产生较大的蒸汽流量。

IGV 控制可以使燃气轮机处于部分负荷运行时获得较高的联合循环效率。IGV 控制方框图如图 3-106 所示。启动期间 IGV 受透平转速控制。负荷运行期间，IGV 受控于预定的燃烧室壳体压力函数定义的排气温度值。典型的 IGV 控制程序表如图 3-109 所示。

计算出的燃气轮机输出（GTMW）和压气机进口温度可当作透平排气温度给定值，应用这两种信号的函数产生 IGV 控制信号（IGV 角度）。

这种直接控制的方法在燃气轮机升负荷和降负荷时具有响应快的优点，不过，在恒定的负荷条件下为能保持正当的排气温度，要用排气反馈控制系统补偿 IGV 控制信号（IGV 角度）。

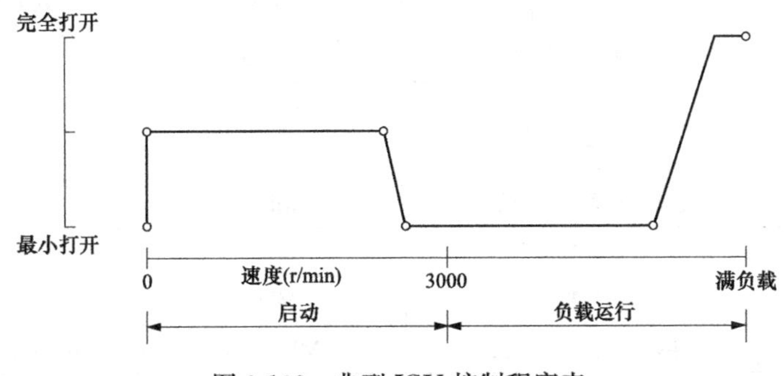

图 3-109　典型 IGV 控制程序表

专业术语缩写见表 3-9。

表 3-9　专业术语缩写

名称	内容	名称	内容
ACCEL	升速控制	BASE	基本负荷温度限制
ACTLD	实际负荷信号	BKR	发电机断路器
ALR	自动功率调节器	Blade Path	燃气轮机末级叶片通道
ALRSET	自动功率调节设定值	BLV	防喘放气阀
AM	模拟量存储器	BOP	电厂平衡
ASS	自动同期系统	BPT	叶片通道温度
BPCSO	叶片通道温度控制指令	CLCSO	燃烧器负荷指令输出
BPREF	叶片通道温度参照信号	COMP	压气机
CBTSP	燃烧器壳体压力	CPINT	压气机进口温度
CCD	中控台	CPU	控制器
CCR	中控间	CV	控制阀
CSO	控制指令输出	DCIS	分散控制与测量系统
DDC	数字控制器	FCV	流量控制阀
EOST	电气超速跳机	FGTCSO	燃气温度控制输出
EXT	排气温度（平均值）	FIRE	点火模式
EXCSO	排气温度控制信号	FLCSO	燃料量限制信号
EXREF	排气温度参考信号	FLMT	最大燃料量限制信号
GVCSO	调速器（转速）控制信号	IGVCSO	压气机进口导叶控制指令
GVMD	调速器模式	INITIAL LOAD	初始负荷设定
HP	高压	INITIAL SET	初始负荷控制
IDLE PEED	初始转速设定参数	IP	中压
IGV	压气机进口导叶	L4	透平主控信号投入
LAUTO	负荷限制在自动	LDON GOV/LOAD	控制投入

续表

名称	内容	名称	内容
LCD	液晶显示器	LDSET	负荷限制设定信号
LDCSO	负荷限制控制指令	LDREF	负荷限制参数信号
LDWN	负荷参数下降	MCSO	主控指令输出
LP	低压	MD0	点火前模式
LRCSO	负荷复位限制指令信号	MD1	加速模式
LUP	负荷参数上升	MD2	额定转速模式
MCC	马达控制中心	MD3	带负荷模式
MFCSO	主燃料控制指令输出	MFPCSO	主燃料压力控制输出信号
MFCLCSO	主燃烧器负荷控制指令输出	MMCSO	主燃料流量控制输出信号
MFMIG	主燃料点火值	MFMPCSO	主燃料压力控制输出信号
MFMMIN	主燃料控制阀最小信号	MFPLMIN	值班流量控制阀最小指令
MFMACSO	主燃料 A 控制阀指令输出信号	MFPLSET	值班流量控制阀设定值
MFMBCSO	主燃料 B 控制阀指令输出信号	MFPIG	主燃料点火压力值
MFPLCSO	值班流量控制阀指令输出信号	MFTHIG	顶环流量点火值
MFPLIG	值班流量点火值	MIN	最小流量
MOD	调制器	PID	比例积分微分控制
NILMT	透平转速限制信号	PLCSO	值班流量控制阀输出信号
P	比例调节	PT	压力传感器
PB	按钮	RCSO	复位限制指令信号
PI	比例积分控制	RH	再热
R/LMT	斜率限制	SP	透平转速信号
RTD	热电阻	SPSET	透平转速设定值
SAUTO	转速控制自动	SPREF	透平转速参数值
SDWN	转速控制参数下降	SUP	转速控制参数升
SG	信号发生器	T BIAS	温度偏置信号
THCSO	温度控制信号输出	、WUP	暖机模式（顺序控制）
THCSO	顶环控制信号输出		

三、TPS 系统

1. 概述

M701F 燃气轮机 TPS 系统提供了对燃气轮机的保护。当保护参数超限并触发保护动作信号后，机组跳闸电磁阀将失电打开，安全油泄压，所有的燃气轮机燃料阀全关，从而实现安全停机。

装置联锁系统的功能将在任何时候都有效并且独立于其他控制和监控功能。这种功能通过提供除燃气轮机排气温度以外的独立测量信号而得到保证。

跳闸保护系统将采用独立的和冗余分散式处理器单元（DPU）控制。

跳闸保护系统将有足够的冗余。处理器、输入信号和信道也将采用冗余设计以保证可靠的联锁和跳闸保护并避免错误操作。

2. 功能

联锁系统功能的概况如表 3-10 所示。

任何主要设备（燃气轮机、余热锅炉、发电机）的跳闸都将使装置停车。

用于燃气轮机系统的联锁功能列于：TPS 系统保护的关键参数和保护模块采用三重冗余结构，控制逻辑为 3 选 2 表决。

表 3-10　燃气轮机联锁项目

编号	项目	说　明
1	手动紧急跳闸装置	当按下“紧急停车”按钮（PB）时汽轮机跳闸
2	叶轮通道温度高/排气温度高	叶轮通道温度/排气温度随环境温度、大气压力、入口和出口损失量，以及燃气轮机燃烧状态而变化。因此，它们是衡量燃气轮机入口温度的最有效的方法。 该跳闸功能用作燃气轮机入口气体温度超高保护
3	排气压力高	该跳闸功能因检测到燃气轮机排气压力高而动作，为排气管道系统提供保护并防止高温气体进入排气管一侧的轴承箱
4	燃气压力低	该跳闸功能因检测到燃气供气压力低而动作
5	启动装置故障	该跳闸功能因检测到启动装置问题而动作。发布警报并且在燃气轮机启动装置不能启动时断开燃气轮机或在燃气轮机启动期间断开
6	防喘放气阀异常	燃气轮机有三个防喘放气阀（低压、中压、高压），用于防止压气机在增速或减速时发生喘振。压缩空气从压气机的第 6、第 11 和第 14 级泄放。这些阀在开机时打开，但在正常运行期间必须完全关闭，因为如果让气流通过泄放管线，压气机的旋转叶轮会因为空气动力学干扰而受到损坏。该跳闸功能因检测到防喘放气阀故障而动作
7	熄火	该跳闸功能因检测到火焰熄灭而动作
8	火灾跳闸	该跳闸功能因检测到燃气轮机外壳着火而动作
9	电气超速跳闸（主机）/（备用机）	燃气轮机装置配置了两套电气超速装置（E-OST）以防止超速。主 E-OST 的设定值为额定转速的 110%（3300r/min）。备用 E-OST 的设定值为额定转速的 111%（3330r/min）
10	安全油压力低	该跳闸功能因检测到紧急油压力低而动作
11	润滑油压力低	该跳闸装置用于保护轴承。如果燃气轮机在轴承油压力很低的情况下连续运行，会严重损坏轴承。燃气轮机将被迫跳闸，紧急润滑油泵（EOP）同时启动以维持油压力使燃气轮机安全地停车
12	润滑油温度高	该跳闸功能因检测到润滑油供油温度过高而动作。润滑油供油温度升高，有可能损坏轴承
13	低频率跳闸	该跳闸功能因检测到低频率而动作
14	转子振动高	高速转动的转子的振动值是一个重要的监测项目。在高振动振幅下运行超过规定极限会导致燃气轮机严重损坏。该跳闸功能因检测到转子振动高而动作

续表

编号	项目	说　明
15	TCS系统故障	＜TCS系统异常＞ 该跳闸功能因检测到TCS系统故障而动作。 ＜燃料控制异常＞ 燃料压力控制阀调节燃料供应压力以保持燃料流量控制阀的压降恒定。各压降值分别由压力变送器感应。该报警用于检测燃料控制阀的问题。 当出现任何下列状态时发出报警并且燃气轮机跳闸： （1）在启动（点火）期间燃气流量控制阀压降超过极限 （2）燃料控制阀控制信号输出时间与实际燃料控制阀阀位动作时间之差超过±5%+10s
16	叶片通道温度偏差大	叶轮通道有温差意味着在燃气轮机入口温度下燃烧室转鼓之间发生偏移。该跳闸功能用于保护燃气轮机的内部构件。如果这种偏差很大，燃气轮机叶片要承受很高的热应力
17	燃烧室压力波动大	该跳闸功能因检测到CPFM（燃烧室压力波动监测）而动作，为燃气轮机提供保护并防止燃烧室因燃烧不稳定而损坏

四、ACPFM系统

当燃气轮机热通道部件性能老化或损坏，大气条件、燃气参数变化较大时，燃气轮机燃烧状况可能会出现劣化的趋势，对应的现象为燃烧室压力波动（即燃烧室振动）变大，可能导致火焰筒、过渡段等热通道部件损坏、火焰稳定性降低、NO_x 含量增加等危害。为了实现空燃比的最优化调节，调整燃烧至最佳的状况，M701F燃气轮机专门设置了独立于主控制系统的高级燃烧压力波动监视系统（advanced combustion pressure fluctuation monitor，ACPFM），对燃烧器旁路阀控制信号和燃料控制信号进行自动调整。

为了直接监测燃烧室燃烧情况，M701F燃气轮机在每个燃烧器上各安装一个燃烧室压力波动速度传感器，并在3号、8号、13号和18号燃烧器上再各安装一个燃烧室压力波动加速度传感器。传感器测得的信号经过三菱设计的专用VIM模块（vibration interface module）后转换为频谱信号，并根据频率的大小分解为九个频段。ACPFM系统则针对每个CPFM信号的九个频段分别进行分析处理。

为了能够进行精细的燃烧调节，除了检测关键的燃烧室压力波动及振动加速度信号之外，还需要检测各种参数，如负荷、压气机出口压力、温度、叶片通道温度偏差等，通过回归分析的数学处理，得到燃烧稳定领域的预测。然后根据预测结果对燃烧室旁路阀及值班燃料比例进行调节。

图3-110所示是一般情况下燃烧器旁路阀开度及值班燃料比例所分别对应的正常燃烧区域。由该图可知，在燃气轮机低负荷运行时，旁路阀开度若减小，参与燃烧的空气量增加，空燃比增加，燃烧温度降低，低频段燃烧压力波动增大，易导致燃气轮机熄火；反之，旁路阀开度增大则容易引起1700/3400Hz的压力波动。随着燃气轮机负荷的升高，增大旁路阀开度使参与燃烧的空气量减少，空燃比降低，燃烧温度提高，将增大燃烧过程中 NO_x 排放量和中间频段的压力波动。当机组负荷到达满负荷时，燃烧器旁路阀应全关。对于值班燃料比例，在机组低负荷运行时，值班燃料比例若减小，燃烧温度降低，扩散火焰的强度不足以

维持稳定燃烧的要求，易引发低频段的压力波动而导致熄火；反之，值班燃料比例增大则容易引起1700/3400Hz的压力波动。随着燃气轮机负荷的升高，过高的值班燃料比例会增大NO_x排放量及引发4400Hz以上的压力波动，过低的值班燃料比例则会引起中间频段的压力波动。

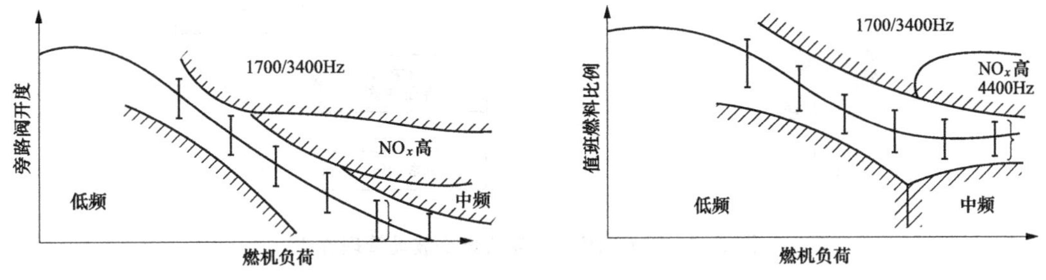

图 3-110　正常燃烧区域

以图3-111为例，由于某些扰动的影响，根据稳定性预测，燃烧将进入阴影部分的非稳定区域（标注星星的地方），此时就需要调整燃烧至非阴影范围内。相应的调整方法可以分别通过调整燃烧器旁路阀开度和值班燃料比例来实现，调整结果如图3-112所示。

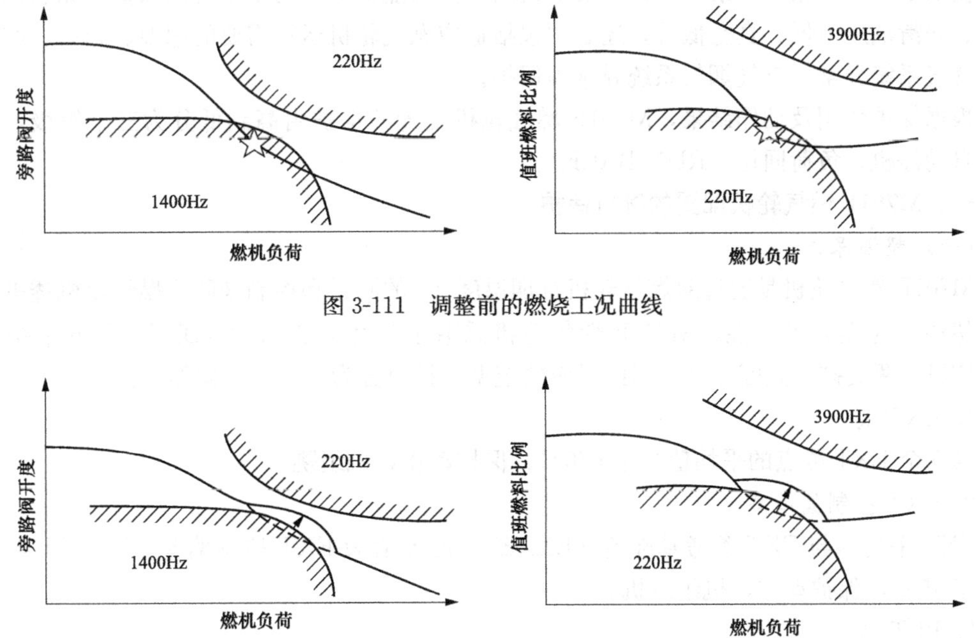

图 3-111　调整前的燃烧工况曲线

图 3-112　调整后的燃烧工况曲线

如上所述，可总结出实际的自动燃烧调整过程：ACPFM系统对采集的燃烧室燃烧状况数据进行分析，并自动对燃烧状况进行动态修正，通过这样不断地闭环反馈的方式反复调整，确保燃气轮机燃烧处于正常区域。

某些异常情况下，当燃烧调整无法维持正常状况时，ACPFM系统会发出报警；当燃烧持续恶化，燃烧室压力波动超过限值时，CPFM系统联锁保护功能（RUNBACK或跳机）

将动作。M701F燃气轮机燃烧波动的管理方法见图3-113。

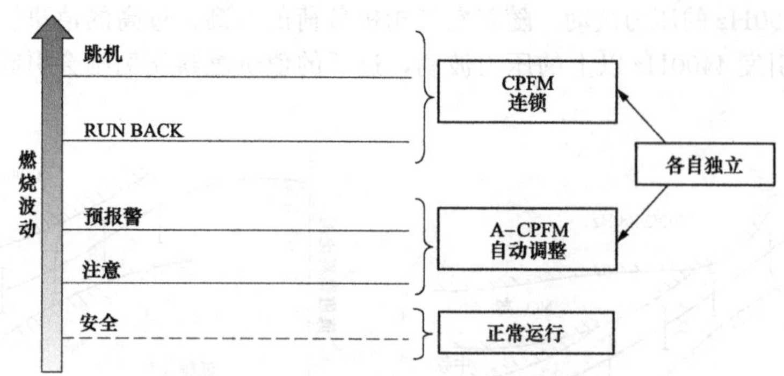

图3-113　M701F燃气轮机燃烧波动管理方法

第六节　燃气轮机的保护

双轴燃气-蒸汽联合循环机组的汽轮机和燃气轮机各带一台发电机，因此透平保护系统主要提供了对燃气轮机、余热锅炉和发电机的保护功能，除包括了常规的保护，如超速、振动大、润滑油压力低、真空低等，还必须包括适应燃气轮机运行需要的超温、熄火、燃烧监测、燃气系统异常、空气烟气系统异常等保护。

根据保护作用及动作结果，M701F燃气轮机配置的保护由高到低分为三个等级，即跳机、自动停机、负荷回切（RUN BACK）。

一、M701F燃气轮机配置的跳机保护

（一）超温保护

M701F燃气轮机是通过对燃气轮机排烟温度T_4的测量和控制来防止燃气轮机透平入口烟温超温。为提高可靠性，M701F燃气轮机采取了叶片通道温度（BPT）和透平排气温度（EXT）两类排烟温度控制，因此对应的超温保护也分为两类，具体如下：

1. EXT高

当6个EXT测点的平均值高于660℃，保护动作，机组跳机。

2. EXT控制偏差高

EXT平均值与EXT参考基准值（EXREF）的差值为EXT控制偏差。当EXT控制偏差高于45℃，保护动作，机组跳机。

3. BPT高

20个BPT测点扣除最大值和最小值后的平均值为BPT平均值。当BPT平均值高于680℃，保护动作，机组跳机。

4. BPT控制偏差高

BPT平均值与BPT参考基准值（BPREF）的差值为BPT控制偏差。当BPT控制偏差高于45℃，保护动作，机组跳机。

（二）熄火保护

M701F燃气轮机在18号和19号燃烧器上各安装了两个火焰探测器，其检测结果用来

作为机组并网前熄火保护的判断依据。

根据机组运行阶段的不同，M701F燃气轮机分别采用了不同的熄火保护。

1. 点火期间

机组启动过程中，在点火期间必须监视燃烧室是否点燃。在机组点火程序开始（即燃料投入）后10s内，若18号、19号燃烧器各至少有一个火焰探测器检测到火焰，就判断点火成功，燃气轮机进入暖机升速阶段。若机组点火程序开始10s后，18号或19号燃烧器上的两个火焰探测器均检测不到火焰，则熄火保护动作，机组跳机，防止燃料聚集在燃烧室或透平内导致爆燃事故。

2. 升速及全速空载期间

在机组升速及全速空载期间，若18号或19号燃烧器上的两个火焰探测器均检测不到火焰，则熄火保护动作，机组跳机。

由于爆燃事故对机组的巨大危害，在机组运行过程中，必须确保各种极端情况下，当燃气轮机熄火时，保护都能准确及时动作。例如，可能存在这种情况，燃气轮机已熄火，但火焰探测器存在故障导致火焰信号仍存在，此时就必须通过其他方法触发熄火保护。对于类似极端情况，M701F4燃气轮机采用两种方法处理。

（1）在机组升速阶段，将燃气轮机转速与稍前一点的转速减去固定偏差值后的结果进行比较，若两者的差值小于零，说明转速开始下降，则判断燃气轮机已熄火，熄火保护动作，机组跳机。

（2）在机组升速及全速空载阶段，若某个BPT的偏差值低于－80℃，则判断燃烧器故障，熄火保护动作，机组跳机。

3. 并网期间

机组并网后，考虑到火焰探测器故障的可能性，火焰探测器的检测结果不再作为熄火保护的判断依据，而是根据逆功率监督计算法判断燃气轮机是否熄火。当根据汽轮机中压缸进口压力换算出来的功率输出比实际发电机功率输出高出13%时，即可确认燃气轮机实际出力严重不足，燃气轮机熄火导致机组存在逆功率，熄火保护动作，机组跳机。

（三）燃烧监测保护

燃气轮机的燃烧室及其热通道部件处于高温高压的工况中，容易产生燃烧不稳定及燃烧压力波动大，可能导致火焰筒或过渡段等部件出现破裂等各种故障。因此，燃气轮机必须配备可靠的燃烧监测保护。M701F燃气轮机配备的燃烧监测保护分为排气温度保护和燃烧压力波动保护两种。

1. BPT偏差高

当燃料流量分配器故障引起各燃烧室的燃烧温度不均匀时，当火焰筒或过渡段破裂引起透平进口温度场不均匀时，都会引起燃气透平的进口流场和排气温度场的严重不均匀，因此只需监视排气温度场是否均匀即可判断燃烧是否正常。

在GE燃气轮机的保护系统中，一般用压气机的出口温度来计算排气温度允许分散度，并比较实际排气温度的分散度和允许的排气温度分散度，以判别燃烧是否正常。而M701F燃气轮机的处理方法则相对简单，只是单独地判断每个叶片通道温度的分散度是否超过了允许值。

某个BPT实测值与BPT平均值的差值为该BPT偏差值，即该BPT的分散度。为避免单个测点故障导致保护误动，在确认某个 BPT 偏差超限的同时还需判断相邻的 BPT 是否也有一个存在一定程度的分散度。实际保护设定为当 BPT 偏差值高于 30℃或低于−60℃，且相邻的一个 BPT 偏差或变化趋势大于设定值时，保护动作，机组跳机。

2. 燃烧压力波动联锁保护

M701F 燃气轮机配备了三菱独有的燃烧室压力波动监测系统（CPFM），对燃烧进行监视报警及联锁保护。M701F 燃气轮机每个燃烧器除各安装一个燃烧室压力波动速度传感器外，3 号、8 号、13 号和 18 号燃烧器上还各安装一个燃烧室压力波动加速度传感器。

24 个传感器探头的前置器将采集到的信号放大后分别经过三菱设计的专用 VIM 模块后转换为频谱信号，并根据频率的大小分解为九个频段。

燃烧压力波动高跳机有以下两种情况：

(1) 当至少两个压力波动传感器和加速度传感器检测到压力波动或加速度达到快速减负荷设定值时（在相同频段），减负荷逻辑通过联锁逻辑自动进行减负荷。如果在负荷降低到设定负荷以下后仍持续报警并超过设定的时间，燃气轮机由联锁逻辑控制立即跳闸。

(2) 当至少两个传感器和加速度传感器检测到压力波动或加速度达到跳闸设定时（在相同频段），联锁逻辑控制燃气轮机立即跳闸。

(四) 燃气系统异常保护

当燃气系统异常时，为防止事故扩大，应立即保护跳机。M701F 燃气轮机燃气系统异常保护包括以下几种：

1. 燃气供气压力低

当三个燃气供气压力开关中的两个监测到的燃气供气压力低于 2.8MPa，延时 1s 后，保护动作，机组跳机。

2. 燃料控制阀异常

当满足下列任一条件时，燃料控制阀异常保护动作，机组跳机：

(1) 安全油压建立后 5.6～15.6s 期间，燃料流量控制阀（主燃料、值班燃料、顶环燃料）全开。

(2) 安全油建立后 5.6～65.6s 期间，燃料压力控制阀出口压力不小于 1.2 倍的设定供气压力（转速 1900r/min 前，1.5MPa；转速 1900～2400r/min，设定压力与转速成正比；转速 2400r/min 后，3.9MPa）。

(3) 安全油压建立 5s 后，燃料压力/流量控制阀（主燃料、值班燃料、顶环燃料）控制信号和实际阀位的偏差超过±5%持续 10s。

(4) 安全油压建立 5s 后，燃料压力/流量控制阀（主燃料、值班燃料、顶环燃料）伺服模块 1、2 同时故障。

3. 燃气泄漏

当燃气轮机罩壳内 3 个燃气检测探头中有 2 个检测到燃气浓度超过定值时，保护动作，机组跳机。

(五) 空气烟气系统异常

当燃气轮机空气烟气系统异常时，为防止可能发生的事故，保护应及时动作使机组跳机。M701F 燃气轮机空气烟气系统异常保护包括以下几种：

1. 燃气轮机排气压力高

当三个燃气轮机排气压力开关中的两个或三个监测到燃气轮机排气压力高于 6.86kPa 时，保护动作，机组跳机。

2. 压气机防喘抽气阀异常

当 L4=1（机组运行）且满足下列任一条件时，压气机防喘抽气阀异常保护动作，机组跳闸：

（1）低压防喘阀异常开跳闸：在转速大于 2940r/min 或是转速大于 2815r/min 延时 20s 下，低压防喘阀未关（关反馈三取二）。

（2）低压防喘阀异常关跳闸：在 L4 为 1 延时 3s 后，且转速小于 2815r/min，中压防喘阀未开（开反馈三取二）。

（3）中压防喘阀异常开跳闸：在转速大于 2940r/min（RTDSPD 信号来）或是转速大于 2815r/min 延时 20s 下，中压防喘阀未关（关反馈三取二）。

（4）中压防喘阀异常关跳闸：在 L4 为 1 延时 3s 后，且转速小于 2815r/min，中压防喘阀未开（开反馈三取二）。

（5）高压防喘阀异常开跳闸：燃气轮机转速大于 2050r/min，延时 20s，高压防喘阀未关（关反馈三取二）。

（6）高压防喘阀异常关跳闸：在 L4 为 1 延时 3s 后，转速小于 2050r/min，且燃气轮机非高盘启动，高压防喘阀未收到全开反馈（一个开反馈）。

3. IGV 异常跳闸

符合任一条件，IGV 异常保护动作，机组跳闸：

（1）当 IGV 控制信号与实际阀位偏差超过±5%，持续 10s。

（2）伺服模块 1、2 同时故障。

4. 燃烧器旁路阀伺服模块偏差大

符合任一条件，旁路阀异常保护动作，机组跳闸：

（1）当旁路阀控制信号与实际阀位偏差超过±5%，持续 10s。

（2）伺服模块 1、2 同时故障。

（六）其他

1. 燃气轮机输入信号故障

当满足下列任一条件时，燃气轮机输入信号故障保护动作，机组跳机：

（1）燃气轮机转速信号故障，3 选 2。

（2）燃气轮机燃烧器壳体压力故障，3 取 2，延时 0.2s。

（3）并网后，发电机出口功率信号故障，信号 1A、信号 1B、信号 2A、信号 2B，四个中有三个异常或信号 1A、2A 同时异常。

（4）所有 BPT 和 EXT 信号全部同时故障。

（5）燃料压力调阀后 2 个压力信号均故障。

（6）燃气轮机转速信号偏差大，3 选 2，延时 0.2s（转速信号之间超过 30r/min）。

2. 火灾跳闸

当满足以下条件任一条件，火灾保护动作，机组跳机：

（1）GT PACKAGE FIRE TRIP 燃气轮机罩壳火灾跳闸。

2路温感加1路火焰探测器发火警（三取二），或6个手动喷放按钮按下任意一个，则由火灾报警控制盘送来3个信号，三取二（跳闸信号）。

(2) FG UNIT FIRE TRIP 燃气轮机FG单元火灾跳闸。

2路温感加1路火焰探测器发火警（三取二），或2个手动喷放按钮按下任意一个，则由火灾报警控制盘送来3个信号，三取二（跳闸信号）。

二、M701F燃气轮机配置的自动停机保护

机组运行过程中，当某些重要参数超限，为防止设备损坏，自动停机保护将动作，机组自动进入正常停机程序。

M701F燃气轮机配置的自动停机保护如下：

1. 燃气轮机不完全加速（三个条件满足其一）

(1) 燃气轮机在点火之后25min之内没有达到额定转速（2940r/min）。

(2) 在点火加速后至额定转速前，实际转速不升，反而下降超过90r/min。

(3) 在点火加速后至额定转速前，转速升速率低，持续30s。

2. 燃机发电机定子绕组温度高

L4为1，且发电机功率小于15MW时，发电机定子线圈温度1～9号为好点且大于106℃，9取3，发自动停机令。

3. BPT偏差大

当20个BPT偏差大自动停机任意一个时则发自动停机令。以＃1BPT为例，同时满足以下条件(1)～(3)：

(1) BPT偏差大报警指令（TPS来“BPT VARIATIOON LARGE ALARM COMMAND”信号）来时。

(2) 该叶片通道温度为好点，且与平均值的差值超出“BPT偏差大自动停机高限或低限值”，延时30s；“BPT偏差大自动停机高限或低限值”，当TPS的“BPT SPREA NARROW MODE-1”为1时，高、低限值对应以下函数，见表3-11。

表3-11　不同负荷下BPT偏差高低限

负荷（MW）	高限值℃	低限值℃
0	50	−50
75	50	−50
150	25	−40
400	25	−40

（“BPT SPREA NARROW MODE-1”为0时定值为≥70℃or≤−70℃）

(3) 以下条件4取1：

1）该叶片通道温度相邻测点2号为好点，且2号叶片通道温度与平均值的差值超出“自动停机NEXT高限或低限值”，延时30s。

2）该叶片通道温度相邻测点20号为好点，且20号叶片通道温度与平均值的差值超出“自动停机NEXT高限或低限值”，延时30s。

(NEXT高、低限制是定值，TPS的“BPT SPREA NARROW MODE-1”为1时为≥20℃ or ≤−30℃，“BPT SPREA NARROW MODE-1”为0时定值为≥60℃

or≤−60℃。)

3）该叶片通道温度相邻测点2号为好点，且2号叶片通道温度与平均值差值的变化值超出“BPT变化趋势自动停机NEXT高限或低限值”，延时12.5s，下降沿延时60s。

4）该叶片通道温度相邻测点20号为好点，且20号叶片通道温度与平均值差值的变化值超出“BPT变化趋势自动停机NEXT高限或低限值”，延时12.5s，下降沿延时60s。

注：BPT变化趋势NEXT高限或低限值是经函数计算设定为±1℃/min。

三、M701F燃气轮机配置的负荷回切保护

机组运行过程中，当某些重要参数变化异常时，负荷回切（RUN BACK）保护将动作，燃气轮机自动快速减至50%负荷，防止燃烧器、发电机、余热锅炉等设备损坏。根据引起负荷回切原因的不同，M701F燃气轮机负荷回切分为超快速、快速、中速和常速负荷回切四类，对应降负荷速率分别为300MW/min、150MW/min、60MW/min和20MW/min。

M701F燃气轮机配置的负荷回切保护如下：

（1）CPFM高减负荷信号，且燃气轮机负荷大于15MW（超快速负荷回切）；

（2）燃气压力低于3.1MPa，且燃气轮机负荷大于150MW（超快速负荷回切）；

（3）燃气温度高于250℃或且燃气轮机负荷大于150MW（常速负荷回切）或燃气温度低于GT MFCLCSO对应的设定值且燃气轮机负荷大于165MW（超快速负荷回切）；

（4）燃气轮机转子冷却空气温度大于295℃，延时300s，且燃气轮机负荷大于150MW（常速负荷回切）；

（5）燃气轮机负荷大于150MW，燃气轮机进气滤压差大于2.06kPa（常速负荷回切）；

（6）燃气轮机负荷大于150MW，汽轮机OPC保护动作或汽轮机跳闸向TCS发外部急速负荷指令（常速负荷回切）；

（7）发电机定子绕组温度6个测点中的3个大于106℃，且机组负荷大于15MW（中速负荷回切）。

第七节 燃气轮机的运行优化

燃气轮机在启停及正常带负荷运行过程中基本全为自动控制，很少需要人为干预，且从安全性和优化空间角度考虑，燃气轮机在整机运行方面需优化的地方也并不多。

M701F型燃气轮机所构成的联合循环机组在国内多采用两班制调峰运行模式，随着运行时间的延长，逐渐暴露出M701F型燃气轮机在该运行模式下的一些问题，尤其是其主要附属设备的运行设定存在不合理之处，并不完全适合经济性和可靠性运行的需要，具有较大的优化必要性和可行性。

一、IGV优化

随着运行时间的增加，当大气温度较高时，机组在升负荷过程中易发生过早进入BPT或EXT温控，导致升负荷速率及实际最大出力大幅下降的异常情况。发生该现象的原因为燃气轮机运行过程中吸入的空气流量与运行需要不匹配，导致燃气轮机排气温度超过限定值，而根本上的原因为长时间两班制运行导致的机组老化及由此产生的不可恢复的性能下降。

目前，发生上述现象时，一般的解决方法是按三菱的要求，通过增大部分负荷下IGV

开度，即增大燃气轮机部分负荷下空气流量的方式，降低排气温度，从而避免机组过早进入温控。三菱 M701F 机组 IGV 开度更改的典型情况见图 3-114。

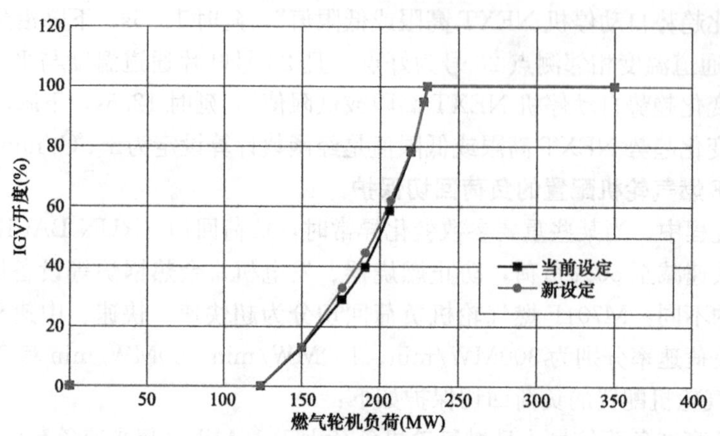

图 3-114　M701F 机组 IGV 开度更改典型图

燃气轮机 IGV 运行优化的基础就是在避免机组过早进入温控，以及不影响机组调度性能和设备寿命的条件下，尽可能地提高机组运行效率。

一次性加大 IGV 开度虽能避免机组在升负荷过程中过早进入温控，但这是以牺牲机组部分负荷下的效率为代价的，对机组的经济高效运行影响较大。

为寻找 IGV 运行的最合理方式，提高机组运行经济性和可靠性，根据机组运行及 IGV 控制的实际情况，通过多次试验、大量计算和分析，逐步摸索出 M701F 型燃气轮机 IGV 优化运行的方法和思路。

1. IGV 开度设置分为冬夏两种模式

5～11 月（视当地实际气温而定），IGV 开度设定为夏季模式，即调大部分负荷下 IGV 开度，在牺牲部分负荷效率的基础上确保升负荷速率及实际最大出力的正常。

12～第二年 4 月（视当地实际气温而定），IGV 开度设定为冬季模式，即恢复 IGV 开度设定值至初始值，提升部分负荷下的运行效率。

该方案的优点是能够避免高温天气对机组运行性能的影响，但每次更改 IGV 开度设定时需安排一次燃烧调整，费用不菲。

2. 在 IGV 控制逻辑中增加部分负荷和大气温度修正

如图 3-115 中波浪线标示的范围所示，可考虑在 IGV 控制逻辑中增加部分负荷和大气温度的修正，其作用是使 IGV 开度设定增加一个关于部分负荷和大气温度的额外偏差量，从而实现大气温度较高时，适当放大 IGV 开度，避免机组过早进入温控；大气温度较低时，保持原有 IGV 开度设定值不变，确保机组运行效率在较高水平。

该方案的优点是无需进行燃烧调整，IGV 开度灵活跟随大气温度变动，不用定期更改，确保了机组的运行经济性和调度性能。

3. 增加燃气轮机负荷偏差值

IGV 开度的大小主要由燃气轮机功率决定。因此，当机组发生过早进入 BPT 温控的情况时，可在 IGV 控制逻辑中适当放大燃气轮机功率，从而变相放大 IGV 开度。当机组顺利

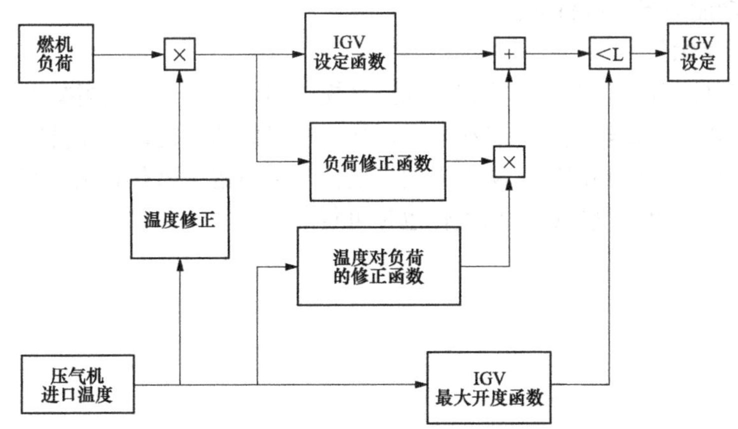

图 3-115　IGV 控制逻辑增加大气温度修正的方案

升到较高负荷后再恢复燃气轮机功率至正常值。该方案的优点是只有在发生过早进入 BPT 温控的情况时，IGV 开度才放大，而其他时间，IGV 开度均保持原值，如此可以最大程度地保证机组运行效率维持在较高水平。

4. 在 IGV 控制逻辑中增加大气压力修正

由气体状态方程 $PV=mRT$ 可得大气密度 $\rho=P/RT$，即大气密度与大气压力成正比，与大气温度成反比。燃气轮机 IGV 开度相同时，进入压气机的空气体积流量是相同的，因此，进入燃气轮机的空气质量流量与大气压力成正比关系。

进入燃气轮机的空气流量若高于设计值，则燃气轮机的排烟温度将降低，机组运行效率也随之降低；进入燃气轮机的空气流量若低于设计值，则燃气轮机的排烟温度将升高，机组运行效率也随之升高，但这样会增大机组过早进入温控的概率，可能得不偿失。因此，为确保机组运行在设计值附近，始终保持较高运行效率和运行可靠性，就要保证进入燃气轮机的空气流量不受大气温度、大气压力的影响，就需对 IGV 开度进行大气温度和大气压力修正。因为 M701F 机组运行时的性能保证基准条件为大气温度 27.5℃、大气压力 100.18kPa，因此当大气温度、大气压力偏离上述值时就应该对 IGV 开度进行修正。

M701F 机组 IGV 控制逻辑中有大气温度方面的修正，即图 3-115 中的函数 FX10。当大气温度偏离 27.5℃时，该函数即对 IGV 开度进行修正。

M701F 机组 IGV 控制逻辑中并无大气压力的修正，这将导致机组运行经济性的显著下降。据统计，厂区大气压力全年平均值约为 101.24kPa，比机组大气压力性能保证基准值高约 1%。这将导致机组在各负荷段运行时，全年平均进气流量较设计值偏高约 1%，等效于 IGV 开度平均增大约 3%，机组效率将随之整体下降约 0.2%，三台机全年将减少多达数百万元的效益。因此，在 IGV 控制逻辑中增加大气压力修正显得尤为必要。

5. 投用并优化 IGV 温控功能

M701F 型燃气轮机是具有 IGV 温控功能的，其作用可简单描述为：当 EXT 平均值低于设定值时，IGV 开度将变小（或减缓变大幅度）；当 EXT 平均值高于设定值时，IGV 开度将变大（或减缓变小幅度）。如此，燃气轮机排气温度将始终接近设定值，从而在保护热通道的前提下尽可能提高了联合循环的效率。

在综合考虑蒸汽循环运行要求，确保联合循环整体效率维持在高水平的前提下，投入并优化 IGV 温控功能应当是可行的。

二、吹扫程序优化

燃气轮机启动过程中，在满足吹扫空气流量规定的前提下，可适当减少燃气轮机吹扫时间，从而减少汽水系统蓄热损失和启动成本，加快机组启动速度，提高机组启动经济性。在停机解列后，也可缩短吹扫时间，减少天然气损耗及余热锅炉蓄热损失。M701F3 型机组的两项优化在 M701F4 型燃气轮机上该优化也是可行的。

第四章

蒸　汽　轮　机

第一节　概　　述

一、汽轮机的工作原理

汽轮机是利用蒸汽做功的一种旋转式动力机械，它是将蒸汽的热能转换为汽轮机轴的回转机械能的热力装置。

当具有一定温度和压力的蒸汽通过汽轮机级时，首先在喷嘴叶栅中膨胀加速，将蒸汽所具有的热能转变成动能，然后在动叶栅中改变流动方向，在动叶片上产生离心力使其旋转，将蒸汽的动能转变成机械能，从而完成汽轮机利用蒸汽热能做功的任务。当动叶片为反动式时，蒸汽在动叶流道中会进一步膨胀产生反动力做功。

（一）冲动式汽轮机原理

如图 4-1 所示，蒸汽在喷嘴中发生膨胀，因而汽压、汽温降低，速度增加，蒸汽的热能转变为动能。然后蒸汽流从喷嘴流出，以高速度喷射到叶片上，高速汽流流经动叶片组时，由于汽流方向改变，产生了对叶片的冲动力，推动叶轮旋转做功，叶轮带动汽轮机轴转动，从而完成了蒸汽的热能到轴旋转的机械能的转变。

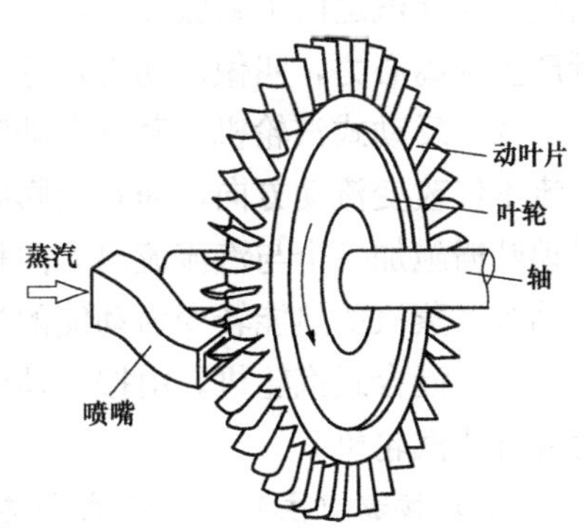

图 4-1　冲动式蒸汽轮机

（二）反动作用原理

蒸汽的热能转变为动能的过程，不仅在喷嘴中发生，而且在动叶片中也同样发生的汽轮机，叫做反动式汽轮机。

如图 4-2 所示，在反动式汽轮机中，蒸汽不但在喷嘴（静叶栅）中产生膨胀，压力由 p_0 降至 p_1，速度由 c_0 增至 c_1，高速汽流对动叶产生一个冲动力；而且在动叶栅中也膨胀，压力由 p_1 降至 p_2，速度由动叶进口相对速度 w_1 增至动叶出口相对速度 w_2，汽流必然对动叶产生一个由于加速而引起的反动力，使转子在蒸汽冲动力和反动力的共同作用下旋转做功。

二、汽轮机的分类

（一）按热力过程特性分类

（1）凝汽式汽轮机。进入汽轮机的蒸汽，除很少一部分泄漏外，全部排入凝汽器。

（2）背压式汽轮机。排汽压力高于大气压力的汽轮机称为背压式汽轮机。

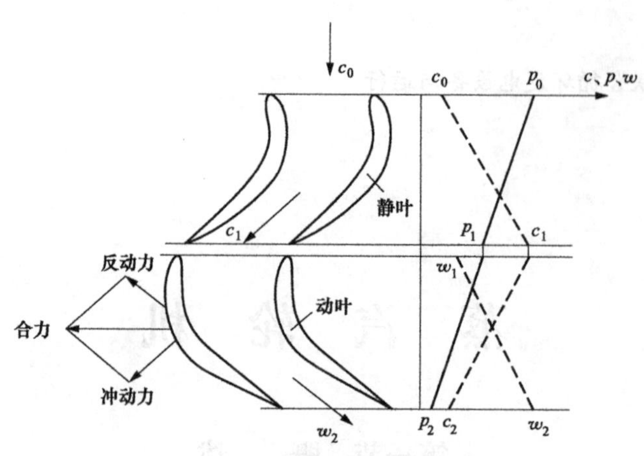

图 4-2 反动作用原理图

(3) 调节抽汽式汽轮机。部分蒸汽在一种或两种给定压力下抽出对外供热，其余蒸汽做功后仍排入凝汽器。

(4) 中间再热式汽轮机。新蒸汽经汽轮机前几级做功后，全部引至加热装置再次加热到某一温度，然后再回到汽轮机继续做功。

(二) 按工作原理分类

(1) 冲动式汽轮机。蒸汽在喷嘴中发生膨胀，压力降低，速度增加，热能转变为动能。汽流在动叶汽道内不膨胀加速，而只随汽道形状改变其流动方向，汽流改变流动方向对汽道所产生的离心力，叫做冲动力，这种级叫冲动级。

(2) 反动式汽轮机。蒸汽在动叶汽道内流动时，改变流动方向的同时继续膨胀、加速，汽流不仅改变流动方向，而且因膨胀使其速度也有较大的增加，加速的汽流在流出汽道时，对动叶栅施加一个与汽流流出方向相反的反作用力，叫做反动力，这种由反动力推动的级叫反动级（蒸汽的热能转变为动能的过程，不仅在喷嘴中发生，而且在动叶片中也同样发生）。

(3) 混合式汽轮机。由按冲动原理工作的级和按反动原理工作的级组合而成的汽轮机称为混合式汽轮机。

(三) 按新（主）蒸汽压力分类

(1) 低压汽轮机。新蒸汽压力为 1.2～2MPa。

(2) 中压汽轮机。新蒸汽压力为 2.1～8MPa。

(3) 高压汽轮机。新蒸汽压力为 8.1～12.5MPa。

(4) 超高压汽轮机。新蒸汽压力为 12.6～15.1MPa。

(5) 亚临界汽轮机。新蒸汽压力为 15.1～22MPa。

(6) 超临界汽轮机。新蒸汽压力为 22.12～25MPa。

(7) 超超临界汽轮机。新蒸汽压力为 25.0MPa 以上。

三、联合循环汽轮机的特点

与常规火电相比，联合循环汽轮机具有如下特点。

(一) 排汽相对较大

在常规火电汽轮机中，由于设置给水加热器，回热系统抽汽约占汽轮机进汽的 20%～

30%，排汽量只有主蒸汽流量的70%～80%。在联合循环汽轮机中，一般不在汽轮机侧设置给水回热加热器，而在余热锅炉低温段设置给水加热器，以充分利用烟气余热，降低排烟温度。就单压循环的汽轮机来说，排汽量几乎与主蒸汽量相等。在双压联合循环汽轮机中，低压蒸汽约占主蒸汽的20%，排到凝汽器的汽量比常规汽轮机多45%左右。因而相同容量的机组在相同背压下，末叶片的长度和凝汽器面积都比常规机组高一个等级。对于不设置给水回热抽汽的单排汽轮机组，往往设计成轴向排汽或侧向排汽，安装基础较低，可不用高的厂房，以降低电站建设成本。

（二）启动速度快，调峰性能好

大多数联合循环电站肩负调峰任务，两班制运行，启、停频繁。燃气轮机启动很快，从点火到满负荷最快只需要30min。在汽轮机启动及带满负荷前，余热锅炉产生的蒸汽通过旁路排到凝汽器或燃气轮机的排气直接被旁通大气，影响电厂的经济性。因此，要求汽轮机必须具备快速启动的特性，在结构设计方面必须采取相应措施，适应快速启停要求。

（三）全周进汽，节流调节，滑压运行

联合循环机组调峰和调频的任务是由燃气轮机来完成的，汽轮机负荷的变化取决于燃气轮机的排烟量和排烟温度，处于被动状态。汽轮机运行时，进汽阀门处于全开状态，不参与调节。余热锅炉产生的蒸汽全部进入汽轮机。主汽门前的压力随着蒸汽流量的增减而自然变化、动态平衡。为了保证小流量时蒸汽的品质，防止余热锅炉因压力过低而汽中带水，在40%负荷以下采用定压方式，一般压力取2MPa左右。

采用节流调节、滑压运行方式，汽轮机内效率随负荷变化不大，变工况性能好。另外，在部分负荷时，可以降低末级排汽度。这是因为，在部分负荷时，随着燃气轮机初温的下降，余热锅炉产生的主蒸汽温度有较大幅度的降低，如果主蒸汽压力不随之降低，在i-s图上，热力过程线左移，排汽湿度增大，影响末级叶片的安全。

在联合循环中应用的汽轮机的结构，主要是围绕着前文所述的特点进行设计的，即汽轮机的结构应该反映安全高效、快速启动、蒸汽容积流量大和滑参数运行这几方面特点的要求。

(1) 为了满足滑压运行的要求，汽轮机采用节流调节，无需设置调节级。各级均采用全周进汽的结构，运行时调节阀通常都全开，并精心设计进汽蜗壳。

(2) 由于余热锅炉已经承担（或大部分承担）了汽轮机系统中给水的加热与除氧的任务（除氧个别也可在凝汽器中完成），因而汽轮机可以设置较少（或不设置）抽汽口，不设置抽汽口的汽轮机可以设计成轴向排汽或侧向排汽，安装在比较低的基础上，这样就可以避免采用高厂房结构。

(3) 为了满足快速启动和经济性的要求，还应采取以下一些措施：

1) 尽可能加强汽缸的对称性。汽缸的结构要设计成等强度壁厚，不同压力段壁厚不同，在关键部位要控制其几何形状，以尽量减小汽轮机快速启停过程中的热变形和热应力。

2) 汽缸的中分面法兰要尽可能采用高窄法兰结构，中分面螺栓尽可能靠近转子轴心，使法兰和螺栓比较容易加热和膨胀，以减小其内外温差造成的热应力。

3) 采用径向式汽封，减小径向动静间隙，加大轴向动静间隙，既可保证运行时减小漏汽、提高效率，又可防止在快速启动时由于膨胀不同步而引起动静之间的碰撞或摩擦。

4) 汽轮机的各级均采用全周式进汽结构，保证进汽部分上下温度比较均匀，减少其热应力，主汽阀、调节阀、导汽管、外接管道等一般要尽可能布置对称。

5）尽量采用先进的定中心梁的推拉结构，保证机组频繁启停时膨胀收缩顺畅，防止汽缸跑偏。

6）通流部分用锥形通道；接近高温区的转子直径要设计得稍小一些，这样可以使在机组启停时，最关键的部位的热应力最小；联合循环中的汽轮机位于第一级附近的叶轮与转轴间的过渡圆角应尽可能大。

7）二次进汽的流道和蜗壳型线要设计得光滑流畅，减小进汽压损和对主流的干扰。

8）叶片应采用先进高效的全三维叶型，动叶要自带围带，保证子午面通道的光顺，低压各级长叶片要采用弯扭联合成型，保证高的级效率。末两级叶片要采取良好的强化措施防止水蚀。末级叶片要精心设计，根部的反动度要适当加大以提高机组的变工况性能。

9）调节方式宜采用 DEH（数字式电调系统），能对机组实现快速、灵活、精确的调节、控制和保护，适应快速启停和工况变化频繁的要求。

10）汽封系统采用自密封的形式，提高机组的自动化水平。对于功率和背压彼此相同的汽轮机来说，常规火电机组的排汽环形面积的尺寸要比联合循环的小很多。这是由于在常规机组中有多级回热抽汽口，而在联合循环机组中，不仅少有抽汽口，反而要在低压部位注入大量二次蒸汽，排汽侧的环形面积尺寸和排汽量比同容量等级的常规火电机组大很多。为此，必须认真地设计这种汽轮机的低压缸。联合循环的汽轮机一般都设有百分之百的蒸汽旁路系统，凝汽器的机组启动、停机或甩负荷时要接收并凝结大量的高焓蒸汽，因此，凝汽器的设计也要特别加以考虑。

第二节 LCC150型汽轮机结构特点

一、概述

（一）汽轮机概况

本汽轮机是一台三压、再热、双缸、向下排汽抽凝供热汽轮机，具有高运行效率和高安全可靠性。高压和中压合缸，低压缸对称分流，均为冲动式汽轮机，见图 4-3。

高压蒸汽通过一组高压主汽阀和高压调节阀进入高压段，蒸汽经过高压叶片做功后，经汽缸底部的高压排汽口回到余热锅炉。高压主汽阀和高压调节阀布置在高中压汽轮机的南侧，高压 4 级后有一个抽汽口。

再热蒸汽通过一大一小两个并联的中压联合汽阀进入到中压进汽段，蒸汽通过中压冲动式叶片做功后，从汽缸上部的中压排汽口排向连通管。中压联合汽阀布置在高中压汽轮机的北侧，中压 5 级后有一个抽汽口。

低压蒸汽通过一组低压主汽阀和低压调节阀后，在连通管内与中压排汽混合，送入低压进汽口。汽轮机低压设计为双排汽式，蒸汽从叶片通流级的中间进入，向两侧排汽，两侧的排汽各自排向凝汽器。低压主汽阀和调节阀布置在低压汽轮机的北侧。

（二）汽轮机规范

(1) 型号：LCC150-13.2/3.0/1.5/566/566（三压、再热、双缸、向下排汽、抽凝供热汽轮机，末级叶片长度为 80mm）。

(2) 额定输出：150MW。

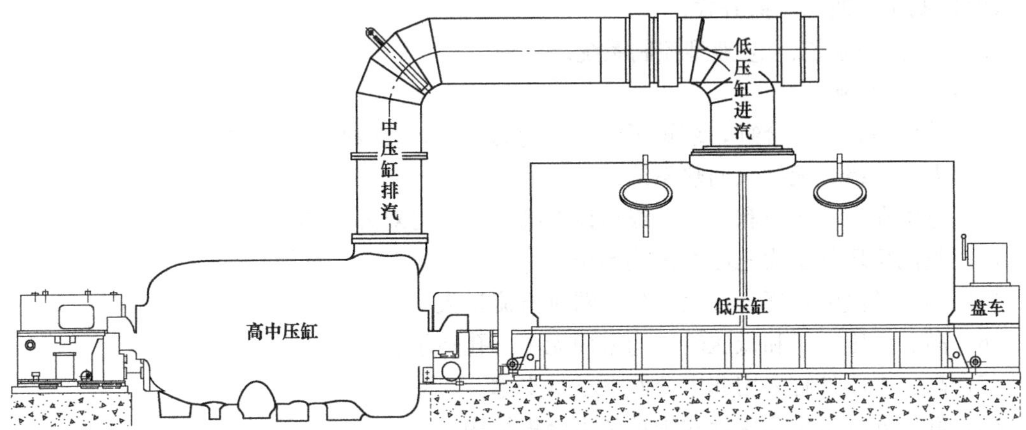

图 4-3 汽轮机总体结构图

(3) 进汽参数:

1) HP: 13.29MPa/566℃/291.6t/h (纯凝), 12.53MPa/564.7℃/309.1t/h (供热);

2) IP: 3.66MPa/566℃/346.2t/h (纯凝), 2.54MPa/566℃/214.2t/h (供热);

3) LP: 0.471MPa/241.3℃/54.7t/h (纯凝), 0.368MPa/228.2℃/41.9t/h (供热)。

(4) 排汽参数:

1) HP: 4.06MPa/394.8℃/274.9t/h (纯凝), 2.74MPa/353.2℃/231.6t/h (供热);

2) LP: 5.99kPa/463.6t/h (纯凝), 5.35kPa/184.7t/h (供热)。

(5) 抽汽参数:

1) HP: 5.0MPa/470℃/60t/h (不可调);

2) IP: 3.0MPa/336℃/100t/h (可调);

3) LP: 1.5MPa/310℃/70t/h (可调)。

(6) 流道形状: 高中压和低压均设计为锥筒型。

(7) 汽轮机速度: 3000r/min。

(8) 旋转方向: 顺时针方向 (从汽轮机侧向电机侧看)。

(9) 与发电机的连接: 刚性联轴器。

(10) 高压缸级数: 12。

(11) 中压缸级数: 10。

(12) 低压缸级数: 2×6。

(13) 支持轴承: 高压-中压汽轮机: 6 瓦块轴承 (×2); 低压轴承: 椭圆轴承 (×2)。

(14) 推力轴承: 单推力盘 8 瓦可倾瓦。

(15) 盘车装置: 自动脱扣的交流电动机驱动型。

(16) 高压主汽阀: 提升式。

(17) 高压主调阀: 提升式。

(18) 中压联合汽阀 (大): 提升式。

(19) 中压联合汽阀 (小): 提升式。

(20) 低压主汽阀: 旋转式。

(21) 低压主调阀：提升式。

(22) 阀控制系统：电-液型控制系统。

(三) 设计特点

(1) 采用高、中压合缸，缩短了汽轮机的总长度，有效减小轴向推力。

(2) 无调节级，无抽汽回热系统。

(3) 分别在高压4级和中压5级后设置抽汽口，可对外供热。

(4) 蒸汽循环系统为三压有再热系统。

(5) 蒸汽进汽流量逐渐加大，凝汽器排汽流量大。

(6) 高、中压转子和低压转子均采用无中心孔转子。

(7) 高、中压外缸采用非中分面下猫爪支撑。

(8) 低压外缸采用非落地式轴承和钢台板结构。

(9) 为了提高汽轮机效率，提高汽轮机抗腐蚀能力，采用高效的低压末级叶片。本汽轮机使用的是80mm末级叶片。

(10) 低压缸使用“全三维”高效冲动式叶片，以提高循环效率，扭转和弯曲叶型使低压缸各级损耗大大减小。

(11) 由于在起动和变负荷过程中汽温变化很大，汽轮机的高压和高温部件会经受很大的热应力。

(12) 为了减小热应力并且便于快速起动，静止部件设计成具有热适应性。这包括在变负荷过程中，装置受热时迅速而均匀的自由膨胀能力。通过分开汽缸和阀门，使热应力减至最小，提供所需要的热适应性。

(13) 汽轮机每个转子有两个润滑的支持轴承。高、中压汽轮机主轴上的两个支持轴承是可倾瓦支持轴承，而低压汽轮机主轴上的两个支持轴承则是椭圆轴承。使用这些轴承以便提高轴的稳定性。

二、汽轮机本体结构

(一) 汽缸

1. 概述

汽缸是汽轮机的静止部分，它的作用是将蒸汽与大气隔绝，形成蒸汽完成能量转换的封闭空间。此外，它还要支撑汽轮机的其他静止部件，如隔板、隔板套、喷嘴汽室等。按蒸汽在汽轮机内流动的特点，汽缸的高、中压部分承受蒸汽的内压力，低压部分有一部分缸体承受外部的大气压，由于汽缸的质量大，结构复杂，在运行过程中，由于蒸汽的温度和比容变化较大，汽缸各部分承受的应力沿汽缸的分布有较大的差别，因此，汽缸在设计和制造过程中，仍需考虑较多的问题，其中主要有：汽缸及其结合面的严密性，汽轮机启动过程中的汽缸热膨胀、热变形和热应力以及汽缸的刚度、强度和蒸汽流动特性等。

为了便于加工、装配和检修，汽缸做成水平中分形式，其主要特点是：把汽缸分为上、下两个部分，转子从其径向中心穿过，为了使汽缸承受较大的蒸汽压力而不泄漏，汽缸上、下两个部分用紧固件（螺栓、螺母）连接，它们沿上、下缸中分面外径的法兰将上、下缸紧密连在一起。为了保证法兰结合面的严密性，汽缸中分面在制造过程中必须光洁、平整。法兰螺栓的连接一般采用热紧方式，也就是在安装螺栓时给螺栓一定的预紧力，在经过一段时间的应力松施后仍能保证法兰的严密性。另外，汽缸的进汽部分尽可能分散布置，以免造成局部热应力过大，引起汽缸变形。

随着机组容量的增大，蒸汽参数的提高，设计密封性能好而且可靠的法兰非常困难，为了解决这个问题，大型的汽轮机往往做成双层缸体结构，内、外缸之间充满着一定压力和温度的蒸汽，从而使内、外缸承受的压差和温差较小，另外，双层缸结构缸体和法兰都可以做得较薄，减小热应力，有利于改善机组的启动和负荷适应能力。一般情况下，双层缸的定位方法为：外缸用猫爪支撑在轴承座上，内缸与外缸采用螺栓连接，并用定位销和导向销进行定位和导向。

汽缸在运行中要承受内压力和内、外壁温差引起的热应力，为了保证动静部分在正常运行时的正确位置，缸体材料必须具有足够的强度性能、良好的组织稳定性和抗疲劳性，并具有一定的抗氧化能力。对于汽缸的中分面法兰紧固件，因为其在应力松施的条件下工作且承受拉伸应力，因而这些部件材料要具有较高的抗松施性能、足够的强度、较低的缺口敏感性、较小的蠕变脆化倾向和抗氧化性。通常螺母的强度比螺栓低一级，这样两者硬度不同可减小螺栓的磨损，并能防止长期工作后不咬死。

为了保证汽缸受热时自由膨胀又不影响机组中心线的一致，在汽缸和机座之间设置了一系列的导向滑键，这些滑键构成了汽轮机的滑销系统，对汽缸进行支撑、导向和定位，保证汽轮机良好对中，各汽缸、转子、轴承的膨胀不受阻碍。高、中压缸一般都采用支撑面和中分面重叠的上猫爪支撑结构。汽缸本身的热膨胀和转子的热膨胀也是汽轮机设计过程中要考虑的问题，要合理地选定汽缸的死点、转子与汽缸相对死点的位置，留有足够的相对膨胀间隙，保证动静部分的间隙在合理的范围内，提高汽轮机的整体工作效率。

汽轮机在运行中，在汽缸内不允许有任何积水，因此，汽缸在设计时有足够的去湿装置，疏水留有足够的通流面积，尽可能地避免无法疏水的洼窝结构。

2. 高中压缸

本汽轮机高、中压汽缸采用的合缸结构，通流部分为反向布置，见图 4-4 和图 4-5。它由高中压外缸、高压内缸和中压内缸组成，形成双层汽缸结构。高、中压外缸和内缸缸体都是合金钢铸件，各沿水平中分面分为上汽缸和下汽缸，上、下汽缸之间用法兰螺栓坚固，以便机组的安装及检修。

汽缸的结构形式和支撑方式在设计时给予充分考虑，当受热状况改变时，可以保持汽缸自由且对称地收缩和膨胀，并且把可能发生的变形降到最低限度。由合金钢铸造的高、中压外缸通过水平中分面形成了上、下两半。内缸同样为合金钢铸件并通过水平中分面形成了上、下两半。内缸支撑在外缸水平中分面处，并由上部和下部的定位销导向，使汽缸保持与汽轮机轴线的正确位置，同时使汽缸可根据温度的变化自由收缩和膨胀。连接到汽轮机的蒸汽进口管道具有若干回路以便使热应力保持到最小。

为降低高、中压外缸的使用压力，从而有效地解高中压外缸漏汽问题，高压内缸采用整体内缸。缸内支承高压 1～12 级隔板、中压 1～2 级隔板，允许工作温度不大于 566℃。内缸外壁对应于过桥汽封处有一个定位环，外缘的凹槽与外缸上相应位置的凸缘配合，确定内缸轴向位置，构成内缸相对于外缸的轴向膨胀死点。内缸外壁第 7 级处设置隔热环，将内、外缸夹层空间分为 2 个区域，样可以降低内缸内、外壁的温差，提高外缸温度，减少外缸与转子的膨胀差。内缸的进汽端装有高、中压间汽封，都采用高低齿 DAS 齿式椭圆汽封。内缸由其下半中分面前、后两端左和右两侧共 4 个猫爪搭在外缸下半近中分面处相应的凸台上，配准下面的垫片，可调整内缸中心高度配准上面的压紧销，在猫爪与外缸上半之间留下热膨胀间隙。在内缸前后两端的顶部和底部各装有1个纵向键，使汽缸在温度变化时，内、外缸中心保持一致。

高、中压外缸内装有高压内缸、隔板套、隔板、汽封等高、中压部分定子部件，与转子一起构成了汽轮机的高、中压通流部分。外缸材料为高温性能较好的合金铸件。外缸质量约40t（不包括螺栓等附件），允许工作温度不大于566℃。外缸由下半中分面伸出的前、后、左、右4个猫爪搭在前轴承箱和中低压轴承箱的水平中分面上，称为下猫爪中分面支承结构。高中压缸与前轴承箱之间的推（拉）力靠汽缸半前端与前轴承箱之间的“H”梁形式的推拉机构传递，为使汽缸与前轴承箱保持中心一致，“H”梁与汽缸下半前端及前轴承箱之间均采用圆柱销定位。高、中压外缸中部下方有高压进汽管和中压进汽管，两者靠密封圈与内外缸联接，能吸收内、外缸的胀差。

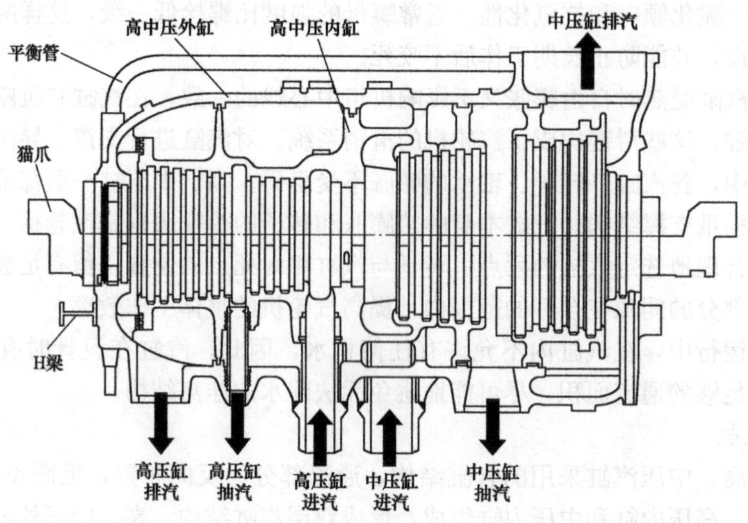

图 4-4 汽轮机高中压缸

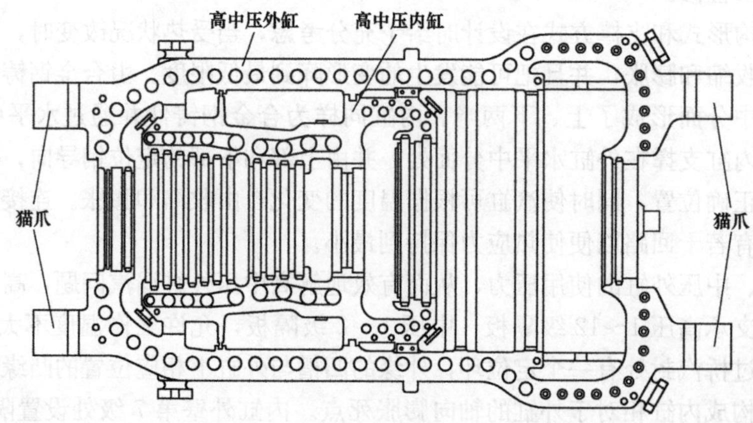

图 4-5 汽轮机高中压缸水平中分面

高、中压汽缸通流部分的压力级为反向布置，即高压汽缸中的压力级与中压汽缸中的压力级的蒸汽流动方向相反。这种反向布置的优点是：主蒸汽及再热蒸汽的进汽部分均集中在高、中压汽缸的中部，可减小汽轮机转子和汽缸的轴向温差及热应力；高、中压汽缸中温度最高的部分布置在远离汽轮机轴承的地方，使轴承受汽封温度的影响较小，轴承的工作温度较低，改善了轴承的工作条件，还可平衡一部分高、中压汽缸内的轴向推力。同时因为前后轴端汽封均处于高、中压缸排汽部位，使轴封长度显著减少。此外，高、中压合缸形式还减少了 1～2 个径向轴承，缩短了高、中压转子的长度。

3. 隔板

汽轮机的级是由喷嘴静叶和与之相配合的动叶组成，是汽轮机做功的基本单元，当具有一定温度和压力的蒸汽通过汽轮机的级时，首先将通过喷嘴静叶的蒸汽的热能转换为动能，然后，在动叶中将动能转换成机械能，从而完成汽轮机做功的任务。

隔板是将汽轮机的通流部分分割成若干级，用以固定汽缸内各级静叶片和阻止级间的漏气。隔板是完成蒸汽热能向动能转换的部套，具有工作温度高，前、后压差大，与转子间隙小的特点。本机在设计时充分考虑了结构强度温度效应及工作条件，因而具有良好的安全可靠性。

本汽轮机高压部分共 12 级，全部装在高压内缸里。中压部分共 10 级，中压第 1、2 级装在高、中压内缸里，第 3～5 级隔板在 1 号隔板套内，第 6～10 隔板装在 2 号隔板套内，中压第 6 级为旋转隔板。

旋转隔板的主要作用是调节中压缸抽汽腔的压力，结构如图 4-6 所示，由转动部分和静止部分组成，转动部分分上、下两半，分别布置 9 个通流孔，静止部分布置有 24 个通流孔。旋转隔板执行机构由控制油提供驱动动力，通过旋转隔板连杆带动转动部分旋转，从而实现旋转隔板的开关。旋转隔板全开时，转动部分和静止部分的通流孔完全重合，此时通流面积最大。旋转隔板全关时，转动部分和静止部分的通流孔偏移角度达到最大，此时通流面积最小，但仍保留一定的通流面积且仍有 6 个完全打开的通流孔。全开位置与全关位置之间夹角为 10.5°。当机组负荷较低时，中压缸抽汽压力降低，此时通过关小旋转隔板，使中压缸抽汽腔蒸汽憋压，从而提高中压缸抽汽压力。

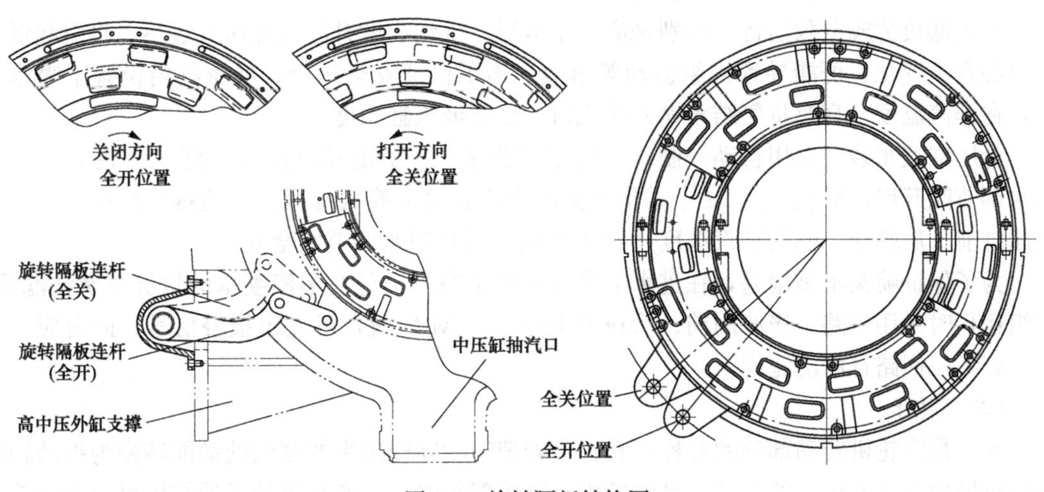

图 4-6　旋转隔板结构图

高、中压部分隔板的工作温度均在500℃以上，为适应高温工作条件，隔板都采用焊接结构。高压第1～12级、中压1～10级全部为高效自带小冠导叶。

隔板汽封采用DAS汽封圈结构型式，减少蒸汽泄漏，提高机组效率。动叶根部采用直接从隔板体上加工出根部汽封齿，安全可靠。隔板内外环全部带密封键，增加隔板刚性，减少中分面漏汽。

4. 低压缸

低压缸处于蒸汽从正压到负压的过渡工作区域，排汽压力很低，蒸汽比容增加很大，故低压缸多采用双缸反向对称布置的双分流结构，采用这种结构的主要优点是能很好地平衡轴向推力。另外，由于蒸汽比容变化较大，为避免叶片过长，低压缸分成两个独立的缸体，见图4-7。低压蒸汽通过一个低压主汽阀和一个低压调节阀进入连通管。低压蒸汽在连通管中与中压排汽混合，然后流入低压缸，最终进入凝汽器。内缸两端装有导流环，与外缸组成扩压段以减少排汽损失。

本汽轮机低压外缸采用焊接缸结构，轴承座在低压外缸上。低压外缸上半顶部进汽部位有带波纹管的低压进汽管与内缸进汽口联接，以补偿内、外缸胀差和保证密封。低压外缸下半四周的支承台板放在成矩形排列基架上，承受整个低压部分的质量，排汽口与排汽装置采用弹性连接，排汽装置自重和水重都由基础承受不作用在低压外缸上，但低压外缸和基础须承受大气压力。低压外缸下半前、后部装有纵向键，分别与中压轴承箱和低压后轴承箱相连，并在中部左右两侧基架上低压进汽中心前方设有横键，构成整个低压部分的死点。以此死点为中心，整个低压缸可在基架平面上向各个方向自由膨胀。

低压内缸下半通过4个猫爪搭在外缸的基础上，支持整个内缸和所有隔板的质量。水平法兰中部对应进汽中心处有侧键，作为内外缸的相对死点，使内缸轴向定位而允许横向自由膨胀。内缸顶部和底部设有纵向键，使缸相对外缸横向定位而允许轴向自由膨胀。

低压外缸顶部两端共装有4个大气阀，作为真空系统的安全保护措施。当缸内压力升高到表压为0.118～0.137MPa时，大气阀中1mm厚的石棉橡胶板破裂，使蒸汽排空，以保护低压缸、末级叶片和排汽装置的安全。在正常停机程序中，当排汽压力升至设定值时，应打开真空破坏阀，确保缸体内不会超压。

机组低负荷或空载运行，特别是高背压运行，排汽温度升高使低压缸过热，将引起低压缸中心发生变化，可能导致机组振动等事故。为了保证安全运行，低压缸内设置了喷水装置，在排汽温度升高时将凝结水喷入排汽口，以降低汽缸温度。

低压缸喷水装置采用自动控制，当低压缸前端任一侧的排汽温度达到60℃时，低压缸喷水调节阀开启，减温水经24个雾化喷头形成雾状水帘喷入排汽缸，使排汽温度下降。当低压缸前、后端任一侧的排汽温度达到80℃时，低压喷水调节阀全开。

为了保证喷头不被堵塞，在进水主管路上设了滤网，可在不停喷水的情况下清洗滤网，机组运行时只用一路。当滤网前、后压差大于0.05MPa时，可发出报警信号，此时应手动切换到另一回路且清洗滤网。

（二）转子

转子是汽轮机转动部分的总称，它担负着把喷嘴叶栅出来的蒸汽的动能转变为推动轴旋转的机械功及功率传递的重任，是汽轮机重要的部件之一。汽轮机转子的结构可分为转轮式和转鼓式两种类型。转轮式转子具有安装动叶的叶轮，一般由主轴、叶轮、动叶片和联轴器

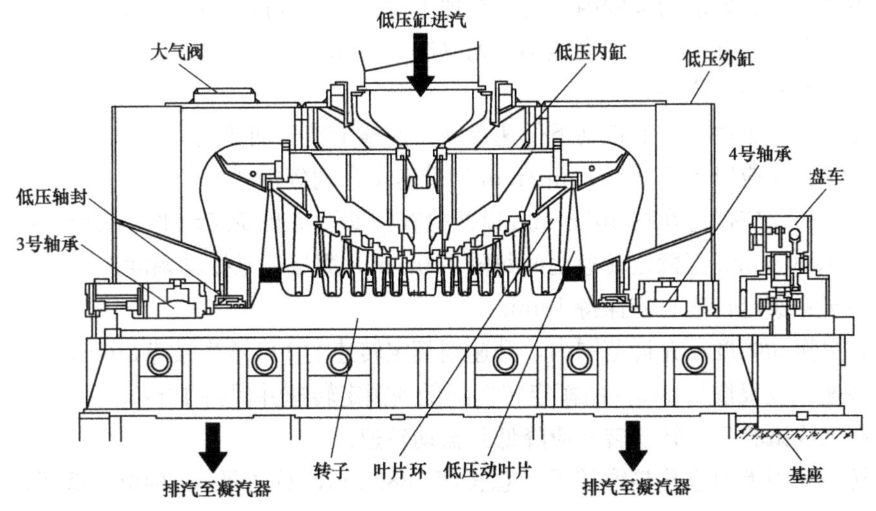

图 4-7　汽轮机低压缸

构成；转鼓式转子则没有叶轮，动叶片直接安装在转鼓上。通常冲动式汽轮机的转子采用转轮式转子；反动式汽轮机的转子为避免轴向推力过大而采用转鼓式转子。

转子上的动叶栅与对应隔板上的喷嘴叶栅构成汽轮机通流部分的能量转换单元，将蒸汽的热能转变成推动转子旋转的机械功，通过主轴带动发电机做功。转子工作时，因高速旋转，它除了要转换能量、传递扭矩外，还要承受旋转时质量所产生的离心力，因此要用高强度的金属材料制成。在高温区工作的转子，要采用耐高温的高强度材料。为了提高通流部分的效率，转子、静子部件间保持较小的间隙，要求转子部件加工精密，调整、安装精细准确。因此转子的任何缺陷都会影响机组的安全、经济运行。

本机组高、中压转子是由实心合金钢锻造加工而成。高压转子如图 4-8 所示，高压部分共 12 级叶轮，倒 T 型叶根槽。中压共 10 级，叶根槽均为纵树型叶根槽。高压第 4～12 级叶轮在上设有 5 个平孔，以减少叶轮两侧压力差引起的转子轴向推力。高中间汽封、高压第 12 级、中压第 1 级端面、电机侧对轮上设有装平衡块的燕尾槽，供做动平衡用。

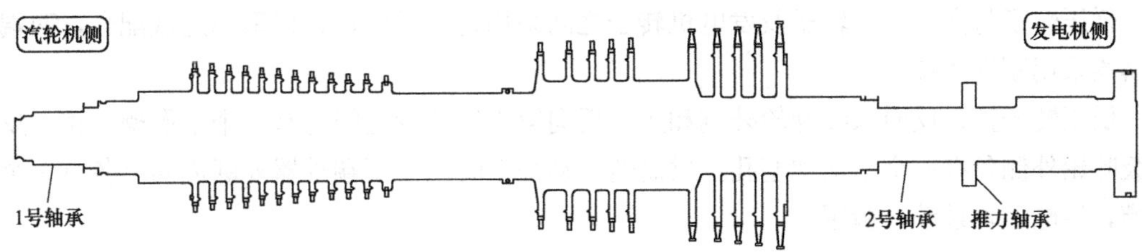

图 4-8　高中压转子

高、中压转子与发电机转子和低压转子用刚性联轴器联接。启动升速率或负荷变动率较大时，蒸汽温度变化较快，将导致转子热应力过大，损耗转子使用寿命。因此启动升速和变负荷时，要按照规定的升速率和变负荷率进行操作。冷态启动时要充分暖机，在升速到额定转速之前，转子中心部位必须加热到脆性转变温度以上。

由于转子的不平衡量产生的激振力是引发转子振动的激振力，要消除振动，首先必须保证转子的不平衡量在要求的范围内。转子在加工过程中要进行很好的静平衡，装上叶片后要进行低速动平衡（450r/min）和高速动平衡（3000r/min）。

转子动平衡的一般步骤：

（1）转子应在驱动机构的带动下低速盘动，使整个转子加热到大于125℃。

（2）转子转速应以小于300r/min/min的升速率升到额定转速。

（3）转子转速应保持在约400r/min以便检查辅助设备和高速动平衡试验台的仪表。

（4）在1000r/min至额定转速之间每隔100r/min测量记录振动幅度。

（5）转子在额定转速时应保持10min。

（6）如果振动幅度在允许范围内，升速到额定转速的115%并保持2min。

（7）转速应该很快从115%的额定转速降低到额定转速并保持10min。

（8）在完成试验后，转子转速应降低到盘动转速。

低压转子采用无中心孔整锻转子，总长度7880mm，总质量40.646t。低压转子结构如图4-9所示，正、反向共12级轮，正、反1～3级叶轮为等厚截面，正、反4～6级叶轮为锥形截面，轮缘上有叶根槽，正、反1～5级为菌型叶根槽，末级为纵树型叶根槽。

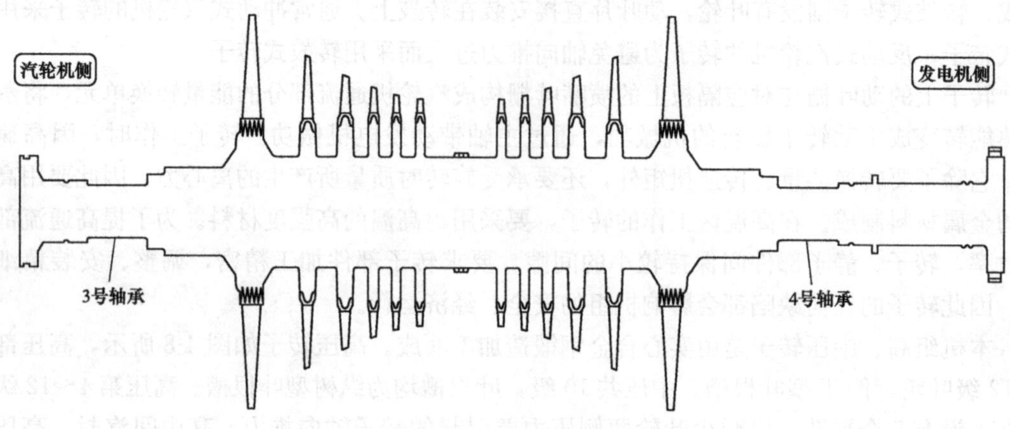

图4-9 低压转子

低压转子与高、中压转子及发电机转子之间采用止口对中，止口采用过盈配合，两端联轴器均采用刚性联接。

低压转子正、反向末级叶轮外侧和正、反向第1级叶轮之间各有1个平衡槽，正、反向末级叶轮外侧各有一个平衡螺塞孔，供制造厂动平衡时用。两端轴器外圆周面上各有1个平衡槽，供电厂轴系动平衡用。

（三）叶片

叶片按用途可分为动叶片和静叶处片两种。

动叶片安装在转子叶轮或转鼓上，接受喷嘴叶栅射出的高速汽流，把蒸汽的动能转换成机械能，使转子旋转。

静叶安装在隔板或持环上。在静叶栅中，蒸汽的压力和温度降低，流速增加，将热力势能转换为动能。

本汽轮机转子的临界转速见表4-1。

表 4-1　　转子的临界转速

转速（r/min）	1322.8	1711.3	2064.4	3769.4
阶次	GEN 一阶	HIP 一阶	LP 一阶	GEN 二阶

叶片的工作条件很复杂，除因高速旋转和汽流作用而承受较高的静应力和动应力外，还因其处在过热蒸汽区、两相过渡区（指从过热蒸汽区过渡到湿蒸汽区）和湿蒸汽区段内工作而承受高温、高压、腐蚀和冲蚀作用。因此在设计、制造叶片时，应充分考虑叶片的强度和刚度，又有良好的型线，以提高汽轮机的效率。

本汽轮机高中压是冲动式叶片，低压是双流冲动叶片。整个通道，旋转部件和静止部件之间有汽封齿，以减少蒸汽泄漏。

高压 12 级冲动式叶片采用倒 T 型叶根，中压 10 级冲动式叶片采用纵树型叶根，低压缸 2×6 级冲动式叶片 1～5 级采用菌型叶根、末级采用纵树型叶根。

（四）平衡活塞

平衡活塞就是将轴封套直径加大，在转子上形成带齿形轴封的较大凸肩，蒸汽由凸肩齿形间隙的一端流向另一端时，因节流而产生压降，由于凸肩两侧所承受的压力不同，于是产生与转子通流部分固有推力相反的轴向附加力并与之平衡。高压进汽区域内转子上加工有高、中压平衡活塞，高压通流部分的轴向推力由这两级平衡活塞加以平衡，再加上高压排汽平衡活塞的作用，轴向推力最后只剩下一个较小的正向推力指向发电机端，保证额定负荷下转子不漂移，运行稳定。

本机组低压缸由于采用了对称布置结构，几乎不会产生额外的轴向推力。而高、中压缸虽然采用了对流布置，但由于两边的工况不同，各自产生的轴向推力也不同，因此会有额外的轴向推力产生。为了尽可能地减小轴向推力，使推力轴承的负荷减至最小，在高中压进汽端和高压缸排汽端有两个平衡环，即平衡活塞。

叶片前、后蒸汽压差会产生相当大的推力，作用于转子的推力向着排汽端。在平衡环与轴封之间的一个断面加工成一个平衡活塞，它的设计是为了平衡一部分轴向推力，减少作用在推力轴承上的负载，从而在机组各种运行工况下，限制转子的轴向推力。

从平衡活塞的密封泄漏出来的蒸汽流经外部管道进入中压缸排汽。其压力值根据汽轮机工况而定。通过平稳活塞产生的压差使大轴向蒸汽入口方向移动，从而减小推力轴承的负载。平衡环是上、下半分式，由键支撑在汽缸内，水平对接，通过径向键来上、下对中。这样的布置方式，使它与汽轮机大轴保持适宜位置，并在温度改变时，能够自由移动。

各迷宫式密封环制成一段段的，带有 T 形根配装入平衡环的相应沟槽内。在上部水平接口处每段密封环设有两个防滚动销钉。当上半平衡环被吊开时，该销钉还起到防止上半密封环段滚脱出来的作用。每个密封环段背面装有叶形弹簧，由螺钉固定在环段上，螺钉的端头下留出足够的空隙，使弹簧片留有自由活动的余地。组装密封环时，在靠近螺钉的端头处点冲一下，以防运行中螺钉松出来。

注意：机组不能在汽轮机高中压缸其中一个缸退出的情况下连续运行。

（五）转子联轴器

联轴器是将汽轮机各个转子及发电机转子联成一体，用以传递扭矩及轴向推力的重要部件。主要有刚性、半挠性、挠性联轴器三类。大型发电机组一般采用刚性联轴器，这种联轴器结构简单，连接刚度大，传递力矩大。另外，刚性联轴器连接的轴系只需要一个推力轴承平衡推力，简化了轴系的支承定位，缩短了轴系长度。但此种联轴器连接的轴系需要高精度的轴系对中，否则，各个转子相互影响较大，容易引起轴系振动。

本机组高中压汽轮机转子、低压汽轮机转子、发电机转子全部采用刚性连接，每根转子分别有两个轴承支承。轴系的三根转子的联轴器基本上都是相同的，联轴器的两个法兰面分别与各自的转子锻成一整体，联轴器的两个法兰面有配合螺栓紧固并保证两转子同心。环形垫片放在两个联轴器之间，法兰两侧均设有套筒配合，用以保证两根大轴能够相互对中。因此若要取下环形垫片，必须使两个大轴的法兰尽量沿轴向分开来，设有的螺旋千斤顶孔，即为此而使用。

低压缸与发电机之间的联轴器被加工成四周带齿的齿轮，该齿轮与盘车齿轮相啮合。盘车齿轮用于机组停机时，使大轴缓慢转动，防止转子发生热弯曲。

（六）汽封

作为高速旋转的汽轮机，其动静部分必须留有一定的间隙，为了减小泄漏，必须安装防止泄漏的装置来提高汽轮机的工作效率，这种装置通常称为汽封。广泛使用在大功率汽轮发电机组上的是非接触式的迷宫式密封。

迷宫式汽封又称曲径汽封，其工作原理是：在合金钢环体上车制出一连串较薄的薄片，每一个扼流圈后一个膨胀室，当蒸汽通过时，速度加快，在膨胀室蒸汽的动能变化为热能，压力降低，比容增大，依此类推，在蒸汽通过多个扼流圈时，其每个扼流圈的前后压差就很小，泄漏量就降低很多。

根据汽封装设的位置不同，汽封又分为下列几种，如图 4-10 所示。

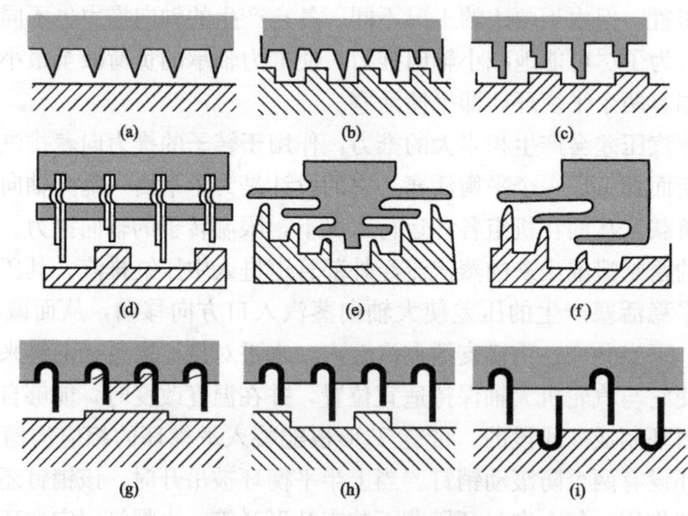

图 4-10　迷宫式汽封示意图

(a) 整体平齿；(b)、(c) 整体高低齿；(e)、(f) 整体纵树形；(d)、(g)、(h)、(i) 镶片式

(1) 叶栅汽封：主要密封的位置包括动叶片围带处和静叶片或隔板之间的径向、轴向，以及动叶片根部和静叶片或隔板之间的径向、轴向汽封。

(2) 隔板汽封：隔板内圆面之间用来限制级与级之间漏气的汽封。

(3) 轴端汽封：在转子两端穿过汽缸的部位设置合适的不同压力降的成组汽封，就是常说的轴封。

由于装设部位不同，密封方式不同，采用的汽封形式也不尽相同，通常叶片汽封和隔板汽封又称为通流部分汽封。

1. 通流部分汽封

汽轮机的通流部分汽封主要作用是减少蒸汽从高压区段通过非做功区段漏向低压区段，保证尽可能多的蒸汽在通道内做功，见图 4-11。

(1) 叶栅汽封：前、后压差较小，装设部位狭小，因而结构简单，一般情况叶顶径向汽封梳齿嵌压在静止件上，它与围带维持着较小的间隙，构成简单的叶顶轴向汽封。

(2) 隔板汽封：相对于叶栅汽封而言，其前、后的压差大，汽封梳齿较多，结构较为复杂。由装在隔板内孔的汽封圈和转子上的凸台形成。汽封圈沿圆周分成几段，有隔板水平结合面处装入隔板 T 型槽内，并用弹簧板将其压住，在 T 型槽的侧面开有小孔，运行时，蒸汽进入槽内，对汽封圈产生附加力，使汽封圈始终向心。

2. 轴端密封

汽轮机轴端密封装置有两个方面的功能，一是在汽轮机压力区段防止蒸汽外泄，确保进入汽轮机的全部蒸汽都沿汽轮机的叶栅通道通流做功，提高汽轮机的效率；二是在真空区段，防止汽轮机外侧的空气向汽轮机内泄漏，保证汽轮机组有良好的真空，降低汽轮机的背压，提高汽轮机的做功能力。

图 4-11　通流和轴端汽封

装在汽轮机转子上的轴封用来防止蒸汽从壳体沿转轴逸出。轴封为迷宫型，包括一定数量的轴封片，以减少蒸汽泄漏。用蒸汽向轴封供轴封用汽。漏出来的蒸汽从外轴封小室经下半轴封体的两连接管，进入轴封冷却器。轴封冷却器使外轴封小室保持局部真空，以防止蒸汽经该小室漏出到机岛室。

轴封蒸汽通过下半轴封体的两连接管，进入内轴封与外轴封之间的小室。在各种运行工况下，轴封蒸汽调节门都能使轴封汽室的汽压保持在 0.03MPa 左右。

轴封环的形式都是相同的，每个环分成 8 段，带有 T 型的根部，嵌入轴封体的沟槽内。为防止轴封环转动，设有防转动销钉，装在上半轴封环段水平接口的槽口处。每个轴封环背面装有 4 个叶形弹簧片，用螺钉将弹簧片固定在段块上，在螺钉的头部下留有足够的空隙，使弹簧能够自由活动。组装轴封环时，在靠近螺钉端头处的环段上点冲一下，使螺钉在运行中不会松出来。

所有轴封都是金属迷宫型、弹簧分段式汽封圈。汽封圈为高低齿或平齿，小间隙配合凸台直接在汽轮机转子上加工而成。这一连串的高、低齿结构形成的小间隙，使泄漏的蒸汽流量达到最小。两段汽封之间的腔室里有泄漏的空气及泄漏的蒸汽。若是因为某些变工况条件造成转子变形，分段弹簧式汽封所具有的“退让”功能可以降低汽封齿和转子摩擦时产生的热量对转子的损坏。轴封环段块在接口处都有标记，解体轴封环后重新组装时，应使这些段块回装在原来的位置上。在每个密封环段设有供压槽口，并使密封环径向就位，因有汽压的作用力。安装时各密封环段的槽口应面向汽流。装在轴封环段上的轴封条在转子表面上形成很小的转动间隙。轴封条是错开排列的，防止蒸汽形成直线通路，穿过轴封。组装轴封体时，由销钉和螺栓定位在汽缸上。

3. 注意事项

汽轮机正常运行时必须供轴封蒸汽，防止空气通过轴封流入汽轮机。若有空气进入汽轮机，将降低凝汽器真空，造成机组出力和效率的降低。机组运行中，若关闭轴封蒸汽，低温空气经轴封进入汽轮机内，使汽轮缸冷却下来，将造成转动与静止部件发生摩擦而损坏汽轮机。

在停机时，在机组转速高于额定10％（转速约300r/min）前，不要破坏凝汽器的真空。过早地打开真空破坏阀，将使轴封蒸汽流量减少，有害于末级叶片，甚至造成损坏。即使凝汽器真空破坏阀已打开，保持轴封供汽，直到凝汽器内的压力与环境压力相同。这样将没有可能使转子和轴封区域很快冷却下来。

除非在下列紧急情况下，凝汽器真空破坏阀不要打开，直到汽轮机转速达到额定转速的10％以下：

（1）机组因推力轴承故障而跳闸；

（2）机组因轴承油压低而跳闸。

（七）轴承

为保证汽轮机转子在汽缸内的正常工作，汽轮机毫无例外地采用了径向支持轴承和推力轴承，径向支持轴承承担转子的质量和因部分进汽或振动引起的其他力，并确定转子的位置，保证转子与汽缸的中心线的一致；推力轴承承担汽流引起的轴向推力，并确定转子的轴向位置，确保汽轮机的动静部分的间隙。由于汽轮发电机组属重载高速设备，轴承全部采用以油膜润滑理论为基础的滑动轴承。

汽轮发电机组在选用轴承时，主要考虑下列问题：主轴承的型式要确保不出现油膜振荡，充分考虑汽流激振力的影响，具有良好的抗干扰能力，检修时不需要揭开汽缸和转子，就能够把各轴承方便地取出和更换，轴承最好采用水平中分面轴承，不需吊转子就能够在水平、垂直方向进行调整。推力轴承能持续承受在任何工况下所产生的双向最大推力。各支持轴承均设轴承金属温度测点，测点位置和数量满足汽轮机运行监视的要求。

1. 1、2号支持轴承（可倾瓦轴承）

1、2号支持轴承如图4-12所示，是由6个键支撑的具有自位功能的可倾瓦轴承。该轴承由6块巴氏合金钢制轴瓦组成，具有径向调整和自动润滑功能。轴承壳体制成两半，与轴承座的水平中分面齐平，用定位销定位。各瓦块均支撑于轴承壳体内，且用支持销定位。位于瓦块中心的调整垫块与支持销的球面相接触，作为可倾瓦块的摆动支点。因此轴承可以随转子摆动并自对中心。

轴承壳体由6块钢制键支撑在轴承座内，其外圆直径加工得比轴承座内孔直径稍小。在每个键和轴承壳体之间设有垫片，以便在垂直和水平方向调整轴承确定转子在汽缸内的准确位置。安装于轴承壳体的止动销，伸入轴承座水平中分面下一凹槽内，用以防止轴承在轴承座内转动。

润滑油通过带孔垫片和节流孔板进入轴承壳体，轴承壳体两端面上开有环槽，润滑油经过环槽通过在水平和垂直方向上开的12个孔进入轴承各瓦块，沿着各瓦块间的轴颈表面分

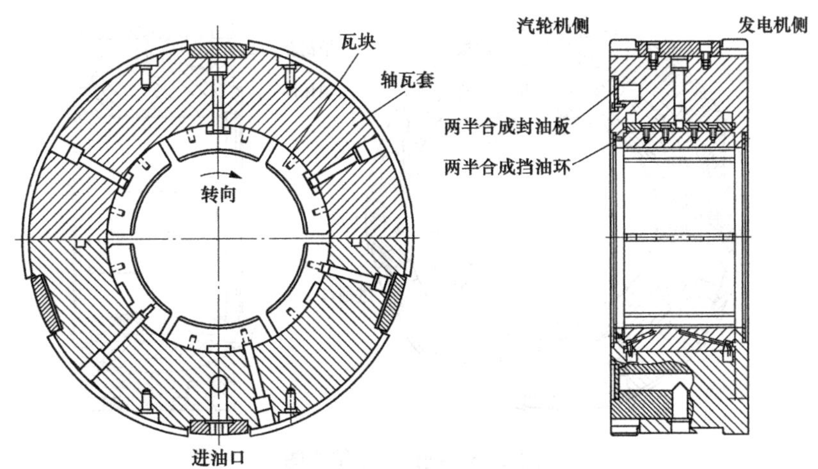

图 4-12 可倾瓦轴承结构图

布，并从两端排出。

油封环及油封挡环防止从轴承两端大量漏油，油封环做成两半，固定在轴承体上用限位销防止挡油环转动，油通过两侧的挡油环的排油孔排出，返回轴承座。

2.3、4 号支持轴承（椭圆轴承）

低压缸两个支持轴承为椭圆轴承。它包括衬以巴氏合金的铸钢外壳、供油润滑和轴承中心位置的调整。外壳水平中分，设有两个销钉使，保证两半完全吻合，见图 4-13。

该轴承由 3 个钢块或称键销来支撑，位于底座内的球形孔座，键销的弧形外表面半径稍小于底座的内孔。键销中的两个，装在轴承外壳的下半部分，与水平和垂直中心线呈 45°角的位置上；另外那个键销置于外壳顶部的垂直中心线上。各键销与轴承外壳之间，装有内衬或垫片，用来调整垂直和水平位置，从而确定大轴在汽缸内的具体位置。在轴承外壳的水平结合面的下方，设有个销钉，装入轴承外壳内，销钉端头突出于轴承座内，用于防止轴承与其底座之间发生转动。润滑油通过底座上的钻孔与相对应的键销中心孔，送入轴承内。润滑油经键销中心孔进入轴承上半外壳的油释放区。这样可保证在所有时间内，可靠润滑轴承。轴承的油释放区，并不延伸到轴承的两端，而是止于两端的环状沟槽。于是环状沟槽中一些润滑油，流经下半轴承外壳上的几个小孔，进入底座。

3 个轴承键销都有油孔通过其中心。该键销及轴承外壳上都有简单标记，组装轴承时，应按标记装回原位。

3. 推力轴承

为了轴系定位和承受转子轴向力，本汽轮机设置 1 个独立结构的推力轴承，位于高、中压转子后端。本汽轮机推力轴承为活支可倾瓦块型，为尽量减少高、中压转子两端轴承的跨距，采用了独立结构的推力轴承，带有球面轴瓦套，依靠球面的自位能力保证推力瓦块载荷均匀。工作推力瓦和定位推力瓦各 8 块，分别位于转子推力盘的前、后两侧，承受轴向推力，成为轴系的相对死点，见图 4-14。

汽轮机正常运行时，轴向推力向后，由位于转子推力盘后端（发电机侧）的正向推力瓦承受。特殊情况下可能出现瞬时反推力，由位于转子推力盘前端（机头侧）的反向推力瓦承受。

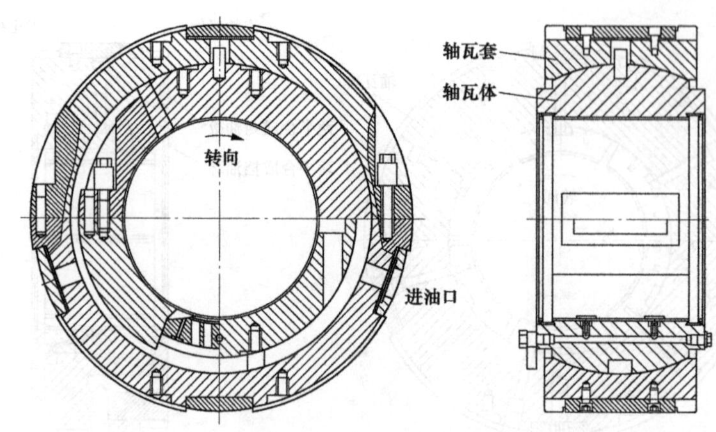

图 4-13 椭圆轴承结构图

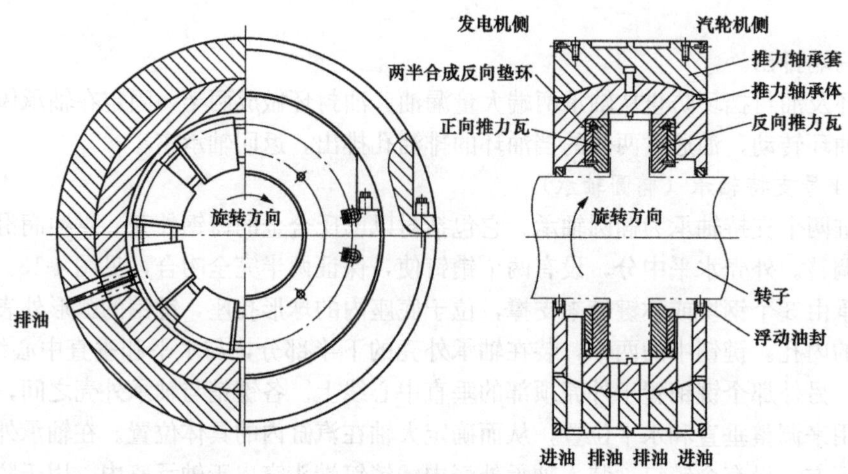

图 4-14 推力轴承结构图

（八）滑销系统

汽轮机从启动过程到正常运行状态，汽缸要膨胀，转子也要膨胀，对于双层缸结构的汽轮机，内、外缸之间也会产生相对膨胀。由于汽缸和转子在使用材料不同，几何尺寸不一样，各部分承受的温度也不同，汽缸和转子，内、外缸之间膨胀量不完全相同，必然产生膨胀差。为了保证汽轮机在启动、停机过程中，汽缸、转子能按照设计要求定位和对中，保证其膨胀不受阻碍，汽轮机配置了一套完善的滑销系统。其主要由横销、纵销，立销、角销等部件组成，通过在不同部位的安装，控制汽轮机的膨胀方向。一般情况下，大型汽轮机由于轴系长，缸体绝对膨胀值大，均采用多死点滑销系统，保证汽轮机沿不同方向上的自由膨胀。

1. 汽缸膨胀

本机组高压内缸相对于高压外缸的死点在高压进汽中心线后 250mm 处，以定位环凸缘槽定位，低压内缸相对于低压外缸的死点设置在低压进汽中心线处，高、低压内缸分别由死点向前后两个方向膨胀。汽轮机定子通过横键相对于基础保持 2 个固定点（绝对死点），1

个在中低压轴承箱基架上 2 号轴承中心线后 205mm 处，另 1 个在低压缸左右两侧基架上低压进汽中心线前 203mm 处。汽轮机启动时，高中压缸、前轴承箱向前膨胀，低压缸向前后两个方向膨胀，见图 4-15。

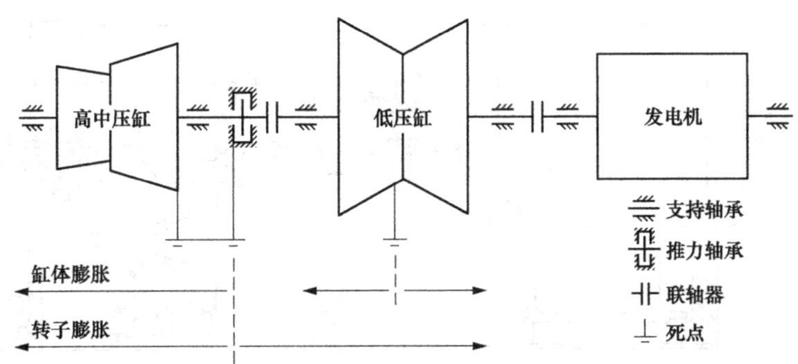

图 4-15　汽轮机的相对死点和绝对死点

横销的作用是保证汽轮机汽缸沿横向自由膨胀，限制其轴向位移，使汽缸运行在允许间隙的范围内，纵销是保证汽缸沿轴向自由膨胀，限制横向膨胀，纵销中心线和横销中心线的交叉点形成汽缸的死点，当汽缸膨胀时，该点始终保持不变，立销的作用是限制汽缸的纵向和横向移动，允许汽缸上下膨胀。

2. 转子膨胀

转子相对于定子的固定点（相对死点）在中、低压轴承箱内推力轴承处，汽轮机启动时，转子由此处向前后膨胀。

3. 胀差

为了测量绝对膨胀和高中压、低压转子和汽缸的胀差，在高压转子前端（前轴承箱内）和低压转子后端（低压后轴承箱内）装有胀差传感器。前轴承箱基架上装有热膨胀传感器，监测高中压缸的绝对膨胀。

（九）盘车装置

盘车装置是带动机组轴系缓慢转动的机械装置（见图 4-16），作用如下：

（1）机组冲转前盘车，使转子连续转动，避免因阀门漏汽和汽封送汽等因素造成的温差使转子弯曲。同时检查转子是否已出现弯曲和动静部分是否有摩擦现象。

（2）机组的停机后盘车，使转子连续转动，避免因汽缸自然冷却造成的上、下缸温差使转子弯曲。

（3）机组必须在盘车状态下才能冲转，否则转子在静止状态下因静摩擦力太大而无法启动。

（4）较长时间的连续盘车，可以消除转子因机组长期停运和存放或其他原因引起的非永久性弯曲。

（5）可以驱动转子作现场简易加工。

本机组的盘车装置安装在低压后轴承箱箱盖上，盘车转速 4.29r/min，驱动电机功率 22kW。采用传统的蜗轮蜗杆减速机构和摆动齿轮离合机构，电机横向布置，有利于减小机组长度。带有电操纵液压投入机构，用润滑油压驱动，可以远距离操作或就地操作。可连续盘车，也可间歇盘车，冲转时能自动与转子脱离，驱动力裕量较大，可以满足各种情况下的要求。

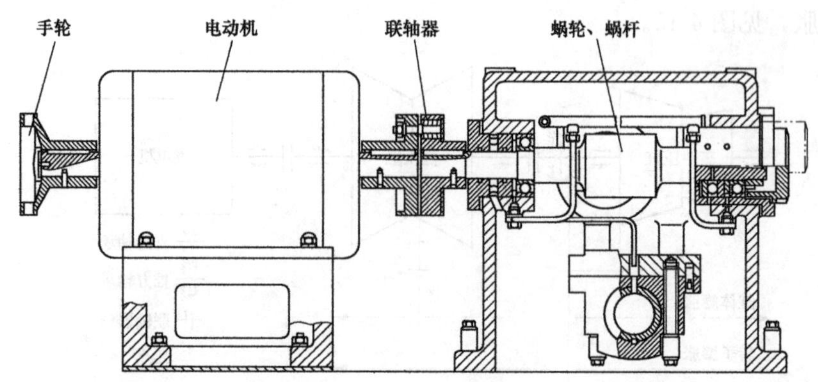

图 4-16 盘车装置

机组启、停盘车时应注意下列事项：

(1) 投入盘车前应先投入顶轴油泵，以减小静摩擦力，利于启动，保护轴承；

(2) 停机后应立即投入盘车，连续盘车到高压内缸上半调节级处内壁金属温度降低到200℃时，可改用间歇盘车，降到150℃时才能停止盘车；

(3) 停机时，必须等转子转速降到零后，才能投入盘车，否则会严重损坏盘车装置和转子齿环。

(十) 转子接地装置

转子接地装置连接到汽轮机的转子上，防止静电积聚在汽轮机转子上放电。

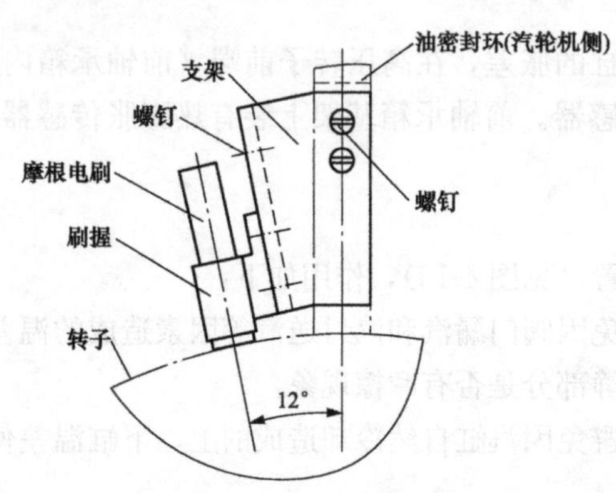

图 4-17 转子接地装置

转子接地装置的结构如图 4-17 所示，支架由螺钉拧紧在汽轮发电机端部（汽轮机侧）的油密封环上，安装在支架上的电刷保持与汽轮机转子相接触，任何积聚在汽轮机转子上的静电都通过电刷、油密封环和轴承底座进入大地。

静电测量可用真空管电压表、示波器或高阻抗电压表。必须把一根引线置于发电机轴承靠汽轮机侧的转子上，另一根引线接在汽缸上。

为了了解老化情况，需要记录直流电压、转子对静止部件的极性和交流电压。

轴电压允许值是：DC 为 1V，AC 也为 1V（均方根值）。

【重要提示】测量静电电压时，需确保没有振动检测探头与转子相接触，否则会影响测量结果。

由于接地装置在高速滑动，擦过情况下传送相对微小的电流，电流会使接地铜条表面产生氧化膜。氧化膜由于它的高电阻会降低接地铜条的接地效果。因此，需要定期检查和维护以确保接地铜条有效。如果由于氧化膜的缘故而升高了轴电压，就必须轻轻打磨编织带的表面或者更换。当接地铜条厚度降到 50％时必须更换。

（十一）轴系测点布置

本汽轮机轴系测点布置如图 4-18 所示。

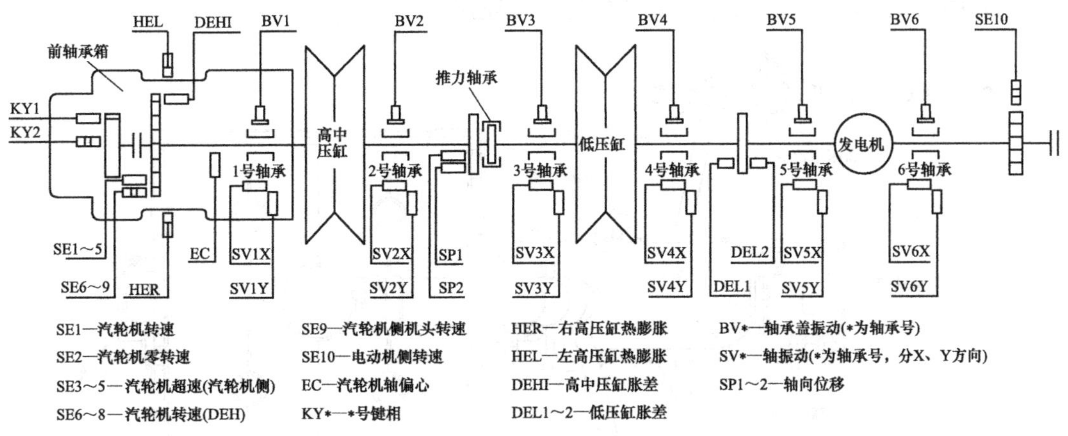

图 4-18 轴系测点布置图

相关说明如下：

1. 转子振动探头

振动探头用于测量和记录在运行中的汽轮机—发电机转子的振动。靠近主轴承测量振动。过大振动作为对汽轮机—发电机异常和可能危险情况的警告。每一振动仪表配备有报警器和断路在测出过大振动时就启动。

2. 胀差探头

在蒸汽进入汽轮机时，转动零件和外缸会膨胀。由于转动零件质量较小，加热较快，所以比外缸较快膨胀。设置转动零件和静止零件之间的轴向间隙允许汽轮机胀差，但如果超过可容许的胀差范围，转动和静止零件之间的可能发生接触。胀差探头的用途是监测转动和静止零件的相对运动。胀差在靠近 1 号轴承的前轴承箱内和靠近 4 号轴承的低压后轴承箱内测出。胀差仪表配备有报警继电器，如果接近轴向间隙的范围就启动。

3. 转子偏心探头

转子偏心探头安装在 1 号轴承的前轴承箱内。在机组停运时，如果转子外缸的上半部温度高于下半部时，由于不均匀冷却，转子会趋向弯曲。使用盘车装置慢慢转动转子，转子会均匀的冷却，从而使弯曲降低到最小限度。偏心仪表配备有报警继电器，在到达偏心范围时就启动。

4. 速度传感器和零速度探头

安装在 1 号轴承的前轴承箱内，用于测量汽轮机-发电机转子的旋转。速度传感仪表的信号用于汽轮机控制、保护和指示。

三、汽轮机进汽机构

本机组将汽轮机的高、中、低压主汽阀、调节阀从汽轮机缸体上分离出来，成为单独的主汽阀组。主要有以下特点：

(1) 高、中、低压主汽阀组布置在机组两侧，有利于汽缸稳定性，高压主汽阀组布置在汽轮机左侧（从机头往发电机方向看），中低压主汽阀组布置在汽轮机右侧，见图 4-19。

(2) 中压主汽阀组采用大、小联合汽阀并联形式，满足机组供热、纯凝运行需求；

(3) 高中压缸从底部进汽，低压缸从顶部进汽。

(4) 中、低压间采用带波纹膨胀节的连通管连接。

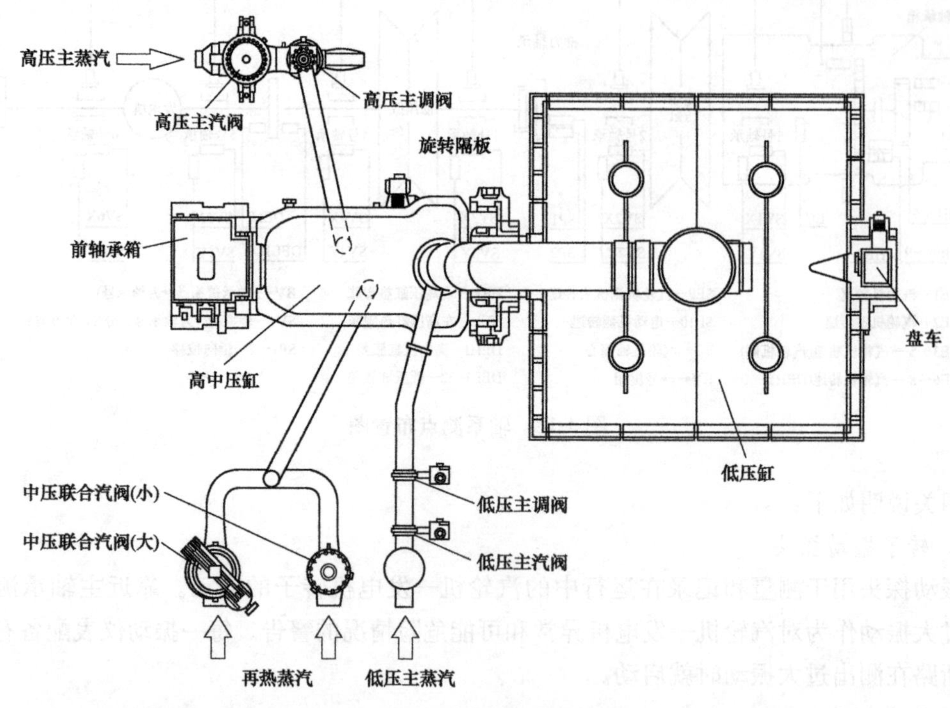

图 4-19 汽轮机进汽结构布置图

四、汽轮机预暖装置

本机组配置有汽轮机预暖装置，如图 4-20 所示，以满足冷、温态高中压联合启动对高压缸温度、胀差控制的需要。

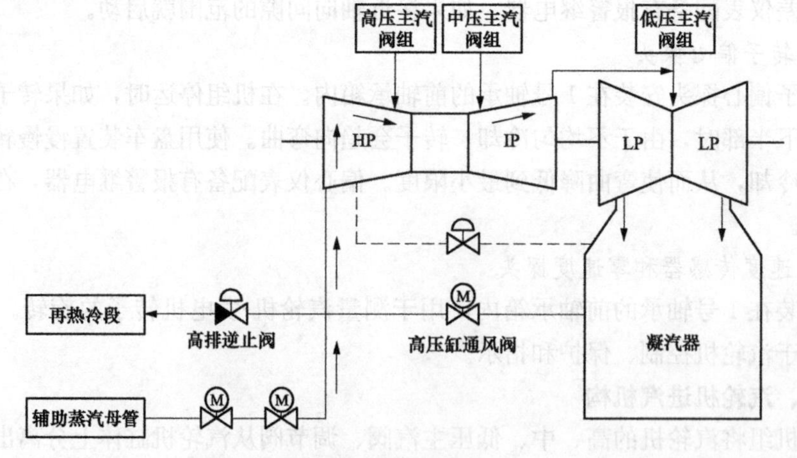

图 4-20 汽轮机预暖系统图

冷态启动时，在汽轮机冲转前，由高压旁阀后的蒸汽或辅助蒸汽通过倒暖阀 (RFV)

进入高压缸。从高中压缸之间汽封、高压主汽管疏水和高压缸疏水排出。在高压缸1级处内壁金属温度达到50℃，上下半内、外壁温差小于50℃，高压内缸上下半左右法兰内、外壁温差小50℃，在中压缸进汽处和排汽口处内壁温度超过50℃，保温1h暖缸结束。高压缸预暖期间打开10%高压主汽阀阀位，对高压主汽阀壳、主汽管进行预暖。预暖蒸汽压0.4～0.8MPa，温度为200～250℃，并保持50℃以上过热度。

第三节 汽轮机运行监视

一、汽轮机运行的一般规定

（一）机组启动状态的规定

（1）冷态：高压进汽处上半内壁金属温度≤150℃。

（2）温态：150℃＜高压进汽处上半内壁金属温度＜300℃。

（3）热态：高压进汽处上半内壁金属温度≥300℃。

（二）辅助蒸汽要求

（1）机组启动所需的辅助蒸汽由启动锅炉或其他机组的冷再蒸汽提供。

（2）供轴封辅助蒸汽的要求：温度180℃，压力1MPa。

（三）汽轮机冲转允许条件

（1）高压主蒸汽过热度不小于50℃；

（2）高压主蒸汽压力大于规定值（热态7.8MPa，温态5.8MPa，冷态3.8MPa）；

（3）高压主蒸汽温度大于规定值（热态470℃，温态420℃，冷态370℃）；

（4）再热主蒸汽温度大于规定值（热态450℃，温态400℃，冷态350℃）；

（5）高压主蒸汽不匹配度（汽轮机入口高压主蒸汽温度-高压缸进口金属温度）大于－30℃。

二、汽轮机的运行监视

（一）监视的意义

（1）避免参数超限；

（2）力求设备在较经济的工况下运行；

（3）通过对设备的定期检查，掌握运行设备的健康状况，及时发现影响设备安全运行的隐患，做好事故预想，避免设备损坏。

（二）汽轮机运行监视参数

汽轮机运行监视参数包括：负荷、转速、主蒸汽及再热蒸汽的压力和温度、真空、润滑油和控制油油压及油温、轴向位移、偏心、振动、胀差、凝汽器水位、轴封母管压力、推力瓦和支承瓦的瓦温及回油温度、“CRT”报警及常规报警等。

（三）主要参数的监视与控制

（1）主蒸汽压力。主蒸汽压力上升而主蒸汽温度、排汽压力不变，末几级理想焓降有所增加，再加上汽压增加使蒸汽流量增大，使末几级叶片的弯应力明显增大（末级最显著）。因此，为考虑末级叶片的安全，在主蒸汽压力升高时应限制主汽流量。

主蒸汽压力降低时，应限制蒸汽流量不超过设计最大值，如主蒸汽压力下降过多，则不允许机组负荷带到额定值，同时应要求锅炉尽早恢复汽压。

(2) 主蒸汽温度。汽温下降超过规定值时，不允许机组继续带额定负荷，需要限制机组出力。主蒸汽温度的快速大幅度下降会造成汽轮机金属部件产生过大的热应力、热变形，甚至导致汽轮机水击事故发生。

主蒸汽温度升高使调节级理想焓降增大，各中间级理想焓降基本不变，末级理想焓降减少，此时应限制机组功率不超过设计最大值。

(3) 再热汽温。再热汽温的急剧变化会引起中压缸金属部件的热应力、热变形、胀差大幅度的变化。再热汽温升高，汽轮机热耗率下降，经济性有利。再热汽温降低，对机组的经济性、安全性均不利。

(4) 排汽压力。背压升高时，汽轮机的理想焓降将减少，相同流量下的功率将减少。背压升高后会引起排汽部分的法兰、螺栓应力增大。

排汽压力升高，使排汽温度大幅度升高，使排汽室的膨胀量增大，使低压转子的中心抬高，引起机组强烈振动。排汽温度的升高，使凝汽器的外壳与钛管的相对膨胀差增大，可能使钛管的张口松动。

排汽压力降低，如机组仍在最大流量下运行，则最末级叶片的应力可能超过允许值，并且湿度增加，将会加剧叶片的冲蚀损坏。就地操作、控制、监视、保护、测量仪表、仪器及自动装置投入齐全，指示正确。

(5) 真空降低。真空降低的原因：真空泵工作失常、负压管道漏入空气、虹吸井密封不良、凝汽器水位过高超过空气管、轴封供汽压力降低、凝结水泵失常、循环水减少或中断、凝汽器内聚集过多空气等。

当真空降低到规定值以下时，应按规定减负荷达一定值，并查找原因恢复正常运行。

(6) 轴向位移。引起轴向位移增大的原因，主要有：

1) 轴承润滑油质恶化；

2) 推力轴承结构有缺陷或工作失常；

3) 轴向推力增大；

4) 蒸汽流量增大、蒸汽参数降低、真空降低、隔板汽封磨损漏汽量增大；

5) 通流部分积垢等因素都会引起抽向推力增大；

6) 特别是汽缸进水将引起很大的轴向推力。

当轴向位移超过+1.2mm或低于−1.65mm，机组自动跳闸，否则应手动打闸。

(7) 推力轴承金属温度。轴向推力明显增大时，会使推力盘与推力轴承油膜之间以及油膜与推力轴承瓦块乌金之间的摩擦力明显增加，引起推力瓦块乌金温度及推力轴承回油温度升高。

推力轴承温度不小于110℃时，应手动停机。

(8) 支持轴承金属温度。机组运行中应监视各支持轴承金属温度在正常范围，当支持轴承金属温度大于等于115℃时，应手动停机。

(9) 润滑油回油温度。机组运行中应监视润滑油回油温度在正常范围，当润滑油回油温度大于等于75℃时，应手动停机。

(10) 胀差。当某一区段的胀差值超过了在这个方向的动静部件轴向间隙时，就会发生动静部件的摩擦或碰撞，造成启动时间的延误或引起机组振动、大轴弯曲等严重事故。

胀差指示器只能指示测点处的胀差值，而并不能准确地反映汽轮机各截面处的胀差情况，有时胀差指示器指示数值在允许的范围之内，转子与汽缸的某些地方还会出现摩擦现象。

当转子与内缸间的胀差（内缸膨胀-转子膨胀），高中压缸胀差大于+10.5mm或小于−5mm，低压缸胀差大于+9mm或小于−2mm，机组跳闸。

第四节　汽轮机的保护与控制

本机组燃气轮机和蒸汽轮机分轴布置，为确保汽轮机安全、稳定运行，汽轮机配置了一套专用的TSI系统（即汽轮机的安全监测系统）。通过TSI系统对汽轮机组运行的重要参数，如轴向位移、汽缸膨胀、胀差、转速、振动、大轴偏心度、轴承温度、润滑油压、凝汽器真空等进行监视和异常保护，当被监视的参数超过规定值（报警值）时，控制系统通过声、光等报警信息提醒值班运行人员，及时向值班运行人员提供这些热工参数变化的信息，便于运行人员作出相应处理；当被监视的参数继续恶化超过保护定值时，触发汽轮机保护装置动作，机组跳闸电磁阀将失电打开，安全油泄压，所有的汽轮机主蒸汽阀全关，并联跳汽轮机主变压器高压侧断路器，机组紧急解列停机，以确保机组设备及人身的安全。

按照保护的动作结果区分，本机组配置保护主要可分为跳机保护和报警提示保护。

一、跳机保护

（1）转子轴向位移超限（推力轴承磨损保护）。机组运行，转子轴向位移大于+1.2mm或小于−1.65mm，触发保护动作，机组跳闸。

（2）轴承振动高。1～6号任一轴承X向和Y向振动值超过250μm，或一个振动值超过250μm，另一个状态异常，触发保护动作，机组跳闸。

（3）轴承盖振高。机组运行，1～6号任一轴承盖振超过80μm，手动停机。

（4）高中压缸胀差超限。机组运行，高中压缸胀差大于+10.5mm或小于−5mm，触发保护动作，机组跳闸。

（5）低压缸胀差超限。机组运行，低压缸胀差大于+9mm或小于−2mm，触发保护动作，机组跳闸。

（6）高压缸抽汽压力超限（视情况投入）。机组供热运行，高压缸抽汽压力不小于5.3MPa或不大于2.0MPa，触发保护动作，机组跳闸。

（7）中压缸抽汽压力超限（视情况投入）。机组供热运行，中压缸抽汽压力不小于2.3MPa或不大于1.0MPa，触发保护动作，机组跳闸。

（8）润滑油供油压力低。机组运行，1号轴承处三个润滑油供油压力低压力开关（动作值0.07MPa）有两个或以上动作（采用三选二逻辑），触发保护动作，机组跳闸。

（9）控制油压低。机组运行，三个控制油压力低压力开关（动作值7.8MPa）有两个或以上动作（采用三选二逻辑），触发保护动作，机组跳闸。

（10）润滑油箱油位低。机组运行，润滑油箱油位不大于−200mm（正常油位为0mm，距离油箱底1420mm），触发保护动作，机组跳闸。

（11）润滑油回油温度高。机组运行，润滑油回油温度不小于75℃，手动停机。

（12）支持轴承温度高。机组运行，支持轴承温度大于等于115℃，手动停机。

（13）推力轴承温度高。机组运行，推力轴承温度大于等于110℃，手动停机。

(14) 凝汽器真空低。机组运行，三个凝汽器真空低压力开关（动作值－81.6kPa）有两个或以上动作（采用三选二逻辑），触发保护动作，机组跳闸。

(15) 汽轮机低压缸排汽温度高。机组运行，三个汽轮机低压缸排汽温度热电偶有两个或以上大于等于110℃（采用三选二逻辑），触发保护动作，机组跳闸。

(16) 电超速保护。三个机组保护专用转速传感器（动作值3300r/min）有两个或以上动作（采用三选二逻辑），触发保护动作，机组跳闸。

(17) 机械超速保护。机组运行，转速大于等于3255r/min，触发机械超速保护动作，机组跳闸。

(18) 燃气轮机主变压器高压侧断路器断开联跳汽轮机。燃气轮机主变压器高压侧断路器辅助触点断开，延时60s，触发保护动作，机组跳闸。

(19) 集控室紧急跳闸按钮保护。某些特殊情况下，运行操作人员通过实际情况判断机组继续运行已经威胁机组设备或是人身安全，但各参数还未达到保护动作值，操作员在集控室操作员控制台按下“紧急跳闸按钮”，触发保护动作，机组跳闸。

(20) 余热锅炉跳闸指令联跳汽轮机。

1) 高压汽包水位不小于500mm（3取2），延时3s；

2) 高压汽包水位不大于－500mm（3取2），延时15s；

3) 中压汽包水位不小于400mm（3取2），延时3s；

4) 中压汽包水位不大于－350mm（3取2），延时300s；

5) 低压汽包水位不小于750mm（3取2），延时3s；

6) 低压汽包水位不大于－1350mm（3取2），延时15s。

二、报警提示保护

(1) 转子偏心值超限报警。汽轮机转子偏心数值大于0.6mm或小于－1.05mm，DCS出现相应报警，提醒运行人员注意。

(2) 轴承振动高报警。机组运行时轴承振动数值大于127μm，DCS出现相应报警，提醒运行人员注意。

(3) 轴承盖振高报警。机组运行时轴承盖振数值大于50μm，DCS出现相应报警，提醒运行人员注意。

(4) 支持轴承（推力轴承）金属温度高报警。机组运行，支持轴承（推力轴承）温度不小于100℃，DCS出现相应报警，提醒运行人员注意。

(5) 高中压缸胀差超限报警。汽轮机高中压缸胀差数值大于9.5mm或小于－4mm，DCS出现相应报警，提醒运行人员注意。

(6) 低压缸胀差超限报警。汽轮机低压缸胀差数值大于8mm或小于－1mm，DCS出现相应报警，提醒运行人员注意。

(7) 高中压内缸高（中）压进汽处内外壁温差大报警。汽轮机纯凝工况运行时，高中压内缸高（中）压进汽处内外壁温差大于50℃，DCS出现相应报警，提醒运行人员注意。

(8) 高中压内缸上半法兰内外壁温差大报警。汽轮机运行时，高中压内缸上半法兰内外壁温差大于50℃，DCS出现相应报警，提醒运行人员注意。

(9) 凝汽器真空低报警。汽轮机运行时，凝汽器真空低于－88kPa，DCS出现真空泵吸入口压力高报警，提示凝汽器真空较低，提醒运行人员注意。

（10）低压缸排汽温度高报警。低压缸排汽温度高于60℃，自动开启低压缸喷水减温阀进行喷水降温，低压缸排汽温度高于70℃，DCS出现相应报警，提示运行人员注意。

（11）高压主蒸汽温度变化率高报警。高压主蒸汽温度10min内变化超过56℃，DCS出现相应报警，提醒运行人员注意。

（12）凝汽器水位超限报警。凝汽器水位低于500mm，DCS出现凝汽器水位低报警，联锁运行的凝结水泵跳闸，并发出相应报警；凝汽器水位高于1850mm，DCS出现凝汽器水位高报警，提醒运行人员注意。

第五章

余 热 锅 炉

第一节 概　　述

一、余热锅炉的作用及发展

由于燃气轮机的排气温度较高，甚至高达600℃，排气流量也较大，因而有大量的热能随着高温燃气排入大气，如不加以利用，是巨大的浪费。对于蒸汽动力循环（朗肯循环）来说，受材料耐温、耐压程度的限制，汽轮机进汽温度一般为540～560℃，但是蒸汽动力循环放热平均温度很低，一般为30～38℃。燃气轮机的排气温度正好与朗肯循环的最高温度相接近，如果将两者结合起来，互相取长补短，形成一种工质初始工作温度高而最终放热温度低的燃气—蒸汽联合循环。这种循环也可概括地称为总能系统，在系统中能源从高品位到中低品位被逐级利用，形成能源的阶级利用，从而提高机组的热效率。余热锅炉正是为了有效利用这些能量而产生的。

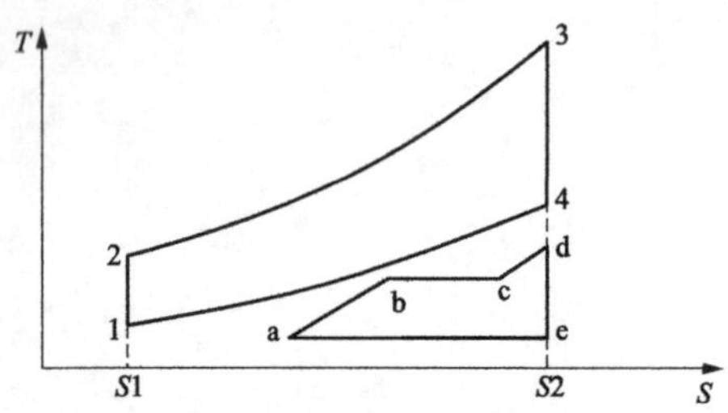

图 5-1　余热锅炉联合循环 T-S 图

余热锅炉型联合循环是将燃气轮机布雷顿（Braylon）循环和汽轮机朗肯（Rankine）循环组合在一起，按照能量利用的先后，一般把其中的燃气轮机循环称为顶部循环或前置循环，把朗肯循环称为底部循环或后置循环，图5-1给出有余热锅炉的燃气蒸汽联合循环的 T-S 图。

从图5-1中可以看出，燃气轮机排放给大气的热量可以用面积1-4-$S2$-$S1$ 表示。当采用燃气—蒸汽联合循环，即采用余热锅炉的时候，燃气轮机排放给大气的热量就减少了相当于汽轮机热力过程所包围的那一块面积a-b-c-d-e所表示的热量。毫无疑问，采用余热锅炉，燃气轮机组的效率将显著提高。

燃气轮机组引入余热锅炉，会使透平的排气压力略有增加，与直接排入大气相比，燃气轮机功率略有下降，但下降很少。余热锅炉中汽轮机输出功率为燃气轮机功率的30%～50%；采用余热锅炉的联合循环的效率要比其中的燃气轮机效率高30%～50%。余热锅炉作为燃气—蒸汽联合循环中的一个重要环节，能把燃气、蒸汽联合起来，有效地利用资源，提高燃气轮机的效率，因而对余热锅炉的研究具有举足轻重的作用。

二、余热锅炉基本工作原理

余热锅炉（heat recover steam generator，HRSG）是接收燃气轮机排气的余热，生产出可用于汽轮机做功的高温、高压蒸汽的热力设备。

通常余热锅炉可分为烟气侧和汽水侧。其中烟气侧设备由排气扩压道、炉墙、支架、膨胀节、烟囱等组成烟气流动的通道；汽水侧设备则由省煤器、蒸发器、过热器、再热器以及联箱和汽包等换热管组和相应辅助系统组成。

在烟气侧，燃气轮机排出的高温烟气依次流经过热器、再热器、蒸发器、省煤器，将热量传递给受热管束，经过一系列的换热，烟气温度由600℃至80℃左右，最后由烟囱引出。

在汽水侧，工质水经泵增压送入省煤器受热面，逐步吸热后进入汽包，汽包内的水流入蒸发器，水吸热蒸发出蒸汽，经汽水分离后进入过热器进一步吸热形成高温过热蒸汽，由相应的管道引至汽轮机做功。

三、余热锅炉的分类

（一）按余热锅炉烟气侧热源分类

1. 无补燃的余热锅炉

这种余热锅炉单纯回收燃气轮机排气的热量，产生一定压力和温度的蒸汽。

2. 有补燃的余热锅炉

由于燃气轮机排气中含有14%～18%的氧，可在余热锅炉的恰当位置安装补燃燃烧器，加入天然气和燃油等燃料进行燃烧，提高烟气温度，进而提高蒸汽参数和产量，改善联合循环的变工况特性。如果全部利用这部分氧气，蒸汽循环所占的发电份额将上升为联合循环总功率的70%左右，但会相应地增加燃料成本。

一般来说，采用无补燃的余热锅炉的联合循环效率相对较高。目前，大型联合循环大多采用无补燃的余热锅炉。

（二）按余热锅炉产生的蒸汽的压力等级分类

目前，余热锅炉采用有单压、双压、双压再热、三压、三压再热等五大类的汽水系统。

1. 单压级余热锅炉

余热锅炉只生产一种压力的蒸汽供给汽轮机。

2. 双压或多压级余热锅炉

余热锅炉能生产两种不同压力或多种不同压力的蒸汽供给汽轮机。

（三）按受热面布置方式分类

1. 卧式布置余热锅炉

图5-2所示的余热锅炉是卧式布置，各级受热面部件的管束是垂直的，烟气横向流过各级受热面。

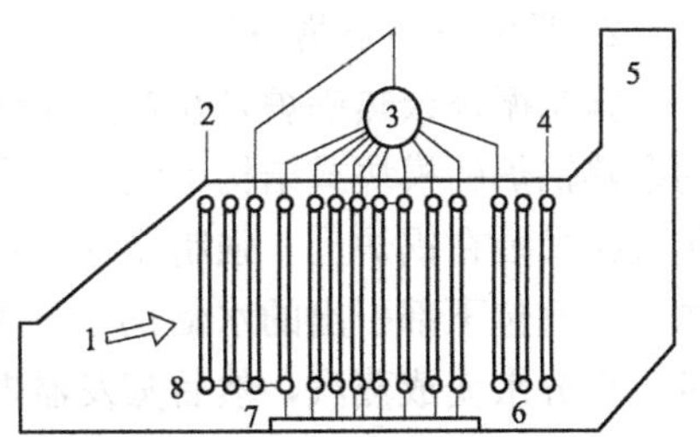

图5-2 卧式自然循环余热锅炉图

1—烟气；2—过热蒸汽出口；3—汽包；4—给水进口；5—烟囱；6—省煤器；7—蒸发器；8—过热器

2. 立式布置余热锅炉

图5-3所示的余热锅炉是立式布置，各级受热面部件的管束是水平的，各级受热面部件是沿高度方向布置，烟气自下而上流过各级受热面。

（四）按工质在蒸发受热面中的流动特点分类

1. 自然循环余热锅炉

通常，自然循环余热锅炉中蒸发受热面中的传热管束为垂直布置，而烟气是水平方向地流过。下降管向蒸发器管束供水，其中一部分水将在蒸发器管束中吸收烟气热量而转变成为饱和蒸汽，水与蒸汽的混合物经上升管进入汽包。下降管中冷水与

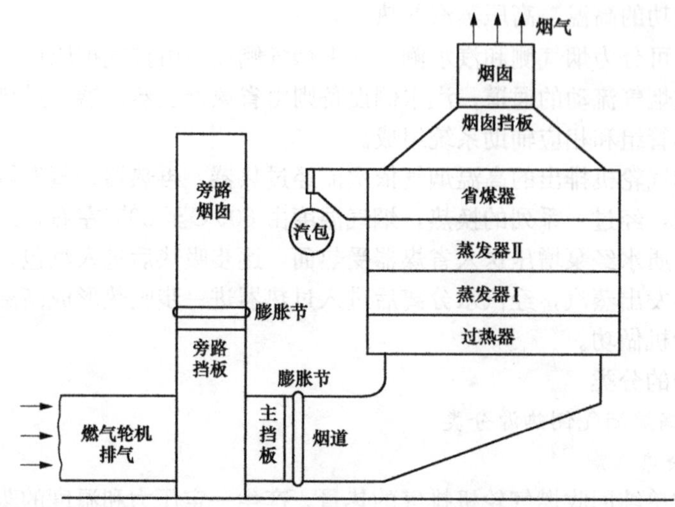

图 5-3 立式强制循环余热锅炉

管束中的水汽混合物的密度差，是维持蒸发器中汽水混合物自然循环的动力。

(1) 自然循环余热锅炉具有如下优点：

1) 锅炉重心低，稳定性好，抗风抗震性强；

2) 垂直管束结垢情况比水平管束均匀，不易造成塑性形变和故障，同时也减缓了结垢量而使锅炉性能下降的问题等；

3) 锅炉水容量大，有较大的蓄热能力，适应负荷变化能力强，热流量不宜超过临界值，对燃气轮机排气热力波动的适应性和自平衡能力都强；

4) 自动控制要求相对不高。

(2) 自然循环余热锅炉的缺点如下：

1) 蒸发受热面为立式水管，常布置于卧式烟道，因此占地面积大；

2) 锅炉水容量大，启停及变负荷速度慢；

3) 自然循环余热锅炉有时不能采用直通烟，而需要加一些挡板，因而会增加燃气的流动阻力，对燃气轮机的工作不利。

2. 强制循环余热锅炉

强制循环余热锅炉是在自然循环锅炉基础上发展起来的。图 5-3 中给出了强制循环方式的余热锅炉的模块式结构示例，它是立式布置的。传热管束为水平布置，吊装在钢架上，汽包直接吊装在锅炉上。强制循环余热锅炉中的烟气通常总是垂直地流过水平方向布置的管束的。从汽包下部引出的水借助于强制循环泵压入蒸发器的管束，水在蒸发器内吸收烟气热量，部分水变成蒸汽，然后蒸发器内的汽水混合物经导管流入汽包。强制循环余热锅炉通过循环泵来保证蒸发器内循环流量的恒定。

(1) 强制循环余热锅炉具有如下优点：

1) 采用小管径，质量轻，尺寸小，结构紧凑。

2) 常布置于立式烟道，烟囱与锅炉合二为一省空间，占地面积小。

3) 蒸发受热面中循环倍率 $A=3\sim5$，工质靠强制循环进行流动，可以采用较小的汽包直径，以及上升和下降管管径。

4）可用强制循环的工质来使各承压部件得到均匀加热，锅炉水容量小，升温、升压速率高，启动快，机动性好，负荷调节范围大，适应调峰运行。冷态启动的时间为 20～25min，它比自然循环余热锅炉（25～30min）略短些。

5）燃气的阻力容易控制。

6）利用炉水循环泵能快速和彻底地进行水冷壁酸洗，周期短、费用低。

7）结构上便于采用标准化元件和大型模块组件，制造成本和安装费用都较低。

（2）强制循环余热锅炉的缺点如下：

1）必须装设高温锅水循环泵，增加电耗，提高运行费用，且可靠性差（97.5%），而自然循环为 99.95%。

2）锅炉重心较高，稳定性较差，不利于抗风抗震。

3）强制循环余热锅炉必须支撑较重的设备，它的基础很重，需要耗费更多的结构支撑钢，为了便于维护和修理，它需要多层平台（自然循环方式余热锅炉一般只需要一层平台），阀门和辅件必须布置在不同的标高上，致使操作和维护都很困难。

4）由于在强制循环的余热锅炉中，管束不像自然循环那样垂直布置，而改为水平布置，因而容易发生汽水分层现象，而且沉结在水平管束底部的结垢要比含有蒸汽的管束顶部要少，这种沿管束周围结垢的差异会造成温度梯度、不同程度地传热和膨胀，其结果将使强制循环的余热锅炉容易发生腐蚀、烧坏、塑性变形和事故。为了避免出现这种现象，就需要采用大循环倍率的循环泵。

5）为了避免在水平管束中发生汽水分层现象，流体的最小临界流速为 2.1～3.0m/s。

6）采用小弯头，制造工艺复杂。

3. 直流锅炉

直流余热锅炉靠给水泵的压头将给水依次通过各受热面变成过热蒸汽。由于没有汽包，在蒸发和过热受热面之间无固定分界点。在蒸发受热面中，工质的流动不像自然循环那样靠密度差来推动，而是由给水泵压头来实现，可以认为循环倍率为 1。其主要优点是蒸发受热面布置自由，加工制造较方便，金属耗量较少。因为热容量小，所以调节反应快，负荷适应性强，启停迅速，最低负荷一般可比汽包锅炉低。缺点是给水品质和自动调节要求高，给水泵电耗大，并且要用高级合金（如 Alloy 800 等），成本较高，经济性不一定有利。另外，还需注意以下几点：①要避免在水冷壁内发生膜态沸腾或类膜态沸腾；②要防止水动力特性不稳定及热偏差过大；③要设置专门的启动旁路系统，减少热损失和工质损失。

随着燃气轮机单机功率的增大，联合循环装置的蒸汽初参数逐步提高，当蒸汽压力增至 16MPa 以上时，选用直流余热锅炉可以有效地提高联合循环装置的热效率。

综上所述，大多数联合循环余热锅炉既可以是自然循环方式的，也可以是强制循环方式的。而直流循环方式主要应用在与大型燃气轮机配套的亚临界、超临界压力余热锅炉中，而且是超临界压力锅炉的唯一形式。在设计余热锅炉时应根据总体特性的要求，如负荷的性质，机组启停的周期特点、经济性和安全性要求等因素，合理地选择余热锅炉的循环方式。通常认为，当燃气轮机的负荷变化较大，或者启停比较频繁时，采用强制循环是比较合理的。

在某些特定的情况下，尤其是在多压系统中，也采用自然循环、强制循环和直流循环中两种兼有的复合循环方式。如图 5-4 所示的复合循环余热锅炉，高压汽水部分采用自然循环方式，而低压汽水部分则采用强制循环方式。

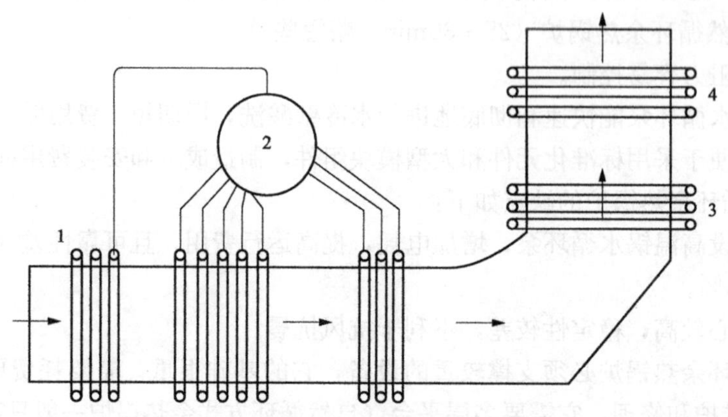

图 5-4　复合循环余热锅炉

1—过热器；2—高压汽包；3—省煤器；4—低压锅炉管束

四、余热锅炉的主要性能参数

（一）效率

余热锅炉效率通常被定义为输出的热量与输入的热量之比。对无补燃的余热锅炉，输出的热量是水和水蒸气在余热锅炉中吸收的热量，输入的热量是燃气轮机排气中可供给余热锅炉使用的热量。设燃气轮机排气的比焓为 h_4，环境温度下烟气的比焓为 h_5，则无补燃余热锅炉效率应为

$$\eta_{\mathrm{HRSG}}=\frac{Q}{h_4-h_5} \tag{5-1}$$

式中：Q 为单位质量燃气轮机排气所产生的水蒸气在余热锅炉中吸收的热量。

如果再忽略烟气比定压热容随温度的变化，则无补燃余热锅炉的效率可进一步简化为

$$\eta_{\mathrm{HRSG}}=\frac{T_4-T_5}{T_4-T_0} \tag{5-2}$$

式中：T_4 为燃气轮机排气温度；T_5 为烟囱排烟温度；T_0 为环境温度。

由式（5-2）可见，余热锅炉的效率不仅取决于排烟温度 T_5，而且还在很大程度上取决于燃气轮机排气温度 T_4。

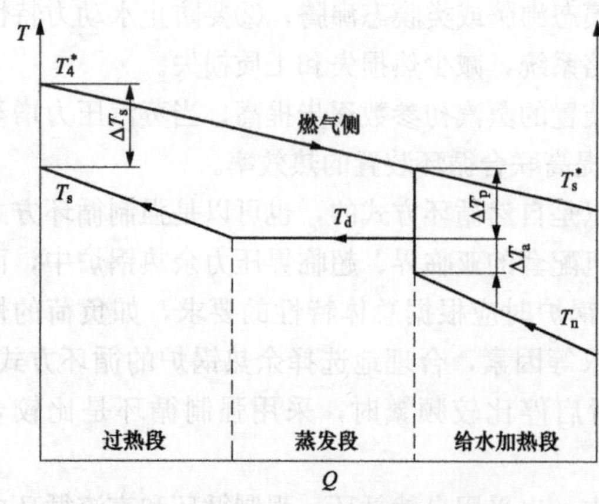

图 5-5　单压余热锅炉的 T-Q 图

（二）热端温差、节点温差和接近点温差

众所周知，在余热锅炉的热力系统中存在热端温差 ΔT_s、节点温差 ΔT_p 和接近点温 ΔT_a。

热端温差 ΔT_s 是指换热过程中过热器入口烟气与过热器出口过热蒸汽之间的温差。如图 5-5 所示，降低温差，可以得到较高的过热度，从而提过热蒸汽品质。但降低热端温差，同时也会使过热器的对数平均温差降

低，也就是增大了过热器的传热面积，加大了金属耗量。计算表明，当热端温差选择在30～60℃范围内，是比较合适的。

节点温差 ΔT_p 也称为窄点温差，是换热过程中蒸发器出口烟气与被加热的饱和水汽之间的最小温差，通常是图 5-5 余热锅炉 T-Q 图中最窄的部位。当节点温差减小时，余热锅炉的排烟温度会下降，相应地提高余热锅炉热效率。但 ΔT_p 越小，所需换热面积将越大，这是不现实的。此外，随着余热锅炉换热面积的增大，燃气侧的流阻损失也将增大，有可能使燃气轮机的功率有所减小，导致联合循环的热效率有下降的趋势。由此可见，存在一个如何合理地选择余热锅炉节点温差的问题。目前 ΔT_p的一般范围为 10～20℃，最低的达 7℃。

余热锅炉的接近点温差 ΔT_a 是指余热锅炉省煤器出口压力下饱和水温度与出口水温之间的温差。根据计算，减小接近点温差有利于减小余热锅炉的总换热面积和投资费用。但如果接近点温差取得过小，在部分负荷工况下或启动过程中，省煤器内可能出现给水汽化的问题，将导致部分管壁过热，对于自然循环余热锅炉还可能导致水动力循环破坏，而对于强制循环余热锅炉则可能导致强制循环泵产生汽蚀。研究表明，接近点温差取在 5～20℃范围内是合适的。

（三）余热锅炉的排烟温度

对于余热锅炉来说，降低排烟温度就意味着排烟热量损失减小，即余热锅炉的效率高。但余热锅炉出口的排烟温度 T_5^* 不是独立的热力变量，而与所选的蒸汽循环型式、节点温差以及燃料中的硫含量有密切关系。

如前所述，当节点温差选较小时，余热锅炉出口的排烟温度就能降低。当采用双压或三压蒸汽循环时，T_5^* 可以比单压式蒸汽循环降低很多。

但是，降低排烟温度还要受到露点温度（排烟中水蒸气开始凝结的温度）的制约，因为当燃气轮机燃用含硫较高的燃料时，排气中也会含有较多的 SO_2，烟气中的水蒸气在管壁凝结时，SO_2 会溶解在水中形成亚硫酸而腐蚀金属壁面，所以余热锅炉的排烟温度应高于露点。一般规定，T_5^* 应比露点温度高 10℃左右。

（四）本机组余热锅炉特性参数

1. 余热锅炉本体规范（见表 5-1）

表 5-1　　锅炉本体规范

项目名称		参数或说明
制造厂家		东方日立杭州锅炉厂
型号		BHDB-M701F4-Q1
型式		卧式、三压、再热、无补燃、自然循环、露天布置
余热锅炉效率		不小于 89.4%
蒸汽流量	高压过热器出口	291.5t/h
	中压过热器出口	71.2t/h
	低压过热器出口	53.8t/h
	再热器出口	346t/h

续表

项目名称		参数或说明
蒸汽压力	高压过热器出口	13.6MPa
	中压过热器出口	3.98MPa
	低压过热器出口	0.48MPa
	再热器出口	3.79MPa
蒸汽温度	高压过热器出口	568℃
	中压过热器出口	280℃
	低压过热器出口	243℃
	再热器出口	568℃
排烟温度		84.3℃
烟气阻力		≤3.6kPa
受热面面积		38 249m^2
锅炉宽带		12.8m
锅炉高度		29m
烟囱		直径 7.5m，高 80m

2. 汽包规范（见表 5-2）

表 5-2　汽包规范

项目名称		单位	数据
高压汽包	容积	m^3	44
	尺寸	mm	ϕ2200×100
	汽包长度	m	12.7
中压汽包	容积	m^3	22.5
	尺寸	mm	ϕ1710×55
	汽包长度	m	10
低压汽包	容积	m^3	127
	尺寸	mm	ϕ3460×30
	汽包长度	m	12.5

第二节　系统及设备结构

通常，大型余热锅炉采用模块结构，制造好的受热面集成于各个模块内，锅炉厂将试验好的模块直接运输至电厂后便可以安装，这样可以大大缩短安装工期，降低建造费用。

本机组余热锅炉属于三压、再热、卧式、无补燃、自然循环余热锅炉，燃气轮机排出的烟气通过进口烟道进入锅炉本体，依次水平横向流经各受热面进行换热，再经出口烟道由主烟囱排出，结构如图 5-6 所示，具体受热面布置如表 5-3 所示。

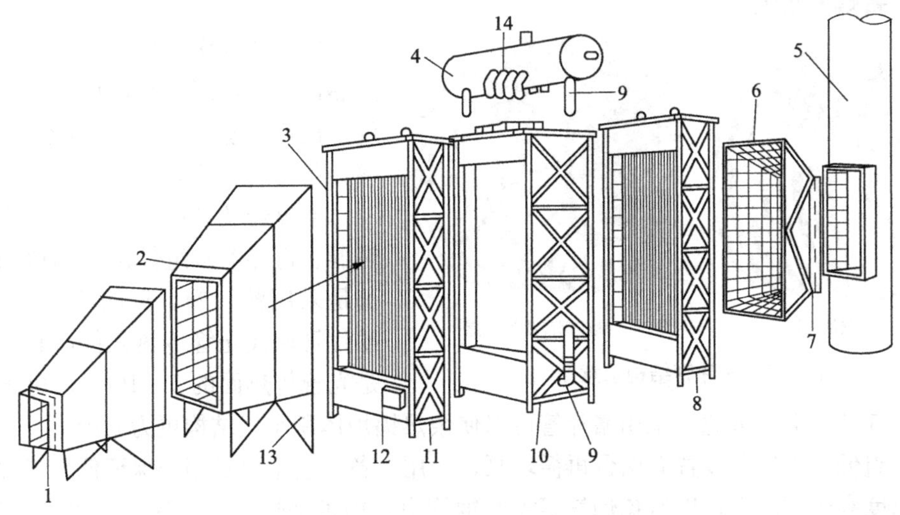

图 5-6　余热锅炉结构示意图

1—进口烟道；2—过渡段；3—受热面；4—汽包；5—烟囱；6—出口烟道；7—膨胀节；
8—省煤器段；9—下降管；10—蒸发器段；11—过热器；12—人孔；13—钢结构；14—蒸汽引出管

表 5-3　　受热面分布表

模块序号	受热面
第一模块	高压三级过热器、二级再热器、高压二级过热器
第二模块	一级再热器高温段、一级再热器低温段、高压一级过热器
第三模块	高压蒸发器、脱硝模块
第四模块	高压三级省煤器、中压过热器、中压蒸发器、中压二级省煤器
第五模块	低压过热器、高压二级省煤器、中压一级省煤器、高压一级省煤器、低压蒸发器
第六模块	低压省煤器

高压系统由高压给水泵、高压给水操纵台、高压省煤器、高压蒸发器、高压过热器及相应连接管组成。低压汽包的饱和水经高压给水泵加压，通过给水操纵台调节后依次流经高压省煤器管束加热至接近饱和温度后进入汽包。高压蒸发系统采用自然循环，汽包内的饱和水通过集中下降管及分配集箱和连接管进入各蒸发管屏，在蒸发器内加热成汽水混合物由导管引入汽包。汽包内设有二级分离装置，各蒸发器管屏引出的汽水混合物在汽包内进行汽水分离，分离下来的水回到汽包的水空间，饱和蒸汽则通过导汽管引至过热器。由汽包引出的饱和蒸汽再至高压过热器中被进一步加热，最后通过喷水减温调整至额定汽温进入汽轮机。

中压系统总体里与高压系统类似，但中压过热器出口蒸汽是与高压缸排汽（冷再热蒸汽）在再热器内被进一步加热成热再热蒸汽，最后通过喷水减温调整至额定汽温进入汽轮机。

低压系统由低压省煤器、低压再循环回路、低压给水操纵台、除氧器、低压蒸发器、低压过热器及相应连接管组成。其中除氧器是利用蒸汽对凝结水进行热力除氧，低压再循环回路是将部分加热后的凝结水通过再循环泵打回凝结水加热器入口，以提高入口水温，避免凝结水加热器管壁温度太低引起的烟气凝露。

一、省煤器系统

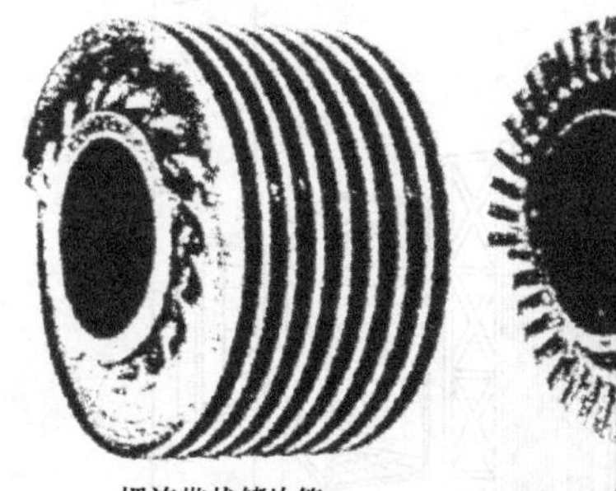

图 5-7　鳍片管结构示意图

省煤器的作用是利用尾部低温烟气的热量来加热凝结水，从而降低排烟温度，提高余热锅炉以及联合循环的效率，节约燃料消耗量。

省煤器及其他受热面（蒸发器、过热器、再热器）组件位于烟道内的管段都是采用鳍片管，见图 5-7。采用螺旋鳍片管取代光管传热元件，其传热面积是光管传热面的 5～10 倍，可把传热系数提高 2.5 倍以上。因此，采用鳍片管可以使余热锅炉体积小，结构更为紧凑。

本机组低压省煤器设置有两台再循环泵，一用一备，它主要是用来保证低压省煤器管束的烟气温度高于酸露点，以避免烟气凝露腐蚀管束、损害锅炉。再循环泵站由再循环水泵、隔离阀、止回阀和调节阀组成，调节阀采用从管束入口的热电偶的水温信号来调节再循环流量至足够水平，进而保持加热器管壁温度始终高于烟气露点。

二、蒸发器系统

吸收烟气的热量来加热水产生饱和蒸汽的受热面称为蒸发器。蒸发器及与它直接相配合工作的设备统称蒸发器系统。

自然循环锅炉的蒸发器系统是由汽包、下降管、受热面、联箱及一些连接管道所组成。这些部件在锅炉中的相互位置及连接情况如图 5-8 所示，其外观如图 5-9 所示。

蒸发器受热面在炉膛内部顺列布置，汽包饱和水由下降管进入下联箱，经分配管引入受热面，吸收炉内高温烟气的热量并部分汽化，变成密度比水小的汽水混合物，由于密度差的作用，汽水混合物被迫向上流动至上联箱，随后被送入汽包。汽水混合物在汽包内进行汽、水分离，蒸汽流入汽空间并经饱和蒸汽引出管送出；分离出的水落回水空间并与不断送入汽包的给水一道再流入下降管，继续循环。这样，水从汽包→下降管→下联箱→受热面→上联箱→再回到汽包，就形成了一个闭合的流动回路，称为锅炉蒸发设备的水循环回路。

下降管的作用是将汽包中的水或将直接引入下降管的给水连续不断地送至下联箱并供给水冷壁，以维持正常的水循环。

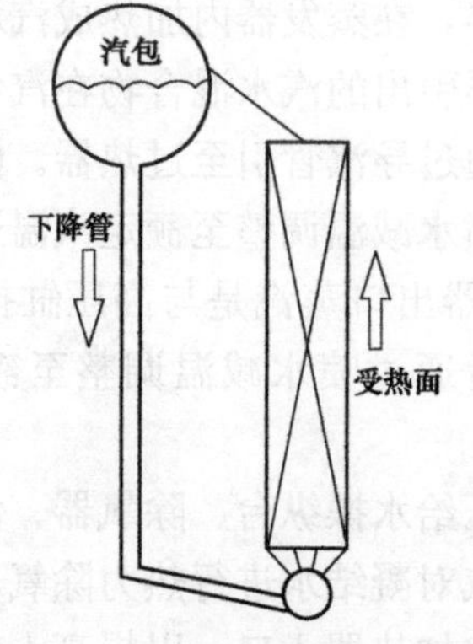

图 5-8　蒸发系统连接示意图

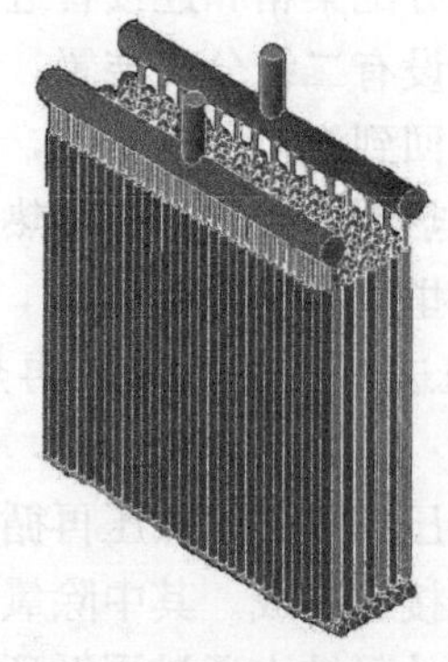
图 5-9　锅炉受热面外观示意图

下降管的一端与汽包连接，另一端直接或通过分配支管与下联箱连接。为了保证水循环的可靠性，下降管自汽包引出后都布置在炉外，不受热，并加装保温棉以减少散热损失。为了减小阻力，加强水循环，节约钢材，简化布置，现在生产的高压以上大容量锅炉都采用大直径集中下降管根数较少（一般为4～6根）的大直径下降管，通过分配支管与水冷壁各下联箱连接，以达到配水均匀之目的。

除蒸发设备外，过热器、再热器、省煤器等设备上也有联箱，如图5-10所示。

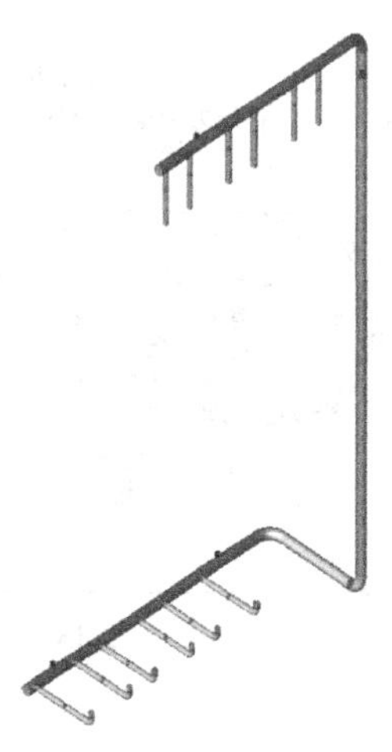

图5-10　联箱结构示意图

现代锅炉都采用圆形联箱，实际上是直径较大、两端封闭的圆管，可用来连接两部分相同或不同管数和管径的管束，起汇集、混合和分配工质的作用。联箱一般布置在炉外不受热，其材料常用20号碳钢。其长度由所需连接的管数决定。联箱与管束的连接现在都采用焊接。

水冷壁下联箱，通常都装有定期排污装置和膨胀指示器，有的还装有锅炉启动时加强水循环用的蒸汽加热装置即循环推动器。

三、汽包

汽包是锅炉蒸发设备中的主要部件，是一个汇集锅水和饱和蒸汽的圆筒形容器。

汽包接受省煤器来的给水，并向过热器输送饱和蒸汽，汽包是生产过热蒸汽的过程中加热、蒸发、过热这三个阶段的连接枢纽或大致分界点。

汽包中储存有一定的汽量、水量，因而汽包具有一定的储热能力。在运行工况变化时，可以减缓汽压变化的速度，对锅炉运行调节有利。在锅炉最大连续出力下，某F3机组汽包水位从正常水位到低低水位所能维持的时间大约为：高压汽包2min，中压汽包和低压汽包5min。

汽包中还装有各种装置，能进行汽水分离、清洗蒸汽中的溶盐、排污，以及进行锅内水处理等，从而可以改善蒸汽品质。

（一）汽包本体结构

汽包本体是一个圆筒形的钢质受压容器，由筒身（圆筒部分）和两端的封头组成。筒身由钢板卷制焊接而成，凸形封头用钢板冲压而成，然后两者焊接成一体。封头上开有人孔，以便进行安装和检修，同时起通风作用。人孔盖一般由汽包里面向外关紧，封头为了保证其强度，常制成椭球形的结构，或制成半球形的结构。

汽包结构如图5-11所示，汽包外面有许多管座，用以连接各种管道，如给水管、下降管、汽水混合物引入管、蒸汽引出管、连续排污管、事故放水管、加药管、连接仪表和自动装置的管道等。

现代锅炉普遍采用悬吊式构架，故汽包的支吊方式都是悬吊式，即用吊箍将其悬吊在炉顶钢梁上，以保证运行中汽包能自由膨胀。在中小型锅炉上一般是用滚柱支座将汽包支承在钢架上。由于汽包壁较厚，在运行过程中会存在内、外温差以及上、下温差，温差过大将出现应力集中，造成疲劳损坏，故运行过程中，汽包壁温差是重点监视项目。

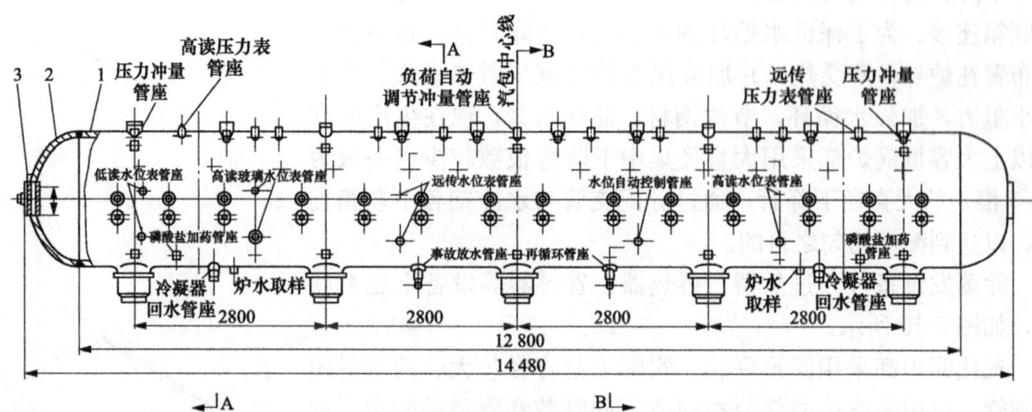

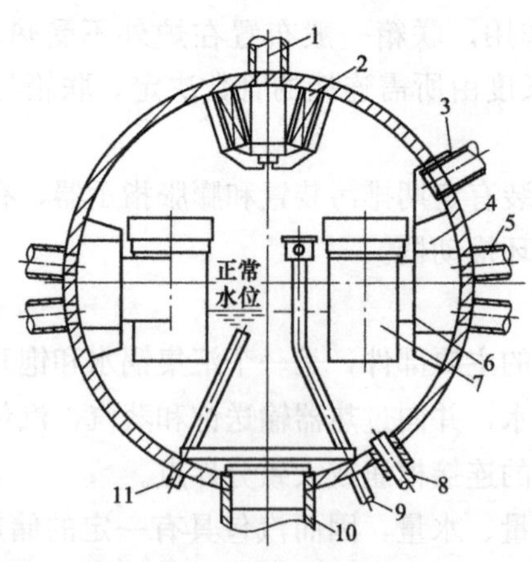

图 5-11　汽包结构示意图

1—饱和蒸汽引出管；2—波形板分离器；3—给水管；4—汇流箱；5—汽水混合物引入管；6—旋风分离器引入管；7—旋风分离器；8—再循环管；9—事故放水管；10—下降管；11—排污管

（二）蒸汽净化装置

锅炉生产出的蒸汽的质量，除了要求蒸汽压力、温度符合规定外，还要求蒸汽品质合格。蒸汽品质即蒸汽的洁净程度是指蒸汽中杂质含量的多少。蒸汽中所含的杂质为各种盐类、碱类及氧化物等，其中绝大部分是盐类，故通常多以蒸汽的含盐量表示蒸汽含杂质的多少。

造成蒸汽被污染有两方面的原因：一方面是由于蒸汽携带有含盐浓度大的锅水水滴，这种因携带锅水水滴而导致蒸汽带盐的现象称为蒸汽的机械携带（在锅水含盐浓度一定的情况下，蒸汽的机械携带就决定于蒸汽的带水量）；另一方面是由于某些盐分能直接被高压蒸汽所溶解，这种蒸汽带盐的现象称为蒸汽溶盐或蒸汽的溶解性携带，由于高压蒸汽对盐分的溶解具有选择性，故蒸汽溶盐又称为蒸汽的选择性携带。

由以上分析可知，要获得洁净的蒸汽，除了对给水进行严格的炉外水处理，保证给水的品质，除从根本上减少带入锅炉的杂质数量以外，应针对蒸汽被污染的原因和具体影响因素，从以下几方面来提高蒸汽品质：①进行汽水分离，即在汽包内装设汽水分离设备，以减少蒸汽对水分的机械携带；②装设蒸汽清洗装置对蒸汽进行清洗，以减少蒸汽对盐分的选择性携带；③进行锅炉排污和实行分段蒸发，以降低锅水的含盐量。

（三）汽水分离装置

锅炉采用的汽水分离设备主要有旋流式分离器、涡轮式分离器、波形板分离器、多孔板等。

重力分离，利用汽与水的密度不同，在重力作用下使水与汽分离。在汽包内，饱和蒸汽从蒸发面向汽包顶部蒸汽引出管流动的过程中，就利用了这种分离作用使较大的水滴从蒸汽中被分离下来。

离心分离，利用汽水混合物做旋转运动时产生的离心力作用进行分离。

惯性分离，利用汽水混合物改变流向时产生的惯性力作用进行分离。

水膜分离，当蒸汽带着水滴沿金属壁面流动时，水滴因附着力作用黏附在金属壁面上，形成水膜下流而与蒸汽分离。

旋风分离器是由厚 2～3mm 的钢板制成的圆筒，直径约为 300mm。汽水混合物的进口流速为 8～10m/s，为了保证有一定的分离效率，不宜低于 5m/s。

如图 5-12 所示，旋风分离器安装在汽包内部、与汽水混合物引入口相连接。工作时，所有上升管出来的汽水混合物被平行于锅筒壁的挡板挡住，而切向引入沿锅筒纵向布置的旋风分离器内。

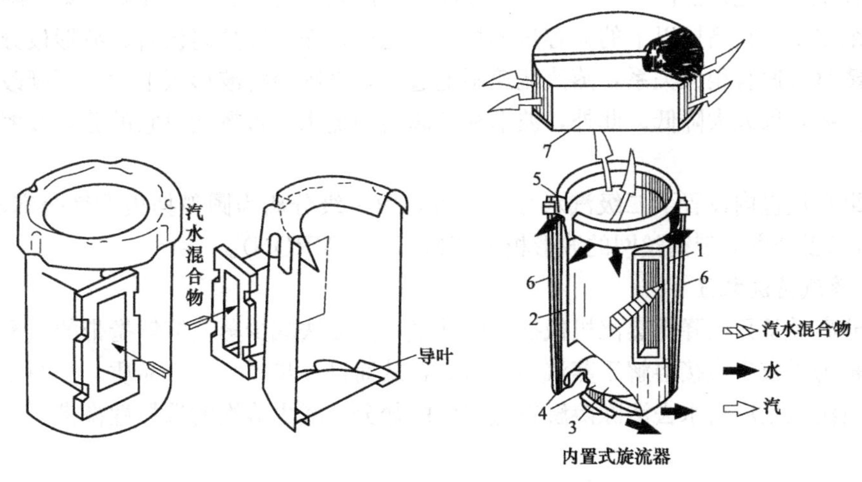

图 5-12　旋风分离器结构示意图

1—进口连接法兰；2—筒体；3—底板；4—导向叶片；5—溢流环；6—拉杆；7—波形板顶盖

蒸汽在分离器内汽水混合物产生旋转运动，水靠离心力被甩在分离器壁上，由于重力作用向下流动，分离器底部中间用盖板封死而周围装有导向叶片，使分离出来的水被平稳地导入锅筒的水空间，不至于引起飞溅。分离器中心的蒸汽，则由顶部引出。

波形板分离器是由许多压制成的波形薄钢板保持一定的间距（约 10mm）平行组装而成，如图 5-13 所示。

汽水混合物进入汽包经过粗分离以后，蒸汽中仍带有许多细小水滴，细小的水滴因其质量轻，很难利用重力和离心力将其从蒸汽中分离出来，而利用附着力（黏附力）作用进行分离则效果较好。波形板分离器主要就是根据这种作用原理工作的。

蒸汽流进波形板分离器时，被分成许多股汽流，在波形板之间作曲折流动的过程中，蒸

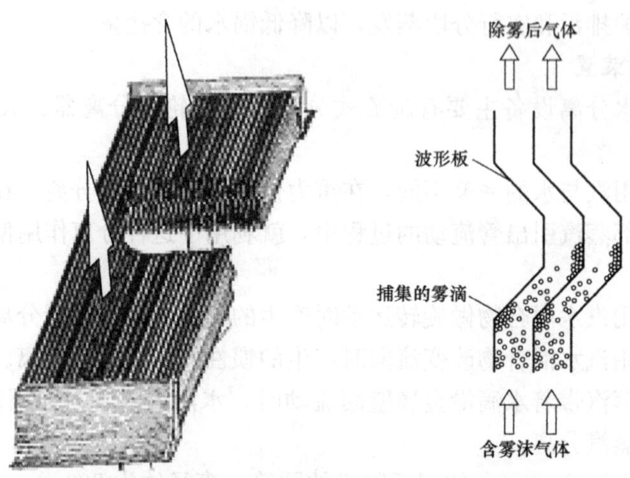

图 5-13　波形板分离器工作原理示意图

汽中的水滴由于惯性力作用不断地碰撞波形板，黏附于波形板壁面上形成水膜，而水膜又能黏附住蒸汽的细小水滴，水膜沿波形板的板壁向流动，在波形板的下端形成较大的水滴而落入汽包水容积中，这样蒸汽中的水分进一步减少。所以，这种分离器能够聚集和除去蒸汽中带有的微细水滴，在高压以上的大容量锅炉中普遍用来作为细分离设备。波形板分离器的分离效果与蒸汽流速有很大关系，蒸汽流速不能过高，否则会将波形板上的水膜撕破，并将水滴带走，分离效果大大降低。此外，波形板分离器的疏水是否畅通对它的分离效率也有较大的影响。

本机组在汽包内设置了二级汽水分离装置，第一级分离为圆弧挡板惯性分离器（BAFFLE)，第二级分离为带钢丝网的波形板分离器（CHEVRON)。

（四）蒸汽清洗装置

汽水分离设备只能降低蒸汽机械携带的盐量，而无法减少蒸汽溶解携带的盐量。进行蒸汽清洗正是为了减少直接溶解于蒸汽中的盐分，从而进一步提高蒸汽品质，见图 5-14。

蒸汽清洗就是用给水去清除溶解在蒸汽中的盐分，减少蒸汽的选择性携带。

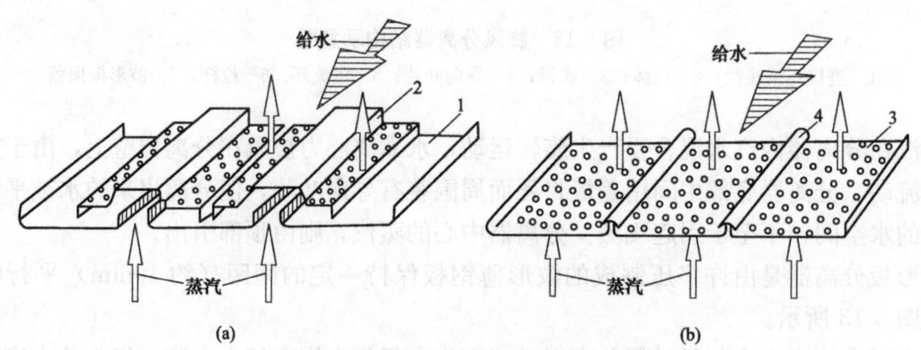

图 5-14　蒸汽清洗装置

(a) 钟罩式；(b) 平孔板式

1—槽形清洗板；2—钟形顶罩；3—平孔板清洗板；4—U 形卡

目前广泛应用的蒸汽清洗装置是穿层式（或叫水层式）蒸汽清洗装置。它又有钟罩式和平孔板式两种结构型式。

（五）汽包排污设备

锅炉在运行中排出一部分含盐浓度大的和含水渣浓度大的锅水，叫做锅炉排污。

如果进入汽包的给水中带有盐分，锅水加药处理后锅水中的结垢性物质会生成水渣，另外锅炉金属被腐蚀后也有产物，因而锅水中含有各种可溶性的和不溶解的杂质，运行中这些杂质只有很少部分被蒸汽带走，而绝大部分留在锅水中。随着锅水的不断蒸发、浓缩，锅水中的这些杂质的含量逐渐增多，锅水的含盐浓度不断增加，水渣浓度也越来越大，这不但会影响蒸汽品质，而且还会造成受热面结垢与腐蚀，影响锅炉运行的安全。因此必须将一部分锅水排掉，以排出部分盐分和水渣，才能保证锅水中杂质的含量维持在允许的范围内。所以，锅炉排污是提高蒸汽品质的一个重要方法。

连续排污管布置在汽包内的蒸发面附近，排污管上沿长度方向均匀地开有一些小孔，排污水即从小孔流入排污管，然后通过引出管排走。引出管上装有流量孔板和调节阀门等。调节阀门的开度（连续排污量）由化学值班员根据水汽品质来确定。

四、过热器及再热器系统

过热器是将饱和蒸汽加热到额定过热温度的热交换器，在锅炉中是不可缺少的组成部分。采用过热器能够提高汽轮机的工作效率，减少汽轮机的蒸汽消耗量，减少蒸汽输送过程中的凝结损失，消除对汽轮机叶片的腐蚀。

提高过热蒸汽的初参数（压力和温度）是提高电厂热经济性的重要途径。但是，蒸汽初温度的提高受到金属材料耐温性能的限制。如果只提高蒸汽初压力而不相应地提高蒸汽初温度，则会导致蒸汽在汽轮机内膨胀做功终止时的湿度过高，影响汽轮机的安全工作。为了进一步提高电厂热力循环的效率以及在继续提高蒸汽初压力时使汽轮机末端的蒸汽湿度控制在允许范围内，因而在高参数锅炉中普遍采用蒸汽中间再热系统，即将汽轮机高压缸的排汽送回锅炉中再加热到高温，然后又送往汽轮机中、低压缸膨胀做功。这个再加热蒸汽的部件就称为再热器。

通常把过热器中加热的蒸汽称为一次过热蒸汽或主蒸汽；把再热器中加热的蒸汽称为二次过热蒸汽或再热蒸汽。

锅炉运行中，保持气温的稳定对保证机组的安全、经济运行是十分重要的。但是由于很多因素的影响，会使过热汽温和再热气温发生变化，甚至偏离额定值过大，为此必须装设汽温调节设备，控制蒸汽温度在规定范围内。

锅炉汽温调节方法常用的有喷水减温、汽—汽热交换、蒸汽旁通，烟气再循环、分割烟道挡板调节等。前三种属蒸汽调节方法，后两种属烟气侧调节方法。

本机组余热锅炉的高压过热器和再热器汽温调节采用喷水减温形式，减温器将给水直接喷入过热蒸汽中，水被加热、汽化和过热，吸收蒸汽中的热量，达到调节汽温的目的。

减温器通常布置在过热器联箱或联箱之间的大口径连接管道中。减温器的结构型式很多，常用的两种如图 5-15、图 5-16 所示。设计喷水量约为锅炉额定蒸发量的 5%～8%，最大可使汽温下降 50～60℃。

五、脱硝系统

燃气轮机排烟中的氮氧化物（简称 NO_x），是机组排放的主要污染物之一。当前，NO_x

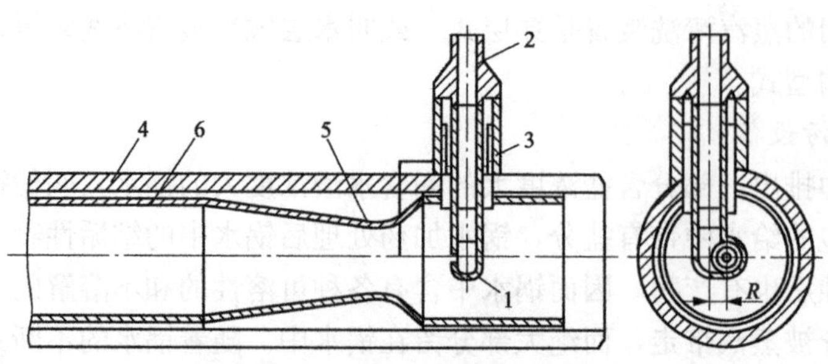

图 5-15 漩涡式喷嘴水减温器

1—漩涡式喷嘴；2—减温水管；3—支撑钢碗；4—减温器联箱；5—文丘利管；6—混合管

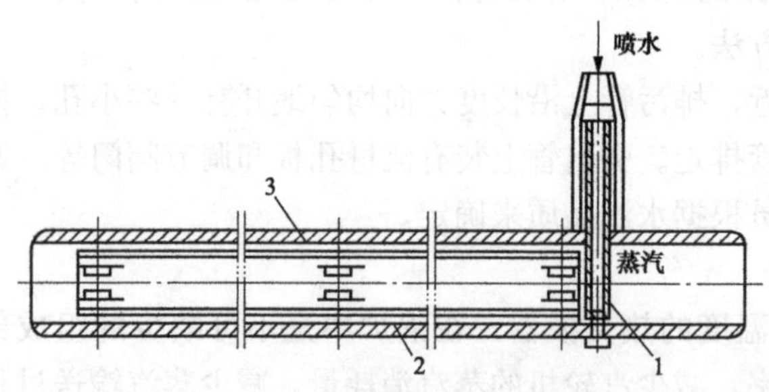

图 5-16 笛管式喷水减温器

1—多孔笛形管；2—混合管；3—减温器联箱

排放控制技术主要分为两大类：一类是采用控制燃烧的方式，如低 NO_x 燃烧器等；另一类是对燃烧后生成的 NO_x 进行脱除，主要有 SCR 法和 SNCR 法。对于联合循环机组，低 NO_x 的燃烧控制是在燃气轮机中完成的，因此对于余热锅炉来说，仅需要对烟气中 NO_x 进行脱除，一般采用 SCR 法烟气脱硝技术。

机组余热锅炉脱硝装置工艺流程见图 5-17。氨水输送系统将稀释后的氨水溶液送至氨水喷枪，压缩空气在喷枪中将氨水充分雾化后均匀地喷入到烟气中，再经过催化剂模块，在催化剂的作用下 NH_3 与 NO_x 发生还原反应，达到脱除烟气中 NO_x 的目的，反应后的清洁烟气再通过下游的各级受热面模块，最后通过烟囱排入大气。在脱硝反应区的入口、出口和烟囱出口设置有分析仪测点。

六、除氧器

氧含量较高的凝结水进入锅炉后，会加速锅炉设备（主要是省煤器）给水管道的氧腐蚀，故本机组在低压给水管路上设计了除氧器，与低压汽包联合布置，上部除氧，除氧后的给水自然落入汽包内。

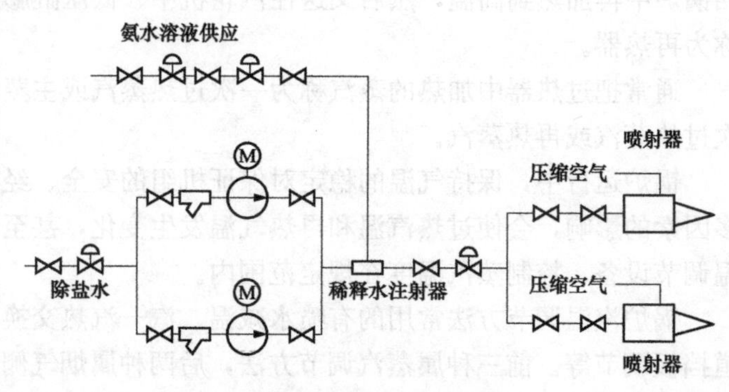

图 5-17 脱硝系统流程图

除氧器主要是由外壳、旋膜器（起膜管）、淋水篦子、蓄热填料液汽网（不锈钢丝网）等部件构成，见图 5-18。

除氧过程就是低压给水进入除氧头内旋膜器组水室，在一定的压差下从膜管的小孔斜旋喷向内孔，形成旋转下流的射流，由于内孔充满了上升的加热蒸汽，给水在射流运动中便将大量的加热蒸汽吸卷进来，在极短时间内很小的行程上产生剧烈的混合加热作用，水温大幅度提升，而旋转的水膜沿着膜管内孔壁继续下旋，形成一层翻滚的水膜裙（水在旋转流动时的临界雷诺数下降很多即产生紊流翻滚），此时紊流状态的水传热传质效果最理想，水温在旋膜管底部接近饱和温度，氧气即被分离出来，并随上升的蒸汽从排汽管排向大气。这是其一级除氧过程。

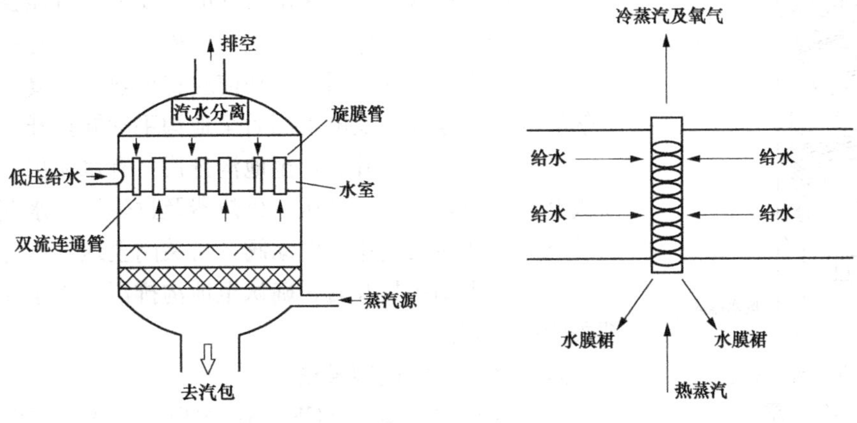

图 5-18　除氧器结构示意图　　图 5-19　旋膜器工作示意图

由旋膜管下落的水，通过水膜裙室，经过淋水篦子的再次均匀分配，进入填料层，由于填料层比表面积大，其大大增加了水膜的比表面积，在自下而上的蒸汽加热下，补水在此处完全达到饱和状态，补水中残余溶氧再次析出，此为其二级除氧过程，见图 5-19。

七、排污扩容器

排污扩容器的作用包括降低扩容器内疏水压力后排出，及时回收部分工质，热量再利用。

（一）连续排污扩容器

连续排污扩容器由壳体、管道及附件等组成，连续排污扩容器的壳体为圆筒形，内部装有隔板和百叶窗汽水分离器。为了便于检修，或采用法兰联接式壳体，或在壳体上装上人孔，此外，外部装有安全阀、压力表、水位调节阀、液面计等附件，见图 5-20。

锅炉工作压力下的饱和水，温度高、焓值大，若突然降低其压力，水的汽化点降低，使原来的饱和状态被破坏，一部分水放出过热热量成为新压力下的饱和水，另一部分水吸收蒸发潜热成为蒸汽，这种蒸发称为闪蒸蒸发。

连续排污扩容器就是利用闪蒸蒸发的原理来获得二次蒸汽的，其收集较高参数的锅炉排污水，排污水从管道突然被输入体积比管道大若干倍的膨胀器后，压力降低，体积增大，从而闪蒸蒸发出蒸汽。

同时，连续排污扩容器依靠离心分离和重力分离将气、水分开，从而获得低含盐量的二次蒸汽。排污水从切向管进入扩容器，使流体旋转，产生的蒸汽沿扩容器上升，经过一段空间后再通过连续排污扩容器顶部百叶窗汽水分离装置最后分离，从而完成汽与水的整个分离过程。分离出来的蒸汽会回到低压汽包继续利用，废水则排入定排扩容器。

（二）定排扩容器

将锅炉定期排污水或压力比定期排污扩容器更高的废热水，经过减压、扩容分离出二次蒸汽和废热水，二次蒸汽排入大气，废热水排入机组污水池。

由于余热锅炉再热器及过热器底部疏水管道接至定排扩容器，对于某些定排扩容器与疏

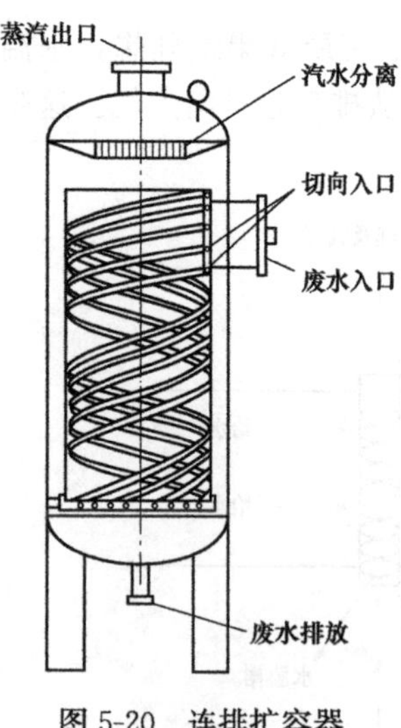

图 5-20 连排扩容器结构示意图

水总管在高点相连接的余热锅炉，疏水总管会形成一个 U 形弯管。在锅炉无压后，过热器及再热器内蒸汽冷凝的水往往无法克服 U 形弯管的压力差而积存在弯管内。当机组启动时，锅炉升压后，这部分积水在水蒸气的推动下，可能会对受热面造成水冲击。为防止此现象发生，可采取以下措施：

（1）机组压力为 0 后，启动前应将再热器及高、中、低压过热器底排污电动阀及电动阀后至地沟手动同打开。

（2）若手动阀打开后，至地沟排污口有水流出，应保持手动阀开启状态，待锅炉升压，再热器及过热器内水蒸气达到过热状态时，及时关闭排污电动阀，再关闭至地沟排污手动阀。

（3）若手动阀打开后，确认至地沟排污口无水流出，可立即关闭手动阀。

八、烟气在线监测系统

烟气在线监测系统（CEMS）主要用来连续监测烟气中烟尘和二氧化硫及氮氧化物的排放浓度及排放总量。系统主要包括烟气颗粒物监测子系统（烟尘 CEMS）、气态污染物监测子系统（烟气 CEMS）和排气参数监测子系统三部分。

CEMS 系统采取了模块化的结构，可分解组合，以适应不同的环境和不同的用户需要。除了在污染源浓度和总量连续监测方面应用以外，还可以作为脱硫效率监测和控制的在线仪器。

系统的主要功能单元大致可分为室内和室外两部分。室内部分主要包括主机柜（包括样气处理、分析仪和数据采集处理等）、供电电源和净化压缩空气源，主要完成系供电、样气处理和分析、系统标定、数据采集处理以及采样气路的净化等功能。室外部分主要由采样监测点电器箱、红外测尘仪、流速监测仪、烟气采样探头、空气过滤器以及拌热采样管线和信号控制电缆等组成，主要完成采样监测点的温度、压力、流速等理量信号的采集，烟气颗粒物含量测量，烟气采样和预处理以及样气和各种信号的传输等。

若 CEMS 系统故障，将导致烟气参数无法监测或者传输错误数据，风险极大，故运行中应严格做好监视。

九、钢架和护板

对自然循环的卧式余热锅炉而言，炉墙其实就是钢架与烟气通道的护板（墙板）焊成一个整体的框架（梁和柱），护板在密封烟气的同时，加强了框架侧向刚度。框架一般由宽翼缘只型钢组成，工厂采用焊接连接，工地采用栓接与焊接接合的混合连接。

烟气密封护板用冷护板结构，这种护板可以极大地减小热膨胀，并使护板不会因热变化快而导致应力过大及破裂。护板是由墙板、加强肋、内保温层、支撑钉及特殊的可滑动的内衬板组成的，内衬板可以自由热膨胀，如图 5-21 所示。在高温烟气强扰动区域，每块内衬板都装有压条等额外的固定。

护板采用工厂模块化生产，分片分块出厂，现场安装方便，极大地减少了工地安装工作量。冷护板的设计及模块化出厂，把现场工作量降到了最低程度。

锅炉本体两侧共 14 根立柱，上下由横梁相连，组成一整体构架，能承受燃气轮机正常运行工况下的排气压力及冲击力，构架按七度地震烈度要求设防，如图 5-22 所示。14 根柱底部配有特殊设计的基础件，除 1 根作为膨胀中心的固定柱外，其余 13 根均为可定向滑移的活动柱底结构。

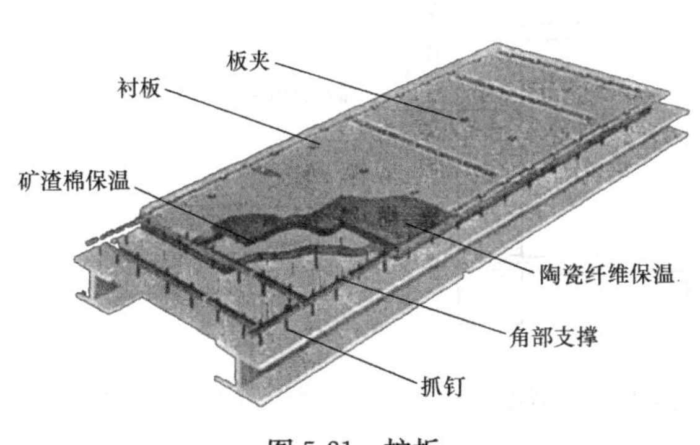

图 5-21　护板

图 5-22　余热锅炉的钢架及护板

十、余热锅炉的附属设备

（一）泵及管道

高压、中压系统配备 2 台 100%容量给水泵，一用一备，同时配置了相应的阀门、仪表、过滤器、最小流量阀及再循环管路等。将低压汽包饱和水分别加压，送至高、中压汽包维持汽水循环。在泵出口管路上，还装设了相应的减温水管道，给高压过热器、再热器中间减温。

同时配置两台 100%容量的 TCA 给水泵，装设相应的阀门、仪表、过滤器、最小流量阀及再循环管路等，将低压汽包内水送至 TCA 冷却器，换热后，根据不同负荷工况，回水至凝汽器排污扩容器或者高压汽包。

在中压省煤器后，装设有管道将部分热水送至天然气加热器（FGH），换热后，根据不同负荷工况，回水至凝汽器排污扩容器或者低压省煤器入口处。

高、中、低压汽包上均装设有温度、压力、水位表计用于监视汽包运行，为防止事故工况汽包超压，汽包顶部均装有安全阀，安全阀排汽管接至消声器以减少噪声。

高、中、低压及再热器进、出口蒸汽集箱设置有安全阀、PCV 阀、排气阀、压力表、就地温度计、热电偶，还装有启动及紧急排汽和反冲洗管路。启动排汽阀、安全阀、PCV 阀引至排汽消声器以减少噪声。

另外，在所有必需的地方，都装设了疏水管和排气管以保证彻底排尽积水及空气。

（二）水位计

锅炉汽包水位是锅炉运行中重要的监视和调节对象，保证水位的准确性至关重要，下面简单介绍本机组汽包水位计原理及特点。

1. 磁翻板水位计

磁翻板水位计有三种型式，分别为基本普通型、报警块式报警型和取样管式报警远传型。本机组汽包使用的是基本普通型磁翻板水位计。

磁翻板水位计是根据浮力原理和磁性耦合作用原理而设计的。当被测容器中的液位升降时，液位计主导管中的浮子也随之升降，浮子内的永久磁钢通过磁耦合传递到现场指示器，驱动红、白（红绿）翻柱翻转 180°，从而实现液位的指示，如图 5-23 所示。

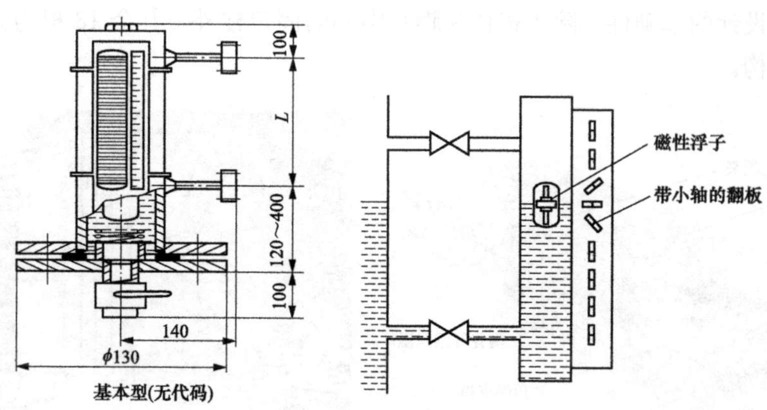

图 5-23 磁翻板水位计示意图

2. 电接点水位计

本机组高、中、低汽包均使用电接点水位计来实时监测汽包的水位。它是利用炉水和蒸汽的导电率差异的特性进行测量的，汽包液位的变化使部分电极浸入水中，部分电极置于蒸汽中，在炉水中的电极对筒体阻抗小，而在蒸汽中的电极对筒体的阻抗大，利用这一特性，可将非电量的水位转化为电信号，送给二次仪表，从而实现水位的显示、报警输出等功能。电接点水位计主要由测量筒体、陶瓷电极、二次仪表等部分组成，如图 5-24 所示。

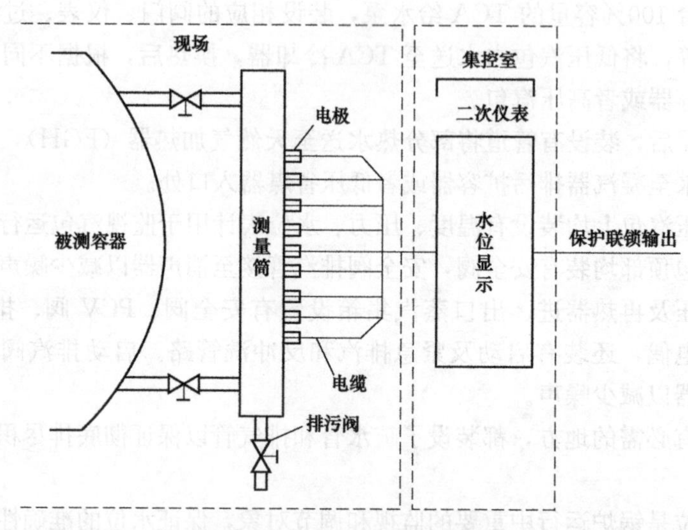

图 5-24 电接点水位计示意图

电极式水位计基本上克服了汽包压力变化的影响，可用于锅炉启停及变参数运行中。电极式水位计离汽包很近，电极至二次仪表全部是电气信号传递，所以这种仪表不仅迟延小而且误差小，不需要进行误差计算与调整，使得仪表的检修与校验大为简化。

3. 差压水位计

本机组高、中、低压汽包均使用了差压水位计。差压水位计是根据液体静力学原理，通过测量变动水位和恒定水位之间的静压差，将差压值转换为水位值，再通过差压变送器将汽包水位转换为随水位连续变化的电信号，见图 5-25。

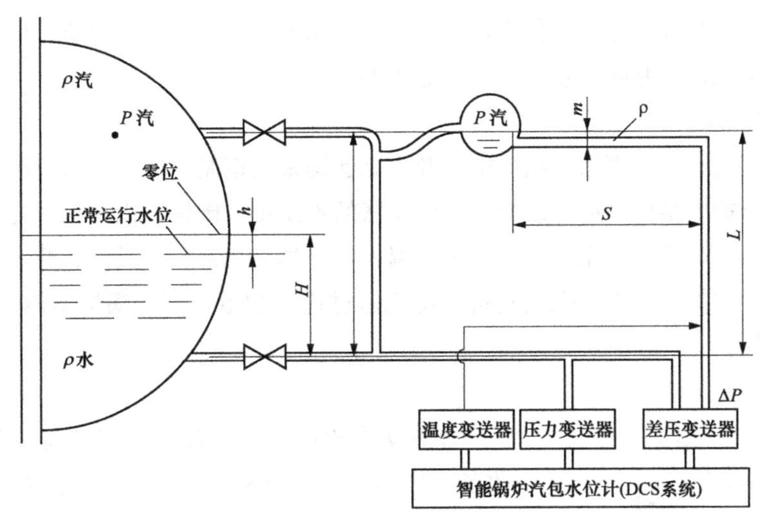

图 5-25 差压水位计示意图

4. 双色水位计

本机组高、中、低压汽包使用的双色水位计在锅炉启、停时用以监视汽包水位和正常运行时其他水位计的定期校对。它是采用连通器原理制成。光源发出的光，通过红绿滤色片，再通过聚光境射向水位计本体，在水位计本体内，汽相部分红光射向正前方，而绿光斜射到壁上被吸收；而在液相部分，由于水的折射使绿光射向正前方，而红光斜射到壁上被吸收，结果在正前方观察即显示出汽红、水绿的现象，如图 5-26 所示。

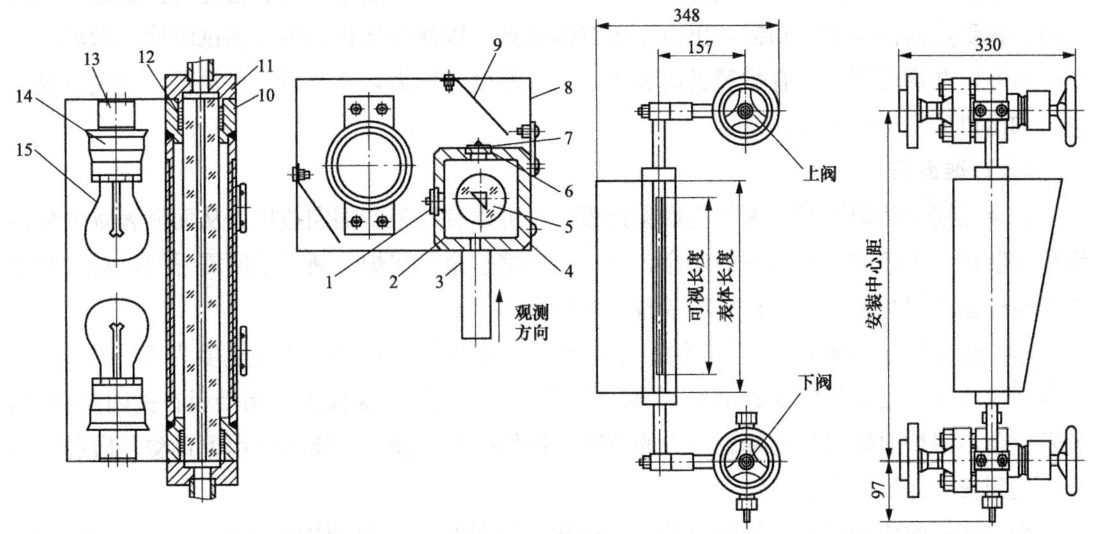

图 5-26 双色水位计示意图

1—红玻璃；2—表体；3—观察罩；4—挡板；5—内三角石英管；6—绿玻璃片；7—玻璃压片；8—光源罩；9—反光板；10—密封座；11—端盖；12—石墨环；13—支架；14—瓷灯座；15—白炽灯

双色水位计观测明显直观，但在实际运行中，由于锅炉加药腐蚀和水汽冲刷，运行一段时间以后，石英玻璃管内壁磨损严重，引起汽水分界不明显。尤其现在一般采用工业电视监视，现场摄像头受光线变化影响使水位显示更加模糊不清，另外由于水位计处于汽包上，环境温度高，使水位计的照明维护工作量明显增加。

（三）烟道及烟囱

进口过渡烟道、进口烟道、出口烟道及主烟囱均采用钢制壳体。进口过渡烟道，进口烟道为内保温的冷护板结构，内侧装有能自由膨胀的不锈钢（碳钢）内衬板，壳体与内衬之间夹装保温材料。出口烟道及主烟囱不设内保温，仅在烟囱底部、挡板门、测点等人可能接触的地方局部设置防护网。来自燃气轮机的排气通过进口烟道，流经锅炉本体后经出口烟道，主烟囱排入大气。

（四）膨胀节

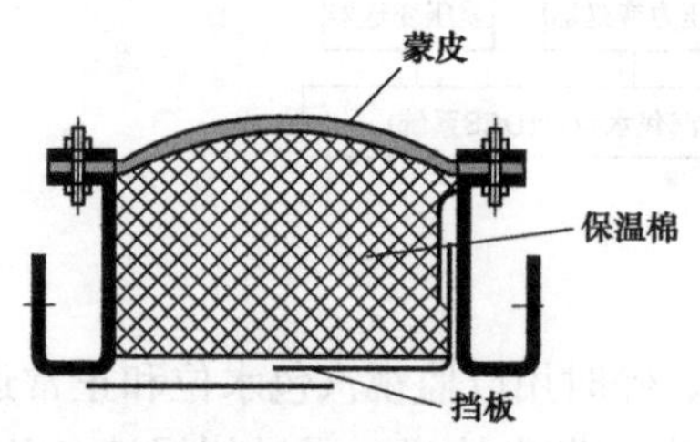

图 5-27　膨胀节结构示意图

本锅炉在进口烟道前及出口烟道前设置膨胀节以吸收各部热膨胀量，膨胀节由蒙皮、保温棉、挡板等部件组成，烟气在流经挡板内侧，见图 5-27。

其中，蒙皮是主要伸缩结构，由硅橡胶或高硅氧聚四氟乙烯与无碱玻璃丝绵等多层复合而成，吸收膨胀量同时可以防止漏气和雨水的渗漏。保温棉及挡板共同隔绝热量散失，挡板错列布置，防止烟气泄漏的同时，也不影响膨胀节的位移。

（五）检查门、测量孔及烟气测点

为了便于安装、检修，在进口烟道、本体炉底及出口烟道上布置有检查门，在进口烟道入口、各受热面模块前后和锅炉出口布置有测量孔，以便在运行及性能测试时检测烟温、烟压。另外，在烟气侧布置有炉膛进口和出口烟气温度、压力，省煤器、再热器、过热器模块进口和出口的烟气温度等。

（六）烟囱挡板

在余热锅炉停炉期间，关闭主烟囱挡板门，可以有效阻断烟囱拔风，从而显著减少余热锅炉的散热，不仅能延长锅炉的寿命，更有利于缩短余热锅炉重新启动所需时间，对大中型燃气轮机余热锅炉两班制运行提高效益效果明显。

本机组主烟囱挡板门采用百叶窗式挡板，结构简单、可靠，开启速度为 50～60s/次，开启平稳可靠。结构如图 5-28 所示，驱动链采用棘轮结构，保证主烟囱挡板在关闭的状态，若发生余热锅炉内烟气超过释放压力的情况，挡板门叶片能在气压的作用下自动开启释放压力，起到安全保护作用。

烟囱挡板的传动链是：执行机构——棘轮式联轴器——曲柄连杆机构——门。开启时，执行机构带动棘轮，推动棘轮作逆时针转动，第一转轴通过曲柄连接机构，带动第二转轴转动，门将徐徐开启；关闭时，执行机构带动棘爪轮作顺时针转动，棘爪轮渐渐脱开棘轮，门在重力作用下带动棘轮也作顺时针转动，门徐徐关闭。门内侧安装两个强力弹簧用来克服门从 90°关闭时，重力矩无法对门产生转动力矩的缺憾，由弹簧力来赋予门一个较强的转动力矩。

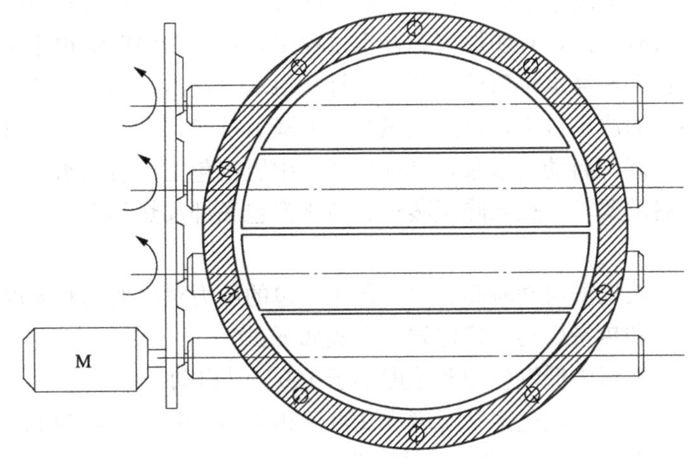

图 5-28　烟囱挡板门简图

（七）平台扶梯

平台扶梯是为适应锅炉运行和检修方便而设置的，除检修平台采用花钢板外，其余平台均采用适应露天布置的栅架平台。平台、走道、扶梯的栅格均采用热镀锌。在平台、走道承受 $4000N/m^2$ 活荷载、扶梯承受 $2000N/m^2$ 活荷载时挠度小于 1/300，走道和平台的宽度不小于 1000mm，扶梯宽度不小于 800mm，通道最小净高不小于 2.1m。走道、平台均设带有踢脚板的栏杆。

第三节　余热锅炉的运行和维护

一、启动前检查

联合循环机组只有当燃气轮机、汽轮机、锅炉及辅助系统启动条件均满足时，机组才允许启动。

为保证机组的正常启动，余热锅炉在启动前须重点检查以下项目：

1）余热锅炉相关检修工作已结束，炉内杂物已清除，烟道保温完好，所有人孔和检查门必须紧固。

2）汽水管道支吊架完好，管道能自由膨胀。

3）各阀门、管道连接完好，状态正确。

4）锅炉系统所有表计指示正常，投入在线；汽包水位计严密、清晰。

5）所有给水泵、循环泵等设备均已经试运行合格，具备开机条件，电气系统、控制系统、润滑油、冷却水系统正常投入，确保给水管路及再循环回路畅通。

6）确认加药系统、脱硝系统、取样装置、压缩空气系统、辅助蒸汽系统进入可用状态，烟囱挡板在全开位置。

二、补水操作

此处以锅炉冷态启动，各管道、各设备均已无水状态为例进行讲解。

启动凝结水泵，向锅炉高、中、低系统补水。补水的速度不要太快，如省煤器内无水，以F4机组为例，控制上水流量在50t/h左右，随后可缓慢增加，但不超过100t/h。当汽包水位上到启动水位时，关闭给水阀，停止给水。此时，还要监视汽包水位是否下降，如果下降，要立即检查是否有漏泄，查明原因。补水过程中，打开高中低锅炉系统排气。

继续将低压汽包上至高水位后停止补水，打开给水泵进出口阀门，通过低压汽包水的静压力对管道进行相应的注水排空，低压汽包水位下降后及时补充，直至各管道均已注好水。

调整相关阀门状态，启动给水泵，继续将高、中压汽包上至启动水位。

根据规程冷态启动要求，投入除氧蒸汽、高压汽包底部加热蒸汽。

三、启动操作

余热锅炉启动方式根据启动时高、中、低压汽包的压力对应的饱和温度不同，可以分为冷态启动、温态启动和热态启动，具体划分方式如下：

(1) 冷态启动：当高中低汽包饱和温度小于100℃时启动。

(2) 温态启动：当高压汽包饱和温度在100～280℃之间、中压饱和温度在100～190℃之间、低压饱和温度在100～120℃之间时启动。

(3) 热态启动：当高压汽包饱和温度大于280℃时启动、中压饱和温度大于190℃时启动、低压饱和温度大于120℃时启动。

余热锅炉启动是机组运行相对比较复杂和容易出现故障的阶段，运行控制人员应该重点理解注意以下事项及特点：①余热锅炉启动期间会产生热应力，这期间的温升速度越快则产生的热应力越大，严重时会产生金属疲劳并缩短锅炉的寿命。通常可通过控制燃气轮机负荷及锅炉的蒸汽流量将饱和温度的上升速率限制在规定的范围之内，高压汽包低于5℃/min，中压汽包低于10℃/min，低压汽包低于20℃/min。②锅炉启动和运行的关键是保持正确的汽包水位。高水位运行可能会造成过热器带水损坏，低水位会造成蒸发器管壁干烧损坏。③要保证各系统必要的汽水循环，防止加热不均和局部超温。

下面就余热锅炉的三种状态简要叙述启动过程（本节只讲原则过程，详细操作过程详见运行规程）。

(一) 冷态启动

(1) 锅炉上水。

(2) 打开机侧疏水及旁路阀，利用真空泵将锅炉受热面内的不凝结气体抽走。

(3) 确认余热锅炉已具备运行条件，燃气轮机的启动条件后可开始启动。

(4) 燃气轮机点火后，严密监视汽包的温度和水位，当新蒸汽产生时，及时开启该系统疏水阀，排走管道内冷凝的积水。当汽轮机旁路开关时，余热锅炉汽包将产生虚假水位，事先应做好预控措施，保证汽包水位在正常范围内，必要时手动调节汽轮机旁路阀。

(5) 蒸汽温度升高时，须严密监视汽包上下壁温差在合格值内，视变化趋势提前干预，在省煤器出口温度接近汽包下壁温度时，适当开大锅炉排污、机侧排污及旁路阀，增加汽水循环量，减缓汽包上下壁温差。

(二) 热态启动

(1) 锅炉停运期间，过热器蒸汽会冷凝成水，机侧管道注压前须排尽过热器的冷凝水，严防水冲击；

(2) 汽包上至合适水位；

（3）机组点火后疏水阀自动打开，虚假水位产生，及时进行干预；

（4）机组升负荷期间，注意高压过热器、再热器减温水投运情况，严防受热面超温运行。

（三）温态启动

因锅炉散热的影响，在机组进入温态后，锅炉参数已接近于冷态，故此时锅炉应按冷态启动进行操作。

四、运行监视和调整

余热锅炉运行工况的变化主要反映在参数的变化上，值班人员必须随时监视运行工况的变化，对各运行参数进行分析总结，然后进行准确的调整。

整个运行过程，密切监视辅机运行情况、汽包水位的变化，确保压力、温度、排烟压力与当前工况匹配。严密监视给水、饱和蒸汽、过热蒸汽中盐分含量，及时通过排污、化学加药、炉水排补等方式，调整炉水品质。

任何时候，锅炉各设备、管道有无泄漏均是重点监视项目，尤其是启动升压阶段及高负荷运行阶段。现场检查时如发现有异常声音，须先通过汽流、热浪、超温点等进行综合判断。

五、停炉操作

（一）正常停炉

对于机组正常停运，应使用正常停机程序，使锅炉温度下降速率较小。

当燃气轮机降负荷、汽轮机降负荷及打闸期间，监视好水位及相关参数变化，燃气轮机熄火后，及时关闭过热器出口阀，封闭锅炉，尽量维持锅炉高压力便于下次启动。将余热锅炉高、中、低压汽包上水至高水位。

停运给水泵和给水再循环泵，燃气轮机转速到0后手动关闭烟囱挡板。停机后，如果汽包水位下降过快应及时再次补水，防止一次性上水过多导致汽包上下壁温差增大过快。

机组停运后，锅炉汽包加到高水位的原因：①机组停运后，锅炉失去热源，整个水系统会冷却收缩，加上阀门内漏，需要在停机时将锅炉加到高水位，来补偿水体积的缩小和损失；②停机后汽包维持高水位，使汽包内存水量大，可利用水所具有的较大热容量，减缓汽压的下降速度；③维持汽包高水位，还可减小锅炉汽压下降过程中汽包上、下壁温差的数值。

（二）紧急停炉

如遇锅炉运行中遇紧如下急情况，应紧急停燃气轮机，相应的锅炉也紧急停运：

（1）给水品质恶化；

（2）汽包水位异常，已过跳闸水位，保护未正确动作；

（3）汽包压力异常上升，安全阀为正确动作；

（4）锅炉水位计全部失效；

（5）给水泵全部失效；

（6）汽水管路爆破，严重泄漏，危及设备和人身安全。

需要紧急停炉时，立即停止燃气轮机，采取一定的措施防止汽包温度下降过快，调整好水位，严防汽包满水事故，同时还需留意锅炉压力变化，防止安全阀动作。

如锅炉需紧急进入维修，可以通过汽包上水、放水来加速锅炉降温，但期间仍须严格控制汽包上、下壁温差在允许范围内。

六、锅炉保养

（一）锅炉保养的重要性

锅炉停用后，外界空气必然会大量进入锅炉汽水系统内，此时，锅炉虽然存水已放尽，但管内金属表面上往往因受潮而附着一层水膜，空气中的氧便溶解在此水膜中，使水膜饱含溶解氧，很容易引起金属的腐蚀。

锅炉被腐蚀的主要危险还在于它将加剧其他设备运行时的金属腐蚀过程。金属表面形成相当数量的氧化物后，这种氧化物便有可能转移到热负荷较高的受热面区段，并使传热恶化，造成金属管壁超温，或随蒸汽进入汽轮机，沉积在汽轮机的通流部分。因此，做好防止锅炉受热面在备用和检修期间的腐蚀工作是十分重要的。

（二）锅炉保养措施

余热锅炉较长时间停炉后，应对其实施适当的保养措施，避免因氧化等原因对设备造成腐蚀，延长设备的使用寿命。

1. 余压保养

机组停运后，关闭余热锅炉出口挡板，保持余热锅炉温度，关闭过热器出口的截止阀，尽可能长时间地保持余热锅炉的内压，防止空气漏入汽包和管束内。但常会由于系统的严密性差，无法长期维持压力，只适用于机组短期停用的场合。

2. 干燥保养

按规程停机，停机前通知化学人员加强氨-联胺加药，提高炉水 pH 值和联胺浓度。停机过程中加强锅炉排污，防止炉内沉渣。当锅炉压力降到 0.07MPa 或汽包壁温低于 150℃时，检查确认汽包壁温差在允许范围内，对锅炉全面放水，放水时应留意放水速度，避免排污扩容器超压。放水完毕后，开启锅炉过热器、再热器疏水阀、排空阀，对锅炉进行余热烘干。烘干完毕后，关闭锅炉汽水热力系统的所有阀门，封闭锅炉。

3. 充氮保养

当锅炉压力降到 0.07MPa 或汽包壁温低于 150℃时，进行彻底疏水；同时，对余热锅炉进行充氮。在保养期间，对锅炉不时地进行充氮，使锅炉内压维持在 0.03～0.06MPa 之间。

4. 化学法保养

化学法保养常见的是十八胺保护膜法和联氨钝化保养。

机组停运时，将十八胺加入热力系统，它进入锅炉后在高温下挥发进入蒸汽，从而布满锅炉、汽轮机及整个热力系统。在热力系统所有部位的金属表面（包括极难保护的过热器和再热器）上形成一层憎水性十八胺保护膜，把金属与空气隔绝，从而防止设备停运期间水及大气中氧和二氧化碳对金属的腐蚀，保护了设备。

具体操作过程为：化学人员已做好加药准备，值长发停机令，按照规程要求主控负责操作，将凝汽器水位补至高高水位以上，以保证加药过程中尽量不补充除盐水。关闭锅炉汽包的各排污阀、过热器、再热器出口集箱对空排保持在关闭位置。当机组负荷至特定负荷，高压过热蒸汽温度及再热蒸汽温度稳定在 300～460℃、给水流量在 300t/h(可能的条件下尽量减少给水流量）左右。维持该负荷运行，通知化学人员开始加药，加药完成后机组继续运行一段时间后停运。当锅炉压力降到 0.07MPa 或汽包壁温低于 150℃时，检查确认汽包壁温差在允许范围内（高压<40℃，中、低压<50℃），对锅炉全面放水。放水完毕后，开启锅炉过热、再热器疏水阀，各排空阀，对锅炉进行余热烘干。烘干完毕后，关闭锅炉汽水热力系统的所有阀门，封闭锅炉。

联氨钝化保养是在锅炉停运前，加大联氨的补给量，用炉水、蒸汽中溶解的联氨将受热面表皮的三氧化二铁转化为相对致密的四氧化三铁保护膜，实现钝化效果。本方法与十八胺保护膜法操作类似，停炉前2h加大氨、联氨的加入量，在停炉后冷却至压力为4MPa左右时，再一次将高浓度给水补入系统。压力下降至0.6MPa时，全面放水，余热烘干。

余热锅炉的保养应根据不同的停炉时间，不同的部件采取不同的保养方法，具体见表5-4。

表5-4　　锅炉保养方法

锅炉设备	停炉时间		
	小于1周	1周到2周	大于2周
锅炉水侧（汽包、蒸发器、省煤器等）	余压保养	干燥保养	充氮保养/化学法保养
锅炉蒸汽侧（汽包、过热器等）	余压保养	干燥保养	充氮保养/化学法保养
再热系统（冷再管、再热器）	余压保养	干燥保养	充氮保养/化学法保养
给水加热器	余压保养	干燥保养	充氮保养/化学法保养

第四节　余热锅炉的控制及保护

一、余热锅炉的控制

锅炉机组的运行参数主要是过热蒸汽压力、过热蒸汽温度、再热蒸汽温度、汽包水位和锅炉蒸发量等。这些参数的变化，不仅反映了锅炉运行的好坏，而且在很大程度上决定着整个发电厂运行的安全性和经济性。

锅炉的运行必须与机组负荷相适应，由于负荷经常变动，因此必须对锅炉进行一系列的调节，如相应地改变给水量等。否则，锅炉的运行参数就不能保持在规定的范围内；严重时将给锅炉和发电厂的安全带来危害。另外，即使是在外界负荷稳定的情况下，锅炉内部工况也会变化，如给水温度的变化等均会引起锅炉运行参数的变化，因而也需要对锅炉进行必要的调节。

（一）汽包水位控制

1. 水位控制的重要性

在锅炉正常运行中汽包水位应保持正常水位，过高和过低都对锅炉运行和汽温都有一定的影响。

汽包水位过高时，蒸汽的湿度增加，可能造成汽轮机发生水击现象，水位过高也会使得蒸汽机械性携带增强，汽轮机和锅炉受热面出现结垢和积盐。

汽包水位过低时，会破坏水循环，造成锅炉干锅和受热面爆管。同时水位过高、过低会造成水位保护动作，机组跳闸。

2. 水位变化因素

锅炉运行中，汽包水位是经常变化的。引起水位变化的根本原因有两方面：蒸发设备的物质平衡遭到破坏，即给水量与蒸发量不一致；工质状态发生了改变，如蒸汽压力变化引起工质比容改变和水容积中的含汽量变化。其中任一方面的原因都能引起汽包水位发生变化，其变化的剧烈程度，与受扰动的大小有关。

根据上述根本原因，可归纳出运行中影响汽包水位变化的具体因素主要有锅炉负荷、燃气机工况和给水流量等，分述如下：

（1）锅炉负荷。汽包水位的稳定与锅炉负荷的变化有密切的关系。因为锅炉负荷改变不仅影响到蒸发设备中水的消耗量，而且还影响到压力的变化，产生虚假水位。一般的处理方法是适当加大给水，以满足蒸发量的需要。但是，如果虚假水位很严重，亦即水位上升幅度很大。不加限制就会造成满水事故时，还是应该先适当地减少给水量，调整汽轮机旁路阀恢复汽压，在水位停止上升时再加大给水量，恢复正常水位。

（2）燃气轮机工况。当燃气轮机负荷增加时，锅炉吸热量增加，炉水汽化加强，工质体积膨胀，使水位暂时升高。随后由于产汽增加，汽压升高，相应的饱和温度提高，炉水中的汽泡数量又有所减少，水位又下降。基本上可以自行调整，无需外部干预。

（3）给水流量。送入锅炉的给水量发生变化，会破坏给水量与蒸发量的平衡，进而引起汽包水位的变动。给水流量的变化，常与给水调阀开度、给水压力的变化有关联。

3. 水位控制方式

锅炉负荷的变化，通常反映为压力的变化。与控制压力类似，水位快速上涨时应减少蒸汽量，提高压力，进而降低水位，反之，增加蒸汽量，提高汽包水位，但操作过程中仍须谨慎，防止锅炉超压以及严重的虚假水位事故。

机组平稳运行时，汽包水位主要通过给水流量的调整来控制。如图 5-29 所示，蒸汽流量、汽包水位和汽包给水流量信号组成三冲量调节，自动计算出阀门开度指令，阀门的开、关影响给水流量。

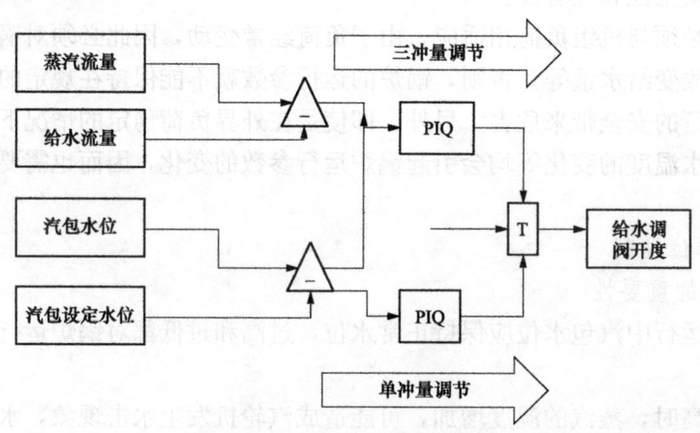

图 5-29 水位三冲量调节示意图

蒸汽流量信号作为调节系统的前馈信号，当外界负荷要求改变时，使调节系统提前动作，克服虚假水位引起的误动作；给水流量信号是反馈信号，克服给水系统的内部扰动，然后把汽包水位作为主信号进行校正，取得较满意的调节效果。当锅炉负荷突然增加时，由于虚假水位将引起水位先上升，这个信号将使调节器输出减小，关小给水阀门，这是一个错误的动作：而蒸汽流量的增大又使调节器输出增大，要开大给水阀门，对前者起抵消作用避免调节器因错误动作而造成水位剧烈变化。随着时间的推移，当虚假水位逐渐消失后，由于蒸汽流量大于给水流量，水位逐渐下降，调节器输出增加，开大给水阀门，增加给水流量，使水位维持到定值。所以三冲量给水自动调节品质要比单冲量给水自动调节系统要好。

对于有变频器的系统，给水压力与泵的出力直接相关，即变频器的频率。为了提供合适的给水压力，控制系统会根据多个相关信号，进行高选，得出满足当前工况的给水泵频率设定值，如图 5-30 所示。

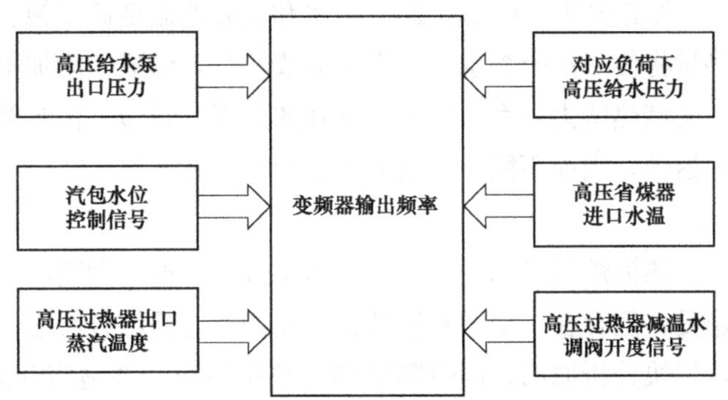

图 5-30 变频器频率调节示意图

除了常规调整方式，还有特殊调整方式：汽包水位高高时，控制系统会联锁打开汽包紧急放水门，确保水位不超过控制值；汽包水位低低时，控制系统会联锁关闭汽包的放水阀门；因给水泵跳闸导致的给水流量低，应立即启动备用泵；因水位计示数异常导致的假信号，应与就地水位计配合调整；水位变化大伴随给水流量不正常的大于蒸汽流量，需分析锅炉爆管泄漏的可能性。

（二）蒸汽压力控制

1. 压力控制的重要性

主蒸汽压力是蒸汽质量的重要指标之一，汽压波动过大会直接影响到锅炉和汽轮机的安全与经济运行。汽压降低使蒸汽做功能力下降，减少其在汽轮机中膨胀做功的焓降，蒸汽压力降低过多，甚至会使汽轮机被迫减负荷，不能保持额定出力，影响正常发电。汽压过高，机械应力大，将危及锅炉、汽轮机和蒸汽管道的安全。

蒸汽压力突然下降时，水在下降管中可能发生汽化。蒸汽压力突然升高时，由于饱和温度升高，上升管中产汽量减少，会引起水循环瞬时停滞，引起水循环恶化。蒸汽压力变化速度越快，蒸汽压力变化幅度越大，这种现象越明显。另外，由于蒸汽压力的升高或降低会引起锅水体积的收缩或膨胀，而使汽包水位出现下降或升高，均属虚假水位。蒸汽压力变化速度越快，虚假水位的影响越明显。出现虚假水位时，如果调节不当或发生误操作，就容易诱发缺水或满水事故。

如上所述，汽压过高、过低，或者汽压急剧地变化，对于锅炉机组以及整个发电厂的运行都是不利的，运行中应严格监视锅炉的汽压并维持其稳定。

2. 压力变化因素

锅炉负荷变化速度，是影响汽压变化速度最主要的，也是最大的因素，锅炉负荷变化速度越快，引起汽压变化的速度越快。当锅炉负荷变化时，锅炉运行人员如能调节及时、操作得当，则能很快使汽压恢复到规定值。

燃气轮机负荷变化，会引起排烟温度的变化，进而影响压力。

锅炉的储热能力是指当外界负荷变动而烟气工况不变时，锅炉能够放出或吸收的热量的大小。当外界负荷变动时，锅炉内工质和金属的温度、吸热量等都要发生变化。例如，当负荷增加使汽压下降时，则饱和温度降低，此时炉水和金属的温度高于饱和温度，储存在炉水和金属中的多余的热量将使一部分炉水自身汽化变成蒸汽，形成“附加蒸发量”。“附加蒸发量”越大，说明锅炉的储热能力越大，则汽压下降的速度就越慢。但是储热能力过大时，出力和参数的反应较为迟钝，因而不能迅速跟上工况变动的要求。

3. 压力控制方式

如上所述，由于余热锅炉的热源是燃气轮机高温排气，通过调整燃气轮机负荷的方式来控制蒸汽压力最为稳妥，但存在一定的滞后性，故在调整时需综合考虑。

在压力过高时，尽快分析原因，同时降低燃气轮机负荷，并适当开启疏水阀、排汽阀、主蒸汽旁路阀进行泄压，可在短时间内快速控制压力，但这些操作应该缓慢、可靠，防止出现严重的虚假水位，但在负荷下降、压力稳定后，必须及时关闭相关泄压阀门，防止不必要的排放。在压力波动大时，选择性地干预疏水阀门，同时要尽快分析出原因，及时恢复正常运行。

（三）蒸汽温度控制

1. 蒸汽温度控制的重要性

过热器、再热器的任务是把蒸汽加热到设计温度的高温蒸汽，满足汽轮机的用汽要求。运行中如果汽温偏离额定值过大，将会直接影响到锅炉和汽轮机的安全、经济运行。

主汽温度偏高会加快金属材料的蠕变，还会使过热器、再热器、蒸汽管道、汽轮机高压缸等承压部件产生额外的热应力，缩短设备的使用寿命。发生严重超温时，甚至会造成受热面管爆管。当压力不变而过热汽温降低时，蒸汽的热焓必然减少，因而做功能力下降，还会使汽轮机最后几级的蒸汽湿度增加，对叶片的侵蚀作用加剧，严重时会发生水冲击，威胁汽轮机的安全。

2. 汽温变化因素

对于无补燃余热锅炉，根据其工作机理，影响主蒸汽温度变化的因素主要是烟气温度（即燃气轮机负荷）、减温水及蒸汽流量。

燃气轮机负荷变化，燃气排气温度及排气流量相应地发生改变，直接影响蒸汽吸热量，是影响主蒸汽温度的根本原因。

过热蒸汽、再热蒸汽减温水，通过喷口雾化后喷入湍流强烈的蒸汽中，水汽化过程中大量吸热，可显著影响蒸汽温度。

燃气轮机负荷不变，蒸汽流量快速变化时，根据对流换热的特点，蒸汽温度也会相应的变化。

3. 控制方法

与控制压力类似，调整燃气轮机负荷，可在最根源处控制主蒸汽温度。值得注意的是，燃气轮机排气温度与负荷并不是完全的线性关系，由于部分负荷下 IGV 未介入调温，可能在某些低负荷段，燃气轮机排气温度比高负荷时还要高，故调整时需根据实际情况，避开燃气轮机排气温度高的工况点。

投入减温水自动控制时，控制系统会根据设定温度，自动计算减温水调阀开度（见图 5-31），如遇阀门卡涩或者调节缓慢，可切换至手动调整。但因减温水的调整对汽温的影响有滞后性，需注意调整幅度不要过大，并多方考虑调整量，参考减温器出口温度变化，紧急情况下允许小范围的过调，但应及时修正，控制主蒸汽温度在规程允许值。

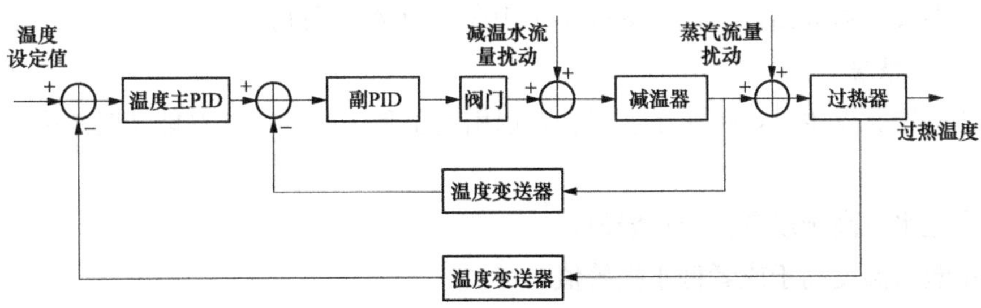

图 5-31　减温水串级调节示意图

开大机侧疏水及汽轮机旁路阀，人为增加蒸发量，进而降低过热器温度，这样的操作常用于机组启动阶段，但需注意伴随产生的虚假水位。如遇蒸汽流量“无故”突变引起的温度变化，需综合判断，分析管束泄漏的可能性。

（四）高中低压排污控制

连续排污调节阀主要是根据汽包炉水的品质来控制阀门的开度。启动期间，可参与汽包的水位调节，当启机结束后保持一定的开度，具体开度视实际的炉水品质决定。

连排扩容器设计有自动阀门，在扩容器水位高于设定值时，自动打开，将废水排至定排扩容器。定排扩容器采用 U 形管的机械控制方式，保证扩容器内水位不会过低。

（五）低压省煤器再循环控制

低压省煤器再循环的功能是为了提高低压省煤器入口的水温、防止鳍片管表面凝露而设置。锅炉启动时应投入再循环控制，默认情况下，控制省煤器入口水温高于 55℃。

二、余热锅炉的保护

为了保护机组联合循环的经济性以及本身系统设备的安全性，当余热锅炉的运行参数超过一定限值时，控制系统会自动发出报警或者触发相应的保护。本机组余热锅炉主要配置有以下保护：

（一）机组跳闸

为实现联合循环机组的正常运行以及保护机组各设备的安全运行，当以下任一情况发生时，机组均需要跳闸保护：

（1）高压汽包水位高于 500mm；

（2）高压汽包水位低于－500mm；

（3）中压汽包水位高于 400mm；

（4）中压汽包水位低于－350mm；

（5）低压汽包水位高于 750mm；

（6）低压汽包水位低于－1350mm。

（二）机组负荷闭锁

当以下任一情况发生时，机组发出负荷闭锁报警：

（1）高温过热器或者再热减温水调阀全开，闭锁增负荷；

（2）高、中、低压汽包实际水位与调阀设定值偏差大于 150mm，闭锁增负荷；

（3）再热器 2 出口蒸汽过热度小于 10℃，闭锁减负荷；

（4）高温过热器 3 出口蒸汽过热度小于 10℃，闭锁减负荷。

（三）锅炉报警

以下任一情况发生时，控制系统报警，以引起值班人员的注意并能及时地采取措施加以控制：

（1）汽包水位高于或者低于报警值；

（2）主蒸汽温度高于或者低于报警值；

（3）主蒸汽、汽包压力高于报警值；

（4）高压给水母管压力低于报警值；

（5）余热锅炉排烟压力高于报警值；

（6）再循环泵出口流量低于报警值；

（7）高、中、低压给水流量超限；

（8）高、中压给水压力超限。

第五节 余热锅炉的优化运行

（一）优化改造

1. 汽包水位计计量偏差大

某机组高压汽包上水至 500mm 后，水位不再变化，多次试验也是如此，经过排查，发现是差压水位计水样温度设置不合理，导致计算中平衡容器内水样的密度是实际的密度，测量值不准。将水样温度改为平衡容器实际运行时的水温，该水位计可正常反应水位变化。

2. 脱硝系统优化改造

脱硝系统使用除盐水直接稀释氨水溶液，如氨水溶液压力较高，可能导致氨水倒流至除盐水，污染除盐水，通过改造，在除盐水升压泵入口加装中间水箱，将除盐水供应管与脱硝除盐水管路进行物理隔离，有效防止氨水溶液倒流。

脱硝系统需要使用压缩空气对氨水溶液进行雾化，同时保护脱硝喷枪，由于用气量比较大，常出现影响其他机组运行的现象。可在脱硝用压缩空气入口加装气动隔离阀，在燃气轮机点火时联锁投入压缩空气，熄火后联锁退出。

3. 中压过热器疏水改造

由于中压过热器出口布置有较多的管道及弯头，在机组停运后可能残存积水无法排走，在启动注压期间蒸汽将积水带至机侧阀门。在中压过热器出口阀后加装疏水点，有效排除弯头积水，注压过程蒸汽带水。

4. 除氧器辅助蒸汽管道防积水优化

除氧器设计有两路汽源，一路来自辅助蒸汽，另一路是低压汽包自身饱和蒸汽。在正常运行时，辅助蒸汽源长期处于备用状态，部分蒸汽会冷凝，进而导致管道积水。可在辅助蒸汽管路加装自动疏水器，或者维持辅助蒸汽小开度运行，防止积水。

（二）运行经验分享

1. 提高对汽水平衡的关注度

由于锅炉有众多的疏水阀门，出现内漏的可能性比较大，长期高温、高压介质泄漏，对经济性、设备安全、环保指标等都有影响。需加强对机组整体水平衡的计算，关注停机后汽包水位下降速率、运行时的凝结水补水量，如发现补水量异常偏高，排除锅炉受热面泄漏的可能性之外，还需全面排查阀门的内漏情况。

2. 加强减温水的调节精度

在燃气轮机升负荷阶段，高温过热器出口蒸汽温度会快速上升，此时需重点监视蒸汽温度，必要情况下进行手动干预，并优化相关的控制逻辑，防止过热器管束超温损坏。

3. 综合排查炉膛受热面泄漏

锅炉炉管爆破时的现象有：

（1）锅炉泄漏处有明显的泄漏响声，不严密处向炉外喷烟或蒸汽；

（2）燃气轮机排气压力异常波动；

（3）锅炉排烟温度及颜色异常；

（4）锅炉给水流量明显大于蒸汽流量；

（5）泄漏严重时，锅炉汽包水位下降。

根据锅炉运行时的声音、蒸汽温度变化、烟气温度变化、给水流量、蒸汽流量、排烟湿度等指标，综合判定锅炉内部是否存在泄漏，及早消除隐患。

4. 严格控制汽包壁温差

锅炉启动过程中，汽包壁是从工质吸热，温度逐渐升高。启动初期，锅炉水循环尚未正常建立，汽包中的水处于不流动状态，对汽包壁的对流换热系数很小，即加热很缓慢。汽包上部与饱和蒸汽接触，在压力升高的过程中，贴壁的部分蒸汽将会凝结，对汽包壁属凝结放热，其对流换热系数要比下部的水高出好多倍。当压力上升时，汽包的上壁能较快地近对应压力下的饱和温度，下壁则升温很慢。这样就形成了汽包上壁温度高、下壁温度低状况。锅炉升压速度越快，上、下壁温差越大。

当汽包上下壁或内外壁有温差时，将在汽包金属内产生附加热应力。这种热应力自够达到十分巨大的数值，可能使汽包发生弯曲变形、裂纹，缩短使用寿命，因此锅炉在动、停止过程要严格控制汽包壁温差。尤其是冷态启动，提前将高压蒸发器底部加热蒸汽投入，适时加强新产出蒸汽的流通，加快汽包内汽水循环，可有效降低汽包壁温差增大。

5. 启动过程限制升温速率

启动过程中，随着工质压力与温度的升高，会引起厚壁汽包的内外壁温度差、汽包上下壁温度差，以及汽包筒体与两端封头的温度差，这些温差的存在，均将产生热应力。为了保证启动过程中上述温差不致过大，各受热面管子能均匀膨胀，受热面壁温不致过高，必须限制工质温度平均上升速度。

6. 严防水锤事故

在压力管路中，由于液体流速的急剧变化，从而造成管中液体的压力显著、反复、迅速地变化，产生水冲击，冲击压力可以超过管中正常压力的几十倍至几百倍，以致使管壁产生很大的应力，而压力的反复变化将引起管道和设备的振动，容易造成管道、管件和设备的损坏。

为了防止水锤现象的出现，可采取增加阀门启、闭时间，尽量缩短管道的长度，以及管道上装设安全阀门或空气室，以限制压力突然升高的数值或压力降得太低的数值。

第六章

附属系统

第一节 天然气调压系统

一、系统概述

天然气调压系统，又称天然气处理站，其主要作用是接收、计量来自上游天然气供应站或供气管道的天然气，并对天然气进行过滤、调压、调温等处理，以满足下游用户——燃气轮机、启动锅炉等运行所需的燃气品质。

由于燃机电厂天然气的供给一般是由天然气接收站通过专门的管道输送，其输送的天然气压力高，所以大部分燃机电厂的天然气调压站均为减压站。

二、系统流程

如图 6-1 所示，天然气由供给管网接入后，按天然气流向一般依次经过以下处理单元：入口紧急关闭单元，主要用于在发生火灾等紧急情况时迅速切断进入调压站的天然气气源，以保障整个系统的安全；接着进入流量计量单元，主要是对天然气进行成分色谱分析和流量计量，以确定天然气的流量及热值；再经过一个过滤分离单元，用于将天然气中的固体小颗粒和液体小液滴分离出来，以给燃气轮机提供清洁的天然气；再经过燃气加热单元，由于天然气经过减压后温度会降低，在减压前对天然气进行加热，以保证经过减压后的天然气在规

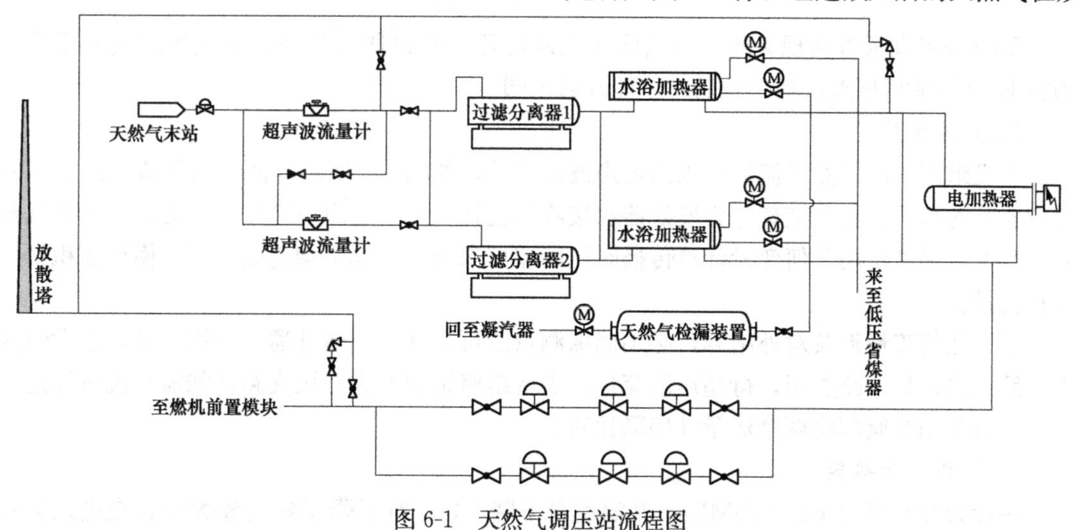

图 6-1 天然气调压站流程图

定的温度内；最后经过燃气轮机调压单元，对天然气的压力进行调整，将天然气的压力降低到一个稳定的值，以给燃气轮机提供稳定的燃料供应。

三、主要设备结构及原理

对应于天然气调压站的各个处理单元，其主要设备有紧急切断阀（ESD阀）、超声波流量计、过滤器、水浴炉（减压站）、压缩机（升压站）、调压阀等。

（一）ESD阀

紧急切断阀（ESD阀）是入口紧急关闭单元的主要设备，在发生火灾等紧急时刻迅速切断进入调压站的天然气气源，以保障整个系统的安全。

ESD阀还用于保护其后天然气管道防止超压，当上游气源压力异常高，高于一定压力值后，ESD阀自动关闭。

本机组天然气入口紧急切断阀是一个带气液联动执行机构的隔断球阀，依靠气液联动执行机构进行操作，气源来自其后天然气管路。

ESD阀的气液联动执行机构常采用两种形式，即拨叉式与旋转叶片式。拨叉式结构如图6-2所示，取样管将高压天然气引入气缸，推动气缸活塞，油缸内的油被压缩同时储存了压力势能，在活塞上装有连杆，连杆带动拨叉装置，将活塞的直线往复运动转换为阀杆的角运动，完成阀门的开启与关闭。

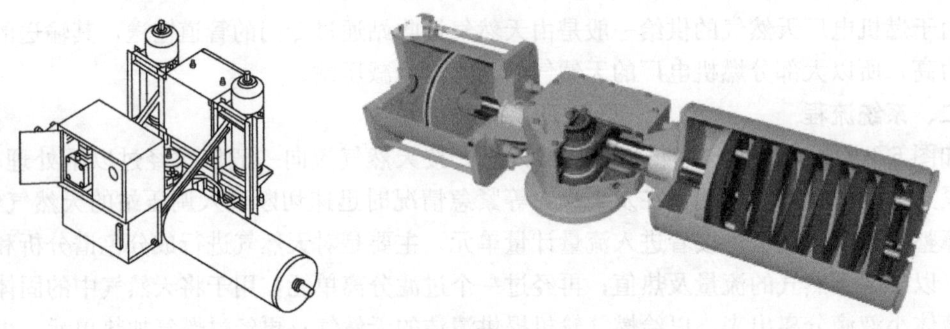

图6-2 紧急切断阀结构示意图

ESD阀可在远方实现关闭，但只能在就地打开。ESD阀开启前，必须先通过开启旁路阀将ESD阀前后压差保持一致后，才能开启该阀。

（二）流量计

本机组调压站天然气流量计采用超声波流量计。如图6-3所示，两个与气流轴线呈一定角度安装的超声传感器交替作为发射器和接收器进行工作，超声波穿过气体时，会沿着气流方向加速，通过使用几何变量计算传播时间的差异来确定气流平均速度，再由横截面积得出体积流量。

因天然气流量涉及对外结算，必须确保测量的可靠性，流量计通常一用一备，正常时其中一路开启，另一路关闭，待超声波流量计需要维修则切换到备用支路，如需对流量计进行校验，也可切换阀门将两个流量计串联比对。

（三）燃气加热器

一般天然气压力下降1.0MPa，其温度会下降5℃。对于降压幅度较大或者是进站天然气温度较低的天然气调压站，需要设计燃气加热系统，以保证下游用户对天然气的温度

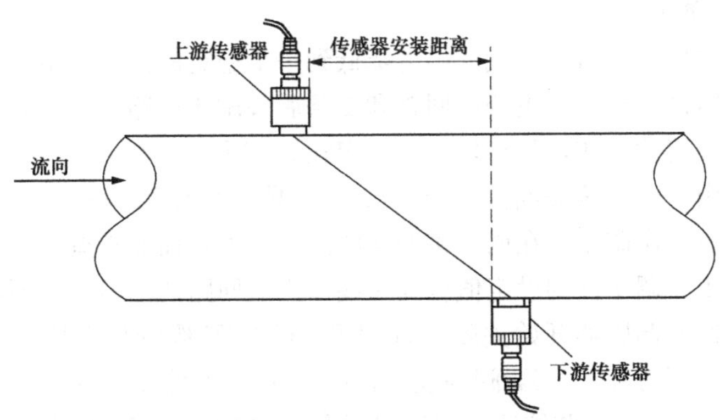

图 6-3 超声波流量计原理示意图

要求。

燃气加热器布置形式各有不同，有采用表面式海水换热器的，也有采用水浴炉加热器的。本机组采用了水浴加热器，采用一用一备的布置方式。

水浴加热器的作用是将天然气从−8～10℃加热至 15℃以上，以保证下游温度要求（燃气轮机的天然气温度满足 6～45℃）。在水浴加热器中，通过调整加热水的流量，间接加热天然气。因为本机组加热器的热水来自锅炉省煤器出口，所以在机组未启动、气温极低的情况下，需先投入电加热器，待锅炉可以持续供给热水后，停运电加热器。

（四）过滤分离器

天然气的过滤分离器用于将天然气中的固体颗粒和液滴分离出来，以给燃气轮机提供清洁的天然气。

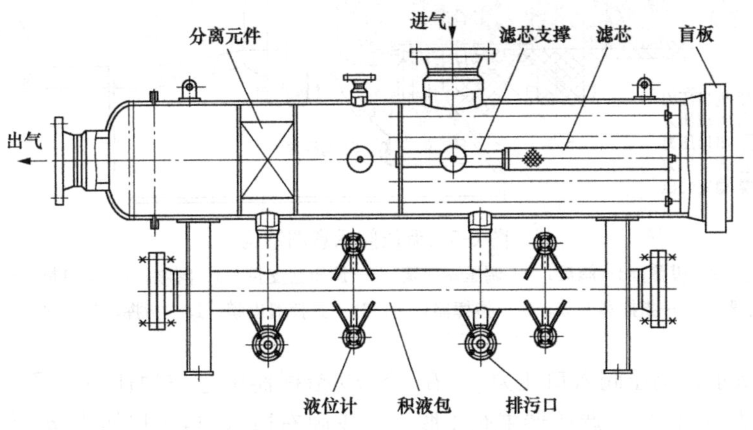

图 6-4 过滤分离器结构示意图

本机组过滤分离器为三级除污结构，如图 6-4 所示。第一级，含杂质的气体进入过滤分离器后，气流携带的杂质与壳体内表面和内部滤芯支撑管碰撞，进行初分离，分离了较大杂质。第二级，气体通过滤芯精过滤。第三级，气体经过叶片式分离元件时携带的液体得到分离。在过滤器底部，设计有积液包，用来收集过滤分离出的杂质。

（五）燃气调压单元

燃气调压单元的作用是将天然气的压力降低到一个稳定的值，以给燃气轮机提供稳定压力的天然气。本机组设置有1条主调压回路和1条后备调压回路。当主调压回路出口压力偏低时，备用线将自动接替工作，将出口压力稳定在3.8MPa左右。

每个调压单元由一个快速关断阀（SSV）、一个监控调压器和一个工作调压器组成。在正常的运行时，只有工作调压器在调节该回路的出口压力，而监控调压器为全开状态。监控调压器的设定值比工作调压器的设定值稍高一些，当该回路的出口压力不断上升超过监控调压器的设定值时，监控调压器开始关闭进行调压。而SSV阀的设定压力更加高，如两个调压器均异常导致出口压力高于SSV阀的设定值时，SSV将跳开，直接关闭供气。通常工作调压阀设定压力为3.8MPa，监控调压阀设定压力4.0MPa，SSV阀设定压力4.3MPa。

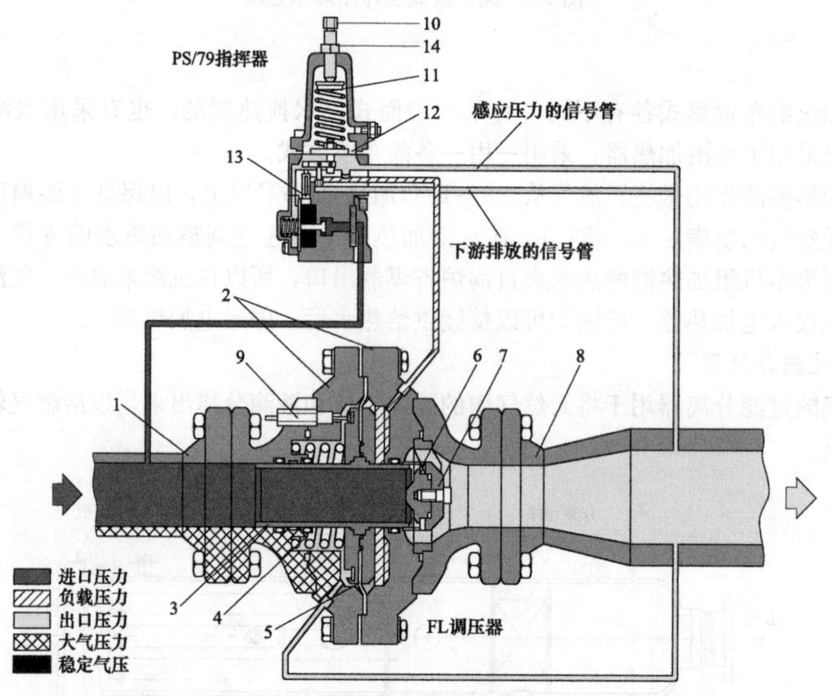

图6-5 调压阀示意图结构

1—出口端法兰；2—膜盖；3—阀筒；4—调压器弹簧；5—调压器皮膜；6—阀座；7—阀口垫；8—出口端法兰；9—行程指示器；10—指挥器调节；11—指挥器弹簧；12—指挥器皮膜；13—指挥器阀口垫；14—锁紧螺母

如图6-5所示，调压阀入口压力 p_1 在PS/79指挥器中过滤稳压后，经指挥器皮膜调节后作为负载压力 p_3 作用于调压器主阀皮膜上（皮膜右边），与出口压力 p_2 及设定的弹簧力 F_1（皮膜左边）反向作用保持平衡。

当下游出口压力 p_2 升高，指挥器PS/79皮膜与主阀皮膜同时动作。对于主阀部分，较高的出口压力 p_2 会使主阀趋于关闭；对于指挥器部分，在较高出口压力 p_2 的作用下，指挥器PS/79皮膜向上运动，使指挥器阀口趋于关闭，负载压力下降，同样使主阀趋于关闭。这样，通过主阀的气体减少，出口压力逐渐下降至初始设定值。

反之，当下游出口压力 p_2 下降时，负载压力上升，主阀趋于打开。这样，通过主阀的气体增加，出口压力逐渐上升至初始设定值。

（六）气体泄漏捕集器

本机组布置有气体泄漏捕集器，用于防止天然气漏入换热水中，结构原理示意图见图 6-6，从换热器出水口管道进入本设备的进水口 1，然后进入水箱箱体 2，换热水依次被第一次分离、第二级分离。

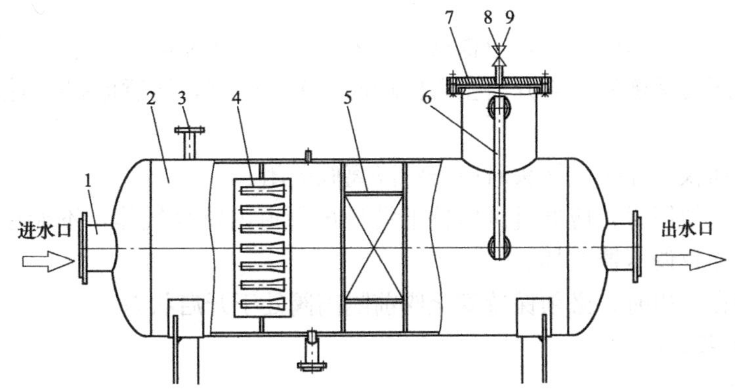

图 6-6　气体捕集器结构示意图

1—进水口；2—水箱箱体；3—安全阀接口；4——级分离器；5—二级分离器；6—液位计；7—气体储存空间；8—自动排气阀；9—气体泄漏报警器

经过两次分离后的天然气进入气体储存空间 7，只要有气体被分离，绝大部分都会进入气体储存空间，最后通过自动排气阀 8 排出，可用手持式或红外线天然气探测报警器确认被分离出的泄漏气体是否为天然气，进而停机检查换热器是否泄漏并找出问题，避免因天然气泄漏造成的安全事故。

四、系统的运行维护

（一）调压站主要运行及技术参数

（1）调压站进口天然气压力 6.5～8.5MPa，温度－3～4℃。

（2）调压单元正常运行时，调压段出口天然气压力 3.8MPa，温度－1℃～20℃。

（3）过滤器进、出口压差正常运行时应在 50kPa 内，如果超过 50kPa，DCS 上会出现报警，此时应更换滤芯，必须保证压差不超过 80kPa，否则会造成滤芯损坏。

（4）检查本体无泄漏，燃气温度与经验值相对应，根据机组启停工况，及时切换至其他运行机组供水。

（二）调压站安全规范

（1）只有专业的操作人员才能对天然气处理站进行相关操作。

（2）一旦调压站已经充入天然气，在安装和维修期间，要时刻对甲烷进行检测，以随时监控爆炸性混合气体。

（3）如果氧含量低于 19%，就要进行强制通风并重复检测氧含量；当测得氧含量高于 19%后，用天然气测爆仪对所有可疑的地方进行检测；如果测爆仪在其中任何地方显示浓度高于爆炸下限 10%，要继续通风，仅当浓度低于爆炸下限 10%时，才可以进入工作。

（4）任何时候现场不能有明火，进入天然气调压站需确认身上没有携带火种，移动电话放置在站外，劳动护具不会产生静电，使用铜制工具，使用安全闪光灯和安全灯。

（5）调压站某管路解体检修时，应隔离置换气体。

（三）调压站操作注意事项

调压站内天然气的压力较高，为了避免因操作原因导致天然气压力波动太大，甚至造成管道泄漏，对调压站进行运行操作时，需注意以下事项：

（1）所有阀门的开关应缓慢操作以避免冲击，所有增压及减压操作必须缓慢操作，控制升压及减压的速度。

（2）在开启主管道球阀之前，应根据压力表指示，确认前后是否存在压力差，若有需开启支管旁路，待压力平衡后，再开启主管路球阀，关闭旁路，注意球阀必须处于全开或全关的位置。

（3）松动任何仪表连接或堵头时应先将隔离阀关闭。

（4）设备停止使用时，应通过调压器下游排出管道内留存气体，不能在调压器前放气，若气体倒流极易导致调压器损坏。

（5）调压站在使用时，必须保持安全阀前隔离阀处于开启状态。

（四）调压站投运操作

1. 氮气置换空气

调压站充入天然气前，需要全面对调压站进行氮气置换空气的操作，使整个管线内氧气浓度低于1%。具体的置换工作可整体或者分单元进行，需要注意加强对某些不流动死角的排放。

常规的置换方法为边充边排，即在管线的一头充入氮气，在另外一头排放并检测，直到另外一头检测合格为止。此方法虽然简单有效，但对某些不流动的死角可能置换不彻底，而且容易造成置换气体的浪费。

下面以调压单元为例，介绍一种简单有效的置换方法：

（1）将氮气瓶接至调压段进口手动阀后面的充氮接口；

（2）打开调压段SSV阀；

（3）打开充氮接口隔断球阀，同时打开机组调压段压力表隔断球阀，观察压力表指示，当管线中的压力升至0.5MPa时，停止充氮；

（4）打开机组调压段放散球阀和放散截止阀；

（5）当管线中的压力降至0.02～0.05MPa后关闭调压段放散截止阀；

（6）重复充氮—放散步骤三次后，在机组调压段靠近出口的压力表处取样口进行取样，用便携式氧表检测氧含量，测完后拧紧检测取样螺钉，连续三次检验，间隔时间不少于5min；

（7）如取样点的氧气浓度高于1%，重复充氮—放散—检测步骤，直到取样点的氧气浓度低于1%后为合格。

此方法的特点是充气和排气分开，在管道内剩余不多原始气体的情况下充入大量置换气体，稀释原始气体，然后排放到剩余较少混合气体后再充入置换气体稀释，一般进行三个充气和排气的过程，即可以使原始气体的体积浓度降低到1%。实践证明，此方法简单实用，可节省置换气体。

2. 天然气置换氮气

当氮气置换空气合格后，可进行天然气置换氮气的工作。此工作可整体或者分单元进行，需要注意加强对某些不流动死角的排放，当天然气体积浓度大于99%时为合格。

以机组调压单元为例，天然气置换氮气的步骤为：

(1) 确认调压单元前管道天然气充压正常；

(2) 确认调压段 SSV 阀在打开位置；

(3) 打开调压段入口旁路球阀；

(4) 缓慢打开调压段入口旁路截止阀，当管线中的压力升至 0.5MPa，关闭该阀，停止充入天然气；

(5) 打开调压段放散球阀和截止阀；

(6) 当管线中的压力降至 0.02～0.05MPa 后关闭调压段放散截止阀；

(7) 重复充天然气—放散步骤三次后，松开调压段压力表取样口进行取样检测，用天然气体积浓度监测仪测量浓度，测完后拧紧检测取样螺钉，连续三次检测，间隔时间不小于 5min；

(8) 如天然气体积浓度小于 99%，重复充天然气—放散—检测步骤，当检测到天然气体积浓度大于 99%时为合格；

(9) 关闭调压段放散球阀；

(10) 缓慢打开调压段入口旁路截止阀，观察调压段压力表指示压力，控制升压速率不超过 0.3MPa/min；

(11) 当压力不再升高时，打开调压段进口球阀；

(12) 关闭调压段入口旁路截止阀和球阀。

(五) 调压站停运操作

1. 正常停运，对应机组停运后的状态

(1) 检查调压站具备停运条件。

(2) 停运水浴加热器。

(3) 根据具体情况选择是否关闭各调压段出口隔离阀和入口 ESD 阀。

2. 检修停运，用于设备需进行隔离检修

(1) 关闭需检修单元进、出口隔断球阀。

(2) 打开该单元的放散阀，将天然气泄压至表压为 0.05MPa。

(3) 将该检修单元用氮气置换天然气，必要情况下，可将检修管段之前的部分管段置换并隔离，作为缓冲区，防止隔离阀门内漏。隔离措施执行后，可静置几个小时，看管道内压力是否上涨来判断内漏情况。

五、系统运行优化及改造

水浴加热器主要作用是提前加热天然气，防止经过减压后的天然气温度过低。水浴加热器一般在机组启动后投运，机组停运前退出，在机组运行时一直处于运行状态。

由于燃气轮机运行时，调压站出口天然气会经过机组侧燃气加热器加热后再进入燃烧器燃烧，理论上来说在燃气加热器前的天然气温度对燃气轮机运行无任何影响。那么，在保证调压阀无结冰卡涩的情况下，适当降低天然气供气温度，减少水浴加热器的供水量，可达到节能效果。故在炎热的夏天，可以根据调压段出口温度，适时退出加热水。

同时，可考虑使用炉侧的连排废水，对调压站水浴加热器进行加热，换热后再送至化学污水处理站，充分利用废水余热的同时，也对废水进行降温，有效保护污水处理站的设备，流程示意图如图 6-7 所示。

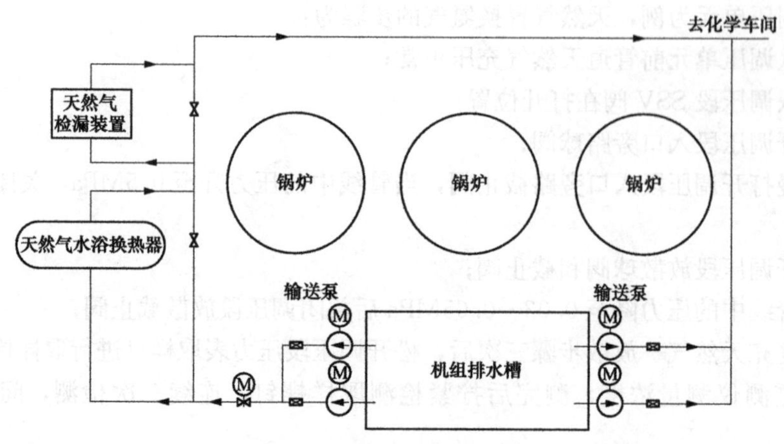

图 6-7 水浴加热器流程图

六、系统典型异常及处理

（一）调压站入口燃气压力高

原因分析：上游气源压力异常高，或压力变送器故障。

处理方法：检查就地标记，核对压力信号是否正常；联系上游供气站，配合上游处理。

（二）天然气温度异常

原因分析：水源温度、流量异常；测温元件异常。

处理方法：就地检查实际温度，调整换热器供水阀门，切备用水浴换热器运行。

（三）调压断出口压力异常

原因分析：指挥器失灵，调压阀故障，压力变送器故障。

处理方法：检查确认调压阀实际开度是否与压力相匹配；检查指挥器及调压阀本体是否结冰，如有，则适当提高供气温度；检查压力取样管是否泄漏；如确认阀门异常无法继续工作，应缓慢切换至备用路供应。

（四）机组运行时，主调压段发生异常自动切换至旁路调压段运行

原因分析：调压段快速关断阀异常；调压段调压阀异常；调压段管道天然气压力波动。

处理方法：查明原因，尽快恢复另一调压线路备用。

操作方法：

1）关闭机组调压段出口手动阀；

2）打开机组调压段 SSV 阀；

3）缓慢打开机组调压段出口手动阀；

4）确认机组调压段工作正常，压力无明显波动。

（五）机组停运后，调压段出口安全阀动作

原因分析：主回路、后备路调压阀门内漏；安全阀误动作。

处理方法：现场确认内漏阀门，进行相应隔离，联系检修处理。关闭误动作安全阀前的手动阀，联系检修处理。

（六）天然气泄漏检测装置报警

原因分析：设备泄漏；检测装置误报警。

处理方法：立即报告值长，禁止一切无关人员进入调压站。严格控制火源。如果少量泄漏，应采取积极措施，用仪器、检漏液、肥皂水，或其他方法，查出具体的漏气点，分析漏气的原因，立即联系检修人员对泄漏设备进行抢修，如有备用回路，应立即倒换设备运行，将故障点隔离。如果严重泄漏，应立即切断 ESD 阀，如有必要，应通知天然气末站立即切断气源。现场加装临时通风设备，待甲烷浓度低于爆炸下限的 10%以后才允许进入站内做相应的检修工作。

第二节　燃气调节系统

一、系统概述

燃气调节系统的作用是接收（计量、加热、过滤）和调节来自天然气调压站的天然气，控制进入燃气轮机燃烧室的天然气压力、温度和流量，以满足燃气轮机在不同负荷段运行的需要。

为保证必要情况下紧急停止天然气供应，本系统安装有两套关断、放散阀门，分别用于事故情况及正常启停机时的燃气关断。

另外，本系统还设计有氮气供应及排放管路，可通过中间介质（如氮气）将管道内天然气吹出，保证检修过程中的人员安全。

二、系统流程

本机组燃气调节系统流程如图 6-8 所示。

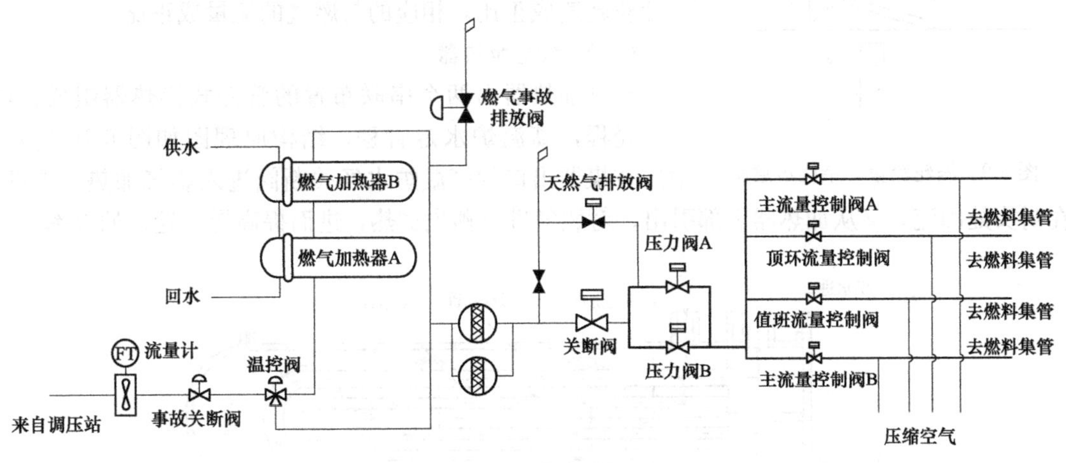

图 6-8　燃气调节系统流程图

（一）燃气主回路

天然气调压站过来的天然气，经过流量计计量后，依次流经温控阀和燃气加热器，对天然气进行加热和温度调节，随后经过末级过滤器精过滤，再经过燃气关断阀，由两路压力控制阀和四路流量控制阀后进入环形燃料集管，最终分配到 20 个燃烧器。

（二）辅助回路 1——燃气加热器给水

通过相应的管道与阀门，将中压省煤器出口的高温炉水送入燃气加热器内，换热后将被冷却后的炉水送回锅炉或者凝汽器。同时通过相应的自动控制逻辑，调整高温炉水供应量，确保燃气温度满足燃气轮机运行要求。

（三）辅助回路 2——燃气事故关断系统

在燃气加热器管束破损、高温炉水泄漏量达到一定程度时，自动关断燃气供应，防止带水的燃气进入燃气轮机，同时联锁打开事故放散阀，排尽管道内的燃气。

（四）辅助回路 3——喷嘴吹扫空气系统

燃气轮机压气机离线水洗时，给燃烧器喷嘴通入仪用压缩空气，使喷嘴内部形成正压，防止异物倒流堵塞喷嘴。

（五）辅助回路 5——燃气排放

在主回路的关断阀后段，设有天然气排放阀，用于燃气轮机停机后排空天然气关断阀后残余的天然气，同时防止由于天然气关断阀泄漏，导致天然气进入燃气轮机及余热锅炉内。

三、主要设备结构及原理

燃气调节系统的主要设备包括燃气流量计、燃气温度控制阀、燃气事故关断阀、燃气事故排放阀、燃气加热器、末级过滤器、燃气截止阀和放散阀、燃气压力控制阀和流量控制阀等。

（一）燃气流量计

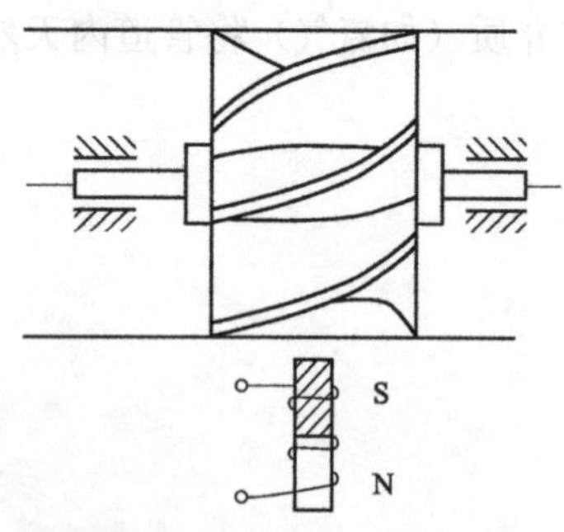

图 6-9 涡轮流量计结构示意图

本机组燃气流量计采用的是涡轮流量计，原理如图 6-9 所示，当燃气流过时，叶轮受力旋转，叶片周期性地切割电磁铁产生的磁力线，根据电磁感应原理，在线圈内将感应出脉动的电动势，即电脉冲信号，此电脉动信号的频率与叶轮转速成正比，相应的与燃气的流量成正比。

（二）燃气加热器

燃气加热器由两个串联布置的管壳式换热器组成，燃气走壳程，高温炉水走管程，结构原理图如图 6-10 所示。中压省煤器出口的高温炉水经关断阀进入燃气加热器上部，在封头处回流，又从加热器下部引出，对燃气进行预先加热，进而提高燃气轮机的效率。

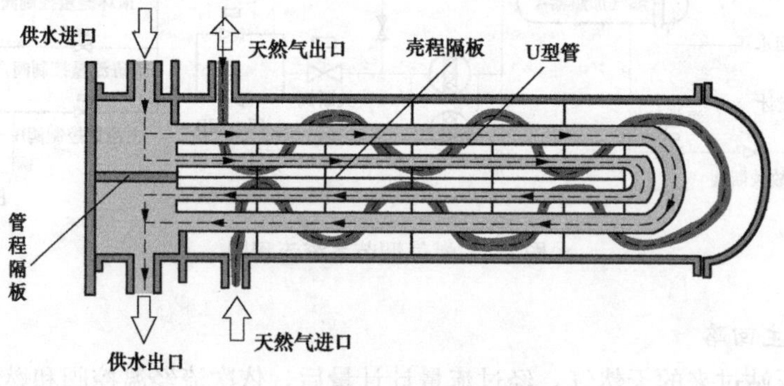

图 6-10 燃气加热器结构示意图

加热器底部装设有集水器及液位开关，当内部积水过高时，液位开关动作，联锁机组跳闸。

（三）燃气温度控制阀

该阀是一种气动的三通型隔膜控制阀。气缸内的压缩空气推动膜片与弹簧相互作用，调整阀门在所需的位置。工作时阀门动作情况如图 6-11 所示，控制系统自动调整阀门上、下动作，从而调整进入燃气加热器与进入旁路的燃气流量，确保燃气温度满足机组当前运行工况。

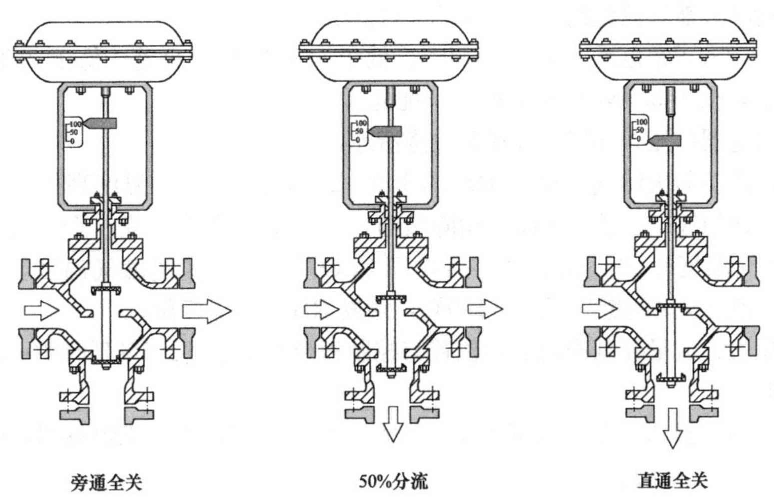

图 6-11　燃气温度控制阀工作图

（四）末级过滤器

在燃气加热器的下游布置有两台末级过滤器，正常运行时两台均投入，主要作用为过滤掉进入燃气轮机的异物和颗粒，防止对阀门元件和喷嘴的损害。

末级过滤器下游装有燃气压力变送器，当燃气供应压力变低时，压力变送器检测到燃气压力低，发出“低压报警”。当燃气压力变得过低时，低低压力开关信号触发，保护动作，机组跳闸。

（五）燃气截止阀、排放阀

在燃气管线上设置有一组燃气截止阀和燃气排放阀，用于关断燃气和释放截止阀后燃气管道内的燃气。

燃气截止阀和排放阀采用的是液压联锁方式，当安全油建立时，截止阀上的卸载阀关闭，在压力油作用下排放阀关闭，截止阀同步开启，燃气通过燃气管道进入燃气轮机；当安全油失去时，卸载阀开启，截止阀关闭，排放阀开启，截止阀和主流量控制阀之间的燃气通过排放阀排出。

因此这两个阀正常状况只有开和关两个阀位，阀门上只设有限位开关，以监测阀门的工作状态。当燃气轮机停机时，由于安全油压迅速卸掉，截止阀立即关闭以隔离天然气，排放阀立即打开排放掉截止阀后管道的天然气。

（六）压力控制阀、流量控制阀

本机组配有 2 个燃气压力控制阀（压力 A 阀、压力 B 阀）和 4 个燃气流量控制阀（值班燃料阀、主燃料 A 阀、主燃料 B 阀、顶环燃料阀），均由液压驱动，可实现变负荷工况下流量的连续控制，正确地供给燃气流量，其中压力控制阀确保流量阀前的压力恒定，这样流量控制阀的开度就和通过该阀门的燃料流量呈线性关系，以便于调节。流量控制阀用于调节燃气流量。

四、系统的运行维护

（一）燃气系统正常运行监视

燃气供气系统正常运行中应维持下列参数在规定值范围内：

1）满负荷时天然气流量约 74 000m^3/h（标况下）。

2）天然气压力正常范围 3.7～3.9MPa。低于 3.35MPa 时报警，低于 3.25MPa 时触发 RB 自动降负荷，低于 3.0MPa 时保护动作跳机。

3）末级过滤器差压＞50kPa 时联系检修清理。

4）燃气加热器后天然气温度正常范围 100～200℃。≥240℃温度高报警，≥250℃（燃气轮机负荷≥150MW）时触发 RB 自动降负荷；＜70℃温度低报警，（－20%≤CLCSO≤65%）区间燃气温度≤50℃或者（65%≤CLCSO≤90%）区间燃气温度≤50～100℃或者（CLCSO≥90%）区间燃气温度≤100℃，触发 RB 自动降负荷。

5）燃气压力、流量控制阀的实际位置与控制指令偏差超过±5%延时 10s 以上时保护动作，机组跳闸。

6）天然气加热器 A 或者 B 液位高高开关信号触发，三选二，机组跳闸，同时关闭事故关断阀，打开事故放散阀。

（二）燃气供给系统的投/停运置换

对于两班制运行的联合循环燃气轮机组，燃气调节系统随时处于备用或者运行状态，其系统上设备的启、停均随机组的启、停而相应的动作。当系统出现异常需要停运检修，或者系统检修后再启动，为确保管道内无可燃气体残留，需要对系统进行天然气置换。

以截止阀前管道检修后的投运为例介绍系统天然气置换的方法。

1. 燃气系统投运置换——氮气置换空气

（1）关闭流量计入口阀，打开燃气截止阀前放散一、二次阀，将管道压力降至 0.05MPa，静置 1h，观察管道压力无上涨，验证流量计入口阀是否严密；

（2）联系热工人员强制打开燃气温度控制阀至 90%位置；

（3）检查确认两个末级过滤器进、出口隔离阀全开；

（4）将氮气瓶连接至燃气流量计入口处充氮接口，打开充氮隔断球阀进行充氮操作，管线中的压力升至 0.5MPa 时，停止充氮；

（5）打开燃气截止阀前放散一、二次阀，当管线中的压力降至 0.02～0.05MPa 时，关闭放散阀，并从放散点处取样，用便携式检测仪测量氧含量，连续三次检验，间隔时间不少于 5min；

（6）重复充氮——放散——检测步骤，直到取样点的氧气浓度低于 1%后为合格，关闭充氮隔断阀和放散阀。

2. 燃气系统投运置换——导入天然气

（1）确认流量计前管道内天然气压力、浓度正常；

（2）确认流量计后管道充氮置换已合格，且充满氮气，打开燃气截止阀前放散一、二次阀将压力泄至微正压后关闭；

（3）微开流量计进口阀，将下游压力缓慢升压至 0.5MPa 时后关闭流量计进口阀；

（4）打开燃气截止阀前放散一、二次阀将压力泄至 0.02～0.05MPa 后关闭放散阀，并从放散点处取样，用天然气体积浓度监测仪测量浓度，连续三次检验，间隔时间不少于 5min；

(5) 重复充天然气——放散——检测步骤，当检测到天然气体积浓度大于 99%时为合格，关闭放散一二次阀；

(6) 缓慢打开流量计进口阀，给系统充压，注意控制升压速率不超过 0.3MPa/min；

(7) 解除对燃气温控阀强制，检查燃气截止阀前燃气压力正常，燃气系统已处于备用状态。

(三) 燃气温度的调节

本机组燃气温度由高温炉水侧调阀及燃气温控阀同时调整。其中高温炉水的流量仅仅是当前负荷对应值，不参与燃气温度调节，如图 6-12 所示。

在机组停运后及启动初期，温控阀保持全关，燃气全部走旁路；燃气轮机转速大于 2250r/min 时，温控阀开始工作，控制燃气温度在 100～200℃之间（该设定温度与机组负荷有关，见图 6-13）。

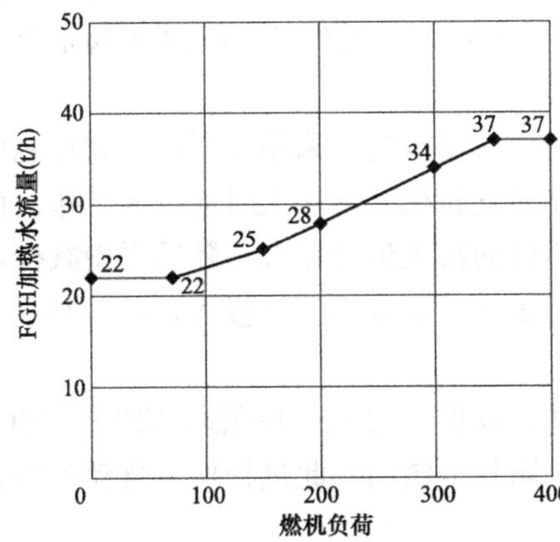

序号	燃机负荷	FGH加热水流量
	MW	t/h
1	0	22
2	70	22
3	150	25
4	200	28
5	300	34
6	350	37
7	400	37

图 6-12　FGH 给水流量设定关系图

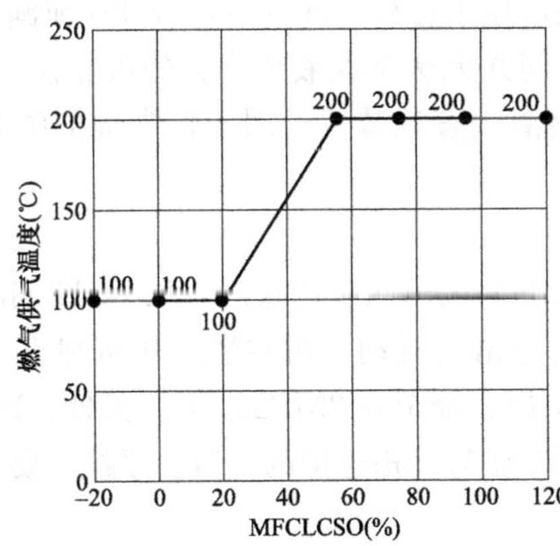

序号	MFCLCSO	燃气供气温度
	%	℃
1	-20	100
2	0	100
3	20	100
4	55	200
5	74	200
6	95	200
7	120	200

图 6-13　燃气温度设定关系图

在负荷未变的情况下，燃气温度的调整主要靠燃气温控阀自动调节，操作员无法干预。因此遇到温控阀无法调节的紧急情况，可将热源侧回水阀门切至手动进行操作，但务必谨慎。

（四）燃料控制

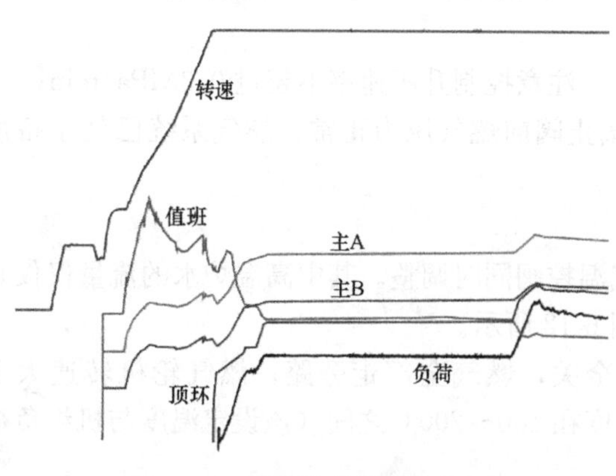

图 6-14 流量控制阀动作曲线

燃料压力控制阀采用一大一小的布置方式，可精确控制流量阀前压力满足不同负荷的要求。其中，燃气轮机刚点火时仅由压力B阀（小阀）调整，而压力A阀在1500r/min时开始投入，根据设定压力共同调整，1900r/min左右压力B阀开至40%开度并一直保持。在燃气轮机转速小于1600r/min时，该压力的设定值恒为1.5MPa；1600～2400r/min之间，压力设定值是转速的正比例函数，缓慢涨至3.9MPa，更高负荷的工况中，压力设定值保持恒定的3.9MPa，因机组侧天然气压力普遍低于3.9MPa，故机组正常运行时，压力A阀是全开状态，压力B阀开度恒为40%，动作曲线如图6-14所示。

为了精确控制进入燃烧器的燃料量，流量控制阀采用4回路并列控制的方式，其中值班燃料、主燃料全程参与燃料量控制，在燃气轮机开始点火时就投入工作。由于值班燃料主要用于稳定燃烧，故转速上升初期值班燃料的投入量会较大，随后慢慢减少，并与负荷呈现类似反比例关系。顶环燃料则在燃气轮机3000r/min时开始投入，随后与主燃料一起调节机组所需的燃料量。

控制系统根据当前转速、负荷自动计算燃气总流量既燃料CSO，CSO再分配计算，得出4个流量控制阀的开度指令，单独控制各个阀门，此过程均是自动控制，操作员无干预的权限。

五、系统运行优化改造及运行经验分享

（一）燃气加热器液位计优化

燃气加热器的气侧安装有液位开关，用于监视内部管束是否存在泄漏，由于原设计中缺乏液位开关校验装置，两个检修周期之间并无法确保液位开关的可靠性。可在液位开关正、负压侧分别加装隔离阀门，并增加一路灌水查漏装置，用于日常维护中对液位开关进行校验，如图6-15所示。

（二）燃气加热器操作经验

燃气轮机停运后，燃气加热器（FGH）内部水压仍较高，如FGH回凝汽器、回低省侧阀门存在内漏，可能出现管道间歇性的冲击及晃动，可在燃气轮机熄火10min后，手动打开FGH回凝汽器侧阀门，将FGH内部压力降至0.2MPa以下。另外，FGH供水、回水侧均未装设电动隔离阀、手动隔离阀，所以在与其相连接的管道、系统需要检修时，需隔离完整，并严密监视压力上升情况。

六、系统典型异常及处理

（一）末级过滤器压差高

可能原因：过滤器堵塞；压力开关、压力变送器故障。

处理方法：检查末级过滤器，若过滤器堵塞，清扫或更换过滤器；检查压力开关、压力

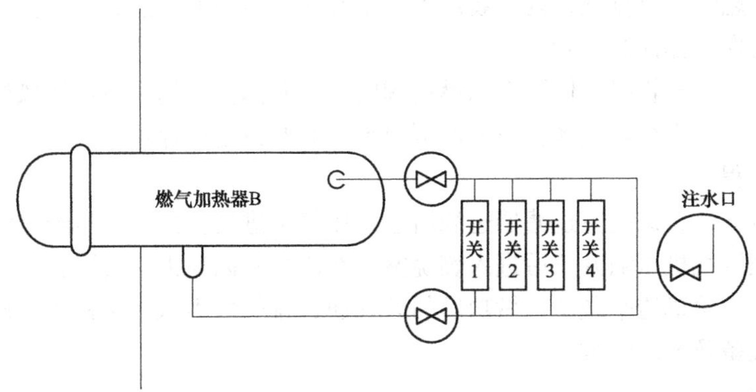

图 6-15　燃气加热器液位计优化示意图

变送器，若设定值改变，重新校准；若压力开关或压力变送器损坏，修理或更换。

（二）燃气供气温度高异常

可能原因：热电偶故障；燃气温控阀故障；控制信号错误；燃气加热器故障。

处理方法：检查热电偶，若有故障，更换热电偶；检查温控阀是否有异常，若有故障，进行检修；检查控制信号，若有异常，检查控制回路。当燃气加热器出口燃气温度低于设定值（随燃气轮机负荷变化）或高于 250℃，机组联锁保护动作，快速切负荷至 50％负荷。

（三）燃气供气压力低

可能原因：过滤器堵塞；压力变送器故障；燃气截止阀故障；燃气泄漏；调压站阀门异常。

处理方法：检查过滤器压差，若压差高于 50kPa，清扫或更换过滤器；检查压力变送器，若设定值改变，重新校准；若压力变送器引出管堵塞或泄漏，进行检修；检查燃气截止阀是否全开，否则进行检修；对比天然气流量是否明显超出经验值，检查管道、排空阀、安全阀是否有燃气泄漏，若有，则进行相应隔离，联系检修处理，期间监视好燃气压力，防止超压；检查调压站出口压力，如是调压阀门动作异常，则尝试将备用调压段投入，隔离故障阀门，等待检修处理。

（四）燃气供气压力波动，机组负荷反复波动

可能原因：安全阀频繁动作；调压站阀门异常；温控阀频繁开关。

处理方法：退出 AGC，稳定机组负荷。检查安全阀是否有动作迹象，若有，进行隔离；检查调压站出口压力，如异常则通过主路、后备路切换进行判断，切除故障回路；检查温控阀是否频繁开关，若有，查明温控阀动作原因并处理。

第三节　燃气轮机进排气及罩壳系统

一、系统概述

燃气轮机进气系统的作用是对空气吸入、过滤、消音并引至压气机进气机匣。该系统由一个封闭的进气室和进气管道组成，在进气管道下游与压气机进气道相连接。

燃气轮机排气系统将燃气轮机排气引入到余热锅炉，经余热锅炉受热面吸热后，通过烟囱排到环境中。燃气轮机排气通道安装有多个膨胀节，保证排气道受热膨胀不受阻。为了保

护燃气轮机，在燃气轮机排气道内还装设了一组叶片通道温度测点、一组排气温度测点、排气压力开关及可燃气体探测装置。

罩壳系统包括燃气轮机本体罩壳和燃料阀门小间两部分，均设有通风风机和二氧化碳灭火系统，实现对罩壳内可燃气体含量的监测及火灾时对设备的保护。

二、系统流程

环境中的空气经过进气室过滤器过滤后进入压气机进气室内，然后经过消音器到达压气机入口；空气经压气机压缩升压后进入燃烧室，在燃烧器内与天然气混合、燃烧产生高温高压烟气，进入燃气轮机透平做功，做功后的乏气通过排气段引入余热锅炉（HRSG）。

三、主要设备及技术参数

（一）进气部分

进气部分由进气防雨分离器（惯性分离器）、进气过滤器、进气滤安装架及隔板、进气段膨胀节、消音器、进气导流板和压气机入口连接弯管等部件组成，如图 6-16 所示。

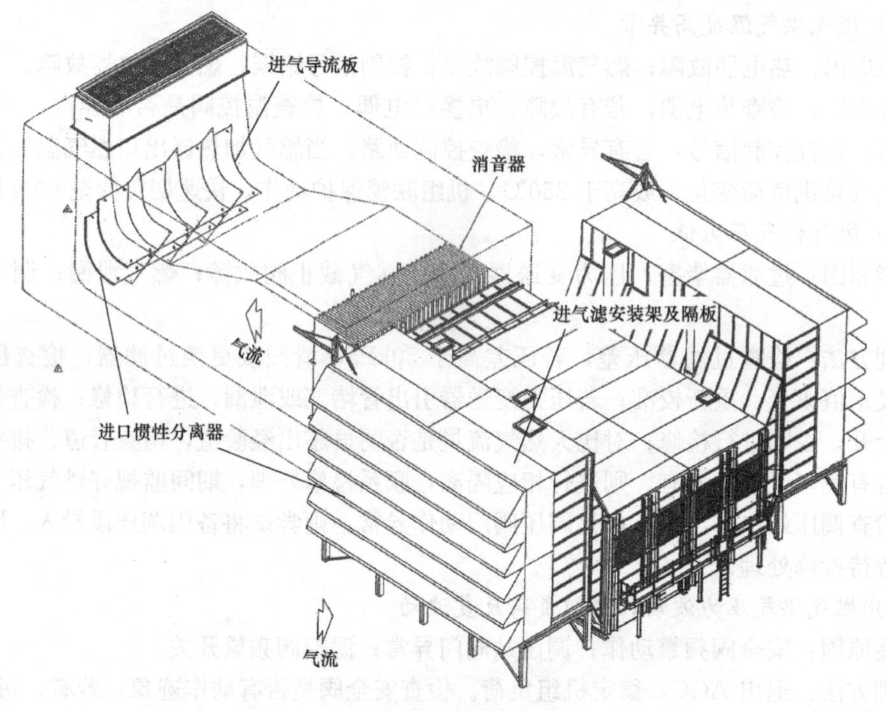

图 6-16　进气室现场布置图

1. 进气防雨分离器

进气防雨分离器由两部分组成，进口雨水挡板及“S”形惯性分离挡板，在暴雨天气可将雨水有效分离排出，对湿度较大的空气（雨、雾天气）中的水蒸气能起到一定的分离作用，保证进气干燥度，防止潮湿带水空气进入缩短进气过滤器使用寿命。进气防雨分离器底部均设置有集水槽将收集的雨水排出。同时，进气防雨分离器可以防止较大物质（如小鸟、树枝、纸片等异物）进入压气机进气室。

2. 进气过滤器

进气过滤器主要作用为过滤掉空气中的杂质，保证进入压气机内空气的洁净度。进气过滤器包含两级过滤器：粗过滤器和精过滤器。粗过滤器由机盖和设置在机盖内腔中的滤芯构成；精过滤器由机身和设置在机身内腔中的滤芯构成；精过滤可以去除空气中的微粒，使压气机结垢和腐蚀的情况降至最低。预过滤器的元件是标准的、易于拆卸的、安装在共有的结构内，在需要的情况下可以在运行过程中更换过滤器元件。考虑到人身安全、防止外界杂质进入压气机，精过滤器在机组停机后才能进行更换。目前两级过滤器均为失效直接更换过滤器。同时设置有预过滤器压差变送器和总压差变送器，设置于每级过滤器的进、出口，对两级过滤器运行状态进行监视并将数据传给燃气轮机控制系统。

3. 过滤器压差开关

预过滤器及精过滤器设置有总压差压力开关，当压差超过 2 个压力开关的设定值时，触动燃气轮机跳闸。

4. 消音器

消音器是几块竖直平行布置的隔板，隔板由多孔吸音板做成，里面装着低密度的吸音材料。消音器将压气机叶片产生的高频噪声减弱，降低从进口滤网排出的噪声。

5. 进气导流板

进汽导流板的作用为平滑地改变气流的方向，使进气在压损尽可能小的情况下导入压气机入口。

6. 压气机入口连接弯管

压气机入口连接弯管由一个经过声学处理的弯头组成，也起到一定的消音作用。

7. 进气段膨胀节

膨胀接头是用螺栓连接到进气室和进气管道上，用来消除进气系统的膨胀及振动。

(二) 排气部分

排气部分主要由排气缸、排气通道及排气段膨胀节组成，并安装有可燃气体探测器、排气压力和温度监视装置。排气部分的具体结构可见燃气轮机结构部分，以下仅对主要表计进行简单介绍。

1. 排气段可燃气体探测器

在透平和余热锅炉之间的排气道内安装有燃气探测器，用于监测排气道内燃气的状况。在探测器和排气道之间安装有电磁三通阀。在燃气轮机停机期间，燃气探测器吸入来自燃气轮机排气道的空气检测内部燃气泄漏；在燃气轮机运行期间，其中一个连接打开，向大气排放。因此探测器只能在燃气轮机停机期间进行检测，并在检测到燃气泄漏时报警。如果发生燃气泄漏报警，则闭锁机组点火，直至报警复归。

2. 排气压力监视装置

在燃气轮机排气段安装有一个压力变送器及三个压力开关，压力变送器将排气压力传送到 TCS 上用于监视。三个压力开关采用三选二的方法，当燃气轮机排气压力高，压力开关动作机组跳闸。

3. 叶片通道温度（BPT）检测器

叶片通道温度测点安装在燃气轮机四级动叶与 1 号轴承之间，共 20 个测点。由于叶片通道温度测点紧靠四级动叶，燃气轮机内部的高温烟气经过燃烧做功后没有在排气段混合，叶片通道温度测点监测到的温度场，充分反映了燃气轮机内部燃烧、做功的温度场。因此叶片通道温度主要用来监控燃气轮机燃烧工况、保护燃气轮机安全运行，叶片通道平均温度还参与燃气轮机燃烧控制。

4. 排气温度（EXT）检测器

排气段共安装有6个排气温度检测器，排气温度测点安装在排气段中段部位，排气温度已充分混合，各测点温度偏差较小。排气温度主要用于燃气轮机的燃烧控制及保护。

(三) 罩壳部分

罩壳系统包括燃气轮机本体罩壳和燃料（FG）小间两部分，内部设有风机和灭火系统。实现对罩壳内可燃气体含量的监测及火灾时对设备的保护。

1. 通风风机

燃气轮机罩壳安装有三台通风风机，两用一备；燃料小间安装有两台风机，一用一备。风机出口安装有可燃气体检测装置，可实现对罩壳内部气体中可燃气体含量的监测，若燃料管路泄漏，风机出口可燃气体含量逐步升高，报警发出，直至触发燃气轮机跳闸保护。此外，机组运行时，若罩壳三台通风风机同时停运超过10min，机组跳闸。

2. 二氧化碳灭火系统

燃气轮机罩壳和FG小间都具有三路探测器，分别是两路温感探测器和一路紫外线火焰探测器，每路探测器装有数量不等的探头。当燃气轮机罩壳或FG小间内任一个探头探测到有火：紫外线火焰探测器检测有火，或温度探测器检测温度超过160℃，系统发报警；当燃气轮机罩壳或FG小间内任意两路探测器发出火灾报警，灭火系统将在30s延时后开始喷发，同时发出机组跳闸信号，并停运燃气轮机罩壳或FG小间通风风机。

燃气轮机罩壳CO_2灭火系统共有CO_2主瓶62个，每个容积为70L，存有约42kg液化二氧化碳灭火剂，另具有一瓶CO_2启动瓶，容积为15L，质量为8kg。当燃气轮机罩壳内发生火灾时，主钢瓶架延时装置VZ3动作，利用从启动瓶到延时装置VZ3的控制气体，自动打开第一组共30个主瓶喷放CO_2灭火气体，在1min内使燃气轮机罩壳内CO_2浓度达37%；之后，首次喷放的气体，会打开第二组共32主瓶，持续喷放20min，以维持燃气轮机罩壳内CO_2浓度不低于30%。FG小间CO_2灭火系统共有主瓶2个，启动瓶1个，主瓶不分一二次喷放。每一个钢瓶都装有一个失重监控装置（CO_2充装量损失10%）。此外，高压CO_2钢瓶的储存温度不应超过49℃。

四、系统的运行维护

(一) 系统运行前的检查

进、排气系统随着燃气轮机的启动而自动地投入运行，在燃气轮机启动前，需检查确认系统具备投运条件。特别是燃气轮机检修后的初次启动，需要重点检查以下方面：

(1) 检查确认过滤器挡风雨罩完好，滤网完好、无破损。

(2) 进气过滤器就地压差表显示正常，CRT上显示正常。

(3) 检查确认20个叶片通道热电偶、6个排气通道温度热电偶和排气通道内的气体检测器完好可用，指示正常。

(4) 检查确认就地排气压力表指示与CRT上指示一致且正常。

(5) 检查确认排气段支撑架无变形，膨胀节完好。

(6) CO_2灭火系统投运前的检查及准备：

1) CO_2消防系统检修工作已结束，工作票已回收；

2) 检查就地手动控制操作盘上打在自动状态；

3）检查就地手动控制操作盘手动喷放按钮未按下；

4）CO_2 气瓶间外的气瓶重量显示仪无报警；

5）CO_2 气瓶间各连接处无漏气。

（二）系统运行监视

（1）当发生下列情况之一时，TCS 将收到高压差信号报警：

1）进气粗过滤器压差达到 0.34kPa；

2）进气过滤器总压差达到 1.47kPa。

（2）当进气过滤器总压差达到 2.06kPa 时机组 RUNBACK；当进气过滤器总压差达到 2.25kPa 时机组跳闸。

（3）运行中应密切监视叶片通道温度和排气温度。发生以下异常时，机组将跳闸。

1）当叶片通道平均温度达到 680℃及以上时，发出报警，燃气轮机跳闸；当排气平均温度达到 660℃及以上时，发出报警，燃气轮机跳闸。

2）当叶片通道平均温度与叶片通道温度控制参考值之差达到或超过 45℃时，发出报警，燃气轮机跳闸。

3）任意一个 BPT 偏差大条件满足，则自动停机。以 1BPT 为例，同时满足以下条件 a、b、c：

a. BPT 偏差大报警指令（TPS 来“BPT VARIATIOON LARGE ALARM COMMAND”信号）来时。

b. 该叶片通道温度为好点，且与平均值的差值超出“BPT 偏差大自动停机高限或低限值”，延时 30s；“BPT 偏差大自动停机高限或低限值”，当 TPS 的“BPT SPREA NARROW MODE-1”为 1 时，高、低限值对应如表 6-1 所示。“BPT SPREA NARROW MODE-1”为 0 时定值≥70℃或≤−70℃。

表 6-1 BPT 偏差大自动停机高/低限值与负荷对照表

负荷（MW）	高限值（℃）	低限值（℃）
0	50	−50
75	50	−50
150	25	−40
400	25	−40

c. 以下条件 4 取 1：

a）该叶片通道温度相邻测点 2 号为好点，且 2 号叶片通道温度与平均值的差值超出“自动停机 NEXT 高限或低限值”，延时 30s。

b）该叶片通道温度相邻测点 20 号为好点，且 20 号叶片通道温度与平均值的差值超出“自动停机 NEXT 高限或低限值”，延时 30s；（NEXT 高、低限制是定值，TPS 的“BPT SPREA NARROW MODE-1”为 1 时≥20℃或≤−30℃，“BPT SPREA NARROW MODE-1”为 0 时定值≥ 60℃或≤−60℃。

c）该叶片通道温度相邻测点 2 号为好点，且 2 号叶片通道温度与平均值差值的变化值超出“BPT 变化趋势自动停机 NEXT 高限或低限值”，延时 12.5s，下降沿延时 60s。

d）该叶片通道温度相邻测点 20 号为好点，且 20 号叶片通道温度与平均值差值的变化值超出“BPT 变化趋势自动停机 NEXT 高限或低限值”，延时 12.5s，下降沿延时 60s；（BPT 变化趋势 NEXT 高限或低限值是经函数计算设定为±1℃/min）。

（4）BPT VARIATION LARGE 跳闸：

以＃1BPT 为例，同时满足以下条件 a、b、c：

a. BPT 变化大报警指令（TPS 来“BPT VARIATIOON LARGE ALARM COMMAND”信号）。

b. 在 BPT 偏差变窄方式（燃气轮机并网）下，该叶片通道温度是好质量，且其与平均值之差超出跳机高限或低限值，延时 30s。

高限跳机如表 6-2 所示。低限跳机：－60℃。BPT 偏差变窄方式＝0（燃气轮机未并网），则高限跳机：80℃，低限跳机：－80℃。

表 6-2　BPT 偏差高限跳机值与负荷对应关系

负荷（MW）	距平均温度差之（℃）
0	60
75	60
150	30
400	30

c. 以下任一条件满足时（四取一）。

a）该叶片通道温度相邻测点 2 号为好点，且 2 号叶片通道温度与平均值的差值超出“跳机 NEXT 高限或低限值”，延时 30s。

b）该叶片通道温度相邻测点 20 号为好点，且 20 号叶片通道温度与平均值的差值超出“跳机 NEXT 高限或低限值”，延时 30s；（NEXT 高、低限制是定值，TPS 的“BPT SPREA NARROW MODE-1”为 1 时，定值≥20℃或≤－30℃，“BPT SPREA NARROW MODE-1”为 0 时，定值≥ 60℃或≤－60℃）。

c）该叶片通道温度相邻测点 2 号为好点，且 2 号叶片通道温度与平均值差值的变化值超出“BPT 变化趋势自动停机 NEXT 高限或低限值”，延时 12.5s，下降沿延时 60s。

d）该叶片通道温度相邻测点 20 号为好点，且 20 号叶片通道温度与平均值差值的变化值超出“BPT 变化趋势自动停机 NEXT 高限或低限值”，延时 12.5s，下降沿延时 60s（BPT 变化趋势 NEXT 高限或低限值是经函数计算设定为±1℃/min）。

（5）运行中应密切监视排气压力的变化。

1）当排气压力达到 6.37kPa 时，发出报警。操作员应减负荷直到报警复位。同时检查烟囱挡板是否开启，膨胀节是否破损，如有以上情况发生，应停止燃气轮机运行。

2）当排气压力达到 6.86kPa 时，燃气轮机跳闸。停机过程中应注意听音，并核对转子惰走时间。

（6）罩壳系统正常运行时主要参数如下：

1）燃气轮机罩壳通风机出口燃气泄漏≥2％LEL 时发报警信号，≥25％LEL 时燃气轮机跳闸（三选二）。

2）FG 小间通风机出口燃气泄漏≥2％LEL 时发报警信号；通风机压差≤0.1±0.01kPa 时发报警信号，并启动备用通风扇。

五、系统典型异常及处理

（一）压气机进气过滤器压差高

1. 现象

（1）当进气粗过滤器差压大于等于 0.34kPa 时，TCS 发“一级滤网差压高”报警。

（2）当进气过滤器总差压大于等于 1.47kPa 时，TCS 发“压气机进气过滤器压差高”报警。

2. 处理

（1）燃气轮机运行中滤网差压大，应加强压气机出口压力、轴振、BPT 温度、EXT 温度、燃烧振动监视，必要时燃气轮机应降负荷运行。

（2）检查差压变送器，发现异常进行处理或更换。

（3）进行入口空气滤网反吹。反吹时注意压缩空气压力，压力低时检查空压机运行情况及反吹系统各阀门状态。如反吹无效，联系检修停机后更换粗过滤器滤网。

（4）若为阴雨天气，检查防雨罩工作情况，若潮湿空气进入进气滤，可能会造成进气滤压差升高，加强监视，及时调整机组负荷；若空气质量差，现场检查进气滤是否吸附塑料薄膜等异物，联系检修清理；若周围场地有土建施工，灰尘大，应喷水控制沙尘。

（5）若由于压气机入口空气量减少引起燃烧室压力波动大报警，燃气轮机立即降负荷直至报警复位，滤网差压未减小前，严禁再加负荷。

（6）当进气滤网总压差较高时，注意压气机运行情况，发现喘振迹象，立即降负荷。

（7）燃气轮机进气过滤器总压差大于 2.06kPa，则燃气轮机 RB。

（8）燃气轮机进气过滤器总压差大于 2.25kPa，则燃气轮机跳闸。若燃气轮机未跳闸，则手动打闸。

（二）排气段可燃气报警

1. 现象

机组停运时，DCS 上收到排气段可燃气体爆炸浓度高报警，TCS 上发出高速盘车请求。

2. 原因

（1）燃料供应阀组异常动作，导致天然气泄漏到燃气轮机排气道。

（2）燃料供应阀组内漏导致天然气泄漏到燃气轮机排气道。

（3）可燃气体检测装置故障。

3. 处理

确认无影响燃料供应阀组异常动作的相关工作；检查燃气供气系统各阀门是否在正确的开关位置；然后启动机组高速盘车进行排气段吹扫，同时遵循停机后高速盘车时间与燃气轮机轮盘温度的相关规定，直至报警复归。如果停机后频繁出现燃气轮机排气段可燃气体爆炸浓度高报警可将燃气供气系统隔离，并观察各段天然气压力变化，确认是否为燃料供应阀组内漏。通知检修人员检查确认是否为可燃气体探测器故障。

（三）排气压力高

1. 现象

燃气轮机排气压力大于等于 6.37kPa，TCS 发报警信号。

2. 原因

（1）余热锅炉烟气挡板未全开。

(2) 压力变送器故障。

(3) 排气段内部堵塞。

(4) 余热锅炉烟道堵塞。

(5) 启机时回火。

3. 处理

(1) 发现排气压力高，燃气轮机立即减负荷直至报警信号复位。检查膨胀节是否损坏，如果发现问题，停机处理。

(2) 检查烟囱挡板位置是否全开，如果未开，将烟囱挡板全开。

(3) 检查压力变送器。发现问题，及时进行处理或更换。

(4) 检查排气段内部的堵塞情况。在燃气轮机停机后不能立即进入排气段。在进入排气段之前，须确认通风良好，无燃气泄漏。

(5) 检查余热锅炉烟气系统各段压力是否正常，判断锅炉堵塞情况。确认烟道堵塞，停机降温后进入炉内检查。

(6) 启机时回火，很可能的原因就是点火时燃料过多，排气不顺畅或者清吹不充分造成。联系检修检查点火 CSO 和暖机 CSO 的设定值，以及清吹系统逻辑和清吹时间的设置。

(7) 采取措施无效，排气压力继续上升大于等于 6.86kPa 时，保护应动作，否则立即打闸停机。

(四) 排气温度异常

1. 现象

(1) 燃气轮机排气温度平均值大于等于 660℃，TCS 发报警信号，燃气轮机跳闸。

(2) 燃气轮机排气温度平均值大于等于理论排气温度设定值+45℃，TCS 发报警信号，燃气轮机跳闸。

2. 原因

(1) 燃气轮机内部损坏。

(2) 燃料控制阀故障。

(3) IGV 或燃烧器旁路阀开度不合适。

(4) 燃烧器壳体压力变送器故障。

(5) 测温元件故障。

(6) 压气机入口滤网堵塞。

3. 处理

(1) 发现燃气轮机排气温度平均值异常升高，立即降负荷，联系检修检查。

(2) 检查燃料控制阀的动作情况。如果发现异常情况，停机处理或者更换燃料控制阀。

(3) 检查 IGV 和燃烧器旁路阀实际位置。IGV 开度越小，旁路阀开度越大，排气温度越高。

(4) 检查燃烧器壳体压力变送器，它可能引起错误的 BPT 或者排气温度 (EXT) 限制值。

(5) 检查排气温度热电偶，有问题及时处理或更换。

(6) 压气机入口滤网堵塞，及时清理或更换，并进行滤网反吹。

(7) 燃气轮机排气温度平均值大于等于 660℃或大于等于理论排气温度设定值+45℃

时，检查燃气轮机应跳闸，否则手动打闸停机。

（8）燃气轮机停机后检查燃气轮机惰走时间，盘车马达电流以及倾听机内声音以判断燃气轮机内部情况。如果发现问题，需对燃气轮机进行内部热部件仔细检查。

（五）叶片通道温度异常

1. 现象

（1）当燃气轮机未并网前，叶片通道温差+60℃/−60℃，TCS发报警信号；

（2）当燃气轮机负荷小于75MW时，叶片通道温差+40℃/−40℃，TCS发报警信号；

（3）当燃气轮机负荷大于75MW时，叶片通道温差+20℃/−30℃，TCS发报警信号；

（4）叶片通道温度BPT平均值（去除最大值和最小值的平均值）比理论设定值（根据燃烧室压力和大气压力计算的值）大于45℃，燃气轮机跳闸；

（5）叶片通道温度BPT平均值（去除最大值和最小值的平均值）大于680℃，燃气轮机跳闸。

2. 原因

（1）燃气流量不均。

（2）燃烧器喷嘴堵塞。

（3）热电偶故障。

（4）旁路阀/透平段问题。

（5）IGV或燃烧器旁路阀开度不合适。

（6）压气机入口滤网堵塞。

（7）燃烧器壳体压力变送器故障。

3. 处理

（1）当BPT发出报警，应立即降负荷直到报警复位。

（2）检查每个叶片通道温度，检查燃料流量是否正常并检查热电偶。

（3）在报警原因未查明前，燃气轮机禁止加负荷。

（4）若燃烧系统确实存在问题，在报警开始起12h内停机并进行检修。

（5）当BPT偏差大达到自动停机条件时，燃气轮机按正常停机程序自动停机。

（6）当BPT偏差大或BPT温度高达到跳闸条件时，燃气轮机保护动作跳闸，保护未动，立即手动停机。

（7）如果双支温度测点显示偏差大，检查热电偶。发现问题，处理或更换热电偶。

（8）停机检查燃烧器喷嘴是否堵塞。如果检查到堵塞的喷嘴，必须清理干净后才允许启动。

（9）检查IGV和燃烧器旁路阀实际位置。IGV开度越小，旁路阀开度越大，排气温度越高。

（10）检查燃烧器壳体压力变送器，它可能引起错误的BPT或者排气温度（EXT）限制值。

（11）检查叶片通道温度热电偶，有问题及时处理或更换。

（12）压气机入口滤网堵塞，及时清理或更换，并进行滤网反吹。

（13）燃气轮机停机后检查燃气轮机惰走时间，盘车马达电流以及倾听机内声音以判断燃气轮机内部情况。如果发现问题，需对燃气轮机进行内部热部件仔细检查。

第四节　燃气轮机冷却与密封空气系统

一、系统概述

M701F型燃气轮机满负荷工作时燃烧初温 $T3$ 达到1450℃，为了保证热通道部件安全可靠运行，三菱采取了多种途径降低热通道部件与高温烟气接触的机会，从而减少热量从高温烟气传递到热通道部件，降低热通道金属温度。同时，还采用先进的冶金铸造技术提高动静叶片的耐高温性及强度。

燃气轮机冷却系统主要是给燃气轮机热通道部件如透平动/静叶片、叶片持环、叶顶叶根、排气框架等提供冷却空气，一方面将热通道部件与高温烟气隔离，另一方面带走热通道部件吸收的热量降低部件温度，因此燃气轮机冷却系统为燃气轮机安全可靠运行提供最基本和最关键的保障。冷却系统包括透平静叶冷却系统和转子冷却空气系统。当然，热通道部件中有一部分设备的冷却不是通过冷却空气系统提供的冷却空气进行冷却，而是通过本身的设备构造，利用压差使空气在热通道内部和表面流动进行冷却，这主要包括燃烧筒、尾筒、燃气轮机1号静叶等。

燃气轮机密封空气系统是从压气机6号级后抽气给燃气轮机1号、2号轴承提供密封空气。由于1号轴承处于燃气轮机排气段内，直接与高温烟气接触，1号轴承密封空气的作用是防止高温烟气进入1号轴承箱而导致轴承箱着火。2号轴承密封空气的作用是防止2号轴承箱油气泄漏污染压气机。2号轴承箱处于压气机进口空气流道内，压气机运行时入口为微负压，2号轴承箱长时间在此环境中工作，轴承箱内产生的油气会泄漏出来，油气随着压气机进口空气流进入压气机，由于油气具有很强的吸附型，会加速压气机结垢，严重威胁机组安全高效运行。

二、系统流程

（一）透平静叶冷却空气系统

透平静叶可以通过几种不同的方式进行冷却。第一级静叶使用压气机排气从内部进行冷却，冷却空气从外部围带流经中空静叶，并从叶顶边缘流出。第二级、第三级、第四级静叶分别使用第14级、第11级、第6级压气机抽气进行冷却，冷却空气通过透平缸上的法兰进入，从外部围带流经静叶，流向内围带。冷却空气冷却了静叶、叶片分割环，同时也给叶栅分割环和级间气封提供正流动。安装在第二、三、四级的冷却空气管线上的节流孔板限制冷却空气量抽气系统安装有三个抽气阀，三个抽气阀均为气动操作的开关型蝶阀：一个抽气阀安装在第6级抽气管道上（即低压抽气LP），一个抽气阀安装在第11级抽气管道上（即中压抽气IP），一个抽气阀安装在第14级抽气管道上（即高压抽气HP），如图6-17所示。打开抽气阀可以防止压气机在启动和包括机组跳闸的停机过程中发生喘振。

如图6-18～图6-20所示，低压抽气通过对称两个进气口进入透平4号级静叶冷却空气环形腔室，中压抽气通过对称两个进气口进入透平3号级静叶冷却空气环形腔室，高压抽气通过对称两个进气口进入透平2号级静叶冷却空气环形腔室，静叶冷却空气通过静叶叶顶进入，从静叶叶根流出，进入叶根密封腔室，最后流出混入透平烟气中。2号、3号静叶冷却空气中，有部分冷却空气从静叶本体流出，在静叶表面形成膜式冷却（叶片冷却结构详见燃气轮机结构部分）。

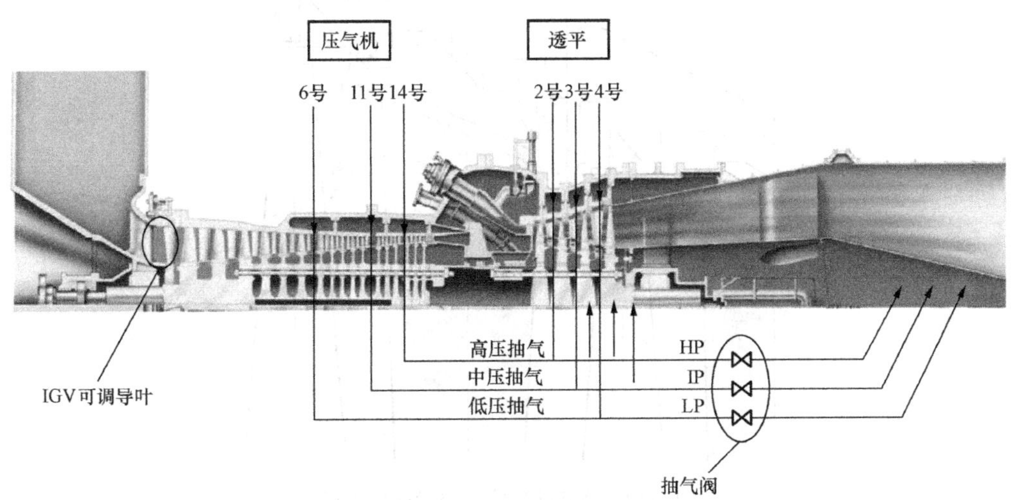

图 6-17　抽气系统示意图

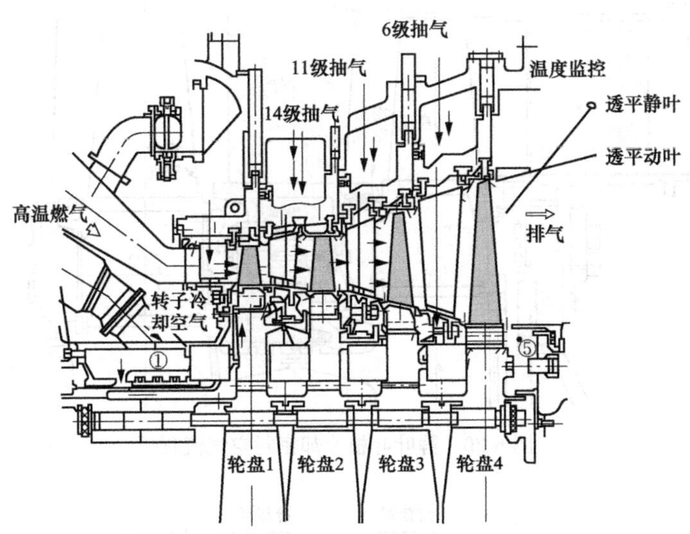

图 6-18　M701F3 型燃气轮机静叶冷却空气流程图

（二）转子冷却空气系统流程

如图 6-21、图 6-22 所示，燃气轮机转子冷却空气（TCA）是从压气机出口腔室引出，机组满负荷时压气机出口空气温度约 450℃，为了保证对转子各部件的冷却效果，抽出的高温高压空气在送入透平转子之前，先经转子冷却空气冷却器换热降温，并经惯性过滤器过滤后，再通过特定通道送到燃气轮机转子内部 1 号动叶轮盘处。转子轮盘圆周布置有孔洞，燃气轮机转子冷却空气通过孔洞往 2 号、3 号、4 号级轮盘空间流动，进入各级轮盘空间内的空气经动叶叶根流入叶片内部通道，从叶片表面流出形成气膜，气膜隔绝了高温烟气与叶片表面的直接接触，并且不断流动的冷却空气源源不断地带走叶片吸收的热量，实现对叶片进

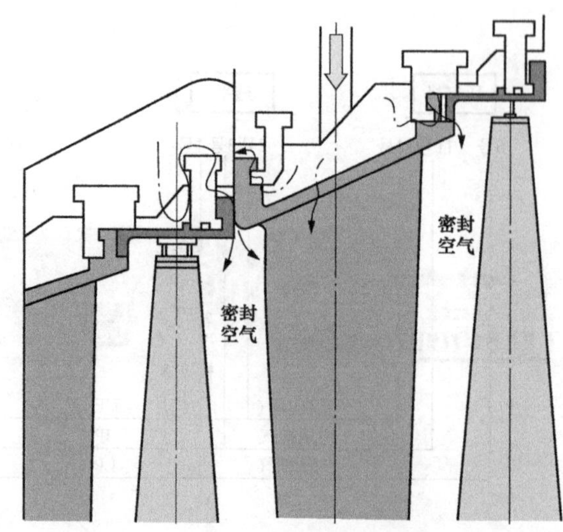

图 6-19　静叶叶顶冷却密封空气流程

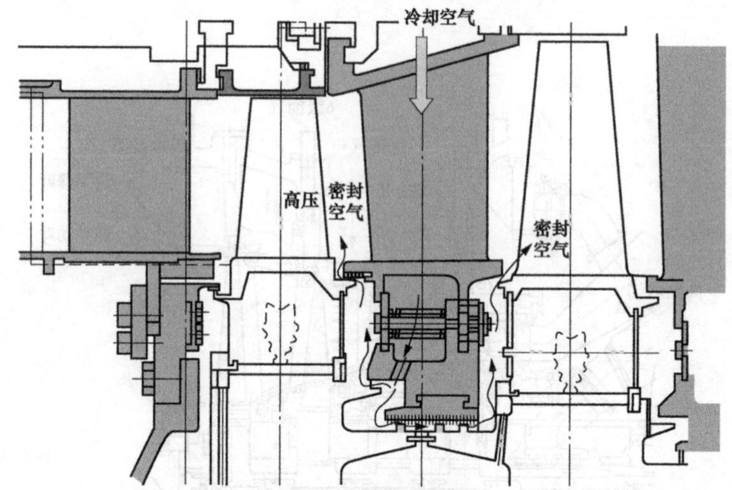

图 6-20　静叶叶根冷却密封空气流程

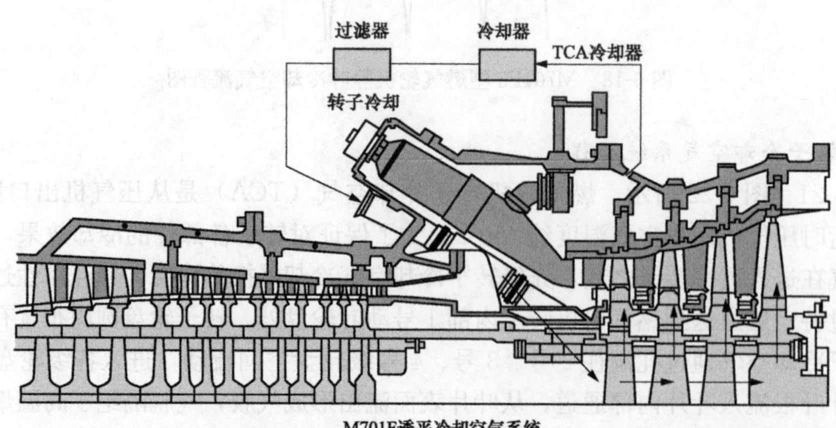

图 6-21　转子冷却空气流程示意图

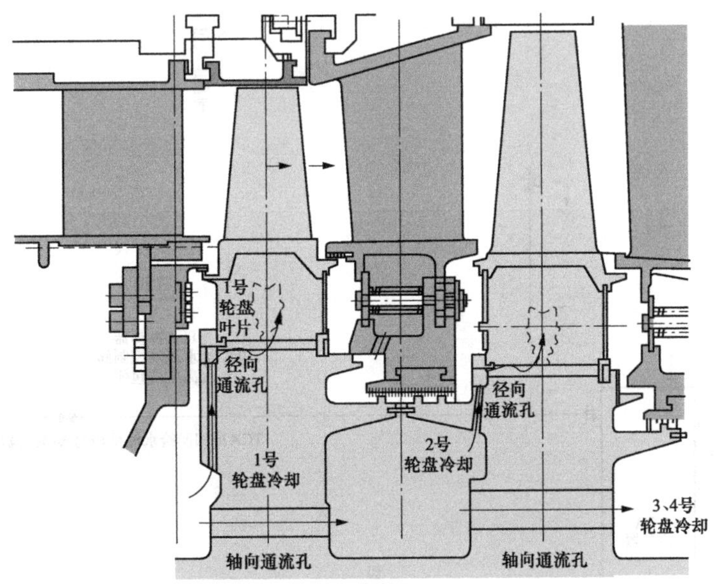

图 6-22　燃气轮机转子冷却空气内部流程图

行冷却的作用。转子冷却空气除通往透平转子外，另有一分支送至 2 号级轮盘，分支回路上设有气动阀，当 2 号级轮盘温度冷却空气温度高于 415℃时，气动阀开启，部分转子冷却空气与压气机 14 号级抽气混合共同冷却 2 号级轮盘。

TCA 冷却器为水冷式，冷源水来自低压汽包储水，经 TCA 泵加压后送入冷却器，吸走来自压气机出口的转子冷却空气热量。升温后的热水，根据燃气轮机负荷流至高压汽包或凝汽器。其系统流程如图 6-23、图 6-24 所示。

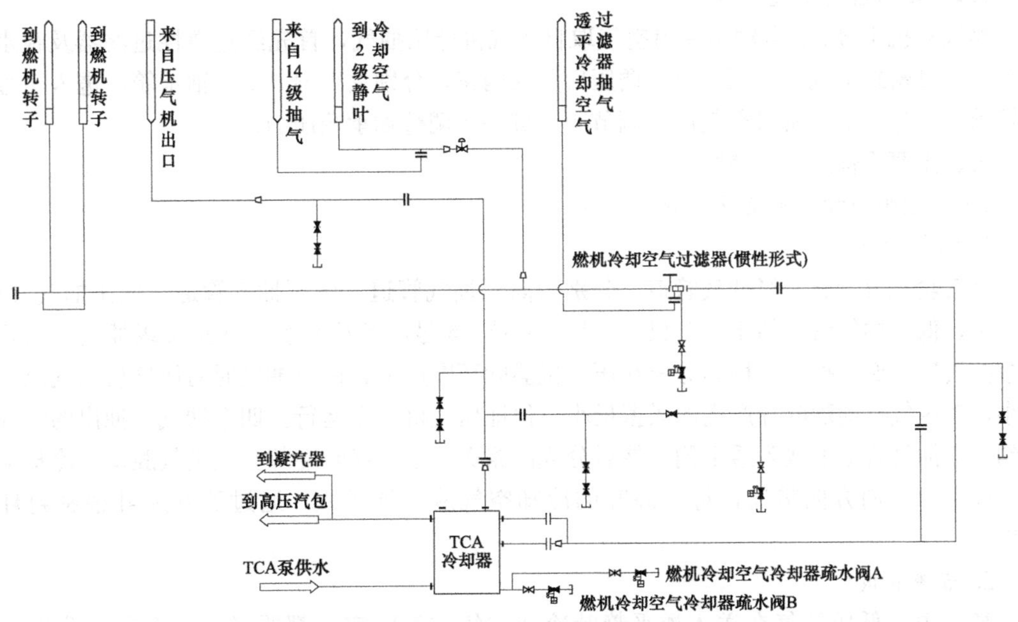

图 6-23　TCA 冷却器冷源（气侧）流程图

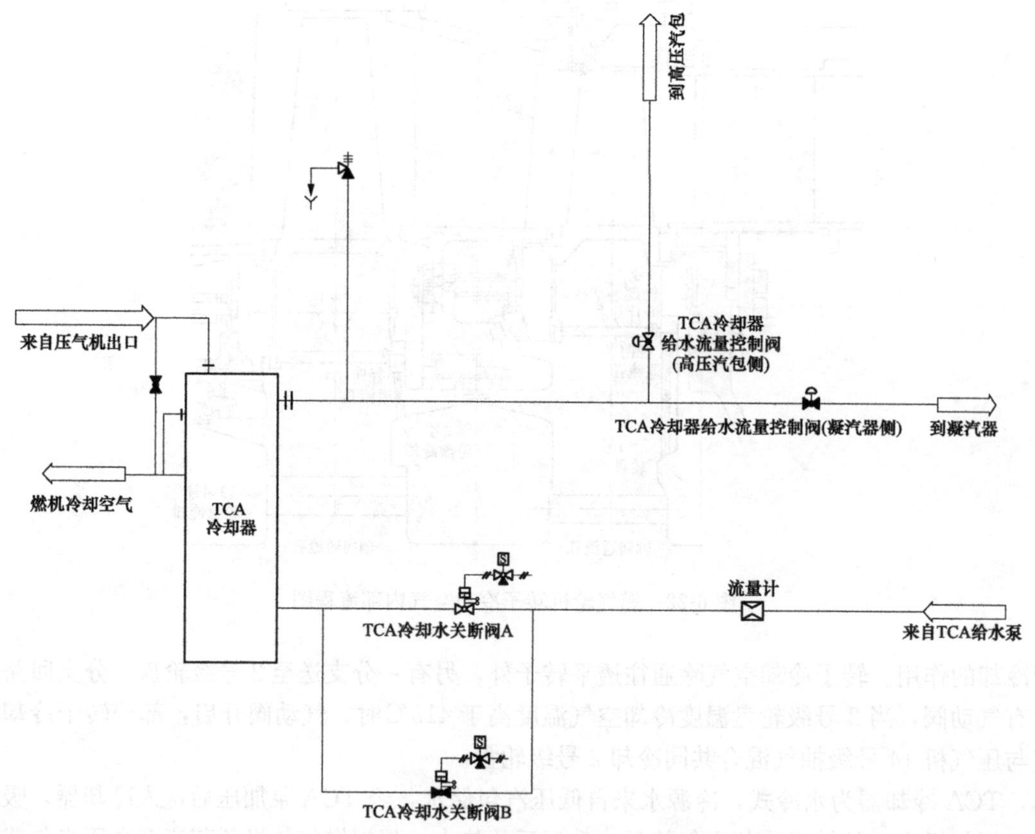

图 6-24　TCA 冷却器冷源（水侧）流程图

（三）轴承密封空气流程

燃气轮机 1 号、2 号轴承密封空气取自压气机低压抽气，首先经过惯性过滤器及疏水分离器，通过密封空气压力调节总阀调压后分成两路，分别去 1 号、2 号轴承箱，进入 1 号轴承箱前有 1 号轴承箱密封空气压力调节阀，进一步调整轴承箱压力。

三、主要设备及技术参数

（一）透平静叶冷却空气部分

1. 抽气管道

燃气轮机设置有三级抽气管道，分别为高压抽气管道、中压抽气管道、低压抽气管道，高、中、低压抽气管道始于压气机 14 号、11 号、6 号静叶后腔室，并且每级抽气都设置有四个抽气口，四个抽气口均匀分配在压气机静叶环圆周上，使得抽气时对压气机内气流影响最小，对压气机动静叶片产生的激振最小，保证压气机安全运行。四个抽气口抽出的空气汇合到一根抽气管道上送到透平侧，然后分成两路送入透平静叶冷却空气进气腔室，冷却空气进气腔室为圆周方向贯通，每片静叶的冷却空气从叶顶进入，通过静叶从叶根密封环处排出。

2. 节流孔板

高、中、低压抽气在送入透平静叶冷却空气进气腔室前都要经过一个节流孔板，节流孔板主要调节进入透平静叶的冷却空气量。冷却空气量越大冷却效果越好，但参与燃烧的空气量相应减少，降低燃气轮机功率及效率；当燃气轮机运行时间长设备性能下降后，可能出现燃气轮机轮间温度升高现象，此时可调整节流孔板口径增大静叶冷却空气流量。

3. 防喘放气阀

压气机高、中、低压抽气管道上设置有高、中、低压防喘放气阀，在机组启停过程中，通过开启高、中、低压防喘放气阀将一部分抽气直接排放到燃气轮机排气段，避免机组在启动过程中发生喘振，同时，还可降低机组启动过程中的启动耗功。由于防喘放气阀流量大，当机组带负荷运行时，如果防喘放气阀误开，空气流出时产生的气流激振将造成压气机叶片损坏，因此，每个防喘放气阀均设置有多个限位开关监视防喘放气阀阀位状态，保护燃气轮机安全运行。

（二）转子冷却空气部分

TCA 冷却器为立式管壳型水冷式，冷却空气在壳侧流动，TCA 给水泵供水在管内流动。如图 6-25 所示，从压气机出口抽出的空气从冷却器顶部进入内筒向底部流动，与在管内逆向流动的 TCA 给水泵供水换热，降温后的空气经内外筒空腔反向流动从冷却器顶部流回至燃气轮机。冷却器底部设置有疏水阀，当内部水管路泄漏或水温过低导致冷却空气凝露形成积水时，自动开启，防止冷却空气带水进入透平叶片形成热冲击，造成叶片损坏。

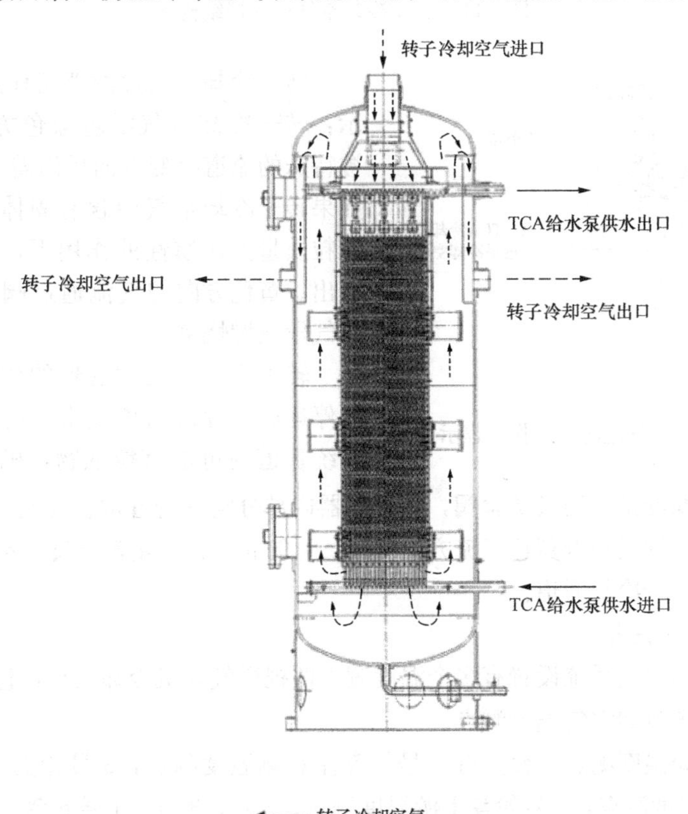

图 6-25 TCA 冷却器示意图

(1) 转子冷却空气旁路阀。转子冷却空气冷却器设置有旁路阀，正常运行时旁路阀开度较小，大部分冷却空气流经转子冷却空气冷却器。当转子冷却空气温度高于设定值时，可通过关小旁路阀开度，使更多的空气流经冷却器，降低转子冷却空气温度。旁路阀是调节转子冷却空气温度最有效的方法之一。

(2) 转子冷却空气过滤器。转子冷却空气过滤器设置在 TCA 冷却器出口之后，采用惯性分离过滤器，结构如图 6-26 所示。

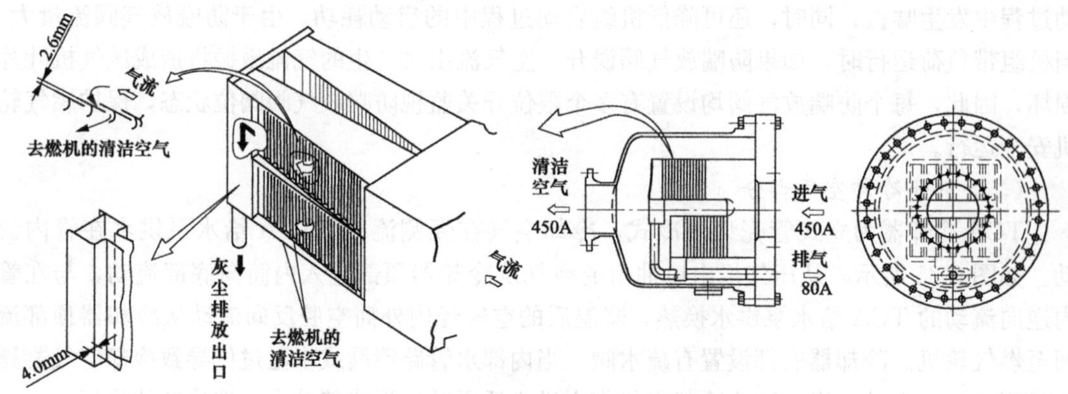

图 6-26 转子冷却空气过滤器结构图

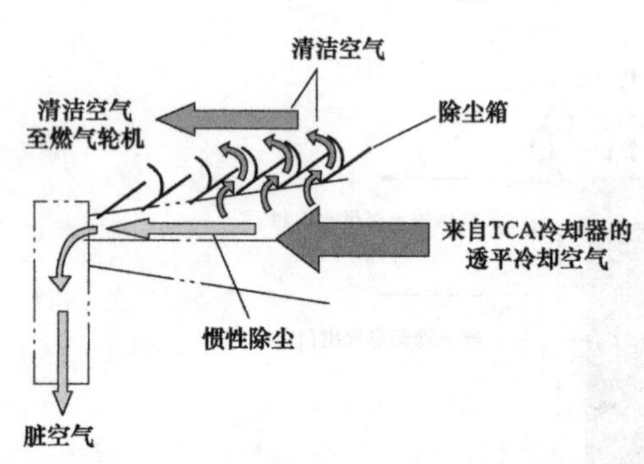

图 6-27 转子冷却空气过滤器工作过程示意图

转子冷却空气过滤器工作过程如图 6-27 所示：转子冷却空气沿着蓝色方向流入过滤器，被特殊的流道改变方向后沿着浅蓝色方向流出，如果转子冷却空气中含有固体颗粒，由于固体颗粒质量大在惯性的作用下，将沿着黄色方向流出。黄色方向的气流通过阀门引到燃气轮机排气段或燃烧室。

转子冷却空气过滤器的作用：当机组长时间停运后或者机组离线水洗时，转子冷却空气系统管道内可能有锈蚀物，机组启动时，开启转子冷却空气过滤器排污切换试验阀，使过滤器内部分空气沿着黄色气流方向排到燃气轮机排气段，固体颗粒物质随着黄色气流方向流出，可防止锈蚀物随转子冷却空气进入燃气轮机转子内部堵塞、污染冷却通道。

（三）温度监测设备

燃气轮机冷却空气系统设置有多个温度测点监视燃气轮机冷却效果，包括：燃气轮机轮间温度测点、转子冷却空气温度测点。

燃气轮机轮间温度测点：设置有 2 号轮盘左右侧温度测点，3 号轮盘左右侧温度测点，4 号轮盘左右侧温度测点，4 号轮盘下游温度测点。2 号、3 号、4 号轮盘温度测点分别测量 2 号、3 号、4 号静叶叶根密封环腔室温度，4 号轮盘下游温度测点测量 4 号动叶下游密封腔室温度，这些测点主要监视燃气轮机静叶冷却效果。机组正常运行时，2 号、3 号、4 号轮盘温度不得超过 460℃，4 号轮盘下游温度不得超过 410℃。

转子冷却空气温度测点：转子冷却空气温度测点设置有两个，测量转子冷却空气进入转子前的温度。转子冷却空气温度越高对燃气轮机动叶冷却效果越差。转子冷却空气温度是监视动叶冷却效果的唯一办法，当转子冷却空气平均温度大于295℃时，发出转子冷却空气温度高报警，延时300s燃气轮机RUNBACK。

（四）密封空气供气设备

燃气轮机1号、2号轴承密封空气取自压气机低压抽气，由惯性过滤器、疏水分离器、密封空气压力调节总阀、1号轴承箱密封空气压力调节阀供气管道组成。

四、系统的运行维护

（一）系统启动前检查

冷却与密封空气系统随着燃气轮机的启动而自动的投入运行，在燃气轮机启动前，需检查确认系统具体投运条件。特别是燃气轮机检修后的初次启动，需要重点检查以下方面：

（1）确认TCA系统正常可用；

（2）各防喘放气阀试验动作正常；

（3）各温度测点显示正确；

（4）密封空气供气总阀在打开位置。

（二）系统的运行维护和监视

1. 转子冷却空气系统

（1）TCA出口冷却空气温度大于295℃时，发出温度高报警信号，此时应立即降负荷并加强对燃气轮机轮间温度的监视，当TCA出口冷却空气温度大于295℃延时300s，机组RUNBACK。

（2）检查TCA给水泵轴承油位正常、油质合格。

（3）检查TCA给水泵出口压力正常，备用泵无倒转。

（4）检查TCA泵冷却水压力、温度正常。

（5）检查确认冷却器完好，系统管道完整无堵塞、无泄漏。

（6）检查TCA给水泵无异音、异味，振动、电机电流和绕组温度、轴承金属温度正常。

（7）TCA冷却水流量低于一定值（与燃气轮机负荷相关）时，TCS会报冷却水流量低报警，此时应检查TCA冷却水炉侧及凝汽器侧流量控制阀开度，必要时手动调节控制；当TCA冷却水流量低于跳机值（与燃气轮机负荷相关）延时10s，机组跳闸。

2. 透平静叶冷却空气系统

正常运行时燃气轮机轮间温度应小于460℃，4号轮盘下游温度应小于410℃，异常时应降低机组负荷，甚至停机检查处理。

3. 轴承密封空气系统

1号、2号轴承密封空气压力应在3～25kPa范围内。

4. 压气机防喘抽气阀

5. 燃气轮机启/停机过程中防喘放气阀动作情况

机组启动时，透平启动信号发出，高、中、低压防喘抽气开启。当机组转速达到2050r/min时，高压防喘放气阀关闭；2815r/min时，低压防喘抽气放气阀自动关闭；当低压放气阀全关延时5s（机组转速约2838r/min），中压防喘抽气放气阀自动关闭。机组停机或跳闸时，高、中、低压防喘抽气阀打开。

6. 防喘放气阀的逻辑保护，当发生下列任一情况时，报警信号发出且燃气轮机跳闸

压防喘阀在转速>2940r/min 或是转速>2815r/min 延时 20s 下未关（关反馈三取二）；低压防喘阀在 L4 为 1 延时 3s 后，且转速<2815r/min 未开（开反馈三取二）；中压防喘阀在转速>2940r/min(RTDSPD 信号来）或是转速>2815r/min 延时 20s 后未关（关反馈三取二）；中压防喘阀在 L4 为 1 延时 3s 后，且转速<2815r/min 时未开（开反馈三取二）；高压防喘阀在转速大于 2050r/min，延时 20s 后未关（关反馈三取二）；高压防喘阀在 L4 为 1 延时 3s 后，转速<2050r/min，且燃气轮机非高盘启动时未收到全开反馈（一个开反馈）。

五、系统典型异常及处理

（一）燃气轮机轮盘腔室温度高

1. 现象

（1）转子冷却空气温度平均值≥295℃。

（2）2 级轮盘腔室温度平均值≥460℃。

（3）3 级轮盘腔室温度平均值≥460℃。

（4）4 级轮盘腔室温度平均值≥460℃。

（5）4 级透平后轮盘腔室温度≥410℃。

2. 原因

（1）冷却空气管道堵塞。

（2）燃气轮机密封环磨损，密封间隙扩大。

（3）热电偶故障。

（4）TCA 冷却效果恶化。

（5）外部管道发生泄漏。

3. 处理方法

（1）检查轮盘腔室左右温度热电偶。如果温差大，检查并校正热电偶。如果确定是热电偶的问题，更换热电偶。

（2）检查 TCA 冷却器的出口温度。如果出口空气温度高于正常值，待停机对 TCA 冷却器进行检修。

（3）检查冷却空气管道是否发生堵塞，视情况对管道进行清理。

（4）任一轮盘腔室温度明显升高，立即联系检修检查，必要时降低燃气轮机负荷。

（5）燃气轮机负荷大于 150MW 时，若转子冷却空气温度大于 295℃，以正常速率减负荷应动作，否则手动减负荷，使转子冷却空气温度降至报警值以下。

（6）若采取措施无效，申请停机，对燃气轮机叶片、转子、轮盘腔进行检查。

第五节　燃气轮机水洗系统

一、系统概述

燃气轮机运行时，环境中空气经过滤后流过压气机通道，空气中携带的微小颗粒物质会吸附在压气机动、静叶片上，经过长时间的积累，压气机流道变窄，使得压气机动、静叶片气动性能发生改变。压气机积垢后，会对燃气轮机的安全运行造成很大影响，具体表现为：

（1）压气机通道面积变小，升力系数减小，阻力系数增大，导致压气机的流量、压比和效率降低；

（2）喘振边界线下移，使得实际运行工况更接近喘振边界，机组的安全运行裕度减少，压气机运行时容易发生喘振；

（3）燃气轮机进气量减少，机组在升负荷过程中，燃气轮机容易进入 BPT 排气温度控制模式，使得机组升负荷缓慢。

确认压气机通道积垢后，可通过燃气轮机水洗，清除或部分清除积垢，使得压气机性能基本恢复最佳运行工况，确保机组安全、高效运行。

二、系统流程

压气机水洗有两种方式，即离线清洗和在线清洗。①离线清洗：燃气轮机没有点火，机组在高速盘车模式下保持高盘速度（700r/min），间断的开启压气机离线水洗阀，向压气机入口喷入除盐水，达到清洁压气机目的。②在线清洗：当透平发电机组以 75%～90%负荷运行时，间断的开启压气机在线水洗阀，向压气机入口喷入除盐水，达到清洁压气机目的，在大气温度为 8℃或更高时才可采用在线清洗。

水洗系统流程如图 6-28 所示，机组除盐水先补入清洗水箱，经过清洗水泵升压后，由供水压力调节阀调压，再通过离线水洗供水阀或在线水洗供水阀，送到离线水洗喷头或在线水洗喷头，进入压气机。为了防止水洗水泵憋压，在水洗水泵出口设置有再循环管路，保证水洗水泵最小流量。

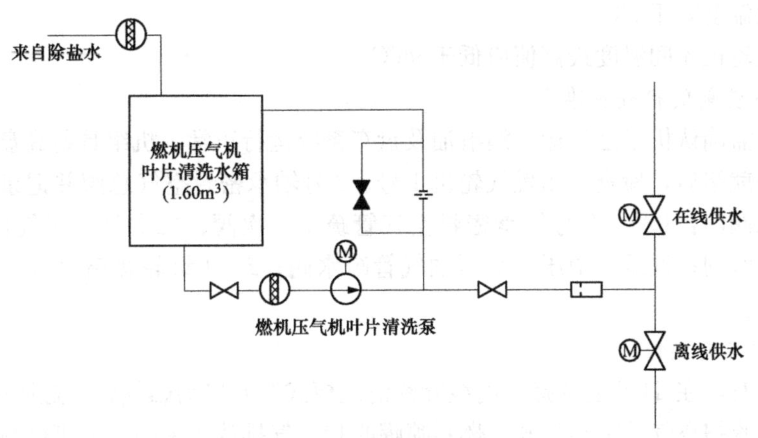

图 6-28　压气机水洗流程图

三、主要设备结构及原理

1. 主要设备

压气机水洗系统主要由水洗水箱、水洗水箱补水阀、清洗泵、清洗泵入口过滤器、供水压力调节阀、再循环流量控制阀、离线水洗喷头、离线水洗供水阀、在线水洗喷头、在线水洗供水阀、清洗泵就地控制柜等组成。其中，水洗水箱容积为 1.6m^3，清洗泵为卧式离心泵，容量 1.5m^3/h，出口压力为 1MPa。

2. 运行及技术参数

压气机水洗系统运行时主要参数：离/在线水洗供水压力为 0.4MPa；每次喷水量约

$0.15m^3/min$。

四、系统的运行维护

（一）离线水洗周期判断

由于在线水洗工作量大且效果不佳，根据厂家建议只进行压气机离线水洗。离线水洗可使机组基本恢复到最佳工况运行，但是频繁地进行离线水洗，消耗大量的厂用电和除盐水，成本较高，同时使得燃气轮机及余热锅炉热通道部件经受较大的热应力，缩短机组寿命。因此选择合适的离线水洗周期至关重要。

水洗周期的判定可以根据以下几点：

（1）机组满负荷运行时，转换到基准状态下的相关性能参数较上次水洗后满负荷运行时的值下降一定程度，如压比下降达2%、机组最大出力下降达4%，其他性能参数也有明显下降时，应及时安排水洗；

（2）机组发生升负荷速率异常缓慢，且机组运行较长时间（大于1000h）未水洗时，应及时安排水洗；

（3）机组检修后、性能试验前或其他需要水洗的情况安排水洗。

（二）压气机离线水洗的操作方法

1. 离线水洗应满足的条件

离线水洗前需把余热锅炉高、中压汽包上水至最高可见水位，以避免水洗过程造成汽包上下壁温差大，并确认满足以下两个条件：

（1）环境温度高于5℃；

（2）燃气轮机轮间温度最高值应低于95℃。

2. 离线水洗前的检查及准备

水洗前，需确认机组已停运，润滑油及盘车系统运行正常，机组具备高盘启动条件。待水洗装置准备就绪后，检查关闭燃气轮机1号、2号轴承密封空气总阀并记录下开度。打开下列水洗疏水阀门：1号、2号轴承密封空气管疏水一次阀、二次阀；压气机缸体疏水阀；燃烧器缸体疏水阀；低压、中压、高压抽气管疏水阀；2～4级轮盘疏水阀；排气缸、排气道各处疏水阀。

3. 离线水洗的操作

离线水洗时，在TCS上选择“离线叶片清洗模式”并启动燃气轮机缸体冷却空气系统，确认燃料喷嘴吹扫空气关断阀打开、燃料喷嘴吹扫空气排放阀关闭、值班燃料喷嘴吹扫空气供气阀打开、主A燃料喷嘴吹扫空气供气阀打开、主B燃料喷嘴吹扫空气供气阀打开、顶环燃料喷嘴吹扫空气供气阀打开，随后高盘模式启动机组，确认机组转速达700r/min后，按照以下步骤（见图6-29）进行水洗：

（1）清洁除盐水箱后，注入除盐水，就地启动清洗水泵。

（2）调节供水调门维持供水压力约0.4MPa。

（3）打开离线水洗隔离阀，向压气机持续注水2min后关闭该阀。

（4）关闭离线隔离阀5min。

（5）重复步骤（3）和（4）；直至排污管排出清水为止。

（6）停止清洗水泵。

（7）打开水洗水箱底部放水阀和清洗水泵进口管道疏水阀，将清洗水箱中的水排尽。

(8) 继续高盘进行疏水和干燥。

(9) 高盘 1h 后发停机令，停止高盘。

(10) 盘车运行 60min 后，关闭压气机离线水洗各疏水阀。

(11) 打开燃气轮机 1 号、2 号轴承密封空气阀至水洗前位置。

(12) 打开 TCA 排污管隔离阀。

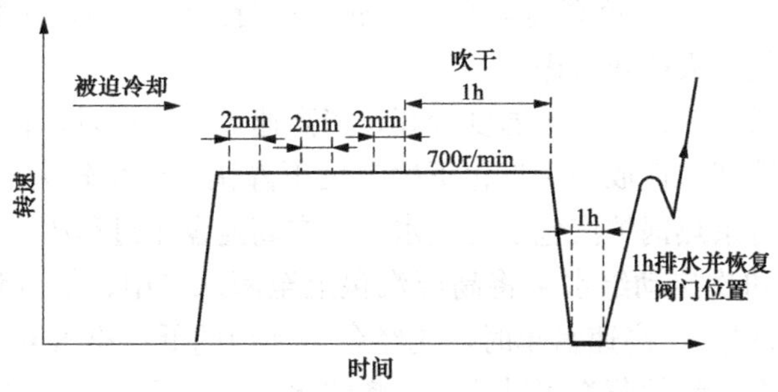

图 6-29　压气机离线水洗过程示意图

(三) 压气机在线水洗的操作方法

1. 在线水洗应满足的条件

在线水洗在机组运行期间进行，需满足以下两个条件：

(1) 机组负荷降至额定负荷的 50%左右；

(2) 燃气轮机的振动、燃烧器压力波动情况，以及 BPT 温度情况无异常。

2. 在线水洗前的检查及准备

根据在线水洗条件，在线水洗前，首先需确认机组负荷已降至额定负荷的 50%并运行超过 30min，叶片通道温度稳定，退出机组 AGC 控制。在 TCS 选择“在线清洗模式”，并确认值班燃料比例切换到在线清洗时的设定值。再检查并把水洗装置准备就绪后即可进行在线水洗。

3. 在线水洗的操作

在线水洗操作按照以下步骤（见图 6-30）进行。

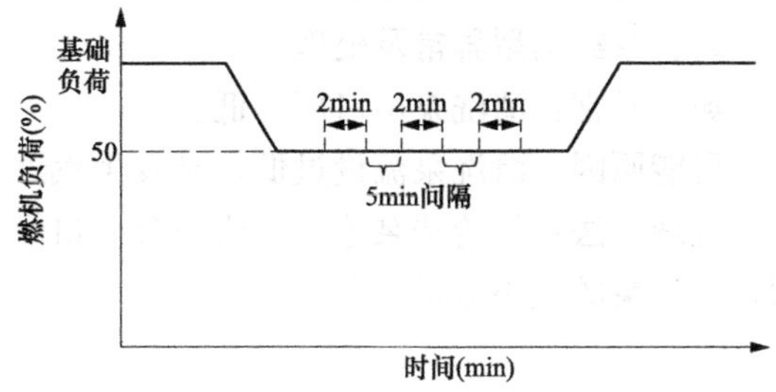

图 6-30　压气机在线水洗过程示意图

(1) 清洁除盐水箱，注入除盐水，就地启动清洗水泵；

(2) 调节供水调门维持供水压力约 0.45MPa；

(3) 打开在线水洗隔离阀，向压气机持续注水 2min 后关闭该阀；

(4) 5min 后重复步骤 (3)；

(5) 重复步骤 (3)、(4) 3～5 次；

(6) 停止清洗水泵；

(7) 打开水箱底部放水阀和清洗水泵进口管道疏水阀将清洗水箱中的水放干；

(8) 全面检查机组正常后投入机组 AGC 控制。

(四) 水洗注意事项

水洗过程中，要密切监视机组的振动、燃烧器压力波动情况，以及 BPT 温度情况，如有异常，立即关闭供水调门和水洗隔离阀，停止清洗水泵运行。水洗的注水时间要严格控制，不应过长。

对于离线水洗，当燃气轮机轮间温度高于 95℃时，根据要求需进行盘车将轮间温度降到 95℃以下才能进行。为了避免高速盘车对热通道进行强制冷却，一般将燃气轮机离线水洗安排在机组停运后隔一天或两天进行。

离线水洗时，如果余热锅炉汽包温度较高，当高速盘车启动时，在余热锅炉内部烟道的受热面受到快速强制冷却，造成高压汽包下壁温度下降快，产生较大的上下壁温差。因此，启动高速盘车前，应将余热锅炉汽包上至满水位，在高速盘车过程中，如果高压汽包水位下降到 50mm 左右，应再次启动给水泵将高压汽包上至满水（中、低汽包在此过程中一般不会出现上下壁温差大现象）。高速盘车时，流经余热锅炉的低温空气对锅炉受热面进行快速冷却，在受热面内部有大量的蒸汽凝结成水。离线水洗结束后，应开启余热锅炉过热器、再热器疏水阀，将强制冷却凝结水及时排出，避免启机过程中出现水冲击。

离线水洗时，每次喷水完成后，应在排水口处接水，通过排水浑浊程度判断是否需要继续水洗。离线水洗结束机组启动后，应观察排水口是否有热的气体流出，判断疏水阀是否全部关闭或关严。

当机组长时间停运后需要离线水洗时，离线水洗前应启动一定次数，防止冷却空气管道中的铁锈进入燃气轮机，具体原则如下：

(1) 31 天＜停机时间≤60 天，燃气轮机至少需要启动 2 次；

(2) 60 天＜停机时间≤140 天，燃气轮机至少需要启动 4 次；

(3) 停机时间＞140 天，燃气轮机至少启动 5 次。

五、系统优化改造及运行经验分享

本机组进气滤采用的是三级模式，过滤效果较好，水洗频次较少，但对于新建电厂或者雾霾严重的地区，仍需综合制定水洗标准，确保燃气轮机在最佳工况点运行。

六、系统典型异常及处理

典型异常：清洗泵出口压力低。

可能原因：清洗泵流量过低，泵发生汽蚀泵。

处理方法：将清洗泵停运，检查泵入口阀全开，泵体排空后重新启动，注意开大再循环阀，保证泵的最小流量。

第六节　余热锅炉给水系统

一、系统概述

余热锅炉给水系统的作用是将来自低压汽包的加热水经高、中压省煤器送入高、中压汽包，经 TCA 换热器送至高压汽包或者凝汽器，时刻保证整个余热锅炉汽水系统的水供应；给水系统也提供中压主蒸汽集箱、再热器出口蒸汽集箱反冲洗水和高压主蒸汽集箱反冲洗水，在机组安装调试检修时对整个管道系统进行冲洗；给水系统还为高压过热器减温器、再热器减温器、高压旁路减温器提供减温水，保证余热锅炉蒸汽参数在正常范围内，是余热锅炉最重要的系统之一。

二、系统流程

（一）高、中、低压给水

本机组给水系统大致流程为：凝结水泵将凝汽器内冷凝水抽出，经低压省煤器初步加热后，送入低压汽包。低压汽包内的饱和水经由给水管道进入给水泵，经给水泵升压向各自的系统供水。给水泵出口设置再循环阀回水至低压汽包，以保护给水泵低负荷运行时的安全。

如图 6-31 所示，高压给水经给水调节阀组后进入高压省煤器，同时高压给水管道还向高压过热器减温器、对外供热管道减温器和高压过热器主集箱反冲洗提供工作水。

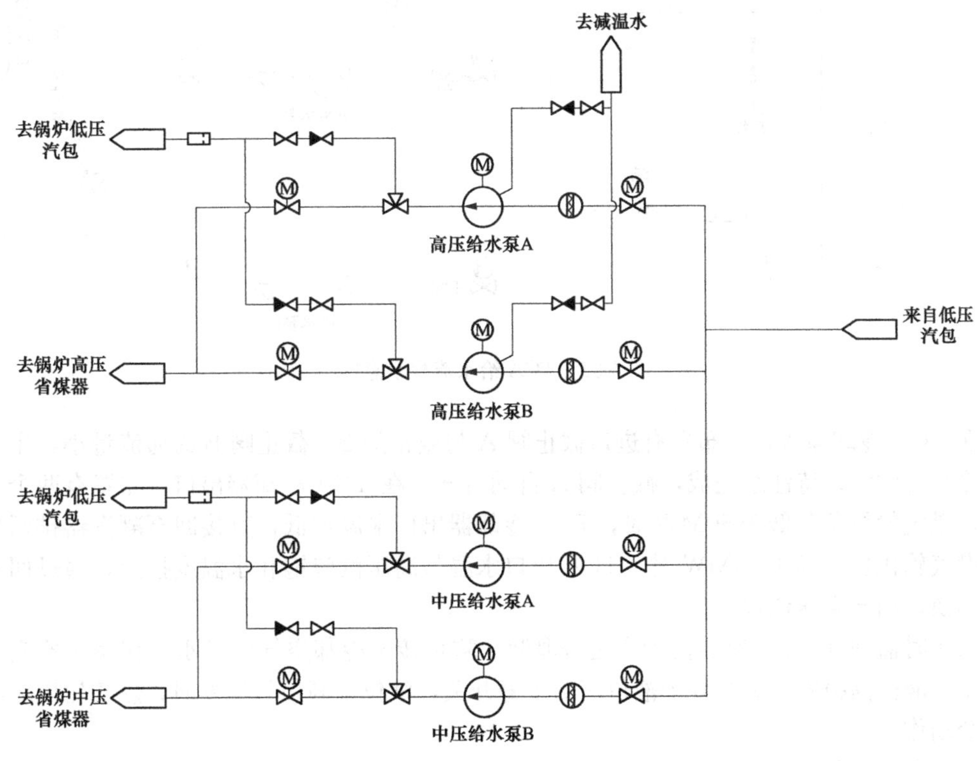

图 6-31　高、中压给水流程示意图

中压给水经中压管道直接送入中压省煤器后再经中压给水阀组进入中压汽包系统，另外中压给水管道还向再热器减温器、再热出口集箱和中压出口集箱反冲洗提供工作水，在中压省煤器出口，还布置了向燃气加热器（FGH）供水的管路。

低压给水接收来自凝结水泵供应的冷凝水，在省煤器内进行初步加热，后经低压给水调节阀组送入除氧器，经热力除氧后落入低压汽包。为提高省煤器入口水温，部分省煤器出口的给水会由低压再循环泵运送回省煤器入口，进行循环伴热。另外，部分省煤器出口的给水也会输送至天然气调压站水浴加热器作为加热水。

其中，高压锅炉给水的调节和控制由给水操纵台主路实现 30%～100%的流量调节及旁路实现 0～40%的流量调节；中、低压给水则设有主路 0～100%全流量自动调节，以及电动手动旁路。与其他热力系统一样，整个给水系统还设置了必要的阀门及疏水排气系统。

（二）TCA 给水系统

如图 6-32 所示，低压汽包饱和水由给水母管进入 TCA 给水泵，升压后送至 TCA 冷却器，换热后的水再送至高压汽包或者凝汽器排污扩容器。在 TCA 给水泵入口，布置有减温水管道，减温水来自凝结水母管，用于在燃气轮机转速 3000r/min 之前降低 TCA 给水的温度。

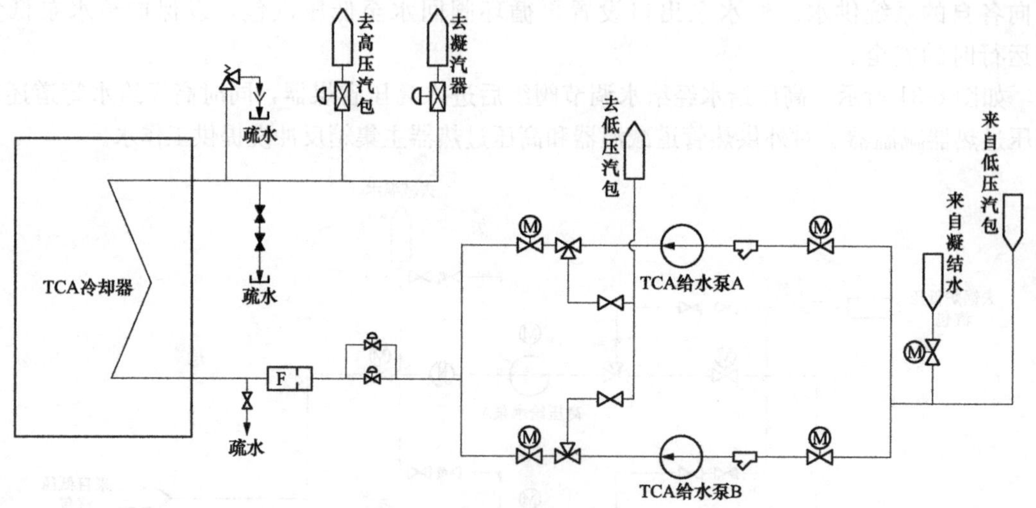

图 6-32　TCA 给水流程示意图

在 TCA 冷却器入口，布置有进口截止阀 A 与截止阀 B，截止阀 B 的通流量小，主要用于给冷却器注水，待注水完成，截止阀 A 自动打开。在 TCA 冷却器出口，布置有两个不同回路，燃气轮机负荷低于 50MW 时，TCA 冷却器出口水温过低，直接回至凝汽器排污扩容器；燃气轮机负荷高于 50MW 时，TCA 出口水温与高压汽包饱和水温度接近，通过回水阀门的切换，回至高压汽包。

为实时监视 TCA 换热器内管束是否泄漏、防止转子冷却空气中带水，在换热器底部布置有 1 个液位高报警开关和 3 个液位高高报警开关，液位高高信号触发时，燃气轮机跳闸保护将会动作。

三、主要设备结构及原理

（一）给水泵

此处以 KSB 公司生产的 HGC5/8 给水泵为例。其原理是在给水泵启动转子转动后，液体在叶轮的推动下做高速旋转运动，液面上各点的静压力与所在高度的半径的平方成正比，抛物面的最低处压力最低，受离心力的作用，叶轮外缘处的压力升高，在此压力的作用下，液体经泵出口被压出，与此同时，叶片中心位置的液体的压力下降，中心位置形成真空，当具有足够的真空时，液体在外界压力的作用下被吸入，这样液体就被源源不断地吸入和压出。

给水泵由转子、定子、平衡装置、轴承、机械密封装置、联轴器及泵的附件等组成，结构简图见图 6-33。

(1) 转子：主要由叶轮与轴组成，主要作用是将电动机的机械能传给液体，使液体的动能和压力能提高。轴主要用来传递扭矩，叶轮用键固定在轴上，随轴一起旋转。

（2）平衡装置：给水泵每级叶轮两侧由于压力不同而产生一个由出口指向进口侧的轴向推力，轴向推力会使转子发生位移，动静部分发生摩擦，因此必须设平衡装置将轴向推力消除掉。平衡盘平衡装置，主要由静平衡盘（平衡盘座、节流套）、动平衡盘、O 型圈等组成。静平衡盘装在出水段壳体内，动平衡盘固定在末级叶轮后面，随轴一起旋转，动平衡盘后，依次经挡套、分瓣环、定位座环固定。

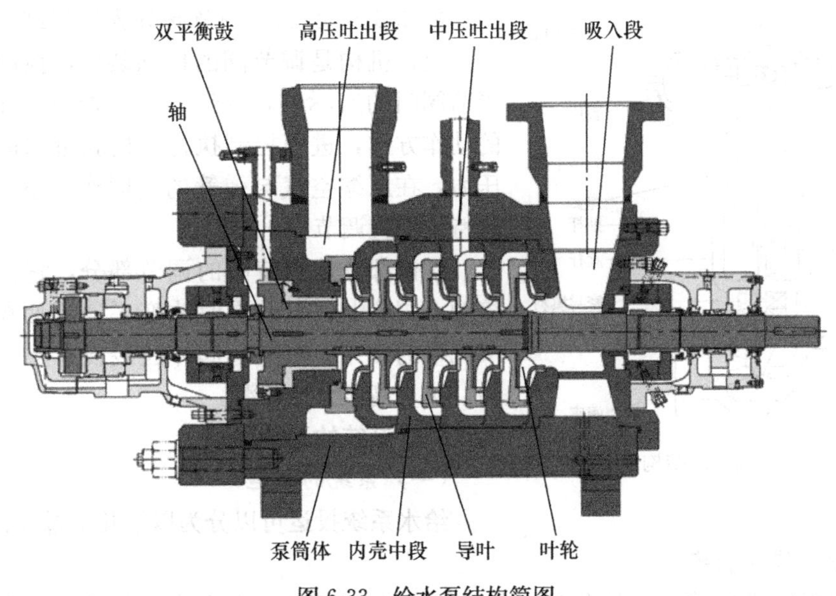

图 6-33　给水泵结构简图

（3）机械密封：给水泵的动、静之间有间隙存在，会使泵内水向外泄漏，这些泄漏一方面减少了泵的供水量，另一方面也会干扰主流；若泵吸入端是真空，则外界空气露入泵内，会严重危及泵的安全运行。为了减少泄漏，一般在泵的动、静间隙处装有轴端密封装置（进、出口两端）。其主要由弹簧座、弹簧、密封圈、动环、静环等部件组成。弹簧套、弹簧、动环和轴套安装成一体，通过轴套上的键随轴转动，静环装在泵壳上，动环和静环端面依靠弹簧形成密封面，动环密封圈用来防止液体轴向泄漏，静环密封圈封堵静环与泵壳间的泄漏，密封圈还可以吸收振动缓和冲击。动、静环间密封实质上是由动、静两环间维持一层极薄的流体膜而起到的密封作用。流体膜还对动、静环接触面起到润滑冷却作用。只依靠密封水冷却轴套和密封装置是不够的，还要引入冷器将密封水冷却。

（4）轴承：给水泵轴两端分别安装一个径向轴承，用来支撑转子，径向轴承水平中分，其主要由轴承盖、轴瓦、轴承座等组成；轴承上下瓦用销子定位，迷宫型密封瓦和溅油环可以防止润滑油向外甩出，也防止水进入轴承。

（5）联轴器：其作用是传递扭矩，将水泵与电机连接起来，将电机轴的扭矩传递给水泵转子。给水泵采用齿轮型联轴器，其主要由两个具有外齿的半联轴器和两个具有内齿的外壳所组成，内外齿数相等。两个半联轴器分别与轴用键联接。两个外壳的内齿套在半联轴器的外齿上，并用螺栓将两个外壳联接在一起。

（6）冷却系统：给水泵冷却系统主要由轴承冷却系统和机械密封水冷却系统组成，它们采用冷却盘来冷却，冷却水都来自闭式水系统。①机械密封水冷却：冷却盘分内管和外管，内管嵌套在外管内，机械密封水来自泵体内压力水，循环通过冷却盘内管，冷却水通过冷却盘外管，原理如同水水交换器，冷却水通过热传递原理不断将密封水的热量带走。②轴承冷却系统：冷却盘浸入在润滑油中，冷却水循环通过冷却盘管，将油的热量不断带走，达到冷却目的。

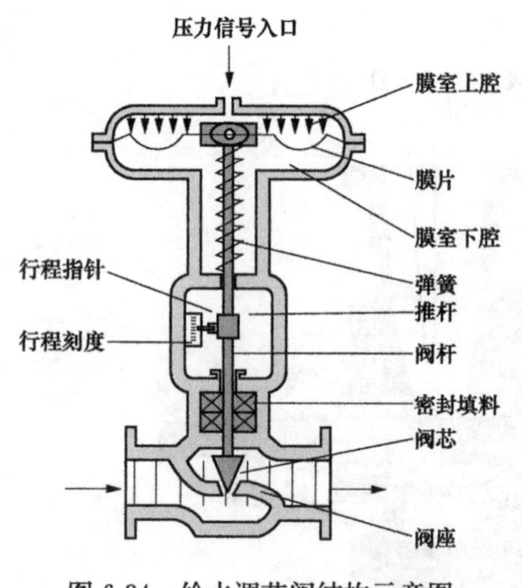

图 6-34　给水调节阀结构示意图

（二）给水调节阀

如图 6-34 所示，调节阀分为执行结构和阀体部分，执行机构是调节阀的推动装置，控制系统根据当前阀门的实际位置反馈与需求指令，计算出阀门的动作方向，进而控制执行机构膜室内的压缩空气压力，在压缩空气与弹簧的共同作用下，实现阀门的特定位置调节。

阀体部分是调节阀的调节部分，它直接与介质接触，阀芯上、下动作时改变了通流面积，达到调节流量的效果。另外，阀体还装设有必要的密封结构，防止高压介质外漏。

四、系统的运行维护

（一）系统的投运

给水系统投运可以分为以下几个过程：

1. 给水系统的加药

在给水系统投运前，通知化学运行人员，告知机组给水系统准备投运，化学人员将根据运行规程做好给水系统加药准备，以期保证给水系统正常运行时的汽水品质符合要求。

2. 给水系统的检查及注水

在给水系统启动前检查确认给水系统各设备处于备用状态，特别是给水系统各阀门状态正确。

为保证给水系统设备安全，在给水系统启动前须对给水系统进行注水，如果给水系统管道为空，给水系统启动时将对锅炉设备产生较大的冲击，有可能损坏给水管道及设备，严重时甚至可能损坏给水泵组。具体的注水措施就是开启给水泵进、出口电动阀及高中压给水调阀，让低压汽包的给水在水位高度差的作用注满整个高、中压给水管道，待检查到相关对空排气阀连续冒水后可判断给水系统注水完毕。

3. 给水泵组的启动

给水泵组启动应把握以下几点：

（1）给水泵为惯性离心泵，给水泵启动时须闭阀启动；

（2）给水泵启动后，应检查系统设备及系统参数均在正常范围内。

（二）系统的运行监视及检查

给水系统启动后，为保证给水系统的正常运行，运行人员需重点监视如下内容：

（1）检查给水泵无异音、异味，出口压力、盘根密封、振动、电机电流、轴承和绕组温度等均正常；

（2）检查给水泵电机绕组温度、各轴承振动正常，油位正常，油质合格，驱动端与非驱动端轴承温度、电机轴承温度在合格范围；

(3) 检查给水泵再循环阀工作正常，再循环流量正常；

(4) 检查给水泵冷却水压力、温度正常，冷却水回水温度小于50℃；

(5) 检查备用给水泵无倒转；

(6) 检查系统无泄漏，系统管道无明显振动情况；

(7) TCA冷却器出口温度与负荷相匹配，TCA冷却器液位开关无报警，TCA冷却器流量不低于报警值。

当以下情况发生时，应立即按下事故停泵按钮停止故障给水泵运行：①给水泵应自动跳闸，保护拒动；②泵组发生强烈振动，泵组内有明显的金属摩擦声；③泵组发生异常，危及人身及设备的安全；④给水泵冷却水中断；⑤系统管道发生破裂，泄漏严重；⑥电机有焦味或冒烟着火。

（三）系统的联锁保护及控制逻辑

1. 给水泵的联锁保护

为了保护给水泵设备的安全，当发生如下情况时，运行中给水泵将自动跳闸，备用给水泵自动启动：

(1) 给水泵驱动端或非驱动端轴承温度达95℃，电机轴承温度达95℃；

(2) 轴承润滑油供油温度超过60℃；

(3) 给水泵进口压力低于0.2MPa；

(4) 给水泵进口电动阀全关；

(5) 低压汽包水位低于−850mm；

(6) 电气保护动作；

(7) 轴承振动X向大于11.2mm/s且Y向大于7.1mm/s。

发生以下情况时，给水泵禁止启动：

(1) 给水泵进口阀未全开；

(2) 给水泵进口滤网压差高；

(3) 低压汽包水位低于−350mm。

2. 高、中、低压给水调阀的控制逻辑

给水调阀均有两种控制模式，单冲量控制模式和三冲量控制模式，在蒸汽流量较低时，给水调阀由单冲量控制模式来控制阀门的开度；当蒸汽的流量超过一定值时，给水调阀控制模式将由单冲量控制模式切换至三冲量控制模式。正常控制时，阀门可跟着水位实时调整，必要情况下切至手动调节。

3. TCA回水调阀的控制逻辑

为精确控制TCA冷却水量，防止TCA空气温度超过设定值，TCA回水侧布置有两个流量调阀，一路去高压汽包，另一路去凝汽器排污扩容器。在机组启动初期，仅通过凝汽器侧阀门进行调节，阀门指令与冷却器入口温度有关，如图6-35所示，60℃以下相对应的是88t/h冷却水量，80℃相对应的是118t/h冷却水量，此阶段汽包侧回水阀保持全关。

在燃气轮机负荷大于50MW后，凝汽器侧回水阀的设定值变为与负荷相关联，约31t/h，而汽包侧回水阀的设定值开始增大并超过凝汽器侧回水阀的设定值，转为由汽包侧

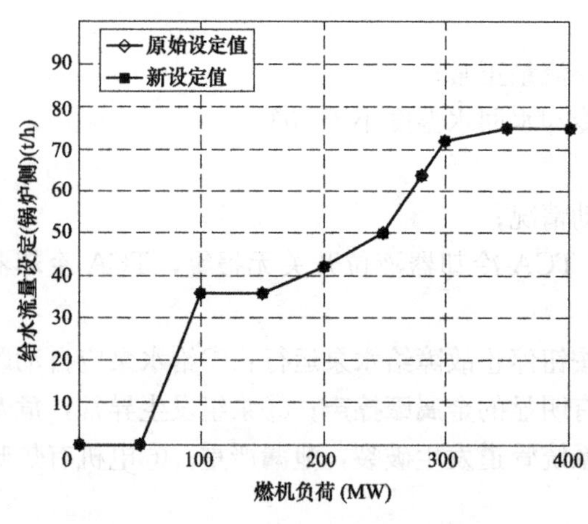

图 6-35　TCA 给水流量设定图

回水阀进行调节，凝汽器侧回水阀维持全关，其设定值比汽包侧小，比流量低跳闸值略大，必要情况下可及时投入，防止机组跳闸。

需要注意的是，汽包侧回水阀的控制指令仅仅是负荷的正比例函数，与负荷同步变化，并不会监视实际的冷却水流量，故在实际运行中，由凝汽器侧调阀作为备用，如出现流量偏低的情况，需确认凝汽器侧调阀是否及时投入。

五、系统优化改造及运行经验分享

（一）高压给水阀组改造

由于本机组高压给水调阀选型较大，阀门长期处于小开度节流状态，经计算，单阀门通流量加上 TCA 回水流量，完全满足高负荷情况下高压系统的补水要求，故对阀门控制逻辑进行优化，改为单调阀控制，另一阀门备用。

（二）TCA 给水泵减温水改造

TCA 给水泵入口减温水用于降低 TCA 给水温度，在机组启动前控制 TCA 换热器入口温度在 60℃以内。在实际运行中，TCA 给水泵的振动值经常性偏大，经分析，是低压给水母管压力波动导致 TCA 给水泵入口汽蚀余量频繁接近边界值，为提高汽蚀余量，在 TCA 给水泵入口减温水电动隔离阀处加装旁路手动阀，适当调整手动阀开度，提高 TCA 给水泵入口压力，进而增加汽蚀余量。

（三）TCA 换热器液位计优化

TCA 换热器的气侧安装有液位开关，用于监视内部管束是否存在泄漏，由于原设计中缺乏液位开关校验装置，两个检修周期之间并无法确保液位开关的可靠性。可在液位开关正、负压侧分别加装隔离阀门，并增加一路灌水查漏装置，用于日常维护中对液位开关进行校验。

六、系统典型异常及处理

（一）给水泵的汽蚀

现象：进口压力下降并摆动；电流下降并摆动；给水流量下降并摆动；泵内产生不正常的噪声和振动。

可能原因：低压汽包压力降低或汽包水位过低，使得给水泵入口压力低于饱和压力；给水泵进口滤网堵塞；给水流量突然大量减少，再循环阀故障不能开启。

处理方法：发现给水泵汽蚀，立即检查余热锅炉的低压系统，保证低压汽包压力稳定及水位正常，否则停止给水泵；给水泵汽蚀严重时，应切换至备用泵运行，停泵后进行充水排气。

（二）高压给水调阀卡涩

现象：高压汽包水位持续下降，给水流量小于蒸汽流量，差值不断拉大；DCS 上发水位报警；给水调阀开度异常，实际开度与指令相差较大并保持不动。

可能原因：给水调阀气源失去，给水调阀无法动作；给水调阀阀杆卡涩或阀杆脱落。

处理方法：立即稳定负荷；将给水调阀切至手动位置，通过手动来开关调阀看是否有卡涩现象，立即派人现场确认查看气源，如气源被误关，立即恢复气源，使调阀恢复正常；就地检查如果是阀门严重卡涩，短期内无法处理，应做停机处理；如果给水调阀卡在半开位，可根据负荷与给水流量对应关系，调节负荷大小，使汽包水位基本能维持，联系检修在线处理卡涩情况，并做好机组停机准备。

（三）TCA 换热器内液位高

现象：TCA 换热器液位高报警，疏水电磁阀自动打开，现场检查液位较高，可能有明显的水汽泄漏声音；TCA 供水、回水温度明显偏低，燃气轮机转子冷却空气温度偏低。

可能原因：换热器管束泄漏；TCA 供水温度过低，换热器内部凝结水较多。

处理方法：立即检查 TCA 给水泵入口减温水阀门在全关位置，如 TCA 供水温度仍偏低，则可能是减温水阀门内漏，前往现场手动隔离；如 TCA 供、回水温度正常，现场有明显的泄漏声音，可判定为换热器管束泄漏，密切监视燃气轮机运行情况，适当降低 TCA 给水压力，并视情况申请停机处理。

第七节　凝结水系统

一、系统概述

凝结水系统的主要作用是利用凝汽器将汽轮机低压缸排汽和各蒸汽系统疏水管道的蒸汽冷凝成水，并在冷凝过程中进行除氧，再利用凝结水泵将凝结水从凝汽器抽出，经除铁过滤装置和轴封加热器加热后提供给锅炉给水，维持整个联合循环的汽水循环。

除了供给锅炉低压给水实现系统汽水循环，凝结水系统还有其他多个用户，主要有凝结水泵自密封水、轴封冷却器用水、低压缸减温水、凝汽器水幕喷水、中压旁路减温水、低压旁路减温水、低压轴封蒸汽减温水、疏水扩容器Ⅰ和疏水扩容器Ⅱ减温水、轴封蒸汽减温水、汽轮机预暖系统减温水、真空泵工作水补水、真空破坏阀密封水、至 TCA 给水泵进口启动用水、高中低压过热器出口反冲洗水等。

二、系统流程

本机组凝结水系统（见图 6-36）流程主要包括凝结水主回路、凝结水再循环回路、减温水回路、补水回路、凝汽器检漏回路五部分。

（一）凝结水主回路

汽轮机低压缸排汽在凝汽器中被冷凝成水，然后经由凝结水泵的入口滤网进入凝结水泵，凝结水从凝结水泵升压后，经过泵出口的逆止阀、电动隔离阀和除铁过滤器，主凝结水经轴封加热器加热后，进入低压给水加热器。为了防止低压给水管道的 O_2 和 CO_2 腐蚀，还对凝结水进行了加氨、加联胺处理。

（二）凝结水再循环回路

为了在凝结水需求量较小时（如机组启动、停机或低负荷工况下）保持凝结水最小流量，设置凝结水再循环回路，根据凝结水泵或轴封加热器的最小流量要求中较大者确定该管道尺寸。

（三）减温水回路

为了将蒸汽温度调整在极限范围内，系统设置有减温水回路。减温水的用户主要包括凝

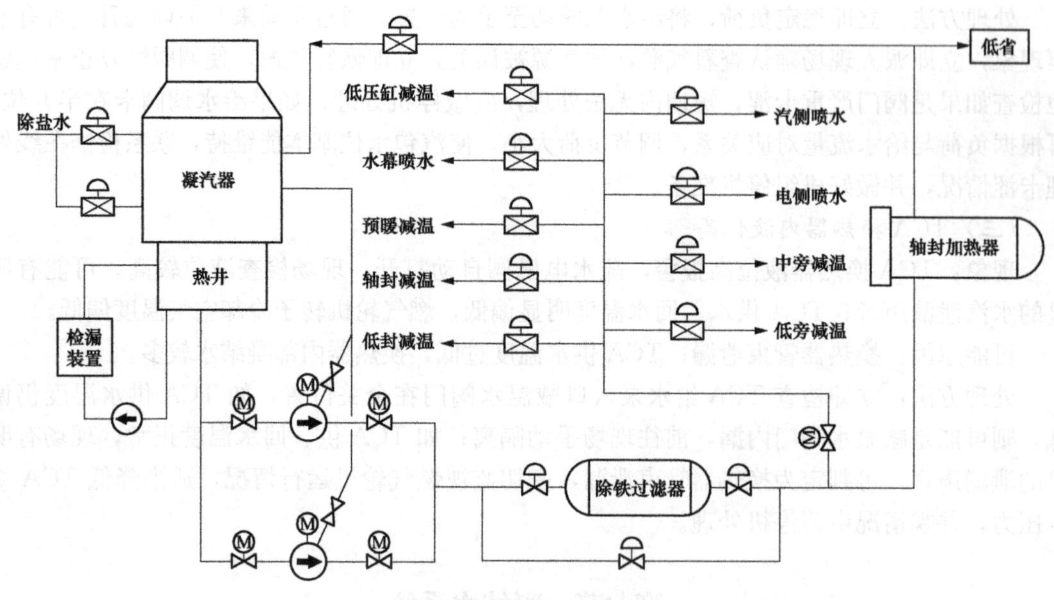

图 6-36　凝结水系统图

汽器水幕喷水、疏水扩容器Ⅰ喷水、疏水扩容器Ⅱ喷水、低压缸减温水、中低旁减温水、轴封减温水和预暖蒸汽减温水。

凝汽器水幕喷水管道上设置有气动喷水控制阀，通过调整阀门开度，使喷水控制阀阀后压力维持在 0.9MPa 左右。当有旁路蒸汽排入凝汽器时，应投入凝汽器水幕喷水。

疏水扩容器Ⅰ和疏水扩容器Ⅱ喷水设置有气动喷水控制阀，通过调整阀门开度，使喷水控制阀阀后压力维持在 1MPa 左右。进入疏扩的管道上一般都设有温度测点，当温度超过 60℃时，疏扩对应的减温水自动投入。

低压缸减温水管道上设置有气动喷水控制阀，通过调整阀门开度，控制低压缸排汽温度，防止低压末级叶片超温。当低压缸排汽温度超过 60℃时，低压缸减温水自动开启。

（四）补水回路

为了维持凝汽器的正常水位，凝汽器设置两路补水管道，一个用于运行期间的正常补水；另外一个用于抽汽供热运行补水，补水来自化学除盐水。

本机组凝汽器供热补水通过供热补水阀控制，设计最大补水量为 345t/h。

（五）凝汽器检漏回路

为检测凝结水水质情况，本机组设置凝汽器检漏装置。凝汽器检漏装置是利用循环泵将凝结水从凝汽器热井中抽出，将抽出的样水通过在线化学分析仪测量其相关化学指标，综合比较分析其测量值，以判断凝汽器是否存在泄漏情况。

三、主要设备结构及原理

本机组凝结水系统配置一台单壳体双流程表面式除氧型凝汽器、两台背包式疏水扩容器、两台 100% 容量的凝结水泵、一台凝汽器检漏装置、一台除铁过滤器、一台轴封加热器以及相关的管道、阀门、仪表等。

（一）凝汽器

凝汽器的主要作用是将汽轮机的排汽冷凝成水，建立并维持真空，降低汽轮机排汽压力和温度，提高循环热效率；凝汽器接收机组启停时旁路系统排出的蒸汽及热力系统各种疏放水，回收工质，是汽水循环的重要介质容器。另外，凝汽器还有除氧的功能。

凝汽器分为空气冷却式和水冷却式两种，分别被称为空冷式凝汽器和水冷式凝汽器。本机组使用的是海水冷却的水冷式凝汽器。水的传热系数高，水冷式效果好，它是现代汽轮机发电厂采用的主要形式，只有在严重缺水的地区，才使用空气冷却凝汽器。

如图 6-37 所示，本机组凝汽器是由喉部、壳体（包括热井、水室）及底部的滑动、固定支座等组成的全焊接结构，是单壳体、双流程、表面式凝汽器。设计冷却面积 11 300m^2，设计绝对压力 5.99kPa，循环水量 27 576m^3/h，循环水入口温度 23.4℃，蒸汽流量 417.6t/h。无水时凝汽器重量约 300t，凝汽器正常运行时重量约 640t，满水重量约 1250t。

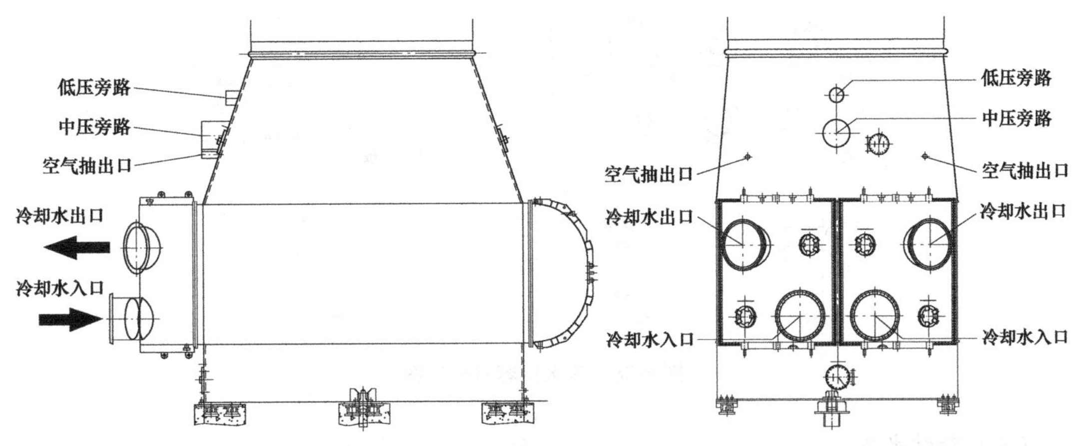

图 6-37　凝汽器外形图

凝汽器喉部上布置有水幕喷水管道、中压旁路管道和低压旁路管道。

凝汽器壳体内有四组管束（管束内管孔为三角形排列），在每组管束下部均设有空冷区。壳体内的冷却管管束由主凝结区和空冷区两部分组成，壳体下部为热井，凝结水出口设置在热井底部，凝结水管出口处设置了防涡装置。壳体两端管板上焊有前水室和后水室，前、后水室均为由钢板卷制成的弧形结构，具有结构简单、流动性能好、阻力小、振动小，利于水流进入冷却管等优点。前水室分为两个独立腔室，前水室下部水室为进水室，上部水室为出水室，后水室为一个腔室。

在喉部、壳体下部及水室上均设有人孔，以便对凝汽器进行检修、维护。水室上还开设有放气口、放水口等。

（二）疏水扩容器

汽轮机本体及管道疏水系统中，需设置有一定容积的扩容减温设备，以消除不同疏水点的压力能，并使经扩容后的疏水温度降低到凝结水收集装置所能接受的范围内，起到了回收工质的作用。

本机组凝汽器汽轮机侧配置一台 17m^3 的疏水扩容器，电机侧配置一台 10m^3 的疏水扩容器，主要接纳汽轮机本体及管道疏水等。机组各处疏水经疏水管道汇入到相应的疏水母管，通过各自的疏水接管或疏水喷管进入疏水扩容器。疏水进入扩容器后，经消能装置，在扩容器巨大空间内闪蒸扩容，冷却水（凝结水）通过喷水管上的喷嘴从扩容器上部喷入，使扩容器内的闪蒸蒸汽温度迅速降低并凝结。

疏水扩容器由壳体、疏水接管、喷水管、连通管、缓冲板、波形膨胀节等组成。为便于安装布置，疏水扩容器的外形设计为矩形，如图 6-38 所示。疏水扩容器上设有检修人孔门，用以对扩容器进行维护、清理等。

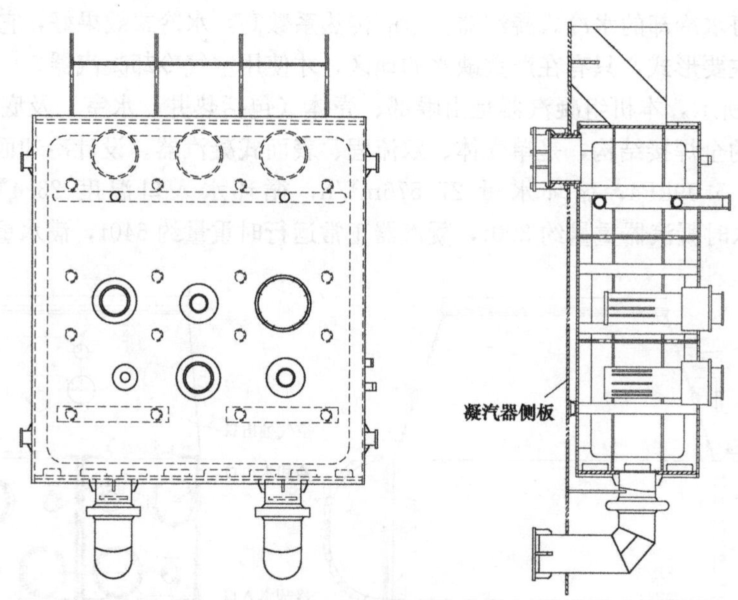

图 6-38　疏水扩容器外形图

（三）凝结水泵

本机组配备两台凝结水泵，正常运行时，一运一备。凝结水泵采用上海 KSB 公司的筒袋型立式多级离心泵，型号为 NLT300-400×7，叶轮级数 7 级，联轴器传递功率为 640kW，采用 1 个可倾瓦块式推力轴承和 1 个导向轴承，轴承密封水采用除盐水（或者凝结水），密封水压力为 0.2～0.4MPa。额定工况下，泵扬程为 280m 水柱，流量为 480t/h，泵转速 1480r/min，轴功率 470kW。

凝结水泵由转子（叶轮、轴、联轴器、轴套等）、定子（底座、导向轴承支座、推力轴承、筒体、导叶等）、出水壳体、吸入室等组成。工作部分用多级叶轮同向排列构成的泵转子和在其外围形成导流空间的导流壳共同组成。泵筒体是由钢板卷焊制成的，用以构成双层壳体泵的外层压力腔，正常工作时腔内处于负压状态。为使凝结水泵具有良好的抗汽蚀性能，首级叶轮采用双吸结构，加前置诱导轮，具体结构如图 6-39 所示。

凝结水泵设置了平衡管来抽取凝结水系统内夹带的空气，以保护凝结水泵的运行，该平衡管道从凝结水泵外壳上部引出接到凝汽器上高于热井水位之处。

（四）凝汽器检漏装置

本机组配备一台凝汽器检漏装置，保证及时发现凝汽器钛管海水泄漏情况。通过离子交换树脂检测凝结水泵进口管道中凝结水的电导率，来检查凝汽器钛管是否存在泄漏。同时还在检漏装置上加装了在线钠离子分析仪，可连续测定凝结水中的微量钠离子含量。

（五）除铁过滤器

除铁过滤器的作用：①锅炉启动期间投入使用，降低凝结水中的含铁量，加快启动速度；②在回水管道含铁量超标的时候投入使用，保证热力系统的正常运行；③正常运行时投

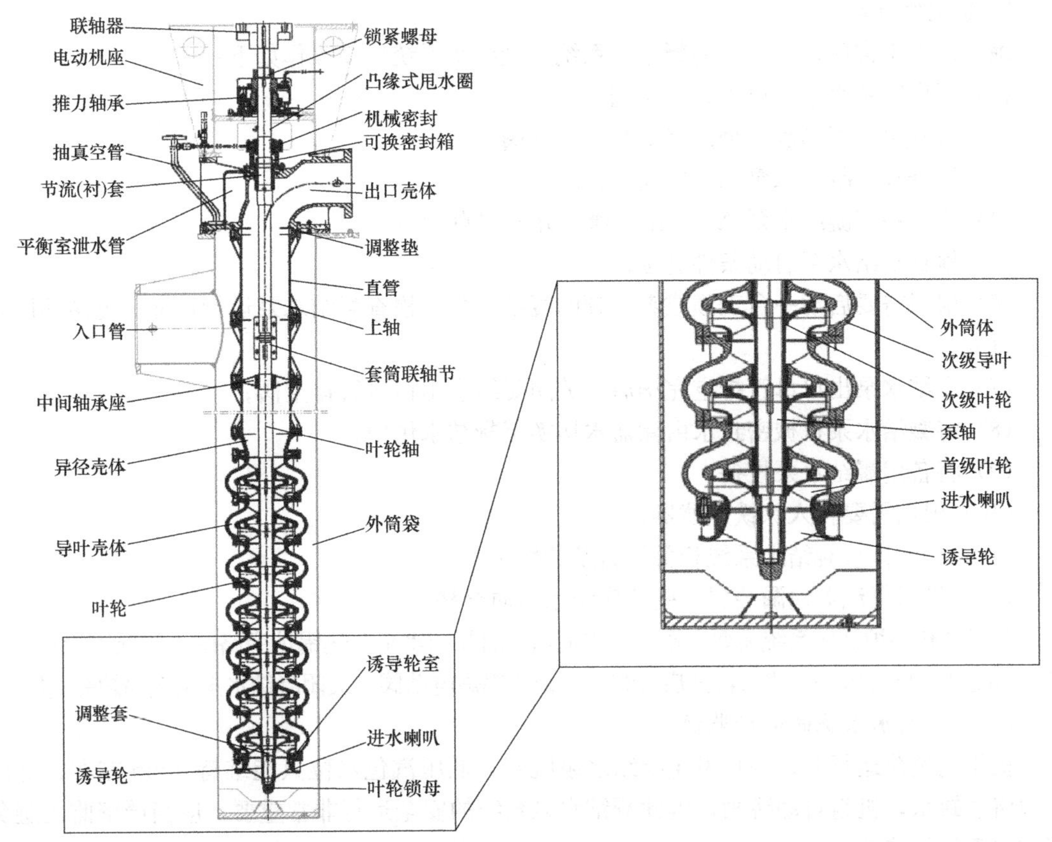

图 6-39 凝结水泵结构图

入使用进一步提高水汽品质。

本机组设置 1 套凝结水除铁过滤器，由 1 台 100%除铁过滤器及阀门、管道、仪表等组成，进、出口母管之间设置 100%旁路。

除铁过滤器滤芯的进水方式为里进外出。除铁过滤器不设反冲洗，滤芯更换终点压差为 0.15MPa，除铁过滤器滤芯最大允许压差 0.35MPa，允许温度最高 65℃。当除铁过滤器的进口压力大于 4.0MPa 时，旁路阀 100%开启，除铁过滤器退出运行，应提前安排更换滤芯。

四、系统的运行维护

（一）凝结水系统的投运

1. 启动前的检查与准备

在余热锅炉需要上水或者凝汽器需要抽真空时，凝结水系统应启动。凝结水系统启动前，必须确认闭式冷却水系统已投运为凝结水泵提供冷却水，凝汽器水位正常及补水正常，凝结水水质合格。并对系统进行相关的检查和准备：

（1）确认系统管道上各阀门状态正常；相关控制电源、仪表电源正常；各表计投入在线，显示正常。

（2）检查凝结水泵电机绝缘正常，电机加热器已退出。

（3）检查确认凝汽器液位正常，凝汽器补水正常，化水车间除盐水蓄水量充足。

（4）检查凝结水泵机械密封水由除盐水供应，压力正常。

2. 系统的启动

确认以上正常后，可以启动凝结水系统，凝结水系统启动操作如下：

(1) 开启凝结水泵出口母管排空阀；

(2) 检查关闭凝结水至余热锅炉给水电动阀；

(3) 检查开启凝结水泵 A、B 进口阀；

(4) 检查关闭凝结水泵 A、B 出口阀，并投“自动”；

(5) 检查凝结水泵启动条件满足；

(6) 根据需要启动一台工频或者变频的凝结水泵，检查凝结水泵运行正常，再循环回路正常投入；

(7) 凝结水泵出口母管排空完毕后，关闭凝结水出口母管排空阀；

(8) 将凝结水泵机械密封水由除盐水切换至凝结水供应；

(9) 将备用凝结水泵投备；

(10) 根据需要投入除铁过滤器；

(11) 全面检查凝结水系统相关设备及参数正常；

(12) 投运凝汽器检漏装置，确认凝结水水质合格。

如果余热锅炉低压系统需要上水，应先适当开启凝结水至余热锅炉旁路阀，待低压给水压力升至与凝结水母管压力一致后再开启凝结水至余热锅炉电动阀，关闭凝结水至余热锅炉旁路阀。

(二) 凝结水系统的运行监视

机组满负荷运行时，一旦发生凝结水泵跳闸，低压汽包水位只能维持 5min 左右，低压汽包将会缺水，机组自动跳闸，因此凝结水泵系统的安全运行非常重要，应当严密监控避免凝结水系统故障停运。

对于凝汽器，重点监视以下方面：

(1) 水位正常，正常水位为 1300mm，低报警值为 1100mm，低低报警值为 700mm，高报警值为 1500mm，高高报警值为 1850mm。机组正常运行中应维持凝汽器水位在正常水位附近，禁止凝汽器水位顶表运行超过 10min；凝汽器不频繁补水，确认补水量合适；凝汽器水位计就地与远方读数一致。

(2) 凝结水品质合格，电导率 (25℃)$<0.3\mu s/cm$，Na+含量<10PPb。

对于凝结水泵，重点监视以下方面：

(1) 凝结水泵无异音、异味，盘根密封、振动、电机电流、轴承和绕组温度均正常；

(2) 凝结水泵轴承油位正常、油质合格；

(3) 凝结水泵出口母管压力和流量正常；

(4) 凝结水泵电机、轴承冷却水压力为 0.20MPa 左右；

(5) 凝结水泵机械密封水压力为 0.20MPa 左右，机械密封处无明显漏水；

(6) 凝结水泵进口滤网压差小于 0.05MPa；

(7) 凝结水泵出口母管含氧量小于 $15\mu g/L$。

其他方面，需检查确认凝结水系统无泄漏，杂项用水母管压力正常。

(三) 凝结水系统相关控制逻辑

1. 凝结水泵允许启动条件

(1) 凝结水泵进口电动阀全开；

（2）凝结水泵出口电动阀全关或者另外一台泵运行，延时 30s；

（3）凝汽器水位高于 700mm；

（4）除铁过滤器旁路气动阀全开或者进口阀和出口阀均全开；

（5）凝结水泵电机线圈小于 130℃，电机轴承温度均小于 70℃，推力轴承温度小于 75℃；

（6）无保护跳闸信号；

（7）凝结水泵变频器旁路隔离开关 QS3 合闸，或者凝结水泵变频器进线隔离开关 QS1、出线隔离开关 QS2 均合闸。

2. 凝结水泵跳闸保护条件

（1）凝结水泵运行后，出口电动阀在关闭位置延时 5s；

（2）凝结水泵运行后，入口电动阀在全关位置延时 5s；

（3）凝汽器水位不大于 500mm 延时 5s；

（4）凝结水泵轴承温度不小于 80℃，

（5）电机线圈温度（6 选 4）不小于 135℃；

（6）凝结水泵变频器重故障。

3. 备用凝结水泵联锁启动条件

（1）运行中的凝结水泵跳闸；

（2）凝结水泵在工频运行时，出口母管压力低于 2MPa；

（3）凝结水泵在变频运行时，出口母管压力低于 1MPa。

（四）凝结水系统的停运

机组在正常运行及维持真空备用期间，凝结水系统均不能停运。只有当机组破坏真空后，凝结水系统才具备停运条件。凝结水系统停运操作如下：

（1）确认余热锅炉低压系统上水结束后，关闭凝结水至余热锅炉电动阀；

（2）确认凝汽器低压缸排汽温度低于 60℃且呈下降趋势；

（3）确认无其他凝结水用户后，退出备用凝结水泵自动备用；

（4）停运凝结水泵，检查凝结水泵出口电动阀自动关闭，凝结水再循环流量调节阀自动关闭；

（5）关闭凝结水泵自密封水母管手动阀；

（6）投入凝结水泵电加热器；

（7）根据需要停运凝汽器检漏装置。

（五）凝汽器灌水查漏

在机组进行大小修后或者机组每正常运行 3 个月，应进行凝汽器灌水查漏工作，其目的是对凝汽器相关设备及凝汽器钛管是否泄漏、抽真空管处是否有泄漏进行检查，以保证机组安全运行。另外，一旦凝结水电导率及钠离子含量超标严重，也应立即停运机组进行凝汽器灌水查漏工作，查找凝汽器海水泄漏点，进行堵漏。凝汽器灌水查漏是一种常用的快速并简单查找凝汽器泄漏的办法。

凝汽器灌水查漏工作，在机组停运下进行，同时要求机组循环水系统、辅助蒸汽系统、轴封系统、凝结水系统、真空系统等在停运状态。凝汽器灌水查漏使用除盐水，需把整个凝结水侧和凝汽器相连的阀门均关闭。

1. 灌水前检查及隔离操作

(1) 将凝结水泵、真空泵、循环水泵拉电隔离；

(2) 隔离机组循环水系统，开启相应放水阀，将凝汽器中的循环水全部放光；

(3) 关闭凝结水泵A、B的进口电动阀、泵体抽真空阀；

(4) 关闭真空泵A、B进口手动阀；

(5) 关闭轴抽风机A、B进口手动阀、轴封疏水管道至凝汽器U形管前手动阀；

(6) 关闭真空破坏阀；

(7) 关闭凝汽器汽侧所有蒸汽管道至凝汽器的疏水阀；

(8) 打开6.5m凝汽器汽侧人孔；

(9) 接好临时水位计。

2. 灌水查漏

以上准备完毕后，开启凝汽器补水阀，使用除盐水对凝汽器汽侧进行灌水。在灌水过程中，运行人员应监视水位缓慢上升，并加强巡视，发现泄漏立即停止灌水，并通知检修人员进行处理，处理完毕后才可继续灌水。灌水淹没凝汽器喉部膨胀节时停止灌水，稳定24h后，全面检查凝汽器是否存在泄漏。灌水查漏重点检查部位：

(1) 与凝汽器相连部位的法兰及阀门，包括主蒸汽、再热蒸汽的疏水阀，进汽管道的疏水阀等；

(2) 凝结水泵入口管道阀兰；

(3) 真空系统进口管道、阀门及凝汽器中抽真空管道；

(4) 凝汽器本体焊口及与凝汽器汽侧相连的各个阀门、阀兰；

(5) 凝汽器钛管渗漏情况。

3. 放水及系统恢复

(1) 灌水查漏工作介绍后，确认凝汽器集水坑排污泵工作正常，必要时增加临时排污泵；

(2) 开启凝汽器汽侧底部放水阀，进行放水；

(3) 放水过程中，确定凝汽器集水坑水位在正常范围内，避免水淹厂房；

(4) 待凝汽器水位正常后，关闭凝汽器放水；

(5) 解除凝汽器灌水查漏隔离措施，恢复系统正常。

4. 注意事项

(1) 严密监视凝汽器水位，严禁超出标准，严防汽轮机进水；

(2) 灌水中发现凝汽器水位不增加或有漏水点应立即汇报值长，停止灌水，认真查找原因并及时处理；

(3) 凝汽器灌水接近喉部时，灌水速度一定要慢，要加强监视；

(4) 高水位查漏后，凝汽器放水完毕，机组与凝气器相连系统疏水阀均应在全开，排放积水；

(5) 对查出的漏点由检修人员进行处理，必要时进行二次灌水检验。

五、系统运行优化与改造

(一) 凝结水泵变频优化

本机组凝结水直接作为低压给水，低压汽包压力最高只有0.5MPa，但是设计选型的

6kV 凝结水泵转速 1480r/min，出口压力最高可达 3.5MPa，远远超过了低压汽包的压力值，节流损失及耗能非常大。本机组将凝结水泵进行了变频改造，凝结水泵出口压力为 2.0MPa 时，就已经能满足全部运行工况要求，节能效果显著。

（二）凝结水泵密封水优化

凝结水泵设计时，使用除盐水作为密封水。但是由于除盐水未进行除氧处理，因此导致凝结水含氧量一直不合格，长期在 50ppb 左右，而且相当于一直有除盐水补水进入凝结水系统，导致正常运行时凝汽器水位不断升高。后来，对凝结水泵密封水进行了改造，采用凝结水作为凝结水泵密封水，实现自密封，解决了上述问题，凝结水含氧量降至 10ppb 左右。

（三）凝汽器水位低联锁保护优化

本机组凝汽器设置两个液位变送器，由于选型不当该液位变送器经常跳变，且原设计为一用一备，机组运行中当选用的液位变送器跳变至 500mm 以下时，联锁跳闸凝结水泵，对机组的运行造成极大的安全隐患。为了防止单个液位变送器跳变引起凝结水泵跳闸，本机组将凝汽器液位改为取两个液位变送器的高值，极大地增加了机组运行的安全裕度。

（四）疏水扩容器减温水优化

当连接疏水扩容器Ⅰ或疏水扩容器Ⅱ的任一集管的温度高于 60℃时，该疏水扩容器的减温水调阀打开，控制调阀后减温水压力至 1MPa。机组正常运行时由于疏水阀内漏，疏水集管温度会超过 60℃，导致大量减温水喷进疏水扩容器，但减温水不能直接冷却集管上的温度测点，且此时内漏蒸汽量很小，造成极大浪费。因此建议在疏水扩容器上增加一个温度变送器，同时为防止减温水喷入后扰乱温度场造成测温不准确，在疏水扩容器内增加一个压力变送器，根据疏水扩容器内的温度和真空控制减温水调阀开度，使疏水扩容器内温度小于 60℃且真空高于－70kPa。据估算优化后机组正常运行期间疏水扩容器Ⅰ或疏水扩容器Ⅱ可减少 34t/h 左右的减温水量。

六、系统典型异常及处理

（一）凝结水泵跳闸

（1）运行泵跳闸，备用泵应自动投入，否则手动投入；

（2）备用泵不能投入，检查跳闸泵无明显故障，可启动一次跳闸泵；

（3）凝结水泵不能启动导致低压汽包水位降到跳机值，应该立即停机。

（二）凝结水泵轴承温度高

（1）切换至备用泵运行；

（2）检查凝结水泵冷却水，确认冷却水压力、温度正常；

（3）检查轴承润滑油位正常；

（4）检查温度变送器是否正常工作。

（三）凝结水泵出口压力低

（1）检查凝结水泵电机电流，确认凝结水泵是否工作正常，必要时切至备用泵；

（2）检查再循环阀流量调节阀及旁路阀是否误开或内漏，及时关闭或隔离；

（3）检查压力变送器是否正常工作；

（4）凝结水出口母管压力低于设定值时，备用泵自启动。

（四）凝汽器水位低

（1）检查凝汽器补水主路调节阀已全开，否则手动开启补水，必要时开启旁路阀补水；

（2）确认是否因负荷大幅下降引起的水位低；

（3）确认是否因锅炉排污量过大引起的水位低；

（4）立即到就地核对凝汽器水位；

（5）检查凝结水系统是否有泄漏，或疏水阀、排空阀误开；

（6）检查凝结水流量是否与机组负荷、蒸汽流量相对应，若凝结水流量明显变大，则可能是锅炉侧有漏点；

（7）在接近凝汽器水位低低报警并继续下降时，为防止凝结水泵跳闸，应全开凝汽器补水，在维持低压汽包水位的前提下，可以关小低压汽包给水调门。

（五）凝汽器水位高

（1）检查凝汽器补水主路和旁路，确认是否有内漏；

（2）确认是否因负荷大幅上升引起的水位高；

（3）立即到就地核对凝汽器水位；

（4）严密监视凝结水电导率、钠含量等参数，确认是否凝汽器泄漏；

（5）严密注意机组真空变化；

（6）凝汽器水位快至顶表值时，应通过加强锅炉排污，避免顶表。

（六）凝结水含氧量超标处理

（1）若因凝汽器、凝结水系统漏空气，应查漏并消漏或堵漏；

（2）若因凝结水泵机械密封水压调整不当而漏入空气，应将密封水压调整至正常值；

（3）如因阀门水封不好，则检查阀门的水封是否完好；

（4）若因仪表、压力变送器问题，联系热控处理；

（5）若上述措施无效，可关闭备用凝结水泵抽空气阀，并打开低压汽包除氧器排空阀。

（七）凝汽器钛管泄漏

（1）判断泄漏等级：

1）一级（72h内恢复）：5ppb≤Na+＜10ppb；电导率≥0.3μs/cm；

2）二级（24h内恢复）：10ppb≤Na+＜20ppb；电导率≥0.4μs/cm；

3）三级（4h内恢复）：20ppb≤Na+＜400ppb；电导率≥0.65μs/cm；

4）四级（紧急停机）：Na+≥400ppb；电导率≥10μs/cm。

（2）加大连排和蒸发器底部排污。

（3）循环水加锯末屑堵漏。

（4）降低机组负荷。

（5）降低循环水母管压力。

（6）补充除盐水，条件许可时适当排补凝结水。

（7）按泄漏等级做好停机准备。

（八）凝汽器的单侧运行

当钛管脏污，需要进行单侧清洗或钛管损坏，需要进行堵管操作时，凝汽器允许单侧运行。凝汽器单侧运行时，机组减负荷至75%额定负荷。

第八节 主蒸汽及旁路系统

一、系统概述

主蒸汽系统是指从余热锅炉过热器（包括高、低压过热器）和再热器联箱出口至汽轮机的蒸汽管道、阀门、疏水管、热工测量元件等组成的工作系统。主蒸汽系统的功能是将余热锅炉产生的蒸汽输送给汽轮机做功，在余热锅炉里产生的蒸汽有高、中、低三个压力等级，分别进入汽轮机的高压缸、中压缸和低压缸做功。

为了满足机组启停、事故处理及特殊运行方式的要求，解决低负荷运行时汽轮机与余热锅炉特性不匹配的矛盾，在高、中、低压主蒸汽系统上均设置了旁路系统，将锅炉所产生的蒸汽部分或全部绕过汽轮机，通过旁路阀直接排入冷再管道（高压旁路）和凝汽器（中、低压旁路）。

旁路系统的主要作用包括：

（1）缩短启动时间，改善启动条件，延长汽轮机寿命。汽轮机采用滑参数启停方式，在机组的启停阶段，汽轮机主汽阀前的蒸汽参数是随着燃气轮机、锅炉负荷的变化而变化的，采用了旁路系统，就可在一定程度上调节蒸汽参数，以适应汽缸温度的要求，从而加快启动速度，缩短启动时间。汽轮机启动过程中金属温度变化幅度和变化率越小，汽轮机的寿命损耗系数越小。显然，设置旁路系统能满足机组启停时对汽温的要求，降低汽轮机寿命损耗系数，延长汽轮机寿命。

（2）协调作用。协调余热锅炉和汽轮机间在启停或特殊工况下由于热容量、热惯性不同，对蒸汽流量响应速度不一致造成的差异，使机组能适应频繁启停和快速升降负荷，并将机组压力部件的热应力控制在合适的范围内。

（3）保护锅炉受热面。在机组启停或甩负荷工况下，经旁路系统保持锅炉始终有一定的蒸汽流量，防止锅炉受热面干烧，起到保护锅炉受热面的作用。

（4）回收工质、热量和消除噪声污染。机组启、停和甩负荷等特殊工况，余热锅炉会产生大量多余的蒸汽，若直接将这些蒸汽排入大气，不仅会造成大量的工质损失和热损失，而且会产生严重的排汽噪声，污染环境。设置旁路系统则可达到既回收工质又保护环境的目的。

（5）防止余热锅炉超压，减少安全阀动作次数。在机组突然甩负荷（全部或部分负荷）时，旁路快开，维持系统压力稳定，提高余热锅炉运行的安全性，减少甚至避免安全阀动作。

二、系统流程

本机组主蒸汽及旁路系统流程如图 6-40 所示。

（一）高压主蒸汽系统

余热锅炉产生的高压主蒸汽通过高压主蒸汽管道、高压主汽阀和高压调阀后进入汽轮机高压缸。高压主蒸汽流过汽轮机的喷嘴和动叶后，压力和温度降低，将高压蒸汽的热能转变为机械能，蒸汽从高压缸排出，进入冷再管道。

高压主蒸汽管道上还安装有高压事故供热支管、高压旁路支管、高压主蒸汽供轴封蒸汽支管和疏水管道及相应的阀门、热工仪表等设备。

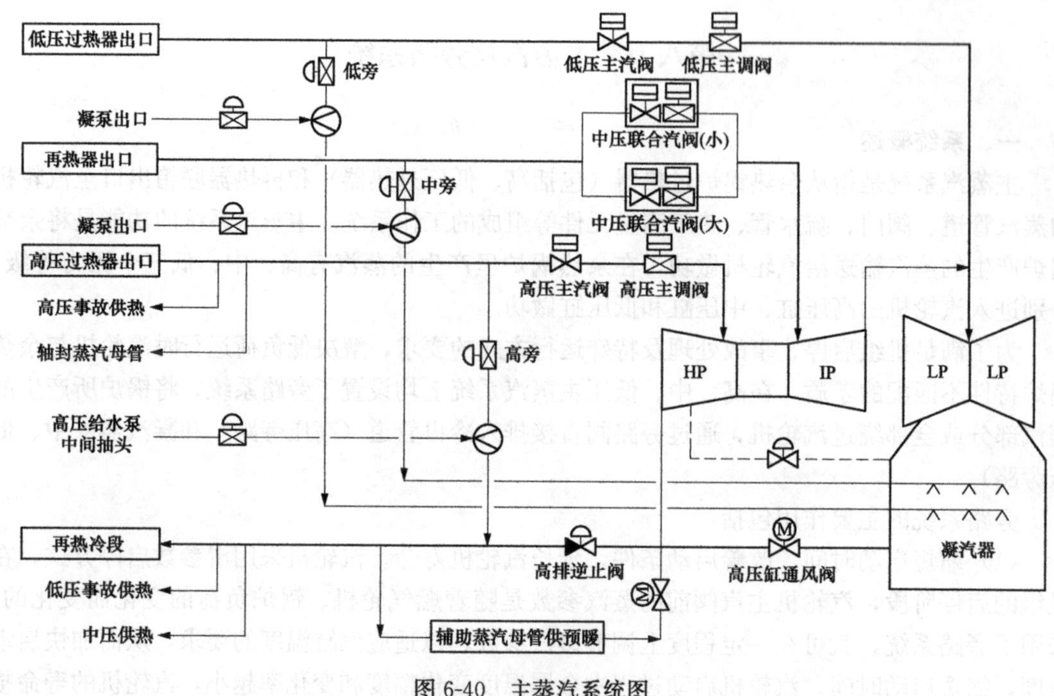

图 6-40 主蒸汽系统图

(二) 冷再蒸汽系统

汽轮机高压缸的排汽通过冷再蒸汽管道，与来自中压过热器出口的中压主蒸汽混合后进入余热锅炉再热器。冷再蒸汽主管道上安装有高排逆止阀，防止高压旁路运行期间其排汽倒入汽轮机高压缸，引起汽轮机超速。汽轮机高压缸排汽与凝汽器相连通的管道上安装有高压缸通风阀，在启动和停机过程中开启，降低鼓风摩擦产生的热量，防止高压缸排汽温度过高。

冷再蒸汽管道上还安装有来自高压主蒸汽的高压旁路支管、与凝汽器相连通的高压缸通风管道、辅助蒸汽支管、中压供热支管、低压事故供热支管和疏水管道及相应的阀门、热工仪表等设备。

(三) 热再蒸汽系统

余热锅炉产生的热再蒸汽通过热再主蒸汽管道、两个并联的中压联合汽阀后进入汽轮机中压缸。热再蒸汽流过汽轮机中压缸的喷嘴和动叶后，压力和温度继续降低，将蒸汽的热能转变为机械能，并通过连通管进入低压缸。

热再蒸汽管道上还安装有中压旁路支管和疏水管道及相应的阀门、热工仪表等设备。

(四) 低压主蒸汽系统

余热锅炉产生的低压主蒸汽通过低压主蒸汽管道、低压主汽阀和低压调阀，与汽轮机中压缸排汽汇合后，进入汽轮机低压缸。低压主蒸汽流过汽轮机的喷嘴和动叶后，压力和温度进一步降低，将蒸汽的热能转变为机械能，做功完成后的乏汽排至凝汽器。

低压主蒸汽管道上还安装有低压旁路支管和疏水管道及相应的阀门、热工仪表等设备。

(五) 高压旁路系统

高压旁路系统主要包括一条 100% 容量的高压旁路管道和相配套的高压旁路阀、减温装置等。高压旁路系统在机组启停以及汽轮机跳闸的过程中，控制高压主汽阀前的蒸汽压力，高压主蒸汽经高压旁路阀调节压力和温度后，送至冷再蒸汽管道。为了使高压主蒸汽经高压旁路阀后降至合适的温度，高压旁路阀还安装了蒸汽减温装置，减温水来自高压给水泵中间抽头。

（六）中压旁路系统

中压旁路系统主要包括一条100%容量的中压旁路管道和相配套的中压旁路阀、减温装置等。中压旁路系统在机组启停以及汽轮机跳闸的过程中，控制中压联合汽阀前的蒸汽压力，中压主蒸汽经中压旁路阀调节压力和温度后，排至凝汽器。为了使中压旁路蒸汽的参数与凝汽器的设计参数相匹配，中压旁路阀设置了减温装置，减温水来自凝结水泵出口的凝结水。

（七）低压旁路系统

低压旁路系统主要包括一条100%容量的低压旁路管道和相配套的低压旁路阀、减温装置等。低压旁路系统在机组启停以及汽轮机跳闸的过程中，控制低压主汽阀前的蒸汽压力，低压主蒸汽经低压旁路阀调节压力和温度后，排至送至凝汽器。为了使低压旁路蒸汽的参数与凝汽器的设计参数相匹配，低压旁路阀设置了减温装置，减温水来自凝结水泵出口的凝结水。

三、主要设备结构及原理

本机组主蒸汽及旁路系统配置一套高压主汽阀组、一套中压主汽阀组、一套低压主汽阀组、一个高压旁路阀、一个中压旁路阀、一个低压旁路阀。

（一）高压主汽阀组

高压主汽阀组包括1个高压主汽阀和1个高压主调阀。

高压主汽阀为单层阀盖，设置预启阀，减小阀门提升力，结构见图6-41。主汽阀进口处装有测温电偶，以便监控阀壳的温差，减小热应力。主汽阀内装有临时滤网，供试运行期内

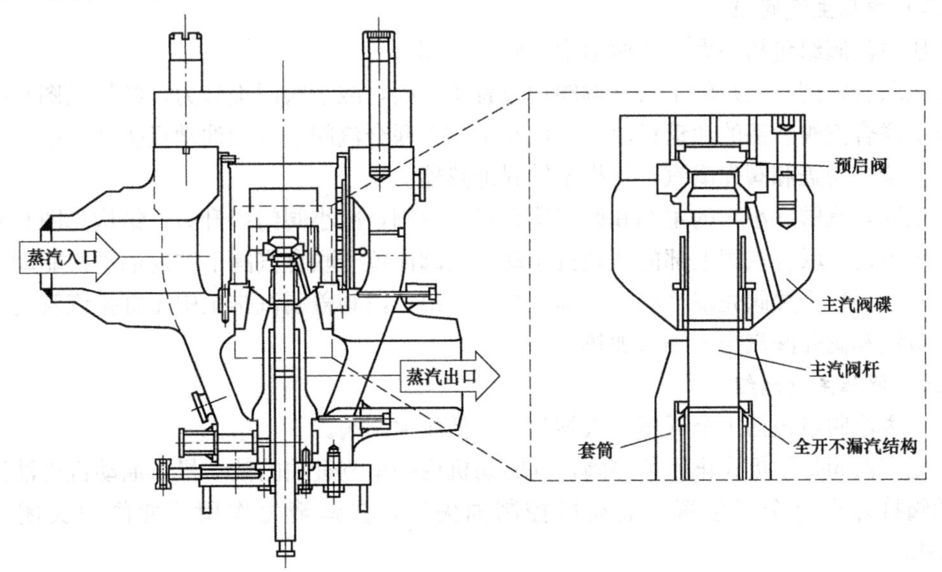

图6-41　高压主汽阀结构图

使用，试运行结束后换上永久滤网。主汽阀阀杆设有锥形密封面，当主汽阀在全开位置时，阀杆锥面紧贴套筒密封面，防止阀杆漏汽，主汽阀设置两段阀杆漏汽，高压段排至轴封母管，低压段排至轴封加热器。

高压主调阀为单层阀盖，设置预启阀，减小阀门提升力，结构见图 6-42。主调阀进口处装有测温电偶，以便监控阀壳的温差，减小热应力。主调阀设置三段阀杆漏汽，合理利用高品质泄漏蒸汽，第一段排至再热蒸汽管道，第二段排至中压缸排汽管道，第三段排至轴封加热器。

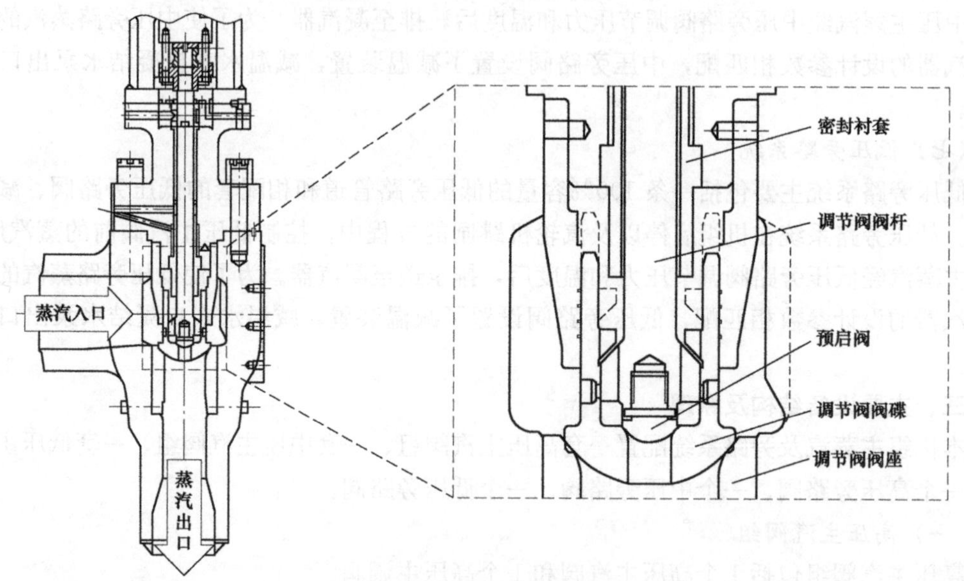

图 6-42 高压主调阀结构图

（二）中压主汽阀组

中压主汽阀组包括一大一小两套中压联合汽阀。

中压联合汽阀（大）的主阀和调阀均设置预启阀，减小阀门提升力，结构见图 6-43。主阀由位于联合汽阀后部的油动机驱动，调阀由位于联合汽阀下方的油动机驱动。中压联合汽阀（大）设置阀盖和阀壳漏汽，均排至轴封加热器。

中压联合汽阀（小）的主阀和调阀均设置预启阀，减小阀门提升力，结构见图 6-44。小阀的主阀由位于联合汽阀上部的油动机驱动，调阀由位于联合汽阀下方的油动机驱动。中压联合汽阀（小）设置阀壳漏汽和两段阀盖漏汽，第一段阀盖漏汽排至中压缸排汽管道，第二段阀盖漏汽和阀壳漏汽排至轴封加热器。

（三）低压主汽阀组

低压主汽阀组包括 1 个低压主汽阀和 1 个低压主调阀。

低压主汽阀是摇板式止回类蝶阀，其驱动机构是单侧进油的油动机，油动机进油活塞向上运动阀打开直至全开位置。油动机控制油失压，在弹簧力作用下使阀门关闭，结构见图 6-45。

低压调节汽阀是单座式插塞阀，单独由一个单侧进油的油动机控制其开度，靠油动机压力油开启，由弹簧力关闭，结构见图 6-46。

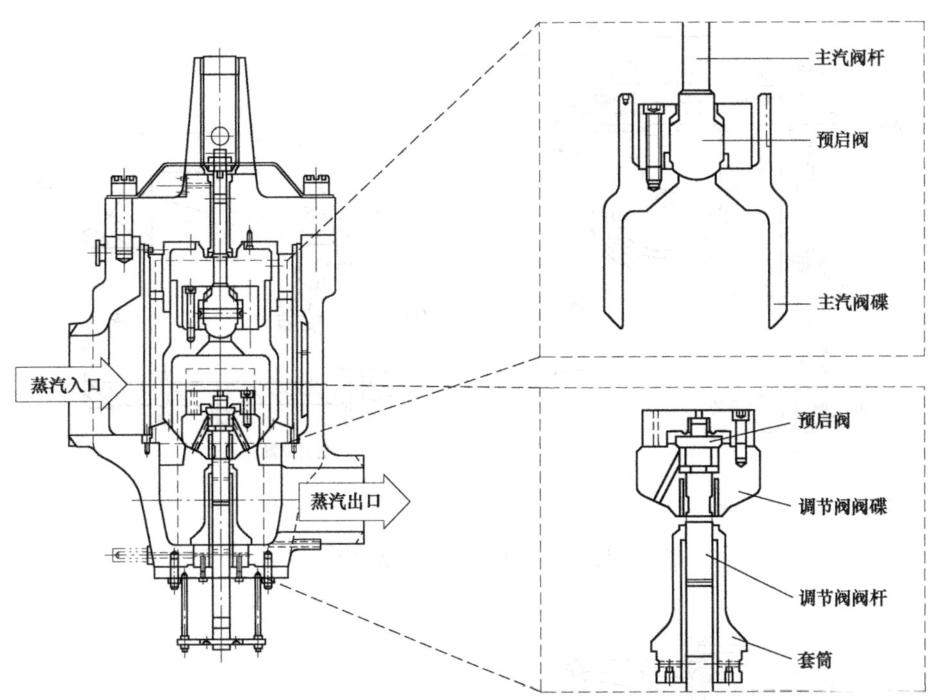

图 6-43　中压联合汽阀（大）结构图

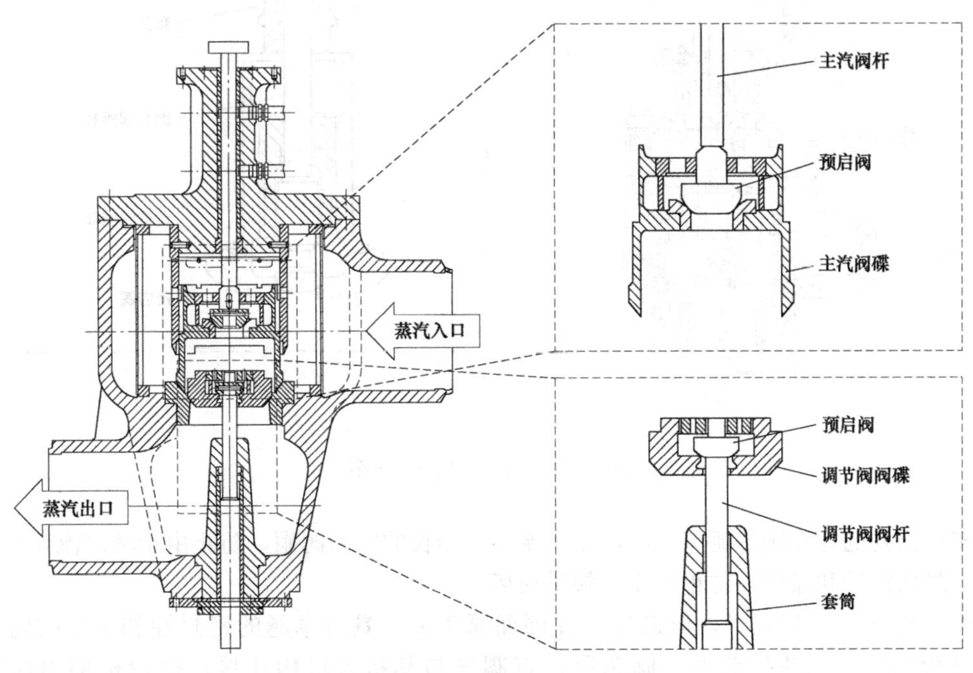

图 6-44　中压联合汽阀（小）结构图

（四）旁路阀

高、中、低压旁路阀为具有冷却系统的组合式降压阀门，结构如图 6-47 所示，在穿过

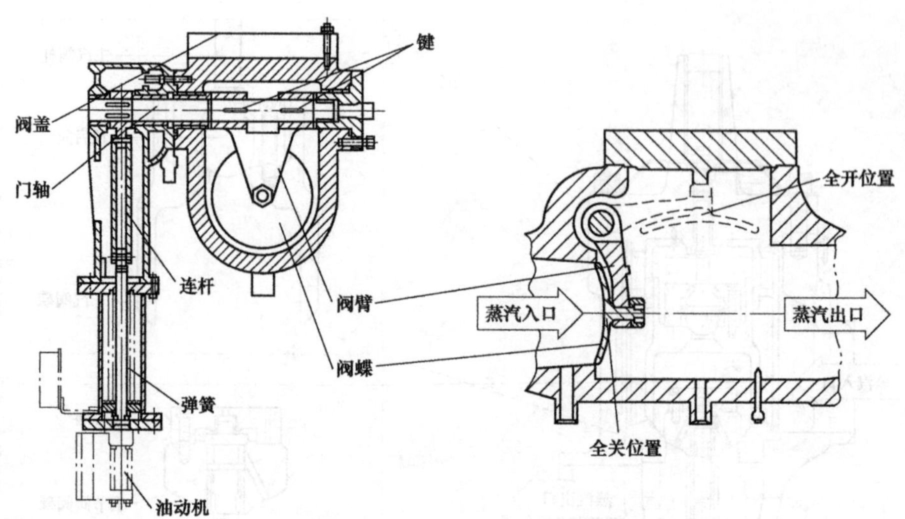

图 6-45　低压主汽阀结构图

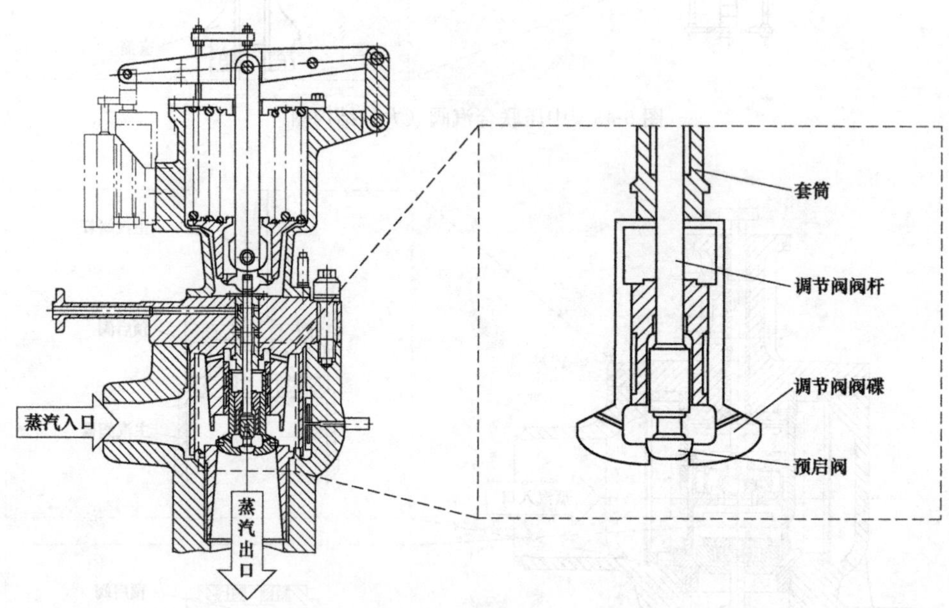

图 6-46　低压主调阀结构图

具有多个钻孔的笼式阀芯扼流之前，蒸汽流穿过延长的钻制阀帽，防止由于蒸汽流导致的旋转力，降低振动和噪声，防止阀座和阀帽损坏。

旁路阀在闭合位置时，阀芯坐落在硬面阀座上，具有卓越的密封性和良好的防腐蚀性、耐侵蚀性和耐热疲劳性。阀芯通过直阀杆与其执行机构连接，执行机构由压缩空气驱动。

冷却系统通过多喷嘴，将凝结水雾化为蒸汽冷却要求非常细小的雾化冷却水，实现降温效果。

四、系统的运行维护

（一）主蒸汽及旁路系统的投运

1. 启动前的检查与准备

（1）系统在投入运行前，特别是检修后的首次投运，需确认系统上各疏水阀门在自动位置；

（2）高、中、低压旁路在自动位置；

（3）高压主汽阀及主调阀、中压大小联合汽阀、低压主汽阀及主调阀关闭，且均在自动位置。

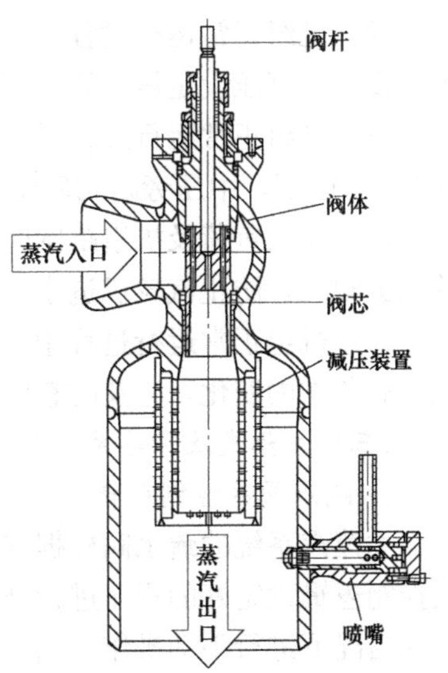

图 6-47 旁路阀结构图

2. 启动过程注意事项

（1）冷态启动时，为维持启动过程中凝汽器真空，应在启机前通过开启高、中、低压主蒸汽系统与凝汽器相连的阀门，尽量抽走高、中、低压系统管道内空气，以免造成疏水阀开启时真空快速下降。

（2）如果机组停运超过 2 天（含 2 天）后首次启动，启机前应全面开启余热锅炉和主蒸汽管道机侧各疏水阀，对余热锅炉高、中、低压系统压力已经很低的情况，应在抽真空前进行疏水。

（3）机组挂闸准备冲转前，应及时检查高、中、低压主汽阀正常开启，主蒸汽系统各疏水阀正常开启，若有故障应及时消除，否则可能影响机组启动程序。

（4）机组启动过程中，达到主蒸汽系统各疏水阀、隔离阀动作条件时，应及时检查阀门动作情况，避免由于阀门未按程序正常动作而导致启动不成功，设备损坏等事件。

（二）主蒸汽及旁路系统的运行监视

（1）在性能保证工况下，主蒸汽系统的参数见表 6-3。

表 6-3 在性能保证工况下，主蒸汽参数

项目	纯凝工况	供热工况
高压蒸汽压力(MPa)	13.29	12.53
高压蒸汽温度(℃)	566	564.7
高压蒸汽流量(t/h)	291.6	309.1
高压缸排汽压力(MPa)	4.06	2.74
高压缸排汽温度(℃)	394.8	353.2
高压缸排汽流量(t/h)	274.9	231.6
再热蒸汽压力(MPa)	3.66	2.54
再热蒸汽温度(℃)	566	566
再热蒸汽流量(t/h)	346.2	214.2
低压蒸汽压力(MPa)	0.471	0.368
低压蒸汽温度(℃)	241.3	228.2
低压蒸汽流量(t/h)	54.7	41.9
排汽压力(kPa)	5.99	5.35
排汽流量(t/h)	463.6	184.7

(2) 机组正常运行过程（非供热）时，高、中压主调阀应在全开状态，高、中、低压压控应投入，高压设定压力为3.6MPa，中压设定压力为1.3MPa，低压设定压力为0.25MPa。

(3) 机组正常运行过程时，高、中、低压旁路阀应在关闭状态，高压旁路阀后温度控制在260℃以下，中压旁路阀后温度控制在80℃以下，低压旁路阀后温度控制在80℃以下。

(4) 在低负荷及机组跳闸时，更应加强对蒸汽温度的监视，要求严密关闭喷水减温回路的相关阀门，防止汽轮机进水。

(5) 机组正常运行过程中，主蒸汽系统的各参数应运行平稳、变化缓慢，若发现汽温、气压有急剧的变化，应及时查明原因并消除，恢复系统正常运行状态。

（三）主蒸汽及旁路系统相关控制逻辑

1. 疏水阀的控制逻辑

主蒸汽系统的疏水阀根据安装位置和疏水要求，分为电动疏水阀和气动疏水阀两类。均按控制逻辑设定好的程序进行开关，一般情况下不需要人为操作，只需要在阀门故障或其他特殊情况下进行手动操作。当出现凝汽器低真空保护时，所有连接到凝汽器的疏水阀门（包括中、低压旁路阀）均自动关闭，禁止打开。启停机阶段，主蒸汽系统的主要疏水阀动作逻辑如下所述。

对于有疏水罐水位信号的疏水阀有如下逻辑：①疏水罐水位高时自动开；②无疏水罐水位高且负荷条件满足时自动关。对于有疏水阀后温度信号的疏水阀有如下逻辑，疏水阀后温度高（高于定值或高于压力的函数）或负荷条件满足时自动关疏水阀。

(1) 高、中、低压主调阀前的疏水阀。

1) 燃气轮机点火且对应压力等级的主蒸汽压力大于一定值时自动开，汽轮机跳闸超驰开；

2) 对应压力等级的主调阀开度大于25%延时自动关，凝汽器保护跳闸超驰关。

(2) 高、中、低压主调阀后进汽管疏水阀。

1) 燃气轮机点火或汽轮机功率小于一定值时自动开，汽轮机跳闸超驰开；

2) 对应压力等级的主调阀开度大于50%时自动关，凝汽器保护跳闸超驰关。

(3) 高排逆止阀前疏水阀。

1) 燃气轮机点火或汽轮机跳闸自动开，汽轮机跳闸超驰开；

2) 高排逆止阀开启后自动关，凝汽器保护跳闸超驰关。

(4) 高排逆止阀后疏水阀。

1) 燃气轮机点火且冷再蒸汽压力大于0.2MPa时自动开，汽轮机跳闸超驰开；

2) 汽轮机功率低于30MW延时自动关，凝汽器保护跳闸超驰关。

(5) 高、中压缸外缸疏水阀。

1) 燃气轮机点火或汽轮机功率小于30MW自动开，汽轮机跳闸超驰开；

2) 中压联合汽阀大于50%延时自动关闭，凝汽器保护跳闸超驰关。

2. 主汽阀组的控制逻辑

本机组主汽阀组由DEH控制，可根据汽轮机转速（汽轮机冲转时）、总阀位指令（汽轮机并网后）、汽轮机负荷（汽轮机并网后）或阀前压力（投压控后）控制主调阀的开度。

(1) 启机阶段。

1) 汽轮机挂闸并点击“运行”后，安全油建立，高压主汽阀、中压联合汽阀主阀（大）、中压联合汽阀主阀（小）、低压主汽阀全开。

2）汽轮机发冲转指令后，高压主调阀、中压联合汽阀调节阀（大）、中压联合汽阀调节阀（小）根据转速指令控制阀门开度。

3）汽轮机并网后，高压主调阀、中压联合汽阀调节阀（大）、中压联合汽阀调节阀（小）根据汽轮机负荷指令（自动）或总阀位指令（手动）控制阀门开度。

4）高压主调阀、中压联合汽阀调节阀（大）、中压联合汽阀调节阀（小）全开后，高、中压压控投入，本机组高、中压滑压运行，一般高压设定压力 3.6MPa、中压设定压力 1.3MPa，以保证高压主调阀、中压联合汽阀调节阀（大）、中压联合汽阀调节阀（小）全开。

5）低压压控投入后，低压主调阀根据阀前压力调整阀门开度，一般低压设定压力 0.25MPa。

（2）停机阶段。

1）汽轮机发降负荷指令后，高、中、低压压控退出，高压主调阀、中压联合汽阀调节阀（大）、中压联合汽阀调节阀（小）和低压主调阀根据汽轮机负荷指令控制阀门开度；

2）汽轮机打闸后，高压主汽阀组、中压主汽阀组、低压主汽阀组全关。

3. 旁路阀的控制逻辑

高、中、低压旁路阀自动控制时，有最小阀位控制模式、压力调节模式和后备压力控制模式三种控制模式。

（1）启机阶段。

1）燃气轮机发启动令，旁路阀切至最小压力控制模式。高、中、低压旁路阀自动开10%开度，锅炉升温升压，当主蒸汽压力没有达到旁路阀压力设定值（此设定值随冷、温、热态设定），其开度保持10%。

2）当主蒸汽压力已升到旁路阀压力设定值，旁路阀切至压力调节模式。高、中、低压旁路阀根据高、中、低压压力设定值自动调节阀门开度。

3）当汽轮机高、中、低压压控投入后，旁路阀切换至后备压力控制模式。旁路阀压力设定值在当前主蒸汽压力值上按一定速率增加，高、中、低压分别增加 0.5、0.2、0.2MPa，高、中、低压旁路阀全关。

（2）停机阶段。

1）汽轮机发降负荷指令后，高、中、低压压控退出，旁路阀切至压力调节模式。高、中、低压旁路阀根据高、中、低压压力设定值自动调节阀门开度。

2）高、中、低压过热器出口阀关闭、主蒸汽管道泄压后，高、中、低压旁路阀保持压力调节模式直至下次启机。

（3）旁路阀快关。

旁路后压力、温度超过允许值时，会触发旁路快关逻辑，此时阀门指令输出为 0，自动和手动指令无效，直至快关信号复归。旁路阀快关逻辑如下：

1）冷再压力超过 4.26MPa 时，会触发高压旁路阀快关，冷再压力降低至 4.26MPa 以下，快关信号自动复归；

2）高压旁路阀后温度 408.9℃、中压旁路阀后温度 160℃、低压旁路阀后温度 140℃，分别触发高压旁路阀、中压旁路阀、低压旁路阀快关逻辑，温度低于 408.9、160、140℃时自动复归。

五、系统运行优化与改造

（一）机组冷态、温态启动时的操作优化

在机组冷态、温态启动时，部分主蒸汽管道，特别是高压主蒸汽管道、冷再蒸汽管道可能出现剧烈震动，并伴随“嘭嘭嘭”的金属撞击声，甚至出现由于管道震动大而影响热控仪表正常运行的情况。

经现场检查和运行参数分析，高压主蒸汽管道、冷再蒸汽管道震动的原因为汽轮机高压旁路阀正常动作开启时造成冷再管道“水冲击”。这是因为，在机组前一次停机后，锅炉中压过热器出口电动阀、汽轮机高压旁路阀、中压旁路阀、冷再逆止阀及再热系统疏水阀关闭后，再热器及冷、热再管道还有一定的压力，系统内还存有大量的高温过热蒸汽，随着机组停运后时间延长，管道及管道内的蒸汽冷却，形成饱和状态的汽水混合物甚至冷凝水。机组启动时，由于高压系统升压较快，高压主蒸汽管道疏水阀刚打开后高压旁路阀就会自动打开，高压主蒸汽管道疏水不充分，高压旁路阀打开时会对冷再管道造成水冲击。加上高压旁路阀开启瞬间，冷再系统压力升高，积存在冷再管道内的未通过疏水阀疏水至凝汽器的低温低压饱和蒸汽急剧凝结，蒸汽凝结又会使管道压力降低，饱和水又会大量蒸发，如此反复，产生巨大冲击力，并伴随金属管道出现“嘭嘭嘭”的金属撞击声及管道剧烈震动。

经过分析，采用了以下操作优化，有效地防止了机组冷态、低温态启动时高压主蒸汽管道、冷再蒸汽管道震动大的问题。

(1) 机组启动前。应开启汽轮机侧主蒸汽系统所有疏水阀对管道应进行全面的疏水。注意，在机组发启动令前关闭，使机组启动条件满足。

(2) 机组启动后。在不影响真空的情况下，应密切监视主蒸汽温度，压力的匹配情况，避免出现压力较高、温度较低的情况，在主蒸汽管道建立压力的时候及时开启管道疏水阀并投入自动，特别是需要加强对高压主蒸汽管道的疏水，在高压管道系统开始升压的时候，手动打开高压主蒸汽管道疏水阀；同时，需特别留意高压主蒸汽管道压力上升的速度，通过手动打开高压系统的疏水阀来防止压力上升过快，避免高压旁路阀打开时开度过大，对冷再热蒸汽管道产生较大冲击。

(3) 冷再蒸汽管道起压后。开启冷再供辅助蒸汽管道疏水器旁路阀，以保证冷再供辅助蒸汽管道充分疏水，机组启动完成后关闭该旁路阀。

(4) 在机组停运后。及时将汽轮机主蒸汽系统管道及锅炉再热蒸汽管道泄压、排汽，避免管道内低温的汽水混合物和冷凝水的积存。

（二）缩短热态启动时汽轮机暖机时间的操作优化

“高压主蒸汽不匹配温度”大于−30℃是本汽轮机冲转允许条件之一，可将该温度值简单地理解为高压进汽处主蒸汽温度与高压缸进口金属温度的差值。

机组热态启动时，燃气轮机达到暖机负荷后，需要较长的时间等待，汽轮机的蒸汽参数才能满足冲转允许条件，较长的暖机时间将直接影响机组的负荷率、效率等经济指标。

机组启动过程中由于燃气轮机吹扫及启动初期燃气轮机排气温度较低，余热锅炉出口主蒸汽温度较低，当燃气轮机点火后高压主汽阀前疏水气动阀开启，高压过热器出口的低温蒸汽将汽轮机高压主汽阀前的蒸汽管道冷却，使“高压主蒸汽不匹配度”大幅降低。当燃气轮机达到暖机负荷后，主蒸汽温度逐步升高，高温蒸汽使汽轮机主汽阀前的温度测点升高，最

终“高压主蒸汽不匹配度”高于−30℃，汽轮机冲转条件满足。根据经验，机组两班制热态启动时，汽轮机冲转允许条件中，“高压主蒸汽不匹配温度”大于−30℃总是最难满足。

经过分析，采用了以下操作优化，有效地避免了热态启动过程汽轮机“高压主蒸汽不匹配度”需要长时间暖机才能满足的问题。

(1) 汽轮机打闸后。通过开启高、中压旁路阀给高、中压主蒸汽管道泄压，缩短高压主汽阀前疏水气动阀开启的时间，防止停机过程中的低温蒸汽冷却高压主汽阀前的蒸汽管道。

(2) 机组抽真空后。本机组原逻辑凝汽器低真空保护复归后，高压主汽阀前疏水气动阀将超驰打开，为防止低温蒸汽冷却高压主汽阀前的蒸汽管道，将此逻辑删除。

(3) 机组发启动令后。将高压主汽阀前疏水气动阀切至“手动”，保持关闭状态。

(4) 燃气轮机发电机并网后。随着燃气轮机负荷上升，炉侧蒸汽升温升压，当炉侧高压过热器出口蒸汽温度与高压主汽阀前蒸汽温度大于−10℃后，打开高压主汽阀前疏水气动阀，高压主汽阀前蒸汽开始升温。

（三）高压旁路阀快关逻辑优化

本机组高压旁路阀后温度大于408.9℃或压力大于4.26MPa时，会触发高压旁路阀快关逻辑，此时高压旁路阀指令输出为0，自动和手动指令无效，直至快关信号复归。若机组启停阶段触发高压旁路阀快关，将引起中压汽包水位剧烈波动，可能造成机组跳闸；若汽轮机跳闸后触发高压旁路阀快关，将引起中压汽包水位剧烈波动，可能造成燃气轮机联锁跳闸。

经过分析，将高压旁路阀快关逻辑优化如下：高压旁路阀快关逻辑触发后，高压旁路阀关至15%开度，延时30s高压旁路阀快关信号仍未复归，高压旁路阀全关。优化后有效地减缓了由于高压旁路阀快关引起的中压汽包的水位波动。

（四）高压缸通风阀逻辑优化

高压缸通风阀的作用是在机组启停过程中开启，降低鼓风摩擦产生的热量，防止高压缸排汽温度过高。开关逻辑如下：

(1) 启机过程：高排逆止阀全开后关闭（汽轮机负荷约45MW）。

(2) 停机过程：汽轮机负荷低于45MW打开。

经过分析，本机组燃气轮机与汽轮机分轴布置，汽轮机冲转时高压缸已有蒸汽流动，鼓风摩擦产生的热量较小，部分同类型分轴机组的汽轮机甚至未设置高压缸通风阀。因此启停机阶段可将高压缸通风阀关闭，减少直接排至凝汽器的蒸汽量，同时机组冷态启动时可提高高压缸排汽温度，有利于加快高、中压缸暖缸速度。当汽轮机打闸或高压缸排汽超温时高压缸通风阀打开。

（五）汽轮机疏水系统改造

本机组调试期间，曾多次出现热态启机汽轮机冲转期间1号、2号轴承振动高导致机组跳闸或被迫打闸的情况。查询相关运行数据，冲转期间2号轴承（高、中压缸中压侧）振动最大，且中压缸进汽处金属温度下降较大，结合中压联合汽阀结构和现场疏水系统布置情况发现，中压联合汽阀阀座下部疏水是接在阀门出口管道处，与再热蒸汽管道上的五路疏水并接在同一条疏水集管上，中压联合汽阀未全开前，这两部分压力等级相差较大，当阀座下部疏水开启后，非但不能将阀座下部的积水尽快排出，反而可能存在疏水扩容器内的低参数蒸汽反窜至阀座及导汽管内的情况。因此得出结论：由于再热蒸汽系统疏水布置不合理，冲转时中压联合汽阀阀座疏水不畅，导致再热主蒸汽带冷汽（水），进而引起中压缸振动大。

经过分析，对本机组疏水系统进行改造。将中压大小联合汽阀阀座下部两路疏水单独接入一路疏水集管，再热主蒸汽管道上的五路疏水维持原先的接法。改造后，本机组热态启机冲转时 2 号轴承振动最高降至 75μm 左右，极大地提高了汽轮机冲转的安全性。

六、系统典型异常及处理

（一）高、中压旁路阀在启停过程中卡涩

可能原因：旁路阀机械原因卡涩或是热控设备（如阀门控制器、定位器、仪用空气减压装置等）故障。

处理方法：立即到现场掌握设备运行情况，通过 DCS 中的现象和设备现场的情况判断卡涩原因。再根据具体原因处理：若阀门判断为机械卡涩，可暂退出机组自动启机程序，将卡涩的阀门切换至“手动”状态，尝试通过手动方法操作阀门，若 DCS 还是不能正常操作，视情况联系检修人员在就地操作该阀门（就地操作高温高压阀门较危险，需佩戴专用的隔热防烫伤的 PPE，且操作过程需要缓慢小心，避免蒸汽外漏导致人身伤害）；若判断为热控设备故障导致阀门不能操作，应视具体情况联系热控检修人员紧急处理。处理过程中，如由于旁路阀不能打开导致系统蒸汽压力升高，可通过系统疏水阀甚至锅炉的排空阀控制系统不超压。若经上述处理仍不能正常操作该阀门，应及时申请停机，检查处理，待缺陷消除后再重新启动机组，避免故障扩大损坏设备。

（二）中压联合汽阀在机组冲转过程中卡涩

可能原因：中压联合汽阀机械原因卡涩，中压联合汽阀预启阀未正常开启或是热控设备故障。

处理方法：立即到现场掌握设备运行情况，通过 DCS 中的现象和设备现场的情况判断卡涩原因。再根据具体原因处理：若判断为热控设备原因导致主汽阀未正常开启，应在机组启动过程中及时联系热控检修人员处理；若判断为机械卡涩，可联系热控强制卡涩的中压联合汽阀的指令不让其突然动作，尝试用并联的另一个中压联合汽阀冲转，机组正常启动，机组运行期间应严密监视主蒸汽压力、汽轮机缸温、胀差和轴系振动等参数。启机后机组不能供热，停机后及时联系检修处理。

（三）汽轮机挂闸后转速上升

可能原因：高压主调阀、中压联合汽阀内漏。

处理方法：汽轮机挂闸后，高、中、低压主汽阀全开后，检查系统无异常后按正常程序冲转。

注意，本机组汽轮机冲转时，实际转速与转速指令偏差超过 300r/min 汽轮机跳闸，因此须在汽轮机转速低于 300r/min 时发冲转指令。停机后及时联系检修检查处理。

（四）热态启动汽轮机并网后高中压缸金属温度骤降

可能原因：高、中压进汽管、导汽管疏水管道节流孔板堵塞，使高、中压导汽管和进汽管无法有效疏水，带水蒸汽进入夹层冷却了高、中压缸的金属温度测点，导致高、中压缸金属温度骤降。

处理方法：停机后检修疏通高、中压导汽管和进汽管疏水管道节流孔板，甚至扩孔处理，使高、中压导汽管和进汽管疏水顺畅，下次启机再观察高、中压缸金属温度有无骤降现象。

第九节　轴封系统

一、系统概述

轴封是指轴端密封。汽轮机主轴必须从汽缸内穿过，为了避免摩擦，主轴与汽缸之间必然留有一定的径向间隙，且汽缸内蒸汽压力与外界大气压力不等，就必然会使高压蒸汽通过间隙向外漏出，造成工质损失恶化环境，并且加热主轴或冲进轴承恶化润滑油质；或者外界空气漏入低压缸，增大真空泵系统负荷，降低机组效率。因此，为了防止这种现象，在转子穿过汽缸两端处都装设汽封以达到密封作用，即轴端密封。

轴封包括高压轴封和低压轴封，其作用是：①机组启动前防止空气漏入汽轮机汽缸以利于建立真空；②启动后防止高、中压缸内蒸汽漏入大气或轴承箱，防止空气漏入低压缸。

在汽轮机高压端和低压端虽然都装有轴封，能减少高压蒸汽外漏和空气漏入，但漏汽现象仍不能完全消除，为了防止和减少这种漏气现象，保证机组正常运行和启停，以及回收轴封漏汽和主汽阀组漏汽，减少系统工质和热量损失，汽轮机装设有轴端汽封，以及与之相连的管道、阀门、轴抽风机等附属设备，共同构成轴封系统。

二、系统流程

轴封系统流程如图 6-48 所示。机组轴封系统汽源有两路，一是机组辅助蒸汽母管，二是高压主蒸汽。机组正常运行时，轴封蒸汽由机组辅助蒸汽母管供应，高压主蒸汽作为轴封汽备用汽源。轴封供汽采用三阀系统，即在汽轮机所有运行工况下，供汽压力通过三个调节阀即高压主蒸汽供轴封蒸汽压力调节阀、辅助蒸汽供轴封蒸汽压力调节阀和轴封蒸汽溢流调节阀来控制，使汽轮机在任何运行工况下均自动保持供汽母管中设定的蒸汽压力。

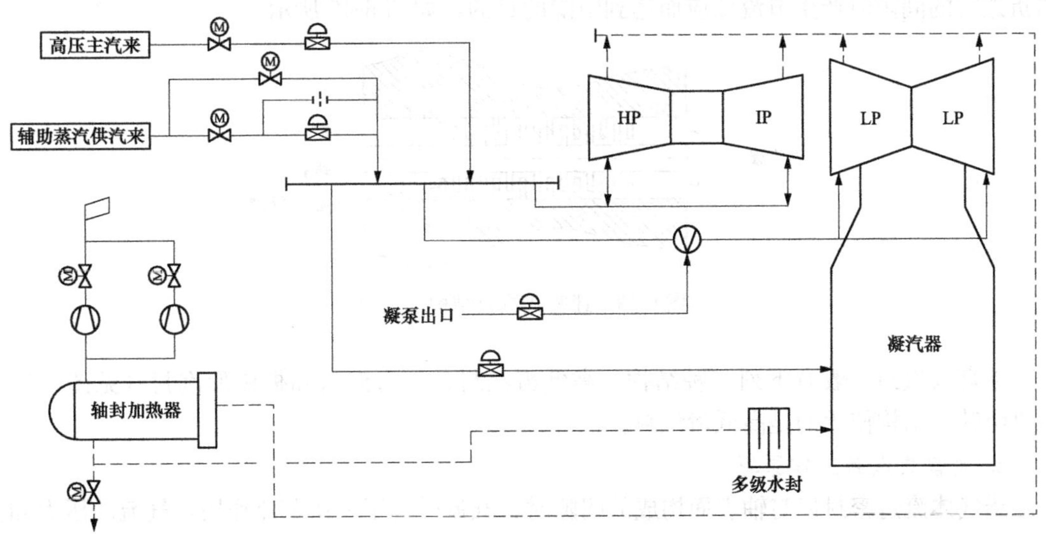

图 6-48　轴封蒸汽系统流程图

机组启动或低负荷时，由全厂辅助蒸汽母管供应轴封蒸汽，轴封压力调节阀控制压力在 30kPa 左右，供汽至轴封联箱。进入轴封联箱的蒸汽分为两路，一路经高压轴封供汽管供汽至高、中压轴封，另一路经低压轴封减温器后将温度控制在 150℃，由低压轴封供汽管供至低压轴封，随后高中压缸、低压缸轴封蒸汽再经轴封抽汽管道被吸入处于负压约－7kPa 的轴封加热器中，经凝结水泵出口母管的凝结水冷凝后通过轴封加热器疏水管道回至凝汽器，不凝结的气体经轴抽风机排至大气。机组负荷较高时，高、中压缸轴端压力不断升高，高、中压轴封漏汽将倒供至轴封联箱，轴封联箱再供汽至低压轴封，即实现了自密封轴封。若轴封联箱压力过高，外来供汽阀门将会关闭，当压力超过 40kPa 时，轴封母管溢流阀自动开启，轴封母管蒸汽经溢流管道将过多的蒸汽排到凝汽器，以保持轴封联箱压力正常。

系统设有超压机械保护装置。为避免超出系统设定压力在轴封蒸汽母管上设有一个安全阀。

系统设有疏水管道。在轴封联箱、低压轴封管道、轴封联箱溢流管道均设有疏水管道，疏水管道上装设节流孔板，轴封系统投入时这些节流孔板使轴封系统管道充分疏水、暖管。

另外，高压主汽阀高压段阀杆漏汽通过管道连接到轴封母管，高压主汽阀低压段阀杆漏汽、高压主调阀第三段阀杆漏汽，中压联合汽阀（大）阀壳和阀盖漏汽、中压联合汽阀（小）阀壳和第二段阀盖漏汽，通过管道连接到轴封冷却器。

三、主要设备结构及原理

轴封系统主要由高中压缸轴封、低压缸轴封、一台轴封加热器、两台 100%容量的轴抽风机（一运一备）、多级水封、轴封蒸汽压力控制阀、低压轴封蒸汽减温水气动调节阀、低压轴封蒸汽喷水减温器，以及相关管道、阀门、仪表等组成。

（一）轴封结构原理

1. 轴封结构

该机组轴封为迷宫式汽封，用于防止蒸汽漏出或漏进。迷宫式汽封是在转轴周围设若干个依次排列的环行密封齿，齿与齿之间形成一系列截流间隙与膨胀空腔，被密封介质在通过曲折迷宫的间隙时产生节流效应而达到阻漏的目的，如图 6-49 所示。

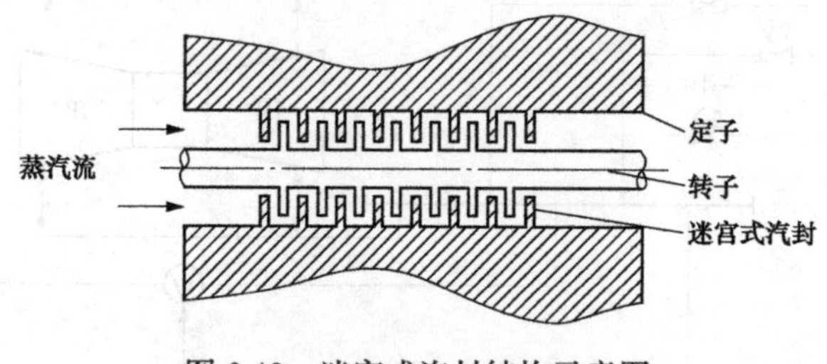

图 6-49 迷宫式汽封结构示意图

迷宫式汽封一般有下列三种结构，高低齿汽封、平齿汽封和枞树形汽封（见图 6-50）。本机组轴封结构使用的是高低齿汽封。

2. 迷宫式汽封工作原理

当气体流过密封齿与轴表面构成的间隙时，气流受到了一次节流作用，气流的压力和温度下降，而流速增加。气流经过间隙之后，是两密封齿形成的较大空腔。气体在空腔内容积突然增加，形成很强的旋涡，在容积比间隙容积大很多的空腔中气流速度几乎等于零，动能由于旋涡全部变为热量，加热气体本身，因此，气体在这一空腔内，温度又回到了节流之前，但压力却回升很小，可认为保持流经缝隙时压力，因此，气体每经过一次间隙和随后的较大空腔，气流就受到一次节流和扩容作用，由于旋涡损失了能量，气体压力不断下降，随

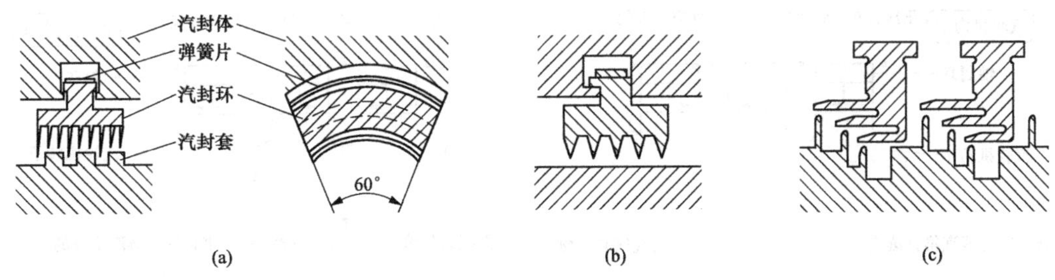

图 6-50　迷宫式汽封分类

（a）高低齿汽封；（b）平齿汽封；（c）枞树形汽封

着压力的逐渐降低，气体泄漏逐渐减小。

简而言之，迷宫式汽封是利用增大局部损失以消耗其能量的方法来阻止气流向外泄漏。

3. 轴封工作过程

在汽轮机启动初期低负荷（见图 6-51）时，缸体内所有通流部分的压力都低于大气压。供给“X”腔室的汽封蒸汽通过汽封漏入汽轮机一侧，另一部分漏入另一侧的“Y”腔室。“Y”腔室由轴封冷却器保持使其压力维持在大气压力以下。因此，大气通过汽封外侧泄漏至“Y”腔室。泄漏的蒸汽空气混合气通过至轴封冷却器的管路到从“Y”腔室抽走，在轴封冷却器中，疏水排回凝汽器，而空气排放到大气中。

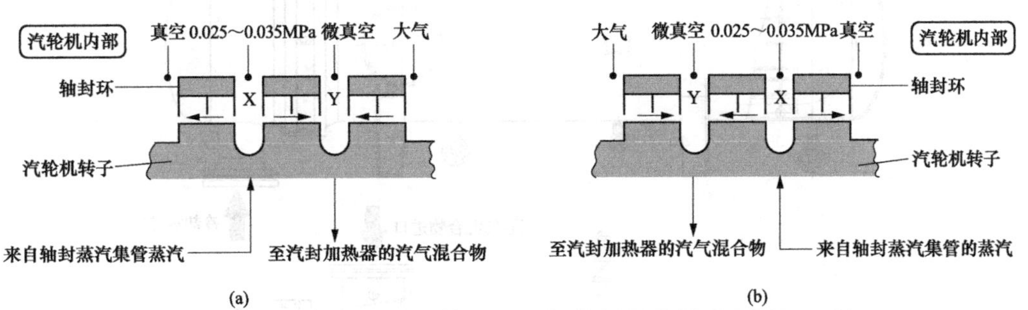

图 6-51　机组启动或低负荷时轴封工作原理图

（a）高中压轴封；（b）低压轴封

当高中压缸排汽压力超过“X”腔室的压力时，蒸汽就会逆向穿过内汽封段流向“X”腔室。排汽区压力继续升高时，流量增大，使高中压缸的轴封变成自密封。此时，蒸汽从“X”区排放到轴封系统的母管，蒸汽再从母管流到低压轴封（见图 6-52）。如有多余的蒸汽通过溢流阀流到凝汽器。

（二）轴封加热器

轴封加热器的主要作用是用凝结水来冷却各段轴封和高、中、低压主汽调节阀阀杆抽出的汽-气混合物，在轴封加热器汽侧腔室内形成并维持一定的真空，防止蒸汽从轴封端泄漏，使混合物中的蒸汽凝结成水，从而回收工质；同时将汽-气混合物的热量传给凝结水，提高汽轮机热力系统的经济性。轴封漏汽进入轴封加热器后，流经管束后被凝结成水，空气和未凝结的蒸汽混合物被轴抽风机抽出排至大气，加热器中的凝结水通过疏水器或 U 形水封排至凝汽器内。

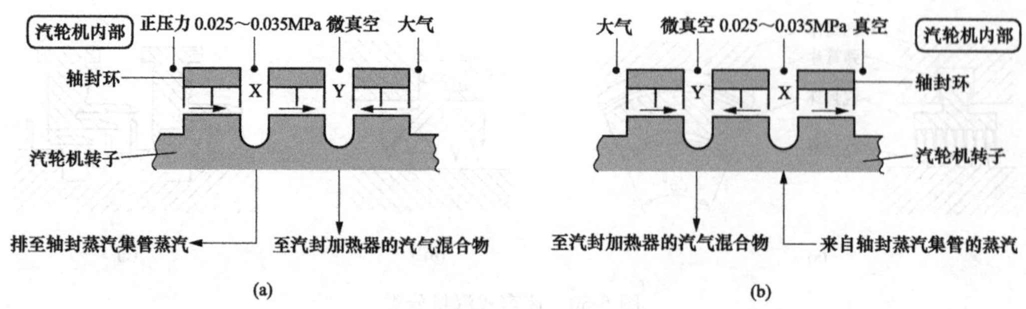

图 6-52　高负荷运行时轴封工作原理图

（a）高中压轴封；（b）低压轴封

本机组轴封加热器是表面冷却的管壳式热交换器，凝结水在管内流动，蒸汽则在壳侧流动（见图 6-53），换热面积 110m^2，冷却水量 414t/h，水侧设计压力 4MPa，汽侧设计压力 0.6MPa(真空)。

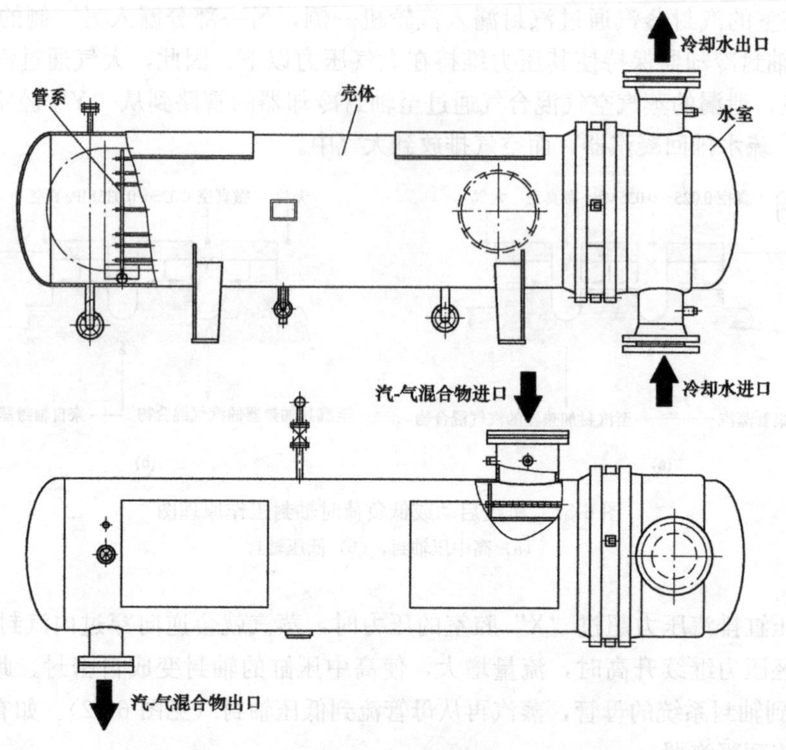

图 6-53　轴封加热器

（三）轴抽风机

轴抽风机是用来除去轴封加热器中不凝结气体，并将它们排到大气中，同时保持轴封加热器壳侧所必需的负压，使轴封外挡漏气不向外冒汽而直接进入轴封加热器，使轴封系统正常运行。轴抽风机采用电动抽风机，它的入口在轴封加热器的壳侧，两台轴抽风机的出口是相互连接的，由一条出口母管排到大气，在每台轴抽风机的出口管道上装有逆止阀，在每台轴抽风机的疏水管装有一个环形密封，防止外面空气被吸入系统。

本机组采用M715-054000A型卧式轴封抽风机，是一种高压力、低流量、低比转速的离心式风机，一运一备，容积流量1800m³/h，全风压10.3kPa，主轴转速2945r/min，电机功率11kW。

（四）多级水封

本机组配备一个多级水封（见图6-54），其原理是利用U形管中的水柱的高度差来平衡轴封加热器汽侧与凝汽器汽侧之间的差压，从而在不影响凝汽器真空的前提下，保证轴封加热器的正常疏水，维持轴封加热器汽侧水位正常。

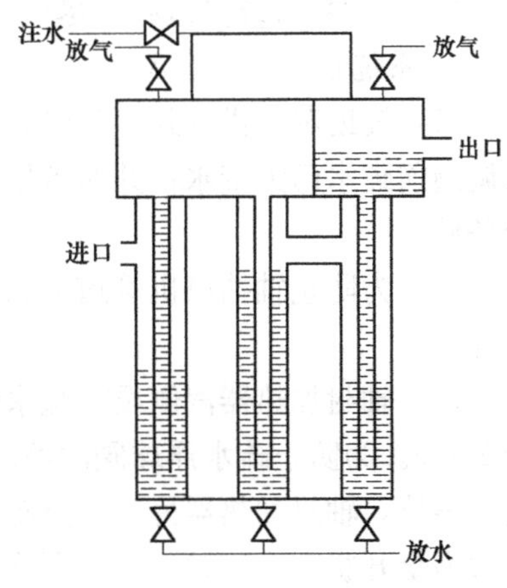

图6-54　多级水封原理

（五）低压轴封蒸汽喷水减温器

低压轴封蒸汽减温器用来降低低压轴封蒸汽的温度，使低压轴封蒸汽维持在120～180℃范围，以防止轴封壳体可能的变形和损坏汽轮机转子。低压轴封供汽管蒸汽进入减温器后，气流随管道截面缩减而加速，然后，蒸汽经过喷嘴，使冷却水蒸发雾化，从而降低轴封蒸汽温度，为了避免喷水直接进入低压缸轴封造成损坏，在减温器后设置了水雾分离器，始终保持水雾的分离，同时将分离出的多余水分通过疏水排至凝汽器；减温水来自凝结水泵出口母管，到减温器喷嘴的冷却水量由气动调节阀通过温度来控制。

四、系统的运行维护

（一）轴封系统的投运

1. 启动前的检查与准备

送轴封蒸汽前，一定要确认机组盘车装置已投入运行。如果盘车没投入时，就投入轴封蒸汽，转子上下将产生温差导致轴封齿变形、转子弯曲，甚至可能无法投入盘车。只有在盘车投入的情况下送轴封，转子才会受到轴封蒸汽的均匀加热而不会发生轴封齿变形、转子弯曲。除此之外，还需进行以下的检查和准备：

（1）机组辅助蒸汽系统已投运，且运行正常；

（2）凝结水系统已投运，且运行正常；

（3）系统各阀门动作正常、开关位置正确，各表计显示正常；

（4）轴封加热器水位正常；

（5）轴抽风机具备启动条件。

2. 系统的启动

确认以上正常后，可以开始投入轴封系统，轴封系统启动操作如下：

（1）检查机组辅助蒸汽母管压力约1.0MPa，温度不低于180℃；

（2）将低压轴封蒸汽减温水调节阀和轴封蒸汽溢流控制阀投入自动；

（3）开启轴抽风机A/B出口电动阀；

（4）启动一台轴抽风机，正常后将另一台轴抽风机投入备用；

（5）检查轴抽风机运行正常，轴封加热器压力缓慢降低至−7kPa左右；

（6）缓慢开启辅助蒸汽至轴封供汽压力控制阀，轴封蒸汽系统暖管升压；

（7）检查轴封蒸汽母管压力、温度和低压轴封蒸汽温度缓慢上升，如有必要可适当开启各疏水器旁路阀加快暖管速度；

(8) 当轴封蒸汽母管压力升至30kPa后，将辅助蒸汽至轴封供汽压力控制阀投入自动；

(9) 检查轴封蒸汽母管压力、温度和低压轴封蒸汽温度正常；

(10) 轴封系统投运后应尽快启动真空系统。

3. 系统投运注意事项

(1) 辅助蒸汽供轴封蒸汽时，应对机组辅助蒸汽母管充分疏水暖管，确保辅助蒸汽供轴封调阀前疏水已无带水；并对备用轴封蒸汽汽源管道进行定期的疏水暖管，保证蒸汽品质符合条件。

(2) 为防止轴抽风机管道积水，轴抽风机底部疏水、轴抽风机排气管道疏水应该保持为全开。

(3) 轴封加热器汽侧设有疏水至凝汽器自动浮球阀，该浮球阀使轴封加热器水位保持在约20cm。为防止疏水浮球阀故障时，轴封加热器水位高并满至汽轮机轴封处，造成汽轮机进水事故，轴封加热器另有一路疏水至地沟U形管，系统运行前必须保证其前面的疏水手动阀为全开状态，当轴封加热器水位较高时，多余的水通过U形管直接排到地沟中。由于自动浮球阀属于压差式浮球阀，只有其前后压差达到一定值时才能打开，故轴抽风机未启动时，自动浮球阀可能打不开，此时轴封加热器也需要靠排地沟U形管来排水以维持水位。正常运行时，应保持轴封加热器U形管中有一定的水位，以免影响凝汽器真空。特别是机组首次启动或者大小修后，应先往U形管中注满水。

(二) 系统的运行监视

机组运行中，若轴封蒸汽中断，低温空气经轴封齿处进入汽轮机内，将使汽缸、转子迅速冷却，由于上缸、下缸、转子冷却速度不一致，很可能造成转动与静止部件发生摩擦而损坏汽轮机。若有空气进入低压缸，将降低凝汽器的真空，造成机组出力和效率的降低。因此在机组运行中需确保轴封系统工作正常。

(1) 供轴封用辅助蒸汽满足要求：温度180℃，压力1MPa。

(2) 轴封蒸汽母管压力正常：30kPa，大于40kPa时轴封溢流阀开启，小于25kPa低报警，大于50kPa高报警，大于200kPa轴封母管安全阀动作。

(3) 低压轴封蒸汽温度正常：150℃，大于180℃高报警，小于120℃低报警。

(4) 轴封加热器压力正常：-7kPa，低于-5kPa时报警，备用轴抽风机启动。

(5) 轴封加热器液位正常：200mm，大于210mm时高报警。

(6) 轴抽风机无异音、异味，振动正常。

(7) 高中压缸和低压缸轴端无蒸汽冒出。

(8) 轴封蒸汽系统各疏水管道工作正常，系统无泄漏。

(三) 系统的停运

只有确认真空到零才可以停止轴封蒸汽系统。如果真空不到零停运轴封蒸汽，会使冷空气进入汽缸造成汽缸受热不均，轻则引起汽缸暂时变形，严重的将引起汽缸永久变形，转子静止后投盘车将引起动静摩擦。最好当机组真空到零，转速也到零时后，才停运轴封系统。

(1) 检查机组真空到0、转速到0；

(2) 关闭辅助蒸汽至轴封供汽压力控制阀，确认轴封蒸汽压力降低至0kPa；

(3) 待辅助蒸汽至轴封供汽压力控制阀全关约5min后，退出备用轴抽风机自动备用，停运轴抽风机；

（4）如有需要关闭轴抽风机出口电动阀。

五、系统运行优化与改造

（一）低压轴封减温器选型不当

本机组低压轴封减温器选型偏小，投运初期低压轴封减温水调阀全开且凝结水母管压力大于 2MPa 时，仍经常出现低压轴封温度高报警。

为了降低低压轴封的温度，防止轴封壳体可能的变形和损坏汽轮机转子，同时降低凝结水母管的压力，充分发挥凝结水泵变频器的节能效果，本机组对低压轴封减温器进行扩孔。

（二）辅助蒸汽至轴封母管节流孔板开孔过大

为适应热电联产机组可能出现长时间连运的工况，本机组辅助蒸汽至轴封之间除了设置压力调阀和旁路阀外，还额外设置节流孔板，以保证辅助蒸汽至轴封有小流量蒸汽流动，防止产生积水。本机组辅助蒸汽至轴封母管节流孔板开孔过大，机组高负荷运行时，高中压缸轴封变为自密封后，辅助蒸汽供轴封调阀全关时，仍需要打开轴封溢流阀，维持轴封母管压力在 40kPa。个别机组低负荷时辅助蒸汽供轴封调阀全关时仍需要打开轴封溢流阀，高负荷时轴封溢流阀开度超过 60%，大量高品质蒸汽通过轴封溢流阀直接排入凝汽器，造成极大的浪费。

六、系统典型异常及处理

（一）轴封联箱压力异常

当轴封联箱压力低于 25kPa 时低报警，高于 40kPa 溢流阀自动打开。可能原因及处理方法如下：

（1）轴封蒸汽联箱压力传感器故障：到就地检查就地表对比确认，通知检修更换压力传感器。

（2）轴封蒸汽联箱压力控制阀故障或内漏大：压力低时手动开旁路或投入备用轴封汽源，压力高时关小压力控制阀前手动阀，维持轴封联箱正常压力，通知检修处理。

（3）轴封蒸汽管线泄漏：检查轴封蒸汽管线，尽量堵漏，否则尽快安排停机处理。

（4）轴封蒸汽母管安全阀是否误动：及时联系检修处理。

（5）轴封蒸汽母管溢流阀是否误开或内漏：及时关闭或隔离。

（6）机组辅助蒸汽母管压力低：检查冷再供辅助蒸汽管路、启动锅炉的运行情况、辅助蒸汽母管安全阀，恢复正常供汽。

（7）若轴封蒸汽压力无法维持，应破坏真空紧急停机。

（二）低压缸轴封蒸汽温度异常

当低压缸轴封蒸汽温度低于 120℃报警，高于 180℃报警。可能原因及处理方法如下：

（1）轴封蒸汽减温阀故障：温度高时关闭减温阀前手动阀，温度低时打开减温阀旁路手动阀，维持低压轴封蒸汽温度 150℃，通知检修及时处理故障减温阀。

（2）轴封蒸汽减温阀内漏大：关闭减温阀前手动阀，通知检修处理。

（3）低压轴封蒸汽减温阀前滤网堵塞：打开减温阀旁路手动阀，维持低压轴封蒸汽温度 150℃，通知检修处理滤网。

（4）减温水管路泄漏大：设法堵漏，否则尽快安排停机处理。

（5）减温器喷嘴堵塞：提高凝结水压力，增加减温水流量，停机后尽快联系检修检查清理。

(6) 热电偶故障：通知检修更换低压缸轴封温度热电偶。

(三) 轴封加热器负压低

当轴封加热器负压低于－5kPa时报警，备用风机自启。可能原因及处理方法如下：

(1) 运行风机进口阀开度不够或误关：开大风机进口阀，维持轴封加热器负压－7kPa（如备用风机在运行则停运）。

(2) 运行风机故障，出力不足：检查备用风机自启，否则手动启动，维持轴封加热器负压－7kPa；停运故障风机，通知检修处理。

(3) 轴抽风机管道或轴封加热器漏真空：通知检修堵漏，否则尽快安排停机处理。

(4) 轴封加热器压力变送器故障：通知检修更换压力变送器。

(5) 轴封加热器冷却水量不足：开大凝结水泵再循环管道调节阀，保证轴封加热器冷却水量。

(四) 轴封加热器水位异常

可能原因及处理方法如下：

(1) 轴封加热器水位计故障：通知检修处理。

(2) 轴封加热器自动疏水阀故障或内漏大：关闭自动疏水阀前手动阀，打开自动疏水阀旁路手动阀，维持轴封加热器水位在20cm；通知检修处理。

(3) 轴封加热器疏水管路泄漏：设法堵漏，否则尽快安排停机处理。

(4) 轴封加热器疏水自动浮球阀故障：打开自动浮球阀旁路手动阀，维持轴封加热器水位在20cm，通知检修处理，排地沟U形管在手动阀已打开的情况下会自动排水至地沟。

(5) 凝结水侧铜管泄漏：打开自动浮球阀旁路手动阀，加强排水；轴封加热器水位若不能维持在20cm而缓慢上升则尽快安排停机处理；水位若急剧升高，就地水位计看不见时则应紧急停机，通知检修处理。

(五) 备用轴抽风机倒转

可能原因及处理方法如下：

(1) 备用轴抽风机出口逆止阀关不严：关闭备用轴抽风机出口阀，通知检修处理。

(2) 备用轴抽风机出口管不严密，向内漏空气：通知检修设法堵漏。

(3) 必要时可切换轴抽风机，将倒转的风机投入运行。

第十节 真空系统

一、系统概述

真空系统的作用是在机组启动前利用真空泵从凝汽器中抽出空气以及其他不凝结气体为凝汽器建立真空，而在机组正常运行时抽出凝汽器中渗入的空气和其他不凝结气体使凝汽器的真空保持在设计值。

从真空表所读得的数值称真空度，其数值是指系统绝对压强低于大气压强的数值，即：真空度＝大气压强－绝对压强。

在启动过程中，凝汽器真空是由真空泵将汽轮机和凝汽器内大量空气抽出而形成的；在正常运行中，凝汽器真空是由于汽轮机排汽在凝汽器内骤然凝结成水时其比容急剧缩小而形成的。蒸汽在绝对压力 4kPa 时蒸汽的体积比水的体积大 3 万倍，当排汽凝结成水后，体积就大为缩小，使凝汽器内形成高度真空。

由上可知，凝结器的真空形成和维持必须具备三个条件：

（1）凝汽器钛管必须通过一定的冷却水量；

（2）凝结水泵必须不断地把凝结水抽走，避免水位升高，影响蒸汽的凝结；

（3）真空泵必须把漏入的空气和排汽中的其他不凝结气体抽走。

二、系统流程

真空系统流程如图 6-55 所示。真空泵从凝汽器空气冷却区抽出的气汽混合物，经过与真空泵联动的进口气动蝶阀进入液环式真空泵，真空泵排出的气汽混合物在分离器中分离，分离出来的不凝结气体经逆止阀排到大气中。在分离器中分离出的水经工作水循环泵和冷却器冷却后，重新进入液环式真空泵入口作为工作水使用。汽水分离器通过溢流阀和补水阀控制水位。

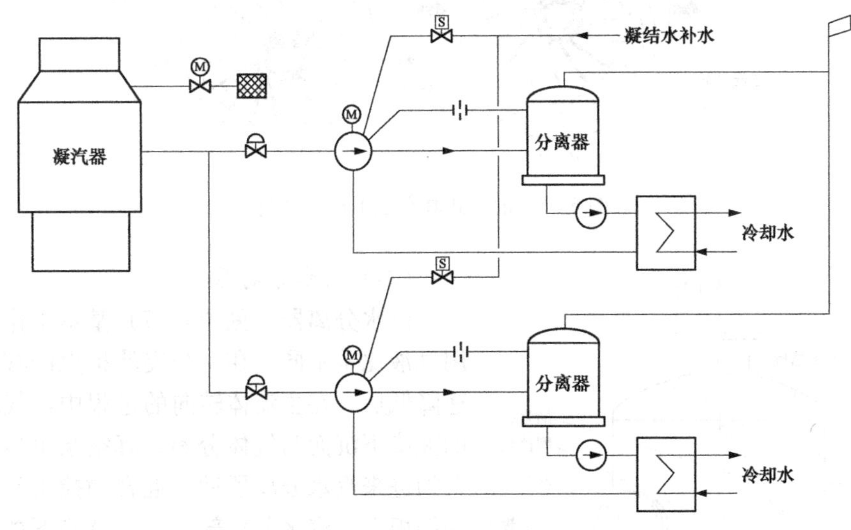

图 6-55　真空系统流程图

三、主要设备结构及原理

本机组真空系统由两套抽真空装置（每套包括一台液环式真空泵、一台汽水分离器、一台工作水循环泵、一台工作水冷却器）、一个真空破坏阀及相应的管道仪表组成。

（一）液环式真空泵

液环式真空泵是一种抽真空泵，在泵体中装有适量的水作为工作液，它所能获得的极限真空为 2～4kPa。本机组真空泵为两级液环式真空泵，型号为 TC-10E，转速 590r/min，工作水为除盐水。两级液环式真空泵工作原理如图 6-56 所示，每级的叶轮和泵体均为偏心圆结构，当叶轮顺时针旋转时，水被叶轮抛向四周，由于离心力的作用，水形成了一个决定于泵腔形状的近似于等厚度的封闭圆环，叶轮轮毂与水环之间形成一个月牙形空间，而这一空间又被叶轮分成和叶片数目相等的若干个小腔。在叶轮的前半转（吸入侧），水室容积逐渐增大，气体经吸气口吸入水室；在叶轮的后半转（排气侧），水室容积逐渐减小，气体被压缩，压力升高后经排气口排出。二级吸气口和排气口之间还设置一个逆止阀，机组抽真空前期，凝汽器真空较低，一级排气为微正压，气体通过逆止阀直接排至二级排气管道，此时仅一级叶轮做功。当凝汽器真空升至一定值后，一级排气压力降至负压，逆止阀关闭，一、二级叶轮共同做功。

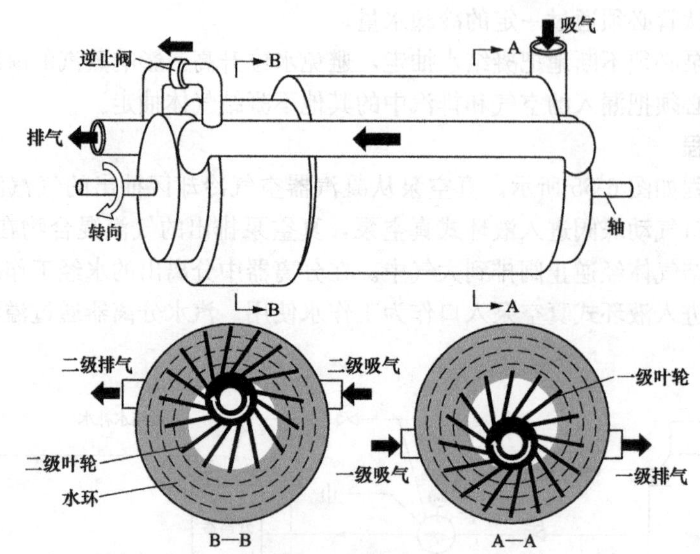

图 6-56　液环式真空泵工作原理图

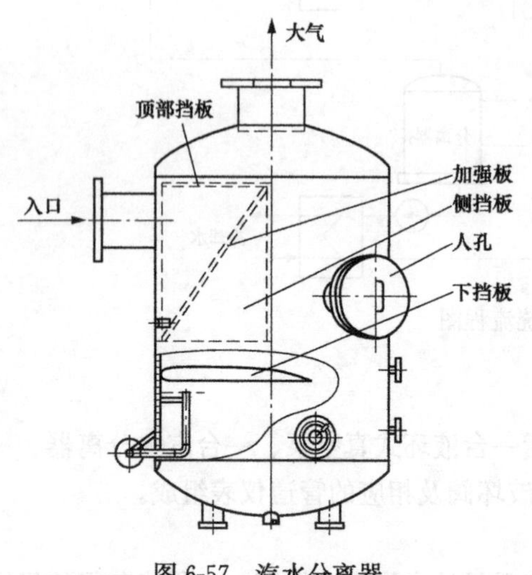

图 6-57　汽水分离器

（二）汽水分离器

汽水分离器（见图 6-57）基本工作原理是利用气液比重不同，在一个突然扩大的容器中，流速降低后，在主流体转向的过程中，气相中细微的液滴下沉而与气体分离。真空泵出口的汽水混合物进来汽水分离器后，混合物撞击到上挡板和侧挡板上，汽水分离部分，水沿着下挡板（有倾斜角度）流入筒体内，气体排出大气，进行了重力分离。

汽水分离器设置了就地翻板水位计。水位过高，汽水不能充分分离，水中含空气量增大，真空泵抽空气能力降低，影响真空泵出力，机组真空下降。汽水分离器水位过低，真空泵工作水量减少，不能正常建立真空泵水环，影响真空泵的出力和安全运行。因此设置了自动补水阀和溢流阀控制分离器水位。

（三）工作水冷却器

液环式真空泵的工作水温不能过高，原因有两个：

(1) 因为水温和吸气量有关，工作水温度高，气量会递减，其凝汽器真空就会下降。

(2) 液环式泵中的工作水主要起密封和冷却作用，过高的温度会影响真空泵的冷却。

因此，液环式真空泵安装工作水冷却器，可以提高泵的效率。工作水冷却器的工作原理是利用循环水作为冷源对真空泵工作水进行冷却，冷却后的工作水，一路经孔板喷入真空泵进口，使即将抽入真空泵的混合气体中的可凝部分凝结，提高真空泵的抽吸能力；另一路直接进入泵体，维持真空泵的水环和降低水环的温度。

本机组使用的是管壳式换热器，壳侧介质为真空泵工作水，管侧介质为海水。

（四）工作水循环泵

工作水循环泵的作用是为液环式真空泵的工作水提供循环动力，提高工作水的冷却效率，从而降低工作水的温度，防止超温。本机组配备的工作水循环泵流量为10m^3/h，扬程为13.7mH_2O。

（五）真空破坏阀

由于真空破坏阀的阀芯两侧压差大，难免有空气漏入，因此在真空破坏阀的大气端通入密封水，在真空破坏阀的阀芯上形成一定高度的水层，防止空气进入凝汽器（见图6-58）。同时，真空破坏阀的阀盖设置真空密封装置，采用柔性石墨填料和密封环组合密封，并在填料和密封环之间注脂，提高填料和阀杆的密封，以达到与大气隔离的目的。

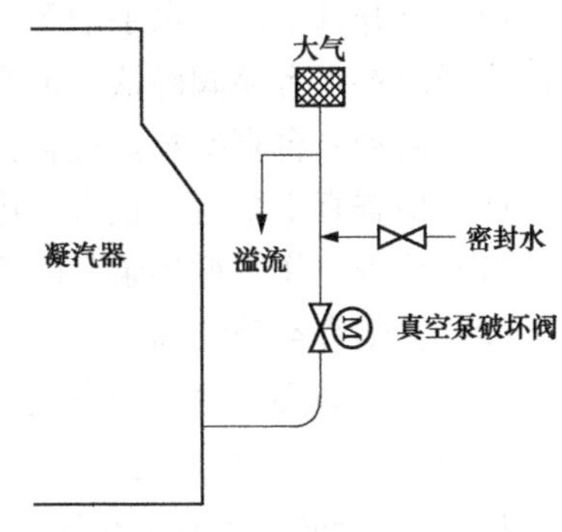

图6-58　真空破坏阀

四、系统的运行维护

（一）最佳真空

发电机组运行时存在额定真空、极限真空和最佳真空。一般汽轮机铭牌排汽绝对压力对应的真空是凝汽器的额定真空。这是指机组在设计工况、额定功率、设计冷却水量时的真空。

凝汽设备在运行中应该从各方面采取措施以获得良好真空，但真空的提高也不是越高越好，而有一个极限。这个真空的极限由汽轮机最后一级叶片出口截面的膨胀极限所决定。当通过最后一级叶片的蒸汽以达到膨胀极限时，如果继续提高真空，蒸汽只能在末级叶片出口外进行膨胀，排汽口外自由膨胀形成汽阻，反而会降低经济效益，实际运行中很难达到。简单的说，当蒸汽在末级叶片中的膨胀达到极限时，所对应的真空称为极限真空。

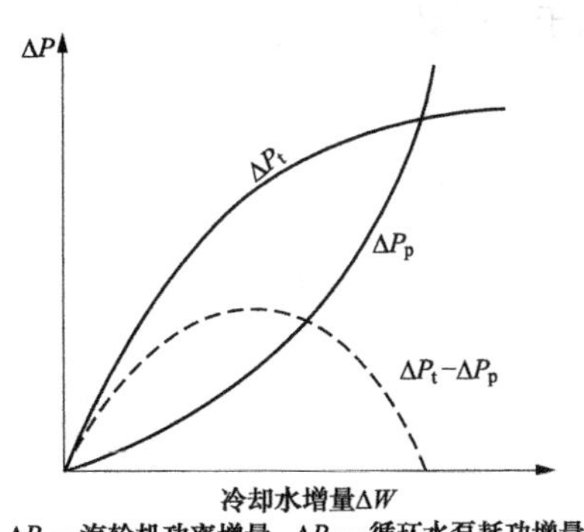

图6-59　汽轮机功率增量与水泵耗功增量的关系曲线

对于结构已确定的凝汽器，在极限真空内，当蒸汽参数和流量不变时，提高真空使蒸汽在汽轮机中的可用焓降增大，就会相应增加发电机的输出功率，但是在提高真空的同时，需要向凝汽器多供冷却水，从而增加循环水泵的耗功。由于凝汽器真空提高，使汽轮机功率增加与循环水泵多耗功率的差数为最大时的真空值称为凝汽器的最佳真空。如图6-59所示，当汽轮机功率增量减去循环水泵耗功增量（$\Delta P_t-\Delta P_p$）达到最大值时，即提高真空所获得的净效益为最大时，真空才是最佳真空。如果一味地增加冷却水量，使凝汽器内的真空高于最佳真空，这反而使电厂出力减少。综上所述，极限真空不一定是最佳真空。

（二）系统的投运

凝汽器建立真空的步骤可以简述为这五个步骤：①循环水系统运行；②凝结水系统运行；③辅助蒸汽系统运行；④启动轴抽风机，送轴封蒸汽；⑤启动真空泵。真空系统的操作投运如下：

(1) 检查真空系统相关工作票已经终结，各阀门动作正常，开关位置正确，各表计显示正常，真空泵电机绝缘合格，具备启动条件；

(2) 检查机组循环水系统、凝结水系统、轴封蒸汽系统已投运，且运行正常；

(3) 检查低压缸大气薄膜完好；

(4) 打开真空泵补水手动阀，真空泵补水电磁阀自动补水，补至正常水位后电磁阀自动关闭，开启补水旁路阀确认溢流阀工作正常后关闭；

(5) 启动一台真空泵，检查真空泵振动、电机电流和绕组温度都正常；

(6) 检查真空泵运行正常，进口气动阀前后差压大于 3.4kPa，延时 5s 自动开启；

(7) 检查工作水循环泵延时 2s 自动启动；

(8) 关闭真空破坏阀；

(9) 如有必要可启动两台真空泵，加快凝汽器真空建立；

(10) 当凝汽器真空高于－95kPa 时，停运备用真空泵，并将该泵投备；

(11) 检查凝汽器真空稳定，系统无明显漏点。

（三）系统的运行监视

真空系统在正常运行期间，除了异常情况下的紧急处理外，运行人员无需进行其他操作，但需要加强对系统的运行监视和就地检查：

(1) 检查真空泵无异音、异味，振动、盘根密封、轴承温度、电机温度、电机电流等均正常；

(2) 检查气水分离器水位正常，分离器水位控制阀和分离器溢流阀工作正常，无高、低液位报警；

(3) 检查真空泵冷却器冷却水压力、温度正常；

(4) 检查真空破坏阀阀体水封水水位正常；

(5) 检查凝汽器真空稳定，系统无明显漏点，真空高于－95kPa。

（四）真空系统相关控制逻辑

1. 启动允许条件

(1) 真空泵进口气动蝶阀全关；

(2) 真空泵电机线圈温度均小于 120℃；

(3) 真空泵气水分离器无液位低信号；

(4) 真空泵无跳闸条件。

2. 保护跳闸条件（以下条件为“或”的关系）

(1) 真空泵气水分离器水位低信号来，延时 300s；

(2) 真空泵电机线圈温度大于 135℃，延时 3s（3 选 2）；

(3) 真空泵运行且进口气动阀全关且不在全开位，延时 300s；

(4) 真空泵运行且真空泵再循环泵停运，延时 300s。

3. 联锁启动条件（以下条件为“或”的关系）

（1）真空泵备用投入，运行真空泵停运；

（2）真空泵备用投入，凝汽器真空低于－88kPa。

4. 真空泵进口气动阀

（1）开允许条件：真空泵已运行；

（2）自动开条件：真空泵已运行且前后差压大于3.4kPa，延时5s；

（3）自动关条件：真空泵停运，脉冲3s。

5. 真空泵补水电磁阀

（1）可手动开关本阀；

（2）自动开条件：真空泵分离器水位低；

（3）自动关条件：真空泵运行且真空泵分离器水位高或真空泵气水分离器水位低信号复归，延时30s。

6. 工作水循环泵

（1）自动启条件：对应真空泵启动延时2s；

（2）自动停条件：对应真空泵停运延时2s。

7. 凝汽器低真空保护

当凝汽器真空低于－81.6kPa，凝汽器低真空保护动作。

（五）真空系统的停运

1. 真空系统停运的条件

（1）在正常情况下，当机组转速低于300r/min时才可以破坏真空；

（2）在机组轴承振动大、有异音等紧急情况下，可提前破坏真空。

2. 真空系统停运操作

（1）退出备用真空泵自动备用；

（2）停运真空泵，检查真空泵入口气动阀自动关闭，工作水循环泵自动停运；

（3）打开真空破坏阀，检查凝汽器真空开始缓慢下降；

（4）真空及机组转速到零后，停运轴封蒸汽；

（5）真空泵停运一周以上时，应关闭真空泵分离器补水阀，开启真空泵泵体放水阀和分离器放水阀，防止真空泵腐蚀、生锈。

五、系统的运行优化及改造

（一）真空泵进口气动蝶阀改造

真空泵进口气动蝶阀设计时，是依靠进口处的压差开关达到3.4kPa后自动开启，无法手动操作。在真空泵停运较长时间或者凝汽器灌水查漏后，真空泵的进口管道容易形成大量的积水。真空泵启动后，当进口处的压差达到3.4kPa后出口阀打开时，瞬间大量积水进入真空泵，对真空泵正在高速旋转的叶轮造成很大的冲击，导致真空泵振动增大，并发出异常的响声，严重影响真空泵的安全运行。为防止以上现象，本机组将真空泵进口气动蝶阀的控制程序进行了改造，设置为可以远方手动开关的阀门，并对运行操作进行相关的规定——在机组冷态启动（相当于真空泵长期停运）或凝汽器进行灌水查漏后，真空泵启动前需先手动开启进口气动蝶阀将进口管道中的积水放掉，以确保真空泵启动的安全。

（二）真空取样装置疏水管道堵塞

本机组曾发生过机组带满负荷正常运行时，机组真空缓慢降低至－89.3kPa，所有真空仪表都指示在－89kPa左右的现象。现场检查真空系统未发现泄漏，低压缸排汽温度正常也未出现增长，但真空泵入口处真空表显示为真空正常，通过切换真空泵及多启动一台真空泵机组的真空也未增长。停机后，检修人员对真空表进行校正也未发现异常。后经多次分析及检查确定是真空取样装置疏水管堵塞所致。将真空取样装置的疏水管截断之后恢复正常。真空取样装置结构如图6-60所示。这是一起较少见的真空异常的事件，因此有必要将其作为一个真空异常降低的检查项目。

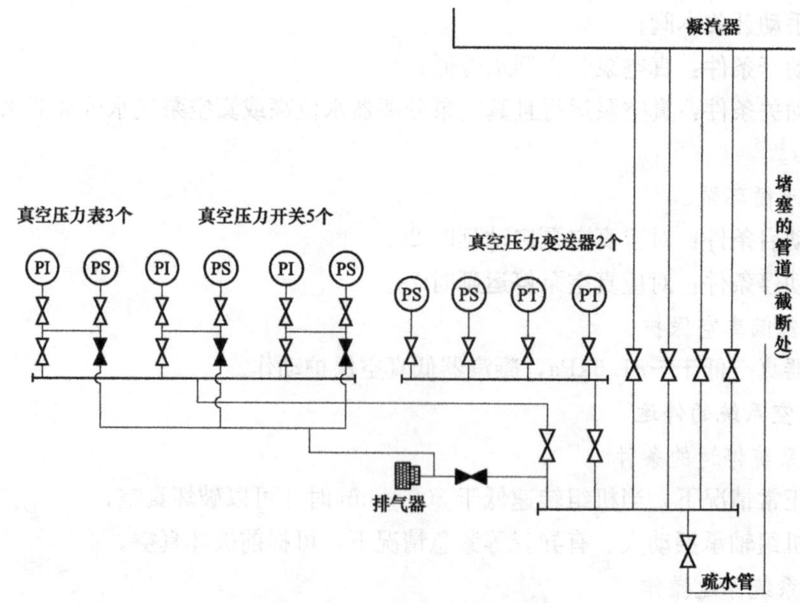

图6-60 真空取样装置示意图

（三）针对真空泵工作水pH值高的改造

本机组刚投产时，多次出现闭冷水pH值高的现象，对闭冷水系统长期排补仍无改观。后经运行人员反复排查，发现闭冷水膨胀水箱溢流管与真空泵汽水分离器的排水管道相连，检修人员解开汽水分离器排水管后现场有很浓的氨水味，因此确定闭冷水pH值高的原因为真空泵工作水pH值高，汽水分离器排水管经闭冷水膨胀水箱溢流管反窜至闭冷水系统。进一步排查发现，凝结水系统化学加氨管道设置在杂用水母管前，加氨后的凝结水经疏水扩容器减温水进入凝汽器，经真空泵管道进入真空泵，使真空泵工作水pH值升高。后来将凝结水化学加氨管道改至杂用水母管之后，有效地解决了真空泵工作水pH值高的问题。

六、系统典型异常及处理

（一）真空泵气水分离器水位异常

可能原因及处理方法如下：

(1) 测点异常：立即到就地核对水位，必要时手动维持正常水位。

(2) 补水浮球阀或溢流阀故障：若异常，手动维持水位，通知检修处理。

（3）补水手动阀被误关或放水手动阀被误开：检查补水手动阀应打开、放水手动阀应关闭，水位异常不能维持运行时，应及时切至备用泵，并通知检修处理。

（二）凝汽器真空低

可能原因及处理方法如下：

（1）真空表计故障：就地核对表计。

（2）真空泵冷却水滤网堵塞：若堵塞则切至旁路并通知检修清理。

（3）真空破坏阀误开：若误开则关闭真空破坏阀。

（4）循环水系统工作异常：异常时及时处理，必要时启动备用真空泵维持真空，视情况适当降低机组负荷。

（5）真空泵工作异常：异常时应及时设法消除缺陷，必要时切至备用泵。

（6）轴封系统异常：检查轴封蒸汽母管压力、温度及轴封风机和轴封冷凝器水位是否正常，异常时及时恢复轴封系统。

（7）凝汽器水位过高：若水位过高，应尽快查明原因，恢复正常水位。

（8）与凝汽器相连的阀门漏真空等：检查凝结水杂用水母管压力是否正常，凝汽器相连阀门水封水是否正常。

（9）低压缸大气薄膜破裂：更换破裂的大气薄膜。

（10）凝汽器汽侧存在漏点：设法隔离或堵漏，严密监视低压缸排汽温度，当排汽温度升高至60℃时，确认低压缸喷水自动投入，否则手动投入，排汽温度继续上升到110℃时机组应跳闸。

（三）运行的真空泵跳闸

可能原因及处理方法如下：

（1）真空泵电机故障：立即启动备用真空泵，通知检修处理。

（2）真空泵故障：对跳闸真空泵电机检查绝缘，通知检修处理。

第十一节　控制油系统

一、系统概述

控制油系统也叫EH油系统，是一种电液调节系统，其作用是提供恒定压力、油质优良的高压抗燃油，并由它来驱动液动执行机构，使机组实现电液控制功能。在分轴燃气-蒸汽联合循环机组里，燃气轮机与汽轮机可采用分别设置的控制油系统的方案。此方案的优点是：两套系统运行方式灵活，可根据系统需要调整运行方式；在汽轮机控制油系统故障后，燃气轮机不受影响。缺点是：系统设备多，增加维护工作。

联合循环机组亦可采用设置一套控制油系统的方案，即控制燃气轮机和汽轮机的相关设备共用一套控制油系统。此方案的优点是：设备少，便于维护。缺点是：当系统出现故障后，整套联合循环机组无法启动，降低机组灵活性。

本机采用燃气轮机、汽轮机分别独立设置控制油系统的方案。在此方案中，两个控制油系统主要结构基本一致，由高压控制油供油装置组成的供油模块，电磁阀跳闸和手动跳闸组成的跳闸控制模块，燃气轮机阀门油动机或蒸汽轮机阀门油动机组成的阀门执行器模块三个部分组成，结构示意图如图6-61所示。

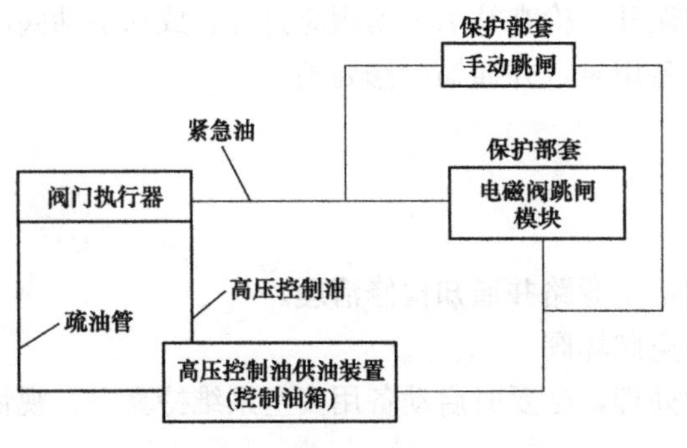

图 6-61　控制油系统构成示意图

二、系统流程

（一）燃气轮机控制油系统流程

本机组燃气轮机控制油系统流程图如图 6-62 所示：控制油油箱内的控制油经过控制油泵升压过滤后供至执行器模块内各阀门执行机构，回油经过冷却器后回到控制油箱。燃气轮机润滑油为燃气轮机燃料流量控制阀 A、燃料流量控制阀 B、值班燃料流量控制阀、顶环燃料流量控制阀提供安全油。

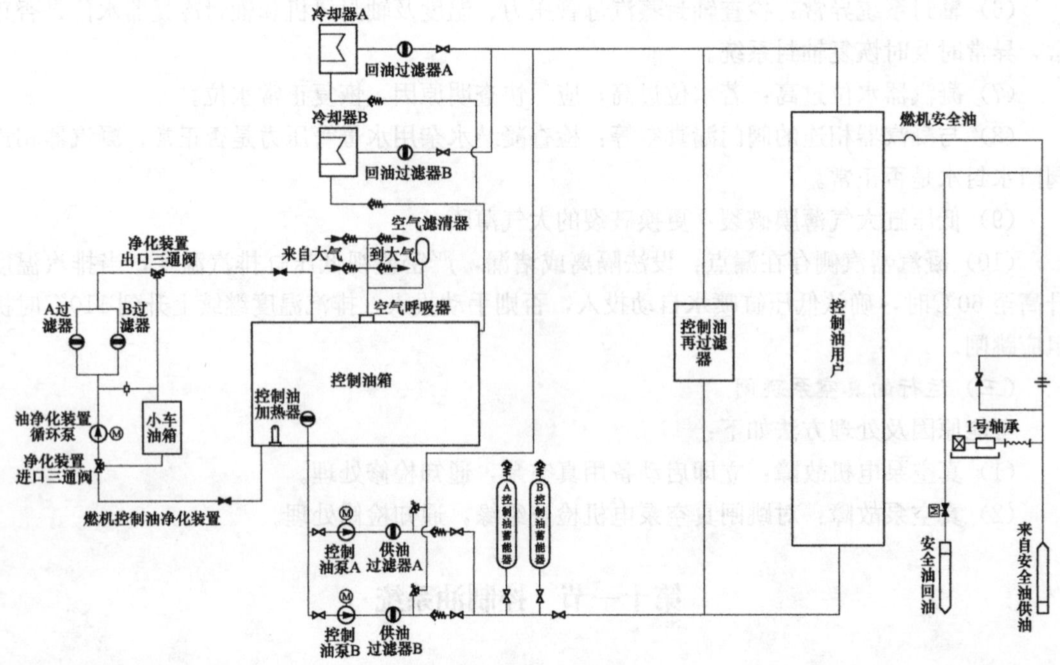

图 6-62　控制油系统流程图

（二）汽轮机 EH 油系统流程

本机组汽轮机 EH 油系统流程图如图 6-63 所示：EH 油油箱内的 EH 油经过 EH 油泵升压过滤后供至跳闸控制模块内的各跳闸电磁阀和执行器模块内各阀门执行机构，经以上设备后回至 EH 油油箱。EH 油油箱设置一套冷却装置，通过再循环泵将油从油箱吸出，经过冷却器冷却后回至 EH 油油箱。

三、主要设备结构及原理

（一）燃气轮机控制油主要设备结构及原理

燃气轮机控制油系统主要由三大模块组成：供油模块、跳闸控制模块和执行器模块。

1. 供油模块

供油模块的作用是为燃气轮机控制系统各执行机构提供符合要求的高压工作油（10MPa），同时保持液压油的正常理化特性和运行特性。它主要由集装式不锈钢油箱、主油

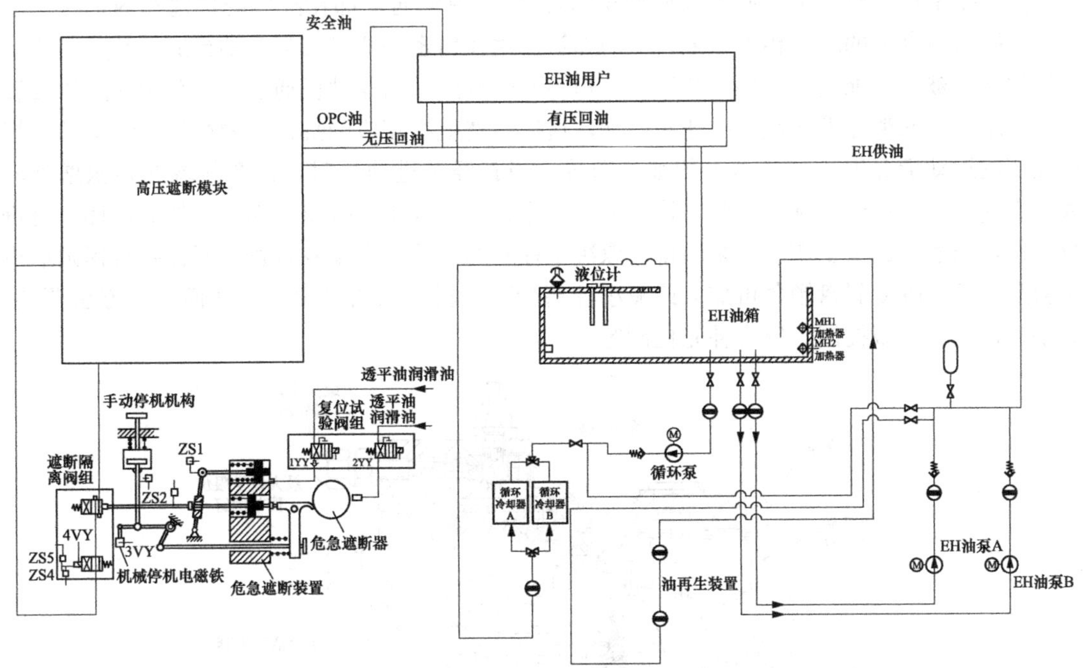

图 6-63 汽轮机 EH 油系统

泵、控制块、溢流阀、蓄能器、再生硅藻土过滤器、油再生装置、油循环系统、空气滤清器、控制油加热器、液位计、温度传感器、回油冷却系统及必备的监视仪等元部件组成。

(1) 油箱。油箱的作用是储存控制油，满足系统的用油需要。油动机开启时，高压油进入油动机，打闸时油又回到油箱。通常油箱的容量按液压泵每分钟流量的 3～8 倍估计。油箱上盖安装空气滤清器（通气量一般不小于泵流量的 1.5 倍）以保证抗污能力，过滤精度为 3μm，以防止水气及空气中的杂质进入油箱，可在正常运行中更换（一般 1 年更换一次）。另外，油箱部还安装有一个液位开关和一个液位计。当油位离油箱底部距离小于设定的数值时，可以发出报警信号，甚至停止主油泵和加热器。正面设置有主吸油口、蓄能器的回油口、泵的内泄回油口。右壁上有一紧急回油口和一个恒温控制的浸入式加热器，保证运时油温大于 20℃。背面有一系统回油口，遮断回油口和备用油口，以及安装有油温度计和显示液位的液位计。在油箱底部有一排污口和采样口，但是采样口的采样点不在油箱底部。内部分为回油区和吸油区，在一定高度相通，增加油液循环的距离与高度，使油液有足够的时间分离气泡，沉淀杂质。

(2) 控制油泵。控制油泵不仅是控制油控油装置的重要元件，也是整个系统的核心元件，相当于整个系统的心脏。由于机组在不同工况对控制油系统的流量需求不尽相同，但却要求不管在哪个工况工作压力都稳定不变；另外，由于控制油系统对机组的稳定运行较为重要，因此需要其能够长期运行并且性能稳定、可靠，以及其他相关原因，所以选择变量柱塞泵系统动力装置。液压系统的压力和流量是两大重要参数，根据系统负载状况，以及系统经济型和液压元件的设计和选型等因素确定该系统的工作压力为 9.8MPa：根据系统中油缸结构尺寸，系统在各工况中的流量特征确定出主油泵的标称流量为 200L/min。据此，选择了变量柱塞泵作为该系统的动力元件。

恒压变量柱塞泵的工作原理（见图 6-64）：柱塞沿轴向均部在缸体的柱塞孔内，柱塞的头部滑履与斜盘上的球头相连，缸体上的弹簧作用在斜密一侧使其与泵轴行成一倾角。相应方位的柱塞被推向配流盘，柱塞的底部容积为密闭空间。当原动机通过传动轴带动缸体旋转时，柱塞头部的滑履沿斜盘上的球头滑动，这样柱塞就在相应的缸桶内做往复直线运动。根据柱塞的运动情况进行配流盘上的油口布置，当其经过进油口时，柱塞前端的容积增到较大，吸入工作油；经过排油口时，柱塞前端的容积减到较小，排出工作油，如此循环往复进行工作，向系统提供工作油。泵的排量取决于柱塞的尺寸、数量及行程。而柱塞行程则取决于斜盘倾角。改变斜盘倾角可加大或减小柱塞行程。斜盘倾角可用下述任何一种方法调整，如手动控制、伺服控制、压力补充控制等。

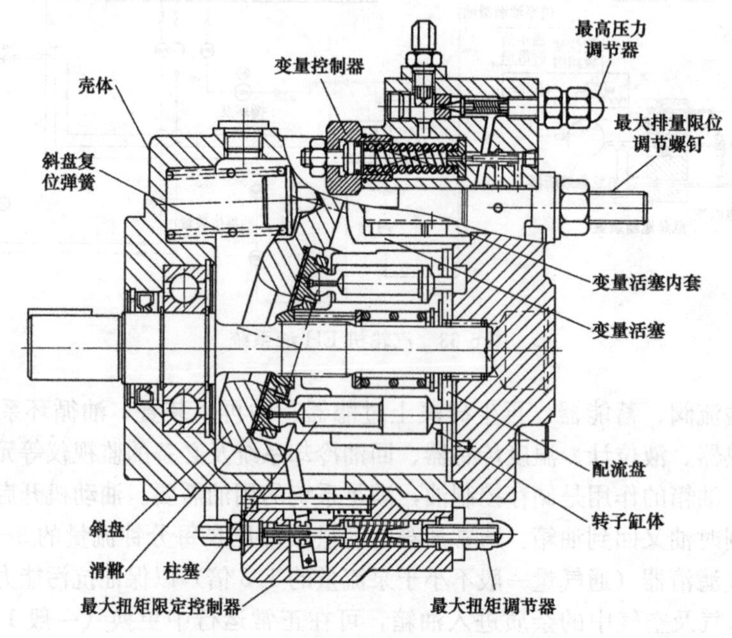

图 6-64 恒压变量柱塞泵结构剖面图

轴向柱塞泵的特点：轴向柱塞泵是利用与传动轴平行的柱塞在柱塞孔内往复运动所产生的容积变化来进行工作的；因为柱塞和柱塞孔都是圆形零件，加工时可以达到很高的精度配合，具有容积效率高，运转平稳，流量均匀性好，噪声低，工作压力高等优点；对液压油的污染较敏感，结构较复杂，造价较高。

油泵启动后，油泵以全流量向系统供油，同时也给蓄能器充油，当油压到达系统的整定压力时，高压油推动恒压泵上的控制阀，控制阀操作泵的变量机构，使泵的输出流量减少，当泵的输出流量和系统用油流量相等时，出口压力将保持在设定压力值附近，泵的变量机构维持在某一位置，当系统需要增加或减少用油量时，会根据出口压力的变化，自动改变输出流量，维持系统油压。

（3）控制块。控制块集中安装了以下部件：主油泵出口滤网（2 个）、主油泵出口安全阀（2 个）、主油泵出口逆止阀（2 个）、主油泵出口手动阀（2 个）、再生装置入口手动阀及节流孔、再生装置出口逆止阀、再生装置旁路节流孔、回油冷却器旁路逆止阀。

（4）囊式蓄能器。在供油母管接有两个囊式蓄能器，它实际上是一个有自由浮动活塞的油缸。如图 6-65 所示，活塞的上部是气室，下部是油室，油室与高压油集管相通，蓄能器的气室充以干燥的氮气，正常的充气压力应不低于系统最高压力的 0.25 倍，不高于系统最低压力的 0.9 倍。

蓄能器的作用：紧急储能和减小系统压力波动的作用。在紧急甩负荷时，系统需要较大的流量支持，此时油泵的供油能力不能满足要求，因此就需要蓄能器在此时能够紧急补油，不至于使系统压力降低以致出现跳闸的情况：另外油泵事故或者其他原因引起的系统压力降低，当压力低于 7.8MPa 时，备用油泵自动启动，在进行油泵切换时蓄能器能起到维持系统流量稳定的功能，以保证系统的正常运行。

(5) 控制油再生回路。控制油再生回路，是一种用来储存吸附剂（硅藻土）使抗燃油再生的回路。目的是降低油的酸值，使油保持中性，同时吸附并去除油中的水分。它主要由硅藻土与波纹纤维滤油器（精过滤器）串联而成（见图 6-66），通过带节流圈的管道与高压油集管相通，由于有节流圈的作用，再生油压一般不超过 0.5MPa，油流也较小。

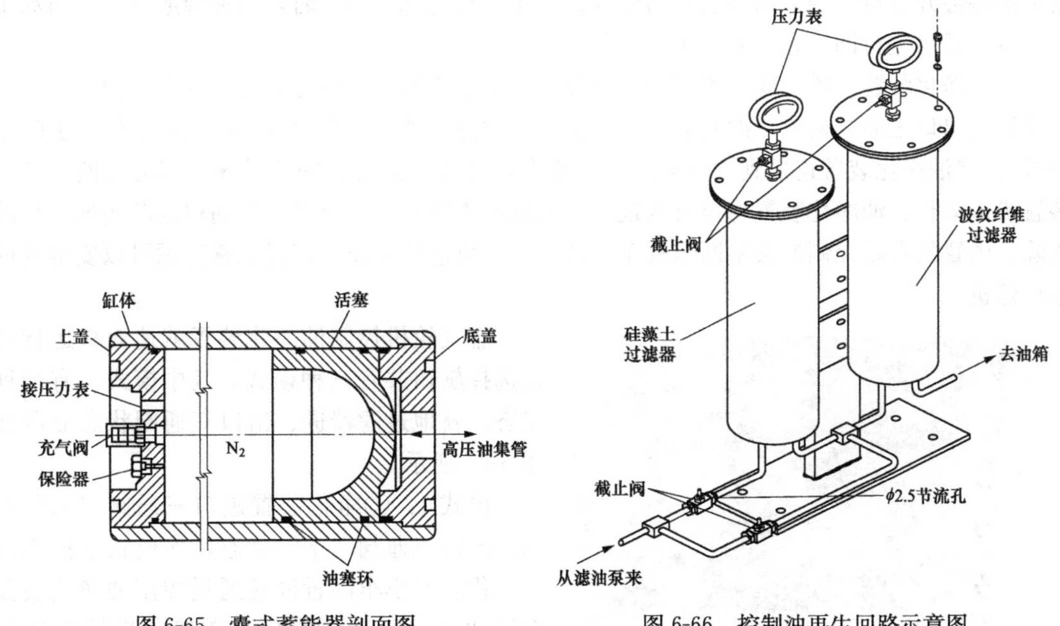

图 6-65　囊式蓄能器剖面图　　图 6-66　控制油再生回路示意图

操作硅藻土过滤器前的截止阀可以使再生装置投入运行，抗燃油流进硅藻土过滤器，再流入 3μ 精度的波纹纤维过滤器，最后送回油箱。硅藻土过滤器主要用来除去油中含有的酸，而波纹纤维过滤器是用来防止上级过滤器产生的污染、颗粒杂质进入油中。硅藻土滤油器与波纹纤维滤油器的滤芯均为可更换的，硅藻土过滤器前后装有压力表，用来监视再生油压和硅藻土滤器的压差，当压差达 0.21MPa 时，滤芯需要更换。波纹纤维过滤器装有压差开关，也是用来监视其滤芯工作情况的，当滤网压差达 0.24MPa 时向远方发出高报警。

在串联的硅藻土过滤器和波纹纤维过滤器的进、出口间连接有一个手动阀及节流孔，当滤网压差高时，可以保证控制油系统有一定的通流量，将油旁路掉，防止滤芯损坏。硅藻土的缺点是其在降低酸值的同时会生成金属盐，还会产生二次污染，长时间投用再生装置会让金属盐及杂质进入系统，在管道和伺服阀流道内沉积，加剧伺服阀的电化学腐蚀，造成密封件老化、油系统泄漏等。

（6）控制油冷却器。系统设置两台板式冷油器，用闭式冷却水将回油冷却到一定温度。冷却器冷却水进口安装有自动温度控制阀，将回油温度调节到40℃左右。

一个弹簧加载逆止阀装在压力回油的管路上，这样可在过滤器和冷油器两者中任一个堵塞进或回油压力过高时，使回油直接通过该阀回到油箱。

（7）供、回油过滤器。在每台主泵对应的供油回路上设置有过滤精度为3μ的供油滤油器以保证供油的清洁。当滤油器压差超过其设定值时就需要更换滤芯，否则控制油压力将会降低，影响系统的正常工作。该滤油器配置的压差指示器具有目测和电气监视两种功能，当压差超过0.69MPa时发出报警信号。

回油回路上设置两个3μ的高精度回油滤油器，以防止系统运行中产生的污染物被带回油箱，两个滤油器为一用一备的关系。这两个滤油器的压差指示器能目测识别，没有电气信号。当回油压力超过设定值时，指示器会变为红色，以提示更换。在滤油器堵塞的情况下，滤油器将会开启自己的旁路装置，另外当回油压力超过0.3MPa时，回油会通过紧急回油单向阀将被开启进行回油，并发出报警信号。

（8）净化装置。燃气轮机控制油净化装置由滤油小车、油净化装置循环泵、两个脱水过滤器和进出口三通阀构成。净化装置是主要用来对控制油进行净化（使油保持中性、去除水分等）。将油净化装置连接到独立的滤油管路上，打开滤油管路的三通阀，即可以使油净化装置投入运行。油净化装置可以有效地去除控制油中的水分与空气，并通过滤芯实现颗粒的去除。内置的自动控制器会不断监视工作情况，如果液位和压力超过正常范围可以安全的使系统停机。

图6-67 控制油净化装置示意图

燃气轮机控制油净化装置就地面板运行模式选择旋钮共有三种模式，其中模式1有两种状态。就地过滤器进、出口三通阀状态显示如图6-67所示。

模式1：①净化装置进口三通阀“←”状态、出口三通阀“↑”状态，该模式下控制油由净化装置小车内置油箱通过控制油净化装置循环油泵，经过滤器打至燃气轮机控制油油箱，即将小车油箱内的控制油打回燃气轮机控制油箱；②净化装置进口三通阀“←”状态、出口三通阀“→”状态，该模式下控制油由小车内置油箱通过控制油净化装置循环油泵，经过滤器再回到小车内置油箱，即小车内置油箱内控制油循环过滤。

模式2：净化装置进口三通阀“↑”状态、出口三通阀“↑”状态，该模式下，控制油由燃气轮机控制油箱，通过控制油净化装置循环油泵，经过滤器，打回至燃气轮机控制油箱，即燃气轮机控制油箱内油进行循环过滤。

模式3：净化装置进口三通阀“↑”状态、出口三通阀“→”状态，该模式下，控制油由燃气轮机控制油箱，通过控制油净化装置循环油泵，经过滤器，打至小车内置油箱，即给小车油箱注油。

(9) 跳闸遮断模块。在F4型分轴联合循环机组燃气轮机控制油系统中，燃气轮机为独立设计控制油系统，其遮断模块的设计思路是以电气遮断为主，手动遮断为辅。

电气紧急遮断主要是靠安全油管道上的电磁遮断阀来实现；手动遮断阀在现场布置，分别是燃气轮机润滑油箱上紧急打闸手动阀、燃气轮机1号轴承处机械超速装置，当出现突发的危急情况时可在燃气轮机润滑油箱上打开紧急打闸手动阀打闸，当燃机机械超速保护动作后，需在1号轴承处复位机械超速装置。

当机组到达电气遮断设定值（3330r/min）或紧急打闸时，让安全油管路上的电磁遮断阀失电打开，泄掉安全油，从而实现机组遮断。

(10) 执行器模块。油动机按进油形式有单侧进油和双侧进油；按控制方式有伺服油动机和非伺服油动机；按照是否需安全油控制分为需要安全油控制和不需要安全油控制。

燃气轮机控制油系统中，油动机都采用单侧进油，由于双侧进油的油动机无论向哪个方向运动都需要两侧存在油压差，当系统故障失压时活塞则会无法动作，导致阀门无法关闭：而单侧进油的油动机关闭阀门并不需要提供压力油，而是在弹簧力回复力作用下自动复位。在燃气轮机控机组中对主要阀门的关闭时间有严格的限制，因此采用单侧进油的设计不仅安全，而且还能减小系统对油泵的流量要求。但在M701F型联合循环机组的控制油系统中除了有单侧进油形式的油动机外，还有调节空气量的压气机进口可转导叶油动机（IGV），由于机组机构方面的限制，采用了双侧进油的形式。

在本系统中除了燃气压力调节阀和IGV的阀门的开启都要以安全的建立为前提条件，当该条件不成立时阀门在弹簧力的作用下关闭。通过安全油的控制增强了系统的安全性和可靠性，当系统出现危急状况时，通过使电磁遮断阀失电，安全油压力消失，阀门即刻关闭，切断燃气的供应，保证机组的安全停机。另外，这些阀门开启需要该条件的成立又避免误操作导致阀门的开启可能。

燃气轮机部分的燃料压力调节阀没有采用安全油控制的原因在于启机时和打闸停机后为了排掉燃气管道中流量控制阀之前的残余燃气需要其开启。由于以上述工况下安全油压力条件不满足要求，燃气关断阀和燃料流量阀均处于关闭状态，然后开启压力调节阀排掉管道中的残余燃气，避免了停机后燃气泄漏在燃气轮机罩壳内，产生安全隐患。IGV油动机没有采用安全油控制的原因之一是在启机时（安全油还未建立）为了防止发生喘振需要其半开：其二是IGV都是双侧进油的油动机，它的动作需要提供压力油来实现，因此单靠卸载压力油，阀门是无法复位的。对于燃气轮机来讲只要切断燃气供应就足以保证使停止燃烧火焰熄灭，从而实现停机的要求：此时燃气轮机的高、中、低压的防喘放气阀打闸时开启，起到防喘振的作用，因此这两个控制空气的阀门关闭的时间相对于燃气阀门可以长些。

1) 燃气关断阀、排放阀油动机。燃气关断阀和排放阀采用的是液压联锁方式，其油动机的结构如图6-68所示，均为单侧进油油动机，压力油从排放阀油动机的上端盖进入其油缸上腔，同时该压力油从上端盖的另一侧连通到关断阀的下端盖，从下端盖的另一侧流出。当安全油建立时，关断阀上的卸载阀关闭，压力油作用于排放阀的上腔和关断阀的下腔，这样就使排放阀关闭，关断阀开启，燃气通过燃气管道进入燃气轮机；当安全油失去时，卸载阀开启，关断阀关闭，排放阀开启，关断阀和主流量控制阀之间的燃气通过排放阀排出。因此这两个阀正常状况只有开和关两个阀位，阀门上只设有限位开关，以监测阀门的工作状态。

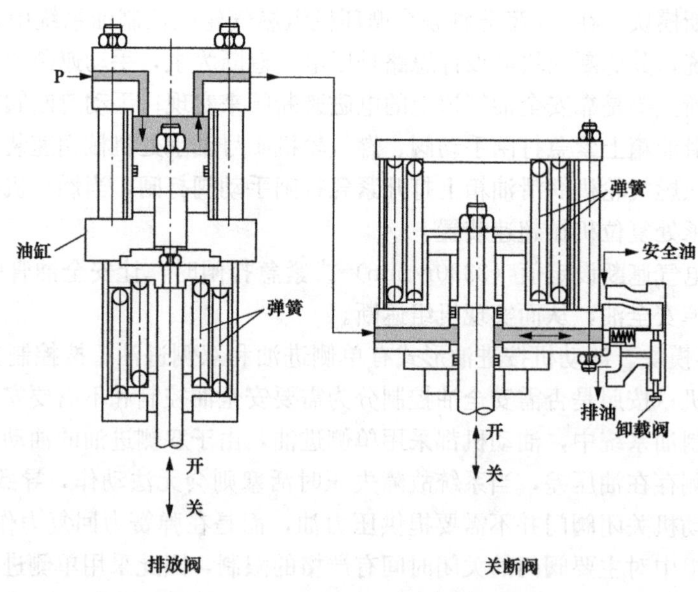

图 6-68 燃气关断阀油动机结构示意图

2）燃料调节阀油动机。燃料调节阀的主要功能就是调节燃料流量，以及调节主 A 燃料、主 B 燃料、值班燃料和顶环燃料四路燃料的比例。根据 $Q=A_0C_V\sqrt{\frac{2g}{\rho}\Delta P}$，阀门开度的变化将影响其通流面积，$C_V$为阀门通流系数，$A_0$为阀门的通流面积。在流量控制阀前配置压力控制阀的目的在于稳定 ΔP，这样流量控制阀的开度就和通过该阀门的燃料流量呈线性关系，以便于调节。燃料调节阀油动机均为单侧进油的结构形式，其共同的特点是配置电液伺服阀和双 LVDT，以保证阀门在行程内的任一阀位可调，实现其开度调节的功能。双 LVDT 为一主一备，保证可靠的阀位反馈信号。在这些油动机中主 A 燃料流量控制阀、主 B 燃料流量控制阀、值班燃料流量控制阀和顶环燃料流量控制阀油动机的动作都需要安全油的建立，而燃气压力控制阀 A 和燃气压力控制阀 B 则不需要。

①压力控制阀油动机。压力控制阀油动机用于燃气压力控制阀 A 和燃气压力控制阀 B，高压控制油经过滤器向伺服阀提供清洁的工作油。伺服阀从控制系统接收电气信号，向油缸提供工作油，使活塞杆在拉伸方向动作。另外，弹簧力使阀杆在推动方向动作，在运行油压力和弹簧压缩力之间实现活塞平衡（见图 6-69）。

阀本身配备的位移传感器将实际阀位置反馈至控制系统，如果阀打开信号和实际位置之间有差别，将信号输入伺服阀，实现调节控制。

②流量控制阀油动机。燃料流量控制阀油动机用于所有燃料主流量控制阀（主 A 和主 B）、值班流量控制阀和顶环燃料控制阀。高压控制油经过滤器向伺服阀提供清洁的运行油。伺服阀接收来自控制系统的电气信号，向油缸供油和使活塞杆向拉伸方向动作，另外，弹簧力使阀杆向推动方向动作。在运行油压和弹簧压缩力之间活塞平衡。在机组启动时，油动机动作，阀门开启，以通过卸载阀从油缸排出控制油。因此使油动机可以继续依据伺服阀信号要求调节燃气阀门的开度，在机组跳闸或超速保护装置动作时，安全油失去，卸载阀打开，运行油接通排油管路使阀门迅速关闭（见图 6-70）。利用阀本身配备的传感器将实际阀位置

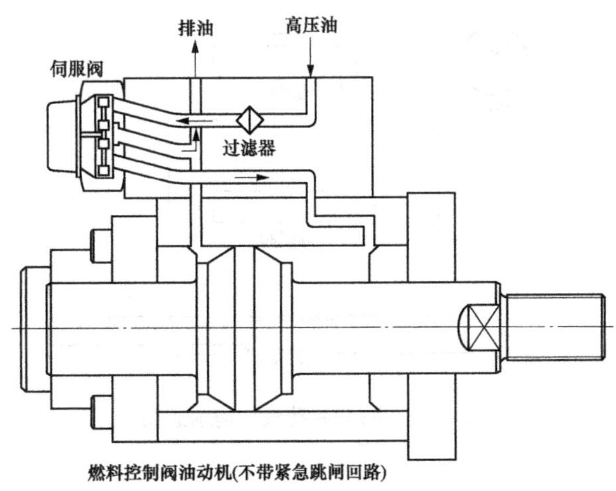

图 6-69 压力控制阀油动机结构示意图

反馈至控制系统；如果阀门打开信号和实际位置之间有差别，控制系统将信号输入伺服阀，执行调节控制。

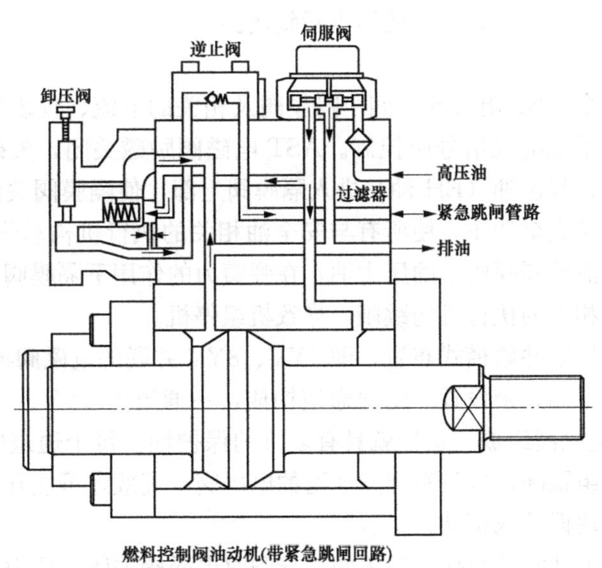

图 6-70 流量控制阀油动机结构示意图

3) IGV 油动机。在这些油动机中，高压控制油经过滤器向伺服阀供应清洁的工作油。伺服阀从控制系统接收电气信号，向油缸中活塞两侧提供工作油和使活塞杆在拉伸方向动作。当两端力平衡后油缸活塞停留在需要的位置。在紧急情况下，伺服阀使活塞油排入排油管路且带动阀门关闭（见图 6-71）。

阀门本身配备的传感器将实际阀位置反馈至其控制器。如果阀打开信号和实际位置之间有差别，就将该信号输入伺服阀进行阀门的调节。

（二）汽轮机 EH 油主要设备结构及原理

EH 油系统主要由四大模块组成：供油模块、跳闸遮断模块、挂闸模块和执行器模块。

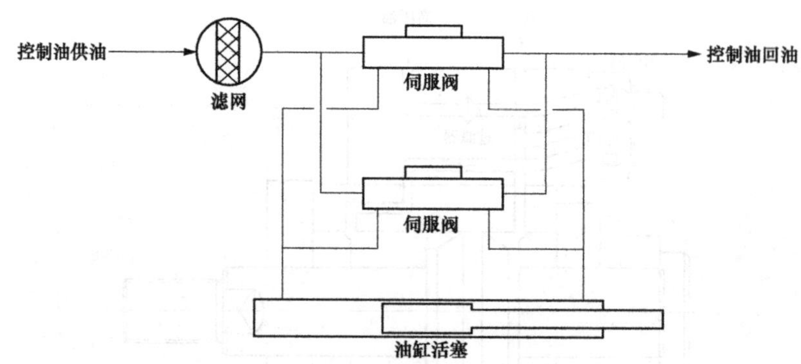

图 6-71　IGV 油动机结构示意图

1. 供油模块

供油模块的作用是为汽轮机控制系统各执行机构提供符合要求的高压工作油（14MPa），同时保持液压油的正常理化特性和运行特性。主要由集装式不锈钢油箱、主油泵（恒量变压柱塞泵）、控制块、溢流阀、蓄能器、油再生装置、油循环及冷却系统、空气滤清器、EH 油加热器、液位计、温度传感器及必备的监视仪等元部件组成。其设备结构、功能、作用均与燃气轮机控制油供油模块一致，在此不重新叙述。

2. 跳闸遮断模块

跳闸阀模块由四个 AST 电磁阀、四个隔膜阀及相关的节流、仪表等组成（见图 6-72)。四个电磁阀是受控制系统电气信号所控制。AST 电磁阀励磁关闭，失磁打开。在正常运行时，电磁阀带电关闭，复位油（EH 油）进入隔膜阀上部，使隔膜阀关闭，从而封闭了安全油的泄油通道，建立了安全油压，使所有与安全油相关的执行机构动作，从而完成了挂闸。当电磁阀失磁打开，泄掉隔膜阀上的压力油，在弹簧力的作用下隔膜阀打开，从而泄掉安全油，使所有与安全油相关的执行机构跳闸，导致机组停机。

四个电磁阀组采用串并联模式布置，即 6YV、8YV 并联的电磁阀再与 7YV、9YV 并联的电磁阀串联，并且采用冗余设置，由两通道构成，一通道由 6YV、8YV 电磁阀组成，二通道由 7YV、9YV 电磁阀组成，这样就具有多重的保护性。每个通道中至少必须有一只电磁阀打开才可导致机组跳闸，也只有同一通道的电磁阀全失效才可能导致机组拒动，这样能有效地防止跳闸阀模块误动或拒动。

每个电磁阀的压力油侧都串接有节流圈，挂闸时电磁阀关闭，压力油通过节流圈向隔膜阀上部充油，使隔膜阀关闭；电磁阀跳闸打开时，由于有节流圈对母管侧压力油的阻隔作用，使隔膜阀上的压力油迅速泄掉，保证隔膜阀快速打开。

在两个跳闸通道并联接入两个节流圈，其作用有三点：①建立一、二通道之间恒定的中间油压；②使安全油在运行中保持一定的流动性；③试验时能有效检测到中间油压的变化来判断结果，对安全油系统油压又不造成影响。

跳闸模块在设计上，还可在线进行电磁阀试验。在通道一与通道二的串接点上安装了电磁阀试验压力开关及就地监视表。做试验时，每个通道每个电磁阀单独进行，不能同一通道的两个电磁阀同时进行，防止机组有跳闸信号而造成拒动。选择第一通道电磁阀试验时，首先将该通道要做试验的电磁阀置于试验位置，热工人员就地打开该电磁阀，则中间油压上升，当中间压力升到 14MPa，说明该电磁阀动作正常，将该电磁阀投回运行，同理进行另

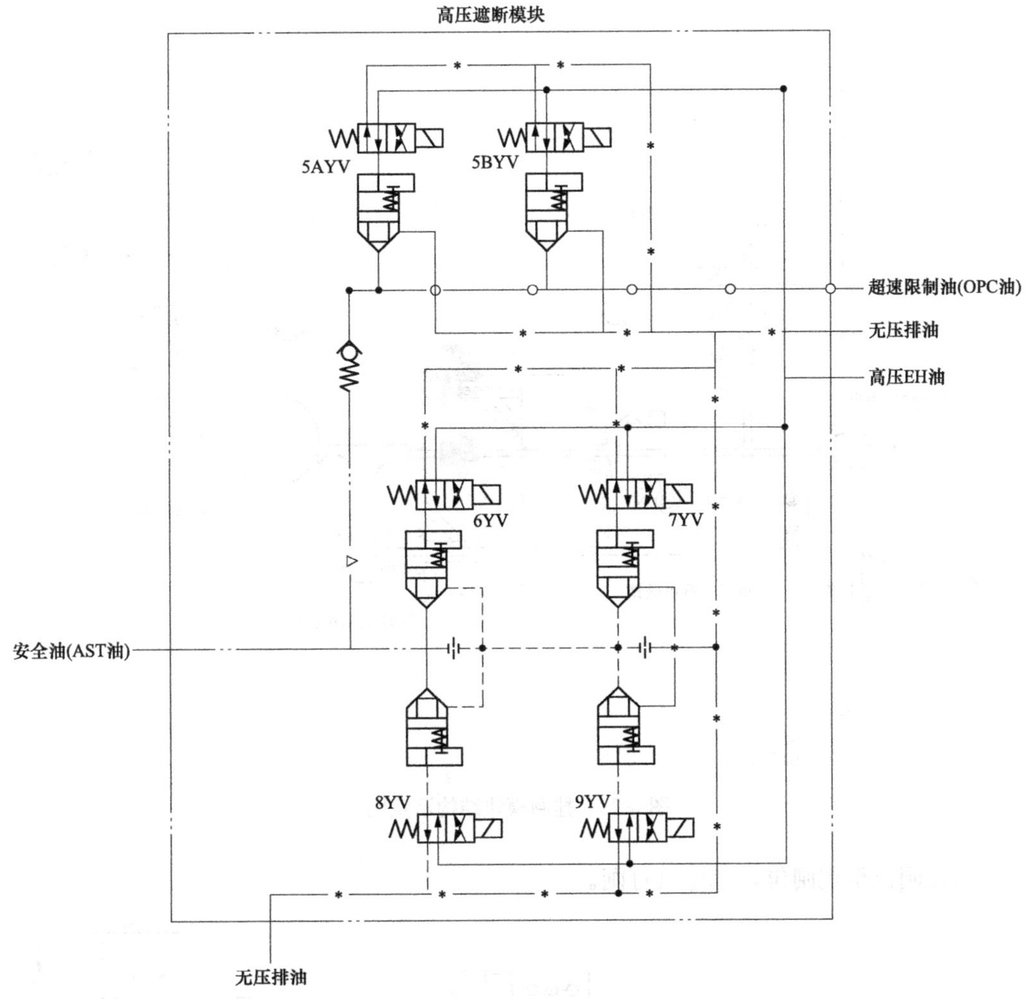

图 6-72 遮断模块示意图

一个。选择第二通道电磁阀试验时，方法一样，此时中间压力下降到 0MPa，说明电磁阀动作正常。平时运行时，通过监视中间压力的变化来判断隔膜阀是否关闭或有泄漏。

3. 挂闸模块

挂闸模块主要功能是实现汽轮机挂闸、就地手动打闸、接收远方打闸信号、喷油试验。

（1）汽轮机挂闸与打闸的过程。如图 6-73 所示，当 DEH 系统发出挂闸指令后，模块 1YV 电磁阀带电，润滑油（复位油）喷入模块腔室内推动挂闸阀杆向左移动，挂闸阀杆由跳闸位（ZS2）移动到挂闸位（ZS1）。此时模块的榔头通过卡槽固定，保持挂闸阀杆在挂闸位，1YV 电磁阀失电，润滑油（复位油）退出。当阀杆处于挂闸位时，遮断隔离阀组保持关闭，安全油管路与无压回油管路隔断，安全油压建立，挂闸成功。

当挂闸模块收到远方打闸信号（机械遮断信号——3YV）、就地手动打闸时，挂闸阀杆向右移动，遮断隔离阀组打开，安全油与无压回油管路接通，泄掉机组安全油，汽轮机打闸。

（2）汽轮机喷油试验。如图 6-74 所示，当汽轮机转子转速超速时，挂闸模块内危机遮断器飞环飞出，撞击榔头，受撞击的榔头脱离固定卡槽，在弹簧力的作用下，挂闸阀杆向右

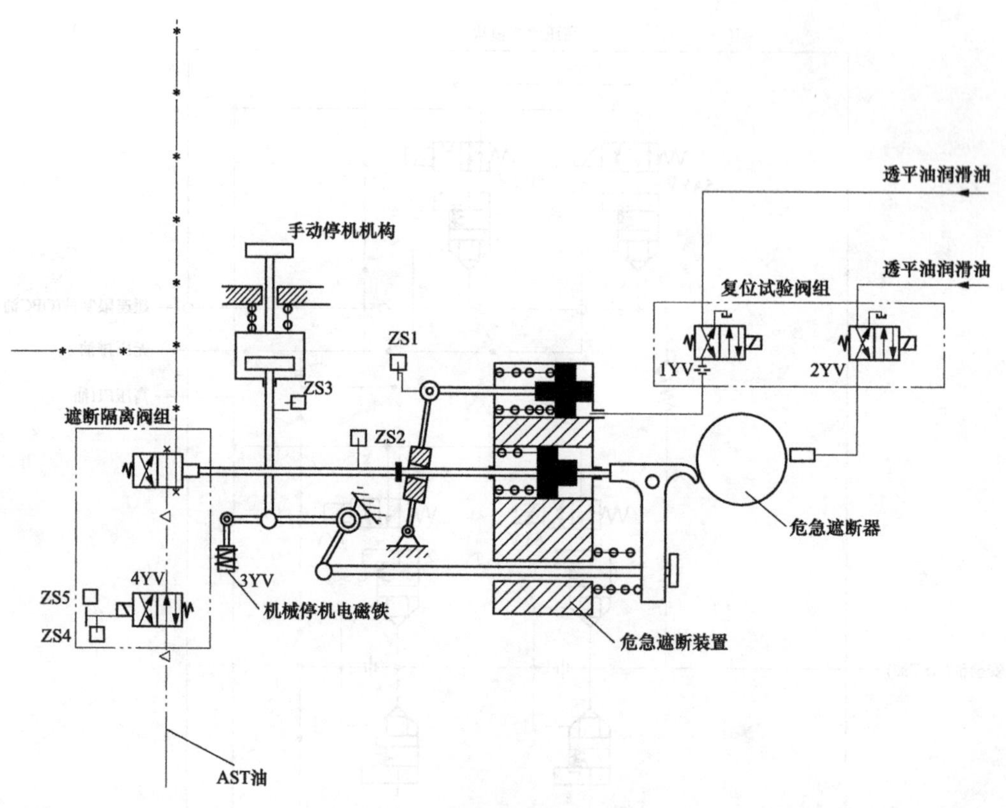

图 6-73 挂闸模块结构示意图

移动，由挂闸位至跳闸位，汽轮机打闸。

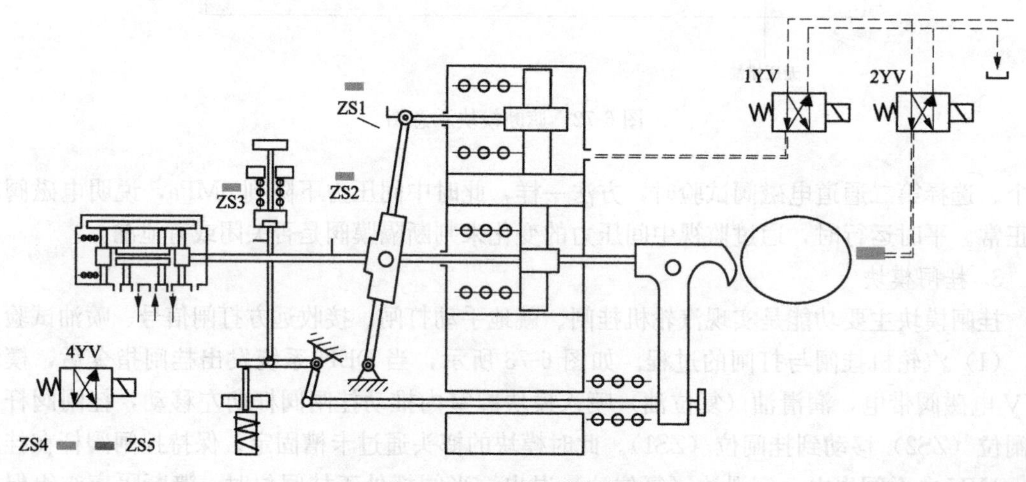

图 6-74 飞锤试验示意图

为确保危机遮断器飞环在机组超速时，能迅速飞出，遮断汽轮机，必须定期进行汽轮机喷油试验，活动飞环，防止飞环卡涩。喷油试验是在汽轮机挂闸状态（或运行状态）下将油喷到空心的飞环中增大离心力，使之飞出。但飞环因喷油试验飞出不应打闸，为此增加了试验用隔离电磁阀 4YV。

做喷油试验时，隔离电磁阀 4YV 带电，检测到隔离电磁阀在隔离位后，2YV 带电，油喷进危急遮断器中，飞环飞出，ZS2 发讯，然后使 2YV 失电，过一段时间，1YV 带电自动挂闸，挂上闸后，再使隔离电磁阀失电，全部试验过程结束。

4. 执行器模块

(1) 开关控制式执行器。中、低压蒸汽截止阀是全开或全关式，没有中间位置。高压控制油通过节流孔板进入执行器模块，然后进入液压活塞。有一个预启功能的卸压阀控制高压控制油的压力，当机组挂闸，卸压阀关闭，活塞下运行油压升高，蒸汽阀打开。当机组跳闸保护动作，执行器的卸压阀打开，释放活塞下运行油，快速关闭蒸汽阀（执行器结构见图6-75）。

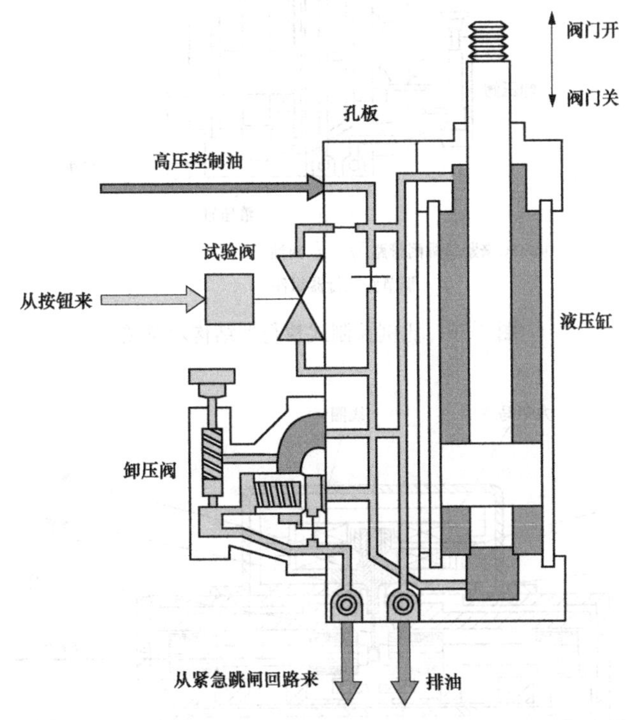

图 6-75 开关控制式执行器结构示意图

(2) 比例控制式执行器。高压主汽阀、高压调节阀、中压小联合汽阀调节阀、中压大联合汽阀调节阀、低压调节阀旋转隔板、高压抽汽液控蝶阀、低压抽汽液控蝶阀是比例控制式执行器（见图 6-76）。因为需要控制阀门位置，所以装设伺服阀和线型微分变送器(LVDT)。伺服阀的进口安装 10μm 的滤网，提供干净的高压油。执行器伺服阀接收来自轮机控制盘的电控制信号，调节液压缸的流量。阀门位置信号对应液压缸的油流量，LVDT 把阀门位置信号转换成模拟电信号，再反馈给轮机控制盘。反馈信号与阀门位置的命令信号比较，如果有差别，电子控制系统改变电信号，从而调节阀位。这些阀门的执行器上也装设卸压阀：当轮机跳闸或超速保护控制（汽轮机的 OPC）动作，卸压阀打开，液压活塞下的运行液压油排出，阀门快速关闭。电磁阀也是阀门执行器组件的主要部件，在蒸汽阀执行器中，用来实现 OPC 和阀门的快速关闭。

5. 其他组件

(1) 电液伺服阀（见图 6-77）。电液伺服阀的作用是把电气量转换为液压量去控制油动

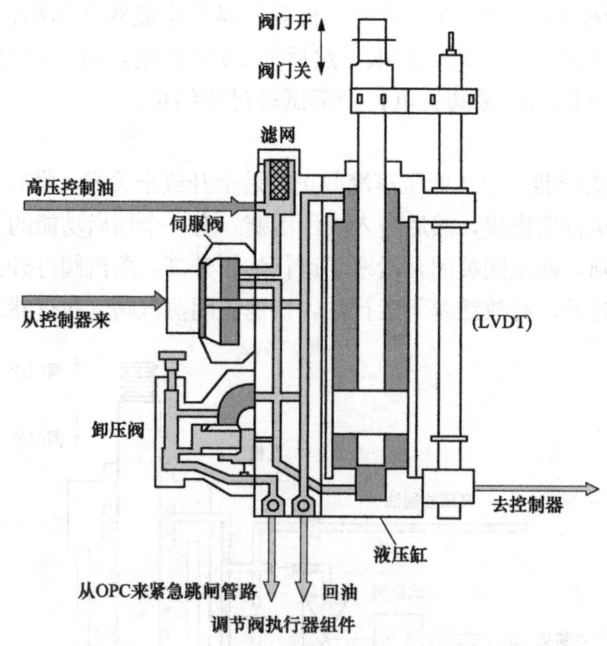

图 6-76　比例控制式执行器结构示意图

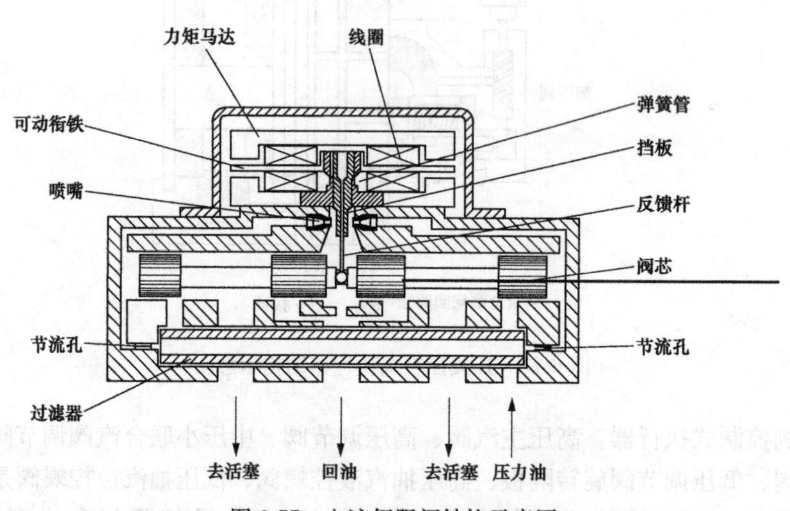

图 6-77　电液伺服阀结构示意图

机。经计算机运算处理后的欲开大或者关小汽阀的电气信号由伺服放大器放大后，在伺服阀中将电气信号转换成液压信号，使伺服阀主阀移动，并将液压信号放大后控制高压油的通道，使高压油进入油动机活塞下腔，油动机活塞向上移动，经杠杆带动汽阀使之开启，或者是使压力油自活塞下腔泄出，借弹簧力使活塞下移关闭汽阀。当油动机活塞移动时，同时带动线性位移传感器，将油动机活塞的机械位移转换成电气信号，作为负反馈信号与前面计算机处理送来的信号相加，由于两者的极性相反，实际上是相减，只有在原输入信号与反馈信号相加后，使输入伺服放大器的信号为零后，这时伺服阀的主阀回到中间位置，不再有高压油通向油动机下腔或使压力油自油动机下腔泄出，此时汽阀便停止移动，并保持在一个新的工作位置。

电液伺服阀是由一个力矩电动机，两级液压放大和机械反馈系统等组成。力矩电动机是由一个两侧绕有线圈的永久磁铁组成。

当伺服放大器输出的电流改变时，电液伺服阀内力矩电动机的衔铁线圈中有电流通过，产生一磁场，在其两侧磁铁的作用下，产生一放置力矩，使衔铁放置并带动与之相连的挡板转动。如当衔铁往左上翘时，挡板移近左边喷嘴，使左喷嘴的泄油面积减小，使流量减小，喷嘴前的油压升高；与此同时，右边喷嘴与挡板的距离增大，流量增加，喷嘴前的油压降低。

(2) 快速卸荷阀。图 6-78 为快速卸荷阀工作原理示意图。快速卸荷阀安装在油动机液压块上，它主要作用是当机组发生故障必须紧急停机或正常停机时，安全油泄压后，快速泄放油动机活塞下腔的压力油，这时不论伺服放大器输出的信号大小，在阀门弹簧力作用下，均使阀门迅速关闭。

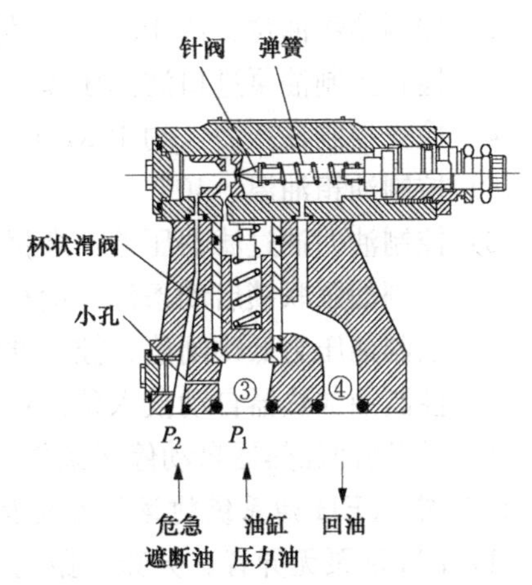

图 6-78　快速卸荷阀工作原理示意图

1) 正常工作：AST 电磁阀带电，遮断油建立→$P_1=P_2$，杯形阀↓→③、④隔开，HP 与油缸下腔接通→阀门开度加大。

2) 出现遮断信号：AST 电磁阀失电，P_2↓→0，杯形阀↑→③、④导通，油缸下腔与回油接通快速关门。

(3) OPC 电磁阀。汽轮机 OPC 油回路并联了两个 OPC 电磁阀，当机组 OPC（超速保护控制）动作时两个 OPC 电磁阀带电开启，操作油压失去，高压主调阀、中压小联合汽阀调节阀、中压大联合汽阀调节阀、低压主调阀、旋转隔板、高压抽汽液控蝶阀、低压抽汽液控蝶阀随之关闭。OPC 条件消失经延时后两个 OPC 电磁阀失电关闭，操作油压重新建立，相应阀门打开。

四、系统的运行维护

燃气轮机控制油、汽轮机 EH 油的启停、日常维护工作基本一致，在此就不分别说明。

（一）系统的启动

1. 投运前的准备和检查

控制油系统启动前，需先确认机组闭冷水系统已投运正常，并且需先投运控制油循环过滤系统，主要检查和准备如下：

(1) 检查控制油系统具备投运条件；

(2) 检查控制油箱油位在高位，油质合格；

(3) 检查控制油箱油温正常，否则投入电加热器；

(4) 检查蓄能器已充氮；

(5) 检查系统上各阀门开关位置正确。

2. 控制油系统的投运

(1) 启动控制油循环泵，确认循环过滤系统运行正常；

(2) 启动一台控制油泵，确认控制油泵运行正常，控制油压力正常；

(3) 投运控制油冷却器；

(4) 检查系统无泄漏；

(5) 将备用控制油泵投入自动备用。

(二) 系统的运行监视

机组正常运行中，需严密监视控制油系统的运行情况，特别是控制油泵的运行情况，一旦控制油系统压力失去，机组直接跳闸，这将严重影响机组和电网的安全。

1. 燃气轮机控制油系统的运行监视及相关保护联锁

(1) 控制油泵无异音、异味，振动、电机电流和电机绕组温度正常。

(2) 控制油箱油位：约460mm，低报警值240mm，高报警值460mm。

(3) 检查控制油泵进口滤网压差：高报警值0.69MPa。

(4) 检查控制油压力：约10MPa。

(5) 控制油箱油温：40℃。

(6) 控制油回油过滤器压差：高报警值0.3MPa。

(7) 控制油泵联锁启动条件：运行泵跳闸或者控制油压力低于7.8MPa。

(8) 控制油压力低跳闸值：控制油压力小于7.0MPa，三选二。

(9) 控制油加热器自动投入条件：加热器投入备用，控制油油箱温度＜15℃。

(10) 控制油加热器自动停运条件：①控制油箱温度大于20℃；②加热器异常。

2. 汽轮机EH油系统的运行监视及相关保护联锁

(1) EH油泵无异音、异味，振动、电机电流和电机绕组温度正常；

(2) EH油箱油位：400～550mm（高报515mm，低报435mm，低低报115mm)；

(3) 检查EH油泵出口滤网压差：高报警值0.5MPa；

(4) 检查EH油压力：约14MPa；

(5) 控制油箱油温：50℃；

(6) 中间油油压：约7MPa；

(7) EH油泵启动条件：EH油箱油位无低报警（油位＞435mm）且EH油温＞18℃；

(8) EH油泵保护停运条件：EH油箱油位低低（油位＜115mm)；

(9) EH油泵备用泵联启条件：EH油压力＜11.2MPa；

(10) 汽轮机安全油压力低跳闸值；小于7.8MPa，三选二；

(11) 汽轮机各主汽阀、调阀EH油进口滤网压差高报警值：0.5MPa。

(三) 系统的停运

机组停运超过24h后，若无启机计划可停运控制油系统，但为防止刚停运时汽轮机的高温造成部分残存在油动机组件里的控制油的高温氧化和裂解。控制油系统最好在机组停运3天以后才停运。

(1) 退出备用控制油泵的自动备用；

(2) 停运控制油泵；

(3) 控制油再生装置一般不停运，维持运行，保证控制油油质；

(4) 如有必要，停运控制油净化泵（净化油泵一般不停，以达到循环净化的效果)。

(四) 控制油系统日常维护

要保证控制油系统的安全稳定运行就要加强对系统的日常维护。

1. 控制油系统的清洁

控制油系统应该定期进行清洁工作，扫除外表的灰尘油污。特别在执行检修工作时，要注意保持工作环境的清洁，对测量控制油的压力表/开关校验后，一般情况下需经过静置3h以上并用无水酒精清洗，防止矿物油混入控制油中，禁止对其使用四氯化碳等含氯清洗剂。对检修中新安装的控制油管道要进行吹扫，防止存在于管道中的杂质进入控制油系统。要定期进行油质化验，加强化学监督，不合格的油绝对不能进入控制油箱，不同厂家的控制油也不要混用，并及时进行控制油滤油工作，保证控制油的油质。

2. 控制油系统的检查和试验

为了保证系统的连续运行和避免机组故障停机，必须遵循定期检查及试验规程。①定期检查控制油泵。②定期对电液转换器进行检测，尽快发现存在的故障和隐患，及时处理。③定期检查控制油管路接头、焊口及密封件，防止密封件损坏和接头松脱等故障发生。④定期对硅藻土及纤维精滤器运行状况进行监视。当水分和酸性指标超标时马上更换硅藻土，降低控制油中杂质的颗粒及酸性指标。⑤加强对控制油油质的监测，监控其主要指标有酸值、电阻、颗粒度、电阻率、水分、黏度、氯含量等在正常范围内。⑥定期轮换控制油泵，避免单台控制油泵疲劳运行，危急机组运行安全。

五、系统的优化改造及运行经验分享

（一）停机后汽轮机EH油温度高

汽轮机EH油冷油器安装在再循环泵回路上，由于再循环泵流量较小，汽轮机停运后EH油泵油量增大，整个EH油系统热量增加，冷油器温控阀即使全开也无法将EH油温控制在规定值之内。停机后维持EH油泵运行会导致EH油油温长时间超温，为防止汽轮机EH油停运后EH油超温，规定非两班制运行机组在汽轮机停运后需停运汽轮机EH油泵。同时为避免频繁启停油泵导致EH油用户垫片损坏，两班制机组可以保持EH油泵运行。

（二）燃气轮机控制油油位持续下降

机组运行过程中TCS上出现燃气轮机控制油箱油位低报警（低于340mm），查曲线控制油箱油位缓慢下降，现场发现控制油净化装置周围地面上有大量积油，净化装置内置油箱顶部呼吸阀向外渗油（净化装置在停运状态），检查净化装置内置油箱已满油（装置油位灯亮），怀疑有人误碰控制油净化装置出口三通阀，导致漏油。机组正常运行时净化装置一般选择模式2，此模式下务必保持净化装置进口三通阀“↑”状态、出口三通阀“↑”状态，如进口或出口三通阀偏转一定角度，则三通阀两路导通，部分控制油将回到小车内置油箱，导致燃气轮机控制油油箱油位下降，小车内置油箱油位上涨至满油通过小车油箱顶部呼吸阀溢出造成漏油事件。

六、系统典型异常及处理

（一）控制油系统压力下降

可能原因：油中杂质将油泵出口滤网的滤芯堵塞；油箱控制块上溢流阀整定值偏低；油泵故障导致出力不足，备用油泵出口逆止阀不严；系统中存在非正常的泄漏，主要有：①执行机构快速卸荷阀未关严；②电液伺服阀严重内漏；③油动机活塞由于磨损、腐蚀，造成密封不严，漏流增大；④蓄能器回油阀、OPC试验放油阀等未关严；⑤油管路节流孔堵塞。

处理方法：发现控制油压下降，立即查找原因并作出相应措施；若运行油泵出口滤网差压高，应切换至备用油泵运行并联系检修清理；检查泄压阀动作情况，若误动应及时联系维修处理；运行油泵异常，应切换到备用油泵运行并联系检修处理；当控制油压小于设定值时（燃气轮机 7.8MPa，汽轮机 11.2MPa），备用油泵自启动，否则手动启动；发现控制油系统泄漏，应在尽可能维持控制油压的前提下，隔离泄漏点，并及时联系检修补油。若泄漏严重不能隔离，应立即故障停机。

（二）控制油压晃动

可能原因：溢流泄压阀工作异常，备用油泵出口逆止阀故障，油箱油位过低等。

处理方法：控制油压晃动时，应立即检查控制油泄压阀及备用油泵出口逆止阀工作情况，必要时应及时联系检修处理；检查控制油箱油位，必要时联系加油；必要时切换到备用控制油泵运行。经处理仍不能消除控制油压晃动，难以维持机组正常运行，应故障停机。

（三）中间油压不正常

可能原因：电磁阀故障、隔膜阀关闭不严密；油压开关误动作；节流孔异常。

处理方法：检查电磁阀、检查隔膜阀阀芯；调整压力开关；清理节流孔。

注：本机组燃气轮机安全油无中间油压。

（四）控制油泵电流增大

可能原因：油泵本身故障；控制油系统母管上的溢流阀卡涩，未能正常回座致使系统流量增大；再生装置旁路阀内漏；最小循环流量阀误开；任一伺服阀发生内漏。

处理方法：检查油泵或切换备用泵；检查溢流阀工作状况；短时隔离再生装置以判断故障；检查并调节最小循环流量阀的开度；更换发生内漏的伺服阀。

（五）汽轮机 EH 油供油温度高

可能原因：EH 油冷油器未投入；冷油器闭冷水侧堵塞；闭冷水温度高；EH 油再循环泵跳闸；EH 油冷油器温控阀故障。

处理方法：检查 EH 油冷油器水侧、油侧阀门是否正常投入，否则恢复至正常状态；切换至备用冷油器运行；按闭冷水温度高处理要求处理，降低闭冷水温度；检查再循环泵跳闸原因，尽快恢复再循环泵运行；将 EH 油冷油器温控阀切至手动旁路运行。

第十二节 润滑油系统

一、系统概述

润滑油系统的作用是向燃气轮机、蒸汽轮机和发电机的轴承、燃气轮机排气侧支撑、发电机密封油系统和顶轴油系统提供一定温度和压力的过滤后的洁净润滑油，以确保机组安全、可靠的运行，防止发生轴承烧毁、转子轴颈过热弯曲等事故。润滑油系统对于轴承的主要作用：润滑轴承、冷却轴承、吸收轴承振动、清洗并带走轴承磨损物颗粒。

对于多轴联合循环机组，燃气轮发电机组与汽轮发电机组可以共用一套润滑油系统，也可以各自单设一套润滑油系统；对于单轴联合循环机组，燃气轮机与汽轮机共用一套润滑油系统。机组正常运行时的工作油泵，可以由主机通过辅助齿轮驱动，也可以由交流电动机驱动，大型机组为了简化结构多采用电动泵。

本机组燃气轮机、汽轮机机组采用分轴布置，燃气轮机、汽轮机各自单设一套润滑油系统。本机组的燃气轮机、汽轮机的润滑油系统均采用全电动油泵与蓄能器和压力调节阀的配置，在保证机组润滑油压力稳定运行的情况下，简化了整个机组设计，降低了机组的功耗，方便了对润滑油系统的维护。

二、系统流程

（一）燃气轮机润滑油系统流程

本机组燃气轮机的润滑油系统流程如图 6-79、图 6-80 所示。

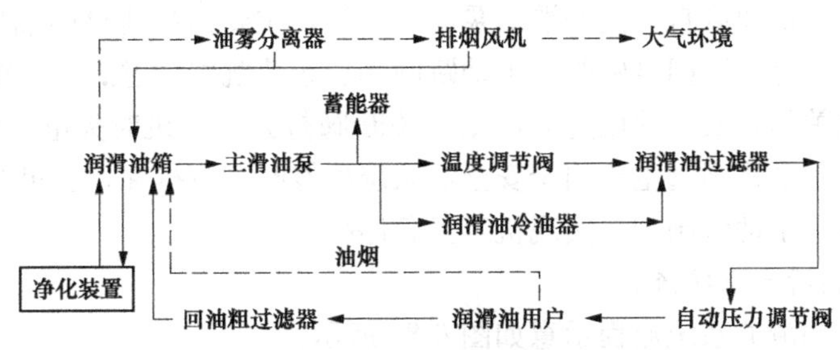

图 6-79　润滑油系统流程示意图

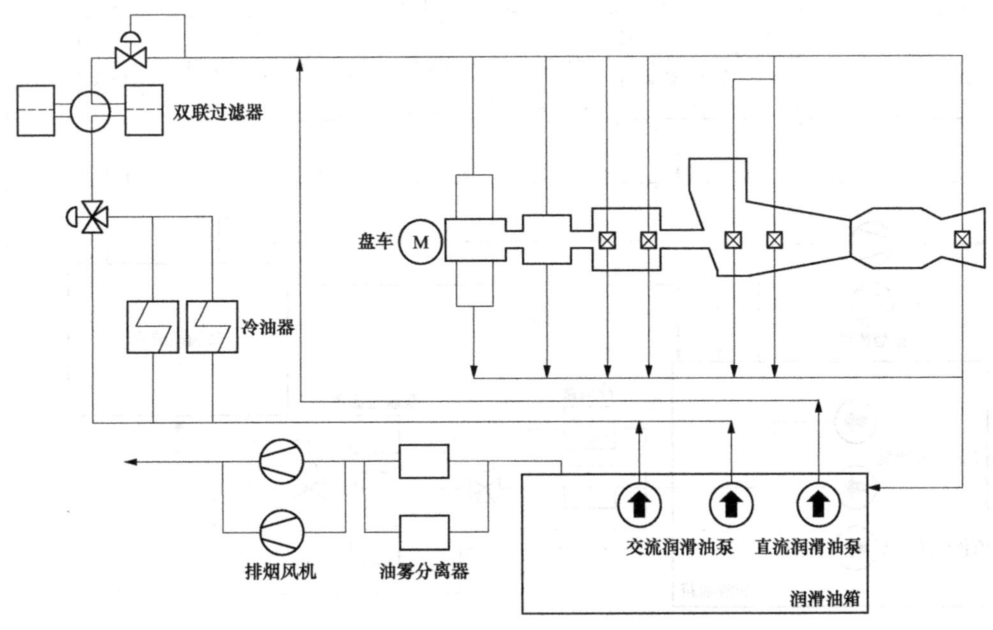

图 6-80　燃气轮机润滑油系统图

主润滑油箱中的润滑油经由交流润滑油泵升压后，经过泵出口的逆止阀，经过冷油器以及温控阀，将油温调整在限定值以内，然后进入润滑油过滤器去除杂质，经自动压力控制阀调整润滑油供应压力，然后供给轴承、盘车、密封油、顶轴油等各润滑油用户，之后经回油粗过滤器后重新回到主润滑油箱中。

润滑油各用户产生的油烟依靠润滑油箱的负压伴随着回油进入润滑油箱中，然后经油雾分离器分离后，由润滑油排油烟风机排到大气中。

事故情况下，直流润滑油泵紧急启动运行时，润滑油不经过过滤器过滤及冷油器冷却直接供应给各润滑油用户（见图 6-80），然后回到润滑油箱。因为直流润滑油泵本身就是在交流电源和保安电源全部中断的情况下为了保证汽轮机轴瓦的安全设置的。经过过滤器及冷油器反而增加了阻力，也就增加了直流油泵电机的耗电量。同时也可以防止过滤器及冷油器任何一个出问题而断油。正常情况下，直流润滑油泵不应长期运行。

润滑油净化装置直接从主润滑油箱底部抽取油进行循环过滤或者脱水，然后再回到润滑油箱的上部。

燃气轮机安全油供油取自交流润滑油泵出口母管，主要由超速跳闸油压力开关（3 个）、机械超速跳闸装置、超速跳闸电磁阀、手动跳闸阀、超速跳闸油过滤器等组成。超速跳闸电磁阀在启机时带电关闭，安全油压建立，燃料关断阀打开。停机时失电打开，安全油泄压，燃料关断阀关闭。手动跳闸阀主要用于安全油系统检修时进行排油，也可在燃气轮机出现紧急异常工况时，打开手动跳闸阀，实现机组紧急停机。

（二）汽轮机润滑油系统流程

本机组汽轮机润滑油系统流程示意如图 6-81 所示。

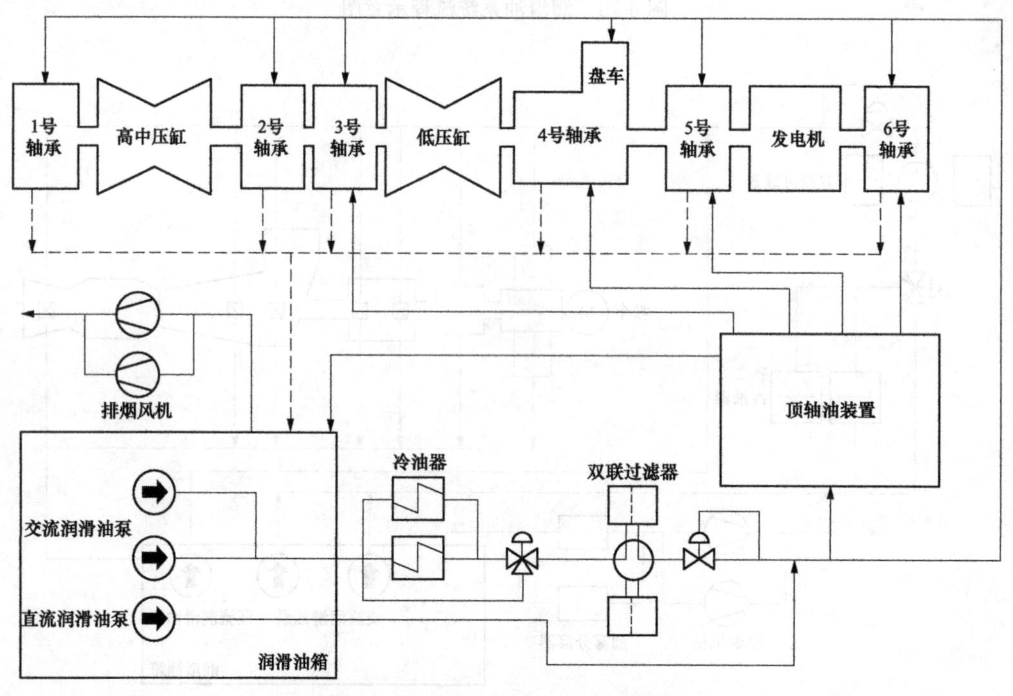

图 6-81 汽轮机润滑油系统流程示意图

汽轮机润滑油系统与燃气轮机润滑系统流程一致，系统均设置了两台交流润滑油泵、一台直流油泵、冷油器、温控阀、双联过滤器、自动压力控制阀、油箱风烟系统、油净化装置。

与燃气轮机润滑系统主要区别是：汽轮机润滑油系统同时为汽轮机顶轴油系统提供润滑油，燃气轮机无顶轴系统；燃气轮机润滑油系统为燃气轮机控制油系统提供安全油。

三、主要设备结构及原理

燃气轮机和汽轮机的润滑油系统均采用结构一致的主设备，有润滑油箱、两台带蓄能器的主润滑油泵、一台直流事故油泵、润滑油冷油器和温度控制阀、润滑油过滤器和压力控制阀、两台排油烟风机和两套油雾分离器、润滑油净化装置。

（一）润滑油箱

随着机组容量的增大，油系统中用油量随之增加，油箱的容积也越来越大，为了使油系统设备布置紧凑和安装、运行、维护方便油箱采用集装方式。

主油箱的内部装有过滤网用以过滤来自轴承的回油。在主油箱的内部装有两台交流润滑油泵，一台直流事故油泵供润滑系统用油，一个浮球翻板式油位计和三个油位变送器用以监视油箱正常油位。而在主油箱的顶部装有排油烟风机将油中分离出的烟气，水汽排出油箱外。

在润滑油主油箱上装有将油引到净化装置和返回主油箱的清洁油的接管，在主油箱上还装有补充油接口，可以使用净化装置进行补油操作。在主油箱的下方装有用于维修和紧急情况的排放管线，以便排放积水和杂质，以及油系统发生火灾事故时快速放油。

（二）交流润滑油泵

主润滑油箱内部安装有两台100%容量的主润滑油泵。主润滑油泵为交流电机驱动的立式离心潜油泵，油泵浸没在最低油位线以下，推力轴承和导轴承的润滑都靠该泵抽送的润滑油来解决，该泵的导轴承用耐磨铜合金材料，油磨性很好，但在无油情况下，空运行开机将在轴和导轴承间产生高温，从而烧坏导轴承，所以决不能无油开机运行。正常运行时，一台交流润滑油泵运行，另一台处于备用状态。

主润滑油泵的出油管路上装有气囊式蓄能器，用于缓冲运行润滑油泵跳闸备用润滑油泵启动或者润滑油泵切换时，润滑油供油压力的波动。蓄能器里面装有一个充有一定压力氮气的气囊，当润滑油压力高于氮气压力时，氮气气囊被压缩润滑油进入蓄能器，润滑油压力越大进入蓄能器的润滑油越多，当润滑油压力降低时，蓄能器里面的润滑油被氮气气囊挤出。蓄能器具有吸收和释放润滑油的功能，可减少润滑油管路上的压力波动。当由主油泵切换到备用油泵或主油泵跳闸而备用油泵未及时启动引起的供油油量的变化，通过出口母管上的蓄能器可减少供油母管的压力波动，保证机组运行时不出现断油现象。

（三）直流事故油泵

在主油箱内部安装有一台直流事故油泵。它是直流电机驱动的立式离心潜油泵。当润滑油供油母管压力低于低报警值时发出压力低报警，当供油母管压力低于跳闸保护值时，机组跳机，直流事故油泵启动。直流事故油泵在润滑油供油压力低于跳闸值或交流电源失电的情况下，供应润滑油，保障机组安全停运及停运后的供油。

（四）润滑油冷油器及温控阀

润滑油流过各润滑点（轴承、盘车齿轮等）后温度上升14～33℃，因此，从系统回来的润滑油必须冷却以保证合适的供油温度。系统设置两台100%容量的润滑油冷油器，其结构为板式换热器，具有结构紧凑、低流动阻力、不易结垢、高换热效率等特点。利用闭式循环冷却水冷却润滑油，目的是将热的润滑油冷却到一定温度然后供给轴承。冷油器采用双联布置，通过三通阀相互连接，一台运行一台备用，在运行过程中就可以手动切换冷却器。

如图6-82所示，板式冷油器采用换热波纹板叠装于上下导杆之间构成主换热元件。导杆一端和固定压紧板采用螺丝连接，另一端穿过活动压紧板开槽口。压紧板四周采用压紧螺杆和螺母把压紧板和换热波纹板压紧固定。这些板片上都装有密封垫，密封垫对板间通道起密封作用并使流体流入相邻通道。板片波纹引起流体紊流并支撑板片承受压差。两两换热波纹板之间构成流体介质通道层，作为换热元件的波纹板一侧是闭式循环冷却水另一侧是润滑油，构成油水的换热通道层交错布置。

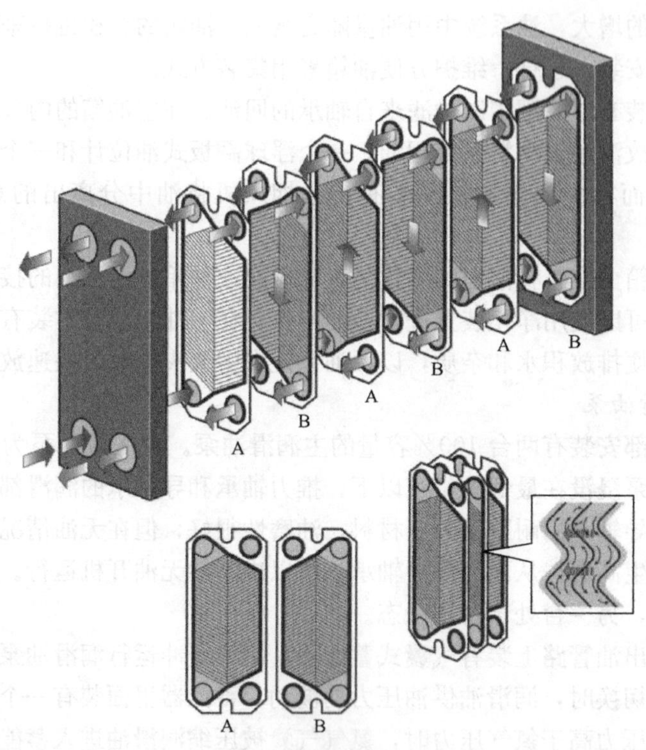

图 6-82　板式冷油器

A—A 板，是指悬挂时波纹尖端向下的 V 形板；B—B 板，是指悬挂时波纹尖端向上的 V 形板

润滑油的温度由冷油器上游的温度控制阀控制，它是气动三通控制阀。正常运行时，通过冷却器出口油温来控制温度控制阀开度，使部分润滑油通过旁路与冷却器出口润滑油混合达到控制润滑油温度。

（五）润滑油过滤器及压力控制阀

本机组使用的过滤器为双联式过滤器，一用一备，该过滤器由两只单筒过滤器和一个六通手动换向阀组成一体，可实现在线切换，结构更紧凑，工作更可靠。设有进、出口压差监视，当压差大时切换到备用过滤器运行，脏的过滤器进行隔离更换滤芯。过滤器用于滤除油中混入的杂质和油化学反应生成物，防止介质劣化及元件发生污染、磨损、堵塞。

润滑油过滤器的下游安装有一个润滑油压力控制阀，其结构为弹簧加载、薄膜驱动。润滑油压力控制阀调整好后，阀后的润滑油压力基本不变。动作过程如下：在润滑油压力控制阀后引一股润滑油作为阀的控制动力源，当阀后的压力增大时，控制用油推动压力控制阀使其开度变小；当阀后的压力减小时，弹簧反作用力推动压力控制阀使其开度增大，维持阀后的压力基本不变。

（六）排油烟风机和油雾分离器

润滑油润滑冷却轴承后温度升高，在这个过程中润滑油受热分解产生油烟，一些空气及轴封系统的蒸汽也会进入润滑油系统。润滑油箱除了起贮油的作用外，还担负着分离空气、水分和各种机械杂质的任务。油箱中油流速度应尽量缓慢，回油管应布置在接近油箱的油面，以利于油层内空气逸出。油箱的容量越大，越有利于空气、水分和各种杂质的分离。

润滑油系统设置两台排油烟风机，一台运行，另一台备用。风机的吸风口前装有手动操作可调蝶阀，调整蝶阀的位置即可改变风机进口风道的通流面积，亦即改变风机的吸风量，从而达到调整轴承油箱及回油系统微负压的目的。通过排油烟风机维持油箱微负压，防止油烟泄漏在高温环境下发生爆炸，将轴承箱内的油烟、水分、空气等集中收集然后排放，油雾分离器是将排放的油烟中携带的油滴截留下来，减少油损失和环境污染。

每台抽油烟风机都装有一台油雾分离器。油雾分离器是聚集式，它能吸附油蒸汽中的大部分油雾，排出的油被送回到主油箱。油雾分离器差压计值超过 5kPa 时，需做好更换分离器元件的准备工作。

（七）润滑油净化装置（见图 6-84）

经过一段时间的运行，润滑油油质会变差，主要是来自管道中的固体颗粒、油水乳化结构和轴封蒸汽中的水分，通过润滑油净化装置除去油中的固体颗粒、乳化结构和水分维持润滑油油质。本机组燃气轮机润滑油采用 707GHPW100 聚结分离过滤脱水净油装置（汽轮机润滑油净化装置型号为 707GHPW50，工作原理相同），电控显示屏上共有四种工作状态模式（见图 6-83），分别为："聚结除水""纯过滤""深度除水"和"罐体排油"。选择开关置于任一位置，启动泵组，油路中的电动球阀和电动三通球阀会自动切换至相应的位置，球阀转动到位后，变频器频率输出，泵组启动，实现该油路工作。停止泵组，球阀关闭。根据润滑油样检测结果，使用不同的工作模式。

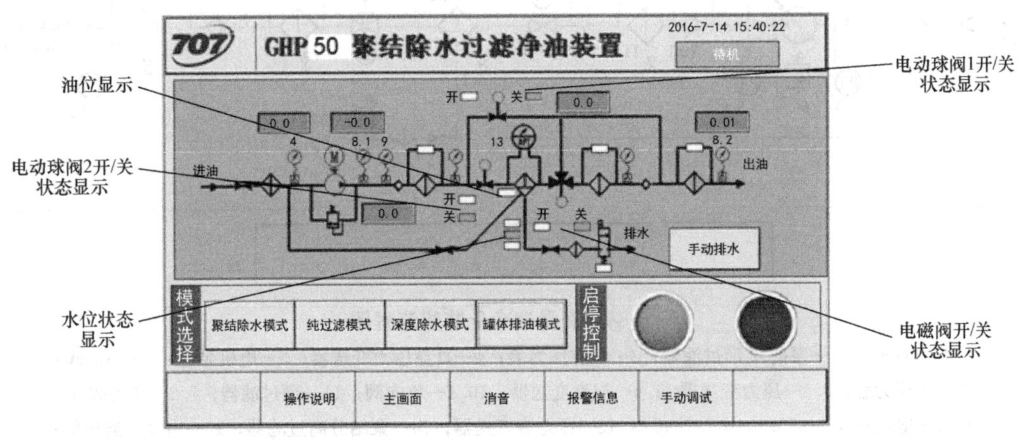

图 6-83 润滑油净化装置控制面板

（1）聚结除水模式，在电控箱显示屏上选择聚结除水模式，启动泵组，含有颗粒杂质及乳化水、游离水的润滑油经进油软管进入聚结分离过滤器该滤器中装有 7 只聚结滤芯和 2 只分离滤芯，能破除介质中的油水乳化结构，进行有效脱水，经过滤脱水后的油液进入精过滤器，除去 3μm 以上的颗粒杂质，最后经出油软管返回油箱。聚结分离过滤器积水筒设置有物位控制器 1，能自动检测并控制水位，当积水筒中水位升至设定高水位时，电磁阀开启，进行自动排水（也可通过控制箱显示屏上的排水按钮进行手动排水），水位降至设定低水位时，电磁阀自动关闭。积水筒还设有目视油水界面装置，操作人员可以通过观察窗观察处于油水界面处的浮球，判断水位情况。

（2）纯过滤模式：经预过滤器后的油液不经聚结分离过滤器、吸水过滤器，而是直接经电动球阀 1 进入精过滤器，最后出油软管返回油箱。此过程仅过滤油液中的颗粒杂质，使油箱油液清洁度等级达要求。

（3）深度除水模式：含有颗粒杂质及乳化水、游离水的汽轮机油经进油软管吸油过滤器由泵吸入，首先经过单向阀 1 进入预过滤器，有效地除去 20μm 以上的颗粒杂质，再经过电动球阀 2 进入聚结分离过滤器（此时电动球阀 1 关闭）进行脱水，经过滤脱水后的油液再由电动三通球阀（直通状态）进入吸水滤器进行深度除水，然后进入精过滤器除去 3μm 以上的颗粒杂质，最后出油软管返回油箱。经多次循环后，可使油液中的水含量达到不小于 100ppm。

（4）罐体排油模式：当聚结分离过滤器上下游压差达到报警值而更换滤芯时，须先将滤器筒内油液排尽，罐体排油。在电控箱显示屏上选择放油模式，关闭球阀 1，打开聚结分离过滤器顶部的放气球阀及下部的放油球阀 4，启动泵组，聚结分离过滤器内油液由泵吸入，经单向阀 1、预过滤器、电动球阀 1（此时电动球阀 2 关闭、电动三通球阀处于直通状态）、精过滤器，最后经球阀返回油箱，当过滤器筒内油液液位下降至物位控制器 2 安装位时，自动停机，此时放油过程完成，可打开滤器端盖，进行更换滤芯工作。

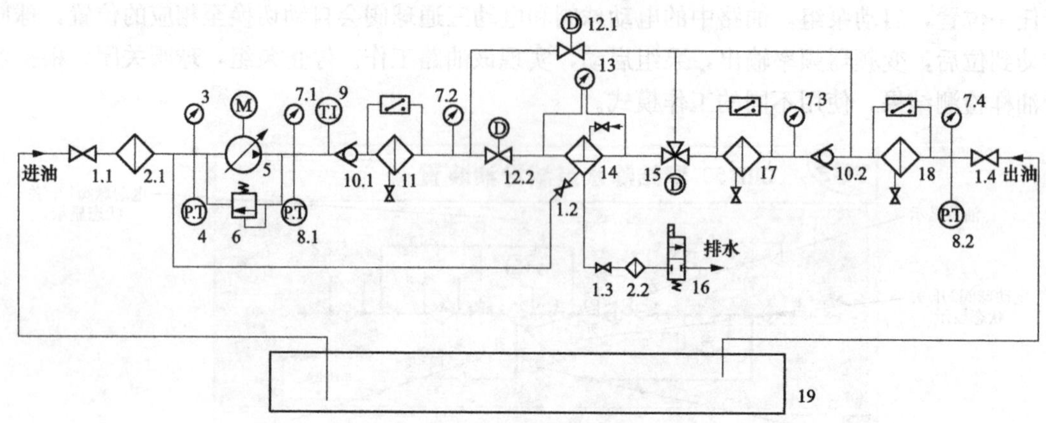

图 6-84 润滑油净化装置流程图

1.1—球阀；2.1—泵前 Y 形过滤器；3—真空压力表；4—真空压力变送器；5—电机泵组；6—溢流阀；7.1—压力表；8.1—压力变送器 1；9—温度变送器；10.1—单向阀；11—预过滤器；7.2—压力表 2；12.1—电动球阀 1；12.1—电动球阀 2；13—压差表变送器；14—聚结分离过滤器；15—电动三通球阀；1.2—球阀 2；1.3—球阀；2.2—阀前 Y 型过滤器；16—电磁阀；17—吸水滤器；7.3—压力表 3；10.2—单向阀 2；18—精过滤器；7.4—压力表 4；8.2—压力变送器 2；1.4—球阀 4；19—油箱

四、系统的运行维护

（一）系统的投运

润滑油系统投运前，润滑油箱油位应比正常油位高 100mm 左右，且润滑油油质经化验合格。当任何一台交流润滑油泵故障时，机组应禁止启动。严禁在润滑油系统没有启动的情况下，进行任何方式的盘动转子工作。

1. 启动前的检查与准备

（1）检查润滑油系统具备投运条件；

（2）检查润滑油箱油位在高位，油质合格；

（3）确认交流润滑油泵、直流润滑油泵和润滑油箱排烟风机具备启动条件；

（4）检查润滑油箱油温大于15℃，否则投入电加热器加热到20℃以上。

2. 系统的启动

（1）启动一台油烟风机，润滑油箱压力缓慢降至－2.5kPa左右，将备用控制油泵投入自动备用；

（2）启动一台润滑油泵，检查润滑油泵出口压力、润滑油供油压力、温度均正常，必要时应调整润滑油压力调节阀以调节供油压力；

（3）确认系统无泄漏；

（4）检查各轴承回油温度、金属温度正常，润滑油箱油位下降后逐渐稳定；

（5）将备用交流润滑油泵、直流润滑油泵投入自动备用。

（二）系统的运行监视

润滑油系统是机组安全运行的保障。在集控室操作台上，为了保障大轴安全，设置了两台交流润滑油泵和直流润滑油泵的电气紧急启动的按钮，事故情况下DCS中无法启动润滑油泵时，应立即按下相应启动按钮，避免润滑油中断造成断轴烧瓦。另外，润滑油系统应定期进行每月一次润滑油联动试验，保障润滑油泵能正常联动。

1. 燃气轮机润滑油系统相关参数及保护定值

（1）润滑油供油压力：0.26MPa，低报警值0.189MPa，跳闸值0.169MPa，机组跳闸后直流润滑油泵自启动。

（2）盘车装置闭锁润滑油压力：0.045MPa。

（3）润滑油泵出口压力：0.58MPa，低报警值0.45MPa，低报警后启动备用交流润滑油泵。

（4）润滑油箱负压：－2.5kPa，高报警值－0.98kPa，高报警后启动备用风机。

（5）润滑油滤网压差：<0.1MPa。

（6）润滑油供油温度：40～46℃，高报警值65℃，跳闸值70℃。

2. 汽轮机润滑油系统相关参数及保护定值

（1）润滑油供油压力：0.27MPa，低报警值0.255MPa。

（2）1号轴承供油压力：0.17MPa，低报警值0.115MPa，低跳机值0.07MPa。

（3）润滑油箱负压：－2.5kPa，高报警值－0.98kPa，高报警后启动备用风机。

（4）润滑油滤网压差：<0.08MPa，否则需要更换滤芯。

（5）润滑油油箱油位：正常约1500mm，低报警值1300mm，高报警值1700mm。

（6）润滑油供油温度：40℃，高报警值45℃。

（7）润滑油箱油位低于－200mm（对应DCS上油位约1300mm）液位开关动作，三选二汽轮机跳闸。

（三）润滑油系统的停运

润滑油系统的停运要求比较苛刻，在下列条件不满足时，严禁停运润滑油系统，以免发生轴承损坏、转子弯曲变形的事故。

1. 燃气轮机润滑油停运条件

（1）机组膨胀已稳定且燃气轮机轮间温度小于95℃；

（2）密封油系统已停运；

（3）盘车装置已停运，机组转速降为0 r/min；

(4) 机组各轴承金属温度正常。

2. 汽轮机润滑油停运条件

(1) 汽轮机高压缸金属温度小于 150℃；

(2) 顶轴油系统已停运；

(3) 盘车装置已停运，机组转速降为 0 r/min；

(4) 机组各轴承金属温度正常。

当上述条件满足后，可以停运润滑油系统，操作如下：

(1) 将直流润滑油泵和备用交流润滑油泵退出自动备用，并要求断开其电源；

(2) 断开运行润滑油泵电源开关，停运润滑油泵；

(3) 将备用油烟风机电源开关拉电，退出备用油烟风机自动备用，停运运行的油烟风机；

(4) 停运润滑油冷油器的冷却水。

五、系统优化改造及运行经验分享

(一) 汽轮机润滑油冷油器温控阀节能优化

汽轮机润滑油设置油两个温控阀，其中一个温控阀控制进入冷油器的油量，另一个温控阀控制冷油器的冷却水量，两个温控阀设定值均为 40℃。润滑油冷却水管径设计较大，即使机组在夏天满负荷运行时，润滑油温控阀开度也只有 20%左右，冷却水量明显偏多，也就是相应浪费了闭式冷却水系统的电机耗能。本机组重新对汽轮机润滑油冷却水量进行了调整，将汽轮机润滑油冷油器冷却水量的温控阀设定值油 40℃改至 40.5℃，冷油器冷却水流量减少，大大节省了冷却水的耗能。

(二) 备用冷油器冷却水节能优化

润滑油系统设置两个冷油器，一用一备，正常情况下备用冷油器冷却水也在投运状态，润滑油冷却水管径设计较大，冷却水量浪费偏多，也就是相应浪费了闭式冷却水系统的电机耗能。本机组重新对备用冷油器冷却水量进行了调整，将备用冷油器冷却水关闭，节省了冷却水的耗能。

(三) 汽轮机润滑油联锁逻辑优化

某电厂工作 A 变压器保护动作导致工作 A 段母线失电，汽轮机润滑油泵 A 停运，备用润滑油泵联启过程中，润滑油母管压力低导致汽轮机跳闸。由于汽轮机润滑油备用交流油泵及直流润滑油泵联启逻辑均有 2s 延时，导致备用交流泵及直流泵启动不及时，汽轮机润滑油压低跳机。咨询厂家，汽轮机润滑油泵没有设计备启延时，而本机组采用的 OVTION 系统中所有辅机备启逻辑都采用了相同的“选择联锁切换”宏逻辑模块，此模块内部设计有备启条件延时 2s 发出备用泵启动指令。目前，已经将汽轮机润滑油联启逻辑中的延时取消，经试验运行泵跳闸后备用泵联启可避免润滑油压降低至跳闸值。

(四) 燃气轮机润滑油风机电源优化

本机组燃气轮机设置有润滑油排烟风机全停保护：燃气轮机润滑油箱抽油烟机全停，延时 5s 联锁自动停运燃气轮机。某电厂工作 A 变压器母线保护动作导致工作 A 段母线失电，由于燃气轮机润滑油箱排油烟机 A/B 都在工作 A 段母线下游电源上，两台排油烟机全停，导致燃气轮机自动停机。燃气轮机润滑油烟风机电源设置不合理，目前已优化燃气轮机润滑油箱抽油烟机 A/B 电源，将两台风机电源分别挂在不同母线上。同时与主机厂协商是否可取消“燃气轮机润滑油箱抽油烟机全停，延时5s联锁自动停运燃气轮机”保护，或者将延时适当延长。

（五）燃气轮机1号轴承回油烟管温度高

本机组燃气轮机1号轴承安装位置在燃气轮机排气段，轴承箱外部温度较高，为避免高温烟气进入轴承箱，1号轴承处设置有密封空气，密封空气来源于压气机低压抽气。某电厂机组运行中发现1号轴承回油烟管温度高，同时出现油箱负压降低、润滑油供油滤网差压上涨等现象。发现1号轴承回油烟管温度高后立即采取启动备用排烟风机、降低机组负荷、调整1号轴承密封空气压力等措施避免高温烟气进入1号轴承内。经过处理后回油烟管温度仍未下降且温度已超过燃气轮机排烟温度，判断回油烟管内已着火，立即将机组打闸。机组打闸后将润滑油净化装置切至过滤模式，严密监视润滑油过滤器压差及供油压力，尽量避免直流润滑油泵启动（直流泵不经过滤器），防止不合格油质直接进入轴承。

经调查，本次事故的直接原因是轴承箱内保温棉固定铁丝长期在高温、振动的环境运行后发生断裂，导致保温脱落，回油烟管温度高导致油烟在管道内发生脱氢反应。整改措施：要求厂家提供1号轴承油烟管及1号轴承箱腔室内设备保温的安装要求，并在检修文件包内增加1号轴承回油烟管倾斜角度确认及保温确认，将上述检查项目作为C检H点严把质量关，避免同类事件再次发生。

六、系统典型异常及处理

（一）润滑油过滤器压差高

可能原因：滤网堵塞；差压开关故障。

处理方法：切换至备用过滤器运行，切换过程要缓慢，避免出现断油现象，并联系检修清洁或更换滤网；联系检修校准差压开关，必要时更换。

（二）润滑油供油温度高

可能原因：温控阀故障；冷却水中断；冷油器冷却效果差；轴承损坏等。

处理方法：检查润滑油温度控制阀是否正常，如阀门故障，及时联系检修处理；检查冷油器进、出口油温和水温，必要时切换冷油器；检查闭冷水系统是否正常，调节闭冷水温度和压力；检查各轴承金属温度和进回油温度，若轴承金属温度异常升高，可能是轴承损坏，必要时紧急停机。

（三）润滑油供油压力低

可能原因：润滑油泵工作异常；压力变送器故障；滤油器堵塞；润滑油管道外漏；润滑油压力调节阀故障等。

处理方法：检查润滑油泵电流及工作情况是否正常；就地核对润滑油供油压力，检查润滑油泵出口压力，如果误报应及时联系检修处理；检查润滑油箱油位是否正常；检查润滑油过滤器，如压差大应切换过滤器；检查润滑油管路系统、冷油器、过滤器等是否有漏点，如果泄漏轻微，油压可以维持，应设法堵漏并做好事故停机准备，如果泄漏量大，无法堵漏，油压不能维持，做紧急停机处理；检查润滑油箱负压正常，油烟风机工作情况，若两台油烟风机均故障，应申请停机；检查润滑油供油压力调节阀工作是否正常，必要时调节工作油进油阀；润滑油供油压力低至0.189MPa（汽轮机为1号轴承供油压力低于0.115MPa）时，应及时启动备用泵，如果备用泵启动不成功，要做好事故停机准备；润滑油压下降时，应严密监视各轴承金属及回油温度，各轴承振动，若参数超限，视情况做正常停机或事故停机处理。通过回油窥视窗的油流情况，发现轴承断油应破坏真空，紧急停机。

（四）润滑油品质不合格

新机组或检修后，因油系统清理不善致使机械杂质或水带入污染油质，应投运润滑油净化装置加强油处理或换油，定时进行油质取样分析；冷却水压高于润滑油压而冷油器又泄漏，致使油中含水增多，此时应切换冷油器运行，同时将润滑油净化装置切换至脱水模式运行；轴封蒸汽压力高而使油中含水量增加，应在不影响凝汽器真空的前提下，适当降低轴封蒸汽压力或提高轴封冷凝器真空；长时间运行后油质老化，应加强油处理或换油。

（五）启、停机过程中交直流润滑油泵故障

在机组启动并网前，任一台润滑油泵故障均应停机处理；在正常运行或停机过程中，若一台润滑油泵故障，应检查备用润滑油泵自动启动，同时联系检修抢修；若交流、直流润滑油泵均故障，应立即破坏真空紧急停机，转子静止后，做好惰走时间、转子偏心值、各轴承温度的记录，停机中注意倾听机内声音。通知检修抢修润滑油泵，若一台油泵修复，应按规定投运盘车，倾听机内声音，监视转子偏心值，注意盘车电流，严禁强行盘车。

第十三节 汽轮机顶轴油系统

一、系统概述

汽轮机顶轴油系统用来向汽轮机低压转子轴承（3、4 号）、汽轮机发电机转子轴承（5、6 号）上的静压油腔提供一定压力的高压油。

汽轮机转子低速转动时，轴颈和轴瓦间的相对滑动速度减小，为了避免由此引起的润滑油油膜不稳定，导致轴瓦和轴颈间发生干摩擦，需要通过顶轴油，将汽轮机转子适当顶起，使转子轴颈顶离轴瓦，从而避免轴瓦和轴颈损坏。同时，在启动盘车时，还可大大地减小启动力矩，从而减小盘车电动机的功率。

二、系统流程

顶轴油系统油质与润滑油相同，其入口接自润滑油供油总管。来自润滑油系统的油经过滤器过滤，由顶轴油泵加压至一定压力后供应至 3～6 号轴承，与润滑油一起汇流至轴承箱后随润滑油回油管道回流至润滑油箱（见图 6-85)。

三、主要设备结构及原理

顶轴油系统设置有两台交流顶轴油泵和一台直流顶轴油泵，其中交流顶轴油泵一运一备，直流顶轴油泵作为紧急备用，交流和直流顶轴油泵都选用恒压变量斜盘式轴向柱塞泵。在每台泵入口设有吸入过滤器和入口油压压力开关，泵体设有泄压阀，以避免压力超限。在顶轴油供油总管上设置有安全阀、供油压力表和压力开关。

本机组配置的柱塞泵是一种斜盘式轴向柱塞泵，主要结构如图 6-86 所示。柱塞的头部安装有滑靴，滑靴低面始终贴着斜盘平面运动。在电机的驱动下，驱动轴通过机械啮合带动缸体和柱塞一同旋转，由于斜盘平面相对缸体存在一倾斜角，迫使柱塞在柱塞腔内作直线往复运动，每一根柱塞在斜盘盘面上转动过程中，会在缸体内完成一次往复运动，柱塞的位移通过配流盘就完成了一次液压油抽吸或升压排放的过程。具体过程是：由下死点开始柱塞随着旋转不断被拉出，柱塞腔容积不断增大，直至上死点，这个过程中，柱塞腔刚好与配油盘吸油窗相通，油液被吸入柱塞腔内，这就是吸油过程。随着缸体继续旋转，柱塞在斜盘约束

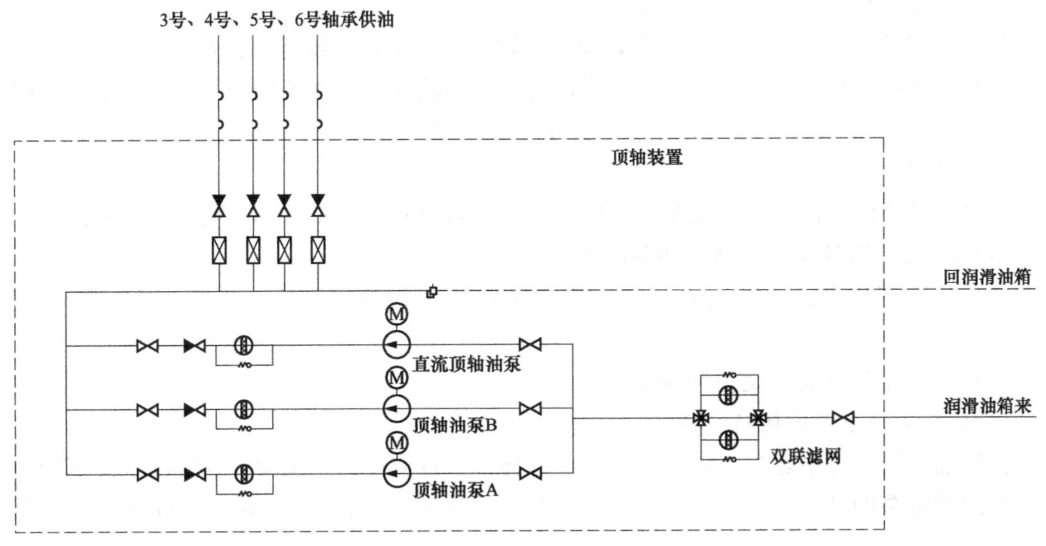

图 6-85　顶轴油系统流程图

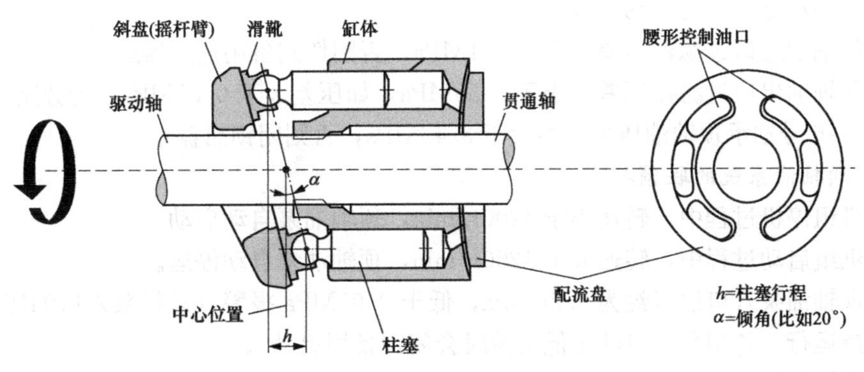

图 6-86　顶轴油泵结构示意图

下由上死点开始不断被推入腔内，柱塞腔容积不断减小，直至下死点，期间柱塞腔刚好与配油盘排油窗相通，油液通过排油窗排出，这就是排油过程。缸体每转一周，各个柱塞有半周吸油、半周排油。随着缸体不断旋转，泵便连续地吸油和排油。

泵体还设置有泄压阀和变量活塞，运行过程中，如果顶轴油压超过设定压力，顶轴油压通过泄压阀将压力作用在变量活塞上，以此调整斜盘倾角的大小，改变柱塞的行程，同时也就调整了顶轴油的供油流量，实现顶轴油压恒定，这样可以减少不必要的溢流损失，得到一定的节能效果。

四、系统的运行维护

正常情况下，三台顶轴油泵均为全自动控制，在机组启停过程中根据转速信号自动启停预选顶轴油泵。

（一）顶轴油系统的投运

顶轴油系统投运前应检查润滑油系统运行正常，相关检修工作已全部结束，再执行以下步骤：

(1) 检查顶轴油系统满足投运条件;

(2) DCS启动一台交流顶轴油泵,检查顶轴油压正常,系统运行正常;

(3) 检查供油母管压力大于7MPa将备用交流顶轴油泵和直流顶轴油泵投入备用联锁;

(4) 检查3~6号轴承顶轴油压力均大于3.43MPa(否则闭锁启盘车)。

(二) 顶轴油系统的停运

顶轴油系统停运前必须确认盘车已停运,机组转速降至0 r/min,再执行以下步骤:

(1) DCS退出备用交流顶轴油泵联锁;

(2) DCS退出直流顶轴油泵联锁、直流顶轴油泵就地控制柜上将控制方式切至"停止";

(3) DCS上停运运行交流顶轴油泵。

(三) 顶轴油系统的运行监视

顶轴油系统运行中除了完成以下定期巡检外,每月应进行一次交流顶轴油泵的定期轮换和直流顶轴油泵的试运行。系统正常运行中要根据3~6号轴承振动情况,综合判断顶轴油系统是否运行正常。

顶轴油系统运行参数及相关定值:

(1) 顶轴油母管压力:约16MPa。

(2) 顶轴油进口过滤器压差:小于0.1MPa,否则切到备用过滤器运行。

(3) 顶轴油出口过滤器压差:小于0.35MPa,如压差大于0.35MPa,走旁路单向阀。

(4) 3~6号轴承顶轴油压力:均大于3.43MPa,否则闭锁启盘车。

(四) 顶轴油系统的联锁控制

(1) 机组停机过程中,转速小于1200r/min,顶轴油泵自动启动。

(2) 机组启动过程中,转速大于1200r/min,顶轴油泵自动停运。

(3) 顶轴油泵入口油压约为0.26MPa,低于0.03MPa报警(运行泵入口油压低报警时将继续维持运行,备用泵入口油压低报警时会闭锁备用启动)。

(4) 顶轴油装置供油油压约为16MPa,低于9.8MPa时压力开关动作,联锁启动备用交流顶轴油泵和直流顶轴油泵,同时闭锁盘车电机。

(5) 顶轴油泵联锁启动条件(以A泵为例):(以下条件为"或"的关系)

1) 顶轴油母管压力小于9.8MPa;

2) 顶轴油泵A备用时,顶轴油泵B运行,顶轴油泵B出口压力小于7MPa。

(6) 顶轴油泵停止允许条件(以A泵为例):(以下条件为"或"的关系)

1) 顶轴油任一支路压力大于顶轴油泵B运行且出口压力大于7MPa;

2) 盘车没有投入。

(7) 直流油泵联启:

1) 顶轴油泵A、B均运行,母管压力低于9.8MPa;

2) 顶轴油泵B作备用时,B泵启动失败;

3) 顶轴油泵A、B均未运行,盘车投入状态;

4) 汽轮机转速1200r/min以下、交流顶轴油泵A、B未运行、顶轴油压母管压力开关动作条件同时存在(与门),后延时5s发直流顶轴油泵启动信号。

五、系统优化改造及运行经验分享

直流顶轴油泵联锁逻辑优化如下：

某电厂机组在进行厂用电失电试验时，由于汽轮机两台交流顶轴油泵及汽轮机盘车都挂在保安段上，保安段失电后两台交流油泵均跳闸而直流顶轴油泵未自动运行。原因是汽轮机盘车投入作为直流顶轴油泵联启条件之一，盘车失电停运后直流顶轴油泵无法联锁启动，该逻辑设置不合理。目前，已增加汽轮机直流顶轴油联锁启动条件：汽轮机转速 1200r/min 以下、交流顶轴油泵 A、B 未运行、顶轴油压母管压力开关动作条件同时存在（与门），后延时 5s 发直流顶轴油泵启动信号。

六、系统典型异常及处理

以顶轴油泵故障处理为例：

（1）检查备用泵运行，盘车运行正常；

（2）隔离故障泵，拉电通知检修处理；

（3）汽轮机停机后，交流顶轴油泵和直流顶轴油泵均故障，盘车不能投运，应关闭汽轮机本体所有疏水阀，关闭进入本体扩容器所有疏水阀，汽轮机闷缸，通知检修人员进行抢修；

（4）如汽轮机高、中压内缸上半内壁金属温度降到 150℃，则可停止盘车运行。

第十四节　盘车装置

一、系统概述

本机组燃气轮机、汽轮机分别配套独立的盘车装置，两套盘车装置均使用电动盘车装置，使机组转子以 3r/min 的转速连续旋转，其主要作用是：

（1）机组停机后，减小燃气轮机、蒸汽轮机部件因不均匀冷却所引起的转子变形，防止转子受热不均产生弯曲而影响再次启动或损坏设备；

（2）机组启动前，可以减小机组启动时转子的转动惯性力，同时避免因静止状态下突然升速摩擦力太大损伤轴承；

（3）机组启动前，避免汽轮机转子因阀门漏汽和轴封送汽等因素造成的温差使转子弯曲；

（4）机组大小修后，进行机械检查，以确认机组是否存在动静摩擦，主轴弯曲变形是否正常等（此时一般先点动盘车电机，确认无异常后再连续盘车）；

（5）较长时间的连续盘车还可以消除因机组长期停运和存放或其他原因引起的非永久性弯曲。

盘车电机失电或故障时，如果需要还可以利用专用气动盘车工具或者手动盘车工具盘动机组转子，此时一般要求每隔 30min 盘转转子 180°。

二、主要设备结构及原理

（一）燃气轮机盘车结构及原理

本机组燃气轮机盘车装置安装在燃气轮机发电机非驱动端，即 5 号轴承处。燃气轮机盘车装置包括交流电机、链条联轴器、两个链轮、滚子链和自动同步滑动离合器（见图 6-87）。自动同步滑动离合器（见图 6-88）用来自动地结合和分离盘车装置。

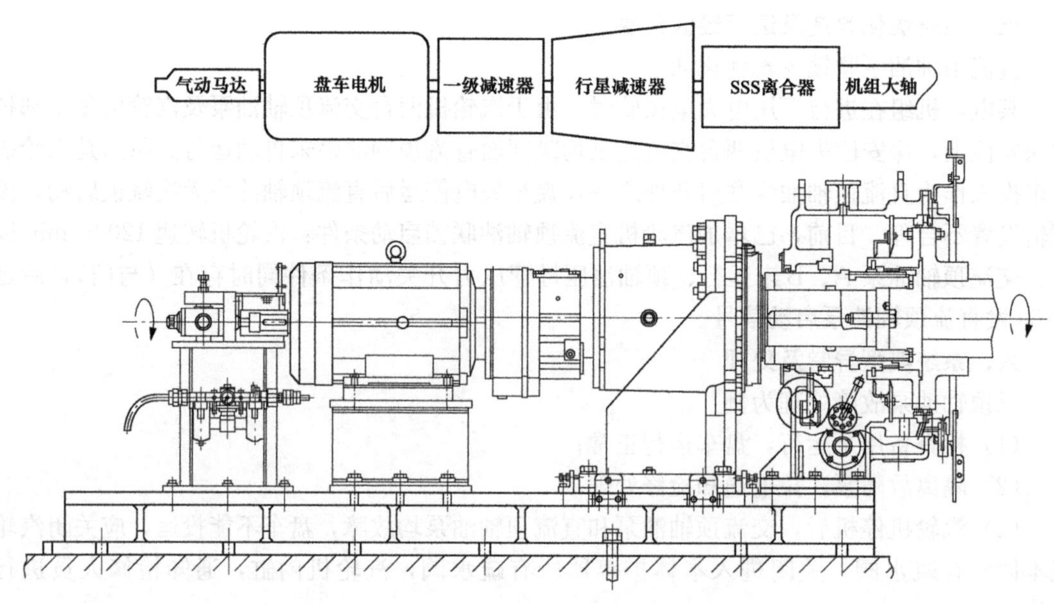

图 6-87　燃气轮机盘车装置结构示意图

盘车电源开关上设有控制模式旋钮开关，可在“远方”“就地”两种状态间切换：切至“远方”位时盘车电机由控制逻辑控制自动启停；切至“就地”位时由安装在电机电源开关上的启停旋钮控制。

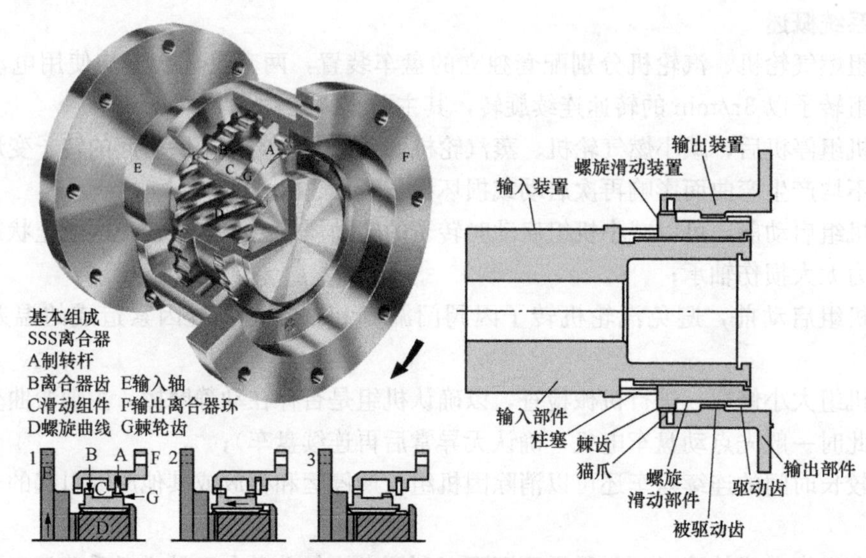

图 6-88　SSS离合器结构示意图

离合器输入端经减速装置与盘车电机连接，转速为 3r/min；输出端与燃气轮机转子连接，转速为燃气轮机转子转速。当离合器输出端小于输入端时，离合器螺旋滑动部件经柱塞推动下将驱动齿与被驱动齿结合，猫抓经弹簧动力弹出，固定螺旋滑动部件，输入端将动力转递至输出端，即盘车电机带动燃气轮机转子转动，稳定转速 3r/min。当输出端转速大于输入端时，猫抓甩开，螺旋滑动部件自动退出，使驱动端与输入端分离，盘车电机与燃气轮机转子脱离，盘车装置退出运行。

在盘车电机转轴的外侧预留有方形键，可连接气动盘车工具，用于电机异常或失电时盘车。

（二）汽轮机盘车结构及原理（见图 6-89）

本机组汽轮机的盘车装置安装在低压缸后轴承箱箱盖上，即汽轮机 4、5 号轴承之间，盘车转速 4.29r/min，驱动电机功率 22kW。采用传统的蜗轮蜗杆减速机构和摆动齿轮离合机构，电机横向布置，有利于减小机组长度。带有电操纵液压投入机构，用润滑油压驱动，可以远距离操作或就地操作。可连续盘车，也可间歇盘车，冲转时能自动与转子脱离，驱动力裕量较大，可以满足各种情况下的要求。

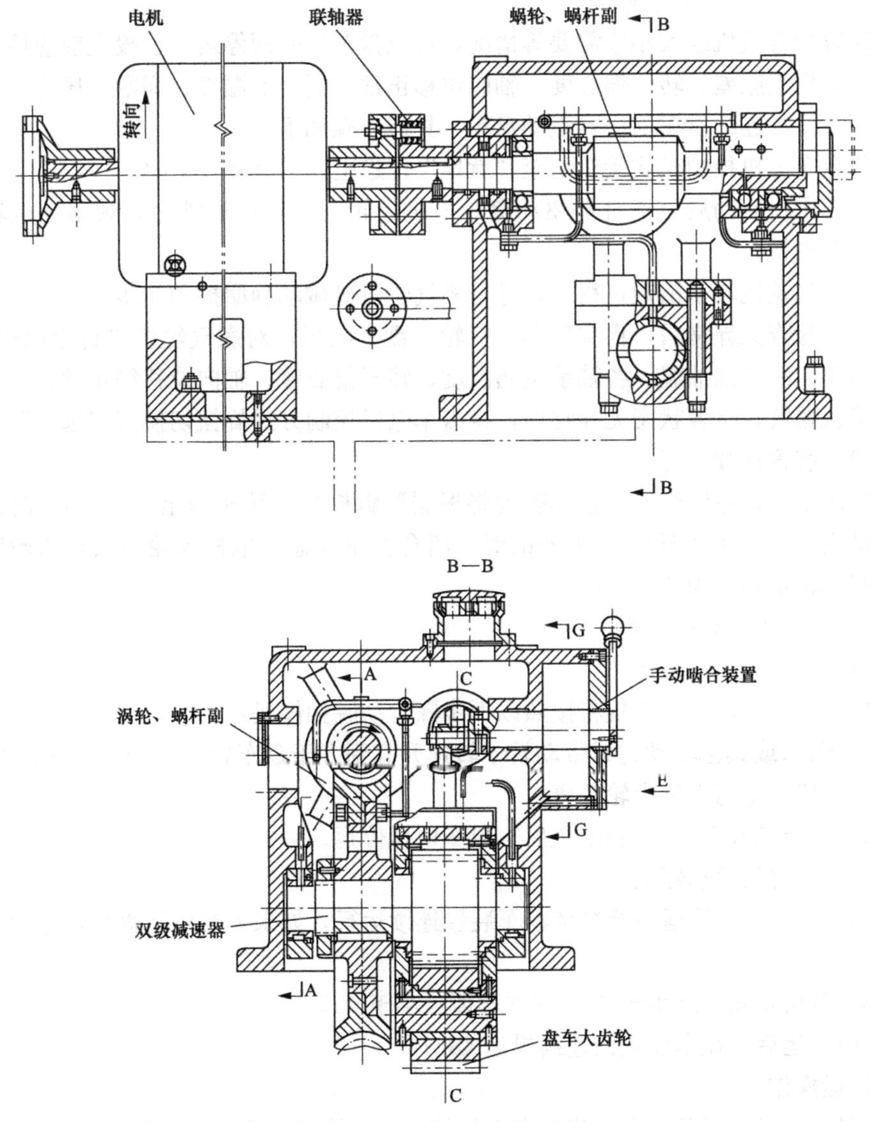

图 6-89　汽轮机盘车装置结构示意图

盘车就地控制柜上设有控制模式旋钮，可在“自动”“手动”两种种状态切换：切至

"自动"位时盘车装置由控制逻辑控制自动启停；切至"手动"位时盘车装置通过操作人员在DCS手动控制启停，同时亦可以通过操作人员在就地控制箱进行手动控制启停。

在盘车电机转轴的设有手轮，在电机异常或失电时进行手动盘车。

三、系统的运行维护

机组两班制运行时，盘车装置的投退均为自动控制。需要注意的是，机组大小修后投运盘车时，应先点动盘车，进行机组机械检查，检查无异常后，方可连续盘车，如发现碰摩，应及时停止盘车运行，让碰摩点位于转子正上方，减轻转轴弯曲。另外，在进行气动盘车时，应确认盘车电机已拉电上锁，以防电动盘车误启动造成事故。

（一）燃气轮机盘车的运行维护

1. 燃气轮机盘车装置的投运

盘车装置异常或机组大小修需要等情况，造成盘车长时间停运，在投运前应检查相关系统运行正常，机组胀差、转子偏心度、轴向位移正常、润滑油温度、润滑油压力、盘车装置供油压力正常。在连续盘车前进行点动盘车，具体步骤如下：

（1）将盘车电机控制模式旋钮切至"就地"位送电，启动盘车电机；

（2）盘车电机启动后，离合器驱动盘车电机齿轮与大轴齿轮啮合，观察燃机转子转动后，停运盘车电机；

（3）在燃气轮机转子惰走过程中，进行燃气轮机机械动静摩擦的初步检查；

（4）初步检查无异常后，再次启动燃气轮机盘车电机，对燃气轮机进行全面机械检查，确认机组振动、润滑油油温、各轴承金属温度、转子偏心度、轴向位移等正常；

（5）确认燃气轮机各状态无异常后，将盘车电机控制方式旋钮切换至"远方"位，维持燃气轮机盘车装置连续运行。

正常情况下，机组停运后，盘车装置将根据逻辑控制，转速降至300r/min时，盘车装置电机自动启动，转速降至小于3r/min时，离合器驱动盘车电机齿轮与大轴齿轮啮合，开始连续盘车，机组转速为3r/min。

2. 燃气轮机盘车装置的停运

（1）盘车装置的自动停运。

机组启动过程中，盘车装置将按照以下步骤自动脱扣停运：

1）当SFC（或其他驱动力）带动转子转速升高到大于盘车转速（约3r/min）时，离合器驱动盘车电机齿轮与大轴齿轮脱离；

2）当转子转速升至300r/min之后，盘车电机停运。

（2）盘车装置的手动停运。

正常情况下，机组停运后会维持盘车装置连续运行，如果需要停运盘车，应检查以下条件满足：

1）燃气轮机轮间温度小于95℃（推荐值：小于60℃）；

2）机组停运后，盘车装置已连续投运48h；

盘车停运操作：

1）在盘车电机电源开关上，将盘车电机控制方式旋钮切至"就地"位；

2）检查盘车电机已停运。

3. 燃气轮机盘车装置的运行监视

盘车装置投运及运行过程中，主要监视：

(1) 检查盘车电机无异音、异味，振动、电机电流和温度正常；

(2) 检查盘车装置供油压力正常，约 0.12MPa；

(3) 检查润滑油温度大于 20℃，正常供油约为 33℃(停机后)；

(4) 检查机组动静部分无摩擦；

(5) 检查机组转速维持约 3r/min。

4. 燃气轮机盘车装置的闭锁条件

以下任一条件满足时，盘车装置将自动停运并闭锁启动：

(1) 发电机密封油油氢压差低 0.035MPa；

(2) 润滑油压力低 0.045MP。

(二) 汽轮机盘车的运行维护

1. 汽轮机盘车装置的投运

盘车装置异常或机组大小修需要等情况，造成盘车长时间停运，在投运前应检查相关系统运行正常，机组胀差、转子偏心度、轴向位移正常、润滑油温度、润滑油压力、顶轴油压力、盘车装置供油压力正常。在连续盘车前进行点动盘车，具体步骤如下：

(1) 将盘车控制模式旋钮切至“手动”位。

(2) 确认润滑油压正常、顶轴油压正常、主汽门全关信号正常、零转速信号正常。

(3) 按下“电磁阀动作”按钮，观察是否啮合到位。

(4) 若啮合到位，则在就地盘车控制面板点“电机启动”按钮。

(5) 若啮合不到位，则等待 30s 后，在就地控制面板上启动盘车电机，这样将会强制啮合到位。若电机启动 20s 后还啮合不到位，则控制面板点“盘车停止”，尝试手动啮合。

1) 汽轮机盘车手动啮合操作：断开汽轮机盘车控制柜电源（防止手动盘车过程中电机突然启动）；打开盘车电机手轮盖子；顺时针方向盘动盘车电机，同时推动推杆，手动啮合汽轮机盘车（若顺时针无法盘动，可先逆时针先盘松，再顺时针操作）；盘车啮合限位开关已到位，送上盘车控制柜电源，此时“啮合到位”灯亮，若不到位，则重复①～③步；在就地控制柜上启动盘车电机，观察大轴是否转动。

2) 正常情况下，盘车装置控制模式应在“自动”位，机组停运后，盘车装置将根据逻辑控制，具体动作过程如下：①当盘车满足条件之后，不仅润滑油压正常、顶轴油压正常、主汽门全关信号正常、零转速信号灯亮外，PLC 会给 DCS 发盘车允许的信号。然后盘车啮合电磁阀会动作，电磁阀动作灯会亮，并且会发信号给 DCS。②若啮合到位，盘车啮合到位灯亮，3s 后盘车电机运行。③若啮合不到位，30s 后会微动盘车电机，之后会分两种情况：

a. 第一种情况啮合到位：3s 后盘车电机正常运行。

b. 第二种情况啮合不到位：再过 4s 后会再微动电机，使啮合到位并启动电机。若再过 6s 后，还不到位，系统将强启电机运行 20s 使其强制啮合，还不能啮合则啮合电磁阀指令复归，自投失败。

2. 汽轮机盘车装置的停运

(1) 盘车装置的自动停运。

机组启动过程中，盘车装置将按照以下步骤自动脱扣停运：

1）当汽轮机冲转后，转子转速升高到大于盘车转速（约 4r/min）后，在离心力的作用下，汽轮机转子将盘车装置啮合齿甩开，盘车装置与汽轮机转子分离；

2）当盘车装置收到“甩开到位”信号后，盘车电机停运。

（2）盘车装置的手动停运。

正常情况下，机组停运后会维持盘车装置连续运行，如果需要停运盘车，应首先检查以下条件满足：

1）轴封系统已停运。

2）辅助蒸汽和主蒸汽系统已可靠隔离。

3）机组转子轴向位移、转子偏心度、高中压缸和低压缸胀差已稳定。

4）汽轮机高压内缸上半调节级处内壁降低至 200℃时可改用间歇盘车，降到 150℃时才能停盘车。

5）汽轮机停运后，盘车装置已连续投运 48h。

3. 汽轮机盘车装置的运行监视

盘车装置投运及运行过程中，主要监视以下几点：

（1）检查盘车电机无异音、异味，振动、电机电流和温度正常；

（2）检查盘车装置供油压力正常，约 0.16MPa；

（3）检查润滑油温大于 20℃，正常约为 40℃；

（4）检查机组动静部分无摩擦；

（5）检查机组转速维持约 4r/min。

4. 汽轮机盘车装置的闭锁条件

以下任一条件满足时，盘车装置将自动停运并闭锁启动：

（1）盘车润滑油供油压力低于 0.04MPa；

（2）顶轴油泵出口压力低于 3.43MPa；

（3）主汽门未全关；

（4）转速未到 0r/min。

四、系统优化改造及运行经验分享

（一）汽轮机零转速信号故障

某电厂汽轮机在停机躲走过程中，由于零转速信号故障，导致汽轮机转速未到零时误发盘车投运信号，运行人员发现盘车投运后立即将盘车断电停运，由于盘车投运时汽轮机转速较高，盘车齿轮被打坏，汽轮机转速到零后盘车无法投运。运行人员立即将汽轮机进行闷缸处理，并通知检修紧急更换盘车齿轮，处理期间每隔 30min 手动盘动转子 180°，盘车修复后投运正常。

（二）汽轮机盘车软启故障

本机组汽轮机盘车投运时多次发生盘车软启故障，发生软启故障的原因为汽轮机投盘车啮合不成功，第三次啮合过程盘车电机会启动 20s，如果盘车啮合齿轮啮合不到位，盘车电流会超限，电流超限经一定延时后盘车会报软启故障报警，盘车无法投入。此时需要就地将盘车控制柜内空开断开后重新送上复位软启故障报警，再手动投入盘车。

如果多次发生机组停机时盘车软启故障且检修未完全解决该问题时，可以在机组停运前将盘车切至手动，远方手动投入盘车：盘车来允许信号后点击电磁阀动作使盘车啮合，电磁阀动作后点动电机辅助盘车啮合，若未啮合则继续点动盘车电机直至盘车啮合为止。此方法可以避免长时间启动盘车电机，从而降低盘车软启故障发生的概率。

五、系统典型异常及处理

盘车装置故障处理总原则：盘车装置自动无法投入或投入失败，切至手动投入，手动无法投入，应设法每隔30min手动盘转转子180°。

盘车装置因故停运后，应及时破坏真空，停止轴封蒸汽系统，并切断进入凝汽器的所有汽源，并按照以下原则处理：

(1) 在电动盘车故障的情况下，或者其他要求在机组完全冷却下来之前，电动盘车不能连续运行，应每隔30min手动盘转转子180°，如此反复，直到蒸汽轮机缸温正常。

(2) 如果机组正在冷却时盘车装置出故障，应尽快恢复盘车或手动盘车，否则转子必须维持原状。如果机组没有盘车冷却的话，重新启动前，必须使机组完全冷却下来。

(3) 在重新投运电动盘车前，应先手动盘转转子180°，确认转子转动正常，无动静摩擦。

(4) 盘车因故中断后如果要再次启动机组，需要先连续投运盘车装置，具体要求见表6-4。

表6-4 盘车中断后连续盘车时间说明

盘车中断时间	盘车连续投运时间	说明
＞3h	＞12h	如大修后
1～3h	＞8h	
＜1h	＞4h	如动平衡后

(一) 燃气轮机盘车装置故障

1. 当下列任一条件发生时，报警发出

(1) 盘车装置异常报警：机组转速到300r/min以下达35min后，盘车没有启动，或盘车齿轮没有啮合；

(2) 盘车电机故障报警：在盘车过程中盘车电机异常停止或者齿轮脱扣超过120s。

2. 可能原因及处理方法（见表6-5）

表6-5 可能原因及处理方法

可能原因	处理方法
盘车电机异常	检查盘车电机
盘车程序异常	检查盘车程序
盘车限位开关异常	检查限位开关

注意：在燃气轮机完全冷却下来之前盘车中断，严禁机组启动，记录停盘车时间，在大轴上画线，接入气动盘车工具每30min盘转转子，保证转子位置与上次停运时翻转180°，直至盘车恢复运行或达到停盘车条件。

(二) 汽轮机盘车装置故障

(1) 机组转速到0r/min以下达5min后，盘车没有启动，或盘车齿轮没有啮合。

(2) 在盘车过程中盘车电机异常停止或者齿轮脱扣超过10s。

(3) 可能原因及处理方法见表 6-6。

表 6-6　　可能原因及处理方法

可能原因	处理方法
盘车控制电源失电	检查盘车电源开关
盘车电机异常	检查盘车电机
盘车程序异常	检查盘车程序
盘车限位开关异常	检查限位开关
啮合电磁阀故障	检查电磁阀或手动啮合

注　在汽轮机完全冷却下来之前盘车中断，严禁机组启动，记录停盘车时间，在大轴上画线，用手动盘车工具每 30min 盘转转子，保证转子位置与上次停运时翻转 180°，直至盘车恢复运行或达到停盘车条件。

第十五节　密封油系统

一、系统概述

密封油系统专用于向发电机密封瓦供油，且使油压高于发电机内氢气压力一定数量值，以防止发电机内氢气沿转轴与密封瓦之间的间隙向外泄漏，同时也防止油压过高而导致发电机内大量进油。

密封油系统根据密封瓦的结构不同可分为单流环式和双流环式两种。本机组密封油系统为单流环式真空净油型系统，系统中的真空净油装置（真空油箱和真空泵）可有效驱除密封油中所含的水汽，从而减缓发电机内氢气的污染速度，使发电机内的氢气纯度长期保持在较高水平。

二、系统流程

密封油系统流程如图 6-90 所示，其中主要包括正常运行回路、事故运行回路、紧急密封油回路（即第三密封油源）。

（一）正常运行回路

循环密封油箱供油管→真空油箱→主密封油泵（或备用密封油泵）→压差阀→滤油器→发电机密封瓦→{氢侧排油（机内侧）→排氢调节油箱；空侧排油（与发电机轴承润滑油排油混合）}→循环密封油箱→轴承润滑油排油总管→机组主油箱

（二）事故运行回路

循环密封油箱供油管→事故密封油泵（直流泵）→压差阀（旁路）→滤油器→发电机密封瓦→{氢侧排油（机内侧）→排氢调节油箱；空侧排油（与发电机轴承润滑油排油混合）}→循环密封油箱→轴承润滑油排油总管→机组主油箱

（三）紧急备用回路

轴承润滑油供油支路→滤油器→发电机密封瓦→循环密封油箱→轴承润滑油排油总管→

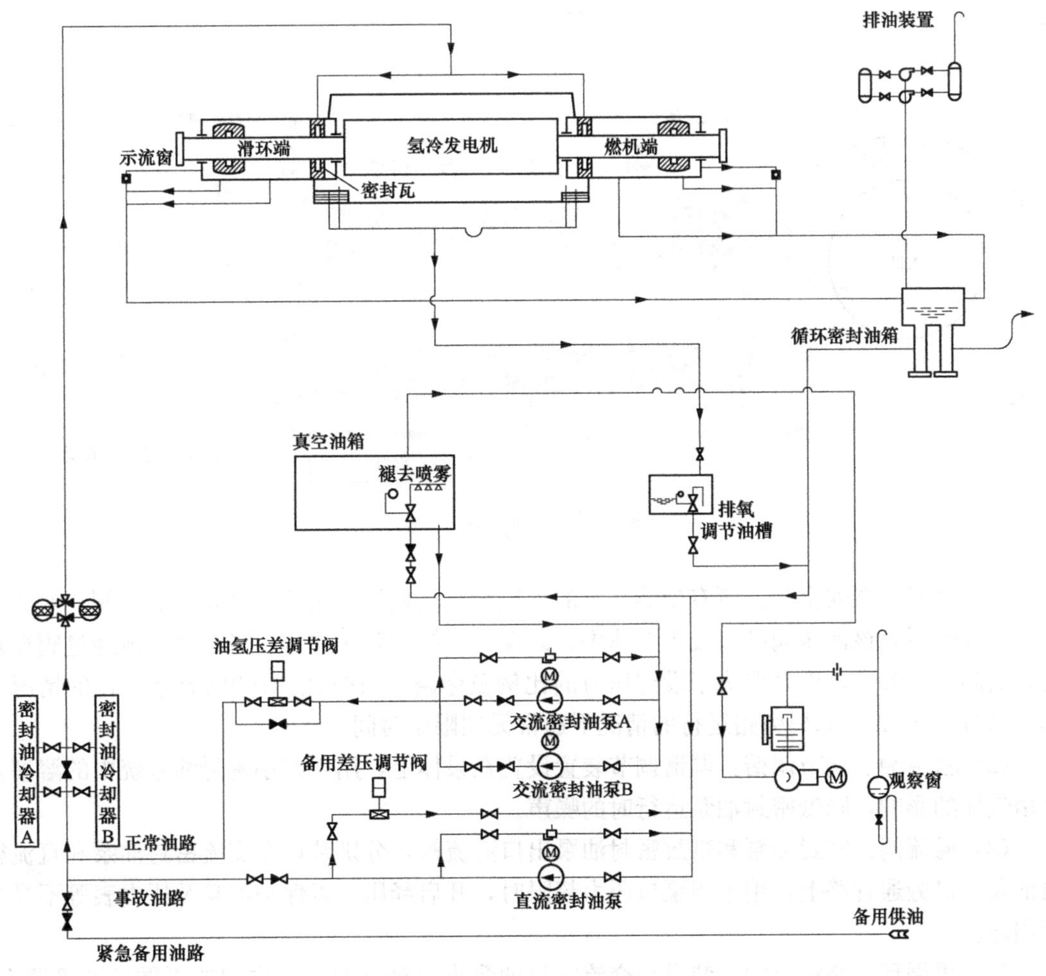

图 6-90 密封油系统流程

机组主油箱

此运行回路的作用是在主密封油泵和直流油泵都失去作用的情况下，轴承润滑油直接作为密封油源密封发电机内氢气。此时发电机内的氢气压力必须降到 0.02～0.05MPa。

三、主要设备结构及原理

本机组密封油系统主要包括两台交流密封油泵、一台直流密封油泵、两台排油烟风机、一台密封油真空泵、真空油箱、排氢调节油箱、循环密封油箱、冷油器和过滤器、主压差阀、备用压差阀、溢流阀、油水探测报警器、消泡箱液位开关等，以及相关的管道、阀门、仪表等。

（一）交流密封油泵

本机组密封油系统配置两台主密封油泵，一台工作，另一台备用。它们均由交流电动机带动，故又称交流油泵。主密封油泵从真空油箱抽油，油泵出口大部分流量通过旁路管回至真空油箱形成再循环，剩余的较少流量经压力调节及温度控制后，提供密封瓦用作密封油。

交流密封油泵型式是三螺杆泵，流量 24.0m^3/h，出口压力 0.95MPa，转速 1450r/min，额定功率 15kW。结构示意图如图 6-91 所示。

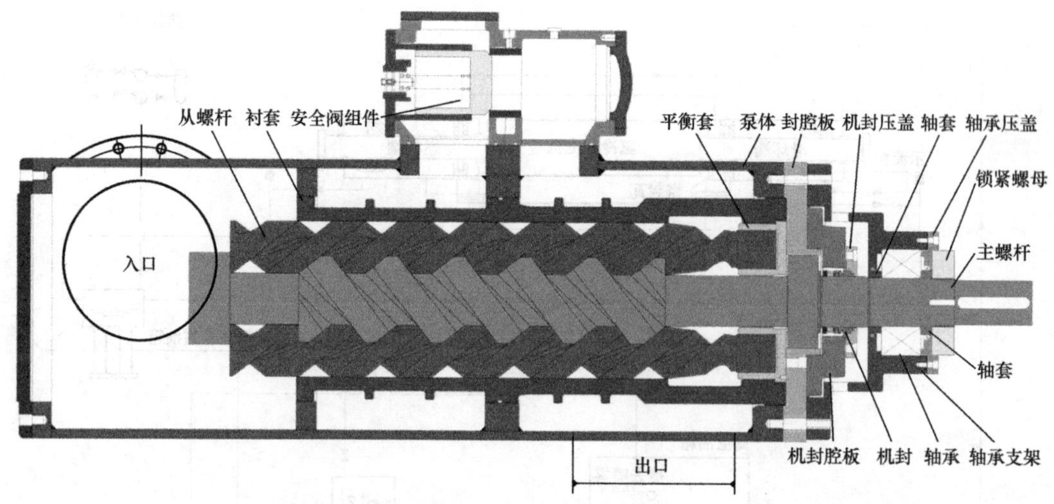

图 6-91 三螺杆泵结构

(1) 密封油泵安全阀：所有带螺杆泵的系统必须在最靠近泵的位置安装泄压阀。对于本机组密封油泵，该泄压阀已集成于泵体中，以保护系统，防止超压。当泵送液体经过阀循环时，其温度将升高，温升取决于设定压力的比例及旁路的百分比。100%旁路运行的情况下不能超过约 3min；50%旁路运行的情况下通常无须限定时间。

(2) 密封油泵调节调谐：调谐调节装置设置在泵体上，用于减小密封油系统中的溶解及自由气体的影响，降低密封油泵运行时的噪声。

(3) 溢流阀：密封油泵和事故密封油泵出口溢流阀，分别装设在交流密封油泵和直流密封油泵出口旁通管路上，用于当泵口压力超限时，开启释压，以保护油泵及压力表等不受高压损坏。

(4) 再循环油路溢流阀：装设在交流密封油泵出口到真空油箱之间的再循环油管路上，通过对支路流量的调节来控制泵出口压力稳定在要求值。

(二) 直流密封油泵

密封油系统设置一台事故密封油泵，当主密封油泵故障时，该泵投入运行。它由直流电动机带动，故又称直流密封油泵。事故密封油泵从循环密封油箱抽油，油泵出油经压力和流量调节，并经温度控制后提供密封瓦用作密封油。直流密封油泵也是三螺杆泵，流量 $12.0m^3/h$，出口压力 0.70MPa，电压直流 220V，功率 7.5kW。

(三) 密封油真空泵

密封油真空泵使用的是旋片式真空泵，是利用偏心安装的转子和可在转子槽内滑动的旋片的旋转运动以获得真空的一种变容机械真空泵。真空泵不间断地工作，保持真空油箱中的真空度。同时，将空气和水分（蒸汽）抽出并排放掉。

其结构图如图 6-92 所示，两个旋片把转子、定子内腔和定盖所围成的月牙形空间分隔成 A、B、C 三个部分，当转子按图示方向旋转时，与吸气口相通的空间 A 的容积不断地增大，A 空间的压强不断降低，当 A 空间内的压强低于被抽容器内的压强，根据气体压强平衡的原理，被抽的气体不断地被抽进吸气腔 A，此时正处于吸气过程。B 腔的空间容积正逐渐减小，压力不断地增大，此时正处于压缩过程。而与排气口相通的空间 C 的容积进一步地减小，C空间的压强进一步地升高，当气体的压强大于排气压强时，被压缩的气体推开排气阀。

（四）排氢调节油箱

排氢调节油箱的作用是收集密封油系统的氢侧回油，使油中的氢气初步分离。排氢调节油箱内部装有自动控制油位的浮球阀，以使该油箱中的油位保持在一定的范围之内。排氢调节油箱外部装有手动旁路阀及液位视察窗，以便必要时人工操作控制油位。排氢调节油箱的主要附件还有液位信号器（带有高低液位开关和液位变送器）。当油位高或低时，液位开关将发出报警信号；液位变送器输出模拟信号用于远方监控。

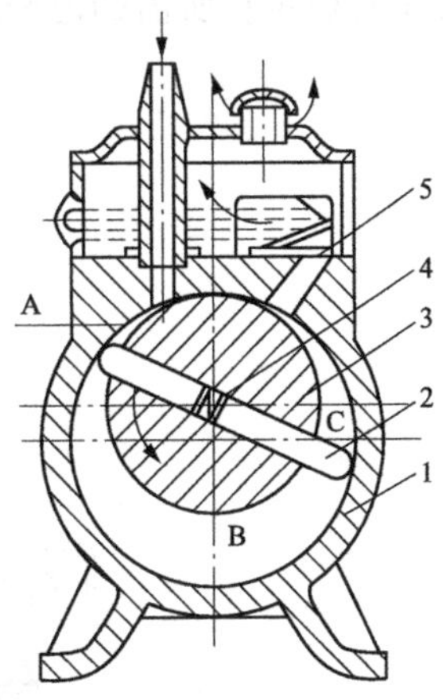

图 6-92　密封油真空泵结构

1—泵体；2—旋片；3—转子；4—弹簧；5—排气阀

（五）循环密封油箱

发电机轴承润滑油回油（混合着空侧密封油回油）首先排至系统专设的循环密封油箱，回油中的气体先在此油箱中经扩容后分离，再由系统专设的排烟装置抽出后经过排放管路排往厂外大气。排烟装置不断从循环密封油箱内抽出气体，使得该油箱内的无油空间，以及与其连通的发电机轴承回油管道内的无油空间形成微负压状态（－0.5～－1.0kPa），从而也有利于发电机轴承腔室内的气体通过轴承回油管进入循环密封油箱，再被抽出排至大气。由U形管保持一定油位后，大部分油回到润滑油箱，一部分作为空侧密封的油源被送回空侧密封油管路。

U形管的作用还可防止在发电机密封油系统发生故障下（这种情况可能导致氢气通过排油管冲出来），阻止从发电机逸气进入润滑油箱。

（六）真空油箱

真空油箱主要是用来净化密封油，除去密封油系统中的空气和水分，避免污染发电机中的氢气。

正常工作（此处指交流主密封油泵投入运行为正常工作）情况下，来自循环密封油箱的补油不断地进入到真空油箱中，补油中含有的空气和水分在真空油箱中被分离出来，通过真空泵抽出，并经过真空管路被排至厂房外，从而使进入密封瓦的油得以净化，防止空气和水分对发电机内的氢气造成污染。真空油箱的油位由箱内装配的浮球阀进行自动控制，浮球阀的浮球随油位高低而升降，从而调节浮球阀的开度，这样使得补油速度得以控制，真空油箱中的油位也随之受到控制。真空油箱的主要附件还有液位信号器（带有高低液位开关和液位变送器）。当油位高或低时，液位开关将发出报警信号；液位变送器输出模拟信号用于远方监控。

为了加速空气和水分从油中释放，真空油箱内部设置有多个喷头，补充进入真空油箱的油通过补油管端的喷头，再循环油通过再循环管端的喷头而被扩散，加速气、水从油中分离。

（七）差压调节阀（结构见图 6-93）

密封油系统设置两只差压调节阀，分别用于交流密封油泵或直流密封油泵投入的工况下对密封瓦供油压力的调节。主差压调节阀，装设在交流密封油泵出口主供油管路上，用于交流密封油泵投入时自动调整密封瓦进油压力，使该压力自动跟踪发电机内气体压力且使油—

气压差稳定在所需的范围之内。

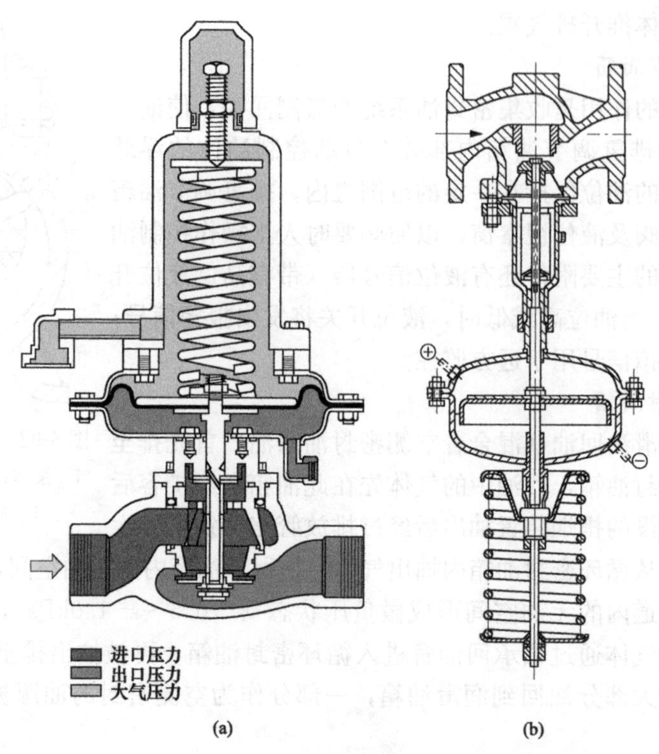

图 6-93　差压调节阀结构

(a) 主差压调节阀；(b) 备用差压调节阀

备用差压调节阀，装设在直流密封油泵出口旁路上，用于直流密封油泵投入时自动调整密封瓦进油压力，使该压力自动跟踪发电机内气体压力且使油—气压差稳定在所需的范围之内。

（八）单流环式密封瓦

本机组使用单流环式密封瓦，进油汽励两端总流量 70L/min，进油温度 46℃，密封油压力 0.5MPa。单流环式密封瓦的密封油系统结构简单（见图 6-94），有油水分离装置，能将油中含有的水分先除去然后进入密封瓦，起到降低机内氢气湿度的作用，但漏氢量较大些。双流环式结构稍复杂些（见图 6-94），要求平衡阀和差压阀质量可靠，否则会增高机内氢气湿度，其漏氢量比单流环式少。

（九）油水探测报警器和消泡箱液位开关

如果发电机内部漏进油或水，油水将流入报警器内。报警器内设置有一只浮子，浮子上端有永久磁钢，报警器上部设有磁性开关。当报警器内油水积聚液位上升时，浮子随之上升，永久磁钢随之吸合，磁性开关接通报警装置，运行人员接到报警信号后，即可手动操作报警器底部的排污阀进行排污。两只漏液探测器分别与发电机机端底部最低点和滑环端底部最低点相连接，当漏液探测器中聚集的油水达到 600cm^3 时，其中的浮子开关将动作，发出报警信号。

密封油消泡箱的作用：从密封瓦氢侧出来的油先流入到消泡箱中，在消泡箱里气体得以

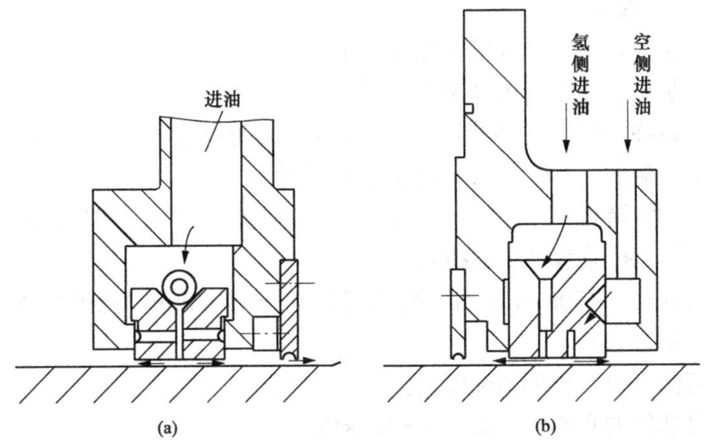

图 6-94　密封瓦结构

(a) 单流环式；(b) 双流环式

从油中扩容逸出。消泡箱装于发电机下半端盖中，通过直管溢流入氢侧油箱中，使消泡箱中的油位不至过高。运行人员接到消泡箱液位高报警信号后，即可手动操作底部的排污阀进行排污。两只发电机消泡箱液位开关位于发电机机端和励端，当液位开关液位达 600mm 时，开关动作，发出报警。

四、系统的运行维护

（一）系统的投运

因为密封油系统的油来自润滑油，所以密封油系统应该在润滑油系统投运后才能启动，并在机组开始盘车前必须投运。

1. 启动前的检查与准备

（1）检查润滑油系统已投运，且运行正常；

（2）检修密封油系统已具备投运条件；

（3）确认交流密封油泵、直流密封油泵、循环密封油箱排烟风机和密封油真空泵具备启动条件；

（4）检查真空油箱油位正常。

2. 系统的启动

（1）启动一台循环密封油箱排烟风机，将备用油烟风机投入自动备用。

（2）启动密封油真空泵，真空油箱压力逐渐降至一95kPa 左右；注油完成后启动一台交流密封油泵，将另一台密封油泵投入自动备用，将直流密封油泵投入自动备用。

（3）调节油氢压差约 0.06MPa。

（4）投运一台密封油冷油器。

（5）检查发电机消泡箱无液位高报警，发电机底部漏液探测器液位正常，就地油位指示计中无油。

（6）待发电机内压力升到 0.05～0.07MPa 时，打开排氢调节油箱回油进口阀、排氢调节油箱出口阀和排氢调节油箱压力平衡阀，排氢调节油箱旁路视窗油位下降时，迅速关闭排氢调节油箱旁路视窗出口阀。

（二）系统的运行监视

密封油系统的主要运行参数及联锁定值如下：

（1）主密封油泵出口压力：0.95MPa 左右。

（2）密封瓦进口油/氢压差：60kPa±10kPa（直流密封油泵运行时，80kPa±10kPa）。

（3）密封油供应温度：40～55℃，高报警值 55℃。

（4）排氢调节油箱油位：300mm 左右，高报警值 NL＋100mm，低报警 NL－100mm（NL 为油位人孔盖水平中心线）。

（5）真空油箱油位：450mm 左右，高报警值 NL＋100mm，低报警 NL－100mm（NL 为油位人孔盖水平中心线）。

（6）真空油箱的真空：－90kPa 以上。

（7）循环密封油箱的真空：－0.5～－1.0kPa。

（8）密封油系统滤网差压：＜0.05MPa，0.05MPa 报警。

（9）发电机封母、空侧回油漏氢浓度高报警：≥1%。

（10）密封油系统报警整定值：

1）交流油泵出口压力低：0.85MPa，联动备用交流密封油泵；

2）真空油箱真空度低：－70kPa；

3）油氢差压低：＜35kPa，联动直流密封油泵。

（三）系统的异常运行

1. 系统异常时的处理原则

运行中的交流密封油泵出口压力低于 0.85MPa 或跳闸，备用交流密封油泵应自启动，否则手动启动。

在交流密封油泵运行过程中，油氢压差降至 0.035MPa 时或交流电源失去导致两台交流密封油泵均跳闸，直流密封油泵应自启动，否则手动启动，备用差压调节阀维持油氢压差 0.085MPa 运行。

2. 事故回路运行注意事项

直流密封油泵投入运行时，由于密封油不经过真空油箱而不能净化处理，油中所含的空气和潮气可能随氢侧回油扩散到发电机内导致氢气纯度下降，此时应加强对氢气纯度的监视。当氢气纯度明显下降时，应及时开启排氢调节油箱排空阀进行排污，并向发电机内补充高纯度氢气以维持机内氢气纯度。

直流密封油泵投入运行，且估计 12h 之内交流密封油泵不能恢复至正常工作状态，则应关闭真空油箱补油管路上的阀门以及真空泵进口阀，停运真空泵，然后开启真空油箱真空破坏阀破坏真空，真空油箱退出运行。

3. 紧急备用回路运行注意事项

若交流密封油泵、直流密封油泵均发生故障且短时间不能投入运行，密封油应切换至润滑油提供，开启密封油备用供油一次阀、二次阀，发电机氢压应降至 0.02～0.05MPa，机组应根据氢压降负荷。同时应开启排氢调节油箱排空阀连续排放，并向发电机内补充高纯度氢气以维持机内氢气纯度。

4. 密封油闭式循环运行注意事项

当燃机盘车结束，润滑油系统已停运后，若发电机有压力，则密封油不能中断，应保持密封油闭式循环运行，真空油箱直接由排氢调节油箱和循环密封油箱供油，而不是由润滑油系统供油。运行操作中需确认：真空油箱油位正常，主密封油泵出口压力正常，真空油箱压力正常。如果真空油箱油位明显下降（接近报警值），则应立即对发电机进行排氢，然后停运密封油系统。同时尽量避免此方式运行，以防止密封油中断，氢气泄漏。

（四）系统的停运

密封油系统停运的前提非常重要，必须满足以下两点的停运条件才能停运：

（1）盘车装置已停运，机组转速为0r/min；

（2）发电机内充满常压下的空气。

操作如下：

（1）退出直流密封油泵和备用交流密封油泵的自动备用；

（2）停运交流密封油泵；

（3）停运密封油真空泵；

（4）停运循环密封油箱排烟风机；

（5）必要时可开启密封油真空油箱真空破坏阀，真空油箱破坏真空。

（五）密封瓦油量测定方法

1. 氢侧油量测定

系统正常运行时，先关闭排氢调节油箱的出口阀门，测出油位从排氢调节油箱中心线上升5cm高度所需时间，然后计算，即得两个密封瓦的氢侧油量。油位上升5cm高度相当于31.25L，假定所需时间为63s，则总油量为

$$\frac{31.25 \times 60}{63} = 29.76(\mathrm{L/min})$$

测定后多余的油可以打开手动阀排放掉，使排氢调节油箱保持正常油位。

2. 空侧油量的测定

主密封油泵运行时，关闭真空油箱补油管路上的阀门，观察并测定真空油箱油位从其中心线下降5cm所需时间，然后计算可知两只密封瓦所需总油量，再减去氢侧油量即可知空侧油量。从油箱中心线下降5cm，则相当于140L，假设时间为85s，则有空侧油量为

$$98.82 - 29.76 = 69.06(\mathrm{L/min})$$

测量完毕后务必打开补油管路上的阀门，监视真空油箱油位直至恢复正常。

密封油量至少每三个月测定一次。

五、系统优化改造及运行经验分享

（一）启停机过程中密封油油氢压差波动

某电厂机组密封油氢压差在启停机阶段频繁出现油氢压差波动，经过分析原因为：①油氢压差调节阀取样管未安装节流孔板；②油氢压差调节阀异常灵敏启停机阶段密封油瓦油量变化引起差压调节阀过调。

针对两种不同的原因采取不同的应对方法：①油氢压差调节阀取样管上设计有节流孔板以缓冲取样压力波动，由于安装问题实际未安装节流孔板，可以通过关小取样管手动阀达到缓冲压力波动的效果，但实际效果不佳（机组检修后已安装好节流孔板）；②在启停机阶段油氢压差波动时，通过就地手动未开油氢压差调节阀旁路阀的方法减缓油氢压差的波动，经实际验证，方法②效果更好。

（二）密封油真空油箱油位高导致密封油真空泵抽油外排

本机组发电机密封油真空油箱浮球阀多次出现卡涩现象，导致真空油箱油位异常。若真空油箱油位高未及时发现或DCS上远传油位不准确，可能会导致密封油真空泵抽油外排，造成环保事件。密封油真空油箱浮球阀卡涩为多发故障，日常监视要注意对真空油箱油位、润滑油箱油位、密封油真空泵电流、密封油真空油箱油位远方与就地核对，还可以通过观察密封油真空泵排烟口是否有油烟进而判断是否有排油，出现异常时及时停运密封油真空泵避免造成环保事件。

（三）发电机置换过程中氢气进入真空油箱

某电厂在进行发电机置换后升氢压过程中未及时关闭排氢调节油箱旁路视窗后手动阀，氢压上升后氢气经过排氢调节阀油箱旁路阀进入真空油箱内，交流密封油泵吸入氢气导致交流密封油泵跳闸。

旁路视窗油位下降应及时切换至排氢调节油箱运行，若密封油泵已跳闸，应对密封油泵进行注油排空，尽快恢复密封油泵运行。由于有循环密封油箱的存在，排氢调节油箱油位过高时会先通过循环密封油箱回至润滑油系统，不会直接进入发电机，所以升氢压过程中一旦压升涨至规定值应立即切除旁路视窗。

六、系统典型异常及处理

（一）油氢压差低

可能的原因及处理方法：压差调节阀跟踪性能不好，重新调整压差阀；油滤器堵塞，切换油滤器，联系检修清理或更换；密封油泵运行异常，切换至备用泵。

（二）压差调节阀故障

可能的原因及处理方法：切换至旁路临时供油，密切监视油氢压差（维持氢油压差0.06MPa）；隔离压差调节阀，通知检修紧急处理。

（三）真空油箱油位异常

可能的原因及处理方法：补油浮球阀动作失灵，应加强油位监视，若油位高，可关小真空油箱补油阀手动控制真空油箱油位；若油位低，可通过开启真空油箱补油旁路阀控制真空油箱油位正常，停机后隔离真空油箱检修浮球阀；若手动无法维持真空油箱油位，则应切换至直流密封油泵供油，隔离真空油箱检修浮球阀，同时应加强氢气纯度监视，必要时进行排补氢维持氢气纯度。

（四）真空油箱真空异常

可能原因：管道或阀门密封不严；真空泵故障。

处理方法：若真空无法维持，退出真空泵运行，隔离密封油真空系统进行紧急检修；加强氢气纯度监视，必要时进行排补氢维持氢气纯度；加强真空油箱油位监视，若无法维持允许的油位，应切换至直流密封油泵供油。

（五）排氢调节油箱油位异常

可能原因：发电机内压力低（＜0.05MPa）或排油浮球阀故障。

处理方法：切换至旁路排油，通过调节旁路视窗出口阀开度控制旁路视窗油位在视窗中间；若排油浮球阀故障，应隔离排氢调节油箱，通知检修处理。

（六）排氢调节油箱排油阀卡涩

可能的原因及处理方法：立即就地检查排氢调节油箱油位，确认油位异常后，立即关闭排氢调节油箱进口阀和出口阀，开启旁路视窗出口阀，调节旁路视窗出口阀开度，维持旁路视窗油位可见并稳定。若油箱满油，应开启发电机氢侧回油探测装置和发电机漏液探测装置手动疏油阀，放尽积油，直至有气体排出，间隔一定时间再次放油检查。若判断发电机已进油，应开启氢侧回油管道放油阀和排氢调节油箱放油阀，加速发电机及氢侧回油管道排油，同时应加强对润滑油箱油位监视，如果影响润滑油泵运行，则应停止放油。若氢气由排氢调节油箱进入真空油箱造成氢气压力低，应及时补氢，并检查真空油箱油位、压力和真空泵是否正常；密切监视发电机相关参数、机组振动情况及润滑油箱油位，有异常情况应及时降负荷申请停机；关闭排氢调节油箱压力平衡阀，将排氢调节油箱隔离泄压，联系检修紧急处理（期间手动调节排氢油箱旁路视窗油位）。

（七）密封油泵振动大

可能的原因及处理方法：发现密封油泵振动大时，应在就地压力表查看其出口压力是否太大或者波动很大。如果是则通知检修人员重新调整该泵的运行压力。如果来不及等待检修人员进行调整，可以轻微开启密封油再循环旁路手动阀降低运行压力而减少振动。如果不是上述问题或经上述处理后密封油泵振动未减少，应切换密封油泵运行，通知检修人员处理。

（八）发电机进油处理

现象：润滑油箱油位不断降低，出现低油位报警；发电机底部漏液探测器报警，其底部能放出油水；密封油排氢调节油箱、真空油箱油位可能不正常；油氢压差可能不正常。

处理方法：

（1）确认发电机进油后，应严密监视发电机运行情况，立即申请故障停机，并通知检修人员；

（2）就地打开排氢调节油箱旁路阀，保障回油顺畅；

（3）如果是差压阀故障，应切换至旁路或者备用差压阀运行；

（4）持续在发电机底部漏液探测器放油阀处放油，直至没有油流出；

（5）润滑油箱油位无法维持时，应往油箱中补油，防止断油烧瓦；

（6）机组停运后，发电机排氢进行置换；

（7）停运盘车系统、发电机密封油系统后，打开发电机方形人孔，发电机内条件达到要求后，检查发电机机内积油情况，及时清理机内积油；

（8）发电机进油原因未清楚前，禁止启动。

第十六节 氢气系统

一、系统概述

发电机由于存在着损耗的原因，会导致发电机本体及线圈发热，如果不及时将这些热量释放掉，将会导致发电机绝缘老化，影响发电机使用寿命，甚至引发其他恶性的电气事故的发生，因此大、小发电机都有自己的一套冷却装置。发电机根据容量等技术参数选择不同的冷却方式，如空冷、氢冷、水氢氢、双水内冷等。在这些方式中，空冷效果最差，双水内冷冷却效果是最好的，但由于双水内冷存在着连接部件漏水这一难以解决的问题，所以目前我国发电机至今仍多采用的是氢气冷却这种方式。采用氢冷的发电机一般常用的有全氢冷和水—氢—氢冷两种冷却方式，全氢冷指的是发电机定子绕组、定子铁芯及转子绕组全为氢气冷却；水—氢—氢冷指的是定子绕组水冷，定子铁芯、转子绕组为氢冷。

发电机采用氢气冷却方式，因为氢气有着明显的优点，氢气比重比较小，相对于其他气体来说它的阻力损耗比较小；氢气比热容较其他气体来说大些；氢气是不助燃的气体，且比较稳定；氢气容易获得，运行成本低。但氢气是易燃易爆气体，采用氢气冷却时要求密封比较严格可靠。

发电机氢冷系统的功能是为发电机提供合格参数的氢气用于冷却发电机的定子铁芯、定子绕组和转子绕组。机组氢气系统经氢气供应装置，通过氢气阀门站给发电机内充注及补充氢气，保证发电机内氢压正常。同时氢气系统设置有专用管路、阀门和氢气压力/纯度监测装置，采用CO_2气体作为中间介质实现机内空气和氢气的置换。发电机氢冷系统采用闭式氢气循环系统，氢气的露点及纯度均有在线实时监控，热氢通过发电机的氢气冷却器由冷却水冷却，部分氢气经过氢气干燥器进行干燥处理。本机组燃气轮机发电机采用的是三菱/东方电机厂 QFR—340—2—16 型发电机，采用全氢冷冷却方式。

二、系统流程

本机组的氢气系统流程主要包括充氢和置换用的氢气、二氧化碳回路，氢气干燥回路和漏氢检测监视回路。

（一）氢气、二氧化碳回路流程

1. 氢气回路流程

氢气系统从供氢母管或氢气汇流排的氢罐获取一定压力的氢气，再经过氢气供应装置减压处理，处理后合适压力的氢气进入氢气阀门站，通过阀门站管道再经过阀门站供氢总阀和后面的供氢截止阀后进入发电机顶部氢气母管。在阀门站供氢总阀后面接有氢气排空管和排空阀，用于发电机置换及排补氢，如图 6-95 所示。

2. 二氧化碳回路流程

二氧化碳主要是由二氧化碳气瓶通过二氧化碳汇流排减压、加热处理后，再通过阀门站管道及二氧化碳供应总阀和后面的二氧化碳供应截止阀后进入发电机底部二氧化碳气体母管。在阀门站二氧化碳供应总阀后面接有二氧化碳排空管和排空阀，主要用于发电机置换，如图 6-95 所示。

（二）氢气干燥回路流程

氢气中的含水量过高对发电机将造成多方面的不良影响，氢气系统在机外设置专用的氢气干燥器，它的进氢管路接至发电机转子风扇的高压侧，它的回氢管路接至风扇的低压侧，由压差存在，发电机内高压侧的部分氢气进入干燥器进气管，再经过油气分离器后进入氢气干燥器进行干燥，干燥后的氢气经冷却后再由出口管道引至发电机低压侧，从而使机内部分氢气不断地进行干燥净化，如图 6-96 所示。

（三）氢气检测监视回路流程

氢气检测装置从发电机内高压区取样，取样的氢气流入氢气压力纯度检测装置进行参数检测及监视，然后通过管道连接排至发电机低压区。

发电机氢气系统还设置了漏氢检测装置，装置在发电机封闭母线箱 A、B、C 三相和中性侧，以及燃气轮机、励磁端轴承回油侧各设一取样点，连续自动检测发电机氢、油系统中各取样点处的氢含量。

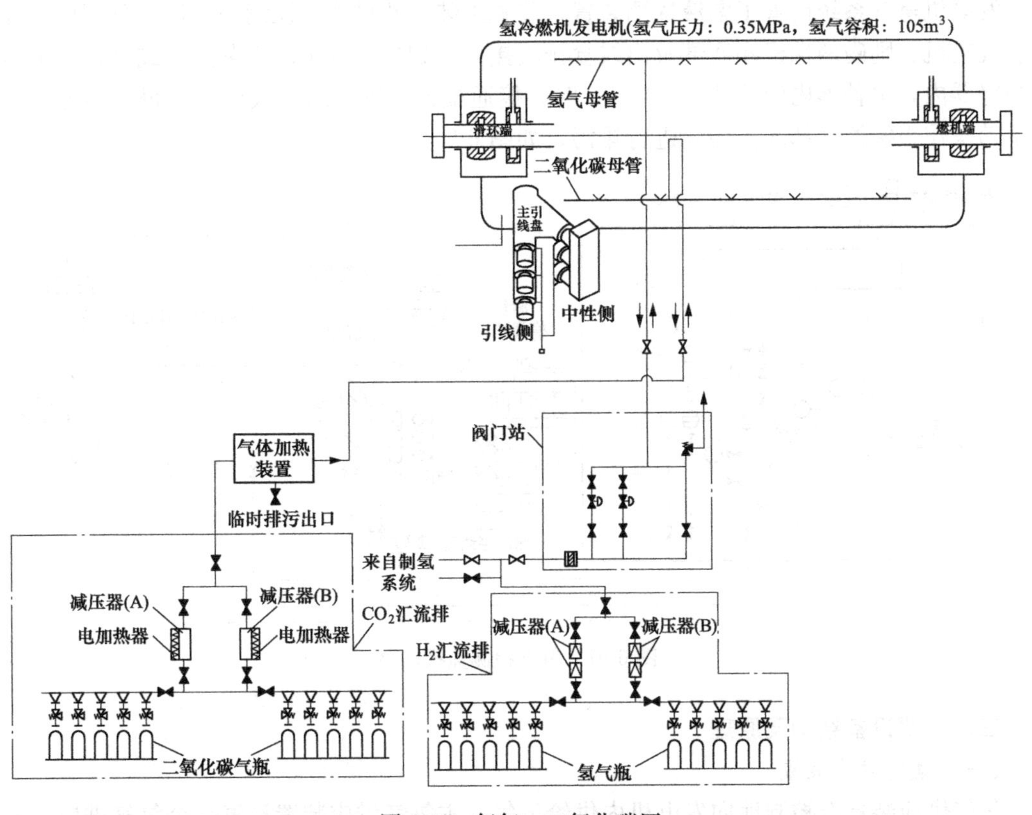

图 6-95　氢气、二氧化碳回

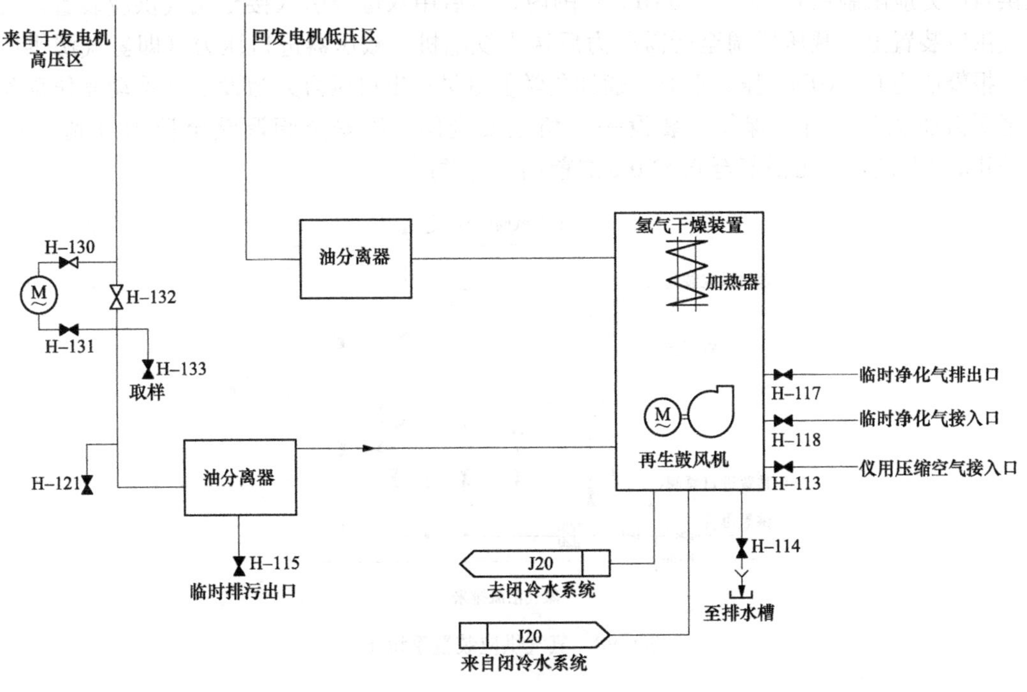

图 6-96　氢气干燥回路

发电机氢气系统设置了漏液探测装置，装置上装有两只油水探测报警器，分别接自发电机燃气轮机、励磁两端机座底部及出线盒排液接口。如果发电机内部漏进油或水，油水将流入报警器内，报警器内液位达到 600cm³ 时，接通报警装置，运行人员接到报警信号后，即可手动操作报警器底部的排污阀进行排污，如图 6-97 所示。

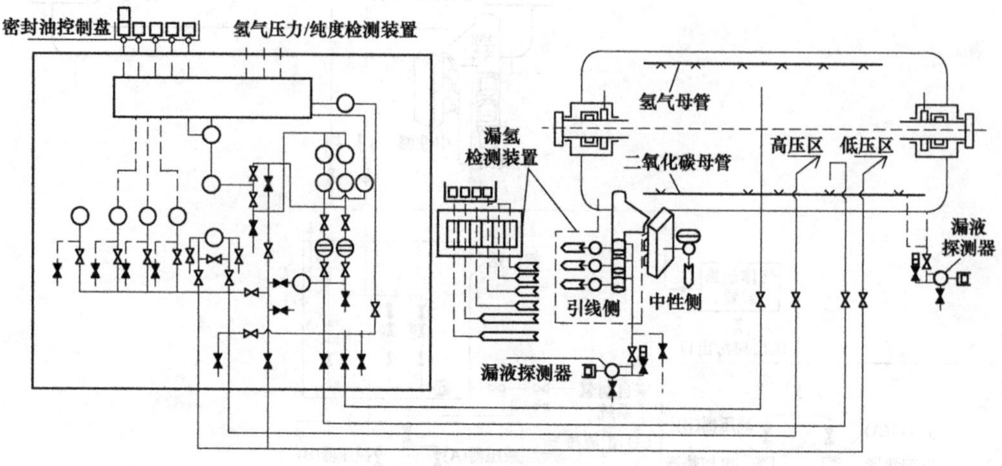

图 6-97　氢气检测监视回路

三、主要设备结构及原理

（一）氢气供应装置

氢气供应装置有控制地向发电机内供给氢气。本氢气供应装置设置一个氢气进口、一只氢气过滤器、两只氢气减压器、一只安全阀和氢气阀门，如图 6-98 所示。氢气来自制氢站，且供氢压力应限制在 0.55～0.65MPa 范围内，然后用双母管引入接至氢气供应装置，再经氢气供应装置上的减压器调至所需压力后送入发电机。减压器进口压力（即氢气源供应压力）报警值为 0.5MPa，压力低时，通知化学值班员；出口压力人为设定（手动操作顶丝），降至所需压力后，自动保持。装设一只角型安全阀，该安全阀调整至压力升到 0.65～0.7MPa 时开启，压力回落至 0.4MPa 之前回座并关严。

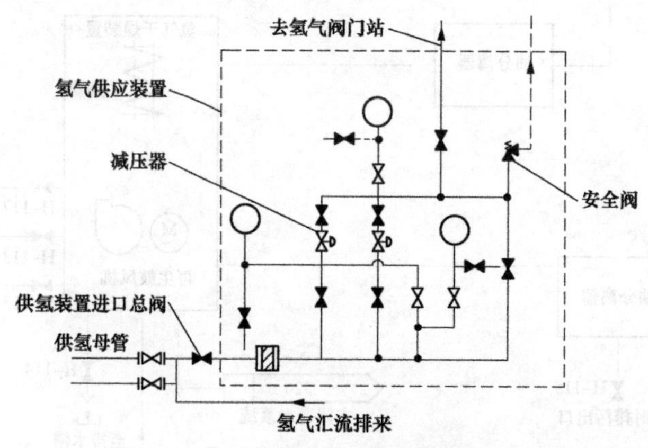

图 6-98　氢气供应装置系统图

（二）阀门站

阀门站是由数只气体阀门和连接管道集中组合装配而成的，是发电机内进出氢气、CO_2气体和空气的必经之路。其上的氢气进口接自氢气供应装置，氢气出口通向发电机；其上的CO_2气体进口接自CO_2气体汇流排，CO_2气体出口通向发电机；其上的压缩空气进口接自电厂的仪用压缩空气供应系统；其上的排空口应与电厂的主排空管相接。

阀门站上的气体阀门也均采用波纹管焊接式截止阀。发电机正常运行时，只允许进氢阀门开启，其余阀门必须全部关闭；发电机需要进行气体置换时，才由人工手动操作这几只常闭阀门，使其各自按照机内气体进、出的需要处于开、关状态，如图 6-99 所示。

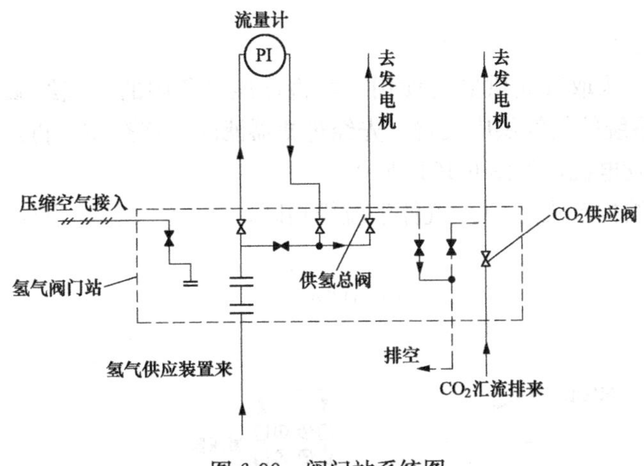

图 6-99　阀门站系统图

（三）CO_2气体汇流排

CO_2气体汇流排在发电机需要进行气体置换时投入使用，以控制从气瓶供给的CO_2气体进入发电机内的压力在所需值（通常情况下，在整个置换过程中发电机内气压保持在0.02～0.03MPa之间），如图 6-100 所示。

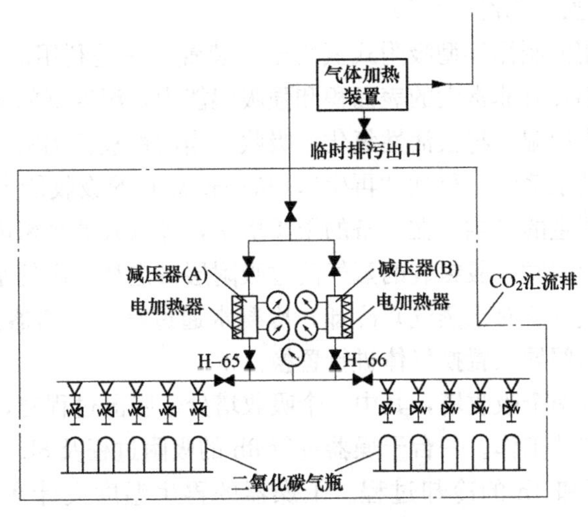

图 6-100　CO_2气体汇流排系统图

CO_2 气体汇流排上设置有回形导管（用于连接气瓶与汇流总管）、直角阀、高压截止阀、减压器（两级减压器）、加热装置、低压截止阀。该汇流排进口设计压力为 15MPa，出口压力可降至不大于 1.0MPa。瓶装 CO_2 一般呈高压液态，必须经 CO_2 气体汇流排释放气化。而液态 CO_2 从气瓶中释放气化，必然大量吸热，致使管道及其减压器等冻结，释放速度因而受到限制。

此汇流排的减压器上带有电加热器，投入后可避免减压器结冻（注意：只允许向发电机内充 CO_2 气期间投入该电加热器，一旦停止充 CO_2 气，应立即断电，以避免没有气体流通导致高热烧损加热器）。而且，此 CO_2 气体汇流排设有 10 个瓶位，可以轮流释放 CO_2 气体，间隔解冻管道。

（四）氢气汇流排

氢气汇流排仅在采取气瓶供氢时使用。可将标准气瓶中的氢气经减压器降压至不大于 1MPa 后，进入本系统的氢气供应装置，先经过滤器滤除固态杂质，再经装置上的减压器降压至所需值后送入发电机，如图 6-101 所示。

氢气汇流排的结构形式与 CO_2 气体汇流排相同。该汇流排进口设计压力为 15MPa。

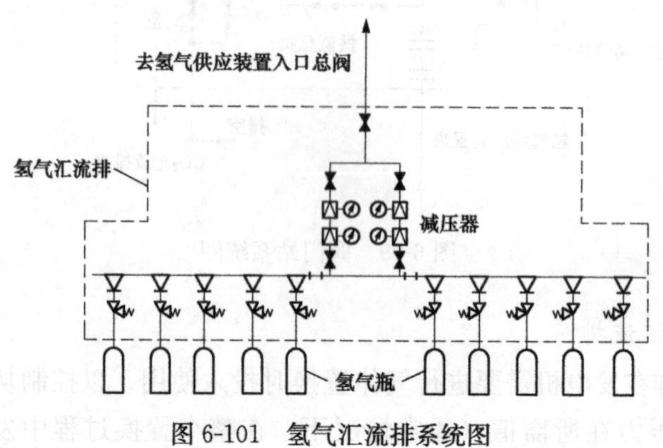

图 6-101 氢气汇流排系统图

（五）氢气干燥装置（见图 6-102）

氢气干燥装置采用强制循环型吸附式氢气干燥装置。它是利用活性氧化铝的吸收性能，高疏松度的活性氧化铝具有非常大的表面积和强吸湿能力，湿度高的氢气通过填满活性氧化铝的吸收塔后，氢气中的湿气将被活性氧化铝吸收。当活性氧化铝吸收水分达到饱和后，可通过加热来清除自身的水蒸气，得到“再生”，从而恢复它的吸收能力，且活性氧化铝的性能和效率并不受重复再生的影响。在设备的干燥塔中，埋入式的高密电加热器加热干燥剂使束缚的水分汽化；与此同时一股封装的氢气流过吸附层带走释放出的水蒸气，干燥剂恢复最初的特性，然后将氢气（含有水蒸气）冷却，冷凝水通过汽水分离器排出。当需要检修时，可通过净化入口和出后阀导入置换气体进行置换。

该氢气干燥装置有两个吸收塔，其中一个吸收塔处于吸湿过程时，另一个则处于再生过程，所以干燥器能够连续工作。一台干燥器进行 8h 的吸附过程及 8h 的再生过程，再生过程又分为 4h 的加热过程和 4h 的冷却过程。干燥器的再生温度设计在干燥器的顶部温度为 120～130℃，如果再生温度太低，被吸附的水分将不会被完全汽化，再生不彻底。若进入加热阶段 2h 后干燥器顶部温度小于 80℃，应显示干燥器温度下限报警；若进入加热阶段后，干燥器顶部温度大于 145℃，应显示干燥器温度上限报警。干燥装置再生过程中的再生温度、时间均由 DCS 进行控制。通过 DCS 的干燥器控制模块实现自动运行而无需人为操作。

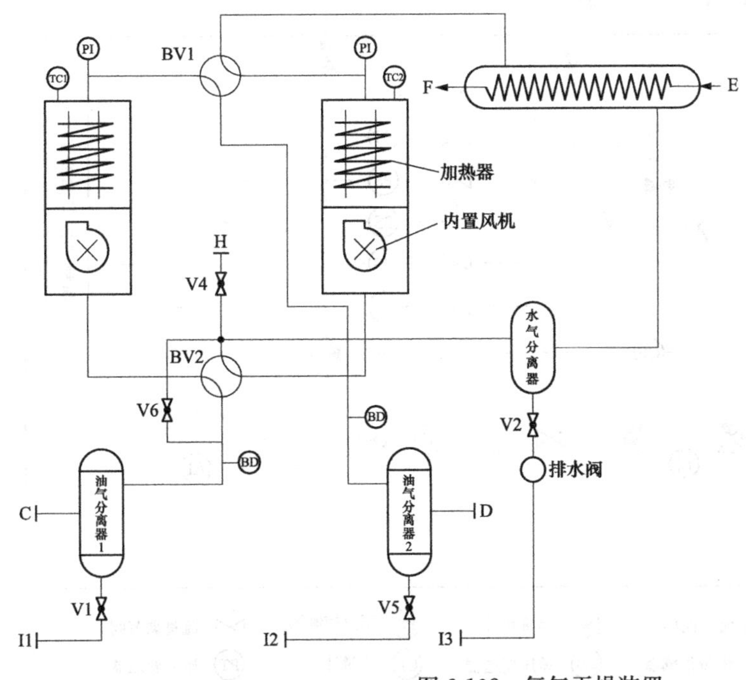

符号	名称
BV	四通阀
TC	铂电阻
P	压力表
HD	露点变送器
Y	对焊球阀
I	排污口
H	吹扫气入口
F	冷却水出口
E	冷却水进口
D	氢气出口
C	氢气进口
	接口名称

图 6-102　氢气干燥装置

为防止氢气中的含油杂质或液体直接进入吸附式氢气干燥器设备中，影响设备的干燥效果，该型氢气干燥装置还专门配有两台油气分离器，氢气在进入吸收塔前先通过油气分离器，干燥后氢气进入发电机前通过油气分离器，滤除液体杂质及油烟，保证氢气的洁净。

（六）漏液探测装置

漏液探测装置上装有两只油水探测报警器，分别接自发电机燃气轮机、励磁两端机座底部及出线盒排液接口。

如果发电机内部漏进油或水，油水将流入报警器内。报警器内设置有一只浮子，浮子上端载有永久磁钢，探测报警器上部设有磁性开关。当探测报警器内油水积聚液位上升至 600cm³ 时，浮子随之上升，永久磁钢随之吸合，磁性开关接通报警装置，运行人员接到报警信号后，即可手动操作报警器底部的排污阀进行排污。

（七）氢气压力/纯度检测装置（见图 6-103）

氢气压力/纯度检测装置能连续自动测量、指示发电机在运行工况下的机内氢气纯度、压力、露点、补氢流量，并可输出报警信号（开关信号）和监控信号；还能对发电机的气体置换进行全过程的在线监测。

该装置内装设三范围气体成分在线分析仪及就地指示仪表。在气体置换期间，用以分析并指示发电机壳内气体置换过程排出气体中 CO_2 或 H_2 的含量（测量 CO_2 在空气中的含量，0%～100%；测量 H_2 在 CO_2 中的含量，0%～100%）；气体置换完成后，用以分析并指示发电机壳内氢气纯度（测量 H_2 在空气中的含量，0%～100%）。除了有就地氢气纯度指示外，还可送出信号用于远方监测。该装置上还装设有氢气压力表、

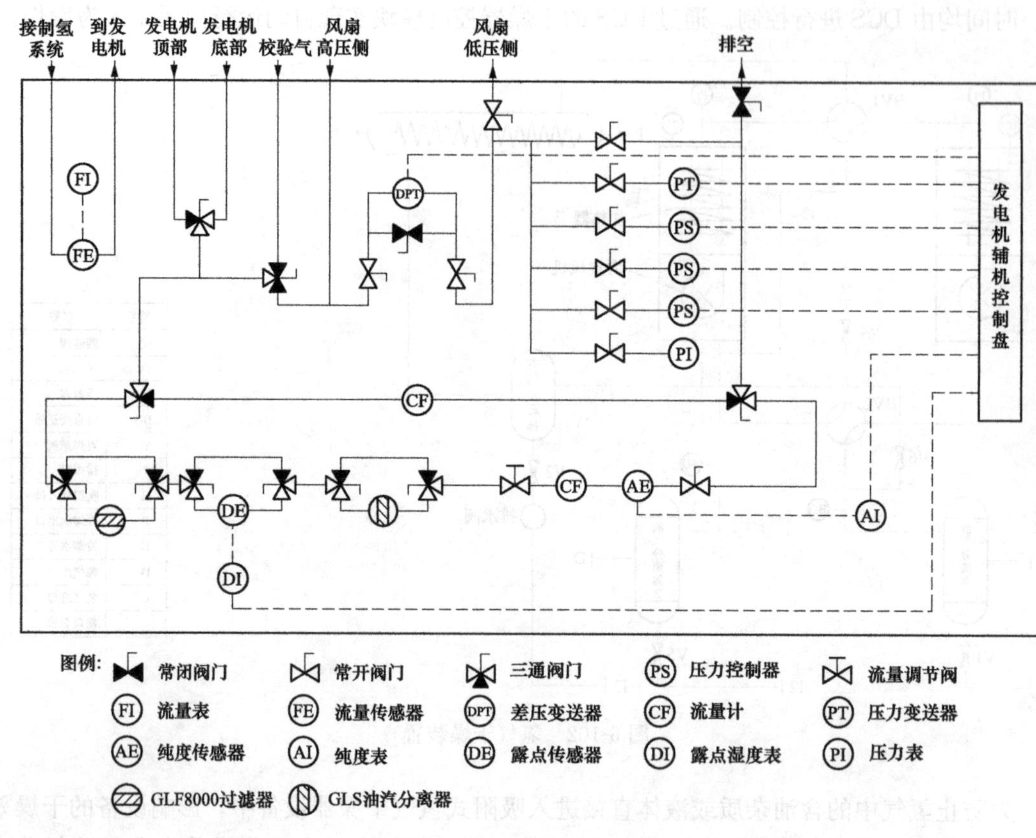

图 6-103 氢气监测装置原理图

氢气压力开关和变送器、氢气露点仪，以及氢气流量计等监测仪表，对氢气压力、露点和进氢流量等提供就地指示。

（八）漏氢检测装置

漏氢检测装置能连续自动检测发电机氢、油系统中各取样点处的氢含量，一旦氢含量大于1%，则发出报警信号，运行人员接到报警信号后，应检查报警是否属实，必要时对发电机进行找漏。

本系统设置6处漏氢测点，发电机封闭母线箱A、B、C三相及中性侧各设1点，燃机端、励端轴承回油各设1点。

（九）发电机在线绝缘检测装置

本机组燃机发电机配备发电机在线绝缘监测装置，发电机在线绝缘检测装置能可靠地早期检测和预报发电机定子铁芯、电子线棒、转子绕组等部件的绝缘局部过热。

主要流程：从发电机高压区引入冷却介质至发电机在线绝缘监测装置，经发电机在线绝缘监测装置后流回发电机低压区。绝缘检测装置内氢气受到离子室内α射线的轰击，使冷却气体介质电离产生正负离子对，离子对在直流电场作用下形成微弱电流，经电流放大器放大后送至电流表显示。发电机绝缘有局部过热时，电离电流会下降，电流下降至整定值时绝缘监测装置报警，提醒维护人员检查。

四、系统的运行维护

（一）系统的投运

1. 投运前的检查和准备

发电机氢气系统各仪表、表计均正常投入，无异常报警；发电机风压试验合格；主机油系统运行正常，发电机密封油系统工作正常；系统管道正常，阀门状态正常；二氧化碳及氢气准备充足。

2. 系统的投运

当发电机内是空气或氢气时，必须用中间介质（二氧化碳或氮气）进行置换，并应在转子静止或盘车状态下进行。发电机置换时应注意：每次进行气体置换前确定校验气体分析仪合格；在整个置换过程中，发电机内应保持 0.02～0.03MPa 压力；在整个置换过程中，应密切注意油氢压差和密封油箱油位正常，防止漏氢和发电机内进油。

(1) 用二氧化碳置换发电机内空气。准备充足合格的二氧化碳气体，调整氢气压力/纯度监测装置中有关阀门位置，将二氧化碳瓶与系统连接，微开发电机排氢手动阀，开启二氧化碳汇流管充气阀，开启阀门站二氧化碳进口阀，调整发电机排氢阀，控制发电机内压力为 0.02～0.03MPa。

监测机内 CO_2 浓度，到三范围气体纯度表的显示“CO_2-95%”，停止充二氧化碳，10min 后从发电机顶部取样管取样化验，当二氧化碳含量大于 95%以上时，即为合格。

(2) 用氢气置换二氧化碳。二氧化碳置换空气完毕，氢气准备充足且合格；开启氢气母管至机组氢气阀门站总阀，微开补氢减压阀旁路阀，控制充氢压力稍高于发电机内压力；微开发电机底部二氧化碳排气阀，并注意保持发电机内气体压力在 0.02～0.03MPa。

监测机内氢气纯度，当三范围气体纯度表达到“H_2-90%”后，将发电机取样切至发电机底部取样，继续监测机内氢气纯度，当三范围气体纯度表达到“H2-96%”，且使用 H_2-O_2 分析仪通过取样化验分析 H_2 含量，确认 H_2 纯度到达 96%后，关闭阀门站二氧化碳排空阀停止排放。停止充入氢气，5～10min 后再次取样分析，若氢气纯度保持 96%以上即为氢气置换完毕，若纯度下降，则继续进行置换。

置换完毕后，恢复相关取样阀门状态，正确投入氢气监测装置，并检查系统阀门状态正常。

(3) 氢气干燥器的投入。发电机内置换为合格氢气，氢气干燥器系统排空完毕后，干燥器各阀门位置正常，冷却水及净化空气已正常投入。在就地投运氢气干燥器。

(4) 升氢压。检查各阀门状态正确，开启补氢调节阀前后手动阀，确认机内氢压缓慢上升，必要时可开启补氢旁路阀，但要控制补氢速度不可过快，严密监视发电机油氢压差在正常范围内。升氢压完毕后，检查关闭相关阀门，投入氢气流量计，并全面检查氢气系统，确定无异常报警。

(5) 氢冷器的投运。发电机升压完毕后，给氢冷器注水排空，排空完毕后投入氢冷器运行。

（二）系统运行监视与维护

1. 发电机内额定运行参数

(1) 氢气压力：0.35MPa。当机内压力低于 0.33MPa 时，发出氢气压力低报警；当机内压力低于 0.20MPa 时，发出氢气压力低报警；当机内压力高于 0.385MPa 时，发出压力高报警。

（2）氢气冷却器出口冷氢温度：31.2℃（冬季工况），44℃（保证点），45.6℃（夏季工况）。

（3）氢气冷却器进口热氢温度：约80℃。

（4）氢气纯度：发电机计算及测定效率时的氢气纯度为98%，当机内氢气纯度不低于96%时，发电机可发额定功率纯度应保持在96%以上，纯度低于96%时应及时进行补氢，纯度低于90%时系统发出报警。

（5）发电机燃机端、出线端漏液探测装置高报警值：600cm³。

（6）机组漏氢检测装置报警值：1%（1000ppm）。

（7）氢气耗量：7.5～14m³/d。

（8）发电机供氢压力：在0.6～1MPa范围内，供氢纯度不低于99.5%，供应氢气露点温度≤−25℃。

（9）发电机总容积：105m³。

2. 发电机静止状态下气体置换耗气量估计值（见表6-7）

表6-7　发电机静止状态下气体置换耗气量估计值

所需气体种类	置换操作内容	耗用气体数量
CO_2	用CO_2驱赶发电机内空气（机内CO_2浓度应达到85%）	1.0V
H_2	用H_2驱赶发电机内CO_2（机内H_2浓度应达到96%）	2.0V
H_2	发电机内升氢压至额定氢压（0.4MPa）	4.2V
CO_2	用CO_2驱赶发电机内H_2（机内CO_2浓度应达到96%）	1.5V
CO_2	在紧急情况下（发电机处于高转速工况）用CO_2驱赶发电机内H_2（机内CO_2浓度应达到96%）	2.0V

注　V=发电机充氢容积（105Nm³）。

3. 氢气系统运行维护

（1）排补氢。本机组的排补氢均手动控制，当发电机内氢气压力降低或纯度降低时，我们要及时给发电机排补氢，此时通过手动开启供氢装置补氢旁路阀给发电机补氢。

（2）漏氢计算。定期对发电机漏氢量进行计算，来掌握发电机漏氢情况。计算方法如表6-8所示。

（3）风压试验。机组大、小修之后或发电机置换成氢气前，应对发电机进行注仪用压缩空气风压试验，检查计算发电机漏氢量及发电机氢气系统是否存在明显漏点，以保证机组运行时设备状态正常。

实验条件：机组盘车状态或机组转子静止状态；发电机已置换成空气；发电机氢气系统有关控制电源、仪表电源、动力电源均已送上，且无异常报警；压缩空气充足；油系统运行正常。

表 6-8 发电机漏氢量计算

$L_1=V(T_0/P_0)\times(24/\Delta T)\times[(P_1+B_1)/(t_1+273)-(P_2+B_2)/(t_2+273)]$ 注：发电机漏氢量 $L_1<14Nm^3$/天，为合格	
L_1	气体泄漏量换算到给定状态（$P_0=0.1MPa$，$T_0=20℃$）下的值
T_0	给定状态下大气绝对温度 $T_0=273+t_0=293K$
P_0	给定状态下大气绝对压力 $P_0=0.1MPa$
ΔT	试验连续时间，h
P_1	试验开始时发电机内气体压力，MPa
P_2	试验结束时发电机内气体压力，MPa
B_1	试验开始时大气绝对压力，MPa
B_2	试验结束时大气绝对压力，MPa
t_1	试验开始时发电机内气体平均温度，℃（测点：冷氢 2 个，热氢 2 个）
t_2	试验结束时发电机内气体平均温度，℃（测点：冷氢 2 个，热氢 2 个）
V	发电机的充氢容积 $105m^3$

实验操作：确认临时充空气管道铺设完毕，管道各阀门位置正确，向发电机内充压缩空气直至额定压力；通知相关人员进行相关检查和维护工作，并取一定时段内的数据进行漏氢量计算；实验完毕后，对发电机泄压至 0.03MPa 左右。

（三）系统的停运

1. 发电机排氢

当发电机系统有着火爆炸危险，符合紧急停运条件时，应进行紧急排氢，开启发电机氢气排空阀，降低氢压至 0.02MPa，并快速用二氧化碳气体置换；注意密封油压调节正常，否则手动干预。

除事故情况外，发电机排氢应在汽轮机静止或盘车状态下进行，一般在燃气轮机静止状态下进行。排氢前为防止氢冷器冷却水漏至发电机侧，停运发电机氢冷器，关闭氢冷器冷却水并放水排空。排氢过程中应严密监视密封油压调节及油箱油位，否则手动干预。排氢后停运氢气干燥器，停止干燥器冷却水，若干燥器需检修，则单独置换。

2. 置换发电机内的氢气

发电机氢压泄至 0.02～0.03MPa 后，准备充足二氧化碳气体，进行置换操作：切换相关阀门位置，确定各阀门位置正确；开启阀门站二氧化碳进口阀，微开阀门站氢气排空阀；充二氧化碳气体置换，调整发电机氢气排空阀开度，维持气压 0.02～0.03MPa。

从发电机顶部取样，当二氧化碳纯度达 85%时，暂停充二氧化碳，5～10min 后再测量一次，若纯度保持 85%以上，则二氧化碳置换氢气完毕，若纯度降低，则继续置换。

3. 用空气置换二氧化碳

发电机内已置换成二氧化碳气体后，准备充足品质合格仪用压缩空气，进行置换操作：确定充空气临时管装接好，各阀门状态正确；微开阀门站二氧化碳排空阀，开启发电机充压缩空气截止阀向发电机内充空气，调节排空阀开度，保持发电机内压力在 0.02～0.03MPa。

从发电机底部排气门处取样，当二氧化碳纯度低于 10%时，暂停充气，5～10min 后再测量一次，二氧化碳纯度均低于 10%，空气置换完毕。

五、系统优化改造及运行经验分享

以机组检修后氢气纯度不合格为例：

机组检修后氢气置换后DCS上显示发电机纯度仪显示氢气纯度不合格，而实际置换过程中多次实测氢气纯度均为96%以上，经过对纯度仪进行排空后纯度仍不合格。经多次检修总结出以下经验：氢气纯度仪内氢气来自风扇高压区回到风扇低压区，发电机停运状态下风扇高低压区基本无压差，停运状态下无法对纯度仪进行有效排空，此时纯度仪所测数据不准，需等发电机高负荷运行后对纯度仪进行排空或者经过多次运行后DCS上发电机纯度数值才会恢复正常。

六、系统典型异常及处理

（一）发电机内氢气压力高

现象：DCS上发出氢气压力高报警；DCS上及就地表计显示氢气压力高；密封油压力比正常值高。

可能原因：压力调节器故障；氢冷器有空气或冷却水量不足；补氢过多。

处理方法：就地检查氢压；如压力调节器故障则关闭氢气压力调节器出口阀；对氢冷器进行排空；打开阀门站 CO_2 排空阀，待机内氢压下降到额定值时关闭排空阀。检查氢气系统和压力调节器整定值及工作情况，必要时进行适当调整，确认正常后，使其恢复正常运行。

（二）发电机内氢气压力低

现象：DCS上发出氢气压力低报警；DCS上及就地表计显示氢气压力低；密封油压力低于正常压力。

可能原因：氢气系统有泄漏；供氢压力低；减压器故障。

处理方法：立即到就地检查氢压并进行补氢，若补氢后氢压仍不能维持，则应相应减负荷，若还不能维持运行，申请停机处理；检查看是否供氢压力低，若是，联系化学进行处理；检查氢气减压器出口压力整定值是否正常，若不正常，重新调整压力调节阀，若压力阀故障，则关闭压力调节阀前、后截止阀，联系检修处理，此时由调节阀旁路供氢；检查氢气及密封油系统是否系统泄漏，检查到漏点应立即消除，若漏氢量大且漏氢处无法立即消除，应降氢压，同时减负荷运行，若降氢压后仍不能维持运行，则应申请停机，排氢后处理；检查是否氢气冷却器泄漏，若机内压力下降较快，同时从闭冷水系统中能放出较多气体，应申请停机切断闭冷水，放水排氢处理；检查看是否发电机密封瓦损坏或发电机出线套管损坏，若是，应迅速申请故障停机；检查发电机内氢气温度是否正常，看是否由于发电机负荷突然降低而氢气冷却器的冷却水量并没有减少而导致氢压下降；适当减少氢气冷却器冷却水的流量以适应发电机负荷的要求。

（三）发电机内氢气纯度低

现象：氢气纯度降低；DCS上发出氢气纯度低报警；发电机部件温度升高。

可能原因：仪表故障；干燥器故障；密封油真空净化系统故障。

处理方法：发电机内氢气纯度低于96%时，应立即进行排污补氢（新鲜氢气纯度不得少于99.5%），直至机内氢气纯度达98%以上；检查氢气压力/纯度监测装置电源是否送上，若没有送上，送上电源。若故障，联系检修人员处理；检查干燥剂是否失效，如果失效，更换干燥剂；检查密封油真空净油系统是否正常，若不正常，查明原因及时处理；发电机内氢气纯度低于90%时，发出氢气纯度低报警，发电机必须降负荷运行，并监控发电机绕组温度，若补氢氢气纯度仍不能维持，立即申请停机。

（四）发电机内氢气露点高

现象：发电机露点温度高于正常值；DCS上发出露点温度高报警。

可能原因：仪表故障；干燥器故障；密封油真空净化系统故障。

处理方法：检查氢气压力/纯度监测装置电源是否送上，若没有送上，送上电源。若故障，联系检修人员处理；检查氢气干燥器工作是否正常，若故障，通知检修进行处理；检查密封油真空净化系统工作是否正常，若不正常，查明原因及时处理。

（五）发电机氢气着火

现象：发电机着火。

可能原因：发电机漏氢；在漏氢地点工作引起氢气着火时。

处理方法：应迅速设法阻止漏 H_2，用 CO_2 灭火，火焰扑灭后，应找出漏氢原因并消除；当发电机内发生爆炸时，应立即解列停机，迅速降氢压，充入 CO_2 灭火。

（六）发电机漏液探测装置液位高

现象：发电机漏液探测装置液位高报警。

可能原因：仪表故障；密封油油氢压差过高；发电机氢冷器泄漏。

处理方法：进行排液处理，若仪表故障，联系检修处理；若排出液体是油，且油氢压差过高，调整至正常值，如油的泄漏是连续又无法消除，应申请停机处理；若排出液体是水，检查发电机氢气温度是否过低导致结露，若是，提高发电机氢气温度；若由连续水流排出，则可能是发电机氢冷器泄漏，应尽快隔离泄漏氢冷器。

第十七节　循环水系统

一、系统概述

循环水系统的功能是将冷却水（海水或江河水）送至凝汽器去冷却汽轮机低压缸排汽，以维持凝汽器的真空，使汽水循环得以继续。

一般发电厂循环水系统分为开式循环水系统和闭式循环水系统，各发电厂根据所处地水源不同而采用不同的循环水系统。从江、河、湖、海等天然水体中吸取一定量的水作为循环冷却水，冷却工艺设备吸取废热使水温升高，再排入江、河、湖、海，这种循环水系统叫作开式循环水系统。当发电厂不靠近这些天然的大型水源地时，循环水一般采用地下水、自来水补水及远距离取水，水源比较珍贵，用水费用相对较高，这样的循环冷却水在冷却工艺设备吸取废热使水温升高后，不排掉，而通过冷却后再循环利用，这样的循环水系统称为闭式循环水系统。

本机组采用的是取用海水的开式循环水系统，系统主要由循环水泵和凝汽器以及引水前池、拦污栅、旋转滤网、滤网冲洗水系统、循环水泵电机润滑及冷却系统、胶球清洗及二次滤网装置等组成。

循环水系统主要为凝汽器提供冷却水，同时还为水水交换器提供工业一次冷却水。由于用海水作为循环水，需要对海水进行加氯处理，而氯即由海水电解而来，因此循环水还为制氯系统提供水源。

二、系统流程

循环水系统主要包括公用的循环水泵母管部分和各机组用的机组循环水部分以及其他配套的设备/系统。

（一）循环水母管系统

本厂共三套燃气-蒸汽联合循环机组，为每台机组配置了2×50%循环水泵，共配置了6台循环水泵。循环水取自大海，为开式循环。海水被管道引至循环水引水前池，再经过6个引水闸将水引至6台循环水泵的吸水水室，经过拦污栅拦截较大体积的垃圾后再经过旋转滤网进行进一步过滤处理，保证循环水泵吸入的海水较为清洁。在循环水泵引水管道上装有恒电位仪，用来保护管道防止腐蚀。不管循环水是单元制运行还是母管制运行，循环水均要为每台机组的水水交换器提供工业一次水来冷却闭冷水。若循环水泵全停时，则由冲洗水供每台机组的水水交换器工业一次水。同时循环水系统全停后注水，也是用冲洗水通过循环水供工业水联络阀倒送来实现，如图6-104所示。

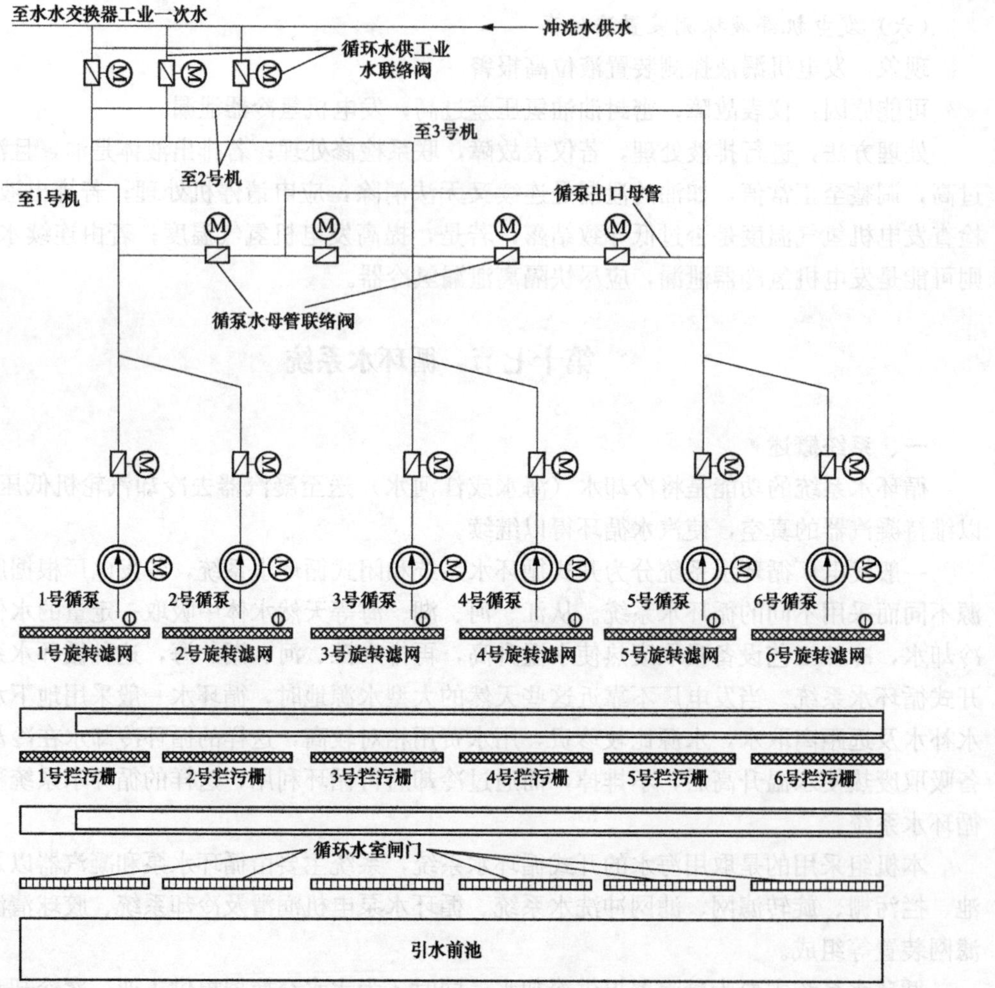

图6-104 循环水母管系统

（二）机组循环水系统

机组循环水系统主要由循环水进水母管，二次滤网，凝汽器 A、B 水室，胶球清洗装置，凝汽器循环水排水管及疏水排污，真空泵冷却器进排水管组成。机组循环水进水母管引自循泵房循环水母管，循环水分别通过二次滤网 A、B 和凝汽器 A、B 水室进水管进入凝汽器 A、B 水室进行冷却，冷却后的循环水分别通过 A、B 水室回水管道及调节阀门进入循环水排水管然后排入到大海。同时，在凝汽器 A 水室进水管进口阀前引一支路去真空泵冷却器，为真空泵工作水提供冷却水源，回水排至循环水排水管。

机组循环水运行时，若凝汽器钛管较脏时，可投入胶球清洗系统进行清洁，胶球清洗系统通过胶球泵将集球器里的胶球通过注球管注入 A、B 水室的进水管道，胶球跟随着循环水进入凝汽器钛管进行清洁，清洁后的胶球进入 A、B 水室的循环水回水管，在回水管上装设有收球网，胶球进入收球网后再沿着管道回到集球器，如图 6-105 所示。

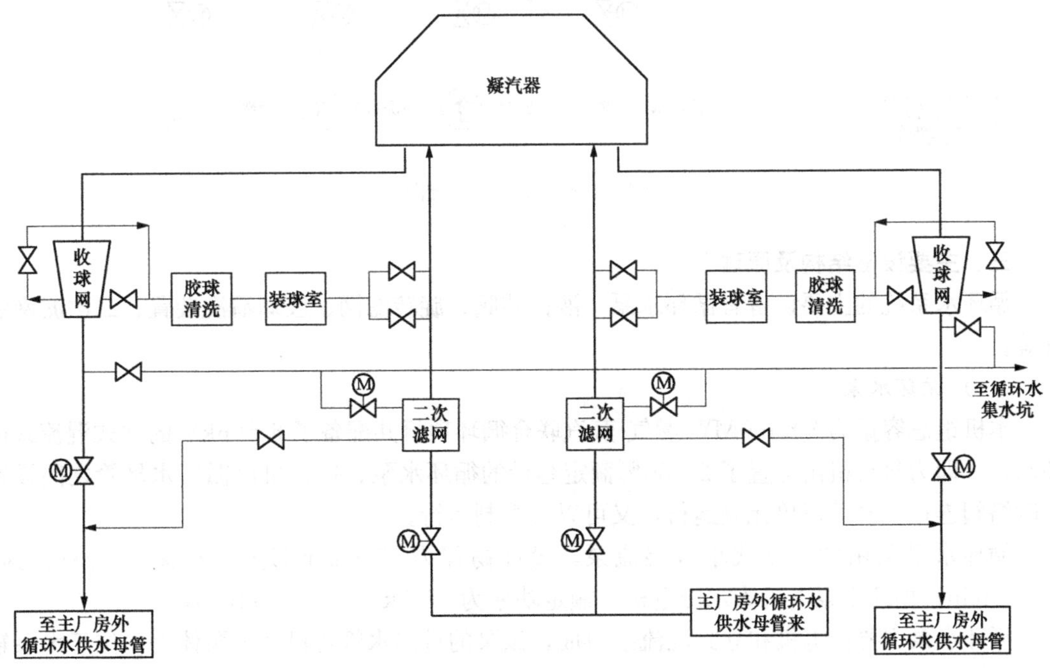

图 6-105 机组循环水系统图

（三）冲洗水系统

循环水泵房内配置 4 台滤网冲洗水泵，供旋转滤网冲洗水、清污机水槽冲污水用。当循环水泵全停时，可作为水-水交换器工业一次水侧的供水泵；亦可作为循环水泵单元流道内排空时的排水泵用，如图 6-106 所示。

1 号冲洗水泵布置在 4 号机循环水泵引水间隔，2 号、3 号冲洗水泵布置在 5 号机循环水泵的引水间隔，4 号冲洗水泵布置在 6 号机循环水泵的引水间隔，各冲洗水泵取水与循环水泵同水源。各冲洗水泵出口有两路回路，一路是为水水交换器工业水供水，另一路是作为旋转滤网冲洗水，此两回路管道通过手动阀切换。在供水水交换器工业水母管上和每台泵出口旋转滤网的冲洗水管路上均设置了自清洗过滤器，过滤器通过检测前后压差来实现反洗，当前后压差达到反洗设定值时，滤网反洗泵启动，排污电磁阀打开，进行滤网自清洗。

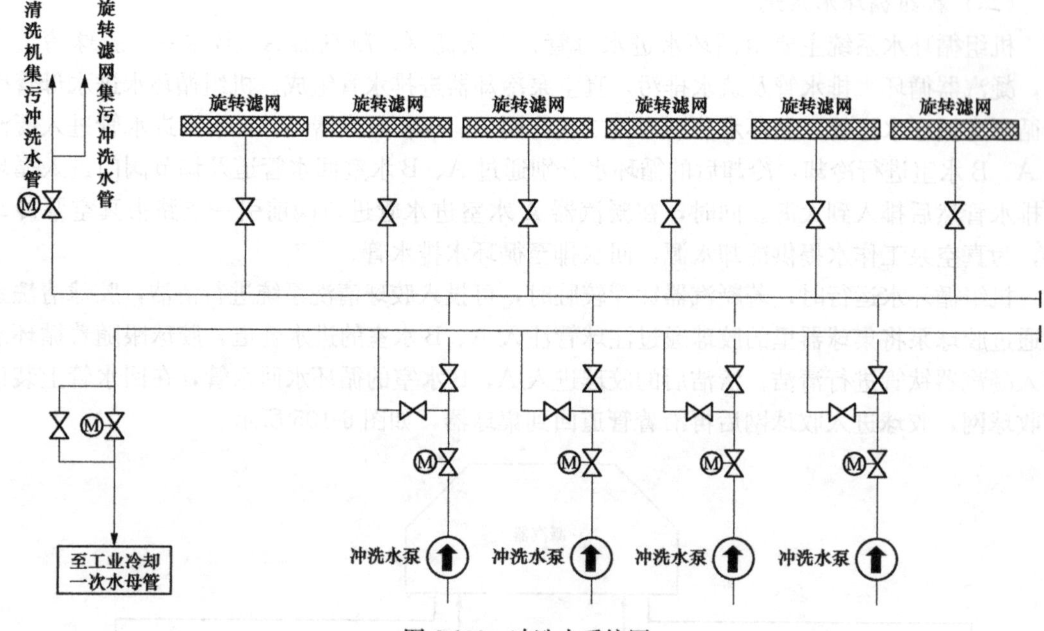

图 6-106　冲洗水系统图

三、主要设备结构及原理

循环水系统的主要设备有循环水泵、液控蝶阀、旋转滤网、胶球清洗装置、二次滤网装置等。

（一）循环水泵

本机组总容量为 3×460MW 燃气-蒸汽联合循环项目共配备了 6 台 6kV 的立式混流式循环水泵，即为每台机组配置了 2×50%额定容量的循环水泵。每台机组循环水母管之间设置有联络阀连接，既可以单元制运行，又可以母管制运行。

循环水泵采用的是立式单级混流泵，设计扬程为 15～20mH_2O，转速为 593(低速：495)r/min；循环水泵电机为水冷电机，额定功率为 1200kW(低速：710kW)。

循环水泵主要由电机和立式混流泵组成，该泵的进出水管均设在下泵体上，位于水泵轴中心线下方并与轴中心线垂直。泵盖用双头螺栓和定位销紧固于下泵体，所有转动部件通过位于泵体两端的轴承支撑，打开泵盖即可对泵内的全部零件进行检查维修，无需解开进出水管及电机，检修方便。

泵的主要零件包括泵盖、出水弯管、泵轴、轴承及轴承支架、联轴器、护套管、叶轮泵密封环、进水喇叭和进水锥等，如图 6-107 所示。泵盖、泵体分别整铸而成，两者共同组成泵的通流部分，进出水管与泵体铸成一体。泵轴由三根轴连接组成，三根轴之间通过联轴器连接，并通过轴承支架及陶瓷轴承固定及对中，轴承支架安装于泵的护套管上。叶轮由不锈钢制成，结构对称，水流对称地进入叶轮吸入孔后均匀排向压水室，因此理论上不存在轴向力。密封环通过定位半圆固定于泵壳上，与叶轮配合防止压力水过多泄漏。轴和位于其中部的叶轮通过平键、两端的轴套及轴套螺母与轴紧固成一体。轴的一端设联轴器与电机直接相连。轴承装于泵体两端，巴式合金滑动轴承装于轴承体内，油冷却，轴承体下部设有冷却室，通过冷却水对轴承进行冷却。非驱动端装有向心球轴承，使转动部分轴向定位和克服残余轴向力。吸入室两端的填料密封可防止空气漏入泵内以及大量液体渗出，填料密封包括填料压盖、填料环、填料套和填料等。

单级混流循环水泵运行性能曲线如图 6-108 所示。单泵工况为

$Q=5.5\text{m}^3/\text{s}$　$H=26.4\text{m}$　$\eta \geqslant 86\%$

$Q=6.3\text{m}^3/\text{s}$　$H=22\text{m}$　$\eta \geqslant 86.7\%$

$Q=6.8\text{m}^3/\text{s}$　$H=19\text{m}$　$\eta \geqslant 84.4\%$

由图 6-108 可知，单级混流泵随着流量的增大，扬程会减少，效率会先增大，达到最大效率流量后再增加泵的流量，泵的效率会随之降低。单级混流泵的功率会随着泵的出力变化而出现相应的变化，当出力达到一定值时，泵的功率达到最大，再增加流量，泵消耗的功率会随之减少，泵的运行电流也会随着流量的增大而减少。

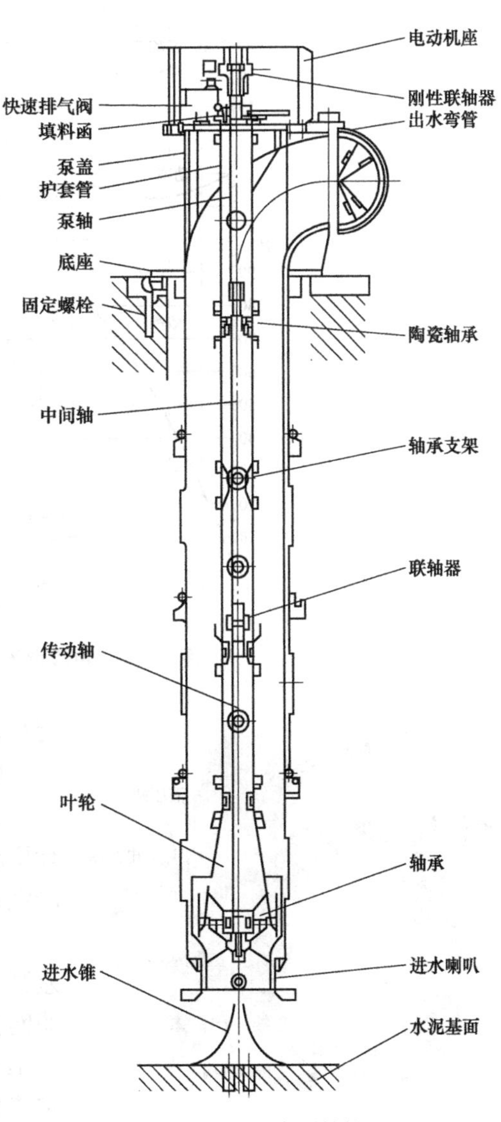

图 6-107　循环水泵结构图

（二）液控蝶阀（见图 6-109）

循环水泵出口液控蝶阀主要由蝶阀、传动机构、液压机构及电控箱组成。蝶阀为双球面偏心水平板式，双法兰联接。蝶阀具有电动/手动液压（中压）自补偿系统，重锤储能，快慢关程序可调，液控手动、联动/远程控制，介质充压软密封止回蝶阀。阀门开度：全开角度为 90°，全闭角度为 0°；带中间接点，失电关闭型。液控止回蝶阀靠液压驱动，开阀时靠油泵电动机提供动力，关阀时由升起的重锤提供能量驱动阀门关闭，关阀时不需驱动电源，为停电关阀型。传动机构主要由液压缸、摇臂、支撑墙板、重锤、杠杆等连接件、传动件组成，是液压动力开、关阀门的主要执行机构。传动液压缸上设有快关时间调节阀、慢关时间调节阀，快、慢关角度调节阀。

（三）旋转滤网

旋转滤网为露天布置，侧面进水（中间进水，双侧出水），无框架，配双速电机。其安装于循环水泵房进水间的单元流道内，用于拦截水流中的杂草和污物，水质为海水。

旋转滤网主要由主轴、罩壳、侧导向密封板、网丝、链板、滚轮、网框、冲洗水管及喷嘴、导轨和大链轮等组成。旋转滤网前后水位差大于 0.5m 时，该滤网自动启动；旋转滤网前后水位差小于 0.5m 且旋转滤网已启动运行超过 3min 后，该滤网自动停运；旋转滤网每隔 3h 自动启动一次，每次启动运行 3min 后自动停运。当滤网前后水位差大于 300mm 时，旋转滤网高速运行，转速为 3.6m/min，当滤网前后水位差小于 200mm 时，旋转滤网低速

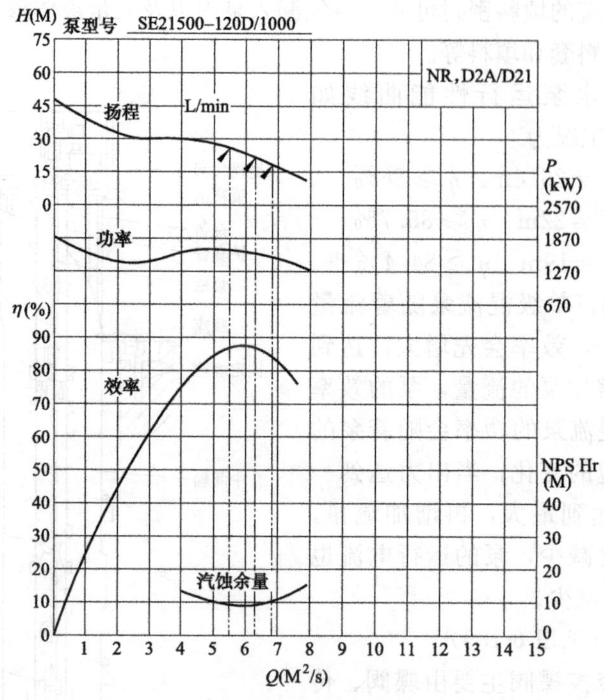

图 6-108 单级混流循环水泵运行性能曲线

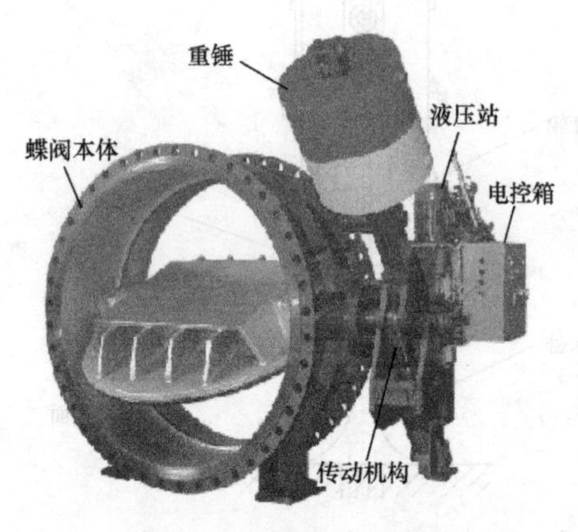

图 6-109 液控蝶阀结构

运行，转速为 1.8m/min。

（四）二次滤网

二次滤网安装于凝汽器循环水进水母管上，设计要求安装直管段大于 1.2m，用于过滤和清除进去凝汽器循环水中的污物。

二次滤网具有自动反冲洗功能，滤网前后设压差测量系统，当前后压差不断增加达到设定值时，滤网自动进行反冲洗。二次滤网一次反冲洗时间小于 1min，且一次清洗带走的水量小于相应时间内额定流量的 3.5%。同时还具有力矩保护、自动反转等功能，反洗转子在转动受阻时会自动反转同时报警，以保证整个循环水系统安全高效地全自动运行。滤水器转子驱动机构，型式为电动，且滤水器反冲洗转子还设手动控制，在电源故障时可手动操作。二次滤网通过差压测量系统随时监测过滤器两端的压差。当压差达到设定值时，排污阀打开，进行反洗，如图 6-110 所示。

（五）胶球清洗装置

每台机组配置两套自动胶球清洗系统，分别应用于凝汽器 A、B 侧水室，共配置 6 套。凝汽器胶球清洗是借助水流的作用将胶球带入凝汽器冷凝管，对冷凝管进行擦洗，维持冷凝管内壁清洁，保证凝汽器设计换热效率不下降，从而维持凝汽器的端差和汽轮机背压；避免冷凝管内壁腐蚀，改善运行条件，延长机组寿命。胶球连续清洗装置所用胶球有硬胶球和软胶球两种，清洗原理亦有区别。硬胶球的直径比铜管内径小 1～2mm，胶球随冷却水进入铜管后不规则地跳动，并与铜管内壁碰撞，加之水流的冲刷作用，将附着在管壁上的沉积物清除掉，达到清洗的目的；软胶球的直径比铜管大1～2mm，质地柔软的海绵胶球随水进入铜管后，即被压缩变形与铜管壁全周接触，从而将管壁的污垢清除掉。

胶球清洗系统由胶球泵、装球室、切换阀、收球网等组成。清洗时把海绵球填入装球室，起动胶球泵，胶球便在比循环水压力略高的压力水流带动下，经凝汽器的进水室进入钛管进行清洗。因为胶球输送管的出口朝下，所以胶球在循环水中分散均匀，使各钛管的进球率相差不大。胶球把钛管内壁抹擦一遍，流出钛管的管口时，自身的弹力作用使它恢复原状，并随水流到达收球网，被胶球泵入口负压吸入泵内，重复上述过程，反复清洗，如图6-111所示。

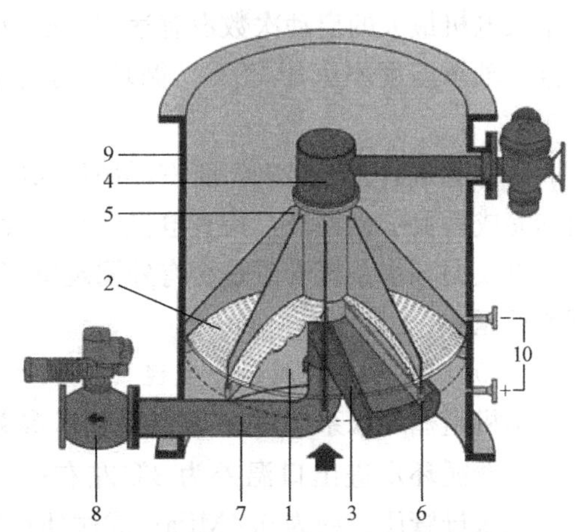

图6-110 二次滤网结构图

1—滤网腔室；2—滤网元件；3—反洗铃子；4—转子驱动机构；5—分隔；6—密针条；7—排污管路；8—排污阀；9—滤器壳体；10—压差测量系统

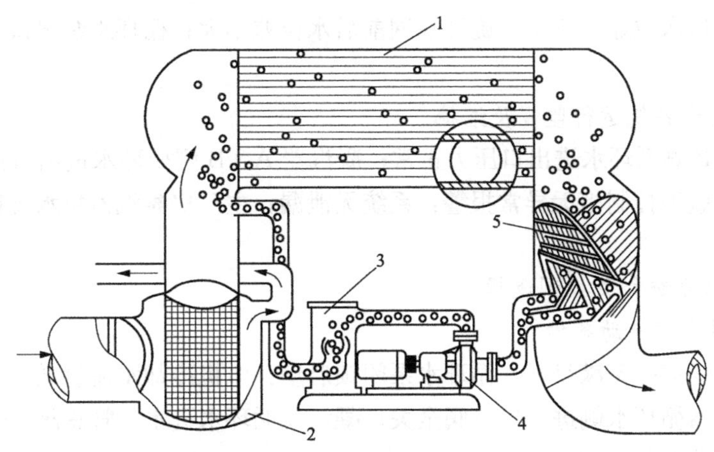

图6-111 凝汽器胶球清洗装置原理图

1—凝汽器；2—二次滤网（带清洗蝶阀）；3—装球室；4—胶球泵；5—收球网

四、系统的运行维护

（一）循环水系统的投运

1. 启动前的准备和检查

循环水系统经过检修或者长期停运后，启动前需对系统管道进行注水排空。对于两班制运行的联合循环机组来说，循环水系统投运前需确认：各阀门状态正常；循环水泵各辅助系统已投运，循环水泵具备启动条件。

2. 系统的启动

启动循环水泵前检查下列条件满足：循环水泵出口蝶阀关；循环水泵入口水位不低；循

环水泵电机最大的启动次数没有达到、推力轴承油位不低；循环水泵上部引导轴承温度、上部推力轴承温度不大于75℃，循环水泵下部引导轴承温度不大于85℃，马达线圈温度小于125℃。

条件满足后先开启机组凝汽器循环水出口调阀微小开度，启动循环水泵。循环水泵系统启动完成后要加强检查，检查电机电流、轴承油位及温度，泵的振动情况、泵的盘根漏水情况，以及循环水系统管道是否有外漏现象等。系统启动后将二次滤网投入运行并监视二次滤网前后压差。

（二）循环水系统的运行监视

本机组循环水系统主要运行及技术参数如下：①循环水母管压力为0.08～0.12MPa；②凝汽器循环水进出口温差为8℃左右；③循环水泵电机冷却水母管压力约为0.20MPa；④冲洗水母管压力约为0.4MPa；⑤循环水进水温度为28℃左右。

1. 循环水泵及电机的运行监视及维护

循环水泵无异音、异味，振动、盘根密封、电机电流、轴承和绕组温度正常；循环水泵电机轴承油位正常，油质合格；循环水泵电机冷却水压力正常；循环水泵盘根处有少量水流出（每分钟数滴水即可）；循环水泵出口蝶阀就地阀位正常，电气控制箱上状态指示正常，液压油机构油位、油温、油压正常，无漏油现象，蝶阀电机不应频繁打压。

2. 循环水系统管道运行监视及维护

循环水泵进口水位显示正常，旋转滤网前后水位差不大；循环水泵出口压力、循环水母管压力正常。

3. 机组循环水系统运行监视及维护

凝汽器A、B侧循环水进出口压力正常；凝汽器A、B侧循环水进出口温度正常；二次滤网运行正常，就地控制柜无异常报警：系统无泄漏；主厂房凝汽器集水坑排污泵良好，处于备用状态。

（三）循环水系统相关控制逻辑

1. 循环水泵允许启动条件

以下条件有任何一条满足时，循环水泵闭锁启动：电机冷却水流量低，冷却水压力小于0.15MPa；凝汽器循环水侧进、出口阀全关；凝汽器循环水进水母管总阀未全开；旋转滤网后水位低；有跳泵条件存在。

2. 循环水泵跳闸保护条件

循环水泵电机上部引导轴承温度或上部推力轴承温度应低于75℃，达到80℃，保护动作立即跳泵；循环水泵电机下部引导轴承温度应低于85℃，达到90℃，保护动作立即跳泵；任一电机线圈温度达到120℃时报警，达到130℃时保护动作跳泵；入口旋转滤网前、后水位均不大于5m，保护动作跳泵；循环水泵运行且出口蝶阀全关延时10s，保护动作跳泵；电气保护动作跳泵。

3. 其他保护条件

循环水泵电机冷却水母管压力低于0.15MPa时发出报警；电机任一绕组温度达到110℃时发出报警；旋转滤网后液位低于6.5m时发出报警；机组凝汽器循环水进出口温升大于9℃时发出报警。

（四）循环水系统的停运

机组的循环水系统停运前，需确认：机组真空至零，轴封系统已停运；主蒸汽系统和辅助蒸汽系统无疏水至凝汽器，低压缸排汽温度低于55℃且无上升趋势，胶球清洗系统已停运1h以上。

具备以上停运条件时方可停止本机组对应的循环水系统运行，另外对于循环水泵部分，停运前需确认：水水交换器开式水侧已切换至其他机组循环水泵或冲洗水泵供水；机组循环水系统退出母管制运行，与其他机组联络阀已关闭。上述条件满足后可在DCS上远方操作停止循环水泵运行。

循环水泵停运后，应关闭相应循环水凝汽器出口电动门，视需要关闭循环水凝汽器进口电动门。投入循环水泵电机加热器，停运机组凝汽器检漏装置。

五、系统运行优化改造及运行经验分享

经过多年运行经验总结，为提高整个循环水系统运行效率及节能减排，我厂循环水系统进行了多次运行优化。

（一）母管制运行优化

循环水系统在无特殊情况下（机组循环水及相关系统检修），均采用母管制运行，根据季节变化及真空情况，来调整循环水泵运行台数。一般冬季时，3台机满负荷运行，循环水系统母管制运行只需4或5台循环水泵就能满足冷却要求；春秋季只需5台循环水泵就能满足冷却要求；夏季6台循环水泵全部投入运行。

（二）循环水泵高低速泵混合运行

根据季节变化及机组真空情况，将6台循环水泵的其中1或2台改为低速运行，根据运行机组台数，调整低速循环水泵的运行台数。一般1台或2台机组运行时，启动的循环水泵中保持1台低速泵运行；3台机组运行时，保持2台低速循环水泵运行。

（三）旋转滤网冲洗水系统运行优化

由于循环水设置有引水前池，循环水引水相对较为干净，因此，旋转滤网及冲洗水系统采用手动定期投入方式运行，一般每天投运一次，一次一小时。遇到台风等恶劣天气，引水前池较脏时，才加大投运频率及时间。

（四）水水交换器开式水运行优化

将水水交换器开式水出口阀进行改造，由原来的全开全关型电动阀改为调节型电动阀，根据环境温度及水温，调节海水供水量至合理值，减少海水供水量；机组停运时，将阀门关至较小开度，减少用水量，提高循环水母管压力。

六、系统典型异常及处理

（一）循环水泵出口蝶阀卡涩在全开位置无法关闭

现象：DCS上发出报警；DCS上显示出口蝶阀全开故障；就地阀门在全开位置，但已无油压。

可能原因：机械卡涩；阀门位置开关故障。

处理方法：关闭该循环水泵与其他机组循环水母管之间的联络阀，保证其他机组安全运行；确认水水交换器工业一次水已转由其他机组或冲洗水供水；尝试手动关闭循环水泵出口蝶阀，如无效应及时停运该机组另一台循环水泵，机组按循环水中断处理；立即派人到就地检查循环水泵及其出口蝶阀；紧急停机后，真空较低时应确认进入凝汽器的疏水阀全部关闭；转速小于300r/min时，破坏真空，停轴封；检查低压压缸大气薄膜是否完好，必要时更换；严密监视低压缸排汽温度，循环水中断后必须在凝汽器温度低于50℃后才可恢复循环水系统。

（二）循环水泵冷却水母管压力低处理

现象：DCS上发出母管压力低报警；DCS上发出冷却水流量低报警；就地压力表显示压力低。

可能原因：冷却水供水管道阀门被误关；管道泄漏；闭冷水母管压力低。

处理方法：检查机组闭冷水系统运行是否正常，及时恢复闭冷水系统；检查机组闭冷水至循环水泵电机冷却水管道有无泄漏，若管道存在泄漏，电机冷却水母管压力无法维持，切至其他循环水泵运行；检查循泵电机冷却水供水管道阀门是否误关，及时打开供水阀；开大凝汽器海水侧出口阀，以降低循环水泵电流，减缓电机绕组温度上升速度。

（三）机组运行过程中一台循环水泵跳闸

现象：DCS上发出报警；跳闸泵已停运且显示故障；循环水压力降低；机组真空下降。

可能原因：电机故障；电气保护动作；轴承温度高。

处理方法：如有备用循环水泵，则立即启动备用循环水泵；如该机组循环水系统为单元制运行方式，条件允许的话立即开启该机组与相邻机组的联络阀，改由母管制运行，并视真空情况决定是否适当降负荷或启备用真空泵；如果机组循环水系统为母管制运行，立即调整各机组循环水母管压力，同时密切监视各机组真空情况；就地检查泵跳闸原因。

（四）二次滤网压差高

现象：DCS发出二次滤网压差高报警，二次滤网可能已故障停运；公用循环水母管压力升高，机组侧循环水母管压力降低；凝汽器真空可能有缓慢下降趋势。

原因：二次滤网压差变送器故障；二次滤网排污电动阀卡涩或故障；二次滤网电机故障；二次滤网转轴机械卡涩。

处理方法：通知检修检查二次滤网压差变送器是否正常；检查二次滤网排污电动阀是否卡涩在全关位，尝试复归电动阀故障报警，将其打开至全开位，通过排污管道有无明显水流声判断阀门是否已打开；检查二次滤网电机是否正常运行，如正常运行而压差仍在上涨，可尝试将电机正转反转反复切换，直至二次滤网压差恢复正常值；若二次滤网电机故障或转轴机械卡涩，可通过手动盘二次滤网转轴的方法来降低压差，操作前应先关小凝汽器循环水出口电动蝶阀，减小二次滤网前后循环水压差，使二次滤网容易转动，处理过程中应密切关注凝汽器循环水进出口温差，保证不超过13℃，同时凝汽器真空大于92kPa。

（五）循环水泵入口液位低

现象：DCS发循环水泵旋转滤网前、后液位低报警；循环水泵运行电流出现较大摆动，就地循环水泵运行声音较沉闷。

原因：潮汐液位低导致循环水前池水位低；旋转滤网无法启动导致前后液位差较大；运行循环水泵过多出现抢水现象。

处理方法：及时恢复或启动旋转滤网运行，保证旋转滤网前后液位差小于0.5m；若是由于潮汐液位低引起，则严密监视旋转滤网前后液位，当前后液位接近5m时，应当切换循环水泵运行，并根据实际情况，停运不需要运行的循环水泵；若机组双循环水泵运行，可停运对应的一台液位低循环水泵，同时适当关小凝汽器循环水回水调节阀，留意机组凝汽器真空，等其入口液位恢复正常后，再重新投入循环水泵运行。若单循环水泵运行，可考虑循环水系统母管制运行，切换至其他循环水泵运行，处理期间，密切留意机组循环水压力及凝汽器真空正常，否则应视情况降低机组负荷或申请停机。

第十八节 压缩空气系统

一、系统概述

压缩空气系统主要是指产生符合压力要求的压缩空气，并经净化处理后再由管道系统传输至各压缩空气用户的系统。压缩空气是一种重要的动力源，与其他能源比，它具有下列明显的特点：清晰透明，输送方便，没有特殊的有害性能，不可燃，不怕超负荷，能在许多不利的环境下工作，空气在地面上到处都有，取之不尽。

压缩空气在电力行业的应用也非常广泛，在发电厂，压缩空气主要用于仪表用压缩空气系统、厂房内杂用压缩空气系统和设备动力用压缩空气系统。压缩空气用处不同，要求的压缩空气的品质也有差异，一般仪表用的压缩空气品质要求较高，而作为一些检修吹扫的杂用压缩空气相对来说品质要求会低一些。

压缩空气系统为发电厂必不可少的公用系统之一，配备充足而可靠的压缩空气是发电厂运行的基本前提。本厂压缩空气系统总共配置了 7 台双螺杆式空气压缩机（称简空压机），7 台空压机母管制运行，配备 6 套干燥装置，集成油过滤器和除尘过滤器，能匹配空气压缩机的运行状态，最终保证经空气干燥净化设备处理后的压缩空气品质符合技术参数要求。系统中设有 3 个杂用压缩空气储气罐，5 个仪用压缩空气储气罐，1 个排水用中间储气罐，以满足在空压机失电停运的情况下，维持仪用空气 5～10min 的用气量。机组正常运行时，由于不需要燃气轮机吹扫空气，一般为 2 台左右空压机正常运行，其他空压机自动备用状态，干燥器正常时为三用三备，杂用空气罐和仪用压缩空气罐正常时全部投入运行。

本厂压缩空气系统主要分为仪用压缩空气系统和杂用压缩空气系统。仪用压缩空气系统的用户主要有全厂的气动阀的动力气源、燃气轮机 2 号轴承的振动探头冷却用气、燃气轮机点火装置动力用气、盘车装置的啮合和脱扣的动力用气、氢气干燥装置的电控箱的净化用气和其四通阀的切换气源、发电机气体置换用气、烟气检测装置的仪表用气、预作用灭火系统管道用气、混床再生混合树脂用气。杂用压缩空气的用户主要有机组检修用气（用于管道吹扫、设备冷却、工具用气等）、燃气轮机吹扫冷却用气。

仪用和杂用压缩空气系统分别通过管道引入主厂房第一套机组，在机组区域形成合环，并通过十几个支管分配至压缩空气系统的各个用户，对应的母管区域设置有自动疏水器，防止管道积水。系统通过联络手动阀向第二三套机组供气，并与一期系统相连，保证系统的灵活性。

二、系统流程

本机组的压缩空气系统主要由压缩空气制气系统和各机组压缩空气用户系统组成。系统流程如图 6-112 所示。

制气系统主要分为杂用压缩空气制气和仪用压缩空气制气，仪用压缩空气是对杂用压缩空气进行进一步精处理而来。制气系统主要流程为：环境大气—双螺杆空压机压缩—空压机出口母管—中间排水罐—杂用压缩空气罐进口管—杂用压缩空气罐—杂用空气罐出口母管。

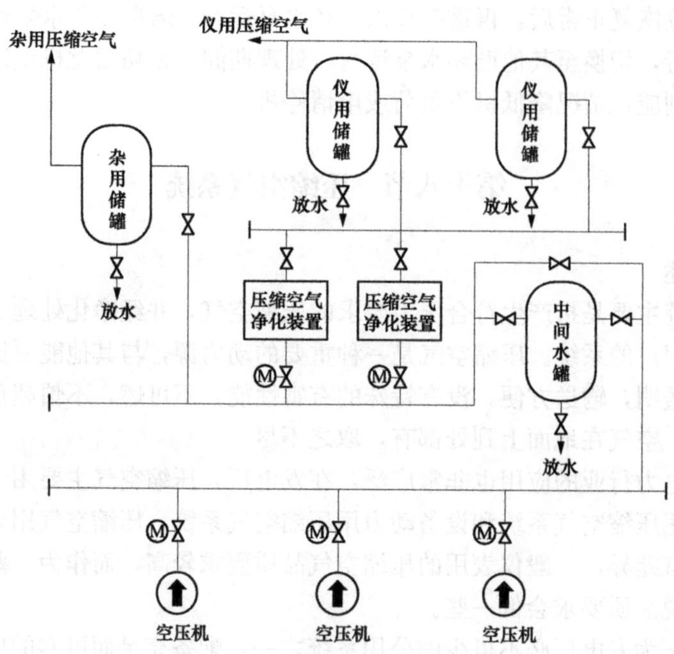

图 6-112 压缩空气系统流程图

此流程为杂用压缩空气制气流程，因为杂用压缩空气对其品质要求不高，不需进行进一步处理，就可直接送至机组杂用空气母管配送至各用户。仪用压缩空气制气是在杂用压缩空气流程的基础上再进行精处理流程，流程为：中间排水罐—压缩空气净化装置—净化装置出口母管—仪用压缩空气罐—仪用压缩空气母管。通过处理，符合要求的仪用压缩空气被管道送至机组仪用压缩空气母管再配送至各用户。

三、主要设备结构及原理

压缩空气系统的主要设备有空压机、干燥装置、仪用和杂用压缩空气储罐等。

（一）空压机

采用的空压机型式为空冷、双螺杆喷油压缩机，进气压力为 0.1MPa，排气压力为 1MPa。英格索兰微油螺杆式空压机主要由主机和电机系统、润滑和冷却系统、油气分离系统、气路系统、控制系统和保护系统组成。

螺杆空压机的压缩作用是由一对螺旋转子啮合而产生，压缩过程中喷油冷却密封。产生的油气混合物从主机排出后进入分离系统，该系统在分离筒体内自成一体，将大部分冷却油都去除回收到冷却油系统，而空气进入后冷却器进行冷却和气水分离后，在经过过滤器后从压缩机组排出。

1. 主机和电机

主机主要由一对阴阳转子和壳体组成，属于容积式。其工作工程由吸气过程、压缩过程和排气过程组成，如图 6-113 所示。外部空气吸入空压机主机，当一对凸角完成排气过程（两凸角在排气端完全啮合）时转子另一端（进气端）的空隙开始通过吸气口充气，而另一对准备压缩，当该对凸角中的阴凸角在其整个长度上充满气时，进气阶段结束。随着转子进一步转动，阳转子凸角开始在进气端与阴转子啮合，相互啮合的两凸角的脊线通过密封线时便将已吸入的空气截住，阳凸角开始挤压截住的空气并同时将其挤到排气端盖。阳转子的挤压运动逐渐减少被截留的空气的体积，同时冷却油通过机壳上钻有的压力喷嘴不断喷入这些空气里，冷却空压机主机及电机，喷油吸收压缩热，润滑转子，并为转子提供密封。螺杆空压机的主电机是采用专用的电机，主机与电机之间采用法兰连接并通过齿轮进行传动，故要求电机的法兰要有较高的刚性。压缩机的主电机有以下特点：起动转矩大、起动电流小且稳定、电机温升较小、电机绝缘较高等。

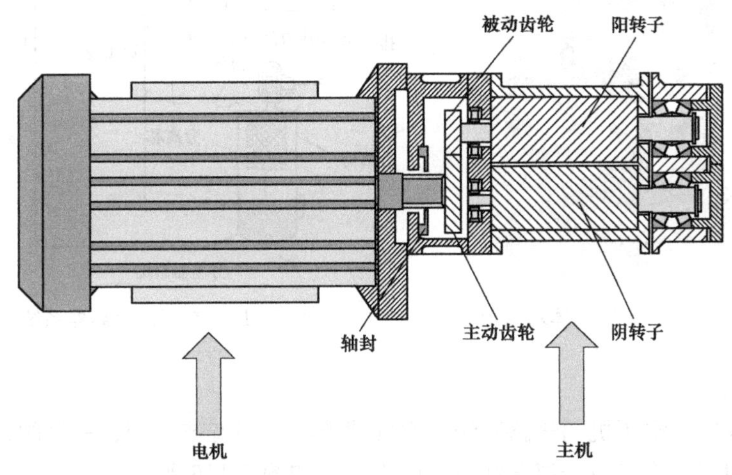

图 6-113　空压机工作原理图

2. 润滑和冷却系统

润滑和冷却系统由主机、分离筒体、温控阀、油冷器、冷却剂过滤器、断油电磁阀等组成。

空压机在运行过程中，会产生非常大的热量，同时空压机在工作时，阴阳转子需要润滑，阴阳啮合齿之间需要密封。因此向空压机主机通入冷却油进行润滑、冷却和齿间密封，以保证空压机转子的使用寿命和及时带走压缩过程中产生的热量，使被压缩空气的温度在正常范围内。冷却油的循环靠机组运行后产生的压差由高压自行向低压流动。冷却油从分离器油池流到油冷却器进口，以及温控阀的旁路，通过温控阀的控制，提供适当温度的冷却油，再通过滤油器和断油电磁阀后再喷入主机中，由主机排出的油气混合物又回到分离器（见图 6-114）进行分离。

3. 油气分离系统

分离器系统由油分离器筒体、油分离芯、回油管及回油过滤器、安全阀、最小压力阀组成，如图 6-115 所示。

油分离筒体有一中间隔板作为分界，隔板以下为初级分离，隔板以上为次级分离。初级分离采用离心式，主机排出的油气混合物经过止回阀进入分离筒体，通过导向装置使油气混合物产生旋转，在离心力的作用下将冷却油分离出来的油留在筒体内的油池内。分离后的压缩空气再进入次级分离，次级分离器采用凝聚过滤，分离芯由两个紧密填塞的同心圆组成，分离芯用法兰安装在筒体出口盖上。带有少量冷却油的压缩空气进入分离芯，油雾聚合凝结成小油滴，油滴在自身重力的作用下汇集于分离芯底部，通过安装于回油管路上的过滤网和节流孔接头，抽回到空压机主机进油口。为使油气混合物在分离器的初级分离过程中真正达到效果，分离筒类液位和工作压力必须得到控制，液位要控制在液位镜中部以下，工作压力必须在 0.55MPa 以上。

图 6-114 分离器筒体示意图

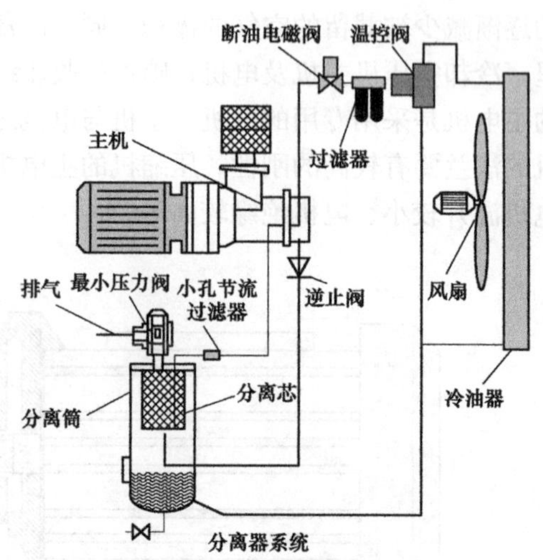

图 6-115 空压机分离器系统

4. 气路系统

英格索兰双螺杆空压机的气路系统由空气滤清器、消音节流阀、进气阀、分离器及最小压力阀、后冷却器、冷凝液分离器和放气阀组成，如图 6-116 所示。

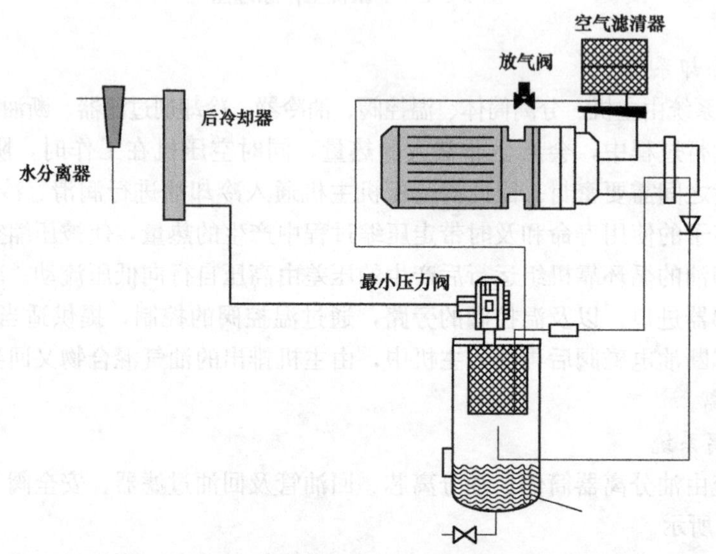

图 6-116 空压机气路系统

大气压下的空气经过空气滤清器过滤后再经过节流消音处理，通过空压机的进气阀进入到空压机主机中进行压缩，压缩后的压缩空气在油气分离筒内分离后，经过最小压力阀导出，通过后冷却器冷却至适当温度，再进入冷凝液分离器分离水分后排出。

5. SG 控制系统

机组所有指令（启动、加载、卸载、停机等）由 SG Intellisys 控制器发出，控制器根据获得的压力信号（压力传感器）发出步进电机转动方向和转动幅度来控制进气蝶阀的开关及开度。

Intellisys控制器提供了3种气量控制方式，分别为Mod/ACS(调节/自动控制)、Modulation Only(单一调节)、ON/OFF Line控制。

联合循环发电厂的压缩空气系统用气量变化较大，一般采用自动启停的ON/OFF Line控制方式，在用气量小时，母管压力升至Off-line的起跳压力设定值时，控制器开始计时，在延时时间内母管压力始终在回跳压力设定值以上，则空压机会自动停止；在用气量大时，母管压力降至On-line的回跳压力设定值时，控制器也开始计时，延时后压缩机自动启动带载运行。

（二）压缩空气净化装置

压缩空气系统设置两种空气净化设备，早期的净化设备每套包括一台除油过滤器、一台无热再生吸附式干燥装置、一台除尘过滤器，过滤器处理空气量小于等于20m³/min（标况下），精度小于等于0.01μm，最高工作压力为1.6MPa，最高工作温度为66℃；干燥装置流量为17.23m³/min（标况下），最高工作压力为1.1MPa，最高工作温度为55℃，成品露点温度为−40℃，反冲及再生耗气量均为12%产气量。后面加装的净化设备为组合式干燥机，其原理略有区别。

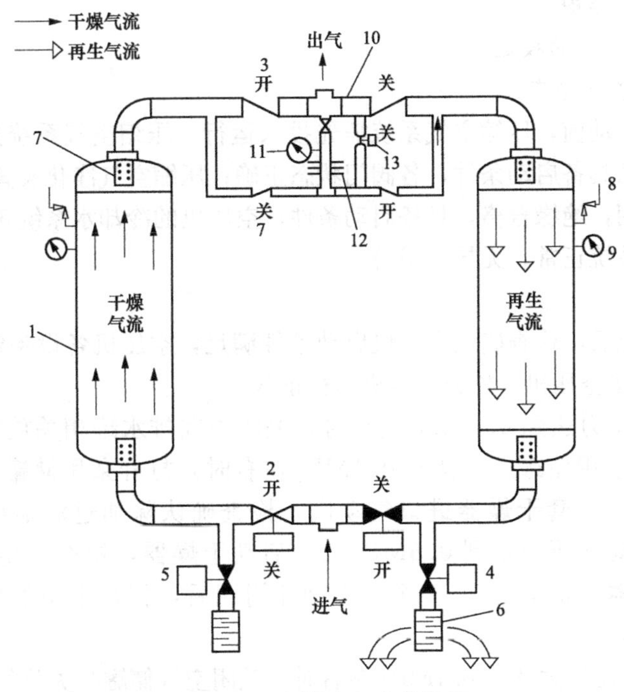

图6-117　压缩空气净化装置

1—压力容器；2—进气阀；3—排气止回阀；4—再生流量止回阀；5—再生阀；6—再生消声器；7—干燥剂滤网；8—安全阀；9—压力表；10—再生调节阀；11—再生调节压力表；12—再生节流孔；13—抑制阀

1. 无热再生式干燥机

工作原理：再生式压缩空气干燥机通过自动化控制使压缩空气气流在两个充满干燥剂容器内循环流动从而能持续提供干燥的压缩空气。当一个容器正在从输入的空气气流中吸收湿气时，另一个容器中的干燥剂同时在被一部分已干燥的空气再生着，干燥剂采用A级活性氧化铝，如图 6-117 所示。

无热再生式干燥机是按美国全国电器制造商协会（NEMA）规定的 10min 循环设计。其中干燥 5min，再生 4min20s，升压 30s，降压 10s。当干燥塔内与管道同压的 5min 期间，另一塔内的干燥剂在再生，再生塔的压力应小于 0.22bar。通过再生流量调节阀和再生压力表的调节，约 14%的出口干燥空气被用于再生。

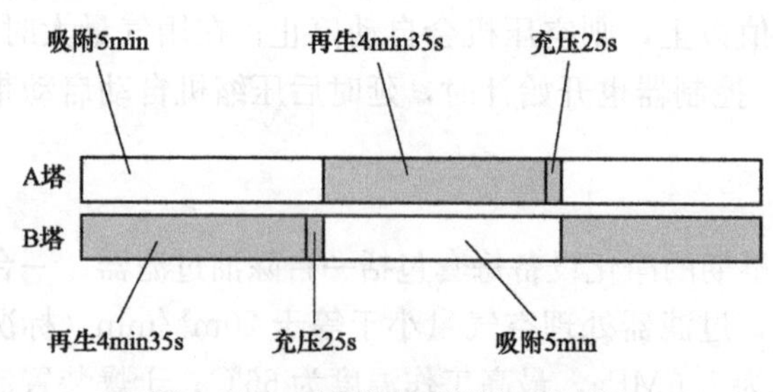

图 6-118 干燥机的吸附/再生周期

2. 组合式干燥机

工作原理：利用制冷和物理化学吸附原理使压缩空气干燥。通过制冷原理使压缩空气中的水蒸气在低温下过饱和而冷凝成液体，用适当方式将冷凝水（包括部分油和尘）从压缩空气中分离出来，从而去除了压缩空气中的大部分水蒸气；再通过物理和化学吸附原理吸附压缩空气中剩余水蒸气，使压缩空气得到进一步干燥，从而得到更低露点温度的压缩空气。干燥机的吸附/再生周期如图 6-118 所示。

四、系统的运行维护

（一）压缩空气系统的投运

1. 启动前的准备和检查

在机组各系统启动前，压缩空气系统需先投入运行。压缩空气系统投运前，需先确认：压缩空气系统管路已具备启动条件，各阀门状态正确；压缩空气净化装置正常，具备投运条件；空压机正常备用，绝缘合格，具备启动条件；空压机的冷却水系统正常，冷却水管路无泄漏；空压机控制系统正常，无异常报警。

2. 系统的启动

空压机电源送上后，检查确认空压机启动条件满足，空压机各设备定值已经设定完毕。在 DCS 上或就地启动空压机，检查空压机运行正常。

当中间排水罐压力达到 0.1MPa 左右时，关闭中间排水罐相关放气疏水阀，打开杂用储罐进口阀，待杂用储罐压力达到 0.1MPa 左右时，打开杂用储罐出口阀向机组杂用空气母管充压。打开一套干燥器进口气动阀，检查确认除油过滤器压差正常，干燥器无泄漏。待干燥器筒体压力达到 0.6MPa 后，启动干燥器，检查再生排气阀动作正常，消音器正常。干燥器正常运行 1～2 个工作循环周期后，打开干燥器出口阀，检查确认除尘过滤器压差正常。

仪用压缩空气储罐压力达到 0.1MPa 左右时，关闭空气储罐相关放气阀。检查压缩空气各储罐压力正常，各表计指示正确。开启仪用压缩空气罐出口阀门向机组仪用空气母管充压。当仪用及杂用压缩空气母管压力达到 0.7MPa 时，向各用户供气。

（二）压缩空气系统的运行监视

本机组压缩空气系统主要运行及技术参数如下：

（1）压缩空气母管压力：0.7～0.8MPa；

（2）机组仪用压缩空气压力：大于 0.45MPa；

（3）空压机主机排气温度：80～98℃；

(4) 空压机排气温度：与环境温度相差 8～12℃；

(5) 一台燃气轮机用气量：约为 16m^3/min（标况下）；

(6) 干燥器前后滤网压差：小于 0.05MPa。

1. 全厂空压机控制方式

一期 5 台空压机系统完成改造后，已并入二期公用 DCS 来控制。正常情况下，5 台空压机均切至 DCS 控制，并投入 DCS 联控，通过设置空压机的启停顺序及加/卸载压力来控制空压机的轮流启停。二期 2 台新增空压机无远方加载能力，暂时不能参与联控，通过就地设置空压机的启停压力，保证二期新增空压机始终有至少 1 台在运行，防止新增干燥器无空气流过，导致无法正常工作。

2. 空压机的运行监视及维护

空压机进口冷却油温正常，应小于 49℃；空压机出口压缩空气的压力及温度正常，压力为 0.8MPa 左右，机组的排气温度小于环境温度＋8℃；空压机进口空滤芯压差正常，无异物堵塞；油气分离器油位正常，应在液位镜的中部以下，工作压力必须在 0.55MPa 以上；水分离器放水电磁阀工作正常，若发现排水量太小或没有冷凝水排放，必须停机检查，若无法自动排水，则应定期手动进行排放。

分离器压差达到 0.06MPa 以上（极限是 0.1MPa）或压力开始有下降趋势时应停机更换分离芯；主机排气温度控制在 80～98℃，一旦接近或超过 98℃，必须清洗油冷却器，大于 105℃发出主机排气温度高报警，大于 109℃空压机自动停运。

3. 无热再生式干燥器的运行监视及维护

过滤器自动排污阀正常；除油过滤器、除尘过滤器进出口压差正常，如果压降超过 0.05MPa，更换滤芯；再生塔回冲压力大于或等于 0.035MPa，更换消声器；检查水分指示器，确认出口空气干燥，蓝色表示干燥，粉红色表示潮湿；干燥塔和再生塔压力正常，干燥塔压力为 0.7MPa 左右，再生塔压力应不大于 0.022MPa；换塔、再生和升压动作正常，标准工作循环周期为 10min。

4. 组合式干燥器的运行监视及维护

检查干燥器进口压力、A/B 塔压力应不低于 0.4MPa；冷媒高压压力正常运行在 1.2～2.2MPa 之间，冷媒低压压力在 0.5MPa 左右；若停机一段时间，冷媒高压、低压压力值应相同且高于 0.5MPa，低于 0.5MPa 时，可能冷媒介质泄漏。检查干燥器排水电磁阀动作正常。

5. 压缩空气系统管道及各用户的运行监视及维护

杂用压缩空气储罐及中间排水罐底部放水电磁阀工作正常，否则定期手动疏水；定期开启空压机系统电磁疏水阀及管道手动疏水阀对系统进行疏水，发现电磁阀故障及时处理，空气潮湿时应加强疏水。

各管道及阀门正常，无泄漏；空压机出口杂用及仪用压缩空气母管压力正常，压力低于 0.63MPa 时发出低报警；各用户支管压力正常，支管前后压差较大，则应进行支管净化装置滤网清洁或更换；当有大流量检修用气时，应加强系统管道压力监视，严格控制压力在正常范围内；确保各机组仪用压缩空气压力正常，压力低于 0.45MPa 时发出压力低报警。

（三）压缩空气系统的停运

1. 空压机正常停机

空压机是供应全厂仪表空气和杂用空气的关键设备，必须确认在全厂范围内具备停运空压机的条件后才允许停运。正常运行期间的切换停机，须先启动备用空压机，待其启动带正常负荷后，方可停止原运行空压机，注意切换期间必须保证供气压力正常。在DCS上或就地停运空压机，若空压机正在加载运行，则先卸载，维持卸载运行10～30s后停机，若空压机原来在卸载运行，则立即停机。若空压机停下检修，则拉掉相应电源。

停运干燥器时，先关闭运行干燥器进口气动阀、出口气动阀；停止干燥器运行，打开干燥器泄压阀，泄压完毕后关闭泄压阀（正常运行中的切换可不泄压）。

2. 空压机紧急停机

若空压机需紧急停机时，则按红色紧急停机按钮并自动锁定，其余操作同正常停机。非紧急情况下勿使用红色紧急停机按钮停机，带负荷停机有可能损坏压缩机。

排除故障后，将紧急停机按钮顺时针旋转、拔出即可解除锁定。空压机停运20s内不可重新启动（自闭锁），但20s内发出的开机指令将储存在电脑控制器中，20s后自启动。

（四）压缩空气系统的相关保护

1. 主要报警

(1) 机组仪用压缩空气压力低报警：压力低于0.45MPa时发出；

(2) 仪用压缩空气母管压力高报警：压力高于0.78MPa时发出；

(3) 仪用压缩空气母管压力低报警：压力低于0.63MPa时发出；

(4) 杂用压缩空气母管压力高报警：压力高于0.81MPa时发出；

(5) 主机排气温度高：主机排气温度大于105℃时发出。

2. 空压机跳机保护

当出现下列情况之一时，运行的空压机跳闸：

(1) 空压机排气温度高（主机排气温度超过109℃）；

(2) 卸载油池压力低；

(3) 传感器故障；

(4) 主电机过载；

(5) 风扇电机过载；

(6) 启动器故障；

(7) 控制电源失去；

(8) 远控停机故障；

(9) 远控启动故障；

(10) 按下紧急停机按钮。

五、系统运行优化改造及运行经验分享

优化前压缩空气系统运行状态：在没有机组需要燃气轮机吹扫用气时基本为两台空压机带载运行（有时3台，其中1台多处于卸载状态），每增加1台机组投入燃气轮机冷却空气相应增加1台空压机运行。燃气轮机冷却空气取自杂用压缩空气，因此压缩空气运行特点是：仪用空气只有在机组变工况时，气动阀门动作才有少量的消耗，系统富裕量大、储气容量大、用量较小；杂用压缩空气用量大，夜间停机后压缩空气用量大。

此运行方式存在以下的缺陷：

(1) 干燥器投运过多。在燃气轮机不需要冷却空气时两台（甚至更多）空压机运行，空压机所产生的压缩空气绝大部分被干燥装置排到大气中，造成较大的浪费。压缩空气干燥装

置投入运行并且频繁再生需要大量的干燥压缩空气（10min 再生一次），在空压机房时刻都能听到泄压冲击声，再生气流声，排气口排出的气体没有明显潮湿的迹象。

（2）燃气轮机冷却空气量偏大。通过对历史数据分析得知，燃气轮机停机后 30h 内，冷却空气供给期间，透平和压气机上下缸温差分别在 20℃以下和 10℃以下，而这两个温度的允许值分别是 90℃和 65℃，因此认为可以适当减少冷却空气量，在保证设备安全的情况下减少压缩空气用量，降低空压机的电耗。

优化措施及效果：①减少干燥装置投入运行台数。根据实际需求投入 3 台甚至 2 台，同时监视仪用空气露点温度；②通过试验适当减少燃气轮机冷却空气量。

根据试验及实践，适当调小燃气轮机冷却空气截止阀开度，停运部分干燥器，维持机组母管压力正常，在相同工况下空压机运行数量较原来减少了 0.8～1.4 台，减少厂用电 100～180kW。

六、系统典型异常及处理

1. 压缩空气系统泄漏

现象：压缩空气压力持续降低；漏气处有明显漏气声音；发出压缩空气压力低报警。

可能原因：管道老化产生裂纹；管道连接法兰松动。

处理方法：查找并确认泄漏点，漏点能隔离的尽快隔离，并通知相关检修人员到场处理；若漏点无法隔离，在不影响机组运行的前提下，尽量维持压缩空气压力；可切除或关小一些压缩空气系统的次要负荷以维持压力；若影响到机组安全运行，先试堵漏，若无法堵漏则申请停机抢修。

2. 空压机启动故障

现象：空压机启动失败；DCS 上发出报警；空压机就地控制屏发出报警。

可能原因：电源故障；控制电源故障；空压机本体故障。

处理方法：无 110/120V 控制电压，检查保险丝、变压器和导线接头；启动器故障，检查接触器；紧急停机按钮按下，将紧急停机按钮旋到断开位置，连续按 RESET 按钮两次；主电机或风扇电机过载，手动复位主电机或风扇电机过载继电器，连续按 RESET 按钮两次；传感器故障，检查传感器，传感器接头和导线；控制系统无 24V 控制电压，检查保险丝；显示板和电源通指示灯不亮，检查接线，确认 24V 电压在（±15%）公差内。

3. 压缩空气系统压力低

现象：系统压力偏低且有降低趋势；DCS 发出系统压力低报警。

可能原因：空压机控制故障；滤网堵塞；管路漏气；管道阀门被误关。

处理方法：空压机在卸载模式中运行，按 LOΛD 加载按钮；控制器起跳压力设定过低，按 STOP 停机按钮，提高起跳压力设定点；空滤芯脏，检查空滤器，必要时更换；漏气，检查空气管路；水分离器自动排水阀打开后卡死，检查维修自动排水阀；进气阀未开足，检查控制系统，检查维修进气阀；系统用气需求超过空压机能力，投入备用空压机。

4. 空压机排气温度高

现象：空压机排气温度高报警；就地控制屏及就地表计显示排气温度高。

可能原因：空压机本体异常；空压机过载；测点故障。

处理方法：机组冷却剂液位太低（应该从油窥镜中能看到，但不要超过一半），必要时加油；油冷却器脏，检查，清洗；油过滤器芯堵塞，更换过滤芯；温控阀故障（元件坏），检查，更换；断油电磁阀未得电或线圈损坏，检查电源，如线圈损坏应更换；断油电磁阀膜片破裂或老化，检查，更换膜片；风扇电机故障，检查维修风扇；冷却风扇损坏，检查，更换；排风管道不通畅或排风阻力（背压）大，检查是否阻塞，及时清理；环境温度超过所规定的范围（46℃）；温度传感器故障，检查，更换；过载，投入备用空压机。

第十九节 辅助蒸汽系统

一、系统概述

辅助蒸汽系统指机组和全厂的公用蒸汽系统，它接收本机组或其他机组来汽，用来满足公用蒸汽用户和机组辅助蒸汽用户的用汽。

辅助蒸汽系统一般可细分为全厂辅助蒸汽系统和机组辅助蒸汽系统。对有多套燃气-蒸汽联合循环机组的电厂来说，全厂辅助蒸汽系统主要为公共蒸汽用户（例如对外供热抽汽等）和各机组提供辅助蒸汽；机组辅助蒸汽主要用于本机组的轴封蒸汽、低压汽包除氧器加热蒸汽、汽轮机预暖系统、高压蒸发器底部加热等。

厂用辅助蒸汽可由启动锅炉、已启动机组供给。为了满足燃气轮机联合循环电厂首台机组首次启动或全厂长时间停机后的启动所需的辅助蒸汽，必须布置启动锅炉或者专门的供热蒸汽来提供外来汽源。另外，机组停机后保持真空状态时，也需要外来辅助蒸汽提供轴封用汽。

本机组首台机组启动时和停机后维持真空时需要的辅助蒸汽正常由启动锅炉供给。机组正常运行后辅助蒸汽由运行的机组提供，启动锅炉停运备用。

二、系统流程

本厂辅助蒸汽系统图如图 6-119 所示，机组启动初期，由启动锅炉提供的辅助蒸汽通过机组联络阀进入机组辅助蒸汽母管，再供至轴封蒸汽、和低压汽包除氧器加热蒸汽（汽轮机

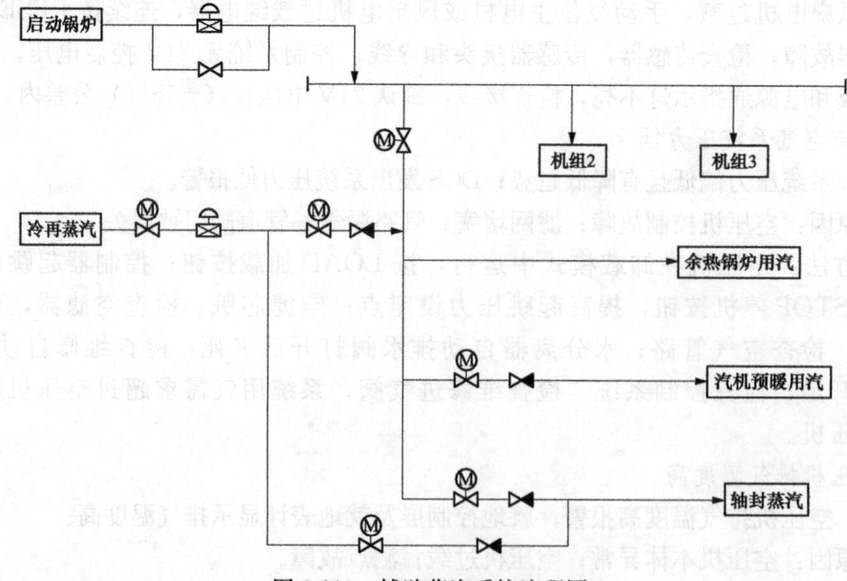

图 6-119 辅助蒸汽系统流程图

预暖蒸汽、高压蒸发器底部加热根据机组状态决定是否投用）；当有机组正常运行后，关闭厂用辅助蒸汽母管电动阀，用机组自身冷再蒸汽供辅助蒸汽，并通过联络阀给厂用辅助蒸汽母管提供辅助蒸汽，满足其他机组启动时对辅助蒸汽的需求。

三、主要设备结构及原理

辅助蒸汽系统主要包括以下设备：启动锅炉、厂用辅助蒸汽母管电动阀、冷再供机组辅助蒸汽电动调节阀、厂用辅助蒸汽母管与机组辅助蒸汽母管联络电动阀、冷再供机组轴封蒸汽电动阀、轴封蒸汽调节阀、轴封蒸汽喷水减温阀及各种安全阀、疏水阀等。

燃气轮机电厂一般设计为两班制运行，每天需要启停操作。由于燃气—蒸汽联合循环机组的启动特性，机组初次启动时必须依靠外来辅助蒸汽，主要用于汽轮机主轴轴封和低压汽包加热蒸汽、除氧器加热蒸汽；机组停机后保持真空状态时，也需要外来辅助蒸汽提供轴封用汽。因此，对于无外来汽源的燃气轮机电厂来说，就必须设置启动锅炉，以保证燃气—蒸汽联合循环机组每日启停所需蒸汽。

下面以选用的启动锅炉是 LOOS 双炉胆火管式蒸汽锅炉为例。

1. 本体结构（见图 6-120、图 6-121）

LOOS 锅炉采用的是三回程双炉胆蒸汽锅炉，偏心燃烧器设计及分布，燃烧器（第一回程）以第一时间从高温火区吸取最大热量，开炉时能迅速产生饱和蒸汽及在大量耗用蒸汽后迅速复原增压。第一回程是在炉的底部，即水温最低处，故能保持火区与水区间较大的温差，从而增加热传导的效率。

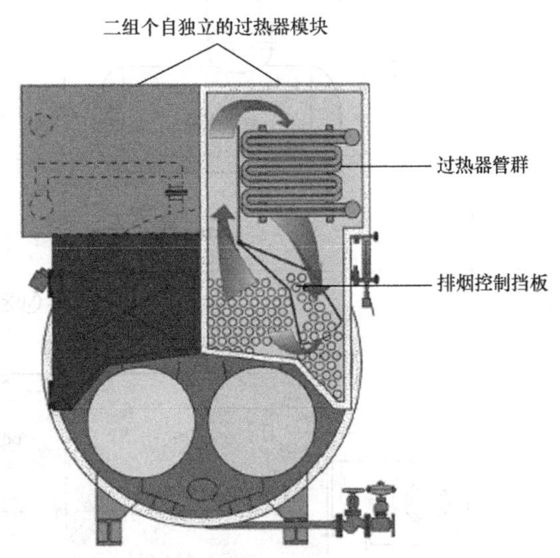

图 6-120　启动锅炉结构示意图 1

锅炉将蒸汽过热器布置于锅炉的第二回程处，即将锅炉产生的饱和蒸汽，引入过热器与第二回程的高温烟气进行热交换，有效地将饱和蒸汽的温度提高，达到过热蒸汽的温度要求，并在过热器的内部，锅炉第二回程侧，安装了自动排烟挡板，主要目的是有效控制过热蒸汽的温度，通过控制进入过热器的烟气量，来控制辅助蒸汽的温度在需要的范围内。

锅炉的控制系统 LBC(LOOS Boiler Control)，对启动锅炉整体进行控制，即锅炉的压力控制、过热蒸汽温度控制、锅炉液位控制、表面排放控制、底部排污控制、安全连锁控制等全部由 LBC 进行整体控制。

2. 启动锅炉附属系统

启动锅炉系统除了启动锅炉本体以外，还包括除氧器、给水泵、天然气调压阀、过热蒸汽出口阀、排污扩容器等主要设备。系统流程（见图 6-122）：启动锅炉的燃料由调压站天然气管道引来，经过压力调整后进入启动锅炉燃烧器，加热经过热力出氧后的除盐水，生成一定压力、一定温度的过热蒸汽，送至全厂辅助蒸汽母管。

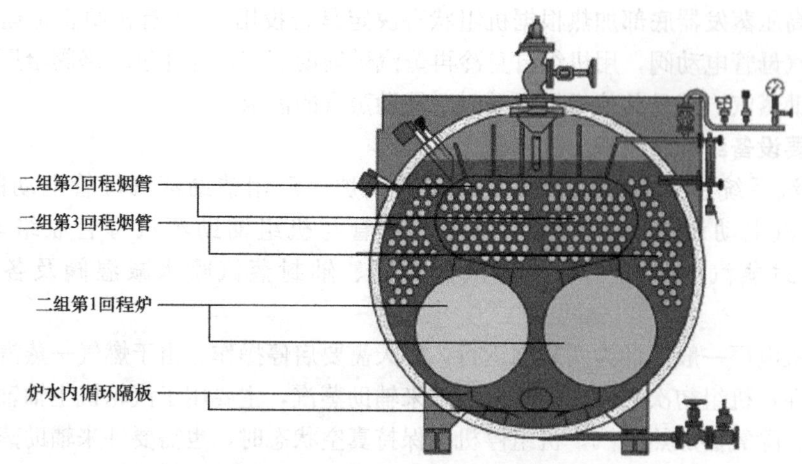

图 6-121 启动锅炉结构示意图 2

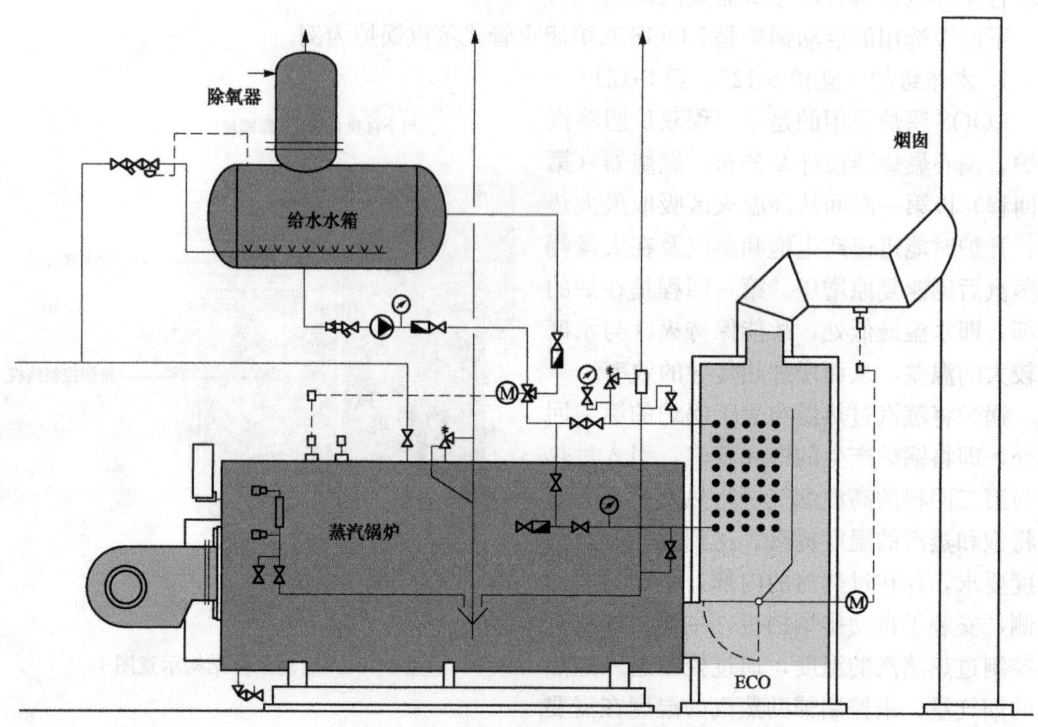

图 6-122 启动锅炉系统流程示意图

四、系统的运行维护

（一）辅助蒸汽系统运行说明

机组启动或低负荷时，由机组辅助蒸汽母管供辅助蒸汽至机组轴封用汽，机组带高负荷时，高压轴封漏汽与机组辅助蒸汽共同供低压缸轴封用汽。

（二）启动锅炉的运行维护

1. 启动锅炉的投运

启动锅炉可在DCS和就地启动，启动前需要检查就地控制电脑显示正常，各参数设置在正常范围内；就地 LBC 控制面上无异常报警，各阀门、开关均在设定位置。然后根据需要在 DCS 上（或就地 LBC 控制面板上）启动 1 台或者 2 台燃烧器，检查及确认启动锅炉按以下过程启动：

（1）风机自动启动，风机出口门全开后开始炉膛吹扫，35s 后吹扫结束，风机出口门关至最小开始点火。

（2）火焰探测器探测到火焰则启动成功，否则启动失败，系统产生报警并自动停运。

（3）点火成功后燃烧器先以小火燃烧 3min，然后根据炉内压力自动调整燃烧负荷，确认就地 LBC 上负荷控制在“AUTO”位，燃烧器根据压力情况自动加减载荷。

（4）确认过热器出口蒸汽温度达到温度设定值后所点燃烧器侧的主蒸汽阀打开。

（5）确认锅炉压力达到排烟挡板压力设定值后，排烟挡板开始根据过热蒸汽温度自动调节。

2. 启动锅炉投运注意事项

启动锅炉供汽量仅能满足本厂两台联合循环机组同时启动时的供汽量，为保证启动过程中机组运行的安全、可靠性，应尽量避免两台机组同时启动。在投运过程中，应注意以下几点：

（1）若发生天然气泄漏情况时，锅炉会自动强制中断燃烧，此时系统会发生报警，需将故障排除后，锅炉才能解除安全锁定重新启动。

（2）当点火失效时，系统也会发生报警，此时先检查并排除故障后，需要将燃烧控制开关切换至复归位置且故障指示复位后才能重新启动。

（3）锅炉于长期停机状态且已冷却至环境温度时重新运转启动，需先让启动锅炉以小火模式加热 10～15min 直到锅炉暖机均匀后，才能把负荷控制投入自动模式。

（4）对于锅炉系统的给水和蒸汽管道，需根据实际情况要进行手动疏水和排气。

3. 启动锅炉的停运

确认启动锅炉具备停运条件后，根据启动方式在 DCS 上（或就地 LBC 控制面板上）停运启动锅炉。确认启动锅炉自动停运后，及时关闭所投运燃烧器对应侧的主蒸汽电动门。如需长期停运启动锅炉，需关闭启动锅炉 A、B 侧燃料供给手动阀，并对锅炉进行放水泄压后关闭省煤器进口阀。

4. 启动锅炉停运注意事项

停运启动锅炉前需确认辅助蒸汽用户已经切换或者停运，启动锅炉不必处于备用状态，停机过程中需确认无异常声响及报警。

锅炉需要长期停机冷却时，应先将运转控制切换至小火缓缓降温使锅炉炉体温度均匀且缓慢下降。

在潜在危险情况下，应立即启动紧急制动开关或者控制面板上主开关，关闭燃烧机，停止系统运行。

（三）辅助蒸汽系统投运操作

按照辅助蒸汽系统的运行说明，辅助蒸汽系统的投运，先投厂用辅助蒸汽母管，再投机组辅助蒸汽母管，其操作及注意事项如下：

1. 厂用辅助蒸汽母管投运前的检查与准备

检查厂用辅助蒸汽系统各表计投入在线，显示正常；确认厂用辅助蒸汽系统各电动阀电源已送上，阀门动作正常，各电动隔离阀前后手动阀已打开，各自动疏水器前后手动阀打开，旁路阀关闭；确认启动锅炉具备启动条件。

2. 厂用辅助蒸汽母管的投运

投运启动锅炉，待启动锅炉运行正常、开始对外供汽后，对厂用辅助蒸汽母管供汽电动隔离阀前管道暖管。暖管时可适当开启各疏水器旁路阀加快暖管速度。厂用辅助蒸汽母管供汽电动隔离阀前管道暖管结束后，投运厂用辅助蒸汽：打开厂用辅助蒸汽母管供汽电动隔离阀，微开电动调节阀向厂用辅助蒸汽母管供汽；厂用辅助蒸汽母管暖管（暖管时可适当开启各疏水器旁路阀加快暖管速度）；当厂用辅助蒸汽母管压力升至 1.0MPa 后，将厂用辅助蒸汽母管电动调节阀全开，确认厂用辅助蒸汽母管蒸汽温度升至 180℃以上。

3. 机组辅助蒸汽母管投运前的检查与准备

检查机组辅助蒸汽系统无明显异常，另外需确认循环水系统、凝结水系统和厂用辅助蒸汽母管已投运且运行正常。

4. 机组辅助蒸汽母管的投运

先打开系统各疏水阀一、二次阀，再微开厂用辅助蒸汽母管与机组辅助蒸汽母管联络阀，对机组辅助蒸汽母管暖管（如有必要可适当开启各疏水器旁路阀加快暖管速度）。待机组辅助蒸汽母管压力达到 1.0MPa 后，全开厂用辅助蒸汽母管与机组辅助蒸汽母管联络阀。

（四）机组辅助蒸汽系统的切换操作

机组启动或低负荷时，由启动锅炉供辅助蒸汽至厂用辅助蒸汽母管及机组辅助蒸汽母管；机组负荷升高后，由机组的冷再热蒸汽供至机组辅助蒸汽母管并倒供至厂用辅助蒸汽母管。

机组辅助蒸汽的切换操作注意事项及操作方法如下：

1. 机组辅助蒸汽切换操作注意事项

(1) 机组启动过程中加强对冷再至机组辅助蒸汽管道的疏水，保证冷再供辅助蒸汽充分暖管；

(2) 由于启动锅炉供汽温度较机组冷再蒸汽温度低，因此在切换过程中，应尽可能提高启动锅炉供汽温度，并缓慢操作，以防止汽轮机高压缸末级金属温度与高压轴封蒸汽温度相差太大；

(3) 辅助蒸汽切换应该缓慢平稳进行，防止管道金属温度及蒸汽温度变化过快。

2. 机组辅助蒸汽由厂用辅助蒸汽切换至由机组冷再供

当机组的冷再热蒸汽满足机组辅助蒸汽供应时，应将机组辅助蒸汽切换至冷再热蒸汽供应。正常来说，当冷再热蒸汽压力超过 1.6MPa 且温度达 300℃时，即可切换。切换操作如下：

(1) 开启冷再热至机组辅助蒸汽母管电动隔离阀，将电动调节阀投入自动；

(2) 缓慢关闭厂用辅助蒸汽母管供汽电动调节阀，严密监视机组辅助蒸汽母管压力，防止辅助蒸汽母管压力大幅波动；

(3) 确认机组辅助蒸汽母管压力、温度正常；

(4) 视情况关闭厂用辅助蒸汽母管供汽电动隔离阀，停止启动锅炉运行。

3. 机组辅助蒸汽由冷再热供切换至厂用辅助蒸汽母管供

停机时，应及时把机组辅助蒸汽由冷再热蒸汽切换至厂用辅助蒸汽，以防止轴封断汽。

切换操作一般在停机准备期间完成，切换操作如下：

(1) 确认厂用辅助蒸汽供汽条件满足：如无其他机组提供厂用辅助蒸汽，需投运启动锅炉先恢复厂用辅助蒸汽，并打开厂用辅助蒸汽母管供汽电动截止阀，将供汽电动调节阀投入自动；

(2) 缓慢关闭冷再供辅助蒸汽电动调节阀，严密监视机组辅助蒸汽母管压力，防止压力大幅波动；

(3) 确认机组辅助蒸汽母管压力、温度正常。

(五) 辅助蒸汽系统的运行监视

辅助蒸汽系统的主要运行及主要用户需求参数如下：

(1) 辅助蒸汽母管正常运行压力为1.0MPa，温度约为300℃。

(2) 启动锅炉供辅助蒸汽压力为1.0MPa，温度为200～300℃（根据锅炉负荷变化）。

(3) 汽轮机轴封的辅助蒸汽要求：汽温大于180℃；汽压大于0.8MPa；最大汽量5.0t/h。

在机组启动过程中，当机组低压缸冷却蒸汽停止供应时，应加强对辅助蒸汽母管压力的监视，必要时手动干预调节，避免辅助蒸汽母管压力波动大引起辅助蒸汽母管安全门动作。

正常运行中，主要监视及注意以下两点：

(1) 厂用辅助蒸汽母管和机组辅助蒸汽母管压力、温度正常；

(2) 辅助蒸汽系统各疏水器工作正常，系统无泄漏。

(六) 辅助蒸汽系统的停运

辅助蒸汽系统停运，一般先停运机组辅助蒸汽母管，再停厂用辅助蒸汽母管。特殊情况下，也可通过关闭厂用辅助蒸汽母管与机组辅助蒸汽母管联络电动阀来停运厂用辅助蒸汽母管，而保持机组辅助蒸汽母管在运行状态。

1. 机组辅助蒸汽母管的停运

(1) 确认机组辅助蒸汽系统所有用户已停运；

(2) 关闭冷再至机组辅助蒸汽母管电动调节阀和厂用辅助蒸汽母管与机组辅助蒸汽母管联络阀；

(3) 根据需要切断电动阀电源，对系统做必要的隔离。

2. 厂用辅助蒸汽母管的停运

(1) 确认机组辅助蒸汽母管已全部停运；

(2) 关闭厂用辅助蒸汽母管与机组辅助蒸汽母管联络阀；

(3) 关闭厂用辅助蒸汽母管供汽电动调节阀和电动隔离阀；

(4) 开启各疏水器旁路阀、排空阀泄压。

五、系统运行优化改造及运行经验分享

经过多年运行经验总结，为提高整个辅助蒸汽系统运行效率及节能减排，对辅助蒸汽系统进行了多次运行优化。

辅助蒸汽的一个重要来源是启动锅炉，由于各方面的原因，特别是对电厂实际应用经验的不足，从锅炉点火调试到正式运行，为适应燃气轮机调峰电厂运行的特点和启动锅炉的运行特点，对启动锅炉系统进行了一些改进，主要有以下几个方面：

1. 除氧器补水系统改造

最初除氧器补水控制设置为两个电磁阀控制，低于正常水位后一个电磁阀打开补水，当水位低低后再带打开另外一个电磁阀补水，每个电磁阀控制流量约 50t/h。正常情况下这种设计能满足锅炉运行需要，但是由于锅炉的启停频繁，电磁阀长期频繁吸合后容易损坏，造成补水不畅。考虑到启动锅炉运行的安全性以及紧急情况下的应变性，把原先的两路电磁阀该成了电动阀，并将除氧器水位控制部分从就地 PLC 改到了公用 DCS 进行控制，将除氧器液位、除氧器压力两个信号由原来的通信方式改为直接由就地变送器送至 DCS 的方式，这样在实现除氧器水位自动控制的同时，也能在 DCS 上对补水电动阀进行监控和手动操作。同时还增加了另外一路补水，分主旁路控制：主路用于水位低低后的紧急补水，由电磁阀控制；旁路为手动门，用于电磁阀故障时的手动补水，这样进一步确保系统的安全。

2. 过热蒸汽温度控制优化

为适应燃气轮机及其联合循环机组快速启动的特点，启动锅炉也应该具备快速启动的功能。锅炉的升温升压全靠燃烧器负荷的控制，为了锅炉的安全运行，将启动锅炉改造为烟气挡板只有达到锅炉设置的压力值后才开始调节过热器的温度。锅炉的压力达到设定值时，蒸汽流量一般已经加大，在蒸汽流通量大的前提下，有效地防止了过热器超温而导致锅炉燃烧机跳闸。

3. 主蒸汽门控制方式的修改

设备从设计的角度来说，当出现异常情况时，首要是要保护自身的安全。启动锅炉当发生各种异常情况下跳闸时，为保护锅炉本体的安全主蒸汽门会自动关闭，但这样一来会导致辅助蒸汽的突然切断进而使轴封蒸汽失去，将给蒸汽轮机带来很大的危害。考虑到机组的安全性，从保护主要设备的角度出发，把启动锅炉主蒸汽门控制方式修改为只能由 DCS 操作关，以确保在特殊情况下也能给机组提供辅助蒸汽。

六、系统典型异常及处理

(一) 机组/厂用辅助蒸汽压力异常

可能原因：冷再热供辅助蒸汽调节阀或厂用辅助蒸汽母管调阀故障；启动锅炉运行异常或故障；机组辅助蒸汽母管或厂用辅助蒸汽母管泄漏等。

处理方法：就地调整冷再供辅助蒸汽调节阀或厂用辅助蒸汽母管调阀的开度，恢复启动锅炉正常运行，或者投入备用汽源，维持机组/厂用辅助蒸汽母管压力 1.0MPa，并通知检修处理；如发生泄漏，设法堵漏，否则安排停机处理。

(二) 机组/厂用辅助蒸汽温度低

可能原因：投入备用辅助蒸汽源时，疏水不充分，切换过快；启动锅炉运行异常等导致备用辅助蒸汽源温度不够高；辅助蒸汽管道较长，盲管长时间无流动导致管道积水。

处理方法：将备用辅助蒸汽源进行充分疏水，待备用辅助蒸汽源温度达到规定参数后再投入，切换过程应缓慢；检查恢复启动锅炉正常运行；保持盲管有小流量疏水，尽量避免某段管道长时间无蒸汽流动。

(三) 启动锅炉跳闸

可能原因：燃气供应系统故障；火焰探测器故障；控制装置故障；空气阀门调节角度不当；电磁线圈故障等。

处理方法：联系检修根据控制面板具体报警查找故障原因并处理；视情况分别对启动锅

炉左右侧燃烧器复位和锅炉复位；风机电源开关复位；燃气泄漏检测3个空开复位；按照启动前需要检查的项目重新检查相关设置无异常后，再次启动。故障处理中，若辅助蒸汽母管有其他辅助蒸汽汽源，则充分疏水后切至其他汽源供汽，若无备用汽源，应破坏真空停机处理。

第二十节　闭式冷却水系统

一、系统概述

闭式冷却水系统的作用是向机组的各个辅助设备提供冷却水，系统工质为除盐水，除盐水在整个系统内闭式运行，用开式循环水（海水）进行冷却，开式循环水由循环水泵或冲洗水泵供应。

本机组的闭式冷却水主要用户有：

(1) 燃气轮机：燃气轮机发电机氢气干燥器、燃气轮机润滑油冷却器、燃气轮机控制油冷却器、燃气轮机发电机密封油冷却器、燃气轮机发电机氢气冷却器、燃气轮机密封油真空泵轴承冷却水。

(2) 汽轮机：汽轮机EH油冷却器、凝结水泵轴承冷却水、汽轮机润滑油冷却器、汽轮发电机空气冷却器。

(3) 余热锅炉：化学取样冷却器、高压给水泵稀油站冷却器、高压给水泵电机冷却水、高压给水泵密封冷却水、中压给水泵轴承冷却器、中压给水泵密封冷却水、中压给水泵电机冷却水、凝结水加热器再循环泵轴承冷却水。

(4) 公用：空压机、组合式干燥机、循环水泵。

二、系统流程

如图6-123所示，闭式冷却水泵进口母管内的闭式冷却水经过闭式冷却水泵升压后，进入水水交换器，在水水交换器内与循环水进行换热降温，冷却后的闭式冷却水由机组闭式冷却水供水母管进入各辅机设备的冷却器，冷却设备后的闭式冷却水汇集至机组闭式冷却水回水母管，最后汇集到闭式冷却水泵进口母管。三台机组的闭式冷却水供水母管及回水母管均通过手动隔离阀和电动隔离阀互联，可实现停运机组间闭式冷却水系统的相互供应，提高了系统灵活性。

三、主要设备结构及原理

闭式冷却水系统主要由两台闭式冷却水泵、两台水-水热交换器、膨胀水箱、各用户冷却器，以及系统管道阀门等组成。

（一）闭式冷却水泵

闭式冷却水泵为中开式单级双吸离心泵，其工作原理是利用叶轮旋转而使水产生的离心力来工作的。当叶轮高速旋转时，叶轮带动叶片间的液体旋转，液体从叶轮中心被甩向叶轮外缘，动能也随之增加。当液体进入蜗壳形流道后，随着流道扩大，液体流速降低，压力增大，水的动能转化为压力势能。与此同时，叶轮中心处由于液体被甩出而形成一定的真空，吸入管路的液体在压差作用下进入泵内。叶轮不停旋转，液体也连续不断地被吸入和压出。其结构示意图如图6-124所示。

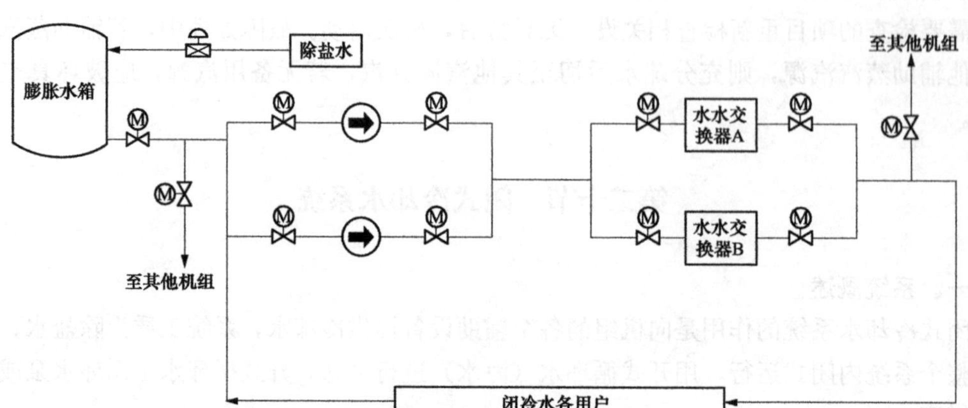

图 6-123　闭式冷却水流程示意图

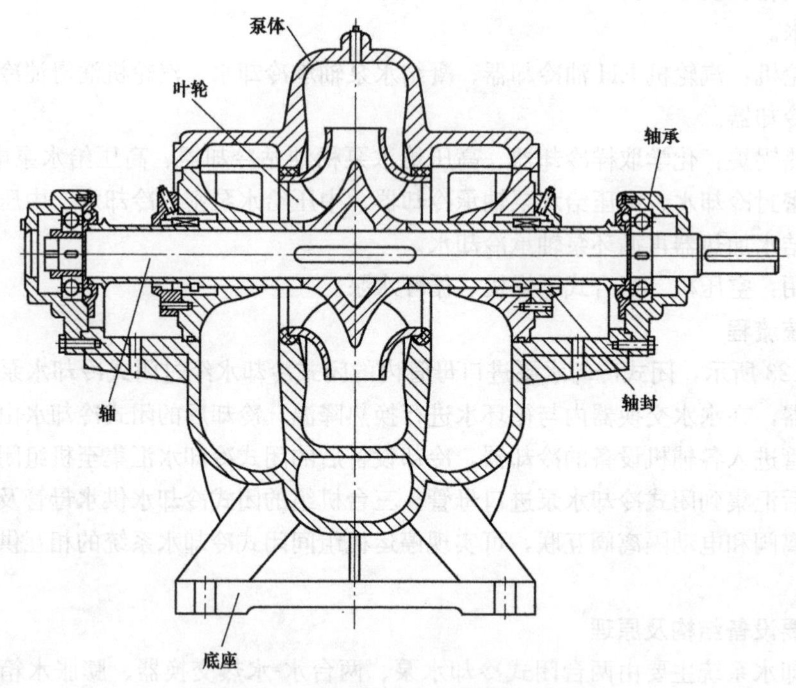

图 6-124　闭式冷却水泵结构示意图

（二）水-水热交换器

水-水热交换器为折流杆式换热器（见图 6-125），利用开式循环水冷却吸热后温度上升的闭冷水，以控制闭式冷却水供水温度。水水交换器壳侧介质为闭冷水（除盐水），管侧介质为循环水（海水）。为防止水质较差的循环水渗漏进水质较好的闭冷水，运行时保持闭冷水压力大于循环水压力。

折流杆换热器是管壳式换热器的一种，其壳体内的折流元件由一系列细小的折流杆组成，折流杆相互平行并以一定的间距焊在圆环上形成折流圈，多个折流圈按一定的排列分别焊接于拉杆上形成的折流杆网络，通常相邻两个折流圈的折流杆方向是互相垂直的，既对换热管起到了支撑作用，又对流体有扰动作用，以此达到强化传热的目的，其结构如图 6-126 所示。

折流杆换热器相比折流板换热器，改变了折流板换热器壳程的横向流动为平行于管子的轴向流动，具有以下优点：

(1) 有效改善了折流板换热器中的流体诱导振动问题；

(2) 壳侧流体以轴向流动为主，降低了壳侧压降；

(3) 在换热器内不存在严重的滞流区域，效益高，不易结垢；

(4) 具有更高的壳程单位压降与总传热系数的传热特性比。

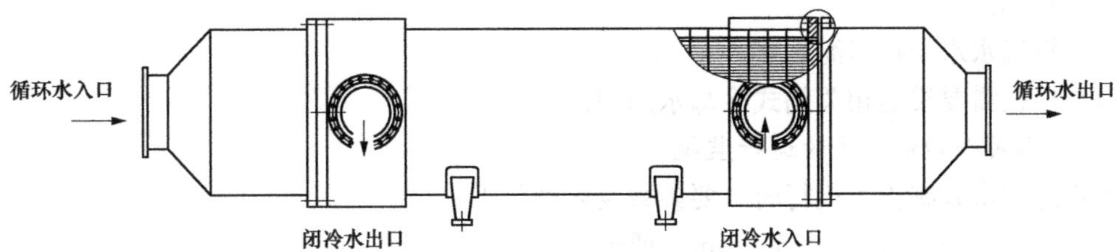

图 6-125　水水交换器结构示意图

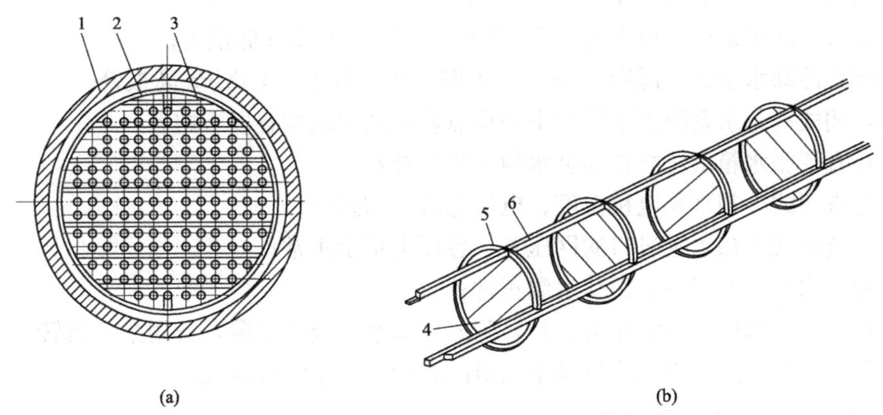

图 6-126　水水交换器内部结构示意图

(a) 折流圈结构；(b) 折流杆结构

1—壳体；2—折流杆圈（环）；3、5—折流杆；4—支撑杆；6—滑轨

（三）膨胀水箱

系统设置一个由除盐水母管补充系统水及启动前注水的膨胀水箱，膨胀水箱经由管道与闭式冷却水泵进口母管相连，保证系统水量充足且可吸收系统热胀冷缩引起的水位变化。膨胀水箱设有自动补水管道、水位计、溢流管道等。

（四）其他设备

系统相关用户各自设置有与之匹配的冷却器。另外，闭式冷却水泵出口母管上设有加药点，水水交换器出口母管和机组闭式冷却水回水管上设有取样点，通过取样和加药来监视及控制闭式冷却水水质。

四、系统的运行维护

闭式冷却水系统是保障电厂安全运行十分重要的公用系统，闭式冷却水系统一般不会停运，因机组检修等情况需要时可隔离该机组的闭式冷却水系统。正常运行中，闭式冷却水泵及水水交换器均为一用一备。

（一）闭式冷却水系统的投运

在投运前，应通知化学运行人员做好系统启动准备，并对系统进行全面检查。

(1) 通过除盐水至闭式冷却水系统注水电动阀，向闭式冷却水系统注水；系统注水排空结束后，检查系统管道无漏水现象。

(2) 启动闭式冷却水泵，并检查闭式冷却水泵运行正常；待出口母管压力正常后，将备用泵投入自动。

(3) 投运水水交换器海水侧。

(4) 根据需要投运相关闭式冷却水用户。

（二）闭式冷却水系统的运行监视

闭式冷却水系统正常运行时主要参数及限额如下：

(1) 膨胀水箱正常水位 1500mm，低于 1000mm 低报警；

(2) 闭式冷却水供水温度 30～35℃，高于 36℃高报警；

(3) 闭式冷却水供水母管压力约 0.37MPa，低于 0.35MPa 低报警；

(4) 闭式冷却水泵进口压力约 0.14MPa，低于 0.06MPa 低报警；

(5) 闭式冷却水泵进口滤网压差小于 0.03MPa，高于 0.05MPa 高报警。

同时，闭式冷却水系统正常运行中需重点监视及定期检查以下内容：

(1) 检查膨胀水箱水位能自动补水但不频繁补水；

(2) 检查闭式冷却水泵电机温度、电机电流等均正常；

(3) 检查闭式冷却水泵进口滤网压差、各压力指示正常；

(4) 检查水水交换器进、出口水温正常；

(5) 检查闭冷水供水母管压力正常，闭式冷却水系统无泄漏，备用泵无倒转；

(6) 每周应开启发电机氢冷器排空阀对闭式冷却水系统排空气。

（三）闭式冷却水系统的停运

闭式冷却水泵停运前，应确认所有闭式冷却水用户已满足停运条件。对于仍需要闭式冷却水的空压机，应切至另外一套机组闭式冷却水系统供应。

(1) 关闭水水交换器海水侧进出口阀；

(2) 退出闭式冷却水备用泵自动备用，停运闭式冷却水泵；

(3) 根据需要关闭系统加联氨手动阀、取样阀，开启排空阀、疏水阀对系统进行放水。

（四）闭式冷却水泵的控制逻辑

1. 闭式冷却水泵启动允许条件

以下条件均满足时，闭式冷却水泵允许启动：

(1) 膨胀水箱水位大于 1000mm；

(2) 闭式冷却水泵进水电动蝶阀全开；

(3) 闭式冷却水泵出口电动阀全关或另一台闭式冷却水泵运行；

(4) 至少一组水-水热交换器闭冷水侧进水阀未关且出水阀未关；

（5）闭式冷却水泵电机线圈温度均小于110℃；

（6）闭式冷却水泵电机轴承温度小于80℃；

（7）闭式冷却水泵轴承温度小于80℃；

（8）闭式冷却水泵无跳闸条件；

（9）闭式冷却水泵入口压力大于0.1MPa。

2. 闭式冷却水泵保护跳闸条件

以下条件任一满足时，运行闭式冷却水泵保护跳闸：

（1）闭式冷却水泵进口电动阀全关且不在全开位，延时5s；

（2）闭式冷却水泵运行且出口电动阀全关且不在全开位，延时5s；

（3）闭式冷却水泵电机驱动端轴承温度大于90℃；

（4）闭式冷却水泵电机非驱动端轴承温度大于90℃；

（5）闭式冷却水泵电机线圈温度测点（6选4中）大于120℃；

（6）闭式冷却水泵驱动端轴承温度大于90℃；

（7）闭式冷却水泵非驱动端轴承温度大于90℃。

五、系统运行优化改造及运行经验分享

闭式冷却水系统的原设计主要考虑满足机组满负荷运行的需要，对机组部分负荷运行和两班制运行情况下的节能运行考虑不足，为了提高闭式冷却水系统运行的经济性，在对系统运行数据分析总结和进行相关试验后，对闭式冷却水系统进行了一系列改造和运行方式优化。

（一）机组闭式冷却水系统连供

机组停运后，闭式冷却水系统用户大大减少，所需的冷却水用量很小，而为了保证闭式冷却水系统的正常运行，则需保持闭冷水泵运行，经济性极差。为了提高经济性和灵活性，在保证安全的情况下，对三台机组的闭式冷却水系统进行互连，在每台机组闭式冷却水系统进、回水母管分别设置一个手动阀和电动蝶阀，实现机组间闭式冷却水系统的连通。当某台机组停运时，停运该台机组的闭式冷却水泵，将闭式冷却水系统通过联络阀切至其他机组供应，机组启动前，再切回本机组闭式冷却水泵供应，可大大节省厂用电。

（二）系统用户冷却器冷却水量优化

在实际运行中，发现机组闭式冷却水部分用户的冷却水量设计裕度较大，通过试验确定了燃气轮机及汽轮机润滑油冷却器和燃气轮机发电机氢冷器等冷却水用户的合理冷却水量，通过关小冷却器冷却水出口阀开度，有效降低了闭式冷却水泵的运行电流。

（三）闭式冷却水泵变频改造

闭式冷却水系统原设计两台闭冷水泵均为6kV工频泵，正常运行时机组闭式冷却水母管压力偏大，不仅造成了厂用电的浪费，同时阀门运行工况恶劣，噪声大。经过分析论证，将闭式冷却水泵改造为变频泵，一台泵自动备用，可大大节约厂用电。

（四）氢冷器运行方式优化

机组多为两班制运行方式，机组停运后，发电机氢冷器也不再带载，继续维持氢冷器运行不仅造成厂用电的浪费，同时也容易使发电机内氢气过冷结露，因此对氢冷器运行方式进行了优化，规定停机后即关闭氢冷器出口阀。

（五）水水交换器开式循环水优化

水水交换器开式循环水采用循环水泵供应的海水。为了最大限度减少机组运行中，水水交换器分流循环水对机组凝汽器真空的影响，对水水交换器开式循环水侧出口阀进行了改造，由全开全关阀更换为调阀，这样，就可以根据闭冷水供水温度及时调整循环水量，尽量增加机组循环水供应量，提高机组凝汽器真空。

另外，在全部机组破坏真空停机后机组不再需要循环水，同时闭冷水热源也大大减少，如果仅仅为了维持闭式冷却水温度保持循环水泵运行，会造成厂用电的较大浪费，在这种情况下，我们将水水交换器开式循环水切换至循环水的冲洗水泵供应，进一步降低了厂用电。

六、系统典型异常及处理

（一）闭式冷却水供水母管压力低

可能的原因：运行闭式冷却水泵异常或跳闸，备用泵未自动启动；系统出现较大漏水；膨胀水箱水位过低；备用泵出口逆止阀内漏严重。

处理方法：出现闭式冷却水供水压力低，应及时检查闭式冷却水泵运行情况，如果备用泵未能自动启动，应手动启动备用泵，在系统压力稳定后联系检修检查闭式冷却水泵异常原因；检查膨胀水箱水位是否正常，如有异常应及时查找原因，恢复膨胀水箱水位；检查膨胀水箱大量补水仍不能恢复水位，应立即排查是否有疏水阀和排空阀被误开，否则查找系统漏点，尽快隔离堵漏；检查备用泵出口逆止阀是否异常，及时联系检修处理，紧急情况下可关闭备用泵出口电动阀或切至备用泵运行。

（二）闭式冷却水温度高

可能的原因：水水交换器开式循环水量不足；水水交换器工作异常，如开式水侧堵塞等；机组闭式冷却水用户运行异常。

处理方法：加强对闭式冷却水温度和各闭式冷却水用户温度变化；检查水水交换器开式水供应是否异常，疏水阀和排空阀是否误开，必要时多启动一台循环水泵或冲洗水泵；检查水水交换器开式水进出口温度，如有异常可尝试切换备用水水交换器；检查开式循环水管道是否泄漏，如有应立即联系检修堵漏；检查各闭式冷却水用户工作情况，如有异常应及时处理；如短时无法排除故障，应对闭式冷却水进行排补，视闭式冷却水用户工况调整机组负荷，必要时停运部分机组以维持闭式冷却水温度。

（三）膨胀水箱水位低

可能的原因：闭式冷却水系统放水阀或排空阀被误开；系统管道漏水；除盐水供应异常；膨胀水箱补水异常；水水交换器内部管道漏水；闭式冷却水用户冷却器漏水。

处理方法：严密监视闭式冷却水系统及相关用户参数，必要时降负荷或停机；检查膨胀水箱补水系统是否正常，如果自动补水异常应及时开启除盐水补水电动阀补水；确认除盐水供应是否正常，通知化学人员恢复供水；现场检查系统是否有放水阀或排空阀被误开，及时恢复；发现系统管道有泄漏时，应及时调整运行方式或联系检修堵漏；经以上检查未发现异常时，尝试通过切换水水交换器和短时隔离闭式冷却水用户检查是否存在内漏，特别注意排查去空压机冷却水母管及其空压机冷却器和空气干燥机的冷却器；若缺陷短时无法处理，膨胀水箱水位持续下降，必要时可考虑联系消防往膨胀水箱加注消防用水，保证机组安全停运。

（四）机组启动过程中发电机冷氢、热氢温度快速升高

现象：机组启动过程中，发电机冷氢、热氢温度快速升高，同时发电机定子绕组、铁芯和转子铁芯温度也升高较快。

处理方法：检查发电机其他相关参数均正常后，判断为氢冷器内积聚空气，对氢冷器进行排空，同时加强对闭式冷却水系统参数监视，在排空后冷氢、热氢温度及发电机相关参数均恢复至正常值。

原因分析：在对机组闭式冷却水用户的冷却器进行隔离检修后，恢复隔离措施时只是对检修的冷却器进行了注水，并没有专门对氢冷器进行注水排空，由于氢冷器布置在整个机组闭式冷却水系统的最高处，造成氢冷器内积聚空气。

（五）闭式冷却水系统串入大量氢气

可能的原因：氢气冷却器内部的铜管腐蚀漏氢；氢气冷却器与发电机间的密封垫损坏。

处理方法：泄漏量较小时，定期对闭式冷却水系统进行排空，保证闭式冷却水系统压力稳定，各用户冷却水量正常；加强对发电机氢气压力的监视，及时补氢；加强对发电机相关参数的监视，如冷氢、热氢温度，发电机定子绕组、铁芯，转子绕组等，发现异常及时汇报处理；氢冷器及闭冷水系统排空阀区域设置安全警示带，周边严禁动火；若泄漏量大，氢压无法维持，闭式冷却水系统运行异常时，尽快申请机组停运，联系检修处理该缺陷。

第二十一节　供热系统

一、系统概述

供热系统的作用是将一定压力和温度的过热蒸汽从汽轮机缸体或排汽段引出，通过供热管道送至热用户处，满足热用户的用汽需求。

对 M701F 级机组来讲，抽凝式供热机组通常采用三压再热式汽轮机，一般采用双缸双排汽或双缸单排汽汽轮机。抽汽方式一般采用汽缸打孔、旋转隔板、座缸阀或冷再抽汽等方式，有时采用多种组合抽汽以满足不同热用户的需求。但其最大供热能力受制于低压缸的冷却流量。对 M701F 级机组来讲，抽凝式机组为维持汽轮机低压缸正常运行，供热能力将减少 120t/h 的蒸汽。对于背压机组来说，通常采用双压或者单压汽轮机，背压直接供热，不需要设置低压缸和凝汽器。

本机组采用的汽轮机型号为双缸、三压、再热、抽凝式汽轮机，额定功率 150MW，通流级数高压为 12 个压力级，中压为 10 个压力级，低压为 6×2 个压力级，高压第四级、中压第五级设置高中压抽汽口。机组设计有高压、中压、低压三种参数的供热蒸汽，额定供热工况高压抽汽口参数为 8.59MPa、509℃，中压抽汽口参数为 3.41MPa、379℃，低压抽汽口参数为 1.6MPa、476℃。

因不同热用户对于蒸汽的参数要求区别很大，在同一压力等级下，要求的供热温度也差别很大。当存在这种差异时，机组侧减温水系统就不能同时满足两种用户的需求，必须额外增加喷水减温系统，以达到用户的用汽温度要求。

二、系统流程

本机组供热系统图如图 6-127 所示：高（中）压正常供热来自汽轮机高压缸四级后抽

汽（机组冷再热蒸汽管道），经过抽汽逆止阀、液动蝶阀、压力调节阀、减温器、本机组供热流量计、逆止阀、电动隔离阀后同相邻机组经过供热母管再到供热平台，其中减温水来自高压给水泵中间抽头，并在供热管路各阀前后设有疏水，管路上装有压力、温度传感器等。低压正常供热来自汽轮机中压缸五级后抽汽，经过旋转隔板、低压抽汽逆止阀、液动蝶阀、减温器、本机组低压供热流量计、逆止阀、电动隔离阀后同相邻机组经过供热母管再到供热平台。另外，高压和低压供热还设有事故供热接口，分别来自高压主蒸汽管道和冷再热蒸汽管道。

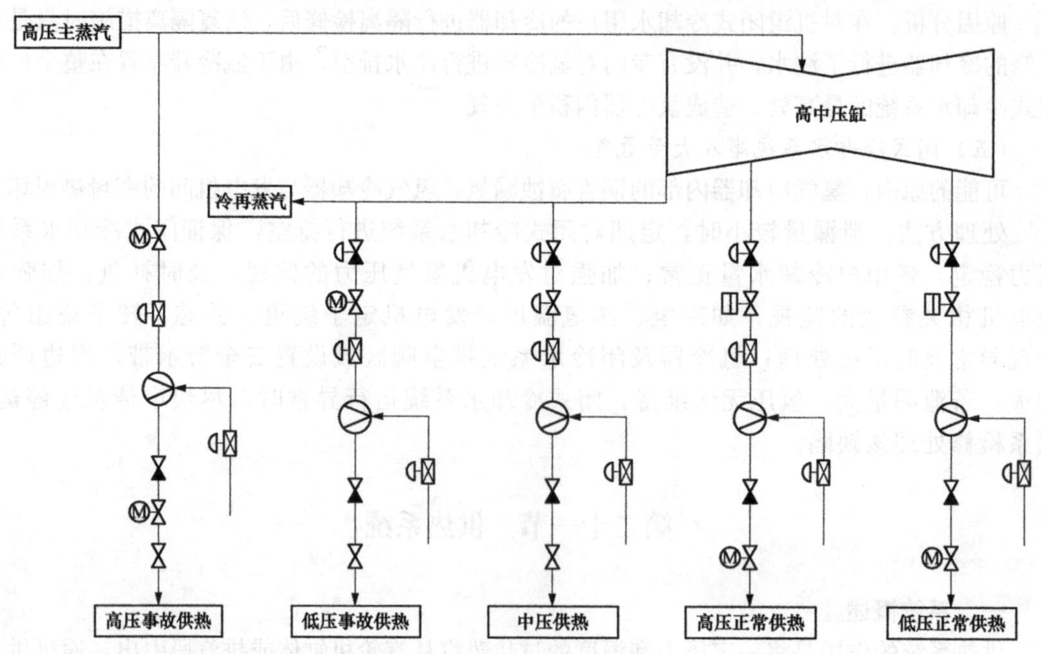

图 6-127　供热系统流程图

三、主要设备结构及原理

供热系统在汽轮机中压缸处设置有旋转隔板，在每个压力等级的正常抽汽管道上设置有气动逆止阀，防止汽轮机事故跳闸后，供热管道上的蒸汽倒流进汽轮机，避免汽轮机组超速。在每条供热管线上设置有安全阀、供热蒸汽压力表、流量计、减温装置及相关疏水阀。

本机组配置的旋转隔板主要由转动环、板体、装配式导叶、上罩环、下罩环、连杆机构、油动机组成。其结构图如图 6-128 所示。

1. 转动环

位于罩环与板体之间，是控制旋转隔板开度的部件，是旋转隔板实现调节功能的核心部件，转动环由油动机通过连杆机构驱动，带动转动环在一定角度内旋转，通过改变转动环与板体窗口的重叠度来调节抽汽量大小，转动环上开有内、外两圈间隔分布的进汽窗口。

2. 板体

板体是装配导叶片、转动环，以及上下罩环的基体，是蒸汽通道的载体。板体上也开有内、外两圈间隔分布的进汽窗口，与转动环上的内、外两圈进汽窗口对齐，板体进汽侧窗口四周有凸台，凸台的作用是减少转动环与板体的摩擦面积，从而减少转动环的摩擦力矩，进而减小油动机的驱动力矩和油缸尺寸，降低成本。

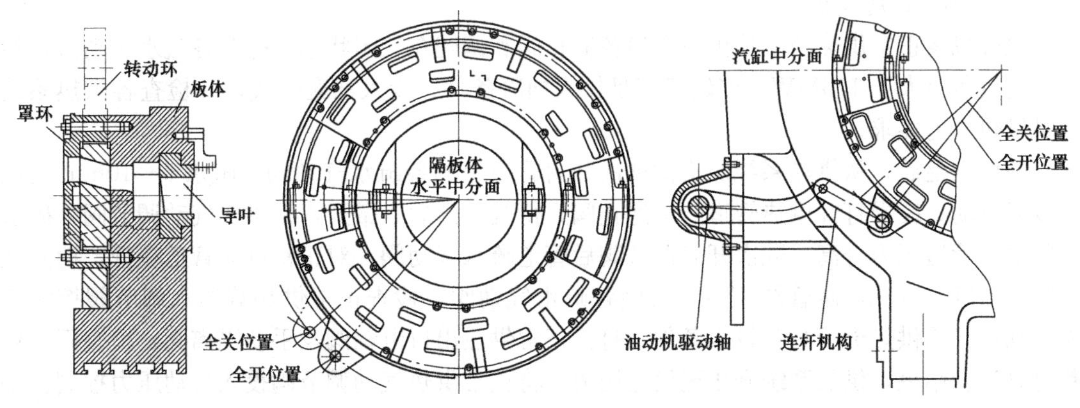

图 6-128　旋转隔板结构图

3. 上下罩环

定位转动环轴向和周向位置的部件，罩环上开有平衡槽和平衡孔，一部分蒸汽可以通过平衡槽和平衡孔与板体上导叶前的腔室连通，进而平衡转动环前后部分压差，达到减小转动环推力的目的，通过改变罩环的平衡槽、孔（一般在中径处）结构尺寸可以调整转动环上的轴向推力，罩环上对应转动环窗口位置开有比转动环进汽侧窗口略大的窗口。

4. 连杆机构

连杆机构是连接转动环和油动机的装置，是油动机和转动环之间力与位移的传导中介，油动机驱动花键轴，将花键轴的周向转动转化为转动环的周向转动。

5. 导叶

导叶，即隔板静叶，导叶片通过定位凸肩装配在板体上，通过轴向销钉等手段固定在板体上。

四、系统的运行维护

（一）供热系统的启动

1. 启动前的准备和检查

M701F 机组抽汽供热运行的原则：机组的启动、暖机、升速和并网都按纯凝汽式机组进行，当汽轮机负荷超过 70％额定负荷时可投入抽汽供热运行：投入抽凝模式前，调整抽汽压力应略高于要求的供热抽汽压力。机组供热系统投运前检查如下：

（1）检查机组的抽汽供热逆止阀、旋转隔板、抽汽快关阀及各油动机是否正常，低压缸喷水装置能否正常投入和切除；逆止门的气动执行机构的工作压力已按要求整定好，确认抽汽安全门已按规定的压力调整好，经试验确认合格。

（2）抽汽气动逆止门、旋转隔板与发电机油开关在安装好后和启动前应作联动试验，投入备用。

（3）抽汽供热调压阀已作好调压系统静态试验。

（4）抽汽供热系统投入前应开启该系统的疏水阀，以便对抽汽管道进行充分暖管和疏水，抽汽供热投运后关闭疏水阀。

（5）当旋转隔板、抽汽逆止阀动作不灵活、卡涩，抽汽供热安全阀压力以及低压喷水装置未经整定、试验及工作不正常时，禁止抽汽供热投入。

2. 供热系统的投运

检查机组正常供热和事故供热管道各截止阀和调阀在关闭状态，打开各疏水手动阀，检查汽轮机负荷大于105MW，汽轮机满足投入抽凝条件，投入抽凝模式，并检查各供热系统满足供热压力要求。

条件满足后，从供热系统源头侧依次开启管道上的各疏水气动阀，疏水5～10min后关闭投回自动；缓慢打开供热管道气动逆止阀，待其全开后，微开正常供热气动调节阀，确认正常供热管道压力升高，顺次开启调节阀后管道疏水气动阀，对正常供热管道暖管，期间注意凝汽器真空变化，暖管结束后，关闭各疏水气动阀，检查正常供热减温水调节阀控温正常。确认厂用供热母管具备投入条件，打开正常供热出口电动阀及手动隔离阀，检查厂用供热母管暖管结束，供热系统升压至设定压力，将正常供热气动调节阀投入自动压力控制。如该压力等级供热管道有事故回路，则按上述操作暖管升压后投入自动压力控制，该压力值一般略低于正常供热回路设定压力值。

（二）供热系统的运行控制

1. 机组运行方式

电网调度根据供汽量（流量送至调度）安排机组连运，调度根据实测参数结果给定AGC负荷调整范围保证机组安全运行供汽。逻辑设定供汽最低条件为汽轮机负荷105MW以上，燃气轮机负荷大于75%(225MW）运行投入抽凝模式，60%负荷自动退出。

2. 机组供热的参数控制

(1) 压力控制：高压压力由机组抽汽管压力调节阀控制，整个公用管线无设计压力控制；中压压力由机组抽汽管压力调节阀控制，整个公用管线无设计压力控制，机组中压供热调阀调整中压抽汽压力；低压只设计抽汽液控阀，管线无设计压力调节阀，低压抽汽口压力由旋转隔板控制。

(2) 温度控制：机组侧高中低及事故路均设计减温装置，高压事故路减温水取自高压给水泵出口，其他减温水取自高压给水泵中间抽头；厂区南侧供热管线设置减温器，减温水来自高压给水泵中间抽头。

(3) 流量控制：正常情况，本机组只进行压力调节，由用户调整流量；在特殊情况下，即用户对压力要求不高的情况下，本机组可进行流量调节（不建议使用）。

3. 供热系统的安全设置

(1) 管线疏水：机侧疏水除高压和中压抽汽各有一疏水至集水坑，其他均疏水至凝汽器，高压公用母管疏水设计有气动疏水阀、自动疏水器及手动疏水阀；中压和低压公用母管均设计有自动疏水器，保证母管积水能及时排干净。

(2) 安全阀设计：高压供热路及低压事故路在机侧减温器后设置安全阀，中压系统在公用管减温器后设置安全阀，低压系统在汽轮机抽汽口处管道设置安全阀，保证抽汽供热管道不超压。

（三）供热系统的运行监视

1. 本机组供热系统主要运行及技术参数

(1) 高压供热蒸汽：压力为4.7MPa，温度为460℃，单台机组最大供应量为30t/h。

(2) 中压供热蒸汽：压力为2.7MPa，温度为326℃，单台机组最大供应量为100t/h。

(3) 低压供热蒸汽：压力为1.3MPa，温度为300℃，单台机组最大供应量为70t/h。

2. 供热系统运行控制参数及注意事项

(1) 当供热压力或温度有可能超出热用户规定的控制范围时需及时进行调整，通过调整机侧压力控制阀的压力设定值和喷水减温调阀的温度设定值进行调整，调整时需注意温度场的传递有一定的延迟性。

(2) 为防止整个供热管线膨胀超限，机侧喷水减温后的温度不能过高（中压设定值上限341℃，高压设定值上限473℃）。但在低流量供汽时，机侧喷水减温后测点的温度并不能准确反映真实情况，因此进行温度调整和日常监视时，应密切留意后面母管阀门站高、中压母管温度变化趋势，结合现有温降数据，预判温度是否满足需求。

(3) 任何用户流量变化时会引起母管压力波动，这时需要特别留意压力波动不能超出规定范围，用户流量变化前需提前沟通联系，可根据情况事先提高或降低机侧压力设定值来保证压力波动不超限，必要时手动干预。

(4) 不同供热流量下，供热管道内的温降幅度差异巨大，应根据供热流量和供热管道长度合理调整机组源头侧供热温度和中间减温水系统的温度设置值，保证用户用汽温度在合格范围。表6-9为供热管道长为2.2km时，供热流量和管道蒸汽温降的经验数据。

表6-9 供热流量和管道蒸汽温降的经验数据

供热流量（t/h）	管道蒸汽温降（℃）
5	147
10	90
15	59.2
20	45.4
25	39.6
30	33.5
40	20

(5) 长距离供热有两个主要特点：温降和温度场传递延迟，在实际运行操作中要与常规的热力系统加以区别。

（四）供热系统的停运

当机组热用户全部停止用汽或供热已切至另一台机组供应时，可停运本机组供热系统。

(1) 先将高/中/低压热负荷逐渐减少至0，缓慢关闭HP ELCV/中压供热调节阀/LP ELCV，HP ELCV/LP ELCV全关后切除高/低压供热控制，退出中/低压供热请求，关闭供热抽汽电动截止阀、供热抽汽逆止阀和供热调节阀，机组切至纯凝工况运行。

(2) 若需要在抽凝工况下正常停机，则按第（1）条要求将供热工况转入纯凝工况运行，再按纯凝工况的停机步骤进行停机操作。

(3) 停机过程中，须保证机组与外界供热抽汽管道完全切断，防止解列时抽汽倒灌引起机组超速，停机后也必须确认无蒸汽从供热抽汽管道漏入汽轮机，引起局部冷却或加热。

（五）供热系统的相关保护逻辑

(1) 机组在抽凝工况下甩电负荷，此时DEH接受信号，供热气动逆止阀、供热液控快关阀、旋转隔板接受信号同时关闭，汽轮机转速冲高回落后开启旋转隔板，机组维持空转，整个过程由调节系统自动控制。若旋转隔板关闭后10s，DEH未接收到抽汽逆止阀或抽汽快关阀已关闭信号，则在DEH操作员站上报警提示；超过30s，DEH自动发出停机指令。

(2) 机组突然甩热负荷时，气动逆止阀、快关阀同时关闭，同时全开旋转隔板，机组由抽凝工况转为纯凝工况运行。

(3) 机组在抽凝工况下打闸停机，DEH发出信号，供热气动逆止阀及供热液控快关阀接受停机信号同时关闭，此时高、中、低压主汽阀已全部关闭，机组进入惰走状态。

五、系统典型异常及处理

（一）高、中压正常供汽，公用管线出现异常

现象：高压或中压供热公用管线温度过高或过低；高压或中压供热公用管线泄漏；DCS上发高压或中压供热温度高或低报警。

可能原因：机组侧减温水调阀控制不当；供热公用管线积水，疏水不充分；供热流量变化大；供热公用管线泄漏。

处理方法：适当调节降低机组侧供热温度，保证用户侧温度在正常范围；若公用管线温度过低，开启供热管线沿途疏水，使供热管内疏水充分，必要时适当调节升高机组侧供热温度；用户流量变化大，导致温度波动大，及时与供热用户沟通，提前做好防范和相关措施；公用供热管线发生泄漏，立即就地检查漏汽情况，确认漏点，密切监视供热压力，必要时手动调节，调节过程中防止超压，若漏汽量不大，且无法隔离或在线处理，则维持供热，加强监视跟踪，及时与供热用户沟通协商处理方案，避免漏汽扩大，造成供热中断，若漏汽量大，无法持续维持供汽，则立即告知相关用户，及时启用备用汽源，或采取其他应急方案，避免或尽力减少供热中断损失。

（二）机组正常供汽，高压或中压减温水调节阀异常

现象：减温水调节阀自动调节性能差，减温水调阀开度频繁大幅波动；减温水调节阀指令和反馈偏差大，可能自动由“自动”切至“手动”控制；供热蒸汽温度不正常，偏高或偏低。

可能原因：减温水调节阀控制参数设置不合理，调节性能差；减温器后温度测点变坏点或两个测点温度偏差大；减温水调节阀卡涩、内漏、失电或仪用空气异常。

处理方法：及时与供热用户保持沟通，查明原因后立即采取相应处理措施，调整供热参数，保证用户侧供热压力、温度在正常范围；减温水调节阀控制参数设置不合理，可切手动控制，停机后优化减温水调节阀逻辑；减温水调节阀卡涩时，立即将减温水调节阀切至手动调节，加强对减温器后供热蒸汽温度的监视，保证供热母管蒸汽温度稳定，必要时切至事故供热路供热，联系检修人员处理调节阀卡涩缺陷；及时联系检修人员处理温度测点异常缺陷，处理期间加强供热参数的监视；减温水调节阀内漏大，可将减温水调节阀后手动隔离阀适当关小，通过手动隔离阀节流减温水量，保证供热蒸汽温度在要求范围内；减温水调节阀失电或仪用空气失去时，减温水调节阀将无法操作，及时查明原因并尽快恢复。

（三）机组正常供汽，高压或中压压力调节阀异常

现象：压力调节阀自动调节性能差，压力调节阀开度频繁大幅波动；压力调节阀指令和反馈偏差大，可能自动由“自动”切至“手动”控制；供热蒸汽压力波动大，压力偏高或偏低。

可能原因：压力调节阀控制参数设置不合理，调节性能差；压力调节阀卡涩或内漏；压力调节阀失电或仪用空气异常。

处理方法：压力调节阀自动跟踪效果差，将正常供热压力调节阀切至手动，进行手动调整，加强对供热蒸汽压力及温度的监视，操作时注意勿大幅开大或关小调节阀，及时联系检修人员处理，必要时可切至事故供热路。压力调节阀发生卡涩时，立即将供热压力调节阀切

至手动，若此时供热压力偏高，则手动试操作关小调节阀，看是否能关小，同时可打开供热母管疏水阀降低蒸汽压力，有必要时，申请降低机组负荷，降低供热抽汽口压力，再者可通过关小正常供热抽汽液动阀，若无效，应及时切至事故供热路供汽；若供热蒸汽压力下降较快，手动试开大压力调节阀，若无法开启，应立即投入并切至事故供热路供汽；压力调节阀失电或主路压力调节阀仪用空气异常，压力调节阀将无法操作，阀门维持当前开度，及时查明原因并尽快恢复。

第二十二节　脱硝系统

一、系统概述

烟气脱硝，是指把烟气中已生成的 NO_x 还原为氮气，从而脱除烟气中的 NO_x，达到环保部门要求的 NO_x 排放浓度要求。

烟气脱硝，按治理工艺可分为湿法脱硝和干法脱硝，其中干法包括选择性非催化还原法（SNCR）、选择性催化还原法（SCR）、电子束联合脱硫脱硝法。其主要反应过程如下

$$4NO + 4NH_3 + O_2 \longrightarrow 4N_2 + 6H_2O$$

$$2NO_2 + 4NH_3 + O_2 \longrightarrow 3N_2 + 6H_2O$$

$$NO + NO_2 + 2NH_3 \longrightarrow 2N_2 + 3H_2O$$

本机组采用的是选择性催化还原法（SCR）进行脱硝，系统采用蜂窝式催化剂、氨水在线稀释（20%氨水溶液）及自动氨水流量控制，在燃气轮机出口烟道布置氨水溶液喷枪，二次污染小，净化效率高达 80%～90%，脱硝装置设计使用寿命为 25 年，脱硝装置可用率不小于 98%。环保部门对本机组的烟气 NO_x 排放浓度要求小时平均值必须小于 30mg/m³（折算值）。

二、系统流程

本机组脱硝系统图如图 6-129 所示，该系统流程为：

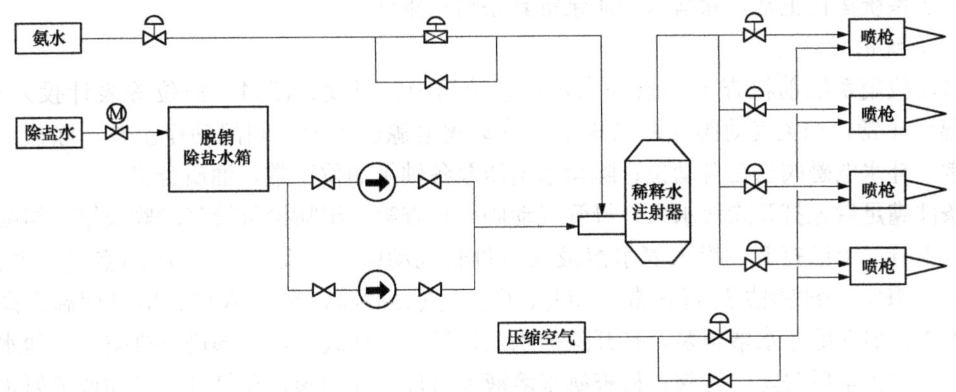

图 6-129　脱硝系统流程图

脱硝系统氨水侧配置两台 100%容量的离心式输送泵，每台输送泵由一台输送泵体、一台电机、一台过滤器、管道及阀门组成，并配备有相对应的氨水卸料泵。20%氨水溶液经氨水输送泵、手动隔离阀、气动隔离阀、氨水流量计、流量调节阀后进入稀释水注射器，该稀释水注射器通过除盐水进行在线氨水稀释。除盐水来自机组除盐水母管，经过补水电磁阀、

电动隔离阀、脱硝除盐水箱、除盐水增压泵增压后进入稀释水注射器。稀释后的氨水溶液经过 17 个喷射器喷入锅炉烟道，在高温烟气的作用下迅速汽化形成氨气并与烟气充分混合，当氨气和烟气到达催化剂区域发生脱硝反应，还原成氮气，进而排到大气中。

本机组脱硝系统压缩空气用于喷枪冷却及氨水雾化，气源取自机组仪用压缩空气母管；另外，氨水溶液存放区域设置有事故喷淋系统，当氨系统发生氨泄漏或氨水储罐压力过高时，系统自动启动喷淋水系统，通过控制阀喷洒工业水，以吸收泄漏氨气或冷却储罐从而降低温度和压力。

三、主要设备结构及技术参数

脱硝系统设置有两台氨水输送泵、两台除盐水增压泵，四台泵选用的均是离心泵，在每台泵入口处有过滤器，在氨水输送及除盐水增压泵出口母管处均设置有压力表、流量计等辅助设备。

本机组脱硝系统主要运行及技术参数如下：

(1) 氨水溶液供应系统压力、流量（约 $0.1m^3/h$，不能超过 $0.23m^3/h$）、氨水溶液入口母管气动阀开度在正常范围；

(2) 除盐水增压泵运行正常，备用泵已投入备用，出口压力和流量（约 $0.3m^3/h$）在正常范围；

(3) 仪用压缩空气压力大于 0.5MPa；

(4) 脱硝后的 NO_x 含量在正常范围（小于 $30mg/m^3$），脱硝率达标；

(5) 脱硝系统投入运行后，锅炉排烟温度变化在正常范围。

四、系统的运行维护

（一）脱硝系统的启动

1. 启动前的准备和检查

脱硝系统经过检修或者长期停运后，需对系统管道进行注水排空。对于两班制运行的联合循环机组来说，脱硝系统投运前需确认：各阀门状态正常；20%氨水溶液储量充足且氨水溶液输送系统运行正常，除盐水增压泵等具备启动条件。

2. 系统的投运

启动脱硝系统前检查下列条件满足：系统压力、温度、流量、液位等表计投入在线，DCS 显示正常；相关气动阀气源已送上，电动阀电源已送上，阀门动作正常；除盐水箱液位正常，补水电磁阀已在自动位；除盐水增压泵各轴承油位正常，油质合格。

条件满足后先打开除盐水入口母管气动阀；检查第一组喷枪母管气动阀及第二组喷枪气动阀至少有一个已打开，投入氨水溶液入口母管气动阀“自动”；检查压缩空气压力正常，大于 0.5MPa，余热锅炉运行正常，NO_x、O_2 测点无故障，SCR 入口、出口烟温无高报警或低报警；启动除盐水增压泵，打开除盐水入口母管气动阀后排污阀进行排空，除盐水增压泵出口压力正常后关闭排污阀；检查氨水溶液入口母管气动阀自动打开，自动调节氨水供应量，检查烟囱出口 NO_x 浓度在合格范围。

（二）脱硝系统的运行监视

(1) 检查除盐水增压泵运行无异音、异味，振动、电机电流正常。

(2) 检查进出口烟气分析设备无异常报警。

(3) 检查确认氨气泄漏、氨逃逸在允许范围内。

(4) 检查确认 NO_x 排放量在设定范围内。

（5）氨水供应母管压力、除盐水母管压力及流量正常。

（6）检查所有的氨水管道，没有氨水析出的氨味，确认管道无泄漏。

（三）脱硝系统的停运

机组的脱硝系统停运前，需确认：机组接到调度令，准备停机或者机组的排烟中 NO_x 含量的小时平均值小于 30mg/m^3。

具备以上停运条件时方可停止本机组的脱硝系统运行，停运过程如下：脱硝系统发停止命令，检查备用的氨水输送泵自动切除备用状态，运行的氨水输送泵自动停运，出口母管压力降至 0；随后脱硝用氨水供应气动截止阀、脱硝用氨水供应调节阀自动关闭，氨水供应母管压力降至 0，停止氨水供应，除盐水增压泵维持运行冲洗管道。8min 后，备用的除盐水增压泵自动切除备用状态，运行的除盐水增压泵自动停运，出口母管压力降至 0，脱硝用除盐水供应气动截止阀自动关闭，停止除盐水供应，检查脱硝用喷射器氨水供应气动截止阀自动关闭。根据需要，可开启各疏水阀排空泄压。

（四）脱硝系统的联锁保护

1. 除盐水增压泵闭锁启动

以下条件有任何一条满足时，除盐水增压泵闭锁启动：①除盐水入口母管气动阀未打开；②第一组喷枪母管气动阀及第二组喷枪气动阀均关闭；③压缩空气压力低于 0.5MPa；④有跳泵条件存在。

2. 氨水流量自动调节切回手动原因

反应器 CEMS 测点故障信号；反应器氨水入口母管气动阀已关；反应器进口以及烟囱出口 NO_x、O_2 测点有坏点；氨水入口母管流量以及除盐水增压泵出口母管流量测点有坏点；反应器 NO_x 设定值和 NO_x 出口反馈值（校正后）偏差大于 50%。

3. 其他逻辑及保护

脱硝除盐水箱补水电磁阀在除盐水箱液位低于 400mm 开启，高于 600mm 关闭；脱硝雾化空气气动阀在燃气轮机转速大于 500r/min 开启，小于 300r/min 关闭；除盐水增压泵在联锁投入且运行除盐水增压泵跳闸时联启备用泵。

五、系统典型异常及处理

（一）系统脱硝效率降低，烟气 NO_x 排放量增大

现象：DCS 上发出报警；DCS 上显示出口 NO_x 排放量不断增大；氨水供应气动调节阀异常开大；除盐水增压泵出口压力降低。

可能原因：烟气分析仪故障；氨水供应不足；反应器出口 NO_x 设定值不合理；催化剂恶化；氨水喷嘴堵塞；除盐水增压泵系统异常。

处理方法：检查烟气分析仪用气压力是否正常，气体取样管是否泄漏或堵塞；检查氨水供应母管压力是否正常，各手动隔离阀、气动阀是否被误关，尽快恢复供氨水量正常；检查反应器出口 NO_x 设定值是否正常；取样品催化剂送专业单位分析，如失效，则择机更换催化剂；检查氨水喷嘴及过滤器是否堵塞；检查除盐水增压泵出口压力是否正常，必要时进行管道排空，切至备用泵运行。

（二）系统漏氨处理

现象：消防系统发出氨水泄漏报警；喷淋水系统可能动作；就地氨水泄漏处有较大刺激性异味。

可能原因：管道破裂或焊缝泄漏；阀门法兰接头处密封不严；阀门盘根损坏。

处理方法：氨水区有泄漏时，佩戴好个人 PPE，及时关闭相应隔离阀，并联系检修处理，以防事故扩大；若无法隔离时，可手动开启喷淋水系统喷洒，以大量工业水稀释氨水；若阀门或管道有备用时，切至备用路运行，隔离泄漏的管道，及时处理；整个处理应严格按有关安全管理规定进行。

第二十三节 废水收集系统

一、废水收集系统介绍

惠电废水收集系统包含工业废水处理系统、生活污水处理系统、含油废水处理系统和废水零排放系统。工业废水处理系统水源为化学水处理车间酸碱废水，处理后废水排至废水零排放系统；生活污水处理系统水源为厂区生活污水收集系统，处理后废水用于厂区绿化；含油废水处理装置两套，一套用于处理空压机排污废水，另一套用于处理主厂房凝坑含油废水，处理合格废水均回工业废水处理系统储存池；废水零排放系统水源为化水车间浓水反渗透浓水和工业废水系统最终排水，最终在该车间实现盐、泥、水的分离，实现废水零排放。

二、工业废水处理系统

（一）工业废水处理系统介绍

工业废水处理系统处理能力 80m³/h(2×40m³/h)，水源为锅炉补给水处理装置再生废水、超滤和反渗透化学清洗废水、含油废水系统出水和锅炉化学清洗、停炉保养废水。

（二）工业废水处理系统设备

工业废水处理系统设备主要包括：废水储存池、pH 调节槽、混合槽、反应槽、斜板澄清池、无阀滤池、最终中和池、污泥浓缩池、离心脱水机、中间水池及各类水泵等。

（三）工业废水处理系统工艺原理

本工业废水为简单污水。利用加入的酸和碱进行 pH 调整，加入混凝剂，通过混凝、沉淀、过滤等方法去除废水中的悬浮物及 COD，处理后废水根据电导、余氯、pH 等指标的不同可分别排至除盐车间浓水箱进一步浓缩或至末端浓缩车间进一步处理。

（四）工业废水处理系统工艺流程（见图 6-130）

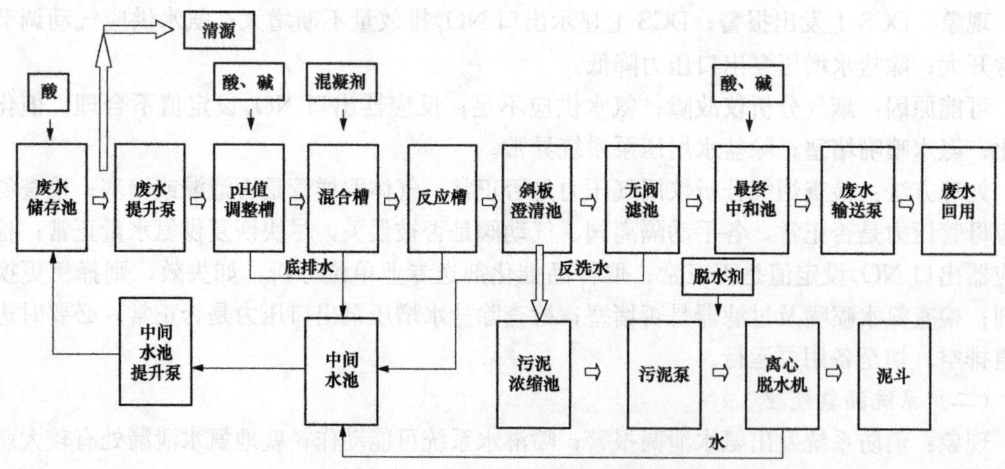

图 6-130 工业废水处理系统工艺流程图

（五）工业废水处理系统运行与监督

1. 工业废水处理系统启动前的检查

工业废水系统启动前需检查废水储存池液位高于低值，末端废水缓冲池液位低于高值；主设备和附属设备均在正常备用，管路上手动控制阀门位置正确；将工业废水系统主设备、附属设备均投“自动”，“工业废水控制系统”窗口中参数设置正常。

2. 工业废水处理系统启动操作

工业废水系统启动操作一般采用顺控自动进行，完成启动前的检查后，就可在DCS控制画面自动投运工业废水系统。顺控设计一般先对废水储存池、最终中和池曝气，使水质均匀再投运系统，运行中的系统在pH调整水箱利用pH调节系统调整pH在合格范围内，根据出水水质情况调节混凝剂加药量，在最终中和池根据在线pH表反馈数值调节酸碱加药量，使出水pH符合环保要求。启动指令可人为启动，也可根据水池液位自动停运。

3. 工业废水处理系统停运操作

工业废水系统停运操作一般采用顺控自动停运。停运顺控设计一般是先停止废水泵运行，之后依次停运混凝剂、酸碱等加药设备，最后停运pH调整池、反应池、混合池搅拌机、罗茨风机。停运指令可人为启动，也可根据水池液位自动停运。

4. 工业废水处理系统运行监督

在工业废水处理系统运行期间，需要根据最终中和池出水水质情况，及时调整运行工况，防止排放不合格水；要经常检查设备的运行情况，对设备的异常状况及时作出判断和处理；要定时检查各计量箱液位情况，及时进行配药。

惠电工业废水排放指标执行DB4426《水污染物排放限值（2005年11月发布）》第二时段一级标准，可执行三级标准。监测周期执行DL/T 414—2012《火电厂环境监测技术规范》中厂区工业废水标准。日常监督指标包括pH值、浊度、COD、悬浮物、石油类、水温。

（六）工业废水处理系统连锁与报警

工业废水系统报警与连锁设置主要考虑系统自动启停以及对水质调节的需要。一般利用进、出水水箱液位高低连锁启停设备，酸碱加药系统与系统中pH连锁启停，将系统pH值控制在目标范围内，计量泵与溶液箱液位连锁，保护计量泵安全运行。

（七）工业废水处理系统故障分析与处理（见表6-10）

表6-10　　混凝、沉淀常见异常情况与解决办法

序号	异常情况	原因	解决方法
1	絮凝反应池末端颗粒状况良好，水的浊度低，但沉淀池中矾花颗粒细小，出水携带矾花	（1）絮凝池末端有大量积泥。 （2）沉淀池内有积泥	停池清泥
2	絮凝反应池末端矾花状况良好，水的浊度低，但沉淀池出水携带矾花	沉淀池超负荷	增加沉淀池投运数量，降低沉淀池的水力表面负荷
3	絮凝池末端矾花颗粒细小，水体浑浊，且沉淀池出水浊度升高	（1）混凝剂投加量不足。 （2）进水碱度不足	（1）增加投药量。 （2）投加碱溶液，补充碱度不足
4	絮凝池末端矾花大而松散，沉淀池出水异常清澈，但出水中携带大量矾花	混凝剂投加过量	降低投药量
5	絮凝池末端絮体碎小，水体浑浊，沉淀池出水浊度偏高	混凝剂投加超量	降低投药量

三、生活污水处理系统

（一）生活污水处理系统介绍

生活污水系统主体设备设计处理能力为 $5m^3/h$，按两列并行设计，设计处理时间 24h/d。电厂一期 3×390MW 正常营运时，按 1 列运行、1 列备用或者 2 列低负荷的模式运行；电厂二期扩建后按 2 列模式运行。

（二）生活污水处理系统原理

生活污水先经过格栅去除粗大的悬浮物后，进入调节池，进行水质和水量调节；然后通过潜污泵提升，在混合器内与除磷药剂硫酸亚铁充分混合；再进入水解酸化沉淀池，完成固液分离过程，同时消化部分污泥。

水解酸化沉淀池的出水自流进入生物曝气滤池，除去污水中含碳有机物和绝大部分的氨氮。处理后的出水自流进入过滤水箱，过滤水箱出水经过滤泵提升进入紫外线杀菌装置和自清洗过滤器进行杀菌—过滤—再杀菌后进入反冲洗水池作为曝气滤池反冲洗备用水。

清水从反冲洗水池上部溢流进入消毒池，消毒池的出水可作生活杂用水回用，也可直接达标排放。水解酸化沉淀池的污泥每周定期排放一次至污水调节池，污水调节池的淤泥每半年清理一次。

（三）生活污水处理系统工艺流程

（来自食堂、调压站污水池）生活污水→污水调节池→水解酸化沉淀池→生物曝气滤池→过滤水箱→过滤水泵→第 1 级紫外线杀菌器→自清洗过滤器→第 2 级紫外线杀菌器→反冲洗水池→消毒池→绿化喷淋回用。

（四）生活污水处理系统运行与监督

1. 生活污水处理系统启动前的检查

生活污水处理系统启动前需检查调节池液位高于低值，主设备和附属设备均在正常备用，管路上手动控制阀门位置正确；将生活污水处理系统主设备、附属设备均投“自动”，“生活污水控制系统”窗口中参数设置正常。

2. 生活污水处理系统启动操作

(1) 生活污水系统运行一般采用顺控自动进行，完成启动前的检查后，就可在 DCS 或 PLC 控制画面自动投运生活污水系统。生活污水启动顺控一般按以下原则设计：开启曝气池进水阀、进气阀；启动硫酸亚铁加药泵、潜污泵、曝气风机启动系统，过滤水箱液位高后投运过滤系统和紫外线杀菌装置。

(2) 系统投运后，需就地检查设备运行是否正常。检查生活污水出水水质正常。

3. 曝气滤池系统的运行

曝气滤池系统包括 2 台生物曝气滤池、3 台曝气风机和 2 台反洗风机。2 台生物曝气滤池设计运行方式为 1 用 1 备，3 台曝气风机设计为 2 用 1 备，2 台反洗风机设计为 1 用 1 备。曝气风机与生物曝气滤池必须为一对一运行，否则生物曝气滤池的阻力不平衡而影响风量的分配，从而影响生物膜的活性，致使曝气滤池出水水质下降。生物曝气滤池必须定期反洗，反洗周期由人工设置其运行累计小时数，当运行小时数达到反洗周期和污水调节池液位达到低液位时，曝气滤池进入自动反洗，反洗分 3 步进行，每步 10min。第 1 步，仅启动反洗风机松动填料；第 2 步，反洗风机和反洗水泵同时运行，把曝气池填料层截留杂质通过反洗水排至调节池；第 3 步，仅运行反洗水泵继续反洗 10min。曝气池反洗结束自动转运行。

4. 紫外线杀菌系统的运行

系统设计了二级紫外线杀菌器，第一级既为降低过滤器污堵又为第二级的检修备用而设计。系统启动前提前运行杀菌器，系统停运时滞后退出杀菌器。当杀菌器故障时，打开旁路、关闭杀菌器进出口阀退出“通电”运行状态。

为了防止杀菌器的紫外灯管脏污影响杀菌效果，专门配置了 1 台空压机进行压缩空气清洗。设备检修或必要时可启动“手动”清洗模式人工加强擦洗。

5. 自清洗过滤器的运行

自清洗过滤器的过滤过程：水从进口管进入滤网，并从内而外流出滤网，杂质被拦截并积累在滤网内表面从而产生一定的压差。

自动清洗的启动：当滤网内外表面达到设定的压差 0.5bar 或定时器预先设定的定时清洗时间，过滤器进入自动清洗状态。在清洗中，马达带动吸允扫描器作螺旋式转动，滤网上的杂质被吸下并通过排污阀排出，排污阀的开启与关闭是由一个三通路的电磁阀来控制，整个清洗过程持续约 16s，清洗过程中系统不断流。

过滤器的控制系统包括一个压差开关、电磁阀和电控盘。压差开关感测滤网内外的压力差，当压差达到预设值 0.5bar 时，即发出信号到电控盘，启动一个自动清洗过程。

6. 生活污水处理系统水质监督与标准

生活污水处理系统出水水质控制指标执行 GB 8978《污水排放综合标准》第二时段一级标准，可执行三级标准。监测周期执行 DL/T 414《火电厂环境监测技术规范》中厂区生活污水标准。日常对最终出水水质进行监督，监督项目包括 pH 值、浊度、悬浮物、COD、石油类。

7. 生活污水处理系统停运操作

在生活污水控制画面上点击“停止”按钮，系统自动停止运行，并关闭相关电动阀。

（五）生活污水处理系统报警与联锁

生活污水系统报警与连锁设置主要考虑系统自动启停以及对水质调节的需要。一般利用进、出水水箱液位高低连锁启停设备。高液位联锁启动过滤泵失败时联锁停运系统；自清洗过滤器故障报警并联锁停运系统。紫外线装置供断电与系统联锁，自清洗过滤器供断电与系统和过滤水箱液位联锁。

（六）生活污水处理系统故障及处理

下面以曝气滤池运行中出现的异常问题为例，解决方法如下：

(1) 气味。

对于曝气生物滤池，当进水有机物浓度过高或滤料层中截留的微生物膜过多时，滤料层内局部会产生厌氧代谢，有可能会产生异味，解决办法如下：

1) 减少滤池中微生物膜的积累，让生物膜正常脱落并通过反冲洗排出池外；

2) 保证曝气设施的正常工作；

3) 避免高浓度或高负荷污水的冲击。

(2) 生物膜严重脱落。

在滤池正常运行过程中，微生物膜的不正常脱落是不允许的，产生大量的脱膜主要是水质原因引起的，如抑制性或有毒性污染物浓度太高或 pH 值突变等，解决办法是必须改善水质，使进入滤池的水质基本稳定。

(3) 处理效率降低。

当滤池系统运行正常，且微生物膜生长情况较好，仅仅是处理效率有所下降，这种情况一般不会是水质的剧烈变化或有毒污染物质的进入造成的，而可能是进水的pH值、溶解氧、水温、短时间超负荷运行所致。对于这种现象，只要处理效率降低的程度不影响出水水质的达标排放，则需采取一些局部调整措施加以解决，如调节进水的pH值、调整供气量、对反应器进行保温或对进水进行加热等。

（4）滤池截污能力下降。

滤池运行过程中，当反冲洗正常，但滤池的截污能力下降，这种情况可能是预处理效果不佳，使进水中的SS浓度较高所引起的，所以此时必须加强对滤池前一级设施的运行管理。

（5）进水水质异常。

1）进水浓度偏高：这种情况很少出现，如果出现，应当通过加大曝气量和曝气时间来保持污泥负荷的稳定性。

2）进水浓度偏低：这种情况主要出现在暴雨天气，应当通过减少曝气力度和曝气时间来解决，或雨污水直接通过超载管外排。

（6）出水水质异常。

1）出水带泥、水质浑浊：这种情况出现主要是微生物膜厚度太厚，反冲洗强度过高或冲洗次数过频。当生物膜长到一定厚度（300～400μm），立即进行反冲。当冲洗强度过高或次数过频，导致微生物流失，处理效果下降。解决办法是控制水解酸化池出水SS，减少反冲洗次数，调整反冲洗合适强度。

2）水质发黑、发臭：水质发黑、发臭的原因可能是溶解氧不够，造成污泥厌氧分解，产生H_2S气体。解决办法是加大曝气量，提高溶解氧的含量即可。可能大部分布水系统堵塞，造成局部缺氧。解决办法：检修或加以反冲强度。

四、含油废水处理系统

（一）含油废水处理系统介绍

含油废水处理装置设计处理能力$2\times2.5m^3/h$，其中凝坑含油废水、空压机排污废水各配置一套除油设备。采用浮油净化—聚结过滤作为含油废水处理工艺，含油废水经过处理后输送至工业废水处理系统，进一步处理回用，油定期外运。

（二）含油废水处理系统工艺流程

含油污水分离净化机油污水处理工作流程：提升泵、进水口、分流系统、CPI斜板式聚结吸附分离系统、API绕流重力分离系统、高分子吸附分离系统、集油系统、汇流系统、出水口，排油口，具体见图6-131。

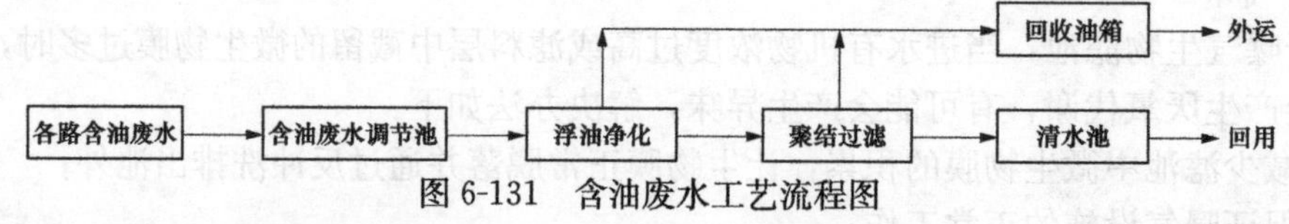

图6-131 含油废水工艺流程图

（三）含油废水处理系统原理

集水井内含油污水由提升泵，进水口进入分流系统，含油污水经过分流系统减缓流速，并使含油污水均匀地进入CPI斜板式聚结吸附分离系统。在CPI斜板式聚结吸附分离系统安装有聚乙烯材料制成的波纹板组，聚乙烯波纹板组对油具有超强的吸附性能。含油污水经过波纹板时，污水中细小的油滴逐渐聚结成较大油滴附在波纹板表面，当波纹板吸附力小于水流牵引力时，这些聚结的大油滴将从波纹板表面脱离出来，脱离出来的大油滴与污水一起进入API绕流重力分离系统。在API绕流重力分离系统中，利用油水的比重差，由于流速缓慢，油滴浮升至集油系统。含有细微油液的污水经重力沉降，并经绕流通道进入高分子吸附分离系统。高分子吸附分离系统，采用超细高分子吸油纤维与亲油纤维，并通过特殊工艺制作成一套分油通水的复合型滤芯。当含有细微油液的污水经过滤芯时，细微油液逐渐在组合滤芯的表面形成油珠并从滤芯表面分离出来，分离出来的油珠浮升至集油系统。污水很容易通过具有疏水特性的滤芯，并可滤除水中的悬浮物、颗粒物等，保证排出水的含油量不超过国家用 GB 8978 排放标准（≤10mg/L），从而达到含油污水处理后的达标排放。

含油污水分离净化机的集油系统内，装有油位电极、加热器、液位计、专用输油泵。当集油系统内集油室油层聚集达到一定厚度时，安装在集油室的油位电极发出讯号，由电气控制箱自动起动专用输油泵，将油排至废油收集箱。当集油室上部聚集的油被排完后油位电极发出讯号，排油泵即自动停止。温度较低时，可开启加热器，降低黏度促进油液的分离与排出。

（四）含油废水处理系统运行

含油废水处理系统运行前需去现场检查设备在备用状态，设备出口管路上油份浓度仪投入运行。系统首次运行需在补水口用自来水将本机的 API 重力分离室、集油室及入口管路全部灌满清水。确定无误可把系统投“自动”。在“自动”状态，设备受水池液位信号连锁控制，当水池液位超过启动液位，提升泵工作，油份浓度仪测定结果合格，则系统出水排至工业废水储存池，不合格系统内部打循环，集油室检测到废油达到设定厚度时，自动启停排油泵。水池液位超过报警液位，发出报警信号。水池液位低于停止液位，设备退出自动状态（提升泵、排油泵停止工作）。

五、废水零排放系统

（一）废水零排放系统概述

废水零排放系统采用浓缩减量-蒸发结晶工艺。全厂用、排水系统进行优化后，锅炉补给水反渗透浓水（12m^3/h）与经过工业废水处理系统处理后的超滤氯洗水和酸碱再生废水（4m^3/h），进入浓缩减量单元产生浓水（2m^3/h）采用蒸发结晶工艺（蒸发结晶系统设计处理能力不小于 4t/h）进行处理回用，产生的蒸馏水回收至过滤水箱、产生的工业杂盐经过干燥包装后外运，泥水排至污泥浓缩系统处理。

因废水零排放系统接触的物料盐度高，腐蚀性强，设备运行环境恶劣，需重点关注设备防腐防锈问题，根据设备运行环境选择不同材质达到防腐防锈目的，主要防腐防锈措施有：

1. 浓缩减量单元

因浓缩减量单元进水电导在 2000～4000μs/cm，需要用浓盐酸、烧碱、碳酸钠对水质进行调节。为减少腐蚀发生，物料流通部位如泵的过流部分和碳酸钠称重系统材质采用 2205 材质；盐酸、烧碱卸料泵过流材质采用氟塑料材质；水箱采用碳钢衬胶；其他配套设备采用 UPVC、玻璃钢或 316L 等防腐措施；所有管道均采用化工级 UPVC 材质，不锈钢取样阀采用 316L 材质，UPVC 球阀采用化工级 UPVC 材质，法兰式蝶阀、止回阀均要求阀碳钢衬胶材质且阀板阀座需耐受 10 000mg/L 氯离子。

2. MVR 蒸发结晶单元

MVR 蒸发结晶单元中物料为高浓度盐水，氯离子最高允许含量高达 17 万 mg/L，为减少腐蚀发生，物料流通部分板式换热器、蒸发结晶器、强制循环泵和晶浆泵过流部分、离心机、母液泵均采用材质 TA1，稠厚器、母液罐、母液蒸发器均采用材质 TA2，其他非物料流通部位配套系统根据使用位置不同采用 2205、316L 或 304L 等材质；所有闸阀、止回阀、球阀、蝶阀阀板阀座均要求耐受 10 000mg/L 氯离子。

3. 管道防腐防锈措施

废水零排放区域室外管线需做好防锈、防紫外线老化等措施。地埋管防腐采用环氧煤沥青漆外包玻璃丝布两布三油，架空管防腐采用环氧富锌底漆＋环氧云铁中间漆＋室外丙烯酸聚氨酯面漆或氯化橡胶面漆。

4. 其他防腐防锈措施

废水零排放区域设备的支撑、平台、栏杆、爬梯、加固件及设备连接等钢结构必须具有相应防腐措施。

（二）浓缩减量单元介绍

浓缩减量单元水源为锅炉补给水反渗透浓水（$12m^3/h$）与经过工业废水处理系统处理后的超滤氯洗水和酸碱再生废水（$4m^3/h$）由废水缓冲池（$600m^3$）收集通过废水提升泵输送至一体化澄清器进行软化反应。澄清器配套设有氢氧化钠、除硅剂、碳酸钠装置，用于降低进水中硅、硬度成分，以满足MVR蒸发结晶系统进水要求。澄清池出水通过投加盐酸回调pH值后进入清水箱，底部污泥排至工业废水处理系统污泥浓缩池。

清水箱水通过双介质过滤器进一步去除其中的颗粒态悬浮物，过滤后清水进入多介质过滤器产水箱后进入超滤系统。

超滤系统设计处理量$1\times25m^3/h$，超滤系统和双介质过滤器反洗水排入废水缓冲水池。

超滤装置进一步去除水中细小颗粒、悬浮物和部分有机物后，清水进入反渗透系统，反渗透设计处理量$1\times20m^3/h$。反渗透产水约$8m^3/h$回用，反渗透浓水分两部分，其中$2m^3/h$输送到蒸发结晶单元进一步处理，$20m^3/h$再回到前端进一步浓缩。

浓缩减量单元流程见图6-132。

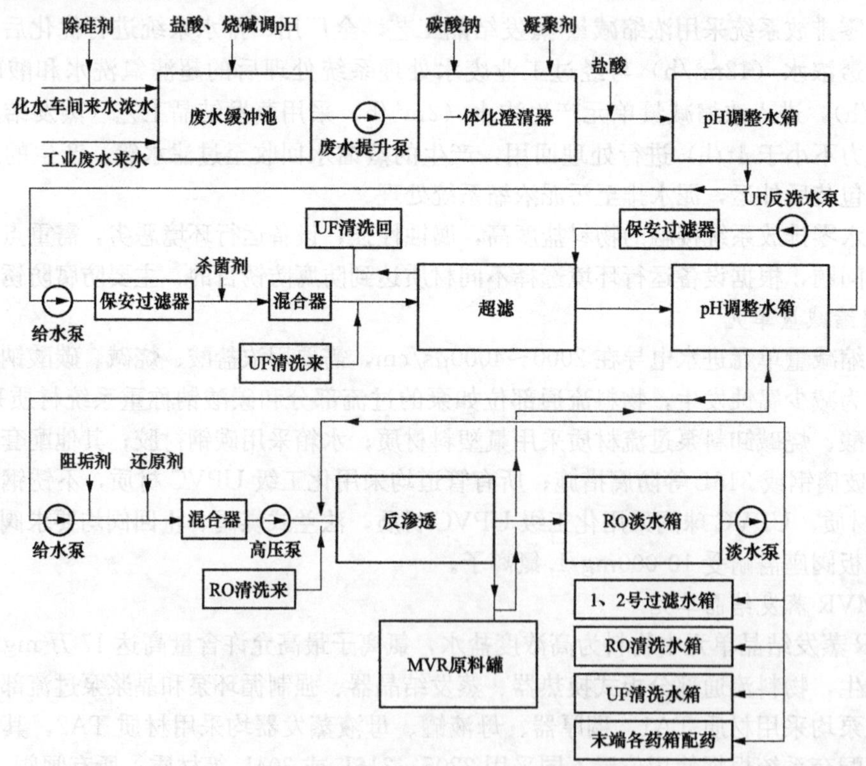

图6-132　末端浓缩减量单元工艺流程图

（三）MVR 蒸发结晶单元

1. MVR 蒸发结晶单元简介

MVR 蒸发结晶单元原料水为浓缩单元反渗透浓水（$2m^3/h$）。投运初期，系统需要补充中压生蒸汽 2.3MPa、320℃，经减温减压后给蒸发结晶器提供初始热源，蒸发结晶器产生的二次蒸汽经压缩机升温升压后再次供给蒸发结晶器，二次蒸汽足够后，蒸发结晶器所需蒸汽主要来自压缩机对二次蒸汽的循环利用，系统能耗主要是压缩机消耗的电能。

2. MVR 蒸发结晶单元工艺流程图（见图 6-133）

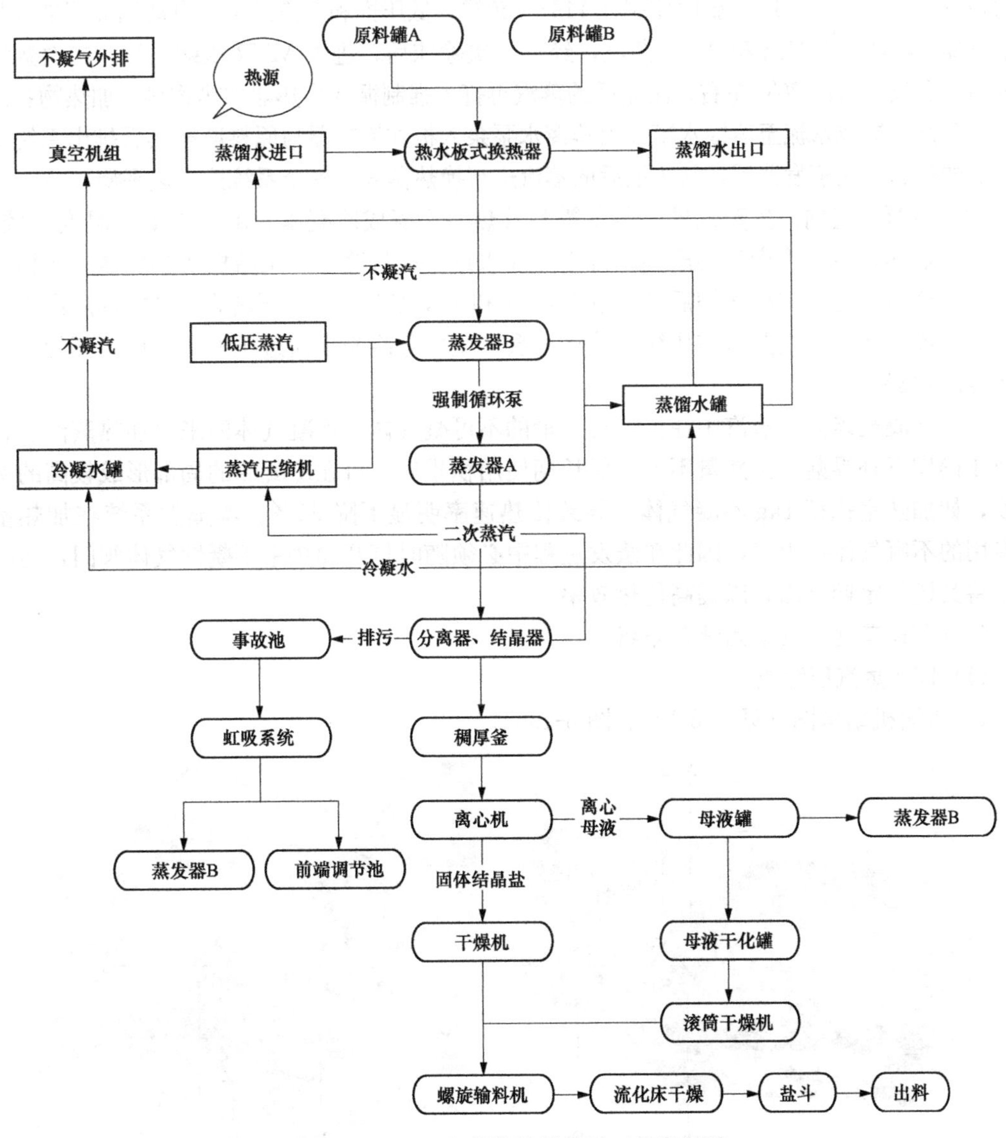

图 6-133　MVR 蒸发结晶单元工艺流程图

3. MVR 蒸发结晶单元工艺描述

（1）物料走向。待处理溶液储存在原液罐中，由进料泵打入板式换热器，在板式换热器内进料液，进入强制循环蒸发器 A 和蒸发器 B，然后进入结晶分离器。通过强制循环换热器升温升压，而后在结晶分离器内进行闪蒸浓缩。浓缩液和二次蒸汽在结晶分离器中进行气液分离。气液分离后的浓缩液被强制循环泵打入强制循环换热器，浓缩液在强制循环蒸发器内继续进行升温，后进入分离器，在分离器内进行闪蒸浓缩，如此循环。达到出料浓度后通过出料循环泵送至稠厚釜。稠厚釜的物料在悬液分离器分离，上清液再回到分离器继续蒸发，下稠液进入稠厚釜增稠后进入离心机离心，离心后的结晶送出干燥系统，在离心过程中降温了的母液经母液泵返回蒸发器 B，部分外排滚筒式干燥器蒸发处理。

（2）蒸汽走向。中压饱和蒸汽通过减压阀将其压力整定在 0.5MPa，通过减温减压器将其压力控制在 0.4～0.6MPa、温度控制在 145～160℃，低压饱和蒸汽经蒸汽自动调节阀来调节进入蒸发器 B，从分离器出来的二次蒸汽，经过二次除沫后，进入 MVR 压缩系统。二次蒸汽被压缩后，温度可升高 20℃左右，压缩后的蒸汽再打入强制循环换热器加热物料。加热物料的过程中，蒸汽冷凝成水流至蒸馏水罐并由蒸馏水泵泵入板式换热器与原料液换热后排出系统。经预热后的物料进入蒸发器后，与压缩后的蒸汽进行换热蒸发，整个系统达到热平衡。

（3）冷凝水走向。生蒸汽进入蒸发器 B 放热后冷凝成冷凝水，由于冷凝水温度还较高，为了回收显热，将蒸汽产生的冷凝水排入蒸馏水罐，通过蒸馏水泵给板式换热器进行物料预热，二次蒸汽通过压缩机压缩后打入蒸发器 A 和蒸发器 B、盘管预热器，经放热后产生冷凝水排入蒸馏水罐，二次蒸汽在压缩机腔体内会产生部分冷凝水通过压缩机进口底部的排污阀排入冷凝水罐。

（4）不凝气走向。蒸汽中往往带有少量的不可凝气体，不凝气体的来自加热蒸汽、料液和负压操作下外界漏。虽然量不大，但长期使用积累后，可在冷凝侧的局部形成较高的局部浓度，如加热室积存 1kg 不凝气体，导致传热速率明显下降 60%。本蒸发系统在加热室设有专用的不凝气体排出口，因此在蒸发过程中必须随时打开加热室不凝性气体阀门，运行真空泵将其进行定期排出，以提高传热效率。

4. MVR 蒸发结晶单元设备介绍

（1）DM 蒸汽压缩机。

1）压缩机结构图（见图 6-134、图 6-135）。

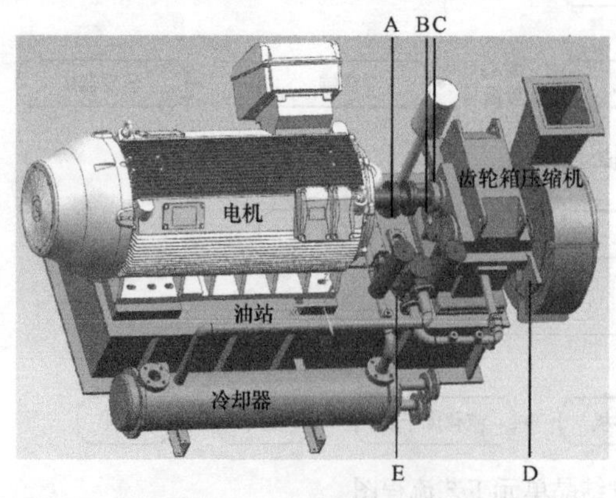

图 6-134　压缩机结构图 1

A—油站加油口；B—主油泵；C—低速端油封；D—齿轮箱半法兰盘；E—油过滤器

图 6-135　压缩机结构图 2

F—蜗壳冷凝水排污口；G—油箱排污阀；H—油位表；I—辅助油泵；J—润滑油电加热器

2）压缩机开机过程及注意事项。①首先关闭蜗壳排水阀，打开蒸汽密封排水阀，这时蜗壳排水阀下试镜会有水，几分钟后关闭蒸汽密封排水阀。蜗壳排水阀下试镜的水会自动排掉，排干净了后再打开蒸汽密封排水阀，同时再打开蒸汽密封旁路阀让蒸汽进压缩机蜗壳。等压缩机蜗壳轴端有蒸汽冒出来以后关闭蒸汽密封排水阀，关小蒸汽密封旁路阀至压缩机蜗壳轴端有丝丝蒸汽冒。②变频器总电源送电，所有空开送电，变频器面板转换开关打到远程状态。③检查组态画面是否有故障报警。若有，先检查故障，排除故障后才能开机。④结晶系统预热，观察压缩机进口温度及压力，使其满足压缩机开机条件。（分离器液相温度95°左右，设计时90＋料液沸点升）⑤DCS压缩机主机频率给定5Hz。防喘振阀开度给定100%。点启动压缩机。压缩机起来以后慢慢往上提频率（加频率的时候是1%的往上加，加的时候看频率反馈是否跟给定一致，电机电流是否稳定。）频率到了14Hz以后直接把频率给定设置26Hz（15～25Hz是压缩机的共振区域，必须要躲过）。把压缩机防喘振保护投入。继续往上加频率，频率到了35Hz以后查看电机电流跟压缩机防喘振压比，当电机电流为400A左右，压缩机防喘振压比大于压缩机进出口压比时，可以10%的关防喘振阀开度给定。防喘振阀关到50%的时候，以后是每5%的关，直至全关为止（关的时候查看电机电流，跟压缩机防喘振压比，如果数据有下降趋势或者电机电流上下波动很大，应再打开防喘振阀，直到电机电流稳定了，先不动防喘振阀，往上加频率，加频率的时候电机电流会上来。等电流上来以后再关防喘振阀）。在开蒸汽压缩机的过程中查看进出口温度，当达到100℃以上时，应该打开压缩机出口喷淋水阀。⑥频率给定到40Hz的时候，辅助油泵自动停。低于0.2MPa会自动起来。⑦压缩机启动起来以后，根据现场需要自动调节频率给定（注：调频率时要注意电机电流。电机电流不能超额定电流。额定电流为703A。往下降频率时，电机电流不能太低，太低的话压缩机防喘振压比会下降，当压缩机防喘振压比小于压缩机进出口压比的时候会触发防喘振报警，防喘振阀自动打开）。⑧开机过程中，要注意观察压缩机轴振动值、轴承温度及电机电流等数值是否正常。⑨压缩机正常运行后，检查油站水冷却系统是否打开。⑩开机过程中，注意压缩机是否有异响，若有，立即停机。⑪运行过程中，如果蜗壳背部有少量密封蒸汽冒出属正常现象，如果气量较大需检查是否密封蒸汽压力过大，或压缩机出口气体压力过大，如排除上述问题，仍有大量蒸汽冒出，需与我司进行联系，协商排除故障。

注意：若平稳运行中，电流突然频繁波动（一般为喘振，压缩机管道并发出“噗嗤噗嗤”的异响），如果此时防喘阀门没有自动打开，立即把防喘阀门手动打开至15%，看电流是否平稳；若还是波动频繁，把防喘阀手动打开到30%，电流还是波动，就把防喘阀开到100%，若电流波动仍存在，停机检查原因。

压缩机喘振一般原因：①进口温度过低，一般情况是分离室温度降低，可能是进的物料太多，分离室温度降低太快。此时应补生蒸汽，待分离室液相温度上升到93°左右，同时在不超过额定电流的情况下，适当提少许频率，慢慢关防喘阀，直至完全关闭。②物料浓度太浓，随着蒸发时间的加长，系统内部物料浓度增加，压缩机可能存在蒸不动情况。此时应该及时排物料至结晶器（每个项目名称不同），系统适当增加新物料，同时补适量生蒸汽，保证分离室液相温度。

压缩机正常运行过程中，出现轴振动异常，应立即停压缩机，检查排除问题后，才能开机。

3）停机过程。

把防喘振阀开10%的同时频率要慢慢降低每次下降5Hz，待频率降到35Hz以下，防喘阀全开（避免出现过流跳机），待防喘阀全开后，继续以5Hz速度降频，直至5Hz（不可直接将频率设定为0），点压缩机停止。辅油泵（I）和油雾分离器要继续运转15～30min，自动停。以便对设备进行冷却。在停机过程中关闭压缩机出口喷淋水阀，关闭蒸汽密封。

4）非正常停机。

因联锁自动停车或因事故紧急手动停车后，其后续的工作应按正常停车步骤进行。停车故障未排除前，不应重新启动（非正常停机后，必须再次启动辅油泵、油雾分离器，对压缩机齿轮进行冷却）。

5）压缩机监测参数值（见表6-11）。

表6-11　压缩机监测参数

序号	名称	安装位置	正常范围	报警	停机
1	高速轴轴承温度	齿轮箱轴瓦	≤85℃	≥95℃	≥105℃
2	高速轴X向振动	高速轴轴端	≤35μm	≥37μm	≥47μm
3	高速轴Y向振动	高速轴轴端	≤35μm	≥37μm	≥47μm
4	齿箱供油温度	齿轮箱供油口	20～50℃	≥50℃	≥55℃
5	齿箱供油压力	齿轮箱供油口	0.15～0.3MPa	≤0.13MPa	≤0.1MPa
6	电动机U绕组温度	电动机线圈		≥130℃	≥135℃
7	电动机V绕组温度	电动机线圈		≥130℃	≥135℃
8	电动机W绕组温度	电动机线圈		≥130℃	≥135℃
9	电动机前轴承	电动机输出端		≥90℃	≥95℃
10	电动机后轴承	电动机尾端		≥90℃	≥95℃
11	电机电流				

（2）LWL系列卧式螺旋筛网离心机。

1）卧式螺旋筛网离心机的结构。LWL卧式螺旋筛网离心机是卧式、连续工作，螺旋连续卸料的过滤式离心机。该系列离心机采用程序控制变频调速，制动系统采用能耗制动或回馈制动，全自动连续作业，手动模式自动模式可自由切换。离心机结构见图6-136。

2）卧式螺旋筛网离心机的工作原理。离心机启动，转鼓旋转速度达到加料速度时，加料阀自动打开，被分离料浆沿加料管连续进入转鼓，在离心力场的作用下，转鼓内料浆中的液相通过设置在转鼓转壁上的筛网被分离出去，顺着出液孔流向出液口，进而排出机外；较重的固相颗粒则被截留在转鼓内，由于液压差速器的差动作用使螺旋推料器与转鼓之间产生相对运动，在此运动中，由于回转直径的加大，离心力得到快速递增，固相从初始进入时的高含湿量固相到排出转鼓时达到低含湿量固相，同时固相随着螺旋内转鼓的推动下，被送到出料管中，从而实现固液相自动、连续的分离。在此情况下，悬浮液的分离效果与转鼓转速、转鼓与液压差速器、进料速率、悬浮液的浓度等密切相关，不同的悬浮液应通过试验来选择最适宜的参数。

3）卧式螺旋筛网离心机的运行。

①开机。

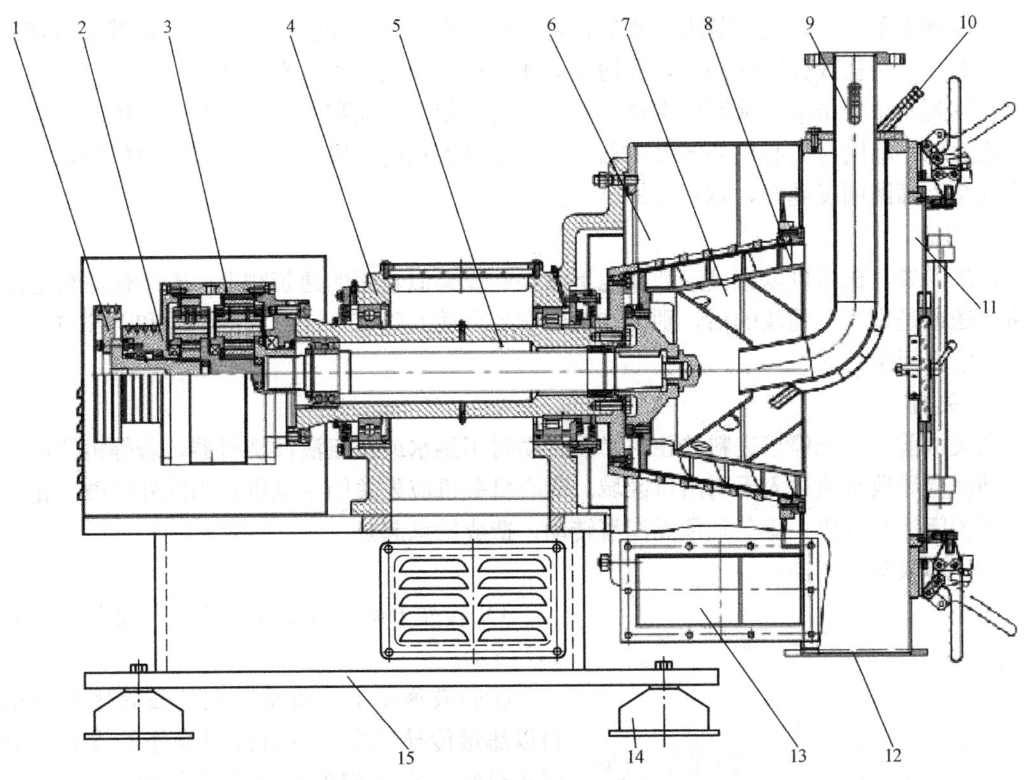

图 6-136　离心机结构图

1—差速带轮；2—转鼓带轮；3—差速器；4—主轴箱；5—主轴传动；6—机壳；7—内螺旋；8—外转鼓；9—进料管；10—洗涤管；11—门盖；12—出料口；13—出液口；14—减振器；15—机座

a. 在开动机器前，用手转动皮带查看离心机能否正常转动，有无内转鼓擦网现象。

b. 离心机开机时，首先应打开油泵电机；当从轴承箱上方视镜观察到稀油润滑系统开始工作、润滑油开始循环后，再按下主电机开关，开启离心机。

c. 若离心机需冷却，每小时不得超过 3～4 次开关电动机，不正确使用，会使电动机连续发热，绝缘层遭遇到破坏或电动机损坏。

d. 若进入离心机的晶浆温度在 80～90℃及以上，需在离心机开机前接好稀润滑油冷却系统，避免因晶浆高温导致离心机轴承过热。

②运行及注意事项。

LWL 卧式螺旋筛网离心机为连续进料、连续出料全自动离心机，离心机的工作受进料情况的影响较小。若晶浆以恒定速度、晶体含量稳定进入离心机，则产量、脱水（浓缩）及运转才能达到最佳状态。

由于机器持续运转，进料方式用管道及槽等均可。机器进料前要求进料阀至少半开状态，开口过小易造成晶浆进料管道阻塞。进料管道及干盐输送带相互连锁，当某个过程出现异常，可使全线停止，以免发生意外。离心机要在润滑系统启动后才能接通主电机电源；接通主电机电源后，进料才能开始。

晶浆浓度越高，机器运转越好，分离效果越好。晶浆浓度的提高可以通过加入蒸汽流（加热结晶时）或在运行情况允许下装上预浓缩装置（固液旋流器）实现。如果晶浆浓度低，固体物比重太低，过滤脱水很难进行，出料就少，还可能会产生湿气。若需从晶浆中分离大量的细小杂盐或分离纯晶体，合适的晶体浓度对固液分离大有好处。

要达到满意的结果，筛网的选择也非常重要。使用表面积较大的网筛，会提高机器的有效过滤面积；筛网与离心机外转鼓的贴合度也在极大程度上影响着物料过滤时的透水性。一般规则是，筛网圆度越好，越贴合外转鼓。

4）出料。

如果需要，机器可以直接安装在地下储存室或类似仓库的建筑物上。若干性原料是由输送带运送或是袋装、桶装的话，则需在机器安装合适的管道。该管道的斜度和下部口径可根据实际情况而定。

5）关机。

在关机前，要先停止进料并在机尚在转动时用热水或洗涤液冲洗机器，若等机器停止运转后冲洗会导致水液进入干料出口区域。离心机关机应先关闭主电机；当内外转鼓停止转动后，再关闭油泵电机，避免轴承无润滑转动，造成轴承起热。

（3）转鼓蒸发结晶机。

图 6-137 转鼓干燥机

1）转鼓干燥设备原理。转鼓干燥设备如图 6-137 所示。

①转鼓蒸发结晶机是附在转鼓筒体上液相物料以热量传导的方式进行连续操作的设备。料液同布料装置在一定的转速下在外壁上形成料膜，被连续通入的热介质（热水，蒸汽或导热油）转鼓壁加热，料膜在加热的滚筒表面形成料膜，干燥后由刮刀刮下，产品由螺旋输送，溜槽等输送装置输送到产品贮藏后进行包装。废气经除尘系统过滤后排入大气。

②转鼓蒸发结晶机主要由滚筒（包括圆柱形筒体、端盖、端轴及轴承等），布膜装置（包括料槽等）、刮料装置（包括刮刀、支撑架有压力调节器等）、传动装置（包括电机、减速装置等），热介质（热水、蒸汽或导热油,）及循环排液装置，以及产品输送装置等组成。

③设备操作的关键是将料液均匀地布在滚筒上。下部进料的浸液式布膜，适用于流动性好的溶液、浆状悬浮液、浑浊液等物料。滚筒浸入料液中，在转动过程中直接成膜。筒体浸入的最小深度一般控制在 15～25mm 范围内，形成的膜厚为 0.5～1mm，且比较均匀。上部进料的布膜方式适用有沉淀的悬浮液或流动性差的料液。成膜的厚度可由滚筒与料堰之间或两组滚筒之间的间隙予以控制，一般为 1～2mm，根据物料情况调整。

2）转鼓干燥设备工艺流程。

工艺流程简述如下：当转鼓干燥机通入蒸汽，开启真空泵，整套系统在一定的真空度下，高浓缩含盐有机废水通过进料泵送入真空转鼓干燥机内的料盘中，转鼓底部部分接触料盘中的物料即“洗液”，通过不断旋转将“洗液”粘到转鼓表面，转鼓旋转至离开液面后，粘在转鼓表面的“洗液”受转鼓内蒸汽加热而蒸发，挥发分被蒸发，进入冷凝器，与循环水换热冷凝，冷凝至冷凝水罐后，部分通过冷凝水泵作为清洗水清洗干燥机，部分外排到指定地点，而盐分粘在转鼓表面，转鼓旋转至出料口时，通过刮刀将盐分从转鼓上刮下，再经螺旋输送系统把结片的固体盐外送，干燥机壳体液位通过溢流控制，高于溢流口的物液通过溢流口回流至进料罐。整个系统通过真空泵提空真空环境，以提高蒸发效率。具体流程如图 6-138 所示。

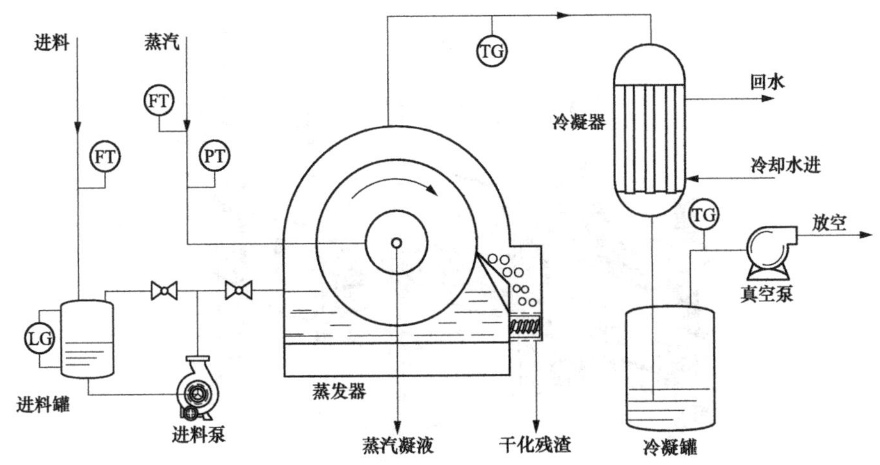

图 6-138 转鼓干燥设备工艺流程

3）转鼓干燥特点：

①刮刀转鼓干燥替代了固液分离和流化床干燥，流程更加简洁，设备数量减少，操作维护更加方便；

②不产生母液，有机质和高沸点结晶盐富集的可能性大大减小。

（4）盐产品自动打包机。

1）盐产品自动打包机设备。

盐产品自动打包机由自动上袋称重单元、自动上袋机包装单元、除尘系统和气动系统组成。

①自动上袋机组称重单元。电子秤将称量好的物料放到包装袋内，放料完毕后包装袋落到输送机上，由输送机和袋口夹持机构将包装袋送入引导机构中，然后包装袋经引导机构进入缝包机，进行缝包，完成后进入下道工序，如图 6-139 所示。

②自动上袋机包装单元。本机适用于颗粒、片状原料（如饲料、聚乙烯、聚丙烯、种子等），生产过程中由人工将一摞包装袋放置在袋库储袋位，设备就可以将计量、推袋、取袋、送袋、整形、提袋、上袋、充填、卸袋、夹口整形、折边缝口封袋等作业全部实现自动化。设备结构与特点：自动上袋包装机组通过 7 英寸彩色触摸屏控制、中文菜单显示、可设定参数、显示运行状态，并具有实时在线检测功能，方便不同用户的使用，设备如图 6-140 所示。

a. 包装设备主体：人工将一摞整理好的包装袋，放置在放袋位，启动后，推杆将包装袋推到取袋位，由取袋机构吸取一条包装袋，由送袋机构将包装袋送至开袋位，由开袋机构将袋口打开，上袋机构将包装袋送至夹袋机构，并夹紧，填充完物料后，松开袋口，由夹持机构和输送设备将包装袋送至缝包机处，并缝包封口。

b. 颠袋输送机：将物料振实，并和袋口夹持机构一起将包装袋送至缝包机。

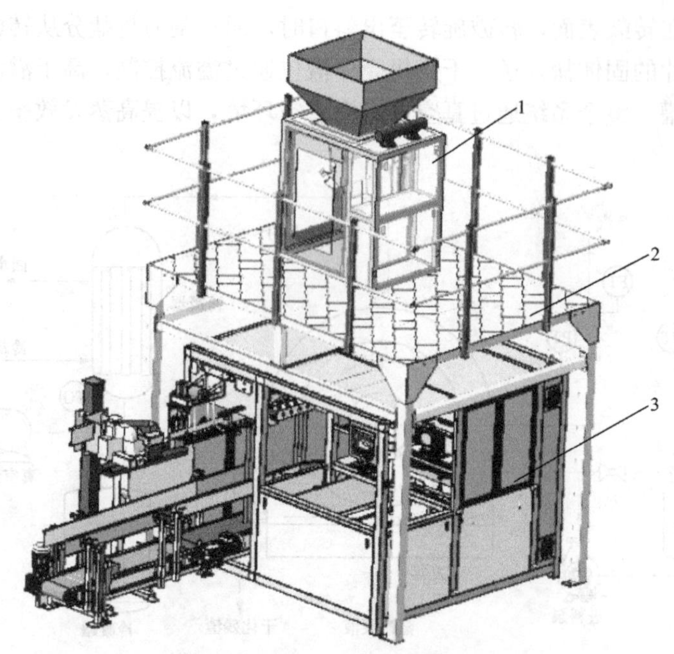

图 6-139 自动上袋机组称重单元

1—电子称；2—平台；3—自动上袋机包装单元

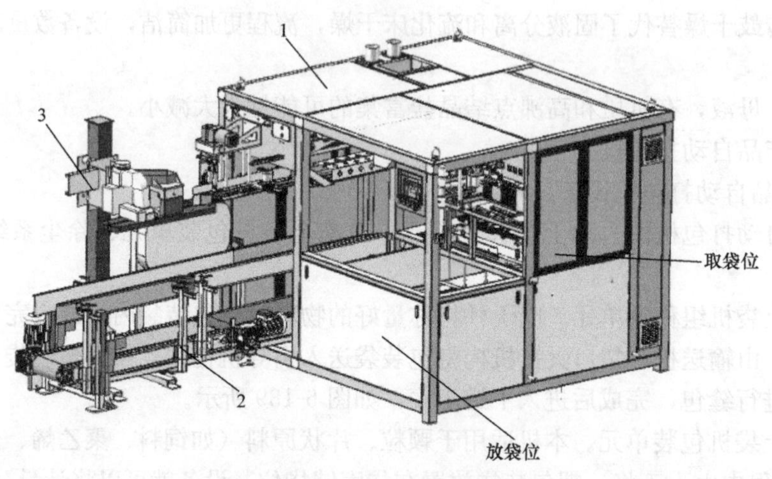

图 6-140 自动上袋机

c. 缝包机：完成满料袋的收口，保证料袋口顺利地进入折边机内。

③除尘系统。本生产线设置了除尘系统，采用滤筒式除尘器，过滤面积大，除尘效率高，营造良好的工作环境。

④气动系统。本设备的气动系统是由气源处理装置、电磁阀、调速阀、气缸、消音器、气动软管，以及各种快速接头等组成，其中气源处理装置由空气过滤器、减压阀（调压阀）及油雾器组成，其上带有压力表。

压缩空气经主干线进入气源处理装置的空气过滤器，空气过滤器将压缩空气中的水滴、油滴分离出来排出气动系统，并对压缩空气中的杂质进行过滤，过滤后的压缩空气经减压阀减压和稳压后进入油雾器，油雾器将雾化后的润滑油注入到压缩空气中，含有润滑油雾的压缩空气经电磁换向阀提供给执行元件——气缸，通过电气系统控制电磁换向阀阀芯的动作，使压缩空气分别从气缸的两端交替进入气缸内，从而使气缸完成伸出或缩回的动作。含有润滑油雾的压缩空气可对气缸的密封件进行润滑，减少密封件的磨损，同时可防止管道及金属的腐蚀。

从气缸排出的压缩空气经过消音器后排放到大气中，减小了压缩空气快速排放时产生的噪声，因此使整个气动系统的噪声降低到最低程度。

本设备采用调速阀调节压缩空气流出气缸的速度，从而调节气缸活塞杆伸缩的运动速度。

2）盐产品自动打包机运行。

①开机前检查。

a. 检查压缩机各运转与静止部件是否处于良好状态，机组周围是否清洁无杂物。

b. 将空气滤清器中的水分排出。

c. 检查气压是否正常，气压在 0.4～0.6MPa 范围内。

d. 打开电源控制开关、检查工作电压是否正常。

e. 检查各移动部件初始位置是否正确，有无异常。

②开机操作步骤。

a. 开机准备：观察设备内运转部位是否有异物，观察各部位是否正常；

b. 接通主电源，打开设备电源开关，调用生产参数；

c. 打开称量设备，并开机运行。

5. MVR 蒸发结晶单元运行

（1）MVR 进水水质要求。

MVR 系统启动前，必须检查原料液的参数符合表 6-12 要求，超过标准的要严禁使用。第一次开始投料量要比要求投料量大 10%以上，然后根据出料浓度，逐渐调整。在物料试车的过程中应根据要求进一步调整设备的阀门开度。

表 6-12　　MVR 进水水质要求

指标		单位	范围
阳离子	Na^+	mg/L	≤6254
	$1/2Ca^{2+}$	mg/L	≤48
	$1/2Mg^{2+}$	mg/L	≤28.8
阴离子	Cl^-	mg/L	≤9228
	SO_4^{2-}	mg/L	≤1.2
	NO_3^-	mg/L	≤964
	HCO_3^-	mg/L	≤73
	总固体	mg/L	≤16 617
	溶解固体	mg/L	≤16 597
	悬浮物	mg/L	≤20
	COD	mg/L	≤10

（2）MVR 开机步骤。

1）开机前检查。①检查机封水泵进出口及板式换热器阀门在打开状态、机封水罐液位充足；②检查MVR系统各泵底部排污阀确认为在关闭状态、出料自循环阀处于打开状态；③检查真空水罐液位水位足够，破空阀在关闭状态；④检查进料泵进出口阀门在打开状态；⑤检查原料罐料液充足；⑥检查各泵油位不低于1/2处。

2）开机步骤。①手动启动机封水泵，并打开各泵机封水进出口球阀，确保各泵有充足的冷却水流通，观察机封水流量计流量、机封罐电导率值，观察机封水罐液位是否充足。②将DCS按钮切换“手动控制/自动控制”切换开关调至“一键自动控制”，进料泵进出口阀门打开、进料泵自循环阀打开，当进料泵自循环阀开到位后进料泵自动启动。当结晶分离器液位低于设定值时进料阀自动打开，进料泵自循环阀自动关闭，此时分离器进料。③当分离器物料到达高液位设定值时（根据现场实际测试数据而定），进料阀自动关闭，进料自循环阀打开。强制循环泵、出料循环泵自动启动，各电动阀进入自动模式，冷凝水泵、母液泵、母液干化泵根据液位高低进行间歇式启动，蒸馏水泵自动启动，观察各泵是否运行正常。④蒸汽切断阀根据减温减压罐压力、温度进行整压降温。当温度高于设定值时减温水泵自动启动，将蒸汽调节阀前后旁通阀打开、蒸汽调节阀自动根据结晶器液相温度自动调节开度，温度设定值（85℃）。其余电动阀更具各校阀门会根据自动条件来进行自动调节开度大小。⑤出料为密度控制出料：当密度达出料高密度设定值时出料，此时出料阀、出料回流阀打开，出料自循环阀自动关闭。自动出料停止信号为稠厚釜液位高或密度计液位低。当出料阀停止出料后，出料自循环阀自动打开，当出料阀关到位时，出料清洗阀、出料回流清洗阀自动开启清洗，清洗时间为6s(根据实际设定)。⑥现场实际需要定期取样观察，当密度达到出料条件时按下密度出料计时按钮进行密度出料；当密度出料达到延时条件时，但密度计还未达到出料密度，则现场直接出料，并根据稠厚釜液位设定停止出料并继续复位计时等待出料。⑦出料过程中需手动启动稠厚釜搅拌。⑧手动启动离心机油泵电机，打开离心机频率调至43Hz。手动启动釜底调节阀、离心机进口电动阀，通过釜底调节阀控制下料速度（根据现场离心情况进行判断阀门开度，固体收集入输料带至干燥系统，母液流入母液罐）。当稠厚釜液位放空时手动关闭离心机进口电动阀，稠厚釜底部清洗阀打开冲洗管道预计5s，当冲洗时间达到后自动关闭冲洗阀，手动将离心机主机频率调至1Hz，手动打开离心机进口电动阀进行清洗。清洗完毕后关闭稠厚釜底部调节阀。⑨手动启动母液泵。母液阀根据母液罐液位高开低停。母液：离心完后母液通过母液泵自动打入加热器继续蒸发（浓度累计COD含量高时，打入母液干化罐，手动启动母液至母液干化进料阀）。⑩手动启动母液干化泵。母液阀根据母液罐液位高开低停。将母液打入至滚筒干燥机进行干化处理。

3）设备停止步骤：①将一键启停手自动切换为手动模式。②自动将所有阀门关闭。③手动停止各泵。④进行物料排污，依次打开强制泵、出料泵、母液泵进口排污。将内部的料液进行外排。手动启动清洗阀门进行管道设备清洗（注：设备停止运行前必须将料液、清洗水排空，否则物料滞留在设备内部容易造成设备的损坏）。⑤切断电源，关闭所有的空气开关，关上总电。

6. 常规问题及处理方法（见表 6-13）

表 6-13　　常规问题及处理方法

名称	问题	原因分析	解决方法
母液泵强制泵、冷凝水泵、循环泵、进料泵	异响	有硬物进入泵	将泵进出口打开，将硬物取出
		泵头与电机中连接处软连接磨损	更换连接处软连接
	无法启动泵	配电箱内开关未打开或上次操作跳闸未复位	检查配电柜开关是否开启或复位
		电机故障	更换或电机做维修
	泵头除漏水	未通冷却水导致机封损坏、机封使用年限达到	更换机封
		螺丝松动	将螺丝拧紧
真空泵	真空泵异响	检查冷却水罐水温	提高水压，对水罐中的水进行降温
	真空泵无法开启	（1）检查电机是否损坏； （2）叶轮卡死	打开泵头进行检查是否有卡死现象

第二十四节　联合循环机组化学水处理

一、化学水处理概述

（一）天然水体的物质组成

天然水体中杂质按颗粒直径大小分类主要分为 3 种：

（1）悬浮物：颗粒直径为 100～1000nm 以上的物质微粒。

（2）胶体：颗粒直径为 1～100nm 之间的物质微粒。

（3）溶解物质：颗粒直径为小于 1nm 的物质微粒。

（二）联合循环电厂锅炉用水水质要求

天然水体中的悬浮物、胶体、溶解物质都属于锅炉用水的有害成分，容易导致水汽系统腐蚀、结垢、积盐，需要通过化学水处理系统将其除去，使出水达到 DL/T 1924—2018《燃气-蒸汽联合循环机组余热锅炉水汽质量控制标准》中的质量要求方能作为锅炉补给水使用。

（三）化学水处理流程

化学水处理的目的就是通过混凝、沉淀、过滤、除盐等手段将天然水体中悬浮物、胶体、溶解物质除去，以满足锅炉用水要求。化学水处理工艺流程一般为：预处理系统→超滤变频升压泵→自清洗过滤器→超滤装置（UF）→过滤水箱→反渗透给水泵→保安过滤器→变频高压泵→反渗透装置（RO）→中间水箱→中间水泵→混合离子交换器→除盐水箱→除盐水泵→用户，流程图见图 6-141。

二、水的混凝沉淀处理

（一）混凝沉淀处理的目的

混凝沉淀处理的目的是去除水中的悬浮固体颗粒和胶体，即水中粒径为 10^{-4}～10^{-6}mm

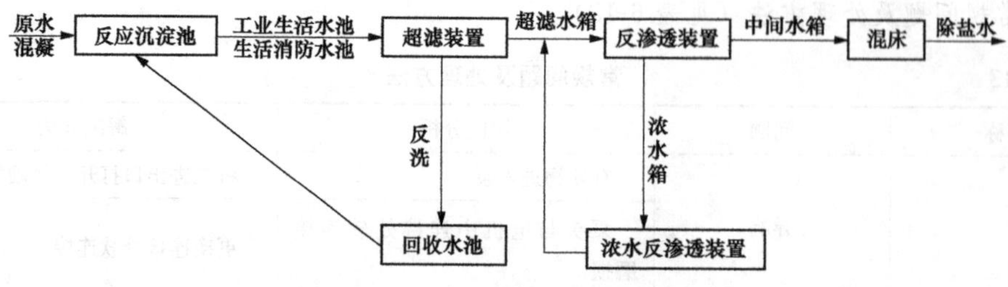

图 6-141　化学水处理流程图

的各种微小粒子。

（二）混凝处理的原理

混凝包括凝聚与絮凝两种过程。能起凝聚与絮凝作用的药剂统称为混凝剂。

混凝沉淀处理的原理就是往水中加入与天然水中颗粒所带电荷相反的混凝剂，使原来水中的小颗粒产生“脱稳”，通过碰撞、表面吸附、范德华引力等作用，聚合成大颗粒，然后通过沉淀而去除。

（三）影响混凝处理效果的因素

影响混凝处理效果的因素包括：水温、水的 pH 值、混凝剂的剂量、接触介质和水流速度等。

1. 水温的影响

水温对混凝效果有明显影响，混凝剂水解是吸热反应，水温低时，混凝剂的水解速度慢，所形成的絮凝物结构松散，含水量大，颗粒小，沉降速度慢。

水温低时，水的黏度增大，水流剪切力增大，絮凝物不易长大。胶体颗粒溶剂作用增强，形成絮凝物时间长，沉降速度慢。

2. 水的 pH 值的影响

水中水合络离子水解过程是一个不断释放 H^+ 的过程，在不同的 pH 值条件下，混凝剂将有不同的水解中间产物，如图 6-142 所示。

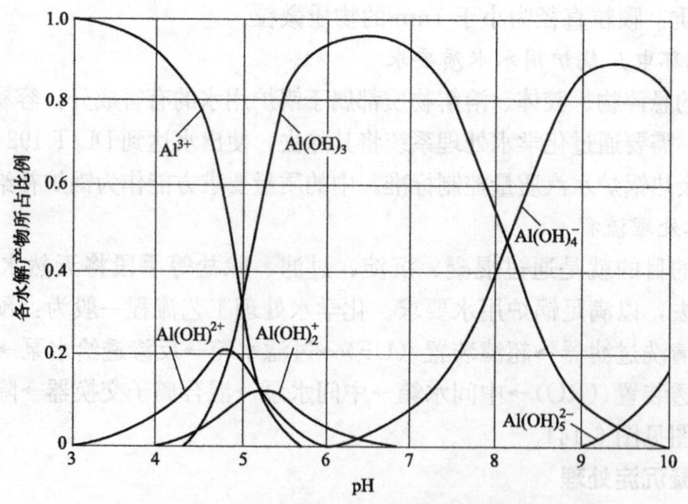

图 6-142　不同 pH 值所对应的三价铝水解产物

尽管水的 pH 值对混凝处理效果影响较大，但在天然水体的混凝处理中，很少投加酸或碱调节 pH 值，因为天然水体 pH 值与最优 pH 值范围基本一致，只有当天然水体受到某种严重污染才需要加药调节 pH 值。

3. 混凝剂加药量的影响

混凝剂的剂量对混凝效果影响较大，图 6-143 显示了混凝剂剂量和出水剩余浊度之间的关系。曲线分为 4 个区域。1 区因药剂量不足，胶体尚未脱稳，剩余浊度大；2 区药剂适当，产生快速絮凝，出水浊度迅速下降；3 区药剂量继续增加，胶体颗粒电信号变化，再次稳定，出水浊度增加；4 区药剂量过饱和，生成大量难溶氢氧化物沉淀，通过吸附、网捕作用，形成二次凝剂，出水浊度再次降低。各种混凝剂加药量需要通过烧杯试验结合调试确定，可参考以下数据：硫酸亚铁 40～100mg/L；三氯化铁 25～60mg/L；硫酸铝 35～80mg/L；聚合铝 5～10mg/L。

4. 接触介质的影响

在进行混凝处理过程中，水中保持一定数量的泥渣层，可提供巨大的表面积，通过吸附、催化及结晶核的作用，提高混凝处理效果。

5. 水流速度的影响

水流太慢，不利于颗粒间的接触碰撞；水流太快，不利于大颗粒的形成。

（四）混凝沉淀处理设备

1. 工艺流程

原水→混合（列管式混合器）→反应凝聚（不锈钢格栅反应池）→沉淀（接触絮凝斜板沉淀池）→出水→工业服务水池。

2. 设备结构示意图（见图 6-144）

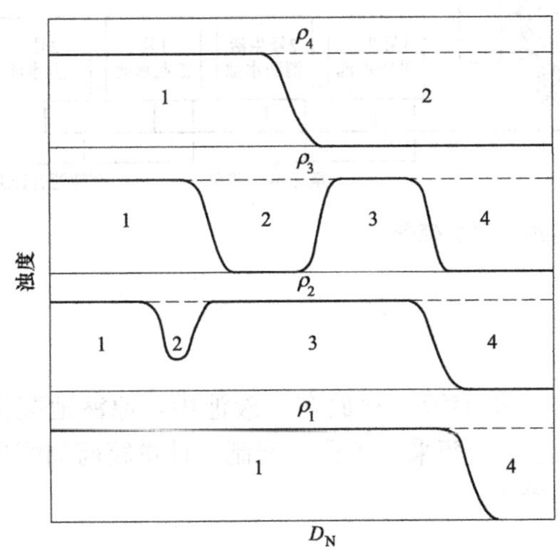

图 6-143 混凝剂剂量对混凝效果的影响

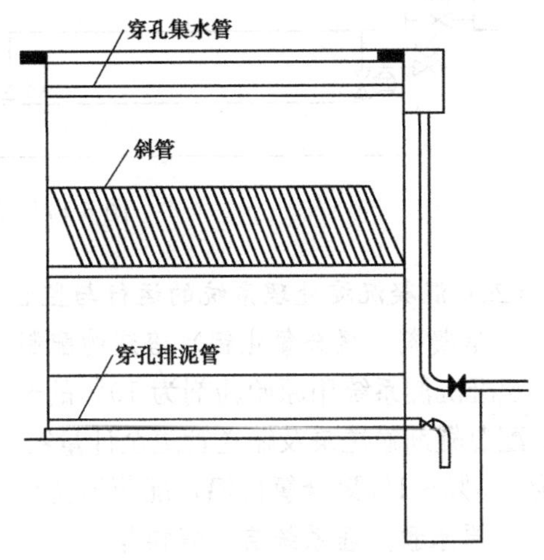

图 6-144 斜板沉淀池示意图

3. 设备内部结构图（见图 6-145、图 6-146）

4. 系统图（见 6-147）

图 6-145 装斜板前沉淀池底部图

图 6-146 沉淀池穿孔集水管

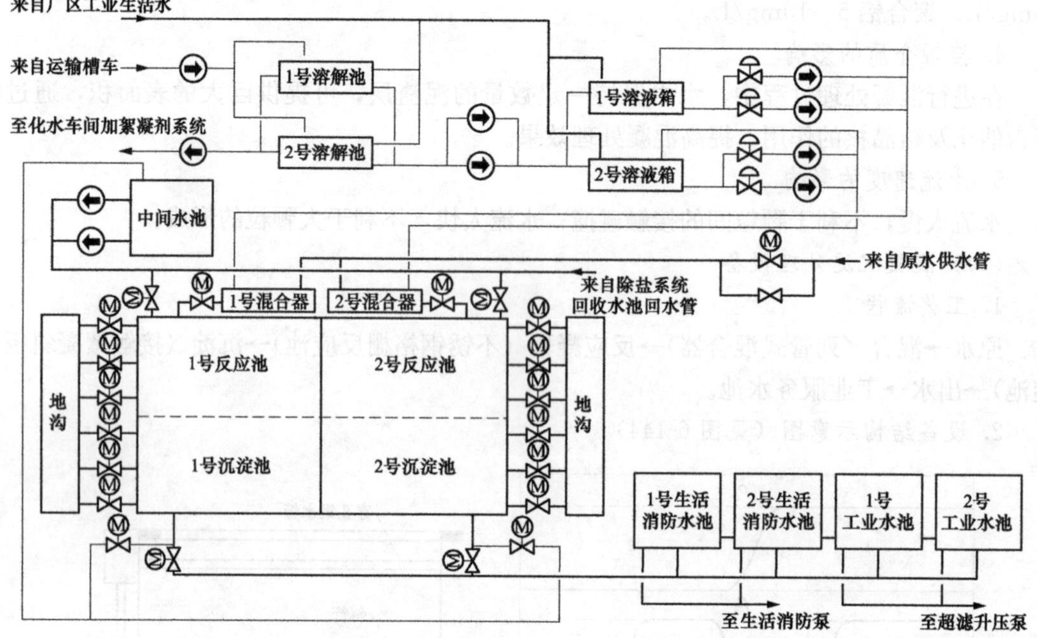

图 6-147 原水预处理系统图

(五) 混凝沉淀处理系统的运行与监督

1. 混凝剂(聚合氯化铝)溶液的配制

混凝沉淀系统用原始药剂为 10%的聚合氯化铝溶液,存放在原液池中,原液池配搅拌器,配混凝剂输送泵及输送管道至计量箱,计量箱配药采用工业水配制。计量箱药剂配置浓度为 0.5%~1%聚合氯化铝,配药为就地手动操作。

2. 原水预处理系统启、停操作

(1) 启动前检查。

原水预处理系统根据后级水箱液位启停。启动前需确认对应混凝剂加药系统、相关附属表计、反应池、沉淀池本体及相关手动阀均在备用状态。

(2) 投运操作。

沉淀池投运初期,水质不合格时出水回收至中间水池再利用,沉淀池出水电动阀保持关闭状态，就地缓慢开启反应沉淀池进水手动阀，根据处理水量调节反应沉淀池进水流量；启动混凝剂加药系统运行，并根据出水水质情况调节混凝剂加药量；投入在线仪表。当出水浊度小于等于 5NTU 时，回收沉淀池出水。投运操作结束。

（3）停运操作。

当后级水箱液位高时需停运原水预处理系统。需手动操作，一般先停混凝剂加药泵运行，再关闭沉淀池进出水相关阀门。

（4）原水预处理附属系统的启停。

原水预处理附属系统包含中间水池和排泥水池，中间水池接收的是沉淀池不合格排水，排泥水池接收的是沉淀池排泥水。中间水池设 2 台自吸泵，根据池子液位高低自动启停，将水回收至沉淀池入口，日常需保证至少一个沉淀池回收水阀在开启状态，回收水泵在自动状态。排泥水池设 2 台排泥泵至工业废水处理系统，也是根据液位高低自动启停。

3. 原水预处理系统运行监督

原水预处理系统运行需加强水质检查，当进出水水质异常时，应及时调整运行工况和排泥操作，防止回收不合格水；必要时可采取停运或转运备用池措施，但必须保证后级系统用水量。当水质变差时应观察后级超滤运行工况变化和常规反洗水质变化，对超滤系统做出相应的调整和正确的反洗水回收。还应定期对反应池和沉淀池进行排泥操作，定时检查药箱液位情况，及时进行混凝剂配药。运行中沉淀池水质监督项目包括进水浊度、pH 值，出水浊度，以及进、出水氯根增值。

（六）混凝沉淀处理系统出水浑浊的原因及处理（见表 6-14）

表 6-14　　沉淀池出水浑浊的原因及处理

原因分析	解决方法
（1）加药不足或太多； （2）长时间没排泥，底部污泥沉积太多； （3）超负荷运行或负荷发生突变； （4）进水 pH 值等水质发生较大变化； （5）由温度等外部因素引起的局部水流上升流速太大，造成偏流	（1）及时调整加药量； （2）根据运行情况进行排泥或对沉淀池进行清洗； （3）稳定负荷运行； （4）进行必要的小型试验，重新确定加药量或运行方式； （5）同（4）

三、超滤系统

（一）超滤系统的作用

超滤是以一种带有微孔的高分子滤膜（超滤膜）为过滤介质的过滤方式。超滤可以除去水中的小颗粒悬浮物、胶体、大分子有机物、细菌，能截留 0.01～0.1μm 之间的颗粒及杂质，允许小分子有机物和无机盐通过。

（二）超滤系统工作原理

超滤所用的膜为非对称膜，其表面活性分离层平均孔径为 10～200nm，能够截留分子量为 500 以上的大分子与胶体微粒，所用操作压差在 0.1～0.5MPa。原料液在压差作用下，其中溶剂透过膜上的微孔流到膜的低限侧，为透过液，大分子物质或胶体微粒被膜截留，不能透过膜，从而实现原料液中大分子物质与胶体物质和溶剂的分离。超滤膜对大分子物质的截留机理主要是筛分作用，决定截留效果的主要是膜的表面活性层上孔的大小与形状。

（三）超滤膜的分类

超滤膜分为外压膜和内压膜两种。外压膜浓水在膜丝外部流过，在进水压力的作用下，净水通过膜丝表面小孔流入膜丝内部，再汇集到出水管出去，杂质留在浓水侧，通过定期反洗、氯洗、化学清洗除去。内压膜和外压膜刚好相反，浓水从膜丝内进入，净水通过膜丝表面小孔流出并汇集在中心产水管，杂质留在膜丝内浓水侧，通过定期反洗、氯洗、化学清洗除去，如图 6-148、图 6-149 所示。

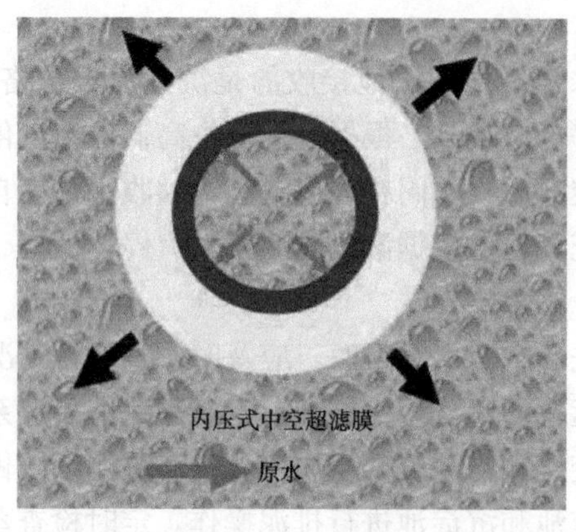

图 6-148　内压膜

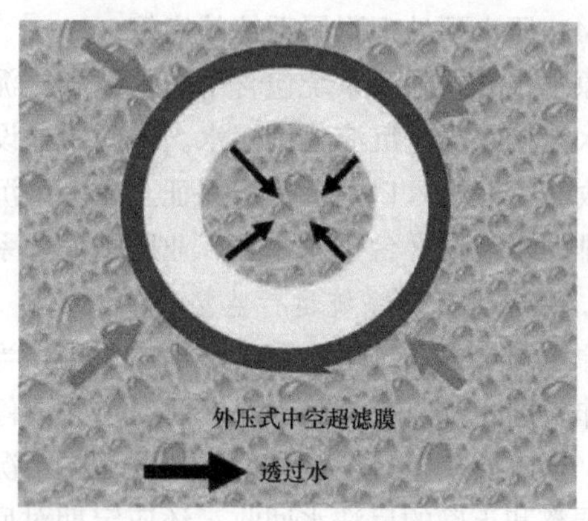

图 6-149　外压膜

（四）超滤系统流程

1. 超滤系统主流程介绍

内压膜主流程一般如下：前级设备来水→超滤变频升压泵→自清洗过滤器→超滤装置（UF)→过滤水箱。主流程中，变频升压泵为超滤膜过滤提供动力，自清洗过滤器为超滤进水预过滤设备，过滤精度 100μm，用于拦截超滤进水中的大颗粒物质。运行一段时间根据压差上升情况或调试好的运行时间间隔定期自动反洗，除去截留杂质，恢复过滤能力。除主流程外，超滤配套附属系统有超滤进水加杀菌剂系统、超滤常规反洗和化学清洗系统，常规反洗水通过回收水池回收，泥则排到污泥系统处理，化学清洗水需排至工业废水处理系统处理。外压膜主流程和内压膜基本一致，配套系统与内压膜相比增加了一套空气擦洗系统，其流程示意图如图 6-150 所示。

2. 超滤辅助系统

(1) 超滤进水加杀菌剂系统。

一般在超滤进水母管设一套杀菌剂加药系统，杀菌剂可选择次氯酸钠氧化剂杀菌剂，也可选择异噻唑啉酮等非氧化剂杀菌剂，采用连续投加方式，加药量在 1～5ppm；也可采取在反洗水中投加的模式，加药量控制在 10～20ppm。超滤加杀菌剂系统起到抑制微生物在膜上附着、繁殖的作用，改善超滤通量，亦可抑制反渗透进水保安过滤器滤芯上微生物繁殖。如果采用的是氧化性杀菌剂，产水在进入反渗透之前必须经还原处理至氧化还原电位合格。

(2) 超滤反洗和化学清洗系统。

1) 超滤反洗清洗系统的作用。

超滤膜在制水过程中在浓水侧将水中胶体、悬浮物、大分子有机物等杂质截留下来，运行一段时间后，膜孔堵塞，膜通量变小，透膜压差增大，超滤产水量下降，出水水质变差。

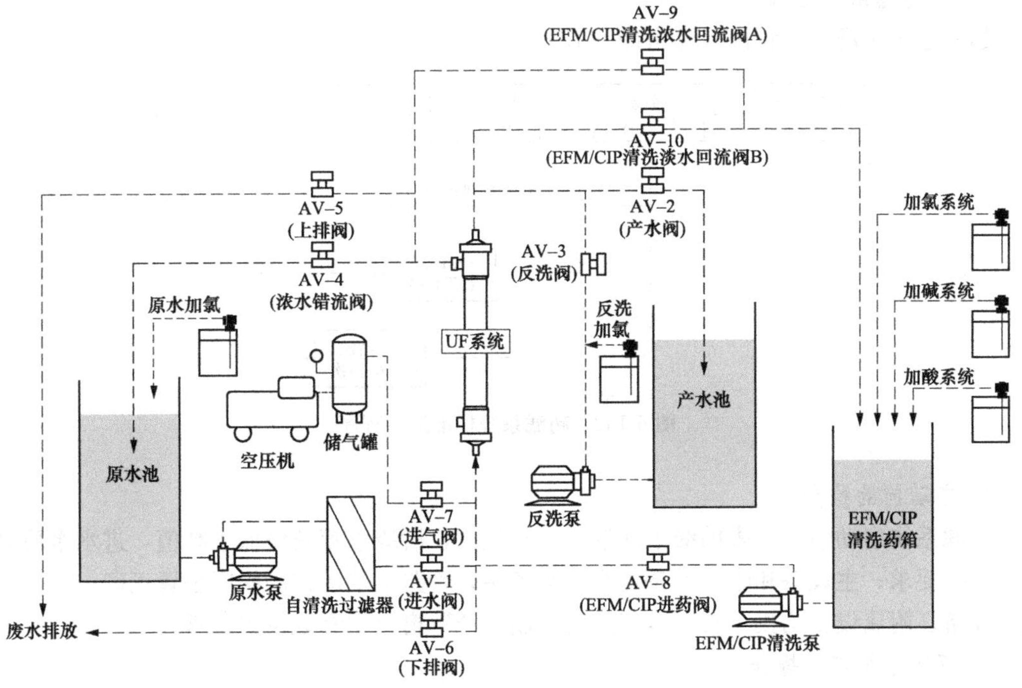

图 6-150　超滤系统流程示意图

这时需要根据情况对超滤进行常规反洗、杀菌清洗或化学清洗，恢复系统膜通量和出水水质。因此超滤系统需要配备反洗系统和化学清洗系统，两个系统可公用，也可分开单独设置。常规反洗主要作用是定期除去超滤膜制水过程中截留下来的胶体、悬浮物、大分子有机物等杂质，恢复膜通量；杀菌剂清洗和碱洗主要作用是除去截留在超滤膜上的有机物、微生物等；酸化学清洗主要作用是除去浓差极化产生的垢。

2）超滤反洗清洗设备。

超滤常规反洗系统和化学清洗系统可公用，也可分开单独设置。如果反洗水泵公用一般需具备变频功能，以便满足不同工序的用水要求，化学清洗所用酸、碱、次氯酸钠等一般分别单独配置加药装置，加药点设在反洗泵出口，保安过滤器入口。

3）超滤反洗清洗系统运行方式。

调整清洗方式和频率，是保障超滤产水量的有效方式，反洗频率和化学清洗频率一般根据运行时间和透膜压差设定。图 6-151 反映了透膜压差和运行时间的关系。

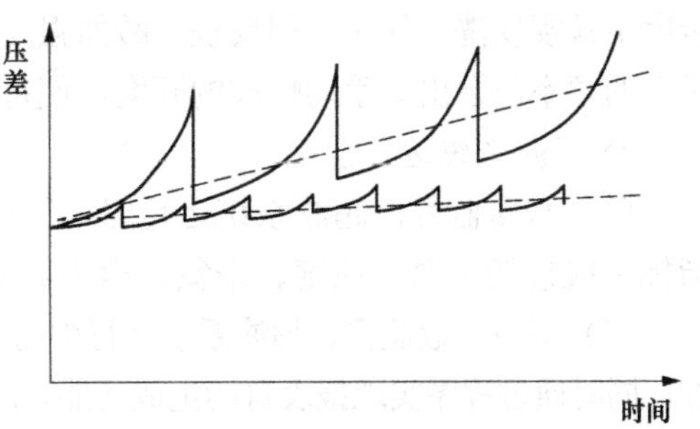

图 6-151　超滤透膜压差和运行时间的关系

从图 6-151 中可看出，设定清洗压差越高，每次清洗恢复程度越差；设定清洗压差越低，再次达到清洗条件越快；随时监控，及时清洗是保障系统可靠运行的关键。实际运行中，在厂家指导意见的基础上，可以根据实际情况调整常规反洗、化学清洗周期和频率，在保证系统性能基础上，提高系统运行的经济性。

（五）超滤系统运行

超滤系统标准运行程序可参考图 6-152。

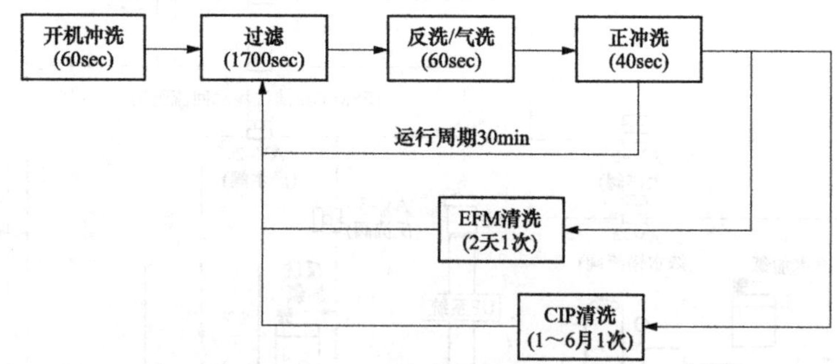

图 6-152 超滤系统标准运行程序

1. 启动前的检查

超滤系统启动前需检查前级水池液位高于低值，后级水箱液位低于高值，进水水质满足超滤系统要求；主设备和附属设备均在正常备用，管路上手动控制阀门位置正确；将超滤系统主设备、附属设备均投“自动”，“超滤控制系统”窗口中参数设置正常。

2. 超滤系统启动操作

(1) 排气操作。超滤装置因气密试验或检修排空后的第一次启动时，需要进行排气，充分将设备内的空气排净。每套超滤装置在进、出水管的最高点，均设有自动排气阀，可排出超滤装置本体管道及膜组件内的空气。排气前需确认：超滤装置排气堵板已拆除、底部所有排水手动阀已关闭，变频升压泵在“自动”状态；排气操作采用预先设定好的程序自动进行。

(2) 运行启动操作。超滤系统运行一般采用顺控自动进行，完成启动前的检查后，就可在 DCS 或 PLC 控制画面自动投运超滤系统，以惠电一期超滤系统运行为例介绍超滤系统投运步序。一期超滤常规运行步骤为运行→反洗→运行；每隔 3 个（可调整）超滤反洗周期对自清洗过滤器进行反洗一次；杀菌剂或酸加强反洗时流量减半，杀菌剂加强反洗每 6～10 个反洗周期（可调整）进行一次，杀菌剂采用次氯酸钠，浓度为 300～500mg/L；酸加强反洗采用盐酸将 pH 控制在 2 左右，频率为每运行 24h 一次（可根据实际调整）。超滤反洗水泵、杀菌剂加药泵、加酸泵均为 1 用 1 备。超滤变频给水泵、自清洗过滤器和超滤装置为一对一运行。顺控步序中常规反洗、加杀菌剂反洗、酸加强反洗和排气操作均可独立执行。通过调整超滤变频升压泵的频率及泵出口手动蝶阀的开度，使每套超滤装置达到要求产水量。

3. 超滤系统运行监督

(1) 水质监督。超滤系统运行时，需监督超滤进出水水质满足设计要求，进水需监督的指标一般包括水温、浊度、余氯、出水需监督浊度。

(2) 运行参数监督。超滤系统运行中需要监督的参数一般都采用远传信号，在盘面就可以监控，同时通过程序实现报表自动生成功能，减少人工抄表工作量。运行中需要监督的参数包括自清洗过滤器进出口压差、反洗保安过滤器在运行中压差（超限需更换滤芯）、超滤装置正常运行时透膜压差、进水温度、进水压力、产水压力、产水流量、反洗进水流量、产水浊度等。

（六）超滤系统联锁与报警

超滤系统报警与连锁设置一般根据厂家提供参数和本厂配套设备综合考虑，同时考虑系统自动启停以及对泵和流通管路的保护。一般利用进、出水水箱液位高低联锁启停设备，运行中对泵出口压力、超滤装置透膜压差、自清洗过滤器进出口差、系统额定流量、反洗保安过滤器进出口差压、化学加强反洗流量、常规反洗流量，以及附属配套设备的状态等参数设置报警和联锁，用于监控不同工序运行是否正常，出水浊度用于监控设备性能是否正常。

（七）超滤系统异常分析与处理（见表 6-15、表 6-16）

表 6-15　　自清洗过滤器常见故障及处理

序号	现象	原因	解决方法
1	出水流量太小	（1）进水水压太低； （2）过滤器叠片受污染； （3）系统设计太小	（1）增加进水水压； （2）清洗保养叠片
2	反洗过于频繁（一般反冲周期大于 1h）	（1）系统流量太大； （2）压差或时间设置值太小； （3）过滤器叠片受污染； （4）原水太脏； （5）反洗不彻底	（1）调整到合适流量； （2）调整到合适值； （3）清洗保养叠片； （4）处理原水
3	反洗不彻底	（1）反洗水压太低； （2）排污管或阀门压阻太大； （3）SK 喷嘴被堵（外源模式）； （4）储罐中没有水（空气辅助模式）； （5）杂质太黏	（1）增加水压（或压缩空气）； （2）打开疏通排污管及阀门； （3）清理喷嘴，过滤反冲洗外源水； （4）提高背压大于 0.1kg； （5）延长冲洗时间，使用尼龙叠片
4	没有反洗	（1）反洗控制气源没有或压力低； （2）进气管堵塞； （3）控制器设置错误或电器故障	（1）保证气源压力大于 3kg； （2）疏通气管； （3）重新设置控制器，排除故障
5	电磁阀漏气不停	电磁阀泄漏	手动电磁阀观察是否正常，清理异物，或更换电磁阀

表 6-16　　超滤运行异常的原因及处理方法

序号	现象	原因	解决方法
1	超滤膜跨膜压差高	（1）超滤膜组件被污染； （2）产水流量过高； （3）进水水温过低	（1）查出污染原因，采取相应的清洗方法，调整清洗参数； （2）根据操作指导中的要求调整流量； （3）提高进水温度
2	产水流量小	（1）超滤膜组件被污染； （2）阀门开度设置不正确； （3）流量仪出问题； （4）供水压力太低； （5）进水水温过低	（1）查出污染原因，采取相应的清洗方法，调整清洗参数； （2）检查并且保证所有应该打开的阀处于开启状态、并调整阀门开度； （3）检查流量仪，保证正常工作状态； （4）确定并且解决这一问题； （5）调整提高进水温度，提高进水压力
3	产水水质较差	（1）进水水质超出了允许范围； （2）膜组件发生破损	（1）检查进水水质，主要是浊度、COD； （2）查找破损原因，修补或更换膜组件

四、反渗透系统

(一) 反渗透系统作用及工作原理

1. 反渗透系统的作用

反渗透系统的作用就是利用半透膜的选择透过性，在盐水一侧施加大于渗透压的压力，提供水从盐水侧向淡水侧迁移的动力，有区别地让水透过而不让盐分透过，从而实现盐水分离。

2. 反渗透系统工作原理

(1) 渗透与反渗透。当把两种不同浓度的溶液分别置于半透膜的两侧时，低浓度溶液将自发向高浓度溶液侧流动，这种自然现象称为渗透，发生渗透现象的压力称为渗透压。当在膜的高浓度水侧施加一个大于渗透压的压力时，水的流向就会逆转，此时高浓度水中的溶剂——水将流入纯水侧（即产水侧），水中的溶质将滞留在进水侧形成浓水，这种现象称为反渗透，这种脱除水中盐分的工艺称为反渗透除盐工艺。渗透与反渗透现象见图 6-153。

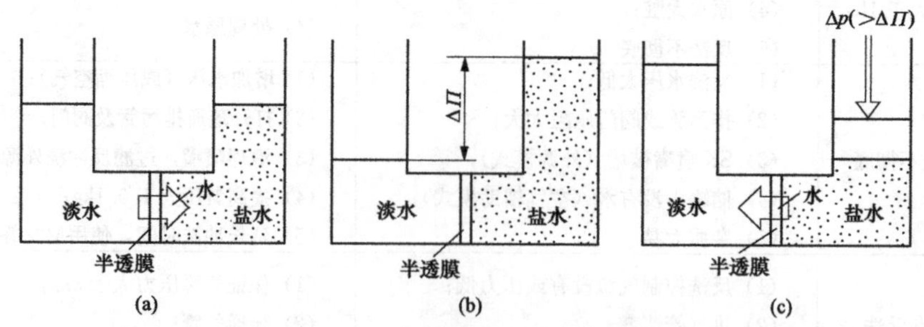

图 6-153 渗透与反渗透现象

(a) 渗透开始；(b) 渗透平衡；(c) 反渗透

(2) 反渗透原理。利用半透膜的选择透过性，即有区别地让水透过而不让盐分透过，在盐水一侧的外加压力大于渗透压，提供水从盐水侧向淡水侧迁移的动力，从而实现盐水分离的目的。

(3) 水中各种物质透过膜的规律性。离子透过膜的规律是，1 价＞2 价＞3 价；同价离子，水合半径小的＞水合半径大的。水中 CO_2、O_2、H_2S 等溶解性气体透过率是 100%。

(二) 反渗透膜元件

图 6-154 为卷式反渗透膜示意图，反渗透膜由膜片、进水流道、纯水收集流道、中心管组成，膜片、进水流道、纯水收集流道以中心管为中心，卷成圆柱形，纯水收集流道像一个 3 面封闭，仅面向中心孔开口的口袋。原水进入反渗透膜后，在进水流道从膜表面流过，汇入浓水排放管，最后进入浓水箱；淡水透过膜进入纯水收集流到，汇入中心产水管，最后进入反渗透产水箱收集。运行中通过调节浓水侧调阀开度控制产水和浓水的比例，即回收率。

1. 反渗透膜分类

(1) 按膜材料分类，可分为醋酸纤维素膜、芳香族聚酰胺膜（复合膜）。

(2) 按膜元件的构型分类，可分为平板膜、管式膜、卷式膜、中空纤维式膜等。

2. 反渗透膜的性能对比

(1) 复合膜。

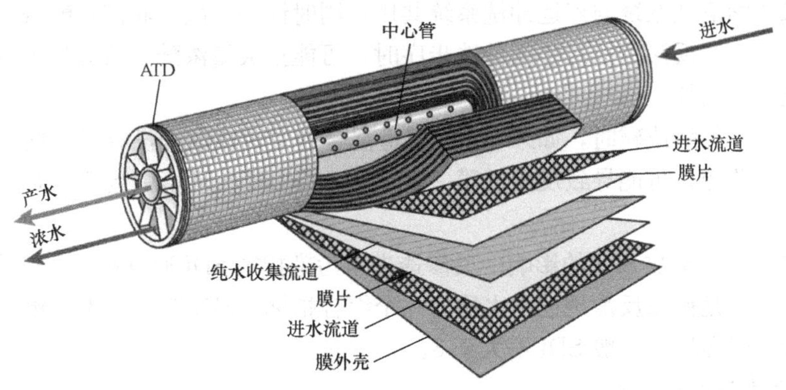

图 6-154　反渗透膜卷式膜示意图

优点：生物稳定性好，传输性能好，运行中不易被压实，产水量稳定，工作压力低，能耗小，寿命相对较长。

缺点：抗氯及其他氧化性物质较差且价格较贵。

（2）醋酸纤维素膜。

优点：价格相对便宜。

缺点：易受微生物侵袭，不可避免地会发生水解，运行中会被压紧，产水量不断下降，工作压力高，能耗大，寿命相对较短。

（三）反渗透膜性能指标及影响因素

1. 反渗透膜的性能指标

描述膜性能的主要指标有产水量、脱盐率、膜材料种类、膜允许使用的最高压力、温度范围、适用 pH 值范围、对有机溶剂等化学药品的抵抗性，以及水中游离氯或氧化性物质的最高允许浓度等。其中产水量和脱盐率是两个最重要的指标。

2. 影响反渗透膜性能指标的因素

（1）进水氧化还原电位（余氯）。反渗透进水氧化还原电位一般用以指示进水的氧化性，电位越高，氧化性越强。因超滤进水需要杀菌，一般采用次氯酸钠杀菌，导致后级反渗透进水氧化还原电位高。因为反渗透膜为有机物材质，容易被氧化而使得性能下降，严重可致永久破坏。为防止膜遭到永久性破坏，一般在反渗透进水加亚硫酸氢钠等还原剂用来降低氧化还原电位，所以如果前级超滤采用次氯酸钠杀菌的话，一般反渗透进水采用监控余氯的方式来监控氧化还原电位，余氯控制范围小于等于 0.1mg/L。另外，也可以考虑将超滤进水杀菌剂改为非氧化性的异噻唑啉酮，这样反渗透进水就没有氧化性，降低系统风险。但是，因超滤氯洗时如果阀门内漏还是可能把余氯带到产品水中，反渗透进水依然需要设计加还原剂系统和相关监控表计。

（2）温度的影响。反渗透膜耐受温度一般为 0～40℃，适当提高温度可增加水透过膜速度；过高的温度会降低膜的使用寿命和出水水质。如果反渗透化学清洗水箱加热设备误投入，可能造成进反渗透水温度超过其耐受温度，对膜造成伤害。

（3）pH 值的影响。任何反渗透膜必须在允许的 pH 值范围内使用，否则会造成膜的永久性破坏。合适的 pH 值是使产水水质达到最佳的条件之一，但必须在膜允许范围内。

正常情况下，反渗透膜不会受到酸碱伤害，但如果化学清洗系统设计成与高位酸碱储罐相连，如果化学清洗系统与停运冲洗系统共用，同时误操作酸碱阀门让酸碱在不受控情况下进入清洗水箱，在反渗透执行停运冲洗步序时，可能把大量浓酸、浓酸带入反渗透系统，造成反渗透膜永久损坏。

反渗透进水加酸或碱时，如果 pH 或管道混合器失效或取样没有代表性，导致加减情况无法得到实际监控，可能导致反渗透膜一直在非允许 pH 值环境中运行，对反渗透膜造成永久损坏。

(4) 进水污染指数 SDI 的影响。反渗透进水污染指数 SDI 通过平均孔径为 0.45μm 的微孔滤膜测定。它是衡量反渗透进水水质的一个综合指标。SDI 越高，表示预处理效果差，容易造成反渗透膜污堵。一般 SDI 不大于 3。

(四) 反渗透系统流程

1. 反渗透主流程系统

反渗透系统主流程一般如下：反渗透给水→反渗透给水泵→还原剂、阻垢剂、加减系统接入点→管道混合器→保安过滤器→变频高压泵→反渗透装置（RO)→中间水箱。反渗透给水泵系统可以是母管制，也可采用单元制，保安过滤器、高压泵和反渗透一般采用单元制。保安过滤器过滤精度为 5μm，用于除去原料水中粒径大的杂质，保护反渗透膜不受机械伤害。

2. 反渗透辅助系统

除主流程系统，反渗透一般还需配置有还原剂、阻垢剂、加减等加药系统，以及停运冲洗、化学清洗系统，用于辅助反渗透系统运行。其中，加药点和相关监测仪表设在给水泵系统母管上，停运冲洗系统可与化学清洗系统共用，也可单独设置。

(1) 反渗透加还原剂系统。反渗透膜特别是复合膜的抗氯及其他氧化性物质较差，进水中余氯含量超过 0.1mg/L，就可对反渗透膜造成无法修复的伤害，需要在给水泵后设加还原剂系统用于还原系统中氧化性物质（如超滤进水或反洗系统中加入的次氯酸钠等)，以保护反渗透膜不被氧化，同时设余氯表或氧化还原电位表用于还原剂运行效果在线监视。加还原剂系统一般设置为公用设备，可给多套反渗透配套。还原剂加药系统一般按一箱两泵配置，加药泵采用计量泵，可变频调节，通过程序设定实现频率根据反渗透进水母管余氯表读数 PID 自动调节功能。还原剂一般采用 $NaHSO_3$，加药量大概 1.5～3.0mg/L，以反渗透进水余氯为控制目标，反渗透进水余氯要求小于 0.1mg/L。

(2) 反渗透加阻垢剂系统。因浓水在反渗透膜表面浓缩，钙镁以及一些重金属盐浓度升高，其浓度可能超过对应难溶盐的溶度积而结垢，越靠近膜表面，金属离子浓度越高，存在浓差极化现象，容易导致难溶电解质在膜表面沉积，因此需要在反渗透入口设阻垢剂加药点用于防止膜结垢。阻垢剂选型需要根据原料水水质条件选择。加阻垢剂系统一般设置为公用设备，可给多套反渗透配套。阻垢剂加药系统一般按一箱两泵配置，计量泵可变频调节，通过程序设定实现计量泵频率根据反渗透进水母管流量计读数自动调节功能。惠电采用的阻垢剂为 TitanASDTM200SC11 倍高浓缩阻垢剂，加药量为 1～3mg/L。

(3) 反渗透加减系统。因为溶解气体在反渗透膜中透过率是 100%，如果原水中钙镁等易结垢离子含量比较低，可以在反渗透入口设置加碱装置，用于微调进水 pH 值在 7～8 之间，将 CO_2 变成 HCO_3^- 除去，减少后级设备除盐压力。如果进水水质较差，也可采用进水加酸的办法，防止膜表面结垢，具体加药方式需根据水质条件和膜的性能参数确定。加碱系统一般按一箱两泵配置，计量泵可变频调节，通过程序设定实现计量泵频率根据反渗透进水母管 pH 计读数自动调节功能。可采用氢氧化钠调节反渗透进水 pH 值，加药泵频率可根据反渗透进水 pH 值进行 PID 自动调节，也可根据经验手动调节，把反渗透进水 pH 值控制在 7～8 之间，可达到减少系统中碳酸盐目的同时不会造成系统结垢。

(4) 反渗透停运冲洗系统和化学清洗系统。反渗透停运冲洗是在反渗透停运时利用反渗透产水将反渗透浓水侧浓水置换，避免系统在停运过程中盐分沉积导致结垢。停运冲洗系统可单独设置，也可利用反渗透化学清洗系统配置的动力来进行。

反渗透在正常操作过程中，反渗透元件内的膜片会受到无机盐垢、微生物、胶体颗粒和不溶性的有机物质的污染。操作过程中这些污染物沉积在膜表面，导致标准化的产水流量和系统脱盐率分别下降或同时恶化。当标准化产水量降低 10%以上或进水和浓水之间的标准化压差上升了 15%或标准化脱盐率降低 5%以上需要对膜元件进行化学清洗，以便恢复反渗透膜的通量和脱盐率。此处标准（基准）比较条件取自系统经过最初 48h 运行时的操作性能。反渗透化学清洗系统水源至少是反渗透产水等级，也可采用除盐水，清洗系统一般包含清洗水箱、加热器、清洗水泵、保安过滤器、自循环系统、酸碱和清洗水补充系统，以及反渗透系统连接的管阀系统，通过阀门控制，可实现系统配药循环、单段清洗和两段联合清洗等功能。

（五）反渗透系统运行

1. 启动前的检查

反渗透系统启动前需检查前级水池液位高于低值，后级水箱液位低于高值，进水水质满足反渗透系统要求；主设备和附属设备均在正常备用，管路上手动控制阀门位置正确；将反渗透系统主设备、附属设备均投“自动”，“反渗透控制系统”窗口中参数设置正常。

2. 反渗透系统运行工序

反渗透系统运行一般采用顺控自动进行，完成启动前的检查后，就可在 DCS 或 PLC 控制画面自动投运反渗透系统，以惠电反渗透系统运行为例介绍反渗透系统投运步序。反渗透系统常规步骤为：启动冲洗排气→运行制水→停运冲洗→停运；启动冲洗排气一般 10min，后转运行制水，运行制水时需要观察回收率是否符合设计要求，若不符合则需在就地慢慢调整浓水回收调节阀至需要的回收率，还需要投还原剂、阻垢剂等加药系统，调节加药泵冲程和频率，保证控制参数符合设计要求。每次停运需要用产品水对膜表面进行停运冲洗，以便置换膜表面高浓度盐水，防止膜结垢；反渗透装置停用期间，每隔 12～24h 自动对反渗透膜元件冲洗 10 min，防止微生物生长聚集。高压泵一般设计成变频泵，需逐步升降频率启停，避免反渗透膜受到水锤冲击而损坏。

3. 反渗透系统运行监督

(1) 水质监督。反渗透系统运行中需监督入口水水质满足设计要求，常规监测项目有温度 SDI、余氯。

(2) 运行参数监督内容。反渗透系统运行中需要监督的参数一般都采用远传信号，在盘面就可以监控，同时通过程序实现报表自动生成功能，减少人工抄表工作量。运行中需要监督的参数包括：总进水流量、浓水流量、产水流量、一段进水压力、二段进水压力、浓水压力、产水压力、进水 pH 值和电导率、产水电导率、段间压差、脱盐率、回收率等；高压泵电机温度，加碱、还原剂、阻垢剂系统正常；阻垢剂加药系统出现故障无法加药时，反渗透必须停运。

（六）反渗透系统的连锁与报警

反渗透系统报警与连锁设置一般根据厂家提供参数和本厂配套设备综合考虑，同时考虑系统自动启停以及对泵和流通管路的保护。一般利用进、出水水箱液位高低连锁启停设备；同时考虑对泵和流通管路的保护，运行中对高压泵进出口压力、进水流量、浓水流量、回收率、进水氧化还原电位（或余氯）、pH值和温度及附属配套设备的状态等参数设置报警和连锁，用于监控反渗透系统运行是否正常；用段间压差、保安过滤器进出口差压、脱盐率等指标来监测反渗透性能是否正常，以便判断是否需要更换滤芯、化学清洗等。

（七）反渗透系统异常分析与处理（见表6-17）

表6-17　反渗透产水质量和产水量下降的原因分析及处理

现象	原　因	措　施
产水质量下降	原水的总含盐量增加	按照原水水质复核
	膜组件的破损	更换膜组件
	膜组件“浓水密封”的短路	造成膜面上浓度扩散，水质恶化，更换膜组件
	“O”环泄漏（在内接头内）	更换“O”形环
	回收率太高或太低	提高进水量，按78%～83%回收水率运行
	膜组件安装时插入方向相反	产生和“浓水密封”短路相同的后果，重新安装
	进水中余氯的浓度过高	膜被氧化甚至破坏，应严格控制进水的余氯指标
	进水pH低	提高进水pH=7.5～8.0
	进水水温升高	降低水箱的存水时间
产水水量降低	在回收率正常时，一、二段膜压差高，进水压力明显上升，说明RO膜结垢	提高超滤产水水质；调整RO进水的阻垢剂与还原剂加药量
		RO膜化学清洗，其清洗方法见本章2.12.8

五、混床系统

（一）混床系统的作用

混床内部装填着再生后且混合的阴阳离子交换树脂，利用阴阳离子交换树脂活性基团吸附离子的选择性，阴阳离子交换树脂可以除去水中的阴阳离子，因树脂混合均匀，交换后产生的H^+和OH^-得以迅速结合生成水，有利于促进交换作用的继续进行，从而达到去除水中阴阳离子实现水的净化处理目的。

（二）混床系统工作原理

混床除盐的原理就是利用离子交换树脂选择性和交换过程的可逆性，通过配套设计，同时除去水中阴阳离子，实现除盐目的。离子交换树脂交换能力由树脂结构决定，不同的离子交换树脂具有不同的离子交换性能。

1. 离子交换树脂的结构

离子交换树脂由母体骨架和活性基团组成，活性基团又分为惰性物质和可交换离子两部分。离子交换树脂的结构见图6-155。

2. 离子交换树脂的分类

按活性基团的性质分类，离子交换树脂可分为阴离子交换树脂和阳离子交换树脂，阴离

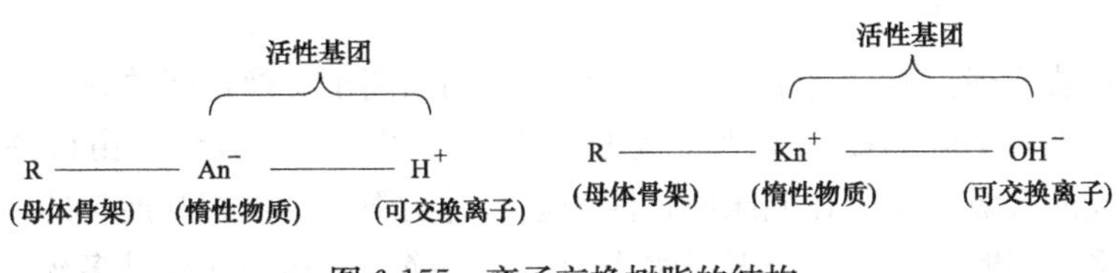

图 6-155　离子交换树脂的结构

子交换树脂可再细分为强碱型和弱碱型两大类，阳离子交换树脂可再细分为强酸型和弱酸型两大类；按离子交换的孔径分类，离子交换树脂又分为凝胶型和大孔型。

3. 离子交换基本原理

(1) 离子交换树脂的选择性。水中各种离子在与离子交换树脂交换时，其能力是不一样的：有的离子很容易被树脂吸附，但很难被“置换”下来；有的则很难被树脂吸附，但很容易被“置换”下来，这种性能就称为离子交换树脂的“选择性”。离子交换树脂的这种选择性与下列因素有关：离子带的电荷越多，则越容易被离子交换树脂吸附；对带有相同电荷量的离子而言，则原子序数大的离子，较易被吸附；浓溶液与稀溶液相比，则在浓溶液中低价离子易于被树脂吸附。根据以上原则，阳、阴树脂对阳离子和阴离子的选择性顺序为

$$Fe^{3+} > Al^{3+} > Ca^{2+} > Mg^{2+} > NH4^{+} > K^{+} > Na^{+} > H^{+} > Li^{+}$$

$$PO_4^{3-} > SO_4^{2-} > NO_3^{-} > HCO_3^{-} > HSiO_3^{-} > OH^{-} > F^{-}$$

(2) 离子交换除盐过程。离子交换树脂在除盐过程中，树脂中可交换 H^+ 和 OH^- 与分别水中阳离子和阴离子发生交换反应，将水中杂质离子吸附到树脂层中，将 H^+ 和 OH^- 释放到水中。反应式如下：

1) 阳离子交换树脂除盐过程。

$$R\text{-}H + \left\{\begin{matrix} Ca^{2+} \\ Mg^{2+} \\ 2Na^{2+} \end{matrix}\right\} Cl^{-} = R\left\{\begin{matrix} Ca^{2+} \\ Mg^{2+} \\ 2Na^{2+} \end{matrix}\right\} + HCl$$

2) 阴离子交换树脂除盐过程。

$$R'\text{-}OH + 2Na^{+}\left\{\begin{matrix} 2HCO_3^{-} \\ SO_4^{2-} \\ 2Cl^{-} \end{matrix}\right\} = R'\left\{\begin{matrix} 2HCO_3^{-} \\ SO_4^{2-} \\ 2Cl^{-} \end{matrix}\right\} + NaOH$$

(3) 再生过程。离子交换树脂在其交换容量饱和后，需要通入含 H^+ 和 OH^- 较高的溶液对其进行再生，恢复其交换性能。再生时，树脂中阳离子和阴离子与再生液中大量 H^+ 和 OH^- 发生交换反应，再生液中 H^+ 和 OH^- 将树脂层中阳离子和阴离子置换到再生液中排走。反应式如下：

1) 阳离子树脂的再生过程。

$$R\left\{\begin{matrix} Ca^{2+} \\ Mg^{2+} \\ 2Na^{2+} \end{matrix}\right\} + HCl = R\text{-}H + \left\{\begin{matrix} Ca^{2+} \\ Mg^{2+} \\ 2Na^{2+} \end{matrix}\right\} Cl^{-}$$

2) 阴离子树脂的再生过程。

$$R'\left\{\begin{matrix}2HCO_3^-\\SO_4^{2-}\\2Cl^-\end{matrix}\right\}+NaOH=R'\text{-}OH+2Na^+\left\{\begin{matrix}2HCO_3^-\\SO_4^{2-}\\2Cl^-\end{matrix}\right\}$$

（4）混床除盐原理。混合离子交换除盐就是把阴阳离子交换树脂放在同一交换器中，运行前先把它们分别再生成 OH 和 H 型，然后混合。所以混床可以看作由许许多多阴阳树脂交错排列而组成的多级复床。在混床中，因为运行时阴阳树脂是相互混匀的，所以其阴阳离子交换反应几乎是同时进行的，或者说水中阳离子交换与阴离子交换是多次交错进行的，因此，将 H 离子交换所产生的 H^+ 和 OH 型离子交换所产生的 OH^- 都不会累积起来，而是马上互相中和生成水。这就使交换反应进行得非常彻底，出水水质很好。混床中树脂失效后，应先将两种树脂分层分离，然后分别进行再生和清洗。再生清洗后再将两种树脂混合均匀，开始投入使用。

混床交换运行时交换化学反应方程式如下

$$RH+R'OH+\left\{\begin{matrix}Ca^{2+}\ 2HCO^{3-}\\Mg^{2+}\ SO_4^{2-}\\2Na^+\ 2Cl^-\end{matrix}\right\}\Longrightarrow$$

$$R\left\{\begin{matrix}Ca^{2+}\\Mg^{2+}\\2Na^+\end{matrix}\right\}+R'\left\{\begin{matrix}2HCO^{3-}\\SO_4^{2-}\\2Cl^-\end{matrix}\right\}+H_2O$$

（三）离子交换树脂的性能

离子交换树脂是高分子化合物，所以它的性能因制造工艺、原料配方、聚合温度、交联剂等的不同而不同，其主要性能分为两部分。

1. 物理性能

（1）外观。树脂是一种透明或半透明的物质，因其组成不同，颜色各异，如苯乙烯树脂呈黄色，也有呈黑色和赤褐色的，但对性能影响不大。一般情况下，原料杂质多或交联剂多，树脂的颜色稍深。树脂外形呈球状，要求圆球率达到 90%以上。

（2）粒度。树脂颗粒的大小将影响交换速度、压力损失、反洗效果等。颗粒大小不能相差太大。用于水处理的离子交换树脂的颗粒以 20～40 目为宜。粒度的表示方法以有效粒径和不均匀系数来表示。

（3）密度。关系到水处理工艺和树脂装填量。密度的表示方法有干真密度（一般为 1.6g/cm^3 左右)、湿真密度（一般为 1.04～1.30g/cm^3)、视湿密度（一般为 0.60～0.80g/cm^3)，为了便于混床中阴阳树脂分离，两种树脂湿真密度差应该大于 15%。

（4）含水率。树脂的含水率越大，表示孔隙率越大，交联度越小。

（5）溶胀率。树脂浸水之后要溶胀，它与交联度、活性基团、交换容量、水中电解质密度、可交换离子的性质等有关。树脂在交换与再生过程中会发生胀缩现象，多次胀缩树脂易碎裂。

（6）耐磨性。其反映树脂的机械强度。它应保证每年树脂耗量不超过 7%。

（7）溶解性。树脂内含有低聚合物要逐渐溶解，在树脂使用过程中也会发生胶溶。

（8）耐热性。阳树脂耐温 100℃左右，强碱性阴树脂可耐温 60℃，弱碱性阴树脂可耐温 80℃。但在低于或等于 0℃时，易结冰而破碎。

(9) 导电性。干树脂不导电，湿树脂可电导。

2. 化学性能

(1) 离子交换树脂的交换反应具有可逆性，因此既可以交换，也可以再生，可反复使用。

(2) 具有酸、碱性。H 型阳离子交换树脂和 OH 型阴离子交换树脂等的性能与电解质酸、碱相同，在水中能电离出 H^+ 和 OH^- 的能力。

(3) 具有中和与水解性能。因它具电解质性质，能与酸、碱进行中和反应，也能进行水解。

(4) 离子交换树脂吸附各种离子的能力不一，具有选择性。

(5) 交换容量。表示其交换离子量的多少，根据树脂的形态可分平衡交换容量、全交换容量、工作交换容量等。

(四) 混床的结构

混床是混合离子交换柱的简称，是针对离子交换技术所设计的设备。所谓混床就是把一定比例的阴阳离子交换树脂混合装填于同一交换装置中，对流体中的离子进行交换、脱除。由于阳树脂的比重比阴树脂大，所以在混床内阴树脂在上、阳树脂在下。一般阴阳树脂装填比例为 1∶2，也有装填比例为 1∶1.5 的，可按不同树脂和实际情况酌情考虑。如果混床安装在反渗透之后，没有除碳器，混床内装填阴树脂量还要考虑脱碳需求，可按 2∶1 设计。

混床就是里面装填了阴阳树脂的圆柱形容器，柱身有玻璃钢、不锈钢、碳钢（需防腐）等材质。混床外部含进水管、出水管、反洗进出水管、进酸碱和压缩空气管、排气管、中间排水管及相关阀门；床体从上至下有 3 个窥视窗分别用于观察反洗时树脂层高度、阴离子交换树脂装填高度和阴阳离子交换树脂分界面；混床内部含进水装置、排水装置、再生液分配器、中间排水装置等，最底层聚排水帽。混床的结构如图 6-156 所示。

(五) 混床系统流程

1. 混床主流程系统

混床主流程一般为：混床给水→给水泵→混合离子交换器→除盐水箱，给水泵系统可以采用母管制，也可采用单元制。

2. 混床辅助系统

除了主流程系统，混床一般还需配置再生系统用于恢复离子交换树脂交换能力。再生系统包含反洗系统、进酸碱系统、进压缩空气系统、排水系统等。

(六) 混床的再生和运行操作

因为混床是将阴、阳树脂装在同一个交换器中运行的，所以在运行上有许多特殊的地方。下面讨论一个周期中各步的操作。

1. 混床再生

混床再生在实际应用过程中一般可以在调试期间将再生各步骤时间及参数调试好，做成程序顺序控制，实现每步操作自动功能。

(1) 调整水位。再生前，在混床满水的情况下，需开启相关阀门通过中间排废酸碱阀系统排水将混床液位放至高于树脂层 100mm 的位置，便于后续反洗时将树脂层托起。

(2) 反洗分层。混床除盐装置运行关键之一就是如何将失效的阴阳树脂分开，以便分别通入再生液再生，目前一般采用水力筛分法。这种方法就是借反洗的水力将树脂悬浮、膨胀

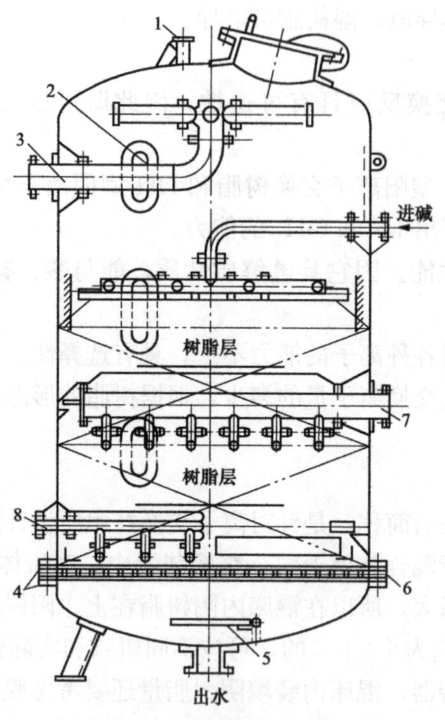

图 6-156 混床结构图

1—放空气管；2—窥视孔；3—进水装置；4—多孔板；5—挡水板；6—滤布层；7—中间排水装置；8—进压缩空气装置

起来，再利用阴阳树脂湿真密度差达到分层目的。反洗期间需观察再生床树脂膨胀高度不能超过上部窥视窗口，当反洗排水阀排水后，检查是否有树脂跑出。若反洗分层效果不好，可能和树脂湿真密度差、失效程度、反洗流速控制等有关系。新树脂容易存在抱团现象，使分层困难，可在反洗前先通氢氧化钠破坏抱团现象。

（3）静置分层，调整水位。反洗结束，需静置分层，若分层效果不好需重新进行反洗分层。确认分层好后需通过中间排废酸碱阀系统排水将混床液位放至高于树脂层 100mm 的位置。

（4）进酸碱再生。惠电混床再生采用体内再生且同时进酸碱的方式。阳离子树脂再生采用浓度为 2%～4%HCl 溶液，阴离子树脂采用浓度为 2%～3%的 NaOH 溶液。再生流速控制在 5m/h 左右。再生前先计算好酸碱用量，一般以进酸碱时间控制。再生时由混床上下同时送入碱液和酸液，并接着进清水置换，使之分别经阴阳树脂层后由中排装置排出。

（5）混脂。树脂经再生和置换后，投运行前需将分层的阴阳树脂混合均匀。一般采用从底部通入压缩空气的办法进行搅拌混合。压缩空气需经净化处理，以防油类杂质污染树脂。压缩空气压力控制在 0.1～0.15MPa，流量 2～3m³/(m²·s)，混合时间 0.5～1min，时间太长易磨损树脂。

（6）正洗。混脂后，还需对树脂层进行正洗，正洗流速一般控制在 10～20m/h，当出水 SiO_2 含量小于 20ppb，电导小于 0.2μs/cm 时，正洗结束，可投入运行。正洗水初期比较脏，需排掉，后期水可回收利用。

2. 混床运行

混床正洗合格后，可直接切换阀门将水回收至除盐水箱开始制水。混床运行过程中需监督混床出水 SiO_2 含量小于 20ppb，电导小于 0.2μs/cm，若水质超标或达到周期制水量，需停运混床，进入再生程序。

（七）混床系统联锁与报警

一般利用进、出水水箱液位高低联锁启停混床；混床出水 SiO_2 含量和电导值反应混床出水水质，超标则连锁退出混床运行。附属的酸碱系统储存的是危化品，相关储罐、计量箱也应该设置报警信号。

（八）混床出水水质劣化原因及处理方法（见表 6-18）

表 6-18 混床出水水质劣化原因及处理方法

现象	一般原因	处理方法
混床出水水质不合格	（1）入口水质不合格； （2）再生效果不好； （3）树脂污染老化； （4）反洗入口阀未关严； （5）其他床再生时再生液进入运行系统； （6）进酸、碱装置或排酸、碱装置损坏； （7）树脂内部结块	（1）提高入口水质； （2）提高再生效果； （3）更换、复苏树脂； （4）关严反洗入口阀； （5）关严运行床进酸、碱阀，开启再生床排酸、碱阀； （6）检修进酸、碱装置或排酸、碱装置； （7）大反洗或检修
混床再生后出水电导率、SiO_2 正洗不下来	（1）反洗入口阀未关严； （2）进酸、碱装置损坏，形成偏流，造成局部再生不良； （3）酸、碱液质量差； （4）进再生液量不足或浓度过低	（1）关严反洗入口阀； （2）联系检修处理进酸、碱装置； （3）提高酸、碱液质量； （4）保证再生液用量及浓度在要求范围内
混床出水酸度高	（1）树脂失效或阴树脂减少； （2）混床再生进酸阀不严	（1）停运、再生，填加阴树脂至要求比例； （2）关严进酸阀
除盐水箱水质劣化	（1）进再生液门不严，其他混床再生时再生液进入运行混床； （2）混床再生时出口阀没关或没关严，再生液进入除盐水系统	（1）关严运行混床进再生液阀； （2）关严混床出口阀

第七章

联合循环机组的启停和事故处理

燃气-蒸汽联合循环机组具有启动速度快、热效率高、环境污染小等突出优点，近几年在我国得到了快速地发展。在珠三角地区运行的燃气蒸汽联合循环机组多数用于调峰运行，少数带基本负荷运行。其中调峰机组采用两班制运行方式，启停频繁，因此要求运行人员熟练掌握机组启停操作的相关内容，能正确处理机组启停过程中的各种异常，保证机组运行的可靠性。

第一节　机组运行方式

本机组燃气轮机运行方式包括 GOVERNOR（转速控制模式）和 LOAD LIMIT（负荷控制模式）两种。转速控制模式下，控制信号输出（control signal output，CSO）会根据电网频率的变换自动调整机组负荷，也就是说机组具备一次调频的功能；负荷控制方式下，控制系统实现负荷指令值的闭环无差调节。正常运行中，两种运行方式二选一，备用控制模式自动跟踪负荷指令。

（1）转速控制模式下，负荷控制器控制信号输出（load limiter control signal，LDCSO）以+5%的偏置跟随转速控制器控制信号输出（governor control signal，GVCSO）。但如果电网频率突然快速下降，导致机组实际 CSO 也就是 GVCSO 超过 LDCSO 时，机组将自动切换至负荷控制模式，以限制负荷增加过快，保护燃气轮机，此时机组不参与一次调频；当电网频率快速上升时，LDCSO 不会起作用。

（2）负荷控制模式下，GVCSO 以+5%的偏置跟随 LDCSO。当电网频率快速上升造成 GVCSO 小于 LDCSO 时，机组实际 CSO 会暂时由 LDCSO 切换到 GVCSO，此时机组会临时参与电网调频，在电网频率下降后恢复；当电网频率下降时，GVCSO 只会增加，机组维持负荷控制模式。可见，负荷控制模式下机组对电网的调频作用意义不大，也可以说，负荷控制模式下机组是没有一次调频功能的。

燃气轮机还设有负荷自动调节器（automatic load regulator，ALR），接收负荷指令值，并自动调整转速控制器参考值（turbine speed reference signal，SPREF）或负荷控制器参考值（load limiter reference signal，LDREF），具体选择哪个根据机组运行方式确定，包括“ALR ON”和“ALR OFF”两种模式。

（1）在“ALR ON”模式下，操作员可以通过 ALR 设定面板的增减按钮调整负荷指令值，在投入 AGC 控制后则接收中调负荷指令值。

（2）在“ALR OFF”模式下，操作员需要通过转速控制器面板或负荷控制器面板调整负荷指令值，同时调整相应的转速控制器参考值 SPREF 或负荷控制器参考值 LDREF。

由此燃气轮机共有四种运行方式，分别如表 7-1 所示。

表 7-1　燃气轮机四种运行方式

控制方式 \ ALR	ON	OFF
转速控制	方式 A（最常用）	方式 C
负荷控制	方式 B	方式 D

分轴机组还设有机组 CCS（机组协调控制系统）以及燃气轮机 CCS（燃气轮机协调控制系统）两种模式。

（1）机组 CCS（机组协调控制系统），机组正常运行时投入，机组通过 AGC 接收中调负荷指令值或者操作员手动输入负荷指令值，由机组 CCS 分配燃气轮机负荷和汽轮机负荷。汽轮机无调节负荷功能，通过调整燃气轮机负荷实现对机组负荷的调整。机组满负荷运行时，燃气轮机负荷：汽轮机负荷约等于 2：1。

（2）燃气轮机 CCS（燃气轮机协调控制系统），燃气轮机 CCS 模式投入方法：在 TCS 上将燃气轮机控制权切至 DCS，在 DCS 上投入燃气轮机 CCS。投入燃气轮机 CCS 模式后可以在汽轮机控制系统（DCS）上控制燃气轮机负荷，投入燃气轮机 CCS 后才能投入机组 CCS。机组启停机阶段，机组 CCS 模式退出，燃气轮机 CCS 模式投入，操作员通过手动输入指令控制燃气轮机负荷，将燃气轮机负荷设定至启机暖机负荷或停机负荷。

第二节　机组启动

燃气-蒸汽联合循环机组的启动是指机组从盘车转速开始升速至 3000r/min、并网升负荷、等待汽轮机冲转参数满足、汽轮机冲转、汽轮机并网升负荷、整套机组升负荷至 270MW 的过程。

为了满足机组启动过程中燃气轮机和汽轮机对温度、压力等相关参数的要求，保证受热部件均匀受热膨胀，减少热应力，机组的正常启动根据汽轮机高压缸入口金属温度可分为三种状态：

（1）冷态：汽轮机高压缸入口金属温度小于等于 150℃。

（2）温态：150℃＜汽轮机高压缸入口金属温度＜300℃。

（3）热态：汽轮机高压缸入口金属温度大于等于 300℃。

不同启动状态下，机组启动过程各阶段的升负荷速率各不相同，具体数据见表 7-2。

表 7-2　不同启动状态下的升负荷速率

启动状态	并网至暖机负荷（MW/min）	汽轮机冲转升速率（r/min^2）	汽轮机升负荷（MW/min）	汽轮机调阀全开至 270MW（MW/min）	270MW 至满负荷（MW/min）
冷态	16	100	1.5	6	18
温态	16	200	2	9	18
热态	16	300	3	12	18

由表 7-2 可见，分轴联合循环机组不同状态下启动所需的时间不同，其主要差别在于汽轮机的启动。在本机组实际的启动过程中，汽轮机升负荷及整套机组升负荷至 270MW 这两阶段会根据汽轮机金属温度、缸体膨胀程度、胀差等因素调整升负荷速率。

正常情况下，机组自发启动令至负荷 270MW，两班制热态启动约需 90min；冷态启动约需 300min；其他状态下，受汽轮机金属温度、锅炉状态的影响所需的时间不等。

一、机组启动总则

大、小修后，机组必须经验收合格，接到相关领导通知后方可启动。机组启动操作过程由当值值长全盘指挥，该机组控制工程师操作并负责。在接到值长指令后，应对机组进行全面检查。

1. 机组总体检查

(1) 机组检修工作全部完成，工作票已全部终结完毕。

(2) 检查厂用电系统及设备带电且运行正常。

(3) 机组各消防系统运行正常。

(4) 机组各配电室、电子间温度、湿度适宜，中央空调系统运行正常。

(5) 机组相关设备动力电源、操作电源、控制电源、仪表电源等均已送上。

(6) 集控室和各就地操作、控制、监视、保护、测量及自动装置投入齐全，指示正确。

(7) 各联锁、保护试验合格，全部联锁保护投入。

2. 公用系统的检查

(1) 除盐水系统已投运，机组补给水系统已投运。

(2) 制氢系统正常备用，可为机组供氢。

(3) 压缩空气系统已投运，仪用气和杂用气压力正常，仪用气露点温度正常。

(4) 启动炉或厂用辅助蒸汽母管正常备用，可为机组启动提供辅助蒸汽。

(5) 调压站已投运，机组调压段关断阀、工作调压阀和监控调压阀、安全阀等定值已按要求整定。

(6) 循环水泵正常备用。

3. 燃气轮机的检查

(1) 确认燃气轮机及辅助系统相关监视、测量装置投入，显示正常。

(2) 燃气轮机 CO_2 灭火系统喷放试验合格，投入自动。

(3) 燃机间、燃料小间房门均已关闭，风机正常运行，无可燃气体报警。

(4) 压气机进气滤无异物，压差显示正常。

(5) 燃气轮机润滑油、密封油、控制油系统运行正常，确认备用泵联锁正常。

(6) 确认燃气轮机发电机气密性试验合格，发电机内纯度合格氢气。

(7) 燃气轮机盘车装置具备投运条件，燃气轮机机械摩擦检查无异常后，投运盘车装置。

(8) 天然气系统严密性试验合格，天然气供应压力、温度正常。

(9) 燃气轮机 IGV、旁路阀、防喘放气阀等阀门状态正常。

(10) 燃气轮机燃兼压缸上下缸温差小于 65℃，透平上下缸温差小于 90℃。

(11) 燃气轮机点火器试验正常，电源投入远方。

(12) 燃气轮机排气道无可燃气体报警。

(13) TCA系统运行正常，TCA换热器气侧无液位高报警。

(14) 燃气轮机FGH系统运行正常，燃气轮机FGH气侧无液位高报警。

(15) 按《燃气轮机启动前阀门检查》要求将燃气轮机阀门切换至启机前状态。

4. 汽轮机的检查

(1) 确认汽轮机本体相关监视、测量装置投入，显示正常。

(2) 确认汽轮机各气动阀、电动阀动作正常，状态反馈正常。

(3) 检查机组循环水系统运行正常。

(4) 检查机组闭冷水系统运行正常。

(5) 检查汽轮机润滑油、顶轴油、EH油系统运行正常，确认备用泵联锁正常。

(6) 汽轮机盘车装置具备投运条件，汽轮机机械摩擦检查无异常。

(7) 确认调节、保安系统各部件的工作性能满足要求。

(8) 检查凝汽器汽侧已注水，凝结水系统运行正常。

(9) 检查机组辅助蒸汽系统、轴封系统、真空系统运行正常。

(10) 按《汽轮机启动前阀门检查》要求将汽轮机阀门切换至启机前状态。

5. 余热锅炉的检查

(1) 确认余热锅炉相关监视、测量装置投入，显示正常。

(2) 确认余热锅炉受热面水压试验合格。

(3) 确认余热锅炉相关设备具备投运条件。

(4) 所有安全阀都已按照要求整定完毕。

(5) 锅炉各气动阀、电动阀、烟囱挡板动作正常，状态反馈正常。

(6) 确认取样、加药系统具备投运条件，通知化学人员根据需要加药。

(7) 确认余热锅炉脱硝装置和烟气监测装置具备投运条件。

(8) 确认高、中、低压系统已注水排空，给水泵运行正常。

(9) 检查烟囱挡板已打开。

(10) 按《余热锅炉启动前检查》要求将余热锅炉阀门切换至启机前状态。

6. 发电机的检查

(1) 确认发电机一、二次回路接线正确，发电机出线盒及封闭母线封闭良好，现场清洁、无遗留杂物。

(2) 发电机相关所有测量仪表、保护、控制信号、自动装置齐全完好，状态显示正常。

(3) 确认发电机定子绕组、转子绕组及励磁轴承的绝缘电阻合格。

(4) 确认发电机相关试验合格。

(5) 发电机相关辅助设备运行正常、无异常报警。

(6) 发电机励磁系统运行正常，无异常报警。

(7) 发电机同期装置、发电机控制盘（GCP）运行正常，无异常报警。

(8) 燃气轮机发电机主变压器、汽轮机发电机主变压器及厂用高压变压器系统正常，具备投运条件。

(9) 发电机-变压器组保护柜压板正确投入，无异常报警。

(10) 发电机、SFC相关断路器、隔离开关状态正常，具备投运条件。

二、机组的启动流程

下面以处于盘车状态的机组为例，对机组启动的常规操作流程进行简单介绍。

（一）启动准备

接到值长启机指令后，应合理安排辅助系统和设备启动，并确认启机条件满足，否则应查明原因并解决。辅助系统和设备的投运顺序如下：①投运循环水系统；②投运凝结水系统；③投运机组辅助蒸汽系统；④投运轴封蒸汽系统；⑤投运真空系统，凝汽器抽真空；⑥启动给水泵和给水再循环泵，余热锅炉高、中、低压系统上水；⑦开启余热锅炉烟囱挡板和高、中、低压过热器出口电动阀；⑧选择机组启动 SFC。

如果机组停运时间较长，或者燃气轮机高盘造成锅炉快速冷却，余热锅炉蒸发器、过热器、再热器系统积水较多时，应提前进行充分疏水。

（二）燃气轮机启动、吹扫

经值长同意后，点选启动按钮，机组开始启动，由 SFC 带动机组升速至约 700r/min，对燃气轮机排烟通道及余热锅炉烟道进行吹扫。利用压气机出口空气对透平及排气通道进行一定时间的吹扫，排除燃料系统可能泄漏造成的燃料积聚，避免爆燃，吹扫时间通常根据吹扫转速下压气机出口空气量和排气道容积进行计算，本机组吹扫时间约 360s。启动令发出后，IGV（压气机进口导叶）由 0%开度开启至约 37.23%开度，压气机高、中、低压防喘放气阀自动开启，避免压气机喘振，同时可以减小机组启动力矩。

（三）燃气轮机降速点火

吹扫完成后，机组转速降低到点火转速约 595r/min，启动燃气轮机点火程序。机组控制油跳闸电磁阀带电关闭，建立安全油压，燃气排空阀关闭，燃气截止阀打开，燃料流量控制阀开至点火位置。位于 8 号和 9 号燃烧器的点火器开始点火（持续 10s）。

点火成功后，随着燃气轮机排烟进入余热锅炉，高、中、低压系统开始升压（升压速度与启动状态相关），炉侧和机侧各疏水阀和排空阀按照程序设定动作，此时应加强对汽包水位的监视调整，并对锅炉进行排污。汽轮机高、中、低压旁路阀压力设定值缓慢提升至匹配汽轮机的冲转参数。

（四）燃气轮机升速

燃气轮机点火成功后，机组转速开始上升，由 SFC 和燃气轮机做功共同带动机组升速，升速率 135r/min。1700～1900r/min，是三菱 M701F4 型燃气轮机易发生旋转失速的区间，监视燃气轮机振动及轴承密封空气正常，当燃气轮机任意一振动值达到跳机值，燃气轮机跳闸，否则手动打闸。转速升至 2050r/min 时，高压防喘放气阀关闭；转速升至 2200r/min 时，SFC 接收指令脱扣退出，此后将单独由燃气透平做功带动燃气轮机升速；当机组转速 2745r/min 时，燃气轮机 IGV 由 37.23%开度关闭至 0%开度；当机组转速 2815r/min 时，压气机低压、中压防喘放气阀自动关闭。

（五）燃气轮机全速空载

燃气轮机升速至额定转速 3000r/min。此时应全面检查燃气轮机运行参数正常，并网条件满足，经值长同意后进行并网操作。

（六）燃气轮机并网

将燃气轮机控制权由 TCS 交至 DCS 后，执行燃气轮机顺控并网程序。燃气轮机顺控并网程序依次执行以下步骤：合上发电机出口刀闸，合上灭磁开关，发电机出口电压上升至约16kV后，启动发电机自动同期并网程序，发电机出口开关自动合闸。发电机并网后，燃气轮机带基本负荷（15MW）。

（七）燃气轮机升负荷

投入“ALR ON”控制，燃气轮机根据启动状态自动升负荷至暖机负荷（冷态40MW、温态70MW、热态120MW），等待汽轮机冲转条件满足。

（八）汽轮机冲转

不同启动状态的冲转参数见表7-3。

表7-3　　不同启动状态的冲转参数

启动状态	高压主蒸汽温度（℃）	高压主蒸汽压力（MPa）	高压主蒸汽过热度（℃）	中压主蒸汽温度（℃）	中压主蒸汽压力（MPa）
冷态	370	3.8	50	350	1.5
温态	420	5.8	50	400	1.5
热态	470	7.8	50	450	1.5

当汽轮机冲转条件满足后，汽轮机按照设定升速率、目标转速进行启动。冷态启动过程中，500r/min时进行摩擦检查、1500r/min时进行中速暖机、3000r/min进行高速暖机；温、热态无需执行摩擦检查及暖机程序，汽轮机按照设定升速率至额定转速3000r/min。汽轮机顶轴油泵在转速1200r/min时停运，顶轴油系统退出运行。

（九）汽轮机全速空载

机组升速至额定转速3000r/min。此时应全面检查机组运行参数正常，并网条件满足，经值长同意后进行并网操作。

（十）汽轮机并网

DCS执行汽轮机顺控并网程序。汽轮机顺控并网程序依次执行以下步骤：合上汽轮机发电机主变压器高压侧中性点地刀，汽轮机灭磁开关自动合闸，发电机出口电压上升至约15kV后，启动发电机自动同期并网程序，汽轮机发电机主变压器高开关自动合闸。发电机并网后，汽轮机带基本负荷（8MW），汽轮机主变高压侧中性点地刀自动分闸。

（十一）汽轮机升负荷

投入“手动升负荷”控制，汽轮机根据机组启动状态升负荷至高、中压调阀全开。当汽轮机负荷大于45MW时，汽轮机高排通风阀关闭，高排逆止阀开启。当汽轮机高、中、低压调阀压力控制模式条件满足后，投入调阀压控模式。

（十二）整套机组升负荷

当汽轮机调阀压力控制模式投入后，投入机组CCS协调控制，整套机组总负荷根据机组启动状态，按照固定升负荷速率升负荷至270MW（冷态6MW/min、温态9MW/min、热态12MW/min）。当燃气轮机负荷大于60MW时，TCA冷却水流量控制阀由凝汽器侧切换至高压汽包侧；燃气轮机负荷大于125MW时，FGH凝汽器侧流量控制阀切换至余热锅炉侧流量控制阀；燃气轮机负荷大于150MW时，脱硝请求满足，投入机组脱硝系统。

（十三）投入一次调频和AGC

机组升负荷至270MW，检查一次调频自动投入、燃气轮机运行模式自动切换至“GOVERNOR”模式，投入AGC控制，至此机组启动工作结束。

三、机组启动的相关说明

(1) 机组不同启动状态时的启动程序基本相同，主要不同是机组暖机负荷和升负荷速率。

(2) 机组的启动状态是由汽轮机高压缸入口金属决定的，没有考虑余热锅炉的状态。当由于燃气轮机热通道部件和余热锅炉部件检修需要或者离线水洗需要启动高盘程序，以及其他各种原因可能会造成机组启动状态和余热锅炉状态不匹配。在启动过程中，应特别注意加强对相关参数的监视和调整。

(3) 机组冷态启动时，如果锅炉侧、汽轮机侧疏水阀和排空阀全部为自动控制，在锅炉侧还未产生蒸汽时，容易出现因为汽轮机侧疏水阀内漏，造成锅炉侧管道内空气被抽入凝汽器，导致凝汽器真空下降的情况，同时也有可能出现疏水、暖管不充分的情况，因此需要视实际情况及时手动干预相关疏水阀和排空阀的开关，维持凝汽器真空，同时保证疏水、暖管充分，避免管道水击。

(4) 机组冷态启动时，高压系统最先起压，高压旁路阀开启时中压系统压力仍很低，此时应密切监视中压汽包压力变化和上下壁金属温度变化，如发现中压汽包压力随再热系统压力同步上升且中压汽包上壁金属温度快速上升，可判断中压主蒸汽集箱出口逆止阀关闭不严，应及时关闭中压主蒸汽集箱出口电动阀及旁路阀，以避免中压汽包上下壁金属温差过大，待中压汽包壁温与再热蒸汽温度相差不大或中压系统升压后，再开启中压主蒸汽集箱出口旁路阀及电动阀。处理过程中应严密监视中压汽包水位，及时调整。

(5) 如果机组停运超过2天（含2天）后首次启动，在抽真空前，应全面开启余热锅炉和主蒸汽管道机侧各疏水阀，对系统进行充分疏水。

(6) 如果机组停运超过3天（含3天）后首次启动，发启动令后自动开启燃气轮机TCA分离器排污试验一次阀和燃气轮机TCA分离器排污试验二次阀，并自动关闭燃气轮机TCA分离器排污气动阀；在机组负荷升至100MW后自动开启燃气轮机TCA分离器排污气动阀，再自动关闭燃气轮机TCA分离器排污试验一次阀和燃气轮机TCA分离器排污试验二次阀，以防带锈蚀的脏空气进入冷却通道。

(7) 机组启动条件检查时，应检查DCS上报警“燃气轮机排气段可燃气体报警（GAS DETECT FOR EX DUCT ALM)”是否有高报警，如有则应“高盘（SPIN)”模式启动机组高盘吹扫，直至燃气轮机排气段可燃气体报警复归，该启机条件满足后，在其他启动条件满足的情况下，点选“正常（NORMAL)”模式，机组将重新开始计时360s后进入正常点火启动程序。

(8) 机组启动期间，当中、低压汽包给水调阀较长时间全关后，容易造成中、低压省煤器超压导致省煤器安全阀动作，因此应适当维持中、低压汽包给水调阀以较小开度泄压。

(9) 在机组并网、暖机、冲转和升负荷过程中，要密切监视机组各参数是否正常，特别是蒸汽轮机高、中、低压旁路阀动作情况和锅炉高、中、低压汽包水位，如自动给水不能及时跟踪汽包水位，应将给水调阀切到“手动”，由操作员手动调节汽包水位。

第三节　机组停机

燃气-蒸汽联合循环机组的停运是指汽轮机降负荷、汽轮机解列、汽轮机降速惰走、燃气轮机降负荷、燃气轮机解列、燃气轮机降速惰走、燃气轮机/汽轮机投盘车的过程。停机包括正常停机和维修停机两种。

(1) 正常停机主要用于满足机组频繁启停的需要，停机后要求保持蒸汽轮机（高压缸）金属温度尽可能高，余热锅炉高压、中压、低压蒸汽压力及温度尽可能高，以缩短下次启动时间，提高效率。正常停机过程从 270MW 至燃气轮机发电机解列，约需 15min。

(2) 维修停机是针对机组长时间停机或机组需进行定期检查、维修工作时所采取的停机模式。维修停机可以使燃气轮机、蒸汽轮机尽快冷却下来，使机组尽早满足检修条件，同时控制各金属部件的温度变化率、上下缸温差和高、中、低压缸胀差等参数不超过限值。整个检修停机过程，从 270MW 开始停机至发电机解列，共需要约 4h（其中化学加药约 2h）。

不同停机模式下，机组的降负荷速率也各不相同，具体如表 7-4 所示。

表 7-4　　不同停机模式的降负荷速率

停机模式	燃气轮机负荷＞100MW	燃气轮机负荷＜100MW	汽轮机降负荷率
正常停机	18MW/min	18MW/min	15MW/min
维修停机	18MW/min	约 2MW/min	约 2MW/min

机组采用不同的停机模式，汽轮机高压缸第一级叶片金属温度的变化情况也会有所不同，根据对不同模式停机后该温度变化趋势的统计，得到如下结论：正常停机后，停机 4 天内可保证热态启机，停机 4～10 天期间为温态启机，超过 10 天则为冷态启机，停机 10～11 天后汽轮机金属温度满足汽轮机盘车停运条件；燃气轮机停机 2 天后热部件温度满足燃气轮机盘车停运条件。

一、机组正常停机流程

接到值长停机指令后，应检查确认顶轴油泵及盘车电机自动备用完好，并通知化学人员做好停机准备。正常停机过程如下：

(1) 退出机组 AGC、CCS 和燃气轮机协调控制；

(2) 在燃气轮机 TCS 上将燃气轮机负荷逐渐降至 100MW 并保持；

(3) 当汽轮机负荷小于 100MW 后，执行汽轮机“手动降负荷”程序，高、中压调阀开始关闭，汽轮机负荷按照 15MW/min 速率开始下降；

(4) 当汽轮机负荷小于 45MW 时，高排通风截止阀和调节阀自动开启，高排逆止阀自动关闭；

(5) 当汽轮机负荷小于 25MW 时，合上汽轮机主变压器中性点接地开关；

(6) 汽轮机发电机负荷为 10MW 左右，在操作员台按“汽轮机紧急跳闸按钮”，汽轮机打闸；

(7) 检查高、中、低压主汽阀（HPSV、IPSV1、IPSV2、LPSV），高、中、低压调节阀（HPCV、IPCV1、IPCV2、LPCV），旋转隔板（LCV）全部关闭，汽轮机开始降惰走；

(8) 在燃气轮机 TCS 上执行燃气轮机自动停机程序；

(9) 燃气轮机负荷降至 70MW 左右，检查 TCA 至凝汽器侧流量控制阀开启，发现 TCA 流量下降较快，应手动开启 TCA 至凝汽器侧流量控制阀，防止 TCA 流量低跳机；

(10) 机组负荷降至 20MW 后，发电机自动解列，机组继续空载运行 5min 以冷却燃气轮机；

(11) 机组全速空载运行 5min 后，跳闸电磁阀失电打开，安全油压泄去，燃气轮机熄火，机组开始降速惰走；

(12) 手动控制高、中、低压给水调节阀，将高、中、低压汽包上水至适当水位，停运给水泵和给水再循环泵；

(13) 汽轮机转速为 1200r/min 时，汽轮机顶轴油泵启动；

(14) 燃气轮机转速小于 300r/min 时，停运 TCA 给水泵；

(15) 燃气轮机转速为 120r/min 时，壳体冷却空气隔离阀、供气阀自动打开，燃气轮机冷却空气系统投入；

(16) 汽轮机转速为 80r/min 时，开启真空破坏阀，停运真空泵，破坏真空；

(17) 燃气轮机转速到 3r/min 时，燃气轮机盘车自动投入，维持转速约 3r/min；

(18) 关闭锅炉烟囱挡板；

(19) 汽轮机转速到 0r/min 时，汽轮机盘车自动投入，维持转速约 4r/min；

(20) 汽轮机转速为 0r/min 时，真空到 0，停运轴封系统和轴加风机，停止辅助蒸汽供应；

(21) 根据机组运行方式需要，调整循环水系统运行方式；

(22) 全面检查机组各参数正常。

二、机组维修停机流程

机组维修停机步骤与正常停机基本相同。主要的不同点在于：

(1) 停机过程中采用保持汽轮机主调阀在全开状态，通过逐渐降低燃气轮机负荷，降低主蒸汽温度，从而达到降低汽轮机金属的目的。

(2) 因不同的停机保养方案对蒸汽温度要求不一致，需根据具体的停机保养方案，选择合适的燃气轮机负荷进行加药保养。

三、机组停运的相关说明

(1) 如果机组两班制运行，则停机后汽包水位根据停机时间长短和锅炉各系统严密性确定，宜低不宜高，以减少启机过程中不必要的放水。

(2) 如果第二天不启机，应将各汽包上至满水位，同时在高压汽包水位低于－200mm 时，及时对高、中压汽包补水，避免造成高、中压汽包上下壁金属温差大。

(3) 如果停运前只有单台机组在运行，且停机后需要破坏真空，则停机过程中辅助蒸汽仍维持由本机冷再供应，并调整高压或中压主蒸汽隔离阀关闭时间，以满足辅助蒸汽供应需要。否则，停机过程中辅助蒸汽由厂用辅助蒸汽母管供应。

(4) 停机过程中，在高中低压主蒸汽隔离阀关闭后，最好将隔离阀后主蒸汽管道泄压，以免影响机组惰走时间，且可减少管道内积水。

(5) 通常情况下，长时间停运后，余热锅炉依靠主烟囱的自然通风冷却。当锅炉内压达 0.35MPa 时，可开始通过过热器出口疏水阀对系统泄压；当汽包压力降至 0.07MPa 后，可进行余热锅炉全面放水。

(6) 燃气轮机停机1.5h后，如有必要，可进行高盘冷却，以缩短燃气轮机和余热锅炉的冷却时间，尽早开始维修工作（高盘冷却主要针对燃气轮机，对蒸汽轮机冷却时间影响不大）。

第四节　机组运行监视

一、机组启动条件

为了保证机组启动的安全，在控制逻辑中设定了以下条件作为启动闭锁，即机组启动必须满足以下条件：

（一）燃气轮机

(1) 燃气轮机辅助系统可用（全部满足）：

1) 两台交流润滑油泵和直流润滑油泵均在自动状态；

2) 两台润滑油箱排烟风机均在自动状态；

3) 两台控制油泵至少有一台可用且在自动状态；

4) 两台燃料小间风机至少有一台可用且在自动状态；

5) 三台燃气轮机间罩壳风机至少有两台可用且在自动状态；

6) 润滑油箱加热器可用，且在自动状态；

7) 控制油箱加热器可用，且在自动状态；

8) 盘车电机可用，且在自动状态；

9) 润滑油供油温度控制阀投“自动”。

注意：可用定义为该设备无故障报警，并且电源正常，开关控制方式选择为远方。

(2) 燃气轮机辅助系统运行条件（全部满足）：

1) 两台交流润滑油泵至少有一台在运行；

2) 两台润滑油箱排烟风机至少有一台在运行；

3) 两台控制油泵至少有一台在运行；

4) 两台燃料小间风机至少有一台在运行且运行风机的进出口压差大于0.1kPa；

5) 三台燃气轮机间罩壳风机至少有两台在运行且运行风机的进、出口压差大于0.1kPa。

(3) IGV实际位置在33°～35°之间。

(4) 高盘允许（常1）。

(5) 机组润滑油供油压力高于0.189MPa。

(6) 压气机进气滤启动条件（全部满足）：

1) 第一级进气滤网压差小于0.34kPa；

2) 第二级进气滤网压差小于1.47kPa；

3) 两级进气滤网总压差小于1.47kPa。

(7) 燃烧室旁路阀在开启状态。

(8) 已选择用SFC带动机组启动。

(9) 控制油压力高于7.8MPa。

(10) TCA惯性分离器排污试验一次阀、排污试验二次阀、二次阀后截止阀均在自动状态。

(11) 机组仪用压缩空气压力大于0.45MPa。

(12) 无轴承振动变化趋势大报警。

(13) 进气道人孔门均关闭。

(14) 燃气轮机无跳闸信号。

(15) 火焰探测器未探测到有火焰存在。

(16) 燃气轮机重新启动允许，燃气轮机跳闸后10min、60min或者90min，该时间与跳闸前燃气轮机状态有关，检查OPERATION界面中RE-START PERMIT TIME变为0即可。

(17) 点火器可用（即点火器无故障报警，电源正常，开关控制方式选择为远方）。

(18) 燃兼压缸上下缸金属温度差小于65℃，燃气透平上下缸金属温度差小于90℃。

(19) 燃气轮机排气道无可燃气体浓度高报警。

(二) 汽轮机

(1) 无凝汽器保护跳闸报警。

(2) 锅炉跳闸报警已复归。

(3) 燃气轮机在运行状态。

(4) 无APS停机指令。

(5) －150mm＜润滑油箱油位低＜150mm。

(6) EH油压力＞11.2MPa。

(7) ＃1轴承处润滑油压力＞115kPa。

(8) 各轴承顶轴油压力＞3.43MPa。

(9) 盘车装置投入。

(10) 凝汽器真空值＜－86.6kPa。

(11) 无发电机故障报警。

(12) －1.05mm＜轴向位移＜0.6mm。

(13) －4mm＜高压胀差＜9.05mm。

(14) －1mm＜高压胀差＜8mm。

(15) 手动停机信号已复位。

(16) 低压缸排汽温度＜60℃。

(17) 汽轮机未收到跳闸信号。

(三) 余热锅炉

(1) 高、中、低压汽包上水完毕（水位分别大于－200mm、－200mm、－200mm）；

(2) 余热锅炉烟气挡板在开启状态；

(3) 锅炉跳闸报警已复归。

(四) 燃气轮机发电机

1. 发电机启动条件（全部满足）

(1) 无油氢压差低报警（＜0.035MPa）；

(2) 两台交流密封油泵和直流密封油泵都可用，均在远方状态，且至少有一台交流密封油泵运行；

（3）励磁系统跨接器无故障报警。

2. 氢气系统条件满足（2选1）

（1）供热紧急启动工况投入；

（2）无发电机氢压低报警（<0.35MPa），无发电机氢压高报警（>0.36MPa），无发电机纯度低报警（<90%）。

（五）SFC（静态变频器）

SFC与机组完成电气回路连接，无故障报警。

（六）机组无跳闸信号

机组状态正常，无跳闸信号。

二、机组启停重要参数监视

机组在启动、停机和运行过程中，应严格监视各系统设备相关运行参数，不仅要确定参数在规定范围内，同时要加强与历史数据的比对，及时发现参数的趋势变化情况，并对可能出现的异常进行分析，消除缺陷。通常要求系统监视参数每隔4h抄录一次，对特别重要的参数应适当缩短抄录时间间隔。

（一）燃气轮机排气温度T4

燃气轮机排气温度T4直接反映了燃气轮机的运行状况，燃气轮机燃烧室（燃气进入透平前）温度T3与排气温度及压气机出口压力成一定函数，T4可间接反映T3的大小，因此通过控制T4来间接控制燃气轮机的燃烧室温度T3，以避免T3太高而烧坏高温部件。

燃气轮机满负荷运行时，排气温度T4随季节变化不同。环境温度高，排气温度T4高，相应余热锅炉主蒸汽温度升高，应监视喷水减温动作正常，没有报警或跳机联锁。

（二）叶片通道温度BPT

叶片通道温度反映燃气轮机燃烧器工作状况，当燃料喷嘴无堵塞、热通道部件无损坏时，叶片通道温度应均匀分布，如果出现叶片通道温度BPT偏离平均值，应视偏差值大小及时采取措施。燃气轮机达到额定转速前，叶片通道温度BPT偏差无报警无跳机，如果在启机过程中（转速小于3000r/min）发现BPT偏差大于100℃，应停机检查。当转速达到额定转速未并网时，BPT偏差≥80℃或≤−80℃时发出报警，无跳机连锁。燃气轮机并网后，当BPT偏差值≥20℃或≤−30℃，发出报警信号；当BPT偏差值≥25℃或≤−40℃，并且相邻两侧的其中一个BPT温度偏差值≥20℃或≤−30℃或者相邻两侧的其中一个BPT温度变化趋势≥1或≤−1任一条件满足持续30s，燃气轮机自动停机；当BPT偏差值≥30℃或≤−60℃，并且相邻两侧的其中一个BPT温度偏差值≥20℃或≤−30℃或相邻两侧的其中一个BPT温度变化趋势≥1或≤−1任一条件满足持续30s，机组跳机（上述自动停机、跳机定值均为机组满负荷定值，不同负荷对应定值不一样，详见本章第六节）。

（三）燃气轮机IGV

燃气轮机安装有进口可调导叶系统，通过调节IGV开度控制进入压气机的空气流量。在燃气轮机启动过程中IGV处于中间开度19°可减小启动加速度的驱动力，防止压气机喘振或热悬挂；燃气轮机在部分负荷下关小IGV开度减小空气流量从而提高排气温度T4（在相同燃料下），虽然燃气轮机效率有所下降，但由于排气温度T4高，锅炉的蒸汽参数高，卡诺循环效率高，使联合循环效率维持在较高水平；机组启机后，如果IGV的控制指令（IGVCSO）于实际开度偏差≥3°或≤−3°时，发出IGV伺服控制模块偏差高报警；如果IGV的控制指令（IGVCSO）与实际开度偏差≥5°或≤−5°时，机组跳闸。

（四）燃烧器旁路阀

燃烧器旁路阀是控制进入燃烧器的空气量，维持燃烧时最佳的空燃比，减少燃烧过程中产生的NO_x。在点火阶段，燃烧器旁路阀全开增大燃空比使点火更可靠。随后旁路阀开度根据燃气轮机转速升速率、燃料量等自动调节；机组启机后，如果燃烧器旁路阀的控制指令（COMBUSTOR BYPASS CSO）与实际开度偏差≥3°或≤−3°时，发出BPV伺服控制模块偏差高报警；如果燃烧器旁路阀的控制指令（COMBUSTOR BYPASS CSO）与实际开度偏差≥5°或≤−5°时，机组跳闸。

（五）燃烧初温T3

T3温度是燃气进入透平时的温度，T3温度越高燃气轮机热效率越高，但是T3温度的提高受到热通道金属材料的限制，因此，燃气轮机工作过程中严格控制T3温度，防止热通道过热而受到损害。T3温度很高，不可以直接测量，可以通过控制排气温度T4从而间接控制T3。

（六）转子冷却空气温度

转子冷却空气由压气机出口抽出，经TCA冷却后导入透平转子，将转子叶片与高温烟气隔离并冷却叶片，如果转子冷却空气温度高，会影响到转子叶片的冷却效果，影响转子叶片寿命。转子冷却空气温度与多种因素有关，随着负荷的增加，转子冷却空气温度升高，环境温度的变化，也对转子冷却空气温度有影响。当转子冷却空气温度发生突变并超出295℃，应降低负荷，并检查TCA水侧流量、温度等参数是否异常，若有及时调整。

（七）燃气轮机轮间温度

燃气轮机轮间温度反映出其冷却空气冷却器性能及冷却通道状况，也是机组运行中需要监视的重要参数之一。

当2、3、4级轮间温度（左&右）>460℃，或4级轮盘下游温度>410℃时，就要对燃气轮机冷却通道进行检查，查明原因，消除故障，以保护燃气轮机热通道免遭严重损伤。发现轮间温度异常时，应按校验热电偶、检查TCA冷却器工作情况、检查密封环密封腔的顺序从易到难地进行故障分析和处理（2、3、4级轮间平均温度>460℃，4级轮盘下游温度>410℃将发出报警）。

（八）天然气温度

天然气进入燃气轮机前，利用中压省煤器出口给水将天然气加热到一定温度，天然气在燃烧过程中对天然气温度有一定要求，当出现天然气温度高或低报警时应检查FGH（燃料加热器）流量控制阀、燃气温控阀等设备的工作状况。

（九）燃料控制信号CSO

燃料控制信号CSO是控制燃气轮机负荷时调节天然气流量的指令，CSO越大，天然气流量越大。燃料控制信号CSO会从GVCSO、LDCSO、BPCSO、EXCSO和FLCSO中选取，燃气轮机启动或运行时，程序会根据燃气轮机运行状态动态计算出5个CSO值，为了保证燃气轮机安全运行，逻辑会从5个CSO中选择其中最小的CSO作为最终的输出信号，以控制天然气流量。

（十）汽包水位

余热锅炉的高压、中压、低压汽包水位在正常运行时都可以投自动，设定水位均为0mm。在启机过程中由于炉水受热膨胀、疏水阀开启、汽轮机旁路阀开启、汽轮机调门开启等因素影响，高压、中压汽包水位波动大。启机过程中应加强水位监视，及时发现水位波动的根本原因并采取处理措施。汽轮机高压、中压旁路可在紧急情况下作为调节汽包水位的有效办法，用于缓解汽包水位波动，延长汽包补水或放水时间。当操作汽轮机高压旁路阀时要特别注意对中压汽包水位的影响。

（十一）汽包上下壁温差

汽包上壁与蒸汽接触，汽包下壁与水接触，由于蒸汽与水相对于汽包内壁换热系数不一致，汽包会产生上下壁温差。汽包上下壁温差大会导致汽包变形，严重影响汽包安全性，启停机阶段更容易发生汽包上下壁温差大。本机组高、中、低压汽包上下壁温差均按50℃控制，机组启动时可通过加大锅炉排补、控制主蒸汽压力升温升压速率的方法控制汽包内蒸汽温度，从而减缓上下壁温差增大趋势。

（十二）过热器、再热器出口温度

高压汽包过热器、再热器布置在余热锅炉第一模块，该模块排烟温度最高。过热器、再热器长时间超温运行会导致管道受损甚至发生爆管，长时间超温运行还会产生氧化皮，蒸汽携带氧化皮造成疏水节流孔板堵塞、疏水不畅等问题。高压过热器及再热器配置有减温装置，机组运行时要及时投入减温装置，避免超温。

（十三）汽轮机胀差

汽轮机转子膨胀减去汽缸膨胀为汽轮机的胀差值，无论是正差胀还是负差胀，达到一定值后，汽轮机轴向动静部分就会相碰发生摩擦。为了避免因差胀过大引起动静摩擦，大机组一般都设有差胀保护，当正差胀或负差胀达到设定值时，立即破坏真空紧急停机，防止汽轮机损坏。汽轮机启动时要严格控制汽轮机的胀差值，胀差接近报警值时要采取必要措施控制胀差。

（十四）机组振动

机组振动是机组运行中重要的参数之一，振动异常直接威胁着机组的安全运行，由于临界转速的存在，启停机更要重视振动的监视。机组一旦出现振动高时，应及时找出引起振动高的原因，并予以消除，不允许在强烈振动的情况下让机组继续运行。

（十五）主蒸汽温降

随着燃气轮机负荷的下降，汽轮机停运过程中汽轮机主蒸汽温度会发生一定的温降，根据二十五项反措要求，主蒸汽温度在10min内下降50℃须将汽轮机打闸。主蒸汽温度下降过快将影响汽轮机安全性，停机过程中要严密监视主蒸汽温降速率，及时干预。

（十六）主蒸汽旁路阀

机组启动时，通过旁路将不符合参数要求的蒸汽排入凝汽器，尽快使锅炉出口的汽温、汽压和汽轮机冲转时要求的汽温、汽压相匹配，从而缩短启动时间，减少工质损失。旁路阀的动作在机组启停阶段尤为重要，旁路阀动作不正常时要及时通过疏水排空阀对锅炉进行泄压，避免锅炉超压。

（十七）惰走时间

惰走时间以机组停机过程中燃气轮机熄火开始降速时刻开始，至转子转速为0时为止。惰走时间是反映机组动静间隙变化、轴承是否异常、主汽阀和调阀是否严密、机组偏心等参数的重要参考，因此停机后应记录好机组惰走时间，及时查找惰走时间变化的原因，并排除缺陷。

第五节 启停过程的优化改造及运行

对于分轴的燃气-蒸汽联合循环机组，其启停过程中的运行经济性对机组整体经济性影响很大，因此我厂对本机组启动过程进行了详细研究，并开展了相关技术改造，不断优化机组启动。

一、选择适合的升负荷速率匹配汽轮机启动

在前文的介绍中我们提到过，本机组启动过程耗时主要由汽轮机决定。在冷、温态启动过程中，汽轮机升负荷速率过快会导致金属加热过快。由于汽轮机转子、缸体接触工质（蒸汽）的面积不一样，汽轮机转子升温速度要明显快于汽轮机缸体，导致转子膨胀速度快于缸体，汽轮机出现正胀差。当胀差过大时，汽轮机动、静转动部件将发生碰摩，影响主设备的运行安全。若选择较小的汽轮机升负荷速率，则大大降低机组启动的经济性。

根据厂家提供的启动曲线，汽轮机根据高压缸进口金属温度进行了冷、温、热三态的划分，不同状态对应固定的汽轮机升负速率。但当金属温度处于分界附近时，这种简单的通过温度区域划分决定升负荷速率，就会造成升负荷速率与汽轮机状态不匹配，导致汽轮机升负荷速率过快或过慢。

通过试验及数据分析，将汽轮机升负荷速率由跟踪“三态”的“定量”调整为跟踪汽轮机高压缸金属温度、汽轮机膨胀的“变量”，提高升负荷速率与汽轮机状态的匹配度，加强机组启动的安全性和提高经济性。目前已将汽轮机缸温大于400℃时汽轮机升负荷速率由3MW/min改为7.5MW/min。

二、汽轮机降负荷速率优化

咨询厂家，汽轮机机变负荷速率最高可达额定负荷的10%（即15MW/min）。主蒸汽温度下降主要与燃气轮机负荷降低导致排烟温度大幅下降有关，与汽轮机降负荷变化速率关系不大，且汽轮机关调阀降负荷过程中主蒸汽温度低于缸体金属温度，理论上汽轮机降负荷速率越快，蒸汽冷却缸体的时间越短，缸体金属温度下降越慢。

通过修改高中旁路阀的动作速率来匹配更快的调阀关闭速率，经过多次停机试验及对高中旁路阀的逻辑优化，将汽轮机降负荷速率由5MW/min改为15MW/min，优化逻辑后停机过程中汽包水位、旁路阀后温度等重要指标平稳可控，保证机组安全性的同时提高了经济性。

三、开发锅炉汽包上下壁温差控制模块

余热锅炉的启动状态不参与燃气-蒸汽联合循环机组启动过程的控制，在机组停运后约3天，余热锅炉进入温态或冷态，但联合循环启动状态仍为热态，在较高的暖机负荷及升速率下，进入锅炉的烟气温度较高，锅炉的升温、升压速度较快，易产生汽包上下壁温差大现象，严重影响了锅炉安全运行。

当汽包上下壁温差出现明显升温速率差时，可通过以下两种方法加以控制：

(1) 降低汽包上壁温的升速率。汽包上部接触的工质是饱和蒸汽，金属温度基本与蒸汽的温度一致，可通过控制汽包压力的上升速率达到控制饱和蒸汽温度的目的。主要的手段是开大主蒸汽旁路、开启锅炉侧排空阀。

(2) 提升汽包下壁温的升速率。汽包下部接触的工质是汽包炉水，因与锅炉蒸发器相

连，内部有大量的低温炉水，因此下壁金属温度上升速率较上壁慢。要提高其温度的主要手段是通过加强汽包、蒸发器炉水排补，利用省煤器出口较高温度的炉水将汽包和蒸发器内的冷水替换，以达到提升汽包下壁金属温度的目的。

综合以上方法，我们开发了锅炉汽包上下壁温差控制模块，监视锅炉汽包上下壁温度的变化情况。当汽包上下壁温差出现温升速率偏差大时，调整主蒸汽旁路、锅炉排空、蒸发器放水阀、汽包给水调阀等设备的控制模式对汽包上下壁温差加以控制。

四、机组疏水系统的优化

在机组原控制逻辑中，将疏水系统简单分为锅炉系统、高压系统、中压系统、低压系统，各系统的控制相互独立，互不关联。在此控制逻辑下，会出现以下问题：

(1) 机组冷态启动时，锅炉系统与机侧疏水系统同时打开，由于主蒸汽管道内无工质，排入凝汽器系统的机侧疏水管道，通过主蒸汽管道、锅炉侧疏水管道与大气相连，影响机组凝汽器真空。

(2) 机组温态启动时，机组全部疏水系统同一时间打开，蒸汽管道系统快速泄压，停机后管道内冷凝水出现闪蒸，或被蒸汽快速带动流向疏水口，易造成蒸汽管道水冲击。

(3) 疏水时间固定，未对管道内工质状态进行判定。在两班制热态启动过程中疏水时间过长，造成工质的浪费；冷态启动过程中疏水时间过短，造成疏水不充分。

针对以上情况，我们对机组疏水系统的控制策略进行了优化：

(1) 对疏水系统进行重新划分，根据疏水点位置分为锅炉高系统、机组侧系统、汽轮机本体系统、供热系统；根据疏水工质压力等级分为高、中、低压系统。

(2) 对同一主管道内的疏水阀控制进行关联，在启动过程中依次开启或关闭，避免了疏水阀组在特定工况下同时开启，造成管道水冲击或影响机组真空。

(3) 对影响机组启动暖机时间有影响的疏水阀进行特殊优化，提升机组启动经济性。

五、冷态启动投入高压汽包蒸发器底部加热系统

本机组冷态启动时，高压汽包上下壁温差难以控制，汽包上下壁温差大，严重影响了锅炉的安全运行。

为降低冷态启动时高压汽包上下壁温差，本机组对冷态启动高压汽包蒸发器底部加热系统做了以下规定：冷态启动时，需提前5h投入高压汽包蒸发器底部加热系统，以降低启动过程中高压汽包上下壁温差，将高压汽包水位降低至－650mm，打开蒸发器底部加热电动隔离阀，检查确认除氧器辅助蒸汽电动隔离阀在全关位置，微开除氧器辅助蒸汽气动调阀，暖管结束后，将除氧器辅助蒸汽气动调阀调至35％开度，随着蒸发器内冷凝水增加，汽包水位会缓慢上涨，待汽包壁温度上涨至100℃左右或者燃气轮机启动前，退出高压汽包蒸发器底部加热系统。

经多次冷态启动试验，冷态启动前投入高压汽包蒸发器底部加热系统，可有效降低启动过程中高压汽包上下壁温差，缩短机组启动时间，提升机组经济性和安全性。

六、汽轮机预暖系统投运

本机组配备汽轮机预暖系统，冷态启动时需提前投入高、中压缸预暖系统。投运预暖系统可在启动前将汽轮机缸预暖至150℃，使得汽轮机缸温更接近温态，缩短冷态启动时间，提高机组经济性。预暖蒸汽压力为0.4～0.8MPa，温度为200～250℃，并要求预暖蒸汽有50℃以上过热度。投入预暖系统将高压缸1级处内壁金属温度加热到150℃后停运，整个过程耗时约 6h。

经多次实践证明，投入预暖系统后可降低机组冷态启动时汽轮机胀差，缩短暖机时间，降低机组启动成本并保证机组安全性。

第六节 典型异常及处理

目前，燃气-蒸汽联合循环机组的启动、停机和正常运行过程都已基本实现自动控制，特别是燃气轮机，可以说不需要运行人员任何的手动干预，现重点是要加强对相关参数的监视，及时发现设备异常。本节对 M701F 型联合循环机组设定的跳闸保护和停机方式进行说明，同时对几种重大典型事故的处理进行介绍。

一、事故处理通则

在处理异常事故时应遵循以下原则：

(1) 事故处理应本着保人身、保设备安全，保系统稳定运行为原则。

(2) 发生事故后，操作人员应综合分析相关报警、设备参数变化和现场具体现象，做出正确判断，并采取相应措施防止事故扩大，限制事故范围或消除事故根本原因。

(3) 发生事故时，应在值长的直接领导下，迅速按相应规定处理事故。值长的指令，除非对人员、设备有直接危害外，均应坚决执行。

(4) 事故处理要沉着果断，相互配合，避免紧张出现误操作。

(5) 事故处理过程中应防止高温设备（部件）急速冷却、防止承压设备（部件）超压、防止转动设备（部件）超速及烧瓦（轴承）、防止可燃物体爆燃爆炸。

(6) 如果事故发生在交接班时间，不得进行交接班，直到事故处理告一段落，请示值长同意后，方可进行交接班。

(7) 事故处理完毕后，运行人员应及时把事故发生的时间、现象及采取的措施如实地做好记录。

二、事故停机方式

当机组发生异常导致无法维持机组正常运行时，应采取停机处理措施，事故停机方式分为紧急停机和故障停机两种。

（一）紧急停机

1. 燃气轮机需要紧急停机的情况

(1) 燃气轮机发生故障，达到燃气轮机主保护动作值，保护未动作。

(2) 燃气轮机发生喘振。

(3) 燃气轮机内部有明显的金属撞击声，振动突然明显增大。

(4) 任一轴承断油、冒烟。

(5) 任一推力轴承金属温度上升到 99℃以上。

(6) 任一支持轴承金属温度上升到 107℃以上。

(7) 润滑油系统或控制油系统严重泄漏无法维持运行。

(8) 燃气系统严重泄漏，威胁机组安全运行。

(9) 燃气透平排气道大量漏气。

(10) 燃料系统起火，不能及时扑灭。

(11) 燃气轮机发电机冒烟、冒火或氢气爆炸。

(12) 余热锅炉汽包水位异常降低，水位低于保护值，调整无效。

(13) 余热锅炉压力异常升高超过安全门动作压力，安全阀拒动作。

(14) 余热锅炉安全阀动作后不回座、汽压、汽温或各段工质温度变化到不允许运行时。

(15) 余热锅炉炉内一次系统（省煤器、蒸发器、过热器）爆破或泄漏严重危及设备安全时。

(16) 余热锅炉水位计全部失效。

(17) 高压给水泵全部停止，保护未动作。

(18) 中压给水泵全部停止，保护未动作。

(19) 主给水管道、蒸汽管道发生爆破及主要测量元件损坏时。

(20) 燃气轮机排气异常，危及锅炉安全运行。

(21) 发生其他可能严重危及人身或设备安全的故障时。

2. 汽轮机需要紧急停机的情况

(1) 汽轮机转速上升到3300r/min而超速保护未动作。

(2) 汽轮机发生强烈振动：轴承转子振动达250μm，振动保护未动作。

(3) 汽轮机发生水冲击或主蒸汽温度或再热器温度10min内急剧下降50℃以上。

(4) 汽轮机轴封处出现大量火星。

(5) 汽轮机掉叶片或汽缸内部有清晰的金属摩擦声和撞击声。

(6) 汽轮机轴向位移大于+1.2mm或小于−1.65mm时，轴向位移保护未动作。

(7) 凝汽器压力低至 −81.3kPa，保护未动作。

(8) 汽轮机润滑油压下降到0.07MPa，保护未动作。

(9) 任一轴承断油、冒烟。

(10) 任一推力轴承金属温度上升到110℃以上。

(11) 任一支持轴承金属温度上升到115℃以上。

(12) 油系统严重泄漏无法维持运行。

(13) 油系统着火且不能很快扑灭，严重威胁机组安全。

(14) 汽轮机发电机、励磁机冒烟、冒火。

(15) 在下列情况，机组打闸后可不破坏真空停机：

1) 主蒸汽管、再热蒸汽管或低压蒸汽管破裂，机组无法运行；

2) 凝结水泵故障，而备用泵不能投入；

3) 机组甩负荷后空转；

4) DEH系统和调节保安系统故障无法维持正常运行；

5) 机组胀差增大，调整无效超过极限值；

6) 机组处于电动机状态运行时间超过1min。

3. 紧急停机的操作

(1) 根据故障原因，立即在集控室操作台手动按下“燃气轮机紧急遮断”或“汽轮机紧急遮断”按钮。

(2) 在出现影响汽轮机轴系安全的情况时，应立即破坏真空，缩短汽轮机惰走时间。其他情况下可根据需要按正常程序破坏真空或者维持真空。

(3) 检查燃气截止阀关闭，燃气排空阀打开；检查高、中、低压主汽门及高、中、低压调门关闭。

(4) 检查发电机与电网解列，燃气轮机、汽轮机转速下降。

(5) 确认汽轮机高压缸排汽逆止阀关闭，汽轮机所有疏水阀开启（低真空保护启动后，相应关闭疏水阀）。

(6) 检查高中低压旁路阀动作正常，必要时开启炉侧疏水避免超压。

(7) 汽轮机转速低于 1200r/min 时，确认顶轴油泵自启动，油压正常。

(8) 机组转速到 0r/min 时，确认盘车自投，记录惰走时间、盘车电流。

(9) 其他操作见正常停机操作。

(10) 作好记录并汇报值长及相关领导。

(11) 在事故停机过程中，应结合具体故障加强对相关设备参数的监视，及时采取正确的处理措施，减少事故影响。

(二) 故障停机

1. 故障停机的条件

(1) 燃气轮机运行中排气温度或偏差超过允许值经处理仍不能恢复正常时。

(2) 燃气轮机天然气管道或接头有明显漏气时。

(3) 凝汽器真空缓慢下降，虽减负荷仍不能维持。

(4) 机组任一轴承金属温度超限，经处理仍无法恢复正常时。

(5) 机组任一跳闸通道发生故障，无法在 4h 内修复。

(6) 汽轮机任一差胀接近紧急停机值，经处理仍无法恢复正常。

(7) 低压缸排汽温度高于 80℃，经处理无效仍继续上升时。

(8) 润滑油温高达 60℃，经处理后仍无法下降时。

(9) 任一轴承润滑油温升超过 31℃，经处理仍无法恢复正常时。

(10) 燃气温度或压力不正常，经处理无效时。

(11) IGV、防喘放气阀、燃烧旁路阀任一动作不正常。

(12) 压气机进气滤网压差高引起空气旁路门开启。

(13) 任一叶片通道温度与叶片通道的平均温度之差达＋20℃/－30℃时。

(14) 控制油压低，经切换或处理后仍不能恢复正常，或控制油箱油位降至低报警油位，经处理无效仍继续下降。

(15) 机组润滑油泵工作严重失常经处理无效。

(16) 发电机密封油系统故障，无法维持必要的油/氢压差或真空油箱正常油位时。

(17) 任一机组重要运行参数无法监控，无法维持机组正常运行。

(18) 主或再热蒸汽、给水或其他管道破裂，隔离无效，无法维持机组正常运行时。

(19) 机内氢气纯度下降至 90%以下，经处理无效时。

(20) 发电机漏氢浓度超标，补氢量异常增大，经处理无效时。

(21) 锅炉汽、水品质恶化，低于规定标准，经多方处理无效时。

(22) 锅炉承压部件泄漏，尚能维持短时间运行。

(23) 安全门动作后无法回座，汽温、汽压尚能满足蒸汽轮机要求。

(24) 任一压力等级的锅炉汽包水位所有的远方指示器损坏。

2. 故障停机操作

当出现上述异常情况后，应及时报告值长，获准后，启动停机程序。具体操作详见正常停机部分章节介绍。

三、机组跳闸、自动停机和负荷回切条件

(一) 自动跳闸条件

在分轴联合循环机组中，当燃气轮机跳闸条件满足时，整套机组跳闸；当汽轮机跳闸条件满足时，仅汽轮机跳闸，燃气轮机 RB，保持运行；当余热锅炉跳闸条件满足时，整套机组跳闸；凝汽器真空低跳闸条件满足时，整套机组跳闸。

1. 燃气轮机相关跳闸条件

(1) 轴承振动高跳闸。当任一轴承 X 和 Y 向振动均超过 200μm 或其中一个超过 200μm 且另一个异常时，机组跳闸。

(2) 燃气轮机润滑油压力低跳闸。当三个润滑油压力开关中有两个检测到润滑油压力低于 0.169MPa 时，报警发出，机组跳闸。

(3) 燃气轮机排气压力高跳闸。当三个排气压力开关中的两个监测到燃气轮机排气压力高于 6.86kPa 时，报警信号发出，机组跳闸。

(4) 燃气供气压力低跳闸。当三个燃气供气压力开关中的两个监测到的燃气压力低于 2.8MPa 延时 1s 后，报警信号发出，机组跳闸。

(5) 燃气轮机熄火跳闸。在点火后并网前，任一燃烧器（18、19 号）上的两个火焰检测器检测不到火焰，报警发出，机组跳闸。

(6) 火灾跳闸：当燃气轮机罩壳内两个火灾探测器都感应到火灾发生，报警发出，机组跳闸。

(7) 电超速跳闸。当机组转速超过 3330r/min 时，报警发出，机组跳闸。

(8) TCS 硬件故障跳闸。当 TCS 出现硬件故障时，报警信号发出，机组跳闸。

(9) 燃料控制阀异常跳闸。当下列任一条件发生时，报警信号发出，机组跳闸：

1) 燃气主 A 流量控制阀异常 [额定转速时燃气投入后延时 15s（不在额定转速时无延时），发出 20s 脉冲期间，且燃气主 A 流量控制阀主控卡反馈>98%]；

2) 燃气值班流量控制阀异常 [额定转速时燃气投入后延时 15s（不在额定转速时无延时），发出 20s 脉冲期间，且燃气值班流量控制阀主控卡反馈>98%]；

3) 燃气主 B 流量控制阀异常 [额定转速时燃气投入后延时 15s（不在额定转速时无延时），发出 20s 脉冲期间，燃气主 B 流量控制阀主控卡反馈>98%]；

4) 燃气供气压力控制阀异常 [额定转速时燃气投入后延时 15s（不在额定转速时无延时），发出 60s 脉冲期间，燃气供气压力控制阀出口压力（二取高值）≥设定供气压力 MPa×1.2]；

5) 燃气顶环流量控制阀异常 [额定转速时燃气投入后延时 5s（不在额定转速时无延时），发出 20s 脉冲期间，或是燃气投入顶环切换为 1 时，燃气顶环流量控制阀主控卡反馈>98%]。

(10) 防喘放气阀异常跳闸。当发生下面任一条件时，报警信号发出，机组跳闸：

1) 中压或低压防喘阀在机组升速到 2815r/min 延时 20s 或到额定转速没有全关。

2) 低压防喘放气阀异常开跳闸：在转速>2940r/min 或是转速>2815r/min 延时 20s

下，低压防喘放气阀未关（关反馈三取二）。

3）低压防喘放气阀异常关跳闸：在 300r/min<转速<2815r/min 延时 3s 下，低压防喘放气阀未开（开反馈三取二）。

4）中压防喘放气阀异常开跳闸：在转速>2940r/min 或是转速>2815r/min 延时 20s 下，中压防喘放气阀未关（关反馈三取二）。

5）中压防喘放气阀异常关跳闸：在 300r/min<转速<2815r/min 延时 3s 下，中压防喘放气阀未开（开反馈三取二）。

6）高压防喘放气阀异常开跳闸：燃气轮机挂闸，延时 20s，高压防喘放气阀未关（关反馈三取二）。

(11) 燃气泄漏跳闸。当燃气轮机罩壳内三个燃气检测探头中有两个检测到燃气浓度高时，报警信号发出，机组跳闸。

(12) 燃气轮机排气超温跳闸。当下列任一条件发生时，报警信号发出，机组跳闸：

1）排气温度的平均值≥660℃；

2）排气温度的平均值超过排气温度基准值（EXREF）≥45℃。

(13) 叶片通道温度超温跳闸。当下列任一条件发生时，报警信号发出，机组跳闸：

1）叶片通道温度（BPT）的平均值≥680℃；

2）BPT 的平均值超过 BPT 的基准值（BPREF)≥45℃。

(14) 叶片通道温度偏差大跳闸。以＃1BPT 为例（需同时满足以下条件）：

1）BPT 变化大报警指令（TPS 来“BPT VARIATIOON LARGE ALARM COMMAND”信号）来时。

2）该叶片通道温度是好质量，且其与平均值之差超出跳机高限或低限，延时 30s，机组跳闸。其中，燃机并网时，高限详见表 7-5，低限为－60℃；燃机未并网时，高限为 80℃，低限为－80℃。

表 7-5　燃机并网时 BPT 距平均值高限

负荷（MW）	距平均温度差值（℃）
0	60
75	60
150	30
400	30

3）以下任一条件满足时（四取一）：①该叶片通道温度相邻测点 2 号为好点，且 2 号叶片通道温度与平均值的差值超出“跳机 NEXT 高限或低限值”，延时 30s；②该叶片通道温度相邻测点 20 号为好点，且 20 号叶片通道温度与平均值的差值超出“跳机 NEXT 高限或低限值”，延时 30s（NEXT 高、低限制是定值，TPS 的“BPT SPREA NARROW MODE-1”为 1 时，定值为≥20℃or≤－30℃，“BPT SPREA NARROW MODE-1”为 0 时，定值为≥60℃or≤－60℃）；③该叶片通道温度相邻测点 2 号为好点，且 2 号叶片通道温度与平均值差值的变化值超出“BPT 变化趋势自动停机 NEXT 高限或低限值”，延时 12.5s，下降沿延时 60s；④该叶片通道温度相邻测点 20 号为好点，且 20 号叶片通道温度与平均值差值

的变化值超出“BPT 变化趋势自动停机 NEXT 高限或低限值”，延时 12.5s，下降沿延时 60s（BPT 变化趋势 NEXT 高限或低限值是经函数计算设定为±1℃/min）。

（15）低频跳闸。机组并网运行速度小于等于 2820r/min（47Hz）延时 0.1s 跳闸。

（16）润滑油供油温度高跳闸。当润滑油供油温度超过 70℃时，机组跳闸。

（17）润滑油箱液位低跳闸。当润滑油油箱液位不超过（944±10)mm，机组跳闸。

（18）发电机保护动作，机组跳闸。

（19）燃烧器旁路阀异常跳闸。当旁路阀控制信号（BYCSO）与实际阀位偏差超过±5%持续 10s，报警发出，燃气轮机跳闸。

（20）IGV 异常跳闸。当 IGV 控制信号（IGVCSO）与实际位置偏差超过±5%持续 10s，报警发出，燃气轮机跳闸。

（21）值班燃料流量控制阀、压力控制阀以及主燃料流量控制阀、压力控制阀（A）/（B）的控制信号与实际位置偏差超过±5%持续 10s，报警发出，燃气轮机跳闸。

（22）输入信号故障跳闸。当三个发电机功率信号中两个故障或三个燃烧室压力信号中两个故障或三个润滑油温度信号中两个故障或三个机组转速信号中两个故障，或全部 BPT 或 EXT 温度信号故障，或两个主燃料流量控制阀压差信号都故障或两个值班燃料流量控制阀压差信号都故障时，或全部 BPT 或 EXT 温度信号故障时，报警发出，燃气轮机跳闸。

（23）TCA 冷却水流量低跳闸。燃料投入［GT FLON(TCA)＝1］时 TCA 入口冷却水流量低于跳闸值，报警发出，燃气轮机跳闸。

（24）TCA 疏水液位高跳闸。TCA 罐内液位≥725mm，三取二，报警发出，燃气轮机跳闸。

（25）FGH 疏水液位高跳闸。FGH 罐内液位≥476mm，三取二，报警发出，燃气轮机跳闸。

2. 蒸汽轮机相关跳闸条件

（1）轴向位移大跳闸。当轴向位移＞＋1.2mm 或＜－1.65mm，报警发出，汽轮机跳闸。

（2）轴承振动高跳闸。当任一轴承 X 和 Y 向振动均超过 250μm，汽轮机跳闸。

（3）高中压缸胀差大跳闸。当高中压缸胀差＞＋10.5mm 或＜－5mm，报警发出，汽轮机跳闸。

（4）低压缸胀差大跳闸。当低压缸胀差＞9mm 或＜－2mm，报警发出，汽轮机跳闸。

（5）汽轮机润滑油压力低跳闸。当汽轮机润滑油供油压力≤0.07MPa 时，报警发出，汽轮机跳闸。

（6）汽轮机润滑油油箱油位低跳闸。当汽轮机润滑油油箱油位≤－200mm 时，报警发出，汽轮机跳闸。

（7）电超速跳闸。当下列任一条件发生时，报警信号发出，机组跳闸：

1）当机组转速超过 3300r/min 时，电超速动作；

2）当机组转速超过 3255(107.5%～110%）时，机械超速动作。

（8）汽轮机控制油压力低跳闸。当汽轮机控制油供油压力小于等于 7.8MPa 时，报警发出，汽轮机跳闸。

(9) 凝汽器真空低跳闸。当三个压力开关中两个检测到凝汽器真空低于−81.6kPa，报警发出，机组跳闸。

(10) 低压缸排汽温度高跳机。当三个温度热电偶中两个检测到超过110℃时，报警发出，机组跳闸。

3. 锅炉相关跳闸条件

(1) 高压汽包水位高高值+500mm。

(2) 高压汽包水位低低值−500mm。

(3) 中压汽包水位高高值+400mm。

(4) 中压汽包水位低低值−350mm。

(5) 低压汽包水位高高值+750mm。

(6) 低压汽包水位低低值−1350mm。

(二) 自动停机条件

1. 燃气轮机不完全加速（三个条件满足其一）

(1) 燃气轮机在点火之后25min之内没有达到额定转速（2940r/min）；

(2) 在启动期间未达额定转速前，转速降低了额定速度的3%，即90r/min；

(3) 在启动期间未达额定转速前，实际转速低于参照转速达30s。

2. BPT偏差大自动停机

3. 燃气轮机润滑油排烟风机全停自动停机

4. TCA或壳体冷却不正常自动停机

5. 发电机定子线圈温度高自动停机

6. 高盘时因透平温度过高自动停机

7. 在并网前，不能出现RB条件，否则，燃气轮机立即自动停机

(三) 负荷回切（RUN BACK）

1. 燃气轮机自动减负荷的类型

(1) 正常减负荷：减负荷速率为20MW/min(6.67%/min)。

(2) 中速减负荷：减负荷速率为60MW/min(20%/min)。

(3) 快速减负荷：减负荷速率为150MW/min(50%/min)。

(4) 极快速减负荷：减负荷速率为300MW/min(100%/min)。

2. 燃气轮机自动减负荷的条件

(1) 燃气轮机进气过滤器压差高（发电机功率大于150MW时，燃气轮机进气过滤器压差大于2.06kPa）。

(2) 天然气供气压力低（发电机功率大于150MW时，天然气供气压力为好点且三选中值小于3.1MPa）。

(3) 天然气压力控制阀温度异常［>259℃或<与负荷对应的低值（满负荷对应低值为100)］。

(4) 转子冷却空气温度高（转子冷却空气温度高过295℃，延时300s）。

(5) 发电机定子线圈温度高（发电机功率大于15MW时，发电机定子线圈温度1～6号

为好点且大于 106℃)。

四、典型异常及处理

(一) 轴承箱渗油，接触高温管道后着火

1. 事故现象

(1) 消防系统报警系统启动，着火区域发出声光报警；

(2) 集控室火灾电脑监控屏显示有相关报警；

(3) 着火处有明火及烟气，并伴随有刺激气味；

(4) 着火处灭火系统在条件满足后自动启动灭火，消防水泵连锁启动；

(5) 操作员站可能有相关系统故障的各种报警，如轴承振动大、轴承金属温度高、润滑油压低等；

(6) 润滑油箱油位下降。

2. 处理步骤

(1) 当出现声光报警时，应立即派人到现场确认火灾情况，如属误报，复归报警，并通知检修人员到场处理。

(2) 如发现明火影响机组安全运行，应立即紧急停机，如有需要，破坏凝汽器真空。

(3) 拨打 119 或厂内消防电话通知消防人员。

(4) 检查确认灭火系统是否自动投入，如果没有自动投入，应立即手动启动相关区域喷水灭火系统。

(5) 组织人员，佩戴正压式呼吸器或防毒面具，携带移动式灭火器进行灭火，并搬离现场可燃物、疏散无关人员。

(6) 如果火势较大，无法立即控制住，应在停机过程中进行发电机排氢，关闭燃料供应系统相关阀门，主厂房内燃料系统管道排空，同时加强主厂房通风。

(7) 如有需要应及时对润滑油箱和管道内存油进行疏排。

3. 油系统着火的预防措施

(1) 注意保持主油箱的负压运行，检查主油箱排烟系统畅通和排烟风机运行状况。

(2) 加强对油管路的检查，检查法兰结合处是否用铁皮包裹完好；对法兰结合处检查时，要注意是否滴油，发现有滴油现象的情况，及时联系检修人员处理；滴油到高温管道时，要立即采取措施，用容器接住，防止油滴到高温管道上。

(3) 检查油系统附近的高温管道保温是否完好，保温缺少的管道联系检修人员及时处理。

(4) 加强油温和各轴瓦回油温度及流动状况的监视，防止油温超过规定值。

(5) 在顶轴油泵运行时，要对顶轴油泵出口油压和管路进行检查，防止管路油压超过规定值发生破裂泄漏。

(6) 油系统有动火工作时，一定要严格执行动火工作的有关规定。

(7) 定期检查消防设施是否完好，并熟悉使用方法。

(二) 汽轮机水冲击

1. 事故现象

(1) 汽轮机内以及主、再热汽管有水击声；

(2) 机组振动增加，严重时发生强烈振动；

(3) 机组轴向位移异常变化或转子轴向窜动，推力瓦块温度及回油温度升高；

(4) 蒸汽轮机大量进水或进低温蒸汽时，白色蒸汽将从有关阀门、蒸汽轮机轴封、汽缸结合面等处冒出；

(5) 主蒸汽或再热蒸汽汽温指示急剧下降；

(6) 缸体胀差明显变化；

(7) 蒸汽轮机上下缸温差增大；

(8) 机组轴承金属的温度和回油的温度可能异常升高。

2. 事故原因

(1) 给水自动调节失灵，造成汽包满水；

(2) 汽温、汽压控制系统故障，造成锅炉侧主蒸汽压力、温度急剧下降；

(3) 过热器或再热器减温器喷水调门失灵打开；

(4) 主汽管、蒸汽轮机本体疏水不彻底；

(5) 轴封汽管疏水不畅或轴封蒸汽带水。

3. 处理步骤

(1) 确认蒸汽轮机发生水冲击，应立即紧急停机；

(2) 停机过程中应严密监视推力轴承金属温度及回油温度、轴向位移、上下缸温差、各缸胀差、机组振动的变化，并准确记录惰走时间；

(3) 尽快切断有关汽源、水源，加强主、再热汽管以及本体、轴封汽管等的疏水；

(4) 蒸汽轮机因水冲击而停机时，若惰走时间明显缩短，轴向位移、推力轴承温度、振动超限或机内有异音，应汇报有关领导，以决定是否开缸检查；

(5) 转子投盘车后，要特别注意盘车电流是否异常增大或晃动，严禁强行盘车；

(6) 紧急停机后必须连续盘车 24h，同时所有汽缸温差等控制参数均正常后，方可重新启动。

(三) 机组启动过程中，蒸汽轮机高压旁路阀无法开启

1. 事故现象

(1) 操作员站上高压旁路阀显示反馈状态与开度指令不一致，并且指令值不断增大；

(2) 高压旁路阀前蒸汽压力、高压汽包压力不断上升，汽包水位不断降低；

(3) 操作员站上可能出现“高压过热器出口蒸汽压力高”告警；

(4) 操作员站上可能出现“高压汽包压力高”告警；

(5) 高压主汽压力电磁泄放阀自动打开，并告警。

2. 事故原因

(1) 高压旁路阀机械卡涩，导致阀门开启受阻；

(2) 高压旁路阀气动机构控制器故障，或高压旁路阀贮气罐或仪用空气管出现大的泄漏，或高压旁路阀仪用空气气源阀被误关，导致高压旁路仪用空气压力低，阀门无法正常动作；

(3) 高压旁路阀被误动，就地在手动机械操作状态；

(4) 高压旁路阀控制回路故障；

(5) 热控信号异常。

3. 处理步骤

（1）派人至高压旁路阀就地检查阀门状态；

（2）如果机组未并网，则应推迟并网，如果机组已在加负荷阶段，则稳定或手动降低燃气轮机负荷；

（3）在缺陷处理结束前，可手动开启高压蒸汽系统各疏水阀泄压，减缓压力上升速度，维持最低负荷，等待检修人员到场处理；

（4）检查是否气源不正常，应尽量恢复工作气源，若管道存在大量泄漏无法恢复气源，应申请停机处理；

（5）将高压旁路阀切至“手动”，尝试开启高压旁路阀，如果可以开启，则手动控制阀门开度，压力稳定后再尝试投回“自动”控制，监视其动作情况是否正常；

（6）配合检修人员尝试手动摇开高压旁路阀，开启一定开度后，将高旁投入“自动”观察高旁动作是否正常；

（7）如果高压主汽压力高，且高压电磁泄放阀已动作，应注意高压汽包水位情况，控制高压汽包水位不要出现大的波动，等压力下降后，注意观察压力电磁泄放阀自动关闭；

（8）如检修人员确认无法处理，应申请停机处理。

（四）机组启动过程中，主调压段异常

1. 事故现象

（1）机组天然气压力异常波动；

（2）机组天然气主调压段监控调压阀、工作调压阀频繁开关；

（3）天然气流量忽大忽小，频繁波动；

（4）主调压段管道声音忽大忽小，有类似喘振声音。

2. 事故原因

（1）主调压段监控调压阀、工作调压阀调节性能差；

（2）主调压段监控调压阀、工作调压阀调节过于灵敏。

3. 处理步骤

（1）立即派人就地检查备用调压段是否投入备用；

（2）手动缓慢关小主调压段出口手动阀直至压力波动现象消失（为保证天然气流量，出口手动阀最小关至50%左右开度）；

（3）如天然气压力降至备用调压段投入压力，检查备用调压段已正常投入并带一定流量；

（4）天然气流量增加后，检查调压段压力波动现象是否消失，手动缓慢开大主调压段出口手动阀；

（5）机组并网前应确认主调压段工作正常，备用调压段正常备用，否则通知检修人员处理；

（6）如检修人员确认无法处理，应申请停机处理。

（五）燃气轮机转子冷却空气温度高

1. 事故现象

（1）燃气轮机转子冷却空气温度高报警；

（2）燃气轮机转子冷却空气温度大于295℃，燃气轮机RB；

(3) TCA 流量低于报警值，TCS 上报 TCA 流量低报警；

(4) TCA 流量控制阀报指令与反馈偏差大故障。

2. 事故原因

(1) 转子冷却空气温度测点异常；

(2) TCA 泵运行异常，TCA 流量偏低；

(3) TCA 冷却器泄漏；

(4) TCA 流量控制阀卡涩，TCA 流量偏低；

(5) TCA 冷却器旁路手动阀被误开。

3. 处理步骤

(1) 若燃气轮机未 RB，可申请降低负荷，若燃气轮机已经 RB，则检查燃气轮机负荷下降后转子冷却空气是否跟随下降；

(2) 联系热控检查测点是否异常；

(3) 检查 TCA 泵是否运行正常，否则手动切换至备用泵运行；

(4) 检查 TCA 流量是否正常，否则可手动调节；

(5) 检查 TCA 至高压汽包流量控制阀是否卡涩，若卡涩可切至手动控制，检查卡涩现象是否消失，否则切至凝汽器路运行；

(6) 检查 TCA 冷却器旁路阀是否被误开，手动调整 TCA 冷却器旁路阀至正常状态（常闭阀门）。

(六) 机组循环水中断

1. 事故现象

(1) 循环水泵跳闸；

(2) 凝汽器真空急剧下降；

(3) 低压缸排汽温度升高；

(4) 循环水母管压力降低或到零；

(5) 凝汽器循环水出水温度升高，进、出口循环水温差增大。

2. 事故原因

(1) 运行循环水泵跳闸，备用循环水泵启动不成功；

(2) 循环水泵备用泵出口蝶阀误开或者循环母管制运行其他循泵停运过程中，出口蝶阀无法关闭；

(3) 循环水管道破裂；

(4) 凝汽器循环水侧进、出口门误关。

3. 处理步骤

(1) 检查备用循环水泵出口蝶阀是否被误开，若是，应立即手动关闭被误开出口蝶阀；

(2) 循环水母管制运行时其他机组循环水泵停运过程中，出口蝶阀无法关闭，应立即关闭循环水联络阀，将循环水切至单元制运行；

(3) 手动抢启一次备用泵；

(4) 若循环水管道破裂，通知检修处理，若无法处理则按循环水中断处理；

(5) 若凝汽器循环水进出口手动阀被误关，手动打开被误关阀门；

(6) 若确认循环水中断且无法恢复，手动打闸，按机组紧急停运程序处理；

(7) 待凝汽器排汽温度下降到 50℃，方允许凝汽器通循环水；

(8) 检查低压缸防爆膜是否破裂，若破裂通知检修处理。

(七) 机组启动过程中，高压给水调阀卡涩

1. 事故现象

(1) 高压汽包水位持续下降；

(2) 给水流量小于蒸汽流量，差值不断拉大；

(3) DCS 上发高压汽包水位低报警；

(4) 给水调阀开度异常，实际开度与指令相差较大并保持不动。

2. 事故原因

(1) 给水调阀气源失去，给水调阀无法动作；

(2) 给水调阀阀杆卡涩或阀杆脱落。

3. 处理步骤

(1) 立即稳定负荷，若阀门卡涩发生在并网前，处理好之前暂停并网；

(2) 将给水调阀切至手动位置，通过手动开关调阀看是否有卡涩现象，若有应立即派人现场确认查看气源，如气源被误关，立即恢复气源，使调阀恢复正常；

(3) 若经上述处理后，调阀恢复正常，立即将高压给水调阀切至备用路运行；

(4) 通知检修尝试在线处理卡涩调阀，就地检查如果是阀门严重卡涩，无法短期内处理，应做停机处理。

(八) 汽轮机冲转过程中，汽轮机振动大

1. 事故现象

(1) 汽轮机过临界转速时报机组振动大报警；

(2) 机组振动大于 250μm 时汽轮机跳闸；

(3) 汽轮机盖振增大，盖振大于 50μm 时报高报警；

(4) 现场检查汽轮机轴承振动明显增大。

2. 事故原因

(1) 汽轮机进汽前疏水不充分，蒸汽带水；

(2) 汽轮机冲转参数不匹配，蒸汽温度偏低；

(3) 过热蒸汽减温水调节阀故障，减温水误喷；

(4) 汽轮机发生动静摩擦；

(5) 润滑油压力低，轴承油膜破坏。

3. 处理步骤

(1) 机组冲转过程中振动大，原因未查明前禁止并网；

(2) 注意高、中、低压主蒸汽温度及抽汽母管壁温变化，防止汽轮机水冲击；

(3) 联系检修确认热工测量元件是否故障，及时处理；

(4) 就地倾听汽轮机内部及各轴承声音，若确认有异音或金属撞击声，立即紧急停机；

(5) 机组任一轴承振动大于跳闸值，汽轮机保护动作，否则手动打闸；

(6) 检查过热器减温水是否误喷，及时手动干预，保证蒸汽过热度；

(7) 检查润滑油压、油温及各轴瓦温度，回油温度是否正常，调整润滑油压、油温在正常范围内；

（8）在汽轮机停机惰走阶段进行听音检查，并检查盘车电流和转子偏心度。

（九）汽轮机胀差大

1. 事故现象

（1）当高中压胀差≥+9.5mm 或≤—4mm 时，DCS 上报高中压胀差大报警；当高压胀差≥+10.5mm 或 ≤—5mm 时，机组跳闸；

（2）当低压胀差≥＋8mm 或≤—1mm 时，DCS 上报低压胀差大报警；当低压胀差≥+9mm 或≤—2mm 时，机组跳闸。

2. 事故原因

（1）负荷变化过快；

（2）蒸汽带水或发生水冲击；

（3）胀差传感器故障；

（4）蒸汽温度变化过快。

3. 处理步骤

（1）停止负荷调整，进行暖机。如果在负荷保持期间胀差未减小，则需相应调整燃气轮机或汽轮机负荷减小胀差。

（2）如果主、再热汽温度大幅度下降，立即开启管道疏水。10min 内主、再热汽温度下降 50℃时，立即打闸，并开启汽缸疏水。

（3）当高中压胀差≥+9.5mm 或≤－4mm，或低压胀差≥＋8mm 或≤—1mm 时，且仍有上升趋势，或胀差已达跳机值而保护拒动，立即打闸停机。

（4）胀差变送器故障时，联系热工立即处理。

第八章

联合循环机组水汽监督

第一节　概　　述

锅炉给水系统是指给水和给水的主要组成部分（如凝结水、疏水）的输送管道和加热设备。

锅炉炉水系统是指给水进入汽包后，把水加热成为汽水混合物的水循环系统设备和管道。

金属表面与其周围介质发生化学或电化学作用而遭到破坏的现象称为腐蚀，按其本质不同可分为电化学腐蚀和化学腐蚀两类，在电化学腐蚀过程中有电流产生，金属处于潮湿的地方或遇到水时，特别容易发生这一类腐蚀；在化学腐蚀过程中没有电流产生，而是金属表面与其周围的介质直接进行化学反应，使金属遭到破坏。在锅炉热力设备系统中发生的腐蚀都属于电化学腐蚀。

影响电化学腐蚀的因素可分为金属本身的内在因素和周围介质的外在因素两方面。金属本身的内在因素有金属的种类（性质）、结构、所含杂质，以及其表面状态、内部应力等；而周围介质的外在因素有介质的种类（化学性质）、温度、压力、流速、所含杂质（溶氧量、CO_2 量、盐类含量与成分）、pH 值等。

防止金属电化学腐蚀的方法主要从金属设备选材和周围介质两方面着手。对于已建成投入使用的锅炉设备及其水汽系统，系统材质已经确定，因此锅炉水处理和水汽监督是从介质处理的角度防止或减少热力系统中的金属腐蚀，以保证设备安全和延长设备使用寿命。

一、水汽品质监督的目的

（1）为了防止锅炉给水系统腐蚀、结垢，并且为了符合锅炉排污率不超过规定数值的前提下，保证锅炉水质合格，必须对给水水质进行监督。

（2）为了防止锅内结垢、腐蚀和蒸汽品质不良积盐，必须对锅炉炉水水质进行监督。

（3）为了防止蒸汽通流部分特别是汽轮机内积盐，必须对蒸汽品质进行监督。

二、燃气-蒸汽联合循环机组水汽流程

水汽作为蒸汽发电机组能量吸收和传送的介质，其流程大致如下：

（1）低压水汽流程：补给水→凝汽器→凝结水泵→低压省煤器→低压汽包（低压蒸发器）→低压过热器→汽轮机低压缸；

（2）中压水汽流程：补给水→凝汽器→凝结水泵→低压省煤器→低压汽包→中压给水泵→中压省煤器→中压汽包（中压蒸发器）→中压过热器→再热器→汽轮机中压缸；

（3）高压水汽流程：补给水→凝汽器→凝结水泵→低压省煤器→低压汽包→高压给水泵→高压省煤器→高压汽包（高压蒸发器）→高压过热器→汽轮机高压缸。

联合循环电厂水汽流程图见图 8-1。

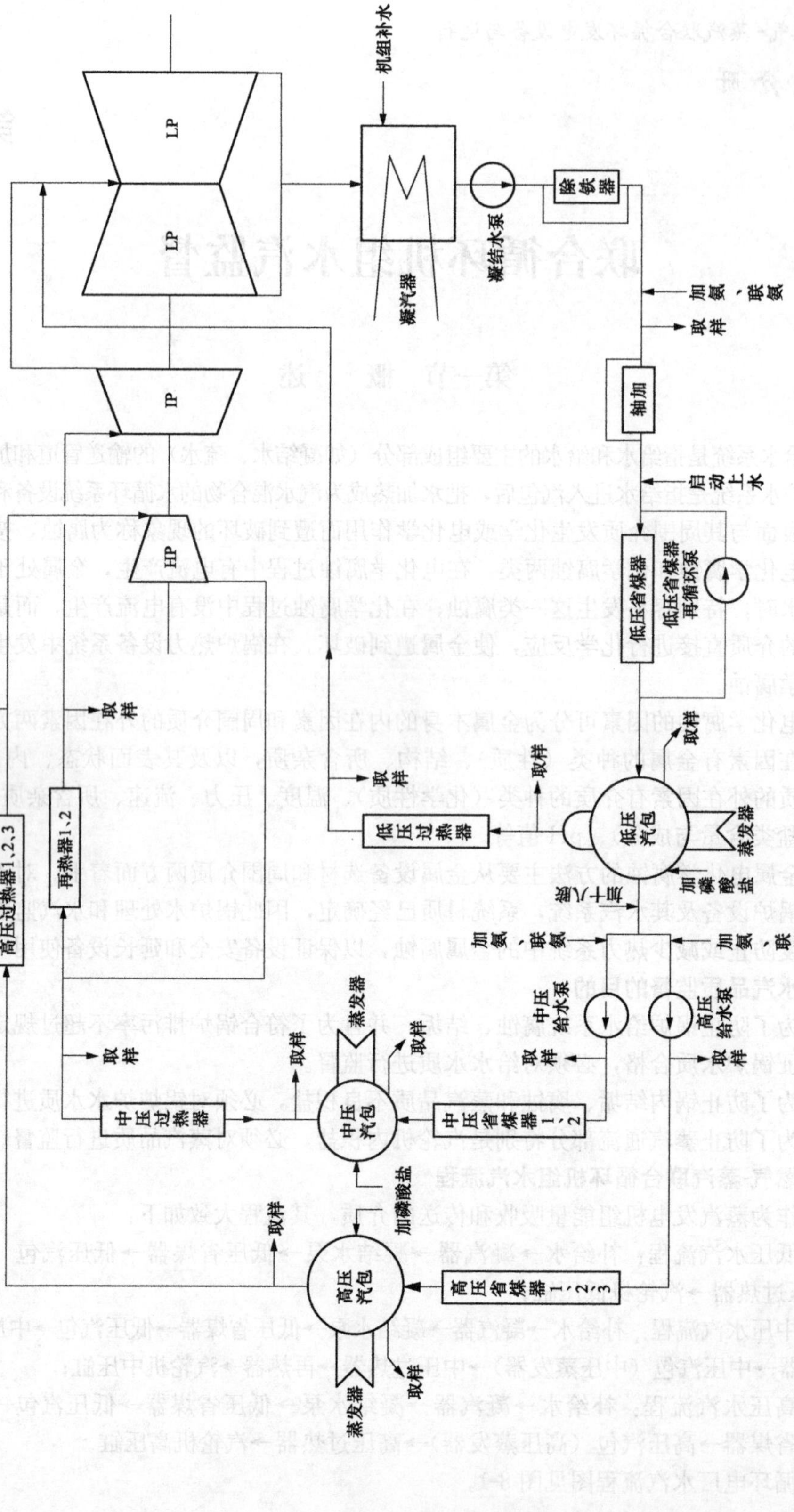

图 8-1 联合循环电厂水汽流程图

三、燃气-蒸汽联合循环机组水汽监督标准

燃气-蒸汽联合循环机组水汽监督标准参考 DL/T 1717—2017《燃气-蒸汽联合循环发电厂化学监督技术导则》、DL/T 1924—2018《燃气-蒸汽联合循环机组余热锅炉水汽质量控制标准》、DL/T 246—2015《化学监督导则》、DL/T 1115—2019《火力发电厂机组大修化学检查导则》、DL/T 956—2017《火力发电厂停（备）用热力设备防锈蚀导则》等。

第二节　给水水质调节与监督

一、给水水质调节的目的和方法

为了防止给水系统金属腐蚀，通常采用的方法是除掉给水中的溶解氧，并提高给水的 pH 值，这种处理方法称为"给水碱性水规范"。通常使用氨和联氨这类挥发性药品处理给水，称为"挥发性处理"。

余热锅炉采用汽包炉时，若燃气-蒸汽联合循环机组热力系统轴封加热器不含铜合金时，给水宜采用氧化性全挥发处理［AVT(O)］工艺，锅炉给水仅加氨处理；若轴封加热器含铜合金时，给水宜采用还原性全挥发处理［AVT(R)］，锅炉给水采用加氨和加联氨联合处理。

余热锅炉采用直流系统时，给水可采用氧化性全挥发处理［AVT(O)］工艺或加氧处理（OT）工艺。氨加药点应设在凝结水泵口，OT 工艺中，氧加入点应设在高、中压给水泵入口，氨和氧均应自动控制。

给水水质控制要求按 DL/T 1924—2018《燃气-蒸汽联合循环机组余热锅炉水汽质量控制标准》执行。

二、给水除氧处理

在高压以上机组中，一般同时采用热力除氧和化学除氧两种方法。热力法可将给水中绝大部分溶解氧除掉，化学法可消除热力法难以完全除尽的残留溶解氧，这两种方法互为补充。若轴封加热器不含铜合金，凝汽器、除氧器运行正常时，仅热力除氧就能满足给水水质控制要求；若轴封加热器含铜合金时，锅炉给水除氧除热力除氧外，还需增加化学除氧，化学除氧一般采用加联氨处理方式。

（一）热力除氧

热力除氧原理——气体溶解定律即亨利定律：任何气体在水中的溶解度与此气体在气水界面上的分压力成正比。当水加热到饱和温度时，气水界面上的水蒸气分压接近液面上的全压力，液面上其他气体的分压力即接近于零，水就不再具有溶解气体的能力，溶解在水中的气体也将全部分离出来。汽轮机组的凝汽器具有很高的真空度，化学补给水进入凝汽器，水中的溶解氧可大部分除去，所以一般大型火力发电机组大都采用补给水送入凝汽器进行预除氧的补给方式。

影响热力除氧效果的主要因素：补给水的稳定性和雾化情况、排气的通畅情况、相应压力与饱和温度的匹配度、进水方式、蒸汽加热的均匀性、工作负荷等。

（二）化学除氧

1. 联氨除氧的原理及其作用

用来进行给水化学除盐的药品，必须具备能迅速地和氧完全反应，反应产物和药品本身对锅炉的运行无害等条件。对于高压及更高参数的锅炉，化学除氧常用的药品是联氨。联氨宜采用含量不低于55%的工业联氨，氯离子含量不高于30mg/L。水合联氨在常温下挥发性不大，遇火不易燃烧爆炸。

联氨在碱性水溶液中是一种很强的还原剂。它可将水中的溶解氧还原，反应如下

$$N_2H_4 + O_2 \longrightarrow N_2 + 2H_2O$$

反应产物对于热力系统的运行没有任何害处，用联氨除去给水中氧就是利用了它的这种化学性质。

联氨和水中溶解氧的反应速度受温度、pH值和联氨的过剩量影响。温度越高，反应越快，水温低于50℃时反应速度很慢，超过150℃时反应速度很快。联氨必须处在碱性水中才能是强的还原剂，所以，维持适当的pH值是一个很重要的条件，当pH值在9～11时，反应速度最大。联氨过剩量越多，反应速度越快，除氧效果越好，但是过剩量太大不仅多消耗药品，而且可能使反应不完全的联氨带入生活环境，产生不安全问题。

除上述作用以外，联氨在高温（$T>200℃$）水中，可将Fe_2O_3还原成Fe_3O_4以至Fe，将CuO还原成Cu_2O或Cu，反应式如下

$$6Fe_2O_3 + N_2H_4 \longrightarrow 4Fe_3O_4 + N_2 + 2H_2O$$

$$2Fe_3O_4 + N_2H_4 \longrightarrow 6FeO + N_2 + 2H_2O$$

$$2FeO + N_2H_4 \longrightarrow 2Fe + N_2 + 2H_2O$$

$$4CuO + N_2H_4 \longrightarrow 2Cu_2O + N_2 + 2H_2O$$

$$2Cu_2O + N_2H_4 \longrightarrow 4Cu + N_2 + 2H_2O$$

联氨的这些性质可以用来防止锅内结铁垢和铜垢。

另外，N_2H_4遇热分解

$$3N_2H_4 \rightleftharpoons N_2 + 4NH_3$$

在没有催化剂的条件下，N_2H_4的分解速度决定于温度，在250℃时，其分解速度约每分钟10%。

根据上述联氨的性质，机组启动时，因为给水含氧量较高且一部分联氨要与金属氧化物进行还原反应，所以联氨的加入量要高于正常运行时的剂量，有时要高出1倍。

2. 联氨溶液的配制和加药系统

联氨溶液一般使用除盐水配制成0.1%～0.3%的浓度，在溶液箱内搅拌均匀。而浓联氨溶液的转入溶液箱的方式有多种：可以采购小瓶包装的、人工倒入的方式，或可采用大桶包装的、用插桶泵抽转的方式，或可以采用水力喷射器抽吸入溶液箱，若机组多、使用量较大，可以选择设计为储存罐＋计量输药泵的方式储存浓联氨和稀释配制药，这种系统既减少多次采购的繁琐，又能降低储存风险和保证人身安全。

联氨加药系统一般由溶液箱和加药计量泵组成，一个加药点对应一台加药计量泵，然后根据运行泵的台数选择系统的备用泵的台数。加药泵的性能参数由给水流量和加药点的压力决定。因为联氨是一种缓蚀还原性药品，对系统溶液箱和加药泵的材质没有特殊要求，一般钢制产品就能满足其长期使用。

3. 联氨加药点的选择和加药控制方式

根据DL/T 1717—2017《燃气-蒸汽联合循环发电厂化学监督技术导则》要求，一般给水联氨加药点设在凝结水泵出口，闭式循环水加联氨的加药点设在闭式循环水泵出口母管。

联氨加药的控制方式根据设备配置先进程度不同可以选择不同加药方式。随着我国节能变频技术的成熟与应用，加药泵在选择手动冲程计量的同时，配置电机变频装置以达到精确调节的目的。若在线联氨表和控制系统完善，则可以利用给水流量、联氨表计信号实现加药系统全自动控制。

三、给水 pH 值的调节

为了防止给水对热力系统金属设备的侵蚀，除了消除其溶氧外，还必须调节水的 pH 值。因为随着水的 pH 值增大，钢铁的腐蚀明显减少。试验表明，把高温水的 pH 值从 8 提高到 10，对减少钢铁腐蚀有明显效果，但是常温下水的 pH 值达到 9 以上时，铜的腐蚀随着 pH 值的增大而明显增大，所以热力系统防腐措施选择需全面考虑 pH 值对不同材质金属的影响。调节给水 pH 值的方法是通常采用在给水中加氨，常称给水加氨处理。

根据 DL/T 1717—2017《燃气-蒸汽联合循环发电厂化学监督技术导则》，若轴封加热器不含铜合金，给水 pH 控制在 9.5～9.8 范围内；若轴封加热器含铜合金时，给水加氨为二级，则凝结水泵出口 pH 控制在 8.8～9.1 范围内，高、中压给水泵入口 pH 控制在 9.1～9.3 范围内。

（一）原理

氨溶于水称为氨水，氨水呈碱性。给水 pH 值低的主要原因是水中 CO_2 的存在，所以加氨就是用氨水的碱性中和水中碳酸的酸性。

NH_3 和 CO_2 溶解在水中发生下列平衡，即

$$NH_3 + H_2O \rightleftharpoons NH_4OH \rightleftharpoons NH_4^+ + OH^-$$

$$CO_2 + H_2O \rightleftharpoons H_2CO_3 \rightleftharpoons H^+ + HCO_3^-$$

$$HCO_3^- \rightleftharpoons H^+ + CO_3^{2-}$$

碳酸和氨水的中和反应有以下两步，即

$$NH_4OH + H_2CO_3 \longrightarrow NH_4HCO_3 + H_2O$$

$$NH_4OH + NH_4HCO_3 \longrightarrow (NH_4)_2CO_3 + H_2O$$

在锅炉汽轮机组，氨随水和蒸汽在系统内循环，因为氨是一种挥发性物质，NH_3 进入锅炉后会随蒸汽挥发出来，通过汽轮机后，随排汽进入凝汽器，在凝汽器中一部分 NH_3 被抽气器抽走，余下的转入凝结水中，当凝结水进入除氧器后又会除掉一部分 NH_3，所以，机组运行时 NH_3 会在抽气、排汽和排水过程中不断损耗，氨的实际加入量只是补充机组运行中氨的损耗量，最大限度地减少水汽循环系统内的 CO_2 含量和水汽损失，这样不仅可以降低氨的消耗量，而且有利于提高给水的氨处理效果。

用氨处理时，在热力系统中会出现某些部位氨过多，另一些部位氨过少的情况，这是因为 NH_3 和 CO_2 的分配系数有很大差别的缘故。“分配系数”也称“相对挥发度”，是指汽水两相共存时某物质在蒸汽中的含量与该物质在水中含量的比值，分配系数越大，表明该物质在气相中的含量越大，在液相中含量越小。在相同温度下，CO_2 的分配系数远远大于 NH_3 的分配系数，所以，当水蒸气冷凝成凝结水时，最初形成的凝结水中的 NH_3 和 CO_2 比值要比蒸汽中大。同理，在水蒸发成蒸汽时，最初形成的蒸汽中的 NH_3 和 CO_2 比值要比水中小。这样，当采用氨处理给水时，在热力系统各部位中的 NH_2 和 CO_2 分布就不大相同。

（二）加药

给水处理用氨宜为化学纯及以上药品，氯离子含量应不大于 1mg/L。通常配制成

0.3%～0.5%的稀溶液作为系统用药。因为 NH_3 为挥发性物质，所以不论在热力系统的哪一部位加药，都可以使整个汽水系统中有 NH_3。通常把 NH_3（稀氨水）加在补给水、给水或凝结水中，因为联氨与氧反应需要碱性溶液条件，所以氨的加药点一般在联氨加药点之前或同一地点加入。因为氨的挥发特性，在水汽经过凝汽器和除氧器后，一部分氨将被除去，水中的氨含量将会显著降低，为了及时补充水中的氨含量，维持给水的 pH 值，所以通常将氨加入点选在凝结水泵出口或除氧器出水口。加氨泵的容量应能满足机组正常运行和停用时不同加氨量的要求。

因为加药点基本一致，所以氨加药设备和联氨加药设备基本一致。加氨控制方式根据给水在线表计的信号来源决定，信号来源一般选择在线 pH 表或电导率表，最终利用给水流量、给水 pH 表或电导率表的信号实现加氨系统全自动控制。

四、给水监督的内容

给水氧含量和给水 pH 值是反映给水加药效果的指标；同时，为了控制加氨、加联氨的药量，监督给水的电导率（氨含量）和联氨残余量也是必要的。通常，为了全面监督给水水质和系统腐蚀情况，给水水质的监督内容包括溶氧量、pH 值、电导率、联氨量、铁含量、铜含量、二氧化硅含量。随着自动化表计的应用与发展，目前溶氧、pH、电导率、联氨和二氧化硅已普遍采用在线实时监测，而铁、铜含量的分析目前仍采用人工取样分析。

第三节　炉水水质调节与监督

经过给水水质调节以后，锅炉给水水质得到改善，对保证热力设备安全运行起着很重要的作用。但是给水进入锅炉以后，水通过吸收炉膛热能，其压力和温度不断升高，液态水变成蒸汽，这时各种盐类和金属腐蚀产物的溶解特性及蒸汽对它们的携带性能，都与常温或低温状态下不同。如控制不当，它们会在炉管管壁上、过热器和汽轮机内沉积，因此还必须对炉水水质进行调节。

一、水垢、水渣的定义与危害

锅炉设备经过一段时间运行后，在受热面与水接触的管壁上生成一些坚硬的固态附着物的现象通常称为结垢，这些附着物称为水垢。另外，在锅炉水中析出的固态物质，有些悬浮在锅炉水中，有些沉积在汽包和下联箱底部等水流缓慢处，形成沉渣，这些呈悬浮状态和沉渣状态的物质称为水渣。

因为水垢的导热性能很小，所以水垢会降低热力设备的传热效率，增加热损失。有水垢的炉管往往因传热不良，局部炉管过热而产生蠕变、鼓包、破裂、爆管或引起沉积物下腐蚀减薄、穿孔等。

锅炉中水渣太多，会影响锅炉的蒸汽品质，严重时可能堵塞炉管，在热负荷高的情况下，水渣也可转化为水垢。因此，通常采取锅炉汽包连续排污和下联箱底部定期排污的办法及时排除水渣。

二、炉水调节的目的

汽包锅炉的炉水水质调节，就是通过向过炉水或给水中投加某种化学药剂，保证炉水 pH 值在标准范围内，降低热力系统腐蚀，同时使结垢物质呈水渣析出，或呈溶解、分散状态，通过排污排出炉外的一种防垢方法。余热锅炉采用的炉水处理方式包含炉水磷酸盐处理、炉水氢氧化钠处理和炉水全挥发处理。因后两种处理方法条件相对比较苛刻，除了低压汽包兼做除氧器，其炉水为中、高压汽包给水时，必须采用全挥发处理外，一般炉水水质调节均采用炉水磷酸盐处理法，在特殊情况如汽包气液分离异常且没有停机检修窗口时，可考虑采用炉水全挥发处理工艺。

三、炉水水质调节的要求

1. 炉水磷酸盐处理应符合的要求

(1) 余热锅炉正常运行期间，启动和停用过程中，高、中压汽包炉水宜采用磷酸盐处理。

(2) 凝汽器、热网加热器渗漏导致炉水有少量硬度时，炉水应采用磷酸盐处理，通过排污可以防止炉水中硬度在蒸发受热面形成的水垢。

(3) 磷酸盐应加在汽包内部，加药管满足 DL/T 805.2 的相关要求。

(4) 在保证炉水无硬度和 pH 值合格的前提下，炉水磷酸根的含量宜控制在标准值的底限。

(5) 炉水处理用磷酸盐应为分析纯及以上用品。

2. 炉水氢氧化钠处理应符合的要求

(1) 余热锅炉正常运行，凝汽器无泄漏，给水无硬度时，炉水可采用氢氧化钠处理。

(2) 炉水氢氧化钠处理，除可调整炉水的 pH 值，抑制炉水中氯离子、硫酸根离子等腐蚀性阴离子的腐蚀外，也避免了磷酸盐的“隐藏”问题，并且炉水 pH 值控制比较稳定。

(3) 炉水处理用氢氧化钠应为分析纯及以上药品。

3. 炉水全挥发处理应符合下列要求

(1) 低压汽包兼做除氧器，其炉水为中、高压汽包给水时，必须采用全挥发处理，不得加入其他任何固体碱化剂，低压汽包炉水氢电导率等水质应满足高、中压给水水质要求。

(2) 在凝汽器及热网加热器无泄漏，给水无硬度，余热锅炉连续运行时，高、中压炉水可采用全挥发处理。

(3) 炉水全挥发处理时，氨主要加在凝结水泵出口，并应保证炉水 pH 值不低于 9.0，必要时可在高、中压给水泵入口补加氨以维持高、中压炉水的 pH 值。

(4) 全挥发处理对炉水中氯离子、硫酸根离子等腐蚀性阴离子的缓冲性差，应控制高、中压炉水氢电导率在较低的水平。

四、炉水加磷酸盐处理的原理

磷酸三钠（$Na_3PO_4 \cdot 12H_2O$）是一种白色晶体状的固体颗粒，易溶于水，其水溶液呈强碱性。加入锅炉内起以下三个作用：

(1) 提高锅炉水的 pH 值和缓冲性。磷酸三钠溶于水后水解析出 OH^-，提高了水的 pH 值；当水中有酸性物质析出 H^+ 时，平衡向右移动，当水中有碱性物质析出时，平衡向左移动，这样，缓冲性为零的给水进入锅炉汽包后，通过加入磷酸三钠，提升并保证锅炉水有足够的缓冲性。

$$PO_4^{3-} + H_2O \rightleftharpoons HPO_4^{2-} + OH^-$$

(2) 防止钙镁水垢。在锅炉水呈沸腾状态和 pH 值较高（pH＝9～10）的条件下，炉水中的钙离子与磷酸根离子发生以下反应

$$4Ca^{2+} + 6PO_4^{3-} + 2OH^- \longrightarrow Ca_3(PO_4)_6Ca(OH)_2\text{（碱式磷酸钙）}$$

生成的碱式磷酸钙是一种松软的水渣，易随锅炉排污排掉，且不会粘附在锅内转变成水垢。当炉水保持一定量的剩余 PO_4^{3-} 时，可以使炉水中钙离子的含量非常小，不会达到其生成 $CaSO_4$ 或 $CaSiO_3$ 的溶度积，这样就不会有钙垢形成。

(3) 降低锅炉金属腐蚀。磷酸盐可在锅炉管壁表面上生成磷酸盐保护膜，防止金属腐蚀。

(4) 严格控制磷酸盐的加入量。锅炉水中的 PO_4^{3-} 含量不宜过低或过高，过低起不到上述防腐、防垢作用，过高会增加炉水的含盐量，影响蒸汽品质，而且有可能生成 $Mg_3(PO_4)_2$、$Fe_3(PO_4)_2$ 水垢。对于 390MW 或 460MW 燃气-蒸汽联合循环机组的余热锅炉，因多个汽包压力不同，建议炉水中 PO_4^{3-} 含量采用与其高一等级压力的控制标准，具体可参考 DL/T 1717—2017《燃气-蒸汽联合循环发电厂化学监督技术导则》、DL/T 1924—2018《燃气-蒸汽联合循环机组余热锅炉水汽质量控制标准》。在凝汽器无泄漏和用除盐水作锅炉补给水的条件下，建议 PO_4^{3-} 含量按标准低限控制；当凝汽器泄漏时，要及时增加磷酸盐的加入量，必要时加投氢氧化钠，加大排污排渣，在蒸汽品质合格的情况下力保炉水 pH 值。

五、炉水加磷酸盐处理操作

市场采购的磷酸三钠为固体药品，必须在溶液箱内先配制成 0.1%～0.3%的稀溶液，再通过与汽包压力相匹配的计量泵加入汽包内。对于低压汽包兼做除氧器的燃气-蒸汽联合循环机组的余热锅炉，其炉水为中、高压汽包给水时，低压汽包需采用全挥发处理，不可加固体碱化剂。中、高压汽包可以采用单独的磷酸盐加药系统，也可以设计为一个多点加药的综合加药系统。在设置了炉水 PO_4^{3-} 在线监测仪表的条件下，可以利用磷表的输出信号或中、高压汽包炉水 pH 值和电导率联合实现炉水加磷酸盐的自动控制。

六、炉水水质监督

从炉水加药处理的内容不难看出，锅炉水水质的日常监督内容有 pH 值（碱度）、PO_4^{3-} 含量、电导率、硅含量、铁含量、铜含量、氯离子等。

第四节　蒸汽污染的防治及蒸汽品质和凝结水水质的监督

一、蒸汽的污染

锅炉水通过加热蒸发产生蒸汽，蒸汽的品质由蒸汽中杂质含量决定。蒸汽中的杂质通常有氨（NH_3）、二氧化碳（CO_2）等气体杂质和硅酸、钠盐等盐类杂质。蒸汽中的氨（NH_3）主要是由于调整给水 pH 值加入的氨（NH_3）经锅炉受热挥发转入蒸汽中的；蒸汽中的二氧化碳（CO_2）主要是由于补给水中二氧化碳、残留的碳酸盐（或重碳酸盐）和凝汽器泄漏时循环冷却水中的碳酸盐（或重碳酸盐）进入锅内分解产生的。蒸汽中的盐类杂质主要源于蒸汽的水滴携带和蒸汽的溶解携带。炉水中各种杂质以水溶液的状态带进饱和蒸汽的现象称为水滴携带（也称为机械携带）；蒸汽因溶解而携带炉水中某些物质的现象称蒸汽的溶解携带。通常蒸汽压力越高，蒸汽的溶解能力越大，例如压力为 2.94～3.92MPa 的饱和蒸汽，有明显溶解硅酸的能力，当饱和蒸汽的压力大于 12.74MPa 时，还能溶解各种钠化合物如

NaOH、NaCl 等。

由上述可知，饱和蒸汽携带某种物质的量应为其水滴携带与溶解携带之和。压力不同，蒸汽携带盐类物质的情况不同。390MW 和 460MW 燃气-蒸汽联合循环机组余热锅炉有 3 个不同压力的汽包。对于低压汽包，其出口压力分别为 0.47MPa 和 0.49MPa，其饱和蒸汽对各种物质的溶解携带量几乎可以忽略，蒸汽中盐类杂质主要是因水滴携带所致。为了防止盐类因低压蒸汽水滴携带进入汽轮机，一般不建议低压汽包系统做磷酸盐调节处理。对于中压汽包，其出口压力为 3.63MPa 和 3.97MPa，蒸汽中的各种钠盐，主要是由于水滴携带所致，而蒸汽中的硅除了水滴携带，还存在溶解携带。对于高压汽包，其出口压力为 10.36MPa 和 13.69MPa，390MW 机组蒸汽中的硅主要决定于溶解携带，而蒸汽中各种钠盐主要是由于水滴携带所致。460MW 机组蒸汽中的硅、钠盐与溶解携带和水滴携带都有关系。

二、获得清洁蒸汽的方法

影响饱和蒸汽的水滴携带的因素主要有汽包压力、负荷、水位、运行工况的变动、汽包内部的结构型式，以及锅炉水质等；而饱和蒸汽的溶解携带要素主要有蒸汽压力、盐类性质，以及锅炉水质。在锅炉运行过程中，为了获得清洁纯净的蒸汽，减少蒸汽通流部位积盐，应采取下述措施。

（一）减少进入炉水中的杂质

锅炉水中的杂质主要来源于给水，至于锅炉本体的腐蚀产物，除新安装的锅炉外，在锅炉水中的量一般很少。所以要减少进入锅炉水中杂质，主要应保证给水水质优良。确保给水品质优良的办法如下：

（1）采用优良和可靠的水处理工艺，保证补给水的优良品质。

（2）防止凝汽器泄漏，避免汽轮机凝结水被杂质含盐量高的循环冷却水污染；必要时采用凝结水精处理，去除凝结水中各种杂质。

（3）机组检修停用时，采取合适的热力系统防腐措施，减少热力系统在停（备）用期间的金属腐蚀。

（4）做好锅炉排污。锅炉运行时，炉水的加药调节处理和蒸发浓缩，会使炉水的含盐量和水渣不断增加，因此，在锅炉运行中必须经常放掉一部分炉水，并及时补入相同量的给水。锅炉排放部分炉水的操作称为锅炉排污。锅炉的排污方式通常有连续排污（也称表面排污）和定期排污（也称为底部排污）两种。连续排污是连续地从汽包中排放锅炉水，其目的是降低炉水的含盐量和含硅量，排除炉水中细微的或悬浮的水渣；定期排污是定期地从锅炉水循环系统的最低点（通常为水冷壁的下联箱）排放部分锅炉水。其目的是排除沉积在水循环系统下部的水渣。定期排污也可以作为迅速降低炉水含盐量的措施，以补充连续排污的不足。

（二）调整好锅炉的负荷、水位以及锅炉负荷的变化速度

锅炉的运行工况对饱和蒸汽的水滴携带有很大影响，因而也是影响蒸汽品质的重要因素。锅炉的运行工况不当有时还引起“汽水共腾”现象，此时的现象是：饱和蒸汽大量带水，蒸汽品质急剧恶化，过热蒸汽温度下降。锅炉运行中，若汽包水位过高、锅炉负荷超过临界负荷或负荷突然变化，都容易引起这种现象。

三、蒸汽品质的监督

蒸汽品质的监督是防止蒸汽通流管路和汽轮机积盐的必要手段，从蒸汽携带的杂质种类分析，在给水处理正常的情况下，蒸汽携带的气体杂质氨和二氧化碳一般不会对设备造成威胁。所以锅炉运行中，蒸汽的含盐量和硅含量是蒸汽品质的主要监督内容，考察蒸汽品质的日常监督项目有氢电导率、含钠量、含硅量、含铁量、含铜量。随着自动化表计的应用与发展，目前电导率、钠、二氧化硅已普遍采用在线实时监测，而铁、铜含量的分析目前仍采用人工取样分析。

四、凝结水的监督

凝结水严格意义上是蒸汽经汽轮机做功后的冷凝水，它的品质应该与蒸汽品质保持一致。但是由于蒸汽冷凝水进入凝汽器后补给水的添加、凝汽器冷却水的泄漏，以及凝汽器的真空环境引入了一些杂质致使凝结水的品质发生了变化。从必要性来说，凝结水水质监督是给水、炉水品质调节的依据和基础，所以也是汽轮机发电机组必不可少的一项水质监督内容。凝结水水质监督的项目主要有溶解氧、钠含量、硬度、比电导率、氢电导率、pH 值；机组长时间停运后首次启动中有时还要检测铁含量。

第五节　水汽质异常时的分析和处理

当锅炉及其热力系统中，某种水汽样品的检查结果表明其水质或汽质不良时，应首先检查取样是否正确，水样流路是否严密，温度、流量是否符合要求，然后检查仪表是否正常、测定操作是否正确。当确认水质、汽质劣化时应研究原因、采取措施、尽快恢复正常。水质、汽质与锅炉及其热力系统设备结构、状况和运行工况有关，与加药设备的运行工况、药液质量有关，与进入热力系统的各种水源水质有关。因此针对具体情况应全面分析，采取措施综合处理。表 8-1～表 8-4 为 390MW、460MW 燃气-蒸汽联合循环机组常见的水汽质劣化原因及处理方法，仅供参考。

表 8-1　凝结水水质劣化原因分析及处理

现　象	一般原因	处理方法
1. 含钠量或硬度含量不合格	(1) 凝汽器泄漏； (2) 汽包内汽水分离故障	(1) 对照“凝汽水水质劣化的三级处理标准及处理方法”处理； (2) 通过间歇进行炉水加磷酸盐处理、排污、炉水全挥发处理，分析饱和蒸汽、炉水钠、硅含量变化判断是否属于汽包内汽水分离故障。若确存在汽水分离故障，短时无法停机，且凝结水无硬度，可暂时采用炉水全挥发处理工艺，待停机检修后恢复炉水磷酸盐处理模式
2. 溶解氧不合格	(1) 凝汽器真空部分漏气； (2) 凝汽器过冷却度太大； (3) 凝结水泵盘根处有空气漏入； (4) 大量除盐水补入	(1) 通知检修处理； (2) 调整过冷却度； (3) 检查凝结水泵盘根水封情况，换用另一台泵并检修有缺陷的凝结水泵

表 8-2　　给水水质劣化原因分析及处理

现象	一般原因	处理方法
1. 硬度不合格或浑浊	组成给水的补给水、凝结水的硬度大或浑浊	查明不合格的水源并及时处理，减少不合格水源的使用，加强监督炉水及蒸汽品质，加强锅炉排污，加强炉水磷酸盐处理
2. 溶解氧不合格	（1）凝结水溶氧超标； （2）除氧剂加药量不足； （3）取样流路不严密	（1）查明凝结水溶解氧超标原因，及时消除； （2）调整加药量； （3）调大水流量，检查漏点，必要时通知设备维护人员消除取样装置缺陷
3. 联氨过剩量低	溶解氧超标准或加药量不足	消除溶解氧过大或调整加药量
4. 电导率不合格	（1）组成给水的凝结水、补给水的电导率异常不合格； （2）给水加药不正常	（1）查明不合格水源，并及时处理，加强监督炉水及蒸汽品质，加强锅炉排污； （2）检查加氨、加联氨设备和调整加药量
5. pH 不合格	（1）给水加氨量不足或过量； （2）除盐设备再生跑酸、碱	（1）检查加氨设备，调整加氨量； （2）除盐设备再生跑酸、碱时，应立即停止再生；解列除盐水箱运行；排除部分不合格除盐水

表 8-3　　炉水水质劣化原因分析及处理

现象	一般原因	处理方法
1. 外状浑浊	（1）给水浑浊或硬度大； （2）排污量不够； （3）新炉或停用炉启动初期	（1）查明组成给水不合格的水源，减少使用，并联系处理； （2）加强锅炉排污（表面排污或底部排污）； （3）增加底部排污次数，开大表面排污
2. 二氧化硅不合格	（1）给水质量不良； （2）锅炉排污不正常	（1）查明不合格水源，加强蒸汽质量监督； （2）增加锅炉排污量（如无效，应检查表面排污管是否堵塞）
3. 电导率（磷酸根）不合格	（1）磷酸盐加药量过大或不足； （2）加药设备存在缺陷或管道被堵塞； （3）排污量过大，大量补水； （4）锅炉工况剧变引起磷酸暂时消失现象	（1）调整加药量（如过大应监督蒸汽的含钠量）； （2）通知检修处理； （3）在保证水汽品质合格的情况下，减少排污量； （4）稳定锅炉工况，调整锅炉排污，必要时执行炉管水冲洗
4. pH 不合格	（1）给水 pH 值不合格；给水夹带酸性物质引起炉水 pH 值低； （2）磷酸盐加药过多或过少； （3）磷酸盐药品错用或品质差； （4）锅炉工况剧变引起磷酸暂时消失，pH 小于 9；启动初期管壁结晶的磷酸盐溶于水中，引起 pH 过大	（1）调整给水加药；增加磷酸盐加药量，必要时投加 NaOH 溶液； （2）调整磷酸盐加药，在保证蒸汽合格的前提下，开启底排或暂关小连排； （3）检查磷酸盐品质和配药； （4）稳定锅炉工况，调整锅炉排污

表 8-4 蒸汽品质不合格原因分析及处理

现象	一般原因	处理方法
含钠量或含二氧化硅量不合格	(1) 炉水的含盐量或含 SiO_2 量超标； (2) 锅炉负荷、水位、压力变动大； (3) 给水品质不良使蒸汽碱温水不合格； (4) 汽包内水汽分离装置缺陷	(1) 增大排污或消除排污管堵塞； (2) 做热化学试验确定锅炉工况，严格控制锅炉运行方式； (3) 查出给水不合格的组分并处理，减少碱温水量； (4) 检修时检查处理

第九章

燃气-蒸汽联合循环机组仿真机

第一节 概 述

一、电站仿真机发展概述

（一）国外电站仿真技术的发展历程

从20世纪50年代开始，西方几个主要发达国家，由于核电站安全运行的需求，开始研制核反应堆和核电站的操作模拟培训器。但是，一方面模拟式电路的不稳定性使得仿真精度很低，另一方面运算放大器的阶数受技术条件的限制，难以对机理建模的非线性大规模偏微分方程进行实时运算，从而达不到对生产过程中正确处理事故的仿真及实时培训的目的。因此在电力工业中，真正实用性仿真机的研究和开发始于20世纪60年代数字式电子计算机（Digital Computer）被采用之后。随着电子计算机的发展、使用和建模技术水平的不断提高，核电和火电仿真机也相应地得到了迅速发展。到20世纪70年代，已建起了相当数量的核电站培训仿真中心，对提高运行人员的操作水平，起到了非常重要的作用。20世纪90年代，由于发达国家劳动密集型企业，特别是用电量大的制造业外迁至发展中国家，使发达国家国内用电量减少，电力工业发展缓慢，仿真机的研发也几乎陷于停顿状态。21世纪，西方的电力工业趋于饱和，仿真机的市场重点也转移到亚洲地区。

（二）我国火力发电仿真技术的发展

我国的仿真技术研究始于20世纪70年代，最初是采用模拟计算机仿真，后来逐步采用数字计算机，形成数字仿真技术。随着电力工业和计算机技术的不断发展，我国电站仿真技术也不断成熟、完善和快速发展。

1. 自主研发阶段

我国火电机组仿真机的研制始于1976年，由原国家电力工业部委托清华大学热能工程系开发研制我国第一台200MW原理型火电机组仿真机。该机模拟辽宁朝阳发电厂1号机组，仿真计算机采用国产DJS-140小型机，盘/台为物理模拟方式，支撑软件和建模方法由清华大学开发研制。此时，国内还没有成型、实用的仿真机，也没有开展仿真培训。

2. 初见成效阶段

20世纪80年代初，200MW火力发电机组原理型仿真机由清华大学研制成功，并接受现场运行人员上机试培训。1984年，由清华大学热能工程系牵头，联合原航天工业部二院十七所、原沈阳电力高等专科学校3家单位开发研制国内第一台完全复制电厂控制室的全范围高逼真度仿真机。该系统完全按照哈尔滨第三发电厂1号单元机组，进行全系列、全范围、1∶1、动态实时仿真，于1988年完成，安装在原东北电业管理局沈阳电力高等专科学校仿真中心，并正式开始接待培训，取得了良好的经济效益和社会效益。与此同时，原南京工学院（现东南大学）与原华东电力仿真所（现华东电力培训中心）联合研制了125MW火电机组仿真机；西安热工院与原山西省电力局、原华中电力管理局联合研制了500MW和300MW火电机组仿真机。1983年，为了适应我国电力高速发展的需要，先后从美国、日本引进了300MW、350MW、550MW火电机组仿真机，及一套核电仿真机。开发与引进并进，涌现出多家仿真开发单位和一大批电力仿真工程技术人员，相继有6台不同容量、不同机型的仿真机投入运行。各个仿真中心先后成立，电力仿真培训陆续展开。

3. 日趋成熟阶段

20世纪90年代开始，随着我国市场经济的深入发展及电力体制的改革，电力系统仿真得到了长足的发展，全国许多高等院校和各大发电公司都相继成立了各自的仿真中心或仿真培训基地。此时，我国电力行业技术人员已经完全可以自主开发仿真机。在核心技术方面，如数字、图形建模、支撑软件平台、各种算法语言及系统组态工具软件等，已经完全具有自主研发能力。

4. 高速发展阶段

21世纪随着电力工业得到快速发展，新建机组越来越多，大批量的新员工需要仿真培训。因此，电力系统仿真行业面临着难得的发展机遇。仿真技术日新月异，研发队伍不断发展壮大，国内的仿真技术日趋成熟。火电机组仿真对象涵盖50、100、125、200、300、500、600、660、1000MW等不同容量的发电机组和供热机组，包括超临界、亚临界锅炉、液态排渣炉、循环流化床锅炉，燃气-蒸汽联合循环及垃圾焚烧炉等等。仿真对象主机厂家覆盖国内三大动力厂及部分国外公司的产品。许多仿真系统已实现“一机双模”甚至是“一机多模”，仿真计算速度也有了极大的提高。规模和数量上都远远超过世界上任何国家，显示了我国强大的仿真技术水平和仿真机开发实力。

二、电站仿真机的分类

（一）从使用的目的和技术性能分类

1. 全范围仿真机

硬件复制参考机组控制室内的台盘设备，软件模拟控制室内所能监视和操作控制的系统和设备，以及控制室以外的在启、停机和故障处理中至少90%以上的就地操作系统和设备，以达到电站系统全范围、工艺流程全过程的高逼真度的仿真。

2. 部分范围仿真机

硬件复制参考机组控制室内所有关键的显示操作设备，软件模拟控制室内和必要的就地操作系统及设备，压缩一些不是十分重要的系统。

3. 通用型仿真机

硬件不复制某一机组的典型形式，或采用DCS画面操作形式，软件使用通用的发电机组数学模型仿真软件，对发电机组基本工艺流程和正常的启、停机及机组典型的事故能正确、实时的反应。

4. 原理型仿真机

采用DCS画面操作形式为主，配以少量模拟台盘，对系统适当简化，使用原理发电机组仿真软件，能正确地反应发电机组基本原理工艺流程和正常启停过程。

（二）从仿真机使用模型类型分类

从仿真机使用模型类型分，可分为物理仿真、计算机仿真（数学仿真）、半实物仿真，目前国内电站的仿真机大部分采用计算机仿真（数字仿真），最为常见的为虚拟 DCS 仿真机。这种方式，脱离了 DCS 硬件系统，将实际 DCS 的逻辑及画面组态再现于普通的计算机环境下，在保证与实际组态一致的前提下，大大提高了仿真机的实施及使用效率，降低了实施成本。并且由于采用了与实际 DCS 完全一致的逻辑组态，仿真机除了用于机组操作人员培训外，还可对电厂优化运行、机组改造，控制策略修改等起到良好的指导作用，避免实际机组可能存在的安全问题。根据仿真机对实际 DCS 的利用程度及实现方式的不同，虚拟 DCS 仿真方式大致可分为激励式、翻译式和半激励半翻译式三种。

1. 激励式仿真机

采用由 DCS 厂商提供的虚拟 DCS 软件安装包或硬件，使用真实的 DCS 逻辑组态与画面组态，通过 OPC 通讯方式与仿真实时数据交换来完成仿真机的功能。采用该种仿真方式能提供 DCS 仿真最高的逼真度，但软硬件实施成本较高，DCS 与过程模型不在同一环境运行，无法完成复杂的仿真应用功能。

2. 翻译式仿真机

采用对 DCS 组态文件进行解析并翻译转换的方式，实现在仿真平台上再现 DCS 的功能。此种方式能提供极高的软件功能逼真度，实现成本不高，由于与仿真数学模型使用统一的平台，能够完成比较复杂的仿真应用功能。翻译式仿真机对 DCS 的仿真与现场略有不同，主要是工程师站的文件上装下传与实际不一样，画面局部可能存在差异。

3. 半激励半翻译仿真机

仿真机的一部分采用由 DCS 厂商提供的虚拟 DCS 软件安装包或硬件并使用真实的组态文件（例如联合循环机组燃气轮机 TCS 部分）。剩余的部分采用对 DCS 组态文件进行解析并翻译转换，两部分之间的数据交换通过 OPC 通信方式实现。

第二节　激励式仿真机介绍

激励式仿真机采用原厂家真实的 DCS 组态数据，通过仿真厂家开发的仿真软件平台进行数据通信而实现仿真功能。本章节以广东惠州天然气发电有限公司（以下简称惠州 LNG 电厂）三菱 M701F3 型仿真系统为例进行介绍。

一、仿真机开发简介

惠州 LNG 电厂三菱 M701F3 联合循环机组是国内首批建成运营的 F 级燃气发电机组，主要设备均进口，核心技术仍为国外厂商所掌握，此前，国内还没有相关的仿真机开发经验。2005 年，惠州 LNG 电厂与北京同方电子科技有限公司签订了仿真机开发协议，以惠州 LNG 电厂 1 号机组及公用系统为仿真对象，研制一套全范围高逼真度的 M701F3 型燃气-蒸汽联合循环机组激励式仿真机，用于电厂运行人员的培训、DCS 组态培训，以及机组的运行分析研究。

仿真机开发分 3 个阶段：第 1 阶段，在参考机组投产之前，根据参考机组的设计资料研制仿真机模型，达到对 DCS 进行全面检测和满足运行人员上岗前的培训要求；第 2 阶段，在参考机组投入商业运行之后，根据参考机组实际运行数据进行重新调试，并将投入运行的

DCS升级到仿真机上；第3阶段，在参考机组投入运行5年后，根据电厂仿真机使用情况及新增使用需求，对仿真机进行二次开发，进一步提高仿真模型精度，丰富仿真机使用功能。

二、仿真机仿真范围及功能

（一）仿真对象

惠州LNG电厂一期工程建设的390MW级燃气-蒸汽联合循环发电机组。燃气轮机、汽轮机设备采用日本三菱重工公司和东方集团联合体提供的9F级燃气-蒸汽联合循环机组，一拖一单轴布置。燃气轮机型号为M701F，简单循环功率可达255～270MW，第一级喷嘴入口温度为1400℃，排气温度599℃。压气机为17级轴流式，压比为17。蒸汽轮机型号为TC2F-30，双缸（1高中压缸，1低压缸），再热，凝汽式。余热锅炉为杭州锅炉集团公司引进的美国N/E公司技术生产的三压、再热、卧式、无补燃、自然循环余热锅炉。发电机型号为QFR-400-2-20，自并励静态励磁全氢冷。DCS（名为Diasys Netmation）由日本三菱公司提供。

（二）仿真机范围

这套仿真机仿真范围包括惠州LNG电厂1号燃气-蒸汽联合循环机组和电厂机组公用系统。模拟了390MW燃气-蒸汽联合循环机组在集控制室内的单元机组的全部操作设备及监视画面，对燃气轮机（TCS）、蒸汽轮机（PCS）、余热锅炉（HSRG）、电气系统（ECS），公用系统（COMMON）等系统的设备、操作及监视画面进行了全面的模拟。

除模拟机组的正常启动和停机外，还模拟电厂运行中的80个异常事故。

1. 燃气轮机系统

包括压气机、燃烧系统、燃气透平、压气机进气系统（空气过滤器）、燃气轮机排气系统、燃料系统（燃料预热器）、空气烟气系统、水洗系统、控制油系统和润滑油系统（与汽轮机共用1套系统）等。

2. 汽轮机系统

包括高、中、低压透平，蒸汽系统（包括高压、再热、中压低压蒸汽及高、中、低压旁路系统），给水系统，凝结水系统，抽真空系统，汽轮机轴封、疏水系统，汽轮机振动、胀差系统等。

3. 余热锅炉系统

包括高、中、低压自然循环蒸发系统，锅炉烟气系统、疏水排污、排空系统等。

4. 电气系统

包括发电机、变压器、励磁系统、SFC系统、密封油系统、氢冷系统、厂用电系统、升压站系统、220KV母线及出线系统（GIS）、直流及UPS系统等。

5. 公用系统

包括循环水系统、闭式循环冷却水系统、辅助蒸汽系统、启动锅炉系统、天然气调压站系统、压缩空气系统、机组公用电气、除盐水系统等。

（三）仿真机功能

1. 机组正常启动与停机操作

仿真机可以实现机组从冷态、温态、热态到满负荷的各种启动操作；从满负荷或部分负荷到热备用或冷态的各种停机操作；任意工况的稳定运行与升降负荷操作。

2. 机组正常启动与停机操作

仿真机能模拟设备故障对机组性能的影响，学员能在仿真机上进行机组紧急运行状态下的操作与事故处理演练。

3. DCS 逻辑组态培训

仿真机可作为操作人员的控制逻辑和热控人员的 DCS 组态培训工具，以及逻辑改造的验证工具。

4. 机组运行优化分析

运行人员能利用仿真机对机组各种运行方式进行试验操作和分析，找出最优运行方式，如开展各种运行优化节能试验，将优化试验结果应用到实际运行机组上。

5. 学员成绩评定

教练员站可提供多种对仿真机的监控手段及教学管理手段，用户根据需要设定学员成绩评定教案。

三、仿真系统构成

（一）仿真机硬件构成

惠州 LNG 电厂 390MW 联合循环发电机组仿真机硬件配置如图 9-1 所示。

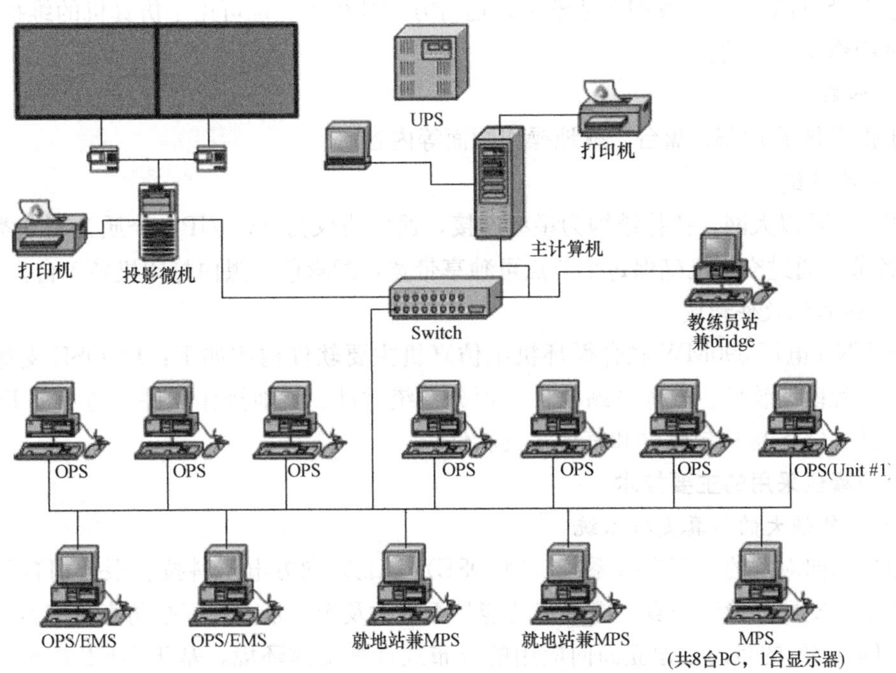

图 9-1　惠州 LNG 电厂 390MW 燃气-蒸汽联合循环机组仿真机配置示意图

图 9-1 中主要硬件配置及功能如下：

1. 主机

主计算机采用服务器，用于运行仿真模型。仿真主机采用高性能 PC 服务器作为支撑系统数据库服务器和实时模型运行服务器，同时也兼作域控制器，对所有本地的计算机进行安全管理。

2. 操作员站

用于单元机组包括燃气轮机、汽轮机、余热锅炉、电气的监视与控制（机组 DCS）及公共辅机系统的监控（公用 DCS）。

3. 升压站

用于升压站（GIS）的监控。

4. 辅控站

用于辅助车间（化水、制氢、制氯、取样加药、工业废水等）的监控。

5. 逻辑运算单元

装载与运行三菱 DCS 逻辑及组态软件。

6. 教练员站及数据交换接口

教练员通过教练员站完成对仿真机的各种操作，是仿真机的指挥中心。数据交换接口：三菱对外数据交换接口，所有逻辑运算单元通过该接口与外部进行数据交换。

7. 就地操作员站

主控制室以外的与机组启、停过程密切相关的操作项目。

8. 工程师站（EMS）

用于 DCS 的组态、修改和参数整定，运行方式分析等，也可用于仿真机的维护与开发，平时也可用作操作员站。

9. 大屏幕

用于投影显示 DCS、盘台、就地操作画面等内容。

10. 网络系统

使用 100M 以太网，拓扑结构为星型连接，通信协议为 TCP/IP，介质为超 5 类双绞线 AMP，各节点通过交换机确保每个节点可独享带宽，配彩色、黑白打印机各 1 台。

（二）仿真机软件构成

惠州 LNG 电厂 390MW 联合循环机组仿真机主要软件构成如下：DCOSE 支撑系统软件、设备过程模型软件、教练员站软件、评分系统软件、就地操作软件、与三菱 DCS 虚拟包接口软件、DCS 虚拟包软件和其他工具软件。

四、仿真机采用的主要技术

（一）功能强大的仿真支撑系统

分布式面向对象的仿真支撑系统（DCOSE）是北京同方电子科技有限公司自行开发的一套高水平的支撑环境。仿真支撑系统功能是否强大及操作是否友好是仿真机能否开发成功的关键。DCOSE 的目的是建立面向应用的分布式计算支撑环境，基于 NET 技术，提供图形建模、分布式运行、虚拟 DPU 仿真和分析、实时数据采集和存储、历史数据分析、项目管理和文档管理等功能的全面解决方案。

（二）图形建模技术

惠州 LNG 电厂 390MW 联合循环发电机组仿真机建模采用图形建模方法，该方法是在图形编辑中通过拖调通用算法模块图元，生成设备模块图（算法的参数化），用线连结各设备模块图，构成子系统模型图（如给水系统模型），所有子系统模型图组成 390MW 仿真机模型。用户只需具备相应的专业知识即可建立仿真模型，便于仿真机的修改、维护与管理。

（三）激励式虚拟 DPU 技术

仿真机采用激励式虚拟 DPU 技术（全部使用制造商的 DCS 逻辑及组态软件），将实际机组控制系统的逻辑及组态软件直接输入仿真机，通过接口软件与机、炉、电等仿真模型以数据交换的形式实现仿真机 DCS 的各项功能。DCOSE 与三菱 DCS 软件构成及数据交换方案如图 9-2 所示。

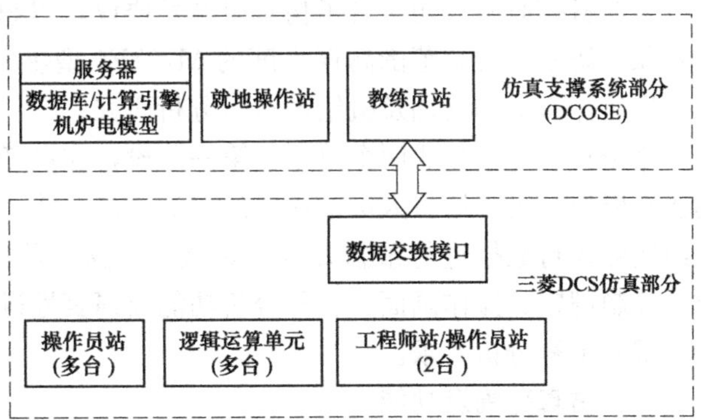

图 9-2　DCOSE 与三菱 DCS 软件构成环境

服务器运行 DCOSE 的数据库和实时计算引擎，所有模型任务在实时计算引擎的管理下运行。三菱虚拟 DCS 部分由操作员站、工程师站、逻辑运算单元与数据交换接口组成，所有逻辑运算单元均通过数据交换接口与外部进行数据交换。

为了实现 DCOSE 和三菱虚拟 DCS 的连接，DCOSE 服务器上运行了三菱远程控制与数据交换任务软件，实现与三菱虚拟 DCS 的数据交换接口的数据交换，进而和所有逻辑运算单元进行数据交换。此外，三菱远程控制与数据交换任务负责三菱虚拟 DCS 部分所有逻辑运算单元的调度与控制。

五、仿真机的主要特点

惠州 LNG 电厂 390MW 仿真系统除了可以满足传统电站仿真系统所具备画面操作、正常启停操作、事故处理等的各种培训功能外，还具有以下主要特点：

（1）采用原厂的 DCS 逻辑包，可以快速便捷地查看机组的各系统控制逻辑。

（2）采用了与实际一致的 DCS 仿真系统，可以很好地用于热控人员进行 DCS 组态培训及逻辑修改试验。

（3）系统具有高精度的模型、真实的 DCS 仿真软件和先进的仿真支撑系统，可以方便地实现对机组启动过程的调试，以及开展运行优化试验，将试验结果应用到实际机组中。

（4）强大的故障模拟及事故预演平台，仿真机内设 80 个典型事故处理，涵盖了燃气轮机、汽轮机、余热锅炉及电气系统常见故障，凝结了惠州 LNG 电厂多年来运行经验的精华，除此之外，还可以利用仿真机进行故障预设和模拟处理，是运行人员进行事故处理演练和考核的最佳平台。

（5）学员操作能力考核平台，教练员可以根据仿真机中内设题库，完成对学员操作能力考试及成绩评定。

第三节　翻译式仿真机介绍

本章节以惠州 LNG 电厂二期一机多模翻译式仿真系统中三菱 M701F4 型仿真机为例进行介绍。

一、仿真机开发简介

惠州 LNG 电厂二期热电联产扩建工程采用的是三菱 M701F4 双轴布置联合循环机组，

为了便于运行人员技能水平提升，更好地服务于生产，2016年，惠州LNG电厂与紫光（北京）智控科技有限公司签订了仿真机开发协议，以惠州LNG电厂4号机组及公用系统为仿真对象，研制一套全范围高逼真度的M701F4型燃气-蒸汽联合循环机组翻译式仿真机，用于电厂运行人员的培训及机组的运行分析研究。

该仿真机开发分成两个阶段。第一阶段，在参考机组投运之前，提供参考机组相同机型的仿真模型，满足运行人员上岗前的培训要求。第二阶段，在参考机组运行稳定之后，根据机组实际运行数据进行重新开发、调试。在这一阶段，将对仿真机的准确性、丰富事故种类、控制逻辑、操作画面、各种分析功能及逼真性进行高标准的严格检验，以满足高精度培训要求和工程分析要求。

二、仿真范围及功能

（一）仿真对象

三菱M701F4型仿真机为一拖一双轴联合循环发电机组仿真系统，包括一台低NO_x燃气轮机（无旁路烟囱）、一台燃气轮机发电机、一台蒸汽轮机、一台汽轮机发电机、一台卧式无补燃三压再热型余热锅炉及其相关的辅助设备。

1. 燃气轮机发电机组

燃气轮机为三菱重工/东方汽轮机厂生产的重型、冷端驱动、单一燃料（天然气）的燃气轮机，型号为M701F4，额定出力310MW，额定转速3000r/min。燃气轮机发电机采用东方电机厂生产型号为QFR-320-2，额定容量396MVA，额定功率336.6MW，额定电压16kV，额定功率因素0.85（滞后），发电机冷却方式为全氢冷。燃机燃气轮机发电机励磁采用的ABB公司全静态整流励磁方式。

2. 余热锅炉

东方日立锅炉有限公司生产，型号为BHDB-M701F4-Q1，卧式、无补燃、三压、再热、自然循环汽包炉，余热锅炉模块布置，设置有高、中、低压三个汽水系统，汽温调节采用再热和过热蒸汽一级喷水减温方式。

3. 汽机发电机组

汽轮机为东方汽轮机厂生产，型号为LCC150-13.2/3.0/1.5/566/566，三压、再热、双缸、向下排汽、抽凝供热汽轮机，额定出力150MW，额定转速3000r/min。汽机发电机为东方电机厂生产，型号为QF-150-2-15.75，额定容量176.5MVA，额定功率150MW，额定电压15.75kV，额定功率因素0.85（滞后），发电机冷却方式为密闭循环空气冷却（定子线圈、定子铁芯空外冷，转子线圈空内冷）。汽轮发电机组励磁采用中国电器科学研究院有限公司/广州擎天实业有限公司自并励静止可控硅励磁方式。

4. 控制系统

燃气轮机、燃机发电机及其辅助设备采用由东方电气集团供货的DIASYS控制系统；汽轮机、汽机发电机、余热锅炉及其辅助系统、公用系统采用DCS控制，DCS采用艾默生OVATION控制系统。

（二）仿真范围

本套仿真机仿真范围包括电厂4号燃气蒸汽联合循环机组的所有系统，包括燃气轮机、余热锅炉、汽轮机、发电机及其辅助系统；电厂公用系统，如抽汽供热系统、辅助蒸汽、天然气调压系统、电气和厂用电系统、锅炉补给水系统、压缩空气系统等；辅助车间系统，如净水站系统等。

1. 余热锅炉

锅炉高、中、低自然循环蒸发系统，凝结水预热系统，疏水排污系统，锅炉烟气系统等。

2. 燃气轮机

燃气轮机本体 M701F4 及附件，燃烧器系统及火焰检测器等，GT 罩壳及通风系统、GT 螺栓加热器等，盘车装置，进气系统和排气系统，空气和烟气系统，润滑油系统，控制油系统，燃气系统，吹扫系统等。

3. 汽轮机

汽轮机高、中、低压透平，调速系统，汽轮机轴封系统，汽轮机疏水系统，汽轮机振动、膨胀，润滑油、顶轴油系统，液压控制油系统，EH 油系统，蒸汽系统（包括高、中、低压、再热蒸汽及高、中、低旁路系统），凝汽器、抽真空系统（真空泵），高、中压给水系统（给水泵），凝结水系统（凝结水泵），补给水系统（补给水泵），抽汽供热系统等。

4. 冷却水系统

其主要包括循环水系统、闭式循环冷却水系统等。

5. 发电机及电气系统

发电机（含燃机发电机及汽轮机发电机），励磁系统，氢气密封油系统，氢冷系统，厂用电系统，220kV GIS 系统，6kV、380V 配电装置，柴油发电机系统，直流系统，UPS 系统等。

6. 公用系统

其主要包括天然气调压系统，辅助蒸汽系统，压缩空气系统，锅炉补给水系统，净水站系统等。

（三）仿真机功能

1. 机组正常启停与操作

仿真机具备机组冷态、温态、热态的各状态启动操作；从满负荷或部分负荷到热备用或冷态的各种停机操作；设备定期切换、定期试验的模拟操作；机组的运行监视、调整和负荷升降等功能。

2. 机组故障处理和事故演练

仿真机能模拟多种设备故障对机组的影响，学员能在仿真机上进行机组故障演练和事故预案演练，提高机组运行人员正确判断、处理各种事故的应急能力和综合分析能力。

3. DCS 逻辑组态培训及检测

仿真机可作为操作人员的控制逻辑和热控人员的 DCS 组态培训工具。对 DCS 的控制逻辑进行全面的检测，验证 DCS 控制逻辑的完整性与正确性。

4. 机组运行优化分析

可利用仿真机测试新的控制策略；研究当燃料、设备参数发生变化时，机组运行特性的变化。通过对机组的控制系统进行仿真研究，以选择最佳的控制方案和整定参数。

三、仿真机构成

（一）仿真机硬件构成

仿真机硬件系统由主计算机（服务器）、教练员站、操作员站、就地操作站、仿真机工程师站等组成，见图 9-3。

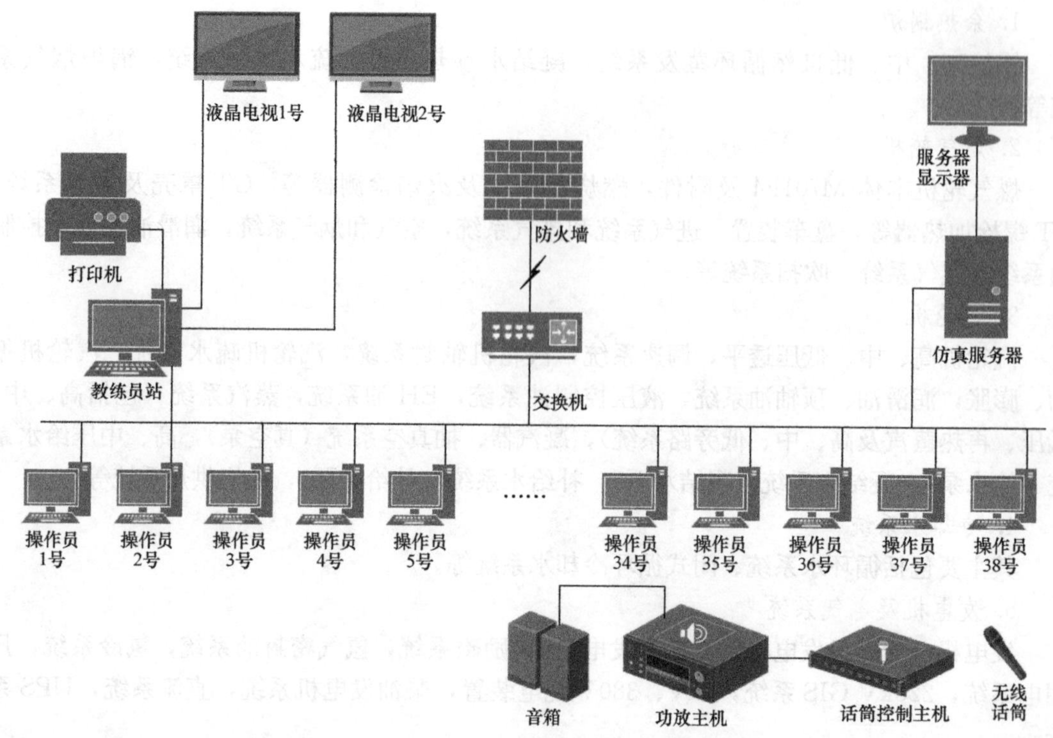

图 9-3 惠州 LNG 电厂三菱 M701F4 翻译式仿真机配置示意图

1. 主计算机

仿真系统配置主计算机一台，用于运行仿真模型、仿真机网络、数据库管理与模型数据运行。

2. 教练员站

教练员通过教练员站完成对仿真机的各种操作，如启动/停止、运行/冻结、速度选择（正常、快、慢），初始状态选择及开关位置检查、回退、重演、事故插入、外部参数修改、报警等各种功能，可以通过教练员站对受训者的能力进行监视。

3. 操作员站

用于单元机组包括燃气轮机/汽轮机/HRSG/电气的监视和控制、燃气轮机控制系统的监控、公用 DCS 的监控等。

4. 就地操作站

保证培训过程的连续性和完整性，将主控制室以外的、与机组启、停过程密切相关的操作项目有选择地放在就地操作站上进行。

5. 工程师站

仿真系统应提供两台工程师站，用于开发机组模型、系统诊断、仿真系统组态、数据库和画面的编辑及修改。

6. 大屏幕

配置两台 80′LCD 液晶显示器，仿真 DCS 大屏幕的功能，可以将教练员站的画面进行投影。

7. 不间断电源

配置一套 UPS 装置，应能提供至少 1h 的备用时间。

（二）仿真机软件构成

惠州 LNG 电厂三菱 M701F4 翻译式仿真机主要软件构成如下：仿真系统建模软件、计算机系统软件（操作系统、数据库管理系统、程序设计语言）、支撑系统软件、应用软件（模型软件、教练员站软件、工程师站软件、操作员站软件、就地操作站软件、诊断测试软件）、虚拟台盘软件、多媒体仿真软件、I/O 软件等。

四、主要仿真技术

（一）先进的一体化仿真支撑环境

一体化仿真支撑系统（MUSE）是紫光公司根据开发、生产仿真机的实际需要，吸取国内外仿真支撑软件优点，自行开发的一套大型软件，是集世界新理论、新技术于一体的高水平的支撑系统，并拥有全部自主知识产权。

新一代支撑系统和辅助建模软件 MUSE，具备高逼真度、全工况设备模型，快捷、稳定的流体网络和电气网络算法，高性能实时数据库，采用 Microsoft .Net 架构设计，大量使用了 DCOM、Office 插件等技术，全方位实现了满足电厂仿真培训，控制系统研究等需求，系统建立方便快捷，运行维护成本低。同时由于技术路线的开发性，本系统可以和第三方软件无缝拼接。与传统的仿真支撑系统相比，更容易和 DCS 以及其他电厂实时控制系统相连接，并利用仿真机提供的仿真数据对电厂的控制系统进行分析和研究。

（二）面向对象的图形建模技术

随着电厂仿真技术的发展，高性能的仿真支撑系统和图形化建模技术代表了仿真技术开发的方向。MUSE 系统软件采用的设计方法是，以实际存在的物理对象为独立的模块，建立其数学模型，通过分析各模块的连接关系，系统自动识别出隐含在系统流程中的网络拓扑结构，运用本公司开发的独特的流体网络算法，自动完成大型流体网络的求解任务。本系统可以广泛地应用在锅炉、汽轮机、联合循环、核电等方面，本系统的核心技术包括模块算法库、资源库、模具库，以及管理工具。

（三）一机多模功能

一机多模是指在一套仿真机设备上实现同时多台机组模型的同时培训和模拟。有别于其他传统的一机多模方式，MUSE 所支持的一机多模可以灵活编组，统一管理和监控。一机多模方式非常适合培训中心或电力学校的使用，每一台操作员站（实际上为一台普通 PC）都可以运行一套完整的仿真模型并提供完整的操作界面，包括 DCS、就地、虚拟盘台等界面。同时，任意几台 PC 可以方便地形成一个单元机组，分别承担机炉电等角色，相互协同，进行单元机组方式的培训。

（四）先进的虚拟 DPU 技术

虚拟 DPU 方式将仿真机的开发与电厂 DCS 真正结合起来，在完全不需要 DCS 硬件的基础上，采用与实际 DCS 相同的逻辑组态和画面组态程序在 PC 机上实现实际 DCS 的所有功能，是仿真机的发展方向。

五、仿真机特点

惠州 LNG 电厂三菱 M701F4 翻译式仿真机除了可以满足电站仿真系统所具备的正常操

作、故障处理等功能外，还具有以下特点：

（1）仿真的操作员界面在外观、颜色、字体和参考机组完全一致，操作员站的所有运行操作功能与参考机组一致，如调用逻辑画面、查看历史曲线等功能。

（2）仿真机具备灵活分组功能，能够同时为不同的操作员站设定不同的运行状态，即具备一机多工况功能，并能同时对不同的操作员站设置不同的故障或不同的成组故障，最小分组单位是每台机一组。

（3）仿真建模软件是面向电厂工程师设计的、能用于工程分析的图形化建模软件。

（4）整套参考机组采用模拟仿真，但保留日后根据实际需要采用虚拟 DPU 仿真技术，即采用三菱 DIASYS-NETMATION 控制系统和艾默生 OVATION 控制系统提供的软件包实现系统仿真的可能。

（5）学员成绩评定系统可以输出各种电厂参数的趋势图、事件记录等，供教练员评定学员成绩使用。教练员通过成绩评定系统可以评定学员操作过程的优劣、对异常情况的反映和处理能力。

（6）具备远动功能，通过远动功能可以进行控制室以外的操作。在仿真机上，学员通过对讲机向教练员说明所要进行的远方操作，具体操作可由教练员来进行。

（7）教练员可以控制一些没有模拟但对机组运行有影响的外部参数，例如电网频率、电压、功率因素、冷却水温度、空气温度、压力和相对湿度。

第四节 仿真机开发调试

近年国内燃气发电大力发展，燃气机组已成为电网的主力调峰机组。为使值班运行人员技能水平不断提升，仿真机培训作为一种可靠、高效、便捷的培训手段被各燃气轮机发电企业青睐，燃气电站仿真机也随之高速发展。目前，国内燃气-蒸汽联合循环机组主要用于电网的调峰调频，大部分机组均为两班制运行。因此，燃气轮机仿真机的开发主要作用有别于燃煤机组，常规的启停已不再是仿真机的主要培训目的，而是更侧重于故障处理、事故预演和分系统启停演练。鉴于燃气轮机发电站的运行特点和仿真机开发管理经验，针对燃气电站仿真机开发有如下建议。

一、仿真机开发项目前期准备建议

仿真机开发前，制定合适的项目技术规范，在技术规范中要明确细化仿真范围和深度，制订合适的标准工况清单和故障题库清单等。

1. 仿真范围尽量覆盖机组全系统

全能值班要求运行人员对全厂的所有系统都要有所了解和掌握，考虑到培训的全面性，仿真机的仿真范围尽量覆盖发电机组所有系统设备，以免只注重主机系统而忽略公用和一些附属系统而导致仿真范围不完善。

2. 就地站范围和功能要全面

就地站的系统一般简要区分为机务就地系统和电气就地系统两种。机务就地系统主要为一些手动阀和就地机械设备的控制盘。在仿真机开发过程中，如无明确的要求，厂家可能把就地的一些控制盘柜简化处理，例如胶球清洗就地屏、SFC 就地控制屏、UPS 就地控制屏、就地汇控柜和保护屏柜等，这样仿真机就缺少了一部分培训功能。建议仿真机开发前在技术规范中明确就地站的仿真范围和需要达到的功能，例如要求就地所有手动阀（一、二、三次阀）必须能够实现就地操作、设备的就地盘柜能实现就地操作；电气就地系统包含各电压等级的配电室开关、UPS、SFC、直流、柴油发电机等，建议就地开关屏柜、控制屏柜等要求和现场一致，且均能实现就地操作功能。

3. 升压站系统纳入仿真范围内

电气倒闸操作也是运行人员必备的日常技能之一，鉴于在实际工作中，升压站电气倒闸操作机会较少，故非常有必要将该部分纳入仿真范围，尽量要求升压站全范围仿真，含就地汇控柜、电子设备间各屏柜等就地操作。

4. 故障题库清单要合理完善

故障处理是燃气轮机仿真培训的重要部分之一，要提前做好合适的、操作性强的和有针对性的故障清单。设置故障题时，每个题目须明确故障导致的准确的原因，例如泵跳闸的原因有很多（①电源失去；②电气保护故障；③轴承超温；④变频器故障等），在设置故障时每一题只设一个故障原因，这样故障的处理措施就非常明确，有利于培训的开展。在设置时，避免把故障做成事故预想。故障越完善越好（可与厂家沟通开发故障的数量），故障试题的范围建议包含电厂的所有系统（至少涵盖燃气轮机及辅助系统、汽轮机及辅助系统、余热锅炉及辅助系统、电气、公用、热控等）。

5. 故障题编制工作要提前进行

在故障清单确定后，提前安排故障试题的编写和审核，为后续厂家的故障设置和调试做准备。编写试题时，针对明确的故障原因，将报警信息、参数状态变化等现象尽量罗列完善，同时简明写出故障题的考试要点、评分要点等。故障题的纸质版可作为培训教材。

6. 标准工况设置

厂家在设置标准工况时，要求尽量细致一些，可参考根据模块化培训的需要，多做一些标准工况。以分轴燃气-蒸汽联合循环机组为例，冷态工况建议设置：冷态（未送电）、冷态（厂用电已送电）、冷态（公用系统已投运）、冷态（燃气轮机辅助系统已投运）、冷态（汽轮机辅助系统已投运）、冷态（余热锅炉辅助系统已投运）、冷态（启机条件满足）、冷态（燃气轮机转速 3000r/min）、冷态（燃气轮机已并网）、冷态（汽轮机冲转条件满足）、冷态（汽轮机 3000r/min）、冷态（汽轮机已并网），冷态（启动完成，未投 AGC）等。

二、调试过程中的注意事项

仿真机的逼真度和配合仿真机调试的人力、工时的投入关系紧密，以下为仿真系统调试过程中的一些建议。

（1）需要经验丰富的运行人员参与配合仿真机调试，多参考现场机组的曲线、参数等；配合调试人员尽量能够固定，避免频繁换人，而导致调试效率较低、调试效果差。

（2）现场调试时，建议制定好调试计划，严格按计划执行可提高调试效率：

1）要求厂家根据现场最新的情况对仿真机进行更新；

2）进行工况梳理和检查，确保各工况的设备状态和系统状态正常，可提高调试的准确性；

3）差异查找，分系统启停操作，从冷态（未送电）开始调，可通过正常操作和非正常操作来查找仿真机的差异，做好记录，提交给厂家处理；

4）进行机组启停及运行调整调试（冷态启动、温态启动、热态启动、正常停机、紧急停机、检修停机、机组相关实验、重要设备的定期轮换操作等），将问题记录在差异清单中提交厂家处理；

5）故障调试，根据故障清单和编写的故障题库，配合厂家调试故障题。

(3) 故障调试时，每道故障在设置调试完毕后，还需要再次验证该故障的现象、报警等是否因其他故障的设置而产生变化，同时修改故障题库文档。

参 考 文 献

[1] 瞿国华．“十二五”期间我国天然气消费格局主要特征及发展方向探讨．中外能源，2011. 16（2）：1-1.

[2] 张祁，张卫中．美国天然气行业发展的经验及启示．国际石油经济，2009. 6：22-25.

[3] 董秀成，佟金辉，李君臣．我国天然气价格改革浅析．中外能源，2010. 9（15）：6-10.

[4] 胡文瑞．开发非常规天然气是利用低碳资源的现实最佳选择．天然气工业，2010（30）9：1-8.

[5] 刘道信．中国天然气市场研究．学术论从，2009（1）：6-7.

[6] 焦树建．燃气-蒸汽联合循环．北京：机械工业出版社，2006.

[7] 杨顺虎．燃气-蒸汽联合循环发电设备及运行．北京：中国电力出版社，2003.

[8] 何语平．大型天然气联合循环电厂机组的轴系配置．中国电力，2004（8）：7-9.

[9] 吕世森．“十一五”期间投产电力工程项目造价情况．北京：国家电力监督委员会，2011.

[10] 梁平．联合循环电站．广州：华南理工大学，2004.

[11] 曾万模．大型燃气蒸汽联合循环机组热电联产可行性重点问题研究．广州：华南理工大学，2011.

[12] T. Hashi. Gas-Turbine Combined Cycle Power Generation Project Performance Test Procedure. TAKASAO MACHINERY WORKS：MITSUBISHI HEAVY INDUSTRIES，LTD.

[13] Gas Turbine Worid 2003 GTW Handbook. A Peoquot Publication，Volume 23.

[14] Gas Turbine Worid 2004 GTW Handbook. A Peoquot Publication，Volume 24.

[15] 清华大学热能工程系，深圳南山热电股份有限公司．燃气轮机与燃气-蒸汽联合循环装置．2007.

[16] 朱明善，刘颖，林兆庄，等．工程热力学．北京：清华大学出版社，1996.

[17] 姜伟，赵士杭，沈阳黎明航空发动机（集团）有限责任公司．燃气轮机原理、结构与应用．北京：科学出版社，2002.

[18] 赵士杭．燃气轮机循环与变工况性能．北京：清华大学出版社，1993.

[19] 沈炳正，黄希程．燃气轮机装置（第二版）．北京：机械工业出版社，1991.

[20] 清华大学电力工程系燃气轮机教研组．燃气轮机上册．北京：水利电力出版社，1978.

[21] 崔平，林汝谋，金红光，等．世界燃气轮机市场厂商与产品性能．燃气轮机技术．2004.

[22] 广东惠州天然气发电有限公司．大型燃气-蒸汽联合循环发电设备与运行-机务分册．北京：机械工业出版社，2013.

[23] 广东省珠江电厂．联合循环电站余热锅炉技术．华南理工大学．

[24] 李加护．燃气-蒸汽联合循环发电技术．华北电力大学．

[25] 李培元．火力发电厂水处理及水质控制．北京：中国电力出版社，2005.

[26] 肖作善，施燮钧，王蒙聚．热力发电厂水处理 第三版．北京：中国电力出版社，1996.

[27] 黄成群，傅毓赟，王国强，电厂化学．北京：中国电力出版社，2012.

[28] 吕崇德，薛亚丽．电厂系统仿真技术的发展．科技导报，2007：25-8.

[29] 赵殿瑞，裴振英，刘伟乾．电力系统火电机组仿真现状及展望．沈阳工程学院学报（自然科学版），2019：15-2.